# Biologie der Moose

Jan-Peter Frahm

# Biologie der Moose

 Springer Spektrum

Jan-Peter Frahm
Bonn, Deutschland

ISBN 3-8274-0164-X    (Hardcover)        ISBN 978-3-662-57607-6    (eBook)
ISBN 978-3-662-57606-9    (Softcover)
https://doi.org/10.1007/978-3-662-57607-6

Die Deutsche Nationalbibliothek verzeichnet diese Publikation in der Deutschen Nationalbibliografie; detaillierte bibliografische Daten sind im Internet über http://dnb.d-nb.de abrufbar.

Springer Spektrum


Verantwortlich im Verlag: Stefanie Wolf
Die Abbildungen auf den Seiten 309 und 310 sind aus urheberrechtlichen Gründen geschwärzt

Gedruckt auf säurefreiem und chlorfrei gebleichtem Papier

Springer Spektrum ist ein Imprint der eingetragenen Gesellschaft Springer-Verlag GmbH, DE und ist ein Teil von Springer Nature
Die Anschrift der Gesellschaft ist: Heidelberger Platz 3, 14197 Berlin, Germany

# Vorwort

Obgleich die Moose die zweitgrößte Gruppe grüner Landpflanzen stellen, verliert die Behandlung von Moosen in botanischen Lehrbüchern immer mehr an Umfang und Bedeutung. Ein Grund dafür ist, dass die Biologie mit einer neuen Wissensflut aus den zell- und molekularbiologischen Arbeitsgebieten befrachtet wird und dabei die Behandlung klassischer Themen in Lehrbüchern zurücktreten muss. Die Behandlung der Moose in Lehrbüchern beschränkt sich zudem überwiegend auf grobsystematische und morphologisch-anatomische Aspekte. Die Ökologie, Abstammung und Fossilgeschichte werden kaum, Cytologie, Phytogeographie, Physiologie und andere Gesichtspunkte gar nicht behandelt. Wenige spezielle Lehrbücher über Moose gibt es aber nur auf Englisch. Im deutschen Sprachraum fehlte bislang eine eigene Behandlung dieser interessanten Pflanzengruppe, die neuerdings wieder in Hinblick auf ihre ökologischen Besonderheiten, Bioindikation und Evolution in den Vordergrund getreten ist. Dieses Buch soll diese Lücke füllen und einen Überblick über alle Aspekte der Bryologie vermitteln und sich damit nicht nur auf einen Abriss der Systematik beschränken. Es soll dadurch einen Gesamtüberblick über die „Biologie" der Moose geben und ein neues, lebendiges Verständnis von dieser interessanten Pflanzengruppe ermöglichen. Der Aufbau ist dabei bewusst „klassisch" gehalten, so dass der Leser Wissenswertes zu Teilgebieten schnell unter den entsprechenden Kapitelüberschriften finden kann, auf der anderen Seite jedoch inhaltlich durchaus auch „modern" und teilweise von gängigen Darstellungen in früheren Lehrbüchern abweichend. Das Buch soll speziell dem Nicht-Bryologen, Studenten und allen, die sich näher im Detail über diese Pflanzengruppe informieren möchten, einen Überblick über verschiedenste Aspekte der Bryologie vermitteln und damit Interesse an Moosen wecken.

Ich danke Herrn Dr. U. G. Moltmann, der die Realisation dieses ersten deutschsprachigen Lehrbuchs über Moose tatkräftig gefördert hat. Prof. Dr. W. Frey stellte zahlreiche Abbildungen zur Verfügung und gab Anregungen und Korrekturen zu einigen Kapiteln. Dr. M. Stech trug die Ausführungen in Kap. 2.5 bei. Frau Dr. C. Oostendorp-Bourgignon, Dr. D.H. Vitt und Dr. R. Grolle überließen freundlicherweise Bildmaterial. Dank gilt auch Herrn H. Lünser für die Anfertigung zahlreicher Abbildungen.

Bonn, April 2001                                              J.-P. Frahm

# Inhalt

# 1 Allgemeine Charakteristik der Moose

In der Umgangssprache werden vielerlei Pflanzen als „Moos" bezeichnet. Dazu gehören das Isländische Moos (*Cetraria islandica*), eine Flechte, das Eichenmoos (*Evernia prunastri*), ebenfalls eine Flechte, oder das Spanische Moos (*Tillandsia usneoides*), eine Bromeliaceae. Vielfach werden auch kleine Blütenpflanzen (*Sagina* spp.) oder Algenüberzüge als Moos bezeichnet. Im englischen Sprachgebrauch werden als *mosses* nur Laubmoose bezeichnet (Lebermoose als *hepatics* oder *liverworts*, alle Moose als *bryophytes*).

Moose im botanischen Sinn sind eine Gruppe recht vielgestaltiger Pflanzen, die hinsichtlich ihrer Organisationsstufe zwischen den Algen und den Farnpflanzen vermitteln. Sie gehören mit den Grünalgen, Farn- und Samenpflanzen zu den grünen Landpflanzen (**Chlorobionta**), die sich durch den Besitz von Chlorophyll a und b, Carotinoiden, überwiegend Stärke als Reservestoff sowie meist Zellulose als Zellwandmaterial auszeichnen. Farn- und Samenpflanzen unterscheiden sich von den Moosen u.a. durch den Besitz von lignifizierten Leitbündeln, einer wirksamen Kutikula und funktionsfähigen Stomata und werden den Moosen daher als Gefäßpflanzen (**Tracheophyta**) gegenübergestellt. Bis auf ursprüngliche Formen besitzen diese einen Kormus, d.h. einen Vegetationskörper, der sich durch eine Gliederung in Wurzel, Spross und Blätter auszeichnet. Solche Gefäßpflanzen werden als **Kormophyta** bezeichnet. Mit den Farnen und Samenpflanzen haben die Moose gemeinsam, dass sich die Zygote nach der Befruchtung zu einem vielzelligen, von der Mutterpflanze ernährten Embryo entwickelt. Diese Pflanzengruppen werden daher als **Embryophyta** zusammengefasst. Mit den Farnen haben die Moose den Besitz eines absolut identisch gebauten weiblichen Geschlechtsorgans, dem Archegonium, gemeinsam, weswegen sie mit dieser Pflanzengruppe als **Archegoniaten** zusammengefasst werden. Das Archegonium, welches eine sterile Hülle um die Eizelle bildet, war ein wesentlicher Schritt in der Evolution der Landpflanzen. Es hat die Funktion, die Eizelle vor Austrocknung zu schützen. Alle diese Gemeinsamkeiten lassen auf eine gemeinsame phylogenetische Herkunft von Moosen, Farnen und Samenpflanzen schliessen. Ausgehend von gemeinsamen Vorfahren lassen sich in der Evolution der Landpflanzen zwei Entwicklungslinien erkennen (näheres in Kap. 9):

- Die Förderung des Sporophyten im Generationswechsel unter gleichzeitigem Ausbau kormophytischer Merkmale wie der Ausbildung von Abschlussgeweben, effizienten Leitgeweben und Transpiration durch Spaltöffnungen, die zu einer homoiohydrischen (gleichfeuchten) Lebensweise führte. Dabei muss die Pflanze ihre

© Springer-Verlag GmbH Deutschland, ein Teil von Springer Nature 2001
J. Frahm, *Biologie der Moose*,
https://doi.org/10.1007/978-3-662-57607-6_1

Wasserversorgung durch einen permanenten Transpirationssog gewährleisten. Obgleich mit „Stress" verbunden hat sich diese Lebensweise durchgesetzt und über die Farne zu den Samenpflanzen geführt, die schließlich die dominierende Pflanzengruppe auf der Welt wurde.

- Die Förderung des Gametophyten im Generationswechsel (s. 1.1) unter gleichzeitiger Reduktion von tracheophytischen Merkmalen, die zu einer poikilohydrischen (wechselfeuchten) Lebensweise führte. Dabei assimiliert die Pflanze nur im befeuchteten Zustand, was zunächst einfacher erscheint. Jedoch hat das Fehlen von starken Leitungs- und Festigungsgeweben dazu geführt, dass solche Pflanzen eine bestimmte Maximalgröße nicht überschreiten können. Außerdem blieb die Befruchtung immer auf Wasser angewiesen.

Der zweite Weg hat zur Entwicklung der Moose geführt, die auf Grund des Fehlens von Festigungsgeweben nur eine maximale Grösse von 50 cm erreichen konnten und „nur" zur zweitgrößten Gruppe grüner Landpflanzen, jedoch artenreicher als die Farne, weil sie sich in vielen ökologischen Bereichen wie im Hochgebirge, in Tundren, Mooren, als Epiphyten in Regenwäldern, auf Waldboden und als Pioniere offenen Bodens erfolgreich einnischen konnten, in denen sie konkurrenzkräftiger als die Farne waren.

Daneben haben Moose Eigentümlichkeiten im Bau, die nur bei dieser und keiner anderen Pflanzengruppe auftreten. Dazu gehören

- Ölkörper bei den Lebermoosen, die von einer Membran eingehüllt sind,
- Elateren, die in der Sporenkapsel der Lebermoose gebildet werden,
- ein Peristom, welches an der Öffnung der Sporenkapsel der Laubmoose gebildet wird.

Zu Details vgl. Kap. 3.


## 1.1 Entwicklungszyklus

Moose sind durch einen heteromorphen, heterophasischen Generationswechsel ausgezeichnet (Abb. 1-1; zur mutmaßlichen Entstehung des Generationswechsels vgl. Kap. 9). Beide Generationen sind verschieden gebaut (heteromorph) und unterscheiden sich in der Kernphase (heterophasisch). Der **Gametophyt** stellt die eigentliche Moospflanze; er ist photoautotroph und haploid. Der **Sporophyt** ist mit dem Gametophyten verbunden, von dem er in Entwicklung und Nährstoffversorgung abhängt, und diploid. Er dient der Sporenproduktion und ist in der Regel kurzlebiger als der Gametophyt.

Die haploiden **Meiosporen** keimen zu einem fädigen oder seltener lappigen Vorkeim, dem **Protonema** (νημα griech. Faden) aus. Auf dem Protonema entwickeln sich eine bis mehrere Knospen, aus denen sich die eigentliche Moospflanze entwickelt. In der Regel stirbt das Protonema danach ab, bei einigen Laubmoosarten ist es ausdauernd. Es dient also auch der vegetativen Vermehrung, denn auf diese Weise entsteht aus einer Spore ein Klon.

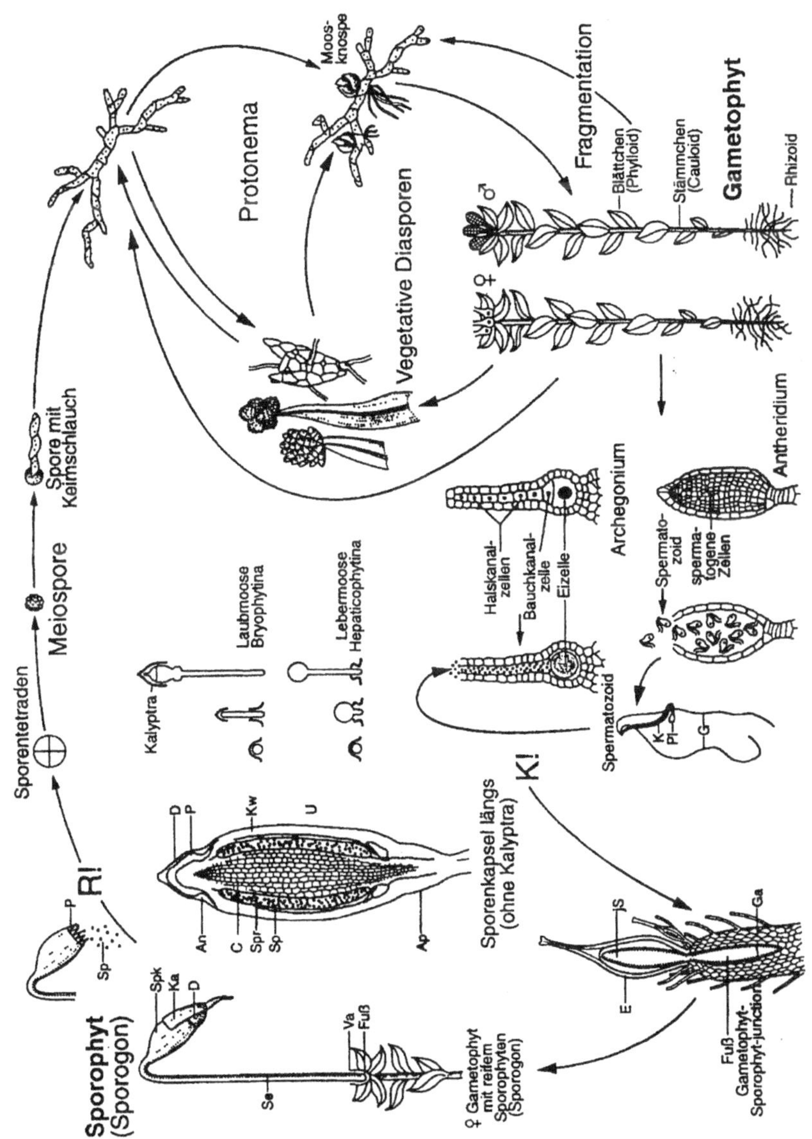


**Abb. 1-1:** Entwicklungszyklus der Moose am Beispiel eines Laubmooses. Abweichende Verhältnisse von Lebermoosen teilweise eingearbeitet. An Anulus, Ap Apophyse, C Columella, D Deckel (Operculum), E Embryotheka (mitwachsender Archegoniumbauch), G Geißeln, Ga Gametophyt, sJ junger Sporophyt, K Kern, K! Kernphasenwechsel, Ka Kalyptra, Kw Sporenkapselwand, P Peristom, Pl Plastid, R! Reduktionsteilung, Se Seta, Sp Sporen, Spk Sporenkapsel (Sporangium), Spr Sporenraum, U Urne, Va Vaginula (© Frey & Lünser in Anlehnung an eine Vorlage von H. Kürschner.)

Der Gametophyt ist bei den meisten Moosen beblättert, seltener thallos. Auf ihm werden Geschlechtsorgane gebildet, die **Gametangien**, und zwar männliche Geschlechtsorgane, die **Antheridien**, und weibliche Geschlechtsorgane, die **Archegonien**. Moose sind entweder zweihäusig (diözisch), d.h. es gibt männliche und weibliche Pflanzen, welche nur Antheridien oder nur Archegonien bilden, oder einhäusige Pflanzen, auf denen Antheridien und Archegonien gemeinsam (synözisch) oder in getrennten Gametangienständen (parözisch) sitzen.

Die Befruchtung erfolgt dadurch, dass sich die Archegonienhüllen an der Spitze öffnen und die Spermatozoiden entlassen. Für die Übertragung zum Archegonium ist Wasser notwendig. Dazu können die Spermatozoiden kurze Strecken (bis 1,5 cm) in einem Wassertropfen oder Wasserfilm zum Archegonium schwimmen, von dem sie chemotaktisch durch Zucker angelockt werden. Speziell bei zweihäusigen Arten können größere Strecken zwischen männlichen und weiblichen Pflanzen zurückgelegt werden (bis 1,5 m), indem Regenwassertropfen auf spermatozoidhaltiges Wasser auftreffen und dieses auf weibliche Pflanzen spritzen. Zur Befruchtung öffnet sich das Archegonium an der Spitze, die Halskanalzellen verschleimen und geben den Halskanal frei, in dem die Spermatozoiden zur Eizelle gelangen.

Nach der Befruchtung findet keine Reduktionsteilung statt, sondern der Embryo entwickelt sich zum diploiden **Sporophyten**, der bei den einzelnen Großgruppen der Moose eine sehr unterschiedliche Gestalt haben kann, aber charakteristischerweise bei den Moosen mit dem Gametophyten verbunden bleibt. Der Embryo dringt dazu mit seinem basalen Teil in das Gametophytengewebe ein und bildet dort ein Haustorium (Fuß), welches die Verbindung zum Gametophyten herstellt und die Versorgung des Sporophyten mit Wasser und Nährstoffen übernimmt. Apikal wächst der Embryo durch das Archegonium hindurch und bildet einen mehr oder weniger lang gestielten **Sporogon**. An der Spitze bildet sich eine Sporenkapsel (**Sporangium**), in dessen Innerem sich das Archespor entwickelt. Aus diesem werden durch zweimalige Meiose haploide **Sporen** in Tetraden gebildet (bei getrenntgeschlechtlichen Arten 2 männliche und 2 weibliche), die dann in einzelne Sporen zerfallen, seltener zusammenbleiben. Die Sporen bestehen aus einem dünnwandigen Endospor und einem dickwandigen, vielfach skulpturierten Exospor. Sie werden nach der Reife aus der Sporenkapsel entlassen, quellen, sodass das Exospor aufreißt und keimen zu einem fädigen oder lappigen Protonema aus, wodurch sich der Entwicklungszyklus schließt.


## 1.2 Bau und Entwicklung

### 1.2.1 Gametophyt

Der Gametophyt der Moose ist bei den Hornmoosen und einem Teil der Lebermoose lappig (**thallos**), bei den Laubmoosen und den meisten Lebermoosen beblättert (**folios**). Im letzteren Fall ist er in Blättchen (**Phylloide**) und Stämmchen (**Cauloide**) mit wurzelartigen Strukturen (**Rhizoide**) differenziert. Diese Termini wurden gewählt, um auszudrücken, dass diese Organe nicht mit den ähnlich gestalteten Organen der Kormophyten homolog sind, weil sie gametophytisch, die der Kormophyten aber sporophytisch sind. Bis auf den Begriff Rhizoid haben sich diese Begriffe jedoch nicht eingebürgert. Das Wachstum der Thalli erfolgt durch zwei-, drei- oder vierschneidige Scheitelzellen, das der beblätterten Pflanzen durch dreischneidige Scheitelzellen, in Ausnahmefällen auch durch Gipfelmeristeme (*Takakia*). Sowohl Thalli als auch beblätterte Moospflanzen können **Leitgewebe** enthalten, die jedoch weitgehend funktionslos sind. Bei den Hornmoosen kommen Leitgewebe nur in Form einer Kolumella im Inneren des Sporophyten vor. Bei den Lebermoosen treten Leitgewebe selten in Form von wasserleitenden Hydroiden im Gametophyten auf, so unter den foliosen Vertretern andeutungsweise nur bei den Calobryales, interessanterweise dann aber auch bei einigen thallösen, aber bäumchenförmigen Metzgeriales (*Symphyogyna, Hymenophyton, Pallavicinia*). Die Hydroiden weisen schräg gestellte Querwände und Tüpfel auf. Sie gleichen damit den Tracheiden der Farne, sind aber nicht lignifiziert und treten außerdem im Gametophyten und nicht im Sporophyten auf, sind also nicht homolog und stehen daher auch in keinem phylogenetischen Zusammenhang (Frey et al. 1996). Bei den Laubmoosen kommen häufiger Zentralstränge aus wasserleitenden Hydroiden vor, einerseits als Zentralstrang in der Seta, andererseits im Gametophyten vieler, besonders aufrecht wachsender Sippen. Assimilateleitende Leptoiden finden sich nur bei den Polytrichidae. Der Besitz solcher wasser- bzw. assimilateleitenden Gewebe kann jedoch als Indiz für eine Abstammung der Moose von frühen tracheophytischen Landpflanzen gedeutet werden (vgl. Kap. 9).

Die Blättchen der Moose entstehen durch zweischneidige Scheitelzellen. Sie sind bei Lebermoosen in drei Reihen angeordnet und rippenlos. Laubmoose haben eine schraubige, seltener drei- oder zweizeilige Beblätterung. Die Blätter besitzen ursprünglicherweise Rippen; bei einigen Verwandtschaftskreisen sind diese reduziert. Das Zellnetz der Blättchen ist bei den Lebermoosen isodiametrisch, bei Laubmoosen vielgestaltig, apr- oder prosenchymatisch. Die Blattform und –gestalt variiert stark bei den einzelnen Verwandtschaftskreisen. Auf Grund der Verschiedenartigkeit der Ausprägungen des Gametophyten sind die Details bei den einzelnen systematischen Gruppen in Kap. 3 behandelt.

## 1.2.2 Gameten und Gametangien

Als Anpassung an das Landleben und im Gegensatz zu den Algen werden die männlichen und weiblichen Geschlechtszellen der Moose (**Gameten**, Spermatozoiden und Eizellen) in sterilen Hüllen angelegt, die als **Gametangien** bezeichnet werden. Die weiblichen Gametangien werden **Archegonien**, die männlichen **Antheridien** genannt. Die Archegonien sind flaschenförmig und bestehen aus einem verdickten, zwei- bis dreischichtigen Bauchteil und einem schlanken einzellschichtigen Halsteil. Im basalen Teil liegt die Eizelle, am Grund des Halskanals die Bauchkanalzelle, darüber einige Halskanalzellen. Bei der Reife der Archegonien weichen die beiden Deckelzellen an der Spitze des Halskanals auseinander, die Bauch- und Halskanalzellen verschleimen

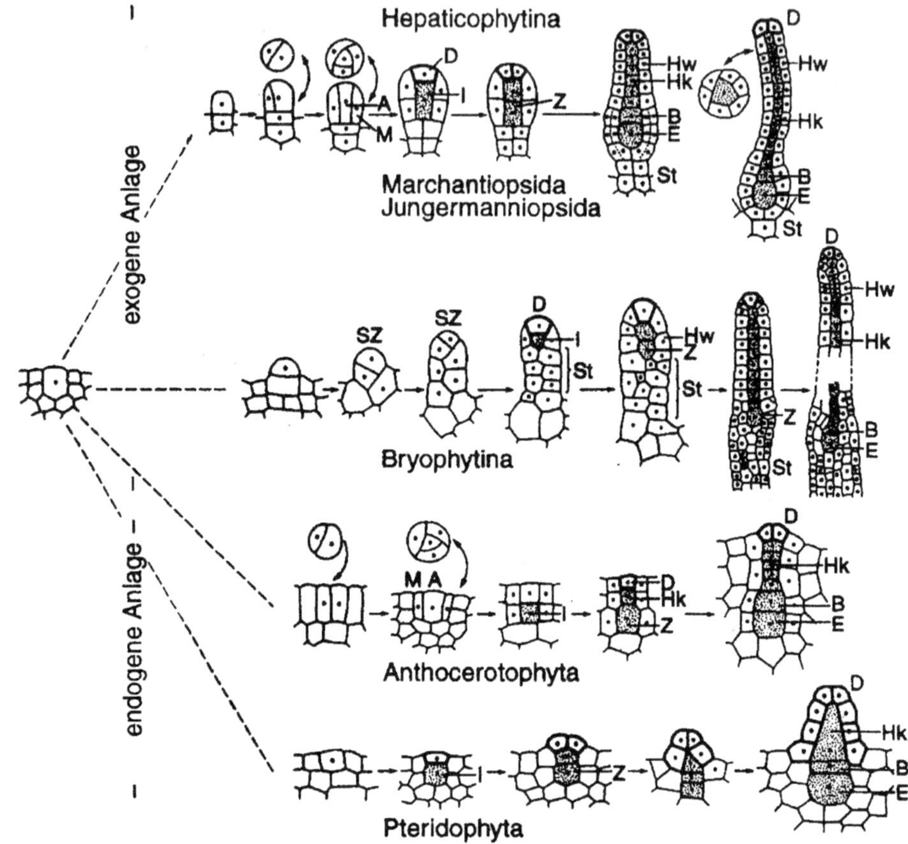



**Abb. 1-2:** Grundtypen der Archegonienentwicklung bei den Lebermoosen (Hepaticophytina, außer Calobryales), Laubmoosen (Bryophytina), Hornmoosen (Anthocerotophyta) und Farnen (Pteridophyta), schematisiert. Punktiert: Innenzelle, Ei-, Bauchkanal- und Halskanalzellen. A Axialzelle, B Bauchkanalzelle, D Deckelzellen, E Eizelle, Hk Halskanalzellen, Hw Halswandzellen, I Innenzelle, M Mantelzellen, St Archegonienstiel, SZ Scheitelzelle, Z Zentralzelle (Nach Smith 1955 und Schuster 1966; © Frey & Lünser).

und geben den Spermatozoiden den Weg zur Eizelle frei. Die Antheridien gehen exogen aus einer Epidermiszelle hervor. Sie bestehen aus spermatogenen Zellen, die von einer sterilen Hülle umgeben sind. Die spermatogenen Zellen teilen sich in je 2 Zellen, die sich aus dem Gewebeverband lösen und sich in begeißelte Spermatozoiden verwandeln. Sie werden durch eine Öffnung an der Spitze der Antheridien entlassen, die sich durch Verschleimung der obersten Wandzellen bildet. Die Spermatozoiden sind zweigeißlig (biflagellat).

Archegonien (Abb. 1-2) als auch Antheridien (Abb. 1-3) entstehen bei Laub- und Lebermoosen exogen aus einer Epidermiszelle, bei den Hornmoosen, aber auch bei den Bär-

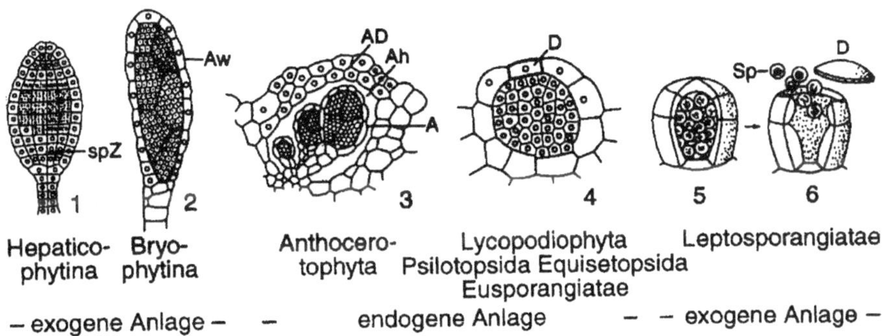

**Abb. 1-3:** Antheridien bei Moosen (Bryophyta), Hornmoosen (Anthocerotophyta), Bärlappen (Lycopodiophyta) und Farnen (Pteridophyta). A Antheridium, AD zweischichtiges Dach der Antheridienhöhle, Ah Antheridienhöhle, Aw Antheridienwand, D Deckelzelle, Sp Spermatozoiden, spZ spermatogene Zellen (1, 3 n. Schuster 1984; 2, 5-6 n. Bresinsky 1998, 4 n. Smith 1955; © Frey & Lünser).

lappen, Schachtelhalmen und Eusporangiaten Farnen, endogen im Inneren des Gametophyten, was u.a. zur Begründung der systematischen Sonderstellung der Hornmoose herangezogen wird. Das wird aber dadurch relativiert, dass die Antheridien bei den leptosporangiaten Farnen wiederum exogen angelegt werden. Zudem öffnen sich die Antheridien der Farngruppen durch eine Deckelzelle.

Die **Spermatozoiden** sind korkenzieherförmig gestaltet (Abb. 1-4). Sie besitzen wenig Cytoplasma. Am Vorderende inserieren zwei lange rückwärts gerichtete glatte Geißeln. Die Geißeln der Laub- und Lebermoose als auch der übrigen Archegoniaten sind linksschraubig, die der Hornmoose jedoch rechtsschraubig. Der vordere Teil des Spermatozoids dient der Fortbewegung und wird als **Blepharoplast** bezeichnet. Er besteht aus einem Basalkörper, in dem die Geißeln inserieren, und einer darunter liegenden vielschichtigen Struktur (*multi layered structure*, MLS) aus parallel angeordneten Mikrotubuli und einem Lamellarstreifen sowie einem Mitochondrium. Im unteren Teil des Spermatozoids befinden sich Ribosomen, eine Plastide, endoplasmatisches Retikulum sowie ein weiteres Mitochondrium.

Der Bau der Spermatozoiden und speziell des Blepharoplasten ist von systematischer Relevanz, da deren Ultrastrukturen besonders konservativ sind. Der Blepharoplast ist wiederum bei den Hornmoose anders gestaltet als bei den Laub- und Lebermoosen.

## 1.2.3 Embryoentwicklung

Die befruchtete Eizelle (Zygote) teilt sich bei den Laub- und Lebermoosen zunächst quer. Aus der oberen Zelle geht der eigentliche Embryo hervor, aus der sich der Fuß, die Seta und das Sporangium differenziert. Die untere Zelle ist zumeist vergänglich.

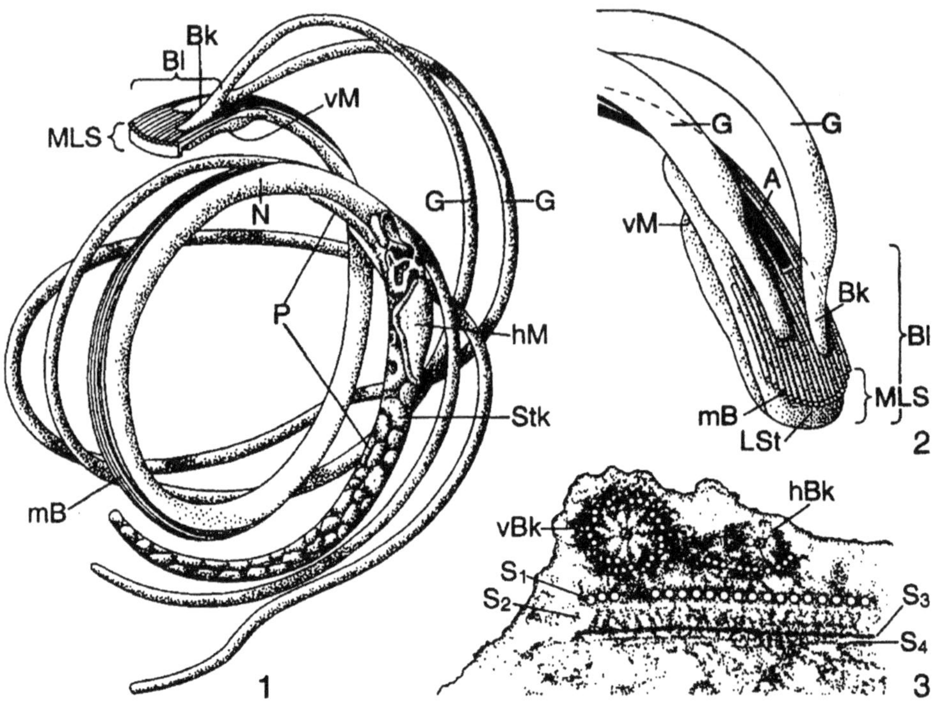



**Abb. 1-4:** Bau des Spermatozoiden der Moose. 1. *Blasia pusilla.* Spermatozoid. 2. *Marchantia polymorpha.* Bau des Blepharoplasten. 3. *Geothallus tuberosus.* Blepharoplast quer. A Apertur, Bk Basalkörper, Bl Blepharoplast, G Geißel, hBk hinterer Basalkörper, hM hinteres Mitochondrium, LSt Lamellarstreifen, mB (=S1) mikrotubulares Band, MLS (=S1-S4) vielschichtige Struktur (multilayered structure) aus mikrotubularem Band (mb, S1) und Lamellarstreifen (SSt, S2-S4), N Nucleus (Kern), P Plastide, StK Stärkekörner, vBk vorderer Basalkörper, vM vorderes Mitochondrium (1 n. Renzaglia & Duckett 1987, 2 n. Carothers & Duckett 1980, 3, n. Brown et al. 1983; © Frey & Lünser).

Bei den Hornmoosen teilt sich die Zygote hingegen erst längs und beide Zellen dann quer. Aus den beiden oberen Zellen geht der Sporogon, aus den beiden unteren der Fuß hervor.

Der Fuß des neu entstehenden Sporogons dringt in das Gametophytengewebe ein und wird über ein Gewebe, die Plazenta, mit dem Gametophyten verbunden. Über diese Verbindung wird Wasser und Nährstoffe für die weitere Entwicklung des Sporogons aus dem Gametophyten bezogen. Charakteristisch für die Plazenta sind Transferzellen mit Wandprotuberanzen, Einstülpungen der Zellwand, die der Oberflächenvergrößerung dienen. Bei den Laub- und Lebermoosen ist die Struktur der Verbindung identisch gebaut. Der Fuß des Sporogons ist dort von dem Gametophyten durch einen plazentalen Spalt getrennt, der meist von kollabiertem gametophytischen Gewebe erfüllt ist (Abb. 1-5.1). Transferzellen mit Wandtuberanzen kommen entweder auf bei-

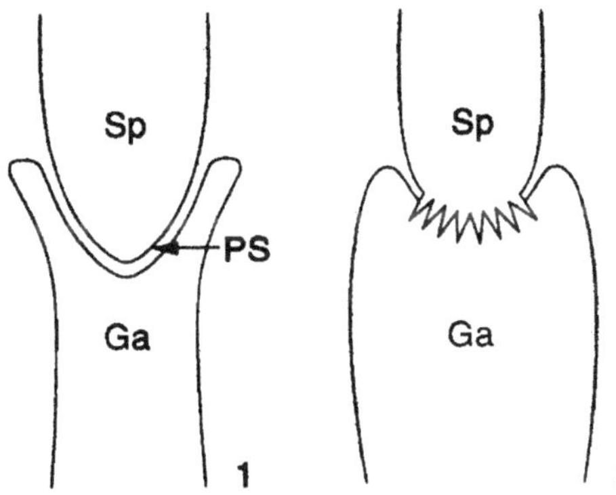



**Abb. 1-5:** Gametophyt-Sporophyt-Verbindung in Längsansicht, schematisch. 1. Laub- und Lebermoose, mit plazentalem Spalt. 2. Hornmoose. Durchwachsung beider Generationen. Ga Gametophyt, PS plazentaler Spalt, Sp Sporophyt (© Frey & Lünser).

den Seiten oder nur auf der sporophytischen Seite vor oder sie fehlen ganz. Bei den Hornmoosen dringt ein Haustorium aus sporophytischem Gewebe in die gametophytischen Transferzellen ein (Abb. 1-5.2); ein plazentaler Spalt fehlt dort. Dieser Bau der Gametophyt-Sporophyt-Verbindung ist identisch mit dem der Psilophytinae, der urtümlichen Gabelblattfarne (Frey et al. 1994). Auch bei den übrigen Farngruppen gibt es keinen plazentalen Spalt. Daher könnte man anhand des fehlenden plazentalen Spaltes und der Übereinstimmung der Gametophyt-Sporophyt-Verbindung von Hornmoosen und Gabelblattfarnen eine Evolutionslinie von den Hornmoosen zu den Farnpflanzen ziehen.

## 1.2.4 Sporophyt

Die diploide Generation der Moose, der Sporophyt, besitzt bei den Hornmoosen und vielen Laubmoosen Spaltöffnungen vom *Mnium*-Typ, der auch bei den Farnpflanzen verbreitet ist. Er ist ferner kutinisiert. Für die Polytrichales ist nachgewiesen, dass das Kutin in seiner chemischen Zusammensetzung und Struktur der Kutikula der Gymnospermen gleicht. Ferner besitzen die Sporophyten der Horn- und Laubmoose im Zentrum ein Leitgewebe, sodass er also in seiner Struktur einer Protostele entspricht. Alle diese Merkmale sprechen für eine gemeinsame Abkunft von Moosen und Farnpflanzen von Ur-Tracheophyten.

Der Sporophyt besteht bei den Hornmoosen aus einem schotenförmigem Organ. Er gliedert sich bei Laub- und Lebermoosen in einen Stiel (**Seta**) und eine Sporenkapsel (**Sporangium**). Der vielfach benutzte Ausdruck Kapsel datiert (ähnlich wie Antheridium = staubblattähnliches Organ) noch aus der Zeit vor der Entdeckung des Generationswechsels durch Hofmeister im Jahre 1851, als man Moose noch für kleine Blütenpflanzen hielt, deren Fortpflanzung nicht sichtbar (Phanerogamen), sondern im Verborgenen blieb (Kryptogamen). Die Sporenkapseln haben bei Laub- und Lebermoosen und auch innerhalb der Großgruppen der Laubmoose einen sehr unterschiedlichen Bau.

Im Inneren wird ein sporogenes Gewebe gebildet (**Archespor**), aus dem sich aus den diploiden Sporenmutterzellen durch zweimalige Meiose die Sporen (**Meiosporen**) bilden. Sie gelangen durch unterschiedliche Mechanismen (Längsrisse des Sporophyten bzw. Sporangiums bei Horn- und Lebermoosen sowie den Andreaeidae unter den Laubmoosen, Abwerfen eines Deckels bei den meisten übrigen Laubmoosen, Näheres bei der Besprechung der einzelnen systematischen Gruppen in Kap. 3) ins Freie.

---

Zusammenfassend lassen sich Moose wie folgt charakterisieren:

- Moose sind grüne Landpflanzen mit Chlorophyll a, b, Stärke und Zellulose, aber ohne Lignin.
- Sie haben einen heterophasischen, heteromorphen Generationswechsel.
- Der haploide Gametophyt ist die eigentliche Moospflanze, er kann folios oder thallos sein. Er produziert Antheridien mit biflagellaten Spermatozoiden und Archegonien mit einer sterilen Hülle und einer Eizelle. Aus der Eizelle entsteht ein Embryo, der sich zum diploiden Sporophyten entwickelt.
- Der Sporophyt ist kürzerlebig als der Gametophyt, ist mit ihm verbunden und wird von ihm ernährt. Er produziert ein Sporangium.

# 2 Klassifikation der Moose

## 2.1 Die Großgruppen der Moose

Pflanzen mit heterophasischem, heteromorphem Generationswechsel unter den grünen Landpflanzen mit Dominanz des Gametophyten und auf diesem wachsenden Sporophyten (= Moose) begegnen uns in einer extremen Vielfalt morphologischer Ausprägungen (Abb. 1-1) und mit sehr unterschiedlichen anatomischen Strukturen. Wir finden darunter u.a. Pflanzen mit einfach strukturierten Thalli (metzgeriale Lebermoose), solche mit komplex gebauten Thalli nach Art eines aequifazialen Laubblattes (marchantiale Lebermoose), beblätterte Formen mit undifferenzierten Laminazellen und ohne Rippe (beblätterte Lebermoose), und beblätterte Formen mit hoher Gewebedifferenzierung wie Blattflügel, Blattrandzellen, verschiedensten Formen von Laminazellen, Tüpfel, Rippen, Hyalocyten (Laubmoose). Auch die Sporophyten der Moose haben außer der Tatsache, dass sie Sporen produzieren, nicht viele Gemeinsamkeiten. So gibt es Telom-artige schotenförmige Sporophyten mit Spaltöffnungen, Kutikula und einer zentralen Kolumella (Hornmoose), vergängliche Sporophyten mit einfach gebauten Sporogonen (Lebermoose) oder langlebige Sporophyten mit Sporogonen, die mit einem Deckel aufspringen und die unterschiedliche komplizierte Mechanismen zur Sporenaussaat besitzen (Laubmoose), aber trotz erheblicher Bauunterschiede genau wie die Hornmoose Spaltöffnungen, Kolumella und Kutikula aufweisen. Hinzu kommen vielerlei ultrastrukturelle und auch phytochemische Unterschiede (vgl. Kap. 8). Einen Überblick dieser Unterschiede geben Tab. 1-1 und 1-2. Die Frage ist nur, wie diese Unterschiede bewertet werden und welche Klassifikation man daraus ableitet. Eine weitere Frage ist, ob die Großgruppen der Moose polyphyletischen oder monophyletischen Ursprungs sind.

## 2.2 Klassifikationsmöglichkeiten

Die Grobklassifikation der Moose hat im Verlauf der letzten beiden Jahrhunderte, speziell aber in den letzten Jahrzehnten, starke Änderungen erfahren. Bis gegen das Ende des 19. Jahrhundert basierte die Systematik ohnehin nur auf einer künstlichen Einteilung, da man mit ihr noch keine Phylogenie reflektierte. Der Evolutionsgedanke, die Entstehung der Arten aus gemeinsamen Vorfahren, und damit die Erfassung „natürlicher Pflanzenfamilien" waren noch nicht bekannt.

© Springer-Verlag GmbH Deutschland, ein Teil von Springer Nature 2001
J. Frahm, *Biologie der Moose*,
https://doi.org/10.1007/978-3-662-57607-6_2

Bis in die Mitte des 20. Jahrhunderts wurden die Moose in der Abteilung Bryophyta vereint und in die Klassen Musci (Laubmoose) und Hepaticae (Lebermoose) unterteilt. Noch in der 29. Auflage des „Strasburger" (1967) ging man von der Zweiteilung der Moose in Laub- und Lebermoose aus. Die Laubmoose unterteilte man in die Ordnungen Sphagnales (Torfmoose), Andreaeales (Klaffmoose) und Bryales (eigentliche Laubmoose), die Lebermoose in Marchantiales, Jungermanniales und Anthocerotales.

Abteilung Bryophyta
    Klasse Musci
        Ordnung Sphagnales
        Ordnung Andreaeales
        Ordnung Polytrichales
    Klasse Hepaticae
        Ordnung Anthocerotales
        Ordnung Marchantiales
        Ordnung Jungermanniales

Bereits 1899 gab Howe den Anthocerotales (Hornmoose) auf Grund von weitreichenden Besonderheiten (vgl. Kap. 3 und Tab. 1-1, 1-2) den Rang einer eigenen Klasse neben Laub- und Lebermoosen, eine Einteilung, die erst viel später Eingang in die Lehrbücher gefunden hat, sodass man innerhalb der Bryophyta dann die Klassen Anthocerotae, Marchantiatae und Bryatae unterschied (z.B. Schofield 1985, Strasburger, 32. Aufl.) bzw. Anthocerotopsida, Hepaticopsida, Muscopsida (Strasburger 33. Aufl.).

Abteilung Bryophyta
    Klasse      Anthocerotae        Anthocerotopsida
    Klasse      Marchantiatae      Hepaticopsida
        Unterklasse Marchantiidae
        Unterklasse Jungermanniidae
    Klasse      Bryatae        Muscopsida.

Die Klassifikation der Moose wird nicht nur dadurch erschwert, dass die einzelnen systematischen Gruppen auf unterschiedlichen systematischen Stufen unterschieden werden, sondern auch dadurch, dass es laut Internationalem Code der botanischen Nomenklatur keine festen Regeln, sondern nur Empfehlungen für die Bildung der Namen oberhalb der Familien gibt, die dann auch noch mehrere Möglichkeiten offen lassen. So dürfen diese Namen beschreibend sein (z.B. Musci, Hepaticae) oder können von einem Gattungsnamen abgeleitet sein (Bryatae, Marchantiatae). Auch der Gebrauch von Endungen beruht nur auf Empfehlungen, die sich zudem noch in letzter Zeit geändert haben, sodass gleichzeitig traditionelle Ausdrücke wie Musci und Hepaticae neben Muscopsida oder Hepaticopsida verwendet werden dürfen. Dadurch kommt es zu

**Abb. 2-1:** Unterschiedliche Erscheinungsformen der Moose. 1. Hornmoos (*Anthoceros agrestis*). 2. Komplex gebautes thalloses Lebermoos (*Preissia quadrata*). 3. Einfach gebautes thalloses Lebermoos (*Pellia neesiana*). 4. Torfmoos (*Sphagnum quinquefarium*). 5. Beblättertes Lebermoos (*Scapania paludicola*). 6. Laubmoos (*Bryum bicolor*).

**Tab. 2-1:** Unterschiede der Großgruppen der Moose im Gametophyten.

| | Anthocerotophyta | Bryophyta | |
| --- | --- | --- | --- |
| | | Marchantiophytina | Bryophytina |
| | Hornmoose | Lebermoose | Laubmoose |
| **Protonema** | ohne | selten vorhanden | vorhanden |
| **Sporophyt-Gametophyt-Verbindung** | ohne plazentalen Spalt | mit plazentalem Spalt | mit plazentalem Spalt |
| **Blepharoplast** | Basalkörper gleich lang, nicht versetzt. 12 Mikrotubuli. Keine Apertur. | Basalkörper ungleich lang, nicht versetzt. Mehr oder weniger Tubuli. Apertur vorhanden | Basalkörper ungleich lang, nicht versetzt. Mehr oder weniger Tubuli. Apertur vorhanden |
| **Geißeln** | rechtsschraubig | linksschraubig | linksschraubig |
| **Chloroplast** | meist 1, becherförmig, mit Pyrenoid | zahlreiche linsenförmige | zahlreiche linsenförmige |
| **Pflanze** | thallos | thallos oder folios, dann 3 zeilig beblättert | folios, schraubig beblättert, selten 2-3zeilig |
| **Blätter** | fehlend | ohne Rippe | mit oder ohne Rippe |
| **Zellnetz** | isodiametrisch | isodiametrisch | par- oder prosenchymatisch |
| **Wuchsform** | plagiotrop | plagio- oder orthotrop | orthotrop |
| **Scheitelzelle** | 2-schneidig | 2- oder 3- schneidig | 3-schneidig |
| **Ölkörper** | keine | vorhanden, mit Membran, einer bis zahlreich, oft spezifische Form und Größe, aus Sesquiterpenoiden | keine oder nur Lipidtröpfchen ohne Membran |
| **Rhizoiden** | glatt | Zäpfchenrhizoiden (Marchantiopsida), glatt oder selten fehlend | glatt |
| **Gametangien** | endogen im Thallus | exogen, tlw. im Thallus versenkt, oder blattachselständig | exogen terminal oder lateral blattachselständig |

erheblicher begrifflicher Konfusion speziell bei Anfängern. Die Gruppe der Lebermoose kann so – wenn sie als Klasse aufgefasst werden – als Hepaticae, Hepaticopsida, Marchantiatae oder Marchantiopsida bezeichnet werden, wenn man sie als Unterabteilung auffässt, als Hepaticophytina oder Marchantiophytina, wenn man sie als eigene Abteilung auffasst, als Hepaticophyta oder Marchantiophyta. Und ist man der Meinung, dass *Marchantia* die Gesamtheit der Lebermoose schlecht charakterisiert, und die auf Grund der höchsten Artenzahlen die foliosen Lebermoose die Gruppe besser charakterisieren, kann  man neue Wortkombinationen mit *Jungermannia* statt

**Tab. 2-2:** Unterschiede der Großgruppen der Moose im Sporophyten.

| | Anthocerotophyta | Bryophyta | |
|---|---|---|---|
| | | **Marchantiophytina** | **Bryophytina** |
| | **Hornmoose** | **Lebermoose** | **Laubmoose** |
| | | | |
| **Sporophyt** | langlebig, weitgehend autotroph | sehr kurzlebig, rein vom Gametophyten ernährt | sehr langlebig, weitgehend vom Gametophyten ernährt, aber auch assimilierend |
| **Embryoentwicklung** | erst Längs-, dann Querteilung der Zygote | nur Querteilung der Zygote | nur Querteilung der Zygote |
| **Wachstum** | durch meristematische Zone an der Basis | zuerst Entwicklung der Kapsel, dann Streckung der Seta | zunächst Entwicklung der Seta, dann der Kapsel |
| **Seta** | fehlend | aus dünnwandigen Zellen, ohne Zentralstrang | aus dickwandigen Zellen, mit Zentralstrang |
| **Sporogonöffnung** | 2 Längsrisse | 4 Längsrisse oder Deckel (Marchantiopsida) | mit Deckel (kann reduziert sein) |
| **Spaltöffnungen** | vorhanden | keine | zum Teil |
| **Elateren** | vorhanden | vorhanden | keine |
| **Columella** | vorhanden | keine | vorhanden |
| **Kalyptra** | keine | keine | vorhanden |
| | | | |
| **Artenzahl** | ca. 400 | ca. 4500 | ca. 10000 |

*Marchantia* vornehmen. Enthält eine Klasse mehrere Unterklassen, so können die Gattungsamen einer jeden Unterklasse für den Namen der Klasse benutzt werden, auch wenn dabei das Prioritätsprinzip befolgt werden „sollte".

Jüngste Ergebnisse molekularsystematischer Studien zeigen, dass die thallösen Marchantiales innerhalb der Lebermoose keine direkten verwandtschaftlichen Beziehungen zu den übrigen thallösen Lebermoosen aufweisen. Kladogramme basierend auf der Sequenzierung des 18S Genes ergaben, dass die früher als Unterklassen behandelten Jungermanniidae und Marchantiidae keine nähere Verwandtschaft zeigen. Dies wird auch durch die gravierenden morphologischen Unterschiede im Bau von Gametophyten und Sporophyten gestützt. Daher wurden die komplex gebauten thallosen Lebermoose (mit Kutikula, Atemporen, Schwammparenchym, Gametangiophoren, ungestielten Sporophyten u.a.) von den einfach gebauten thallosen Lebermoosen ohne besondere Thallusdifferenzierung und mit einem Sporophyten nach Art der beblätterten Lebermoose auf Klassenebene unterschieden (z.B. Strasburger 34. Aufl.).

Abteilung Bryophyta, Moose
    Klasse Anthocerotopsida, Hornmoose
    Klasse Marchantiopsida, komplex gebaute thallose Lebermoose
    Klasse Jungermanniopsida, einfach gebaute thallose und foliose Lebermoose
    Klasse Bryopsida, Laubmoose

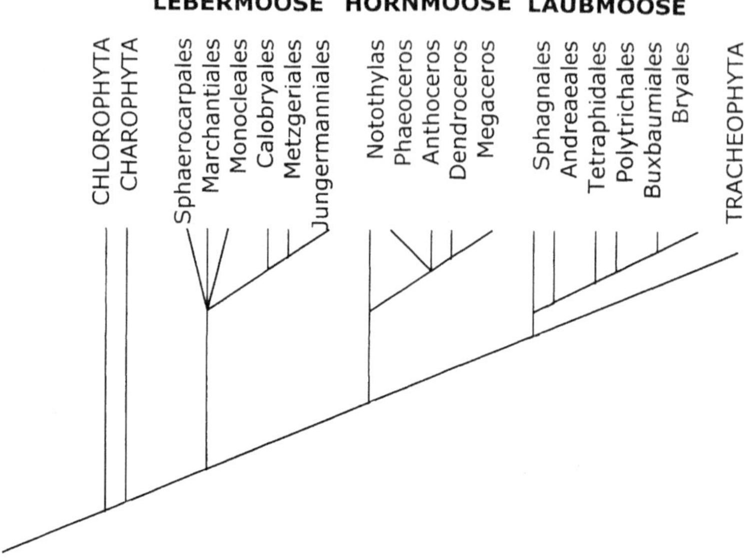


**Abb. 2-2:** Kladogramm der Grünen Landpflanzen nach Mishler & Churchill (1984, 1985), welches eine paraphyletische Entwicklung der Großgruppen der Moose postuliert.

Stammesgeschichtliche Erwägungen führten schließlich dazu, eine einheitliche Abteilung Bryophyta für alle Moose in Frage zu stellen, weil dies einen monophyletischen Ursprung implizieren würde. Kladistische und molekulare Stammbäume gehen jedoch eher von getrennten Entwicklungslinien aus, dass also Moose einen polyphyletischen Ursprung haben. Das würde aber bedeuten, dass man diese systematischen Gruppen (ähnlich wie bei den „Algen", die früher als Phycophyta zusammengefasst wurden und heute in unterschiedliche Abteilungen aufgespalten sind) nicht in einer Abteilung vereinigen kann. Zunächst wurden von einigen Autoren die Hornmoose separiert und aus den übrigen Bryophyta herausgelöst, weil sie in einer Vielzahl von morphologischen, aber auch ultrastrukturellen Merkmalen von den übrigen Moosen unterschieden sind.

Abteilung Anthocerotophyta*, Hornmoose
Abteilung Bryophyta, Moose i.e.S.

Einige Autoren betrachten sogar die früheren drei Klassen als eigene Abteilungen = phylogenetische Entwicklungslinien, z.B. die Autoren in dem jüngsten amerikanischen Lehrbuch (Shaw & Goffinet 2000):

*Die sich vielfach einbürgernde Schreibweise Anthocerophyta ist falsch, da diese Bezeichnungen vom Wortstamm gebildet werden, der Anthocerot- heißt. Es heißt ja auch Pteridophyta und nicht Pterophyta.

Abteilung Anthocerotophyta, Hornmoose
Abteilung Hepaticophyta (= Marchantiophyta), Lebermoose
    Klasse Marchantiopsida
    Klasse Jungermanniopsida
Abteilung Bryophyta, Laubmoose

Vergleichend morphologisch-anatomische Untersuchungen geben dazu keine eindeutigen Beweise, molekulare Untersuchungen zurzeit (je nach verwendeten Genen) widersprüchliche Ergebnisse (vgl. Kap.9). „Moose" wären dann nur noch ein Organisationstyp zwischen Algen und Farnen, die durch Gemeinsamkeiten des Generationswechsel verbunden sind (vgl. Kap. 1). Der alte Terminus „Bryophyta" wird dann allerdings mehrdeutig. Traditionell wäre dies eine Bezeichnung für alle Moose, nach neuerem Gebrauch eine Sammelbezeichnung für Moose im Gegensatz zu den Hornmoosen und nach jüngster Definition nur noch für die Laubmoose. Zudem wird der Begriff noch als Bezeichnung eines Organsisationstyps im Gegensatz zu Thallophyten und Kormophyten benutzt.

Daneben gibt es zahlreiche weitere intermediäre Klassifikationen, die z.B. Laub-, Leber- und Hornmoose auf Grund ihrer großen Unterschiede als Unterabteilungen der Bryophyta (Anthocerotina, Marchantiina, Bryophytina) einstufen, oder die Hornmoose als eigene Abteilung und die Laub- und Lebermoose als Unterabteilungen einer zweiten Abteilung.

Betrachtet man die Organisation der Gametophyten und vergleicht man insbesondere den Bau des Sporophyten, so kann man gravierende Unterschiede zwischen den Moosgruppen feststellen, die die Auftrennung in verschiedene Abteilungen gerechtfertigt erscheinen lassen. Diese Unterschiede sind in Tab. 2-1 und 1-2 zusammengefasst. Generell muss man jedoch sagen, dass die Ansichten über die Klassifikation aller Organismen nicht statisch sondern stets im Fluss sind, wozu neuere Forschungsergebnisse (z.B. Ultrastrukturforschung), neuere Forschungsmethoden (z.B. DNA-Sequenzierung), sowie neuere Ansichten und Wertungen dieser Ergebnisse beitragen. Auf diese Weise finden wir bei den Moosen auch heute immer noch unterschiedliche Ansichten über Klassifikationen. Auch in Zukunft sind durch weitere molekularsystematische Forschungen noch weitreichendere Änderungen zu erwarten. Das betrifft z.B. die vielleicht nicht mehr aufrecht zu erhaltende Trennung von beblätterten und thallösen Lebermoosen (Metzgeriidae und Jungermanniidae) oder die Klärung der Positionen von Gattungen wie *Takakia* oder *Blasia*.

Die Wandlung dieser Ansichten hat dazu geführt, dass die einzelnen systematischen Gruppen der Moose immer höhere Ränge eingeräumt bekamen (z.B. Laub- und Lebermoose von Klassen zu Unterabteilungen und Abteilungen). Grundsätzlich festzuhalten ist, dass es keine allgemein gültigen oder richtige und falsche Klassifikationen gibt, sondern diese von der Bewertung der Unterschiede abhängig ist.

Auf Grund der starken Abweichungen werden die Hornmoose in dem vorliegenden Buch als eigene Abteilung angesehen, die Laub- und Lebermoose trotz vieler, aber nicht so großer Unterschiede wie zu den Hornmoosen als Unterabteilungen einer gemeinsamen Abteilung. Dafür würden auch als Bindeglieder anzusehende Vertreter (*Takakia*) mit Lebermoos-Gametophyt und Laubmoos-Sporophyt sprechen.

**Organisationstyp Moose**

**1. Abteilung Anthocerotophyta, Hornmoose**
**2. Abteilung Bryophyta, Moose**
   1. Unterabteilung Marchantiophytina, Lebermoose
      1. Klasse Treubiopsida
      2. Klasse Marchantiopsida, komplex gebaute thallose Lebermoose
         1. Unterklasse Monocleidae
         2. Unterklasse Sphaerocarpidae
         3. Unterklasse Marchantiidae
      3. Klasse Jungermanniopsida
      1. Unterklasse Haplomitriidae
        2. Unterklasse Metzgeriidae, einfach gebaute thallose Lebermoose
      3. Unterklasse Jungermanniidae, foliose Lebermoose
   2. Unterabteilung Bryophytina, Laubmoose
      1. Klasse Sphagnopsida, Torfmoose
      2. Klasse Andreaeopsida, Klaffmoose
      3. Klasse Takakiopsida
      4. Klasse Bryopsida, Laubmoose i.e.S.
         1. Unterklasse Polytrichidae, Frauenhaarmoose
         2. Unterklasse Tetraphididae, Vierzahnmoose
         3. Unterklasse Buxbaumiidae, Koboldmoose
         4. Unterklasse Bryidae, Echte Laubmoose

## 2.3 Klassifikation der Laubmoose

Die ersten Klassifikationen der Laubmoose erfolgten auf Gattungsebene. Dillenius (1741) unterschied sechs Gattungen, Linné (1753) acht. Beide gaben noch keine Kriterien für die Abgrenzung der Arten. Hedwig (1782) unterschied dann 25 Gattungen, die er nach dem Vorhandensein oder Fehlen eines Peristoms bzw. der Form der „männlichen Blüte" unterschied. Palisot de Beauvois (1805) ging allein von Sporophyten- bzw. Peristommerkmalen aus. Er klassifizierte die Laubmoose wiederum nach dem Fehlen bzw. Vorhandensein, dann aber nach dem Vorhandensein eines Exoperistoms bzw. Endoperistoms. Der Grund in der hohen Gewichtung des Sporogons für die Laubmoossystematik war, dass dieser als Blüte angesehen wurde und die Blütenmerkmale in der Systematik der Blütenpflanze die größte Beachtung fanden. Seit Bridel (1819) wurden die Laubmoose auch in Familien, Ordnungen und Klassen gruppiert. Hooker & Taylor (1818) führten zusätzlich die Stellung des Sporophyten als Merkmal ein und Bridel (1819) gab diesem Merkmal die höchste Gewichtung. Nees von Esenbeck, Hornschuch & Sturm (1823) führten dafür die Termini „Acrocarpi" und „Pleurocarpi" für „gipfelfrüchtige" und „seitenfrüchtige" Laubmoose ein. Dieser Einteilung wurde allgemein gefolgt, so von Bruch, Schimper und Gümbel (1836-55) in der „Bryologia Europaea". Dabei wurde das Merkmal der Kleistokarpie (Kapseln ohne Peristom) und Stegokarpie (Kapseln mit Peristom) der Akrokarpie untergeordnet.

Auch nach der Entdeckung des Generationswechsels der Moose wurden Sporophytenmerkmale noch weiterhin zur Klassifikation benutzt, allerdings nur für höhere Kategorien und nicht zur Unterscheidung von Gattungen. Mitten (1859) führte die Begriffe Arthrodonti und Nematodonti für Laubmoose mit unterschiedlichem Peristombau ein. Er ordnete als erster kleistokarpe Moose unter die stegokarpen, bestritt aber die Abgrenzung von Akrokarpen und Pleurokarpen.

An der Einteilung der Laubmoose in akrokarpe und pleurokarpe und die Unterteilung der akrokarpen in kleistokarpe (ohne abfallendem Kapseldeckel) und stegokarpe (mit abfallendem Kapseldeckel) wurde noch das ganze 19. Jahrhundert überwiegend festgehalten und zuletzt von Limpricht (1885-95) benutzt.

Lindberg (1879) kombinierte die Einteilungen von Bridel-Schimper hinsichtlich der akrokarpen und pleurokarpen Moose und Mitten hinsichtlich der Vernachlässigung der Pleurokarpie und der Ausgrenzung der nematodonten Moose. Ihm folgte im wesentlichen Brotherus (1901).

Zwischen 1884 und 1890 publizierte Philibert acht Beiträge zur Struktur des Peristoms, griff dabei die Arthrodonti und Nematodonti von Mitten auf und unterteilte die Arthrodonti nach ihrem Bau in Haplolepidei und Diplolepidei. Philibert begründete darauf keine neue Klassifikation, aber seine Erkenntnisse wurden zunächst von Fleischer (1904-23) und dann auch von Brotherus (1924-25) in der 2. Auflage der „Natürlichen Pflanzenfamilien" aufgegriffen und für die Laubmoosklassifikation verwandt. Diese wurde in allen folgenden Florenwerken allenfalls mit kleinen Modifikationen als Grundlage der Laubmoossystematik benutzt.  Seitdem hat sich kaum etwas an dem System geändert. Auch die Anordnung der Ordnungen ist dieselbe geblieben.

Die Abgrenzung der Gattungen erfolgte seit Schimper im wesentlichen an Hand des Gametophyten. Dies folgt dem Postulat, dass es die Gametophyten sind, die den wesentlichen Teil der Moospflanze bilden und dass die Gametophyten direkt den ökologischen Standortbedingungen unterliegen und ihre Evolution von Standortanpassungen geprägt ist. Demgegenüber steht die Ansicht, dass die Peristommerkmale konservativer sind und daher Vorrang haben. Peristommerkmale entscheiden außerdem über die Effizienz der Sporenaussaat und damit über das Überleben der Art. So gibt es unter den tropischen Hookeriaceen Gattungen, die gametophytisch identisch sind und sich nur durch die Peristommerkmale unterscheiden. Geht man von Sporophytenmerkmalen bei der Klassifikation aus, muss es sich um getrennte Entwicklungslinien mit unterschiedlichen Peristomen handeln, die sich unabhängig voneinander aber gleichartig mit dem Gametophyten an einen Standort angepasst haben. Geht man von den gametophytenmerkmalen aus, handelt es sich um eine Entwicklungslinie mit der Ausbildung zweier unterschiedlicher Peristomtypen.

## 2.4 Klassifikation der Leber- und Hornmoose

Eine erste Gliederung der Lebermoose wurde von Nees von Esenbeck (1833) gegeben. Nees klassifizierte die Lebermoose in Riccieae, Anthoceroteae, Marchantieae,

Monocleae und Jungermannieae. Letztere wurden in „foliosae" und „frondosae" unterteilt. Dieses System wurde von Gottsche, Lindenberg und Nees in der „Synopsis Hepaticarum" (1844-1847) übernommen. Die marchantialen Lebermoose waren also noch auf 3 Unterklassen (Riccieae, Marchantieae, Monocleeae) verteilt. Beinahe modern mutet an, dass die thallosen und foliosen Jungermannieae in einer Gruppe vereint sind, was sich erst heute wieder an Hand von molekularen Stammbäumen ergibt. Erst Lindberg schloss die Riccieae in die marchantialen Lebermoose ein und unterschied drei Familien: Jungermanniaceae, Marchantiaceae und Anthocerotaceae. Diese Klassifizierung blieb abgesehen von dem niedrigen taxonomischen Level bis in die Mitte des 20. Jahrhunderts grundlegend, und noch Müller (1951-58) gruppierte die Lebermoose entsprechend in Marchantiales, Jungermanniales und Anthocerotales. Leitgeb (1874-81) teilte die Jungermanniales in akrogyne und anakrogyne Vertreter. Diese Klassifikation wurde von Schiffner in der Bearbeitung der Lebermoose für die „Natürlichen Pflanzenfamilien" übernommen und war viele Jahrzehnte so etwas wie ein Standard.

Eine lang andauerende Diskussion beschäftigte sich mit der Frage nach den ursprünglichen und abgeleiteten Formen, der Reihenfolge im System, und der Konstruktion von hypothetischen aufsteigenden und absteigenden Evolutionsreihen. Bereits Leitgeb konstruierte eine Evolutionsreihe von den Ricciaceae zu den Marchantiaceae, wohingegen andere Autoren wie von Goebel die Ricciaceae als reduzierte Gruppe auffassten. Eine andere Frage betraf die nach der Ursprünglichkeit von thallosen oder foliosen Formen. Von Wettstein trat dafür ein, dass die foliosen Formen die ursprünglichen sind und sich daraus die einfach gebauten thallosen Formen (anakrogyne Jungermanniales, Metzgeriales), so dann die Marchantiales und als Höhepunkt der Evolution mit Spaltöffnungen in den Sporogonen die Anthocerotales entwickelt hätten. Dieser Ansicht schlossen sich andere Hepatikologen (Evans, Verdoorn, Buch) an. Erst Müller (1954) drehte diese Reihenfolge um und hielt die Anthocerotales für die primitivste Gruppe.

Als erster trennte Howe (1898) die Anthocerotales als eigene Klasse von den übrigen Lebermoosen ab, nachdem bereits zuvor die isolierte Position dieser Gruppe von anderen Autoren postuliert worden war. Die Klassifikation von Howe hat sich aber erst in der zweiten Hälfte des 20. Jahrhunderts und nur zögernd durchgesetzt. Während Müller (1951-58) die Anthocerotales noch als Ordnung der Hepaticae ansah, hatte Schuster (1953) Howe´s Ansicht übernommen und stellte den Hepaticae die Anthocerotae gegenüber.

## 2.5 Molekulare Marker

Von den über 20 verschiedenen Genen und nichtcodierenden DNA-Abschnitten, die als Marker für systematische Fragestellungen bei Pflanzen herangezogen worden sind, finden bisher ca. 15 auch bei Moosen Anwendung. Dazu gehören Marker der Kern-DNA (18S rRNA-Gen und intern transkribierte Spacer (ITS) 1/2 der ribosomalen Transkriptionseinheit, Abb. 2-3), der Chloroplasten-(cp)DNA (mit *rbc*L-Gen, *rps*4-Gen,

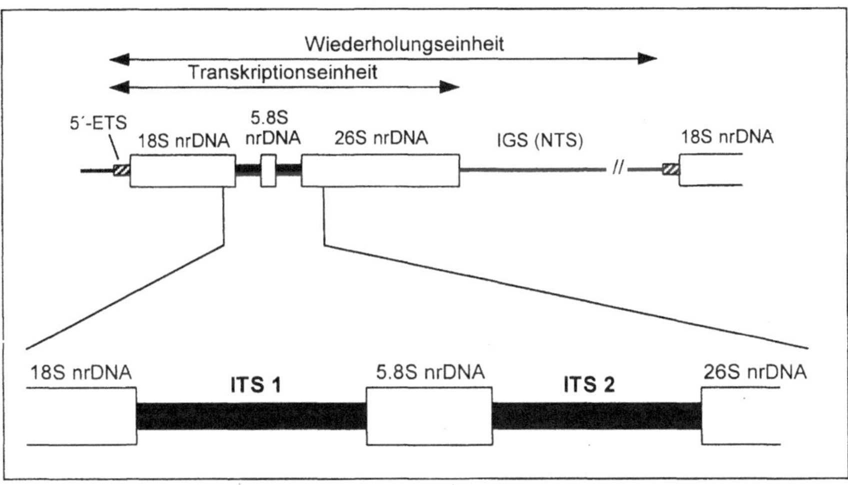


**Abb. 2-3:** Schematische Darstellung der kerncodierten ribosomalen Wiederholungs- und Transkriptionseinheit. Diese umfaßt in 5´-3´-Richtung den 5´-extern transkribierten Spacer (ETS), das 18S rRNA-Gen, den intern transkribierten Spacer (ITS) 1, das 5.8S rRNA-Gen, den ITS2 und das 26S rRNA-Gen. Die Längen der Abschnitte sind nicht maßstabsgetreu dargestellt.

16S/23S rRNA-Gene, *atp*B-*rbc*L-Spacer, *trn*T-*trn*L-*trn*F-Region, und cpITS2-4, Abb. 2-4) und der Mitochondrien-(mt)DNA (19S rRNA-Gen, *nad*5-Gen). Die ersten, seit 1992 veröffentlichten Untersuchungen dienten der Klärung verwandtschaftlicher Zusammenhänge zwischen den Großgruppen der Moose bzw. zwischen Moosen und den anderen Landpflanzengruppen. Kontroverse Ergebnisse wurden mit dem 18S rRNA-Gen erzielt, da einige Arbeiten eine nähere Verwandtschaft gewisser Lebermoose (Jungermanniopsida) mit den Laubmoosen (Bryopsida) als mit den Marchantiopsida postulierten (Capesius 1995, Bopp & Capesius 1995, 1996, 1998, Capesius & Bopp 1997), während die Lebermoose in anderen Untersuchungen als monophyletische Gruppe dargestellt wurden (Waters et al. 1992, Hedderson et al. 1996, 1998), übereinstimmend mit Analysen der 16S/23S rRNA-Gene (Mishler et al. 1992).

Die Bewertung solch unterschiedlicher Topologien war wegen der geringen Zahl der verwendeten Marker und Arten nur schwer möglich, wohingegen inzwischen Arbeiten mit weiteren Markern vorliegen, die eine vergleichende Analyse der großsystematischen Gliederung der Moose erlauben (cpITS2-4, Samigullin et al. 1998; *nad*5, Beckert et al. 1999; 19S rRNA-Gen, Duff & Nickrent 1999; *trn*L-Intron, Stech et al. 2000, Stech & Frey 2001). Nach diesen Arbeiten sind die Lebermoose wie die Laubmoose monophyletisch, und können in zwei, nach den *trn*L-Intron-Daten in vier Klassen (Marchantiopsida, Jungermanniopsida, Treubiopsida und Blasiopsida) eingeteilt werden. Die Hornmoose können auf der Grundlage der bisher vorliegenden *rbc*L-, 18S rRNA-, und *nad*5-Daten auch molekular als eine eigene, von den Moosen getrennte Gruppe der Landpflanzen (Anthocerotophyta) angesehen werden.

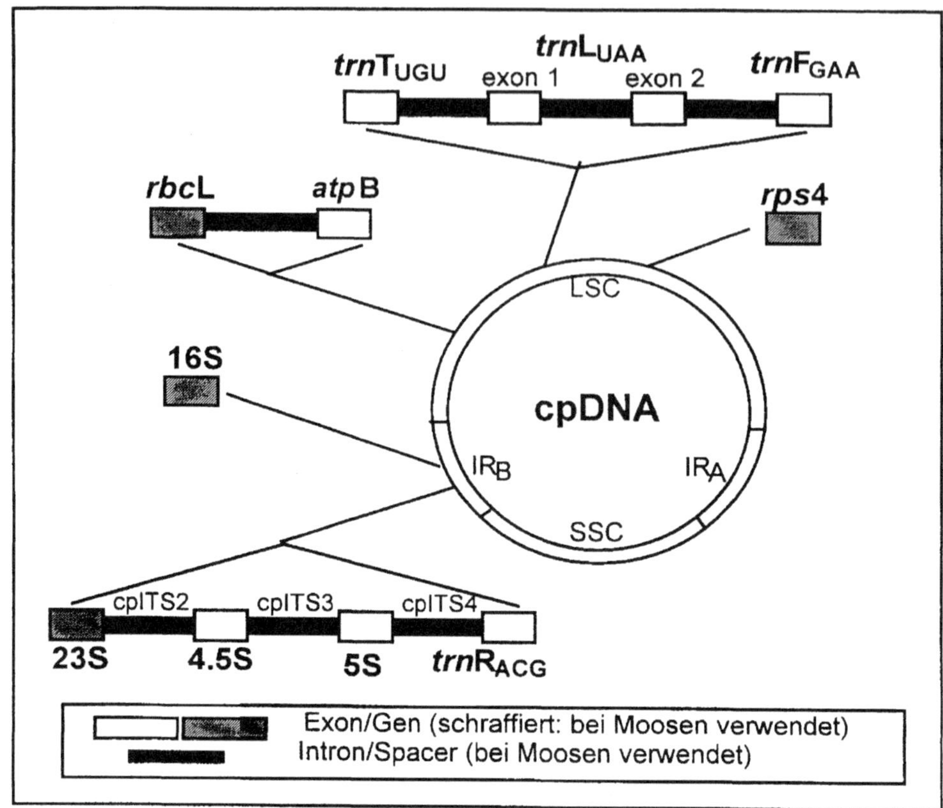



**Abb. 2-4:** Schematische Darstellung des Chloroplastengenoms mit der ungefähren Lage codierender und nichtcodierender DNA-Abschnitte, die für molekularsystematische Untersuchungen bei Moosen verwendet werden. Die in den inverted repeats $IR_A$/$IR_B$ liegenden Bereiche sind nur für den $IR_B$ dargestellt. SSC/LSC = small/large single copy region, ITS2/3/4 = intern transkribierte Spacer 2/3/4 der cpDNA; Genabkürzungen: 4.5S/5S/16S/23S = rRNA-Gene, *atp*B = β-UE der ATP-Synthase, *rbc*L = Ribulose-1,5-bisphosphat-Carboxylase, *rps*4 = Proteine der 30S-Ribosomen-UE, *trn*T/L/F/R = tRNAs für Threonin/Leucin/Phenylalanin/Arginin.

Die auf unterschiedlichen Genen beruhenden molekularen Stammbäume waren vielfach widersprüchlich. Daher ist man inzwischen dazu übergegangen, Basensequenzen verschiedener DNA-Regionen miteinander zu kombinieren (z.B. bei Laubmoosen *rbc*L, *trn*L-*trn*-F, *rps*4, 18S rRNA, Newton et al. 2000). Dennoch hat man bislang noch keine eindeutigen Antworten auf offene Fragen zur Stammesgeschichte der Moose wie z.B. die Trennung von Jungermaniidae - Metzgeriidae, Stellung von *Takakia* und *Haplomitrium*, oder die stammesgeschichtlichen Zusammenhänge von akrokarpen und pleurokarpen Laubmoosen gefunden.

Während zu den Lebermoosen bisher nur wenige detailliertere molekulare Arbeiten vorliegen (Boisselier-Dubayle et al. 1997, Lewis et al. 1997, Meißner et al. 1998, Pfeiffer 2000a, Stech et al. 2000, Wheeler 2000, Stech & Frey 2001), sind über Laubmoose seit 1998 eine deutlich größere Zahl von Untersuchungen auf niedrigerem taxonomischem Niveau, von Unterklassen bis hin zu Populationen einer Art, durchgeführt worden. Damit einher gehen zum einen die häufigere Verwendung nichtcodierender DNA-Abschnitte (Introns, Spacer), die eine höhere Sequenzvariabilität aufweisen als die codierenden Gene, und zum anderen der Vergleich von zwei oder mehr molekularen Markern in einer Arbeit.

Beispielsweise liegen auf der Basis verschiedener cpDNA-Bereiche Stammbäume zur Systematik der arthrodonten Laubmoose (u.a. Cox et al. 2000, De Luna et al. 2000, Goffinet & Cox 2000, La Farge et al. 2000) und detailliertere Untersuchungen einzelner Ordnungen bzw. Familien der Laubmoose vor, z.B. zu den Polytrichales (Hyvönen et al. 1999), Sphagnales (Shaw 2000a), Dicranaceae (Stech 1999a), Bryales (Cox & Hedderson 1999), Orthotrichales (Goffinet et al. 1998), Leucodontaceae (Maeda et al. 2000), Lembophyllaceae (Quandt et al. 2000), Hypopterygiaceae (Stech et al. 1999b), Plagiotheciaceae (Arikawa & Higuchi 1999) und Hylocomiaceae (Chiang & Schaal 2000).

Weitere Anwendungsbereiche molekularer Marker sind die Klärung der systematischen Stellung bzw. des taxonomischen Status einzelner Gattungen und Arten, sowie die geomolekulare Differenzierung. So konnte gezeigt werden, daß *Amphidium* Schimp., welches kein Peristom besitzt und aufgrund gametophytischer Merkmale nicht eindeutig systematisch einzuordnen war, zu den haplolepiden Dicranales und nicht zu den diplolepiden Orthotrichales gehört (Stech 1999b). *Dicranella palustris* (Dicks.) Crundw. ex Warb. zeigte keine Verwandtschaft mit anderen *Dicranella*-Arten, sondern mit *Dichodontium pellucidum* (Hedw.) Schimp., so dass erstmals bei Moosen eine neue Kombination aufgrund molekularer Daten aufgestellt wurde (*Dichodontium palustre*, Stech 1999c). Molekulare Analysen ergaben auch, daß aquatische pleurokarpe Laubmoose, die sich durch eine 2- oder mehrschichtige Lamina und eine breite Rippe auszeichnen, nicht in eigene Familien Donrichardsiaceae und Hypnobartlettiaceae zu klassifizieren sind, sondern zu den Amblystegiaceae (*Gradsteinia andicola* Ochyra, Stech & Frahm 2000; *Hypnobartlettia fontana* Ochyra, Stech et al. 1999a; *Ochyraea tatrensis* Vana, Stech & Frahm 2001) bzw. zu den Brachytheciaceae (*Platyhypnidium mutatum* Ochyra & Vanderpoorten, Stech & Frahm 1999) gehören.

Die geomolekulare Differenzierung analysiert die Verbreitungsmuster, Areale und vermutlichen Wanderrichtungen der heute vorkommenden Taxa auf molekularer Basis. Die Sequenzdaten sollen Hinweise dafür liefern, wo der entwicklungsgeschichtliche Ursprung der heutigen Taxa liegt und wie deren Areale entstanden sein können. Im Zuge dieser Fragestellungen wurden erstmals Populationen einer Art durch den Vergleich molekularer Marker untersucht, vor allem der *trn*T-*trn*L-*trn*F-Region der cpDNA und der ITS1/2 der Kern-DNA. So zeigen nordamerikanische Populationen von *Hylocomium splendens* (Hedw.) B.S.G., einer entwicklungsgeschichtlich alten Art, von der Fossilfunde seit dem Miozän vorliegen, eine hohe intraspezifische Divergenz in den ITS2-Sequenzen und eine Differenzierung von drei geografisch getrennten Gruppen (Chiang & Schaal 1999). Bei *Bryum argenteum* Hedw. besitzen einzelne Populationen untereinander eine größere Divergenz in den ITS-Sequenzen als zu Populationen, die traditionell anderen *Bryum*-Arten zugerechnet werden (Hedderson & Longton 1999). Auch bei einer zweiten Gattung der Bryaceae, *Mielichhoferia* Hornsch., wurde eine hohe intraspezifische Variabilität der ITS nachgewiesen (Shaw 2000b).

Mehrere Arbeiten befassen sich mit der Differenzierung von Moosarten nach der Trennung der Landmassen der südlichen Gondwanaregion, die heute im südlichen Südamerika sowie in Neuseeland/Tasmanien vorkommen (Arten des palaeoaustralen Genoelements). Dies betrifft zum Beispiel die Lebermoosgattung *Monoclea* Hook. (Meißner et al. 1998) sowie Laubmoose der Hypopterygiaceae (*Lopidium concinnum* (Hook.) Wils., Frey et al. 1999; *Hypopterygium didictyon* Müll. Hal., Pfeiffer 2000b). Bei letzteren wurde Stenoevolution nachgewiesen, womit gemeint ist, dass sich disjunkte Populationen morphologisch und molekular nicht oder nur unwesentlich unterscheiden und seit der Trennung der Landmassen offenbar nicht divergierten.

- Die Moose lassen sich traditionell in drei Großgruppen, die Laub-, Leber- und Hornmoose, einteilen. Die Bewertung ihrer systematischen Ränge hat sich im Laufe der Zeit von Klassen über Unterabteilungen zu Abteilungen geändert.
- Die Einstufung in Klassen oder Unterabteilungen ist weitgehend Ansichtssache. Eine Einstufung in Abteilungen setzt einen polyphyletischen Ursprung voraus. Morphologisch-anatomische Merkmale geben dafür keine eindeutigen, molekulare Untersuchungen widersprüchliche Hinweise. Daher kommt es zu unterschiedlichen Auffassungen über die Grobklassifikation der Moose.
- Im vorliegenden Buch wird davon ausgegangen, dass die Hornmoose zu einer getrennten Evolutionslinie gehören und den übrigen Laub- und Lebermoosen als Abteilung gegenübergestellt werden.
- Laub- und Lebermoose werden als zwar sehr unterschiedlich aber doch phylogenetisch verwandte Gruppen betrachtet und als Unterabteilungen einer gemeinsamen Abteilung geführt.
- Auf DNA-Sequenzierungen beruhende molekulare Stammbäume geben auf Art-, Gattungs- und Familienebenen vielfach brauchbare Ergebnisse, doch bleiben die Grobklassifikationen je nach verwendeten Genen widersprüchlich.

# 3 Systematischer Überblick

Die gesamte Artenzahl der Moose wurde früher mit 15000 Laubmoosen und 10000 Lebermoosen (inkl. Hornmoosen) angegeben. Diese Zahl beruht vermutlich auf einer Zählung aller in den Moosbänden der vor mehr als 70 Jahren erschienenen „Natürlichen Pflanzenfamilien" von Engler & Prantl angegebenen Arten. Seitdem ist die Zahl durch Entdeckungen zahlreicher Synonyme im Verlaufe von Revisionen und Monographien von Gattungen zurückgegangen. Das liegt einerseits daran, dass speziell in den Tropen ein und dieselbe Art unter mehreren Namen beschrieben wurde. Je größer das Areal ist, um so größer ist die Zahl der Synonyme, besonders bei pantropischen Arten, die unter bis zu 50 Namen beschrieben wurden. Andererseits hängt die Artenzahl auch vom taxonomischen Konzept ab und dieses vom Zeitgeist. So wurden insbesondere im letzten Jahrhundert Farbmodifikationen und andere nicht genotypische Merkmale als Arten aufgefasst. Speziell in den letzten Jahrzehnten gab es eine kritische Phase mit breitem Artbegriff. Neuerdings sind wieder Tendenzen zur Aufsplittung und einer Verwässerung des Artbegriffes durch „morphs" erkennbar. Auf der anderen Seite ist die Zahl der in letzter Zeit neu beschriebenen Arten gering, auch in den Tropen. Daher sind keine einschneidenden Zahlenänderungen durch eine Vielzahl noch nicht entdeckter Arten zu erwarten, wie sie für andere Organismengruppen, und hier wiederum gerade in den Tropen, vorhergesagt werden.

Insgesamt kann man weltweit von den in Tab. 3-1 angeführten Schätzungen ausgehen. Bei den aufgeführten Zahlen ist jedoch eine gewisse Fehlerquote einzukalkulieren. Das gilt speziell für die artenreichen Gruppen der Bryidae und Jungermanniidae (hier kursiv). So liegen die Schätzungen für Laubmoose zwischen 9000 und 13000. Crosby et al. (1992) schätzen die aktuelle Zahl der Laubmoosarten auf 10000, doch erscheint auch diese Zahl noch zu hoch, da Revisionen insbesondere von tropischen Laubmoosgattungen Reduktionen von 30-70% der Arten erbringen. Andererseits kann man bei den Moosen - anders als bei anderen Organismengruppen - speziell in den Tropen nicht mit einer Vielzahl bislang unbekannter oder unbeschriebener Arten rechnen, die zu einer wesentliuchen Erhöhung der bisher bekannten Artenzahlen führen würde.

An Laubmoosen sind insgesamt ungefähr 57000 Arten beschrieben worden (Crosby et al. 1992), also etwa fünf Mal so viele wie heute akzeptiert. Die Namen aller bis 1963 publizierten Arten sind im „Index Muscorum" (Wijk et al. 1959-69) aufgelistet, die Ergänzungen von 1963-89 wurden im „Index of Mosses" (Crosby et al. 1992), die seit 1990 in Ergänzungsbänden (Crosby & Magill 1994 u.a.) herausgegeben.

© Springer-Verlag GmbH Deutschland, ein Teil von Springer Nature 2001
J. Frahm, *Biologie der Moose*,
https://doi.org/10.1007/978-3-662-57607-6_3

**Tab. 3-1:** Artenzahlen der Großgruppen der Moose. Kursive Zahlen unsichere Schätzungen.

| | | |
|---|---|---|
| **Anthocerotophyta** | | 300 |
| **Bryophyta** | | |
| | | |
| Treubiopsida | 10 | |
| Jungermanniopsida | | |
|     Haplomitriidae | 8 | |
|     Metzgeriidae | 580 | |
|     Jungermanniidae | *5000* | |
| Marchantiopsida | 300 | |
| **Marchantiophytina** insges. | | ca. 5890 |
| | | |
| Sphagnopsida | 350 | |
| Andreaeopsida | 90 | |
| Takakiopsida | 2 | |
| Bryopsida | | |
|     Bryidae | *9000* | |
|     Polytrichidae | 350 | |
|     Tetraphididae | 5 | |
|     Buxbaumiidae | 22 | |
| **Bryophytina** insges. | | ca. 9800 |
| | | |
| **Moose** insges. | | ca. 16000 |

# 3.1 Abteilung Anthocerotophyta - Hornmoose

Hornmoose sind nur durch die Ordnung Anthocerotales mit ca. 300 Arten in 6 Gattungen vertreten. Die deutsche Bezeichnung bezieht sich auf die horn- oder schotenförmigen Sporophyten (Abb. 3-1.1-2).

Der **Gametophyt** besteht aus einem flachem, dunkelgrünem, rosettenförmigem, mehrschichtigem, am Rande gelappten Thallus (Abb. 3-1.1) aus dünnwandigen Zellen, der mit einzelligen, glatten Rhizoiden am Substrat angeheftet ist. Die Zellen des Thallus enthalten zumeist nur einen großen, schüsselförmigen Chloroplasten mit Pyrenoiden, wie er sonst nur bei dem Grünalgen auftritt (Abb. 3-1.3). Nur bei der tropischen Gattung *Megaceros* kommen auch mehrere Chloroplasten vor. Dieser einzelne Chloroplast ist unter den übrigen Moosen ein sehr eigentümliches Merkmal und u.a. der Grund dafür, dass die Hornmoose als eigene Unterabteilung geführt und von den übrigen Lebermoosen abgetrennt werden. Man nimmt dieses Merkmal auch zum Anlass, die Hornmoose stammesgeschichtlich von den Grünalgen abzuleiten und für die Moose insgesamt einen polyphyletischen Ursprung zu postulieren. Dann würden die Hornmoose als eigene Abteilung Anthocerotophyta und als auf einem niedrigen Entwicklungsstand stehengebliebener, eigener Ast der Landpflanzen betrachtet werden. Ein gemeinsamer

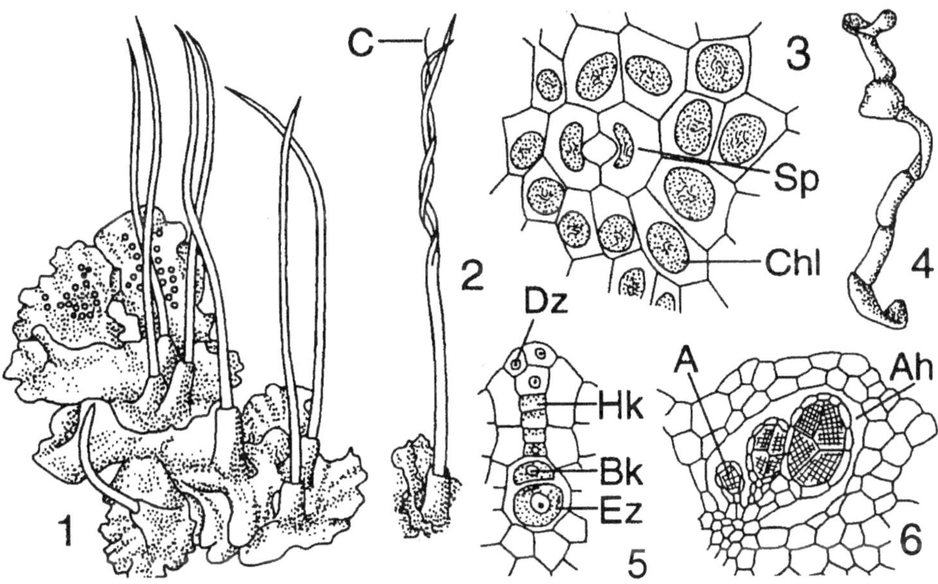


**Abb. 3-1:** Anthocerotophyta. 1-2. *Phaeoceros laevis.* 1. Thallus mit geschlossenen Sporogonen (1,5x). 2. Geöffnetes Sporogon mit Columella (1,7x). 3. *Ph. carolinianus.* Zellen der Thallusunterseite, jeweils mit einem Chloroplasten mit Pyrenoid sowie Spaltöffnung (250x). 4. *Ph. laevis.* Mehrzellige Pseudoelatere(200x). 5. *Anthoceros gemmulosus.* Eingesenktes Archegonium mit Deckelzellen, Eizelle, Bauchkanalzelle und Halskanalzelle (250x). 6. *Ph. laevis.* Reife Antheridien in Antheridienhöhle (200x). A Antheridium, Ah Antheridienhöhle, Bk Bauchkanalzelle, C Columella, Chl Chloroplast, Dz Deckelzellen, Ez Eizelle, Hk Halskanalzellen, Sp Spaltöffnung. (1-2 n. Frey 1995; 3, 5-6 n. Schuster 1984b; 4 n. Hasegawa 1984; © Frey & Lünser).

Ursprung mit den Lebermoosen lässt sich aus diesem Grund wohl ausschließen. Weitere Besonderheiten im Bau, die von allen anderen Moosgruppen abweichen, sind symmetrische Spermatozoide und der Besitz von Stomata im Gametophyten. Diese sind aber den Stomata der Laubmoose vom *Mnium*-Typ nicht homolog. Die einfache Struktur des Thallus als auch die Chloroplastenform lässt die Hornmoose als sehr urtümliche Gruppe erscheinen. Sie suggerieren die Vorstellung einer der ersten Landpflanzen, welche sich aus thallösen, grünalgenartigen Vorfahren entwickelt und welche mit dem Gametophyten im Uferbereich der Gewässer gelebt hat. Die Struktur des Thallus hat einige Ähnlichkeit mit Prothallien der Farnpflanzen, und auch die Struktur der Sporogone zeigt Entsprechungen im Bau der Sporophyten von *Horneophyton*, einer Gattung der fossilen Rhyniophytina. Daher wird auch eine Verwandtschaft mit Farnpflanzen postuliert, und die Hornmoose als Vertreter aus dem Übergangsfeld zwischen Grünalgen und Farnpflanzen aufgefasst. Ultrastrukturelle Untersuchungen über die Verbindung von Gametophyt und Sporophyt haben belegt, dass diese Verbindung wie bei *Tmesipteris* aus der urtümlichen Farngruppe der Psilophytinae erfolgt (vgl. Kap. 1.3.3). Leider sind jedoch keine fossilen Hornmoose bekannt, die die Stammesgeschichte erhellen könnten.

Im Thallus befinden sich interzelluläre, von Schleim erfüllte Höhlungen, die von mikroskopischen Pilzen als auch von Stickstoff assimilierenden Cyanobakterien der Gattung *Nostoc* besiedelt werden und eine Symbiose mit dem Moos bilden. Die Symbionten gelangen durch die auf der Unterseite befindlichen Spaltöffnungen in den Thallus.

Antheridien und Archegonien befinden sich im Thallus; die Antheridien (Abb. 3-1.6) oft zu mehreren in anfangs geschlossenen Höhlungen, die Archegonien (Abb. 3-1.5) sind in den Thallus eingesenkt. Die befruchtete Eizelle (Zygote) teilt sich zunächst längs und nicht quer wie bei den übrigen Moosen. Aus ihr entsteht der schotenförmige Sporogon, der mit einer angeschwollenen Basis (Fuß, Haustorium) im Thallus verwachsen ist.

Der **Sporophyt** ist hornförmig, dünn, ein bis mehrere cm lang, und springt mit zwei Längsrissen schotenförmig auf. Er wächst von der Basis her (interkalar) und besitzt Chloroplasten. Im Inneren befindet sich eine Längsachse aus sterilem Gewebe (Columella), die von dem sporogenen Gewebe (Archespor) umgeben ist. Das Archespor ist wiederum von einem lockeren parenchymatischem Gewebe und dieses von einem epidermalem Gewebe mit Spaltöffnungen (Ausnahme *Dendroceros*) umhüllt. Dieser Aufbau gleicht dem eines Urteloms. Die Columella müsste dann als reduziertes Leitbündel aufgefasst werden. Aus dem Archespor entwickeln sich sterile Zellen, die sich mitotisch teilen und zu Pseudoelateren entwickeln, als auch Sporenmutterzellen, die sich meiotisch zu vier Sporen entwickeln. Die Pseudoelateren gleichen den Elateren der Lebermoose, werden jedoch völlig anders gebildet: jede Archesporzelle teilt sich in eine Sporenmutterzelle und eine Peudoelaterenmutterzelle. Aus den Sporenmutterzellen entstehen durch Reduktionsteilung direkt 4 Sporen (bei Laubmoosen teilen sich die Sporenmutterzellen vor der Reduktionsteilung noch weiter, was die Zahl der gebildeten Sporen erhöht). Die Pseudoelaterenmutterzellen machen mehrere Längs- und Querteilungen durch, wodurch an Pseudoelateren ein Mehrfaches der Zahl der Sporen entsteht. Diese sind ein-, zwei- oder vierzellig (Abb. 3-1.4). Diese Sporen bleiben oft in Tetraden zusammen oder weisen zumindest auf der einen Seite eine pyramidenförmige Gestalt als Zeichen ihrer tetradischen Bildung auf. Die Sporen keimen zu einem kurzen Schlauch aus, aus deren Endzelle sich der Thallus entwickelt.

Hornmoose unterscheiden sich von anderen Moosen u.a. durch die folgenden Merkmale:
- Besitz von einzelnen Chloroplasten mit Pyrenoid.
- Bau und Entwicklung der Archegonien.
- Feinbau des Spermatozoids.
- Besitz von (nicht homologen) Stomata im Gametophyten.
- Besitz von Pseudoelateren.
- interkalares Wachstum des Sporophyten.
- Sporophyt-Gametophyt-Verbindung.

Obgleich früher zu den Lebermoosen gestellt, weisen die Hornmoose einige Übereinstimmungen mit den Laubmoosen auf wie den Besitz von Spaltöffnungen und einer Columella im Sporophyt. Daher liegen Hornmoose in kladistischen Analysen vielfach auf einem Entwicklungsast mit den Laubmoosen (vgl. Kap. 9).

Hornmoose sind weitverbreitet in gemäßigten und tropischen Breiten. In den Tropen handelt es sich um ausdauernde Arten, in den temperaten Breiten sind es winterannuelle Arten. Sie bestehen nur aus einer Ordnung, den Anthocerotales, mit 2 Familien.

**1. Familie Notothyladaceae**

*Notothylas* besitzt gelbgrüne, nur bis 5 mm im Durchmesser messende Thalli mit paarweisen, kurzen Sporogonen, die in jungem Zustand von einer später zerfallenden Hülle umgeben sind. In Europa kommt nur eine Art (*N. orbicularis*) sehr selten und sehr zerstreut (Sachsen, Oberbayern, Österreich, Etschtal) auf Tonböden vor.

**2. Familie Anthocerotaceae**

In Europa ist diese Familie nur durch die Gattungen *Anthoceros* und *Phaeoceros* mit 8 Arten vorwiegend im Mediterrangebiet vertreten. Häufigste einheimische Art ist *A. agrestis*. Die Arten sind charakteristisch für offene, verschlämmte Böden, in Mitteleuropa meist auf Stoppelfeldern (soweit bei den heutigen landwirtschaftlichen Bewirtschaftungsmethoden noch vorhanden), an Teichrändern oder Waldwegen, aber sehr zerstreut vorkommend.

## 3.2  Abteilung Bryophyta, Moose

Im Folgenden werden die eigentlichen Moose (excl. Hornmoose) als eine Abteilung mit den Unterabteilungen Lebermoosen (Marchantiophytina) und Laubmoosen (Bryophytina) unterteilt. Dies bringt zum Ausdruck, dass die Hornmoose hinsichtlich der Quantität und Qualität der Merkmale weiter von den eigentlichen Moose unterschieden sind als Laub- und Lebermoose untereinander, sowie ferner, dass die "Moose" mutmaßlich biphyletisch sind. Es gibt jedoch auch Meinungen (vgl. Kap. 2), die Laub- und Lebermoose ebenfalls als eigene Abteilungen aufzufassen, "Moose" also triphyletisch sind. Beweise für die eine oder andere Auffassung gibt es nicht.

Aus den tiefgreifenden Unterschieden in der Morphologie der Laub- und Lebermoose lässt sich schließen, dass beide Gruppen frühzeitig eine getrennte phylogenetische Entwicklung genommen haben, was insbesondere auch durch ihre unterschiedlichen Inhaltsstoffe belegt wird (vgl. Kap. 8).

## 3.2.1  Unterabteilung Marchantiophytina,  Lebermoose

Diese im Deutschen als Lebermoose (griech. hepar = Leber, engl. *hepatics* oder *liverworts*) bezeichnete Moosgruppe hat ihren Namen im Mittelalter bekommen, als man Heilpflanzen nach dem Leitsatz "similia similibus" aussuchte. Von einigen Lebermoosen wie *Marchantia*, deren Thalli einer Leber glichen, wurden daher in Wein gekochte Extrakte zur Behandlung von Leberleiden benutzt. Der Begriff „Leber"moose

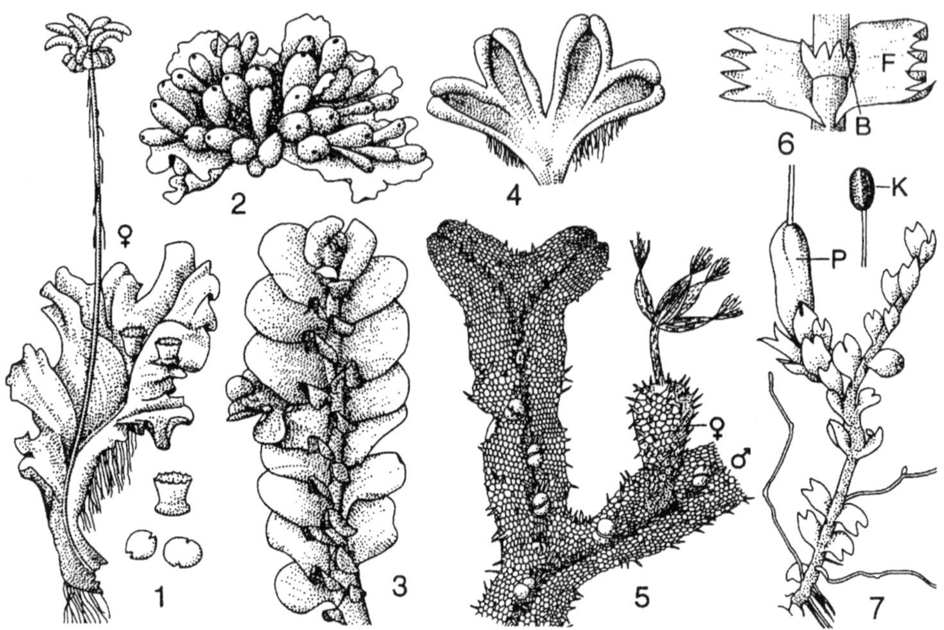

**Abb. 3-2:** Beispiele für Lebermoose (Marchantiophytina). 1. *Marchantia polymorpha.* Weibliche Pflanze mit Archegonienstand und Brutbechern. 2. *Sphaerocarpus michelii.* Weibliche Pflanze mit Archegonienhüllen (4x). 3. *Treubia lacunosa* (0,7x). 4. *Riccia beyrichiana.* Teil einer Rosette (3x). 5. *Metzgeria conjugata.* Thallus von der Unterseite mit mehreren männlichen und einem weiblichen Ast, an den Kapselklappen Elaterenbüschel. 6. *Lepidozia reptans.* Stämmchenstück mit Flanken- und Unterblättern (20x). 7. *Cladopodiella fluitans.* Pflanze mit Perianth und Sporenkapsel (12x). (1-2, 4- 6 aus Frey 1995, 3 aus Stech et al. 2000; © Frey & Lünser).

bezieht sich wegen der Form und der offizinellen Verwendung eigentlich nur auf die Marchantiopsida. Später wurde der Begriff auch auf die foliosen Vertreter übertragen.

Lebermoose haben eine sehr unterschiedliche Gestalt. Sie können thallös sein, wobei die Thalli mehr oder weniger stark differenziert sein können (Abb. 3-2.1, 3-2.4, 3-3.1), einfach gebaut und dann unverzweigt oder dichotom gegabelt (Abb. 3-2.5), gelappt (Abb. 3-2.2), semifolios (Abb. 3-2.3) oder folios (Abb. 3-2.7-8). Sie sind von den Laubmoosen durch folgende gemeinsame Merkmale unterschieden:

**Gametophyt:**
- Das Protonema ist auf ein wenigzelliges Gebilde reduziert.
- Die Rhizoiden sind einzellig.
- Die beblätterten Formen sind dreizeilig beblättert, wobei die ventrale Reihe von Blättern kleiner und andersgestaltig ist (Unterblätter, Amphigastrien) oder fehlt.
- Die Blätter besitzen keine Rippe.
- Die Zellen sind parenchymatisch.
- Die Thallus- oder Blattzellen besitzen vielfach Ölkörper.
- Antheridien und Archegonien besitzen keine Paraphysen.

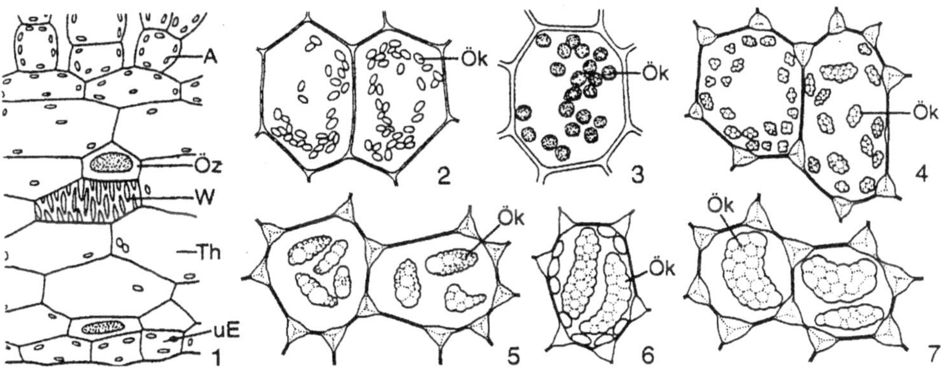

**Abb. 3-3:** Ölkörper von Lebermoosen. 1. *Marchantia polymorpha.* Thallus quer mit Speicher-gewebe und Ölzellen. 2-7. Laminazellen mit Ölkörpern. Zahlreiche kleine: 2. *Lejeunea minutiloba.* 3. *Lophozia hyperarctica.* Wenige bis mehrere: 4. *Mylia anomala.* Variabel in Größe: 5. *Cryptocolea imbricata.* Sehr große: 6. *Cheilolejeunea rigidula.* 7. *Ch. clausa.* A Assimilatoren, Ök Ölkörper, Öz Ölzellen, Th Thalluszellen, uE untere Epidermis, W Wandverdickungen. (1 n. Bresinsky 1998, 2-7 n. Schuster 1966).

**Sporophyt:**
- Der Sporophyt ist kurzlebig.
- Die Sporenkapsel wird ausdifferenziert, bevor die Seta in die Länge wächst.
- Die Seta ist zartwandig.
- Alle Sporen werden zur selben Zeit in der Sporenkapsel reif.
- Die Wand der Sporenkapsel hat keine Stomata.
- Die Sporenkapsel öffnet sich durch 4 Schlitze und springt in 4 Klappen auf.
- Sie besitzt keine Columella.
- In der Sporenkapsel werden Elateren gebildet.

Die **Ölkörper** der Lebermoose (Abb. 3-3) sind von einer Membran (ER) umgebene Zellorganellen, die aus Terpenen (Sesquiterpene, Monoterpene) bestehen. Sie kommen bei 90% der Arten vor und sind im ganzen Pflanzenreich in dieser Form auf Leber-moose beschränkt. Der gemeinsame Besitz von Ölkörpern bei allen Lebermoosen ist gleichzeitig ein Indiz für die monophyletische Abstammung dieser Pflanzengruppe. (Bei manchen Laubmoosen treten teilweise auch Ölkörper auf, die jedoch nicht von einer Membran umgeben sind und vermutlich Reservestoffe sind, die aus Lipiden ge-bildet werden.) Die Ölkörper sind in Form, Größe und Farbe sehr verschieden (Abb. 3-3), vielfach sogar artspezifisch, so dass sie als Bestimmungsmerkmal herangezogen werden können. Sie sind nur an frischem Material untersuchbar, da sie beim Trocknen der Pflanzen verschwinden.

Ebenso einzigartig für Lebermoose sind die **Elateren**, schraubenförmige Gebilde, die in der Sporenkapsel gebildet werden. Sie entstehen aus dem (diploiden) Archespor, aus

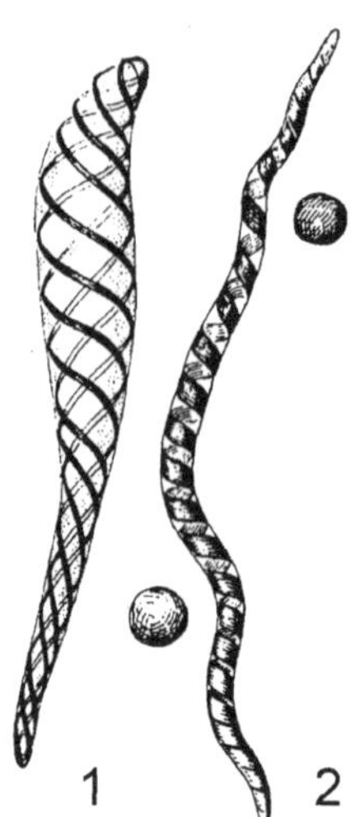
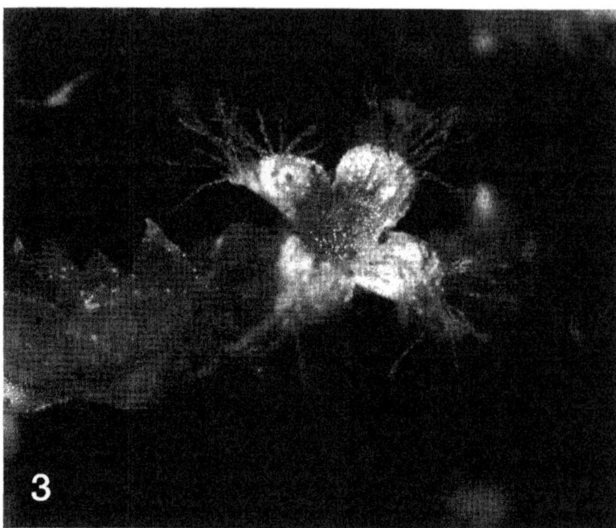

**Abb. 3-4:** Elateren von Lebermoosen. 1. *Conocephalum conicum*. 2. *Riccardia latifrons*. 3. Elaterenbüschel an den Spitzen der Sporenkapselklappen von *Frullania dilatata*. (1,2 aus Goebel 1915).

dem durch Längsteilung eine Sporenmutterzelle und eine Elaterenmutterzelle gebildet wird. Die Sporenmutterzellen führen dann weitere mitotische Teilungen durch, die durch eine Reduktionsteilung beendet werden. Dadurch entstehen mehr haploide Sporen als diploide Elateren. (8:1, 64:1, 128:1). Anfänglich dienen die Elateren der Ernährung der Sporenmutterzellen. Wenn der Zellinhalt aufgebraucht ist, werden die Wandverdickungen angelegt, die aus meist 2, seltener 3 schraubenförmigen Streifen bestehen und durch die Struktur der Zellulosefibrillen spiralförmig aufgedreht sind. Diese Verdickungen werden bei Austrocknung spiralig zusammengedreht. Wird die Spannung größer als die Kohäsionskraft des Wassers im Inneren der Zelle, schnellt die Spirale auseinander, wobei die umliegenden Sporen 3-4 cm weit weggeschleudert werden (also 300 mal weiter als die Elateren lang sind, oder 1000 - 5000 mal so weit wie die Sporen groß sind). Dieser Mechanismus setzt also trockenes Wetter voraus. Zum Teil wird durch diese hygroskopische Bewegung nur die Sporenmasse gelockert (*Marchantia*). Meist erfolgt die Entspiralisierung bei der Öffnung der Sporenkapsel, wobei sich die Elateren von der Kapselwand lösen, an der sie festgewachsen waren. Dadurch wird die umliegende Sporenmasse in die Luft gerissen. Bei anderen Lebermoosen (Jubuleae, z.B. der Gattung *Frullania*) bleiben die Elateren an der Kapselwand befestigt (Abb. 3-4). Öffnet sich die Kapsel durch ihre 4 Längsschlitze, enstpiralisieren sich die Elateren in diesem Moment und schleudern die Sporen in die Luft.

Früher wurden alle Lebermoose in eine Klasse ("Hepaticae") zusammengefasst. In letzter Zeit wurden (ausgehend von molekularen Stammbäumen, die sich auch morphologisch-anatomisch begründen lassen) weitere Klassen unterschieden und abgetrennt, zunächst die Marchantiopsida, dann die Treubiopsida (früher als Ordnung innerhalb der Metzgeriidae geführt). Daneben wurde jüngst noch eine weitere Klasse, die Blasiopsida

(Stech & Frey 2001) mit nur einer Art (*Blasia pusilla*) postuliert. Hier wird von 3 Klassen, Treubiopsida, Marchantiopsida und Jungermanniopsida ausgegegangen.

## 3.2.1.1 Klasse Treubiopsida

Es handelt sich um eine kleine systematische Gruppe, die nur aus 2 Gattungen (*Treubia* und *Apotreubia*) mit 6 bzw. 4 Arten besteht, welche früher als Familie in die Metzgeriales bzw. als Ordnung in die Metzgeriidae gestellt wurden. Pflanzen sehr ähnlichen Aussehens (allerdings kleiner) sind aus dem Karbon bekannt und als *Treubiites kidstonii* beschrieben worden (vgl. Kap. 10). Die Pflanzen bestehen aus bis zu 10 cm langen, gelappten, weder eindeutig thallösen noch foliösen Thalli, die auf der Oberseite schuppenartige Organe (Dorsalschuppen) besitzen, unter denen die Gametangien gebildet werden (Abb. 3-5.1-2). Dieser einzigartige morphologische Aufbau ist unterschiedlich interpretiert worden, einerseits als zwei Lappen eines Blattes, andererseits als intermediäre Bildung zwischen einem Thallus und einer beblätterten Pflanze, oder als gelappter Thallus mit schuppenartigen Auswüchsen (wie den allerdings ventralen Schuppen der Marchantiopsida).

Bislang wurden die Treubiales als basale Gruppe in die Metzgeriidae gestellt. Die Pflanzen haben tatsächlich eine überwiegend metzgeriale Organisation, besitzen aber eigenartigerweise auch Merkmale aller anderen Lebermoosgruppen (Tab. 3-2). Dazu gehören marchantiale Merkmale wie die komplexen Ölzellen im Thallus und Zäpfchenrhizoide, sowie jungermanniale Merkmale wie die Position der Gametangien in Blattachseln. Dazu kommen eigene Bildungen wie eine vierkantige Scheitelzelle und ventrale Schleimpapillen. Die Struktur des Blepharoplasten gleicht der von *Haplomitrium* (Calobryales); die Sporophyt-Gametophyt-Verbindung ist intermediär zwischen den Marchantiopsida und Jungermanniopsida. Auch molekulare Stammbäume

**Tab. 3-2:** Unterschiede zwischen den Großgruppen der Lebermoose. Die als basal zu den Marchantiopsida und Jungermanniopsida angesehenen Treubiopsida weisen Merkmale beider anderer Gruppen auf, was neben den Ergebnissen von molekularen Stammbäumen darauf hindeutet, dass die Lebermoosevolution bei den Treubiopsida ihren Ausgang nahm.

| | Marchantiopsida | Treubiopsida | Jungermanniopsida |
|---|---|---|---|
| **Ölzellen** | vorhanden | vorhanden | fehlend |
| **Zäpfchenrhizoiden** | vorhanden | vorhanden | fehlend |
| **Archegonien** | im Thallus oder auf Gametangiophor | in Blattachseln | von Perigonium umgeben |
| **Position der Gametangien** | acro- or anacrogyn, dorsal | anacrogyn, dorsal | acro- oder anacrogyn, dorsal, ventral oder blattachselständig |
| **Thallus** | thallos | semifoliose | thallos, semifolios oder folios |
| **Sporangienwand** | einschichtig | mehrschichtig | mehrschichtig |
| **Brutkörper** | vielzellig | vielzellig | 1-2zellig (Ausn. Blasia) |

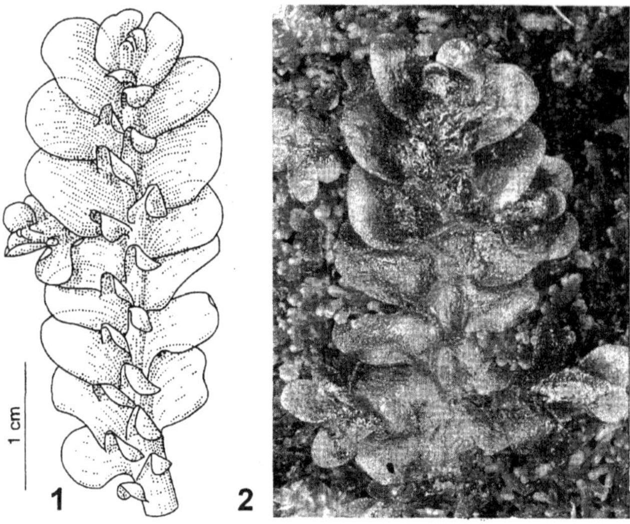

**Abb. 3-5:** *Treubia lacunosa.*
1. Oberseite einer Pflanze mit unterschlächtigen Blättern und Dorsalschuppen (aus Stech et al. 2000). 2. Standortfoto.

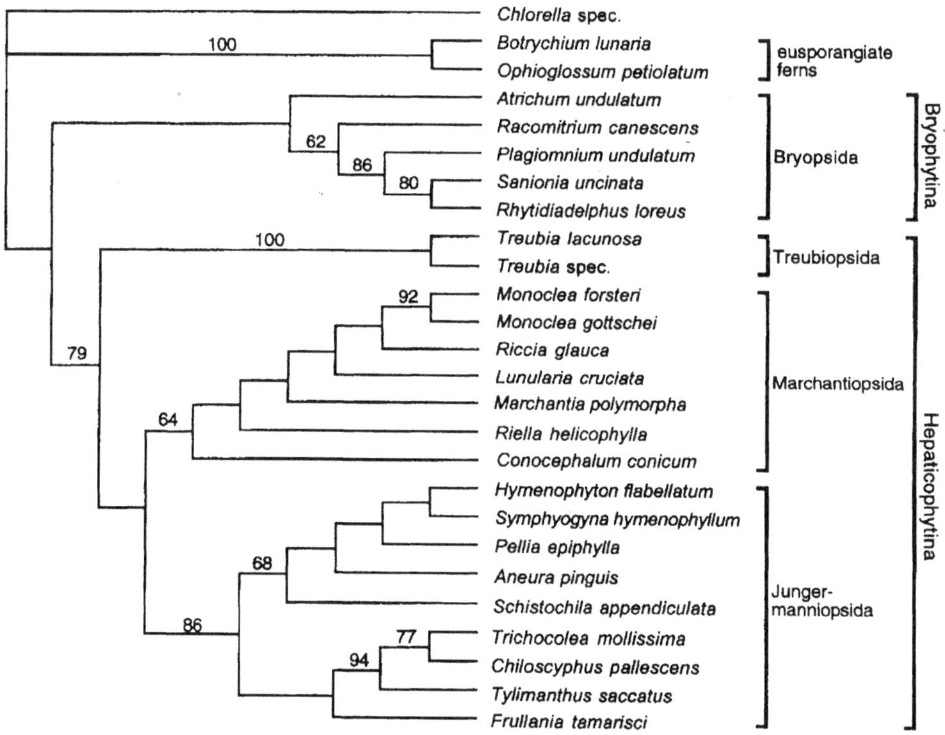


**Abb. 3-6:** Basale Position von *Treubia* zu den übrigen Lebermoosgruppen in einem phylogenetischer Stammbaum basierend auf *trn*L$_{UAA}$ Intron Sequenzen (aus Stech et al. 2000).

zwischen den Marchantiopsida und Jungermanniopsida. Auch molekulare Stammbäume (Abb. 3-6) lassen die Treubiales an der Basis der marchantialen, jungermannialen und metzgerialen Lebermoose erscheinen, und zwar mit einem bemerkenswerten Bootstrap-Wert von 100%. Dies würde bedeuten, dass *Treubia* der Ausgangspunkt in der Evolution wäre, welcher in die verschiedenen Lebermoosgruppen geführt hätte. Dies wird sowohl durch das Vorkommen gleichgestalteter fossiler Formen im Karbon als auch durch das Vorhandensein von Merkmalen aller Lebermoosgruppen gestützt. Das würde auch die Frage lösen, ob thallöse oder foliöse Lebermoose ursprünglich sind, indem eine intermediäre Form der Ausgangspunkt der weiteren Evolution war.

*Treubia* kommt in Teilen des ehemaligen Gondwanakontinents vor, *Apotreubia* in Indien und amphipazifisch in Ostasien und Nordamerika.

## 3.2.1.2. Klasse Marchantiopsida - komplex gebaute thallöse Moose

Die Marchantiopsida bestehen aus drei systematischen Gruppen, die hier aufgrund ihrer starken morphologischen Abweichungen als Unterklassen geführt werden:

> Unterklasse Sphaerocarpidae
> Unterklasse Monocleidae
> Unterklasse Marchantiidae

Es handelt sich wahrscheinlich um primär thallöse Formen, deren Fossilfunde bis ins Perm (*Marchantites loreus*) zurückgehen. Gemeinsame Merkmale sind nur:

• thallöse Organisation.
• einschichtige Sporangienwand.
• Vorhandensein von speziellen Ölkörpern in besonderen chlorophyllfreien Zellen.

Ansonsten sind die Verterter sehr unterschiedlich gebaut. Die Sphaerocarpidae weichen morphologisch mit ihren teils lappigen, teils geflügelten Thalli besonders von den übrigen Unterklassen ab. Die Monocleidae sind rein thallös wie die Marchantiales, besitzen aber nicht deren hohe Thallusorganisation. Der Sporophyt ähnelt habituell dem der Metzgeriales in den Jungermanniopsida, doch deuten sowohl das Vorhandensein von speziellen Ölkörperzellen als auch phytochemische Daten (Flavonoidgehalt) sowie molekulare Stammbäume auf eine Zugehörigkeit zu den Marchantiopsida. Die deutschen Bezeichnungen "komplex gebaute thallöse Lebermoose" oder "Brunnenlebermoose" treffen eigentlich nur auf die Marchantiidae zu. Sie besitzen die höchstdifferenzierten Gametophyten im Pflanzenreich, die Atemöffnungen, Luftkammern, Assimilations- und Speichergewebe aufweisen.

## 1. Unterklasse Sphaerocarpidae

Diese Unterklasse gehört mit nur einer Ordnung und ca. 30 Arten in zwei Familien neben den Haplomitriidae zu den artenärmsten Ordnungen der Lebermoose.

Die beiden Familien Sphaerocarpaceae und Riellaceae sind habituell grundverschieden. Die Sphaerocarpaceae bilden rundliche Rosetten auf feuchtem Boden, die Riellaceae

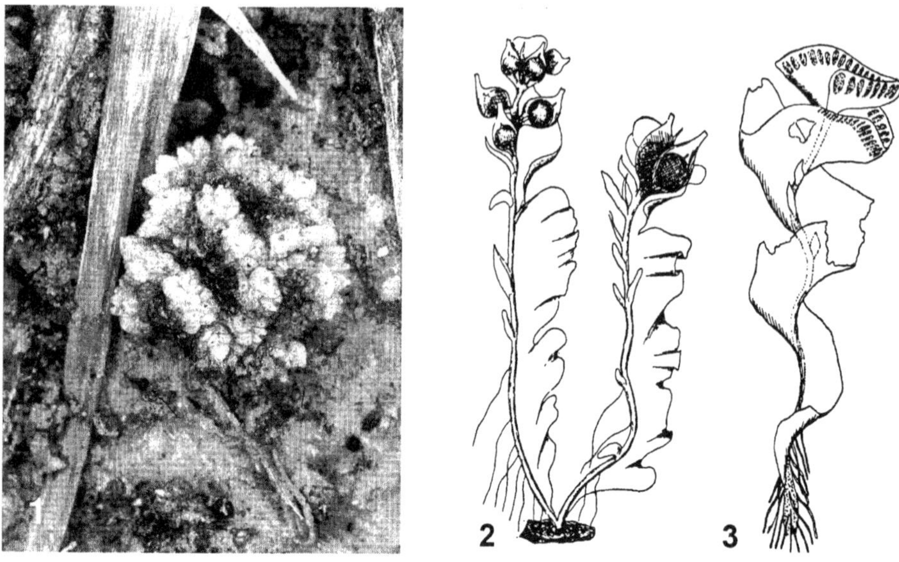

**Abb. 3-7:** Marchantiopsida, Sphaerocarpidae. 1. *Sphaerocarpus michelii.* (Standortfoto). 2-3. *Riella helicophylla.* 2. Weibliche Pflanze. 3. Männliche Pflanze (3x). (n. Müller 1954).

haben aufrechte, geflügelte Stämmchen und wachsen submers. Beide haben aber mehrere Gemeinsamkeiten wie:

• Archegonien und Sporogone in einer aufgeblasenen birnenförmigen Hülle.
• einzellschichtige Hülle um Antheridien und Archegonie
• Fehlen von Ölkörpern.
• Sporogon ohne Seta.
• Sporogon, der sich nicht öffnet (die Sporen werden durch Verwitterung der Kapselwand frei).
• Fehlen von Elateren.

Die systematische Position der Sphaerocarpidae war früher fraglich, da sie morphologisch sehr von den Marchantiidae abweichen. Es gab auch Autoren, die die Sphaerocarpidae zu den Jungermanniidae stellten. Die Sphaerocarpidae besitzen jedoch - wie die Marchantiidae - keine Ölkörper in den normalen Laminazellen und haben eine einzellschichtige ("leptosporangiate") Sporogonwand.

## 1. Familie Sphaerocarpaceae

Die Sphaerocarpaceae bestehen aus nur 2 Gattungen, *Sphaerocarpus* mit ca. 12 Arten und *Geothallus* mit nur einer Art.

*Sphaerocarpus* ist in Europa mit nur 2 Arten vertreten, die auf offenem, tonigem Erdboden in Süd- und Westeuropa vorkommen. In Deutschland liegen die größten Vorkommen in der Oberrheinebene, wo die winterannuellen Arten, die sich nur nach der Sporentextur unterscheiden, in Weinbergen über Löss (z.B. im Kaiserstuhl) vorkommen (Abb. 3-2.2, 3-7.1). *Sphaerocarpus* bildet flache, unregelmäßig gelappte Rosetten von bis zu 1 cm Durchmesser, die in der Mitte mehrzellschichtig und am Rande einzellschichtig sind. Die Pflanzen sind diözisch. Die Antheridien und Archegonien stehen in offenen, birnförmigen Hüllen auf der Thallusoberseite. Die Sporogone sind ungestielt und entwickeln sich in der Archegonienhülle. Die Sporen bleiben zu Tetraden zusammen. Daher wurde *Sphaerocarpus* in der Genetik zu Experimenten benutzt, weil aus einer Tetrade immer 2 männliche und 2 weibliche Pflanzen hervorgehen. An *Sphaerocarpus* wurden daher erstmalig im Pflanzenreich Geschlechtschromosomen entdeckt. Ölkörper fehlen. Vegetative Vermehrung ist nicht bekannt. *Geothallus* kommt nur in Kalifornien vor. Der Thallus ist bei dieser Gattung blattartig gelappt.


**2. Familie Riellaceae**

Die Riellaceae sind monotypisch. Die einzige Gattung *Riella* lebt submers am Grund von flachen Gewässern, z.B. Meerwasserlagunen am Mittelmeer oder versalzten Binnengewässern in Wüsten wie der Sahara. Es ist die einzige Moosgattung, die in Salzwasser vorkommt. Da sich das pflanzliche Leben im Salzwasser der Urozeane entwickelt hat, lässt dies die Spekulation zu, dass es sich bei *Riella* eventuell um ein ursprüngliches Moos handelt, aus dem sich die übrigen Moose entwickelt haben. An Hand der eigenartigen Morphologie von *Riella* geht man jedoch eher davon aus, dass sich dieses Moos sekundär an diesen Standort wieder angepasst hat.

*Riella* (Abb. 3-7.1-2) wächst einzeln und aufrecht. Die Pflanzen sind 1(-3) cm hoch und geben den Eindruck einer Grünalge. Der Stamm besitzt auf der dorsalen Seite einen gewellten Flügel, auf der ventralen Rhizoiden. Ölkörper werden in Einzahl in vereinzelten Zellen gebildet. Die Antheridien sitzen am Rande dieser Flügel, die Archegonien zu mehreren am Stammende in birnförmigen Hüllen. Die Befruchtung erfolgt wie bei den Algen unter Wasser. Die Sporen können beim Austrocknen der Standorte lange Zeit im Sand überdauern. Es wird gesagt, dass man Sand von *Riella*-Standorten in Salzwasser ansetzen kann, um Pflanzen anzuziehen. Die vegetative Vermehrung erfolgt über einzellschichtige, flache, linsenförmige Brutkörper, die vom Stämmchen abgegeben werden. Von den 12 bekannten *Riella-Arten* kommen 8 im Mediterrangebiet vor, je eine weitere in Südafrika, Indien, Turkestan und Nordamerika.


**2. Unterklasse Monocleidae**

Diese Ordnung ist monotypisch; sie enthält nur die Gattung *Monoclea*, welche in Neuseeland und im tropischen Südamerika mit je einer Art vorkommt. Dieses disjunkte Areal läßt auf einen gondwanaländischen Ursprung der Gattung schließen und gleichzeitig auf ein sehr hohes phylogenetisches Alter. Der Gametophyt ist thallös und kann bis 20 cm lang werden. Die Kapsel wird auf einem langen Kapselstiel gebildet und öffnet sich mit einem Längsriss (daher der Name *Monoclea*). Trotz des einfach strukturierten Thallusbaues machen die speziellen Ölkörperzellen und die einschichtige Kapselwand eine Einordnung in die Marchantiopsida wahrscheinlich.

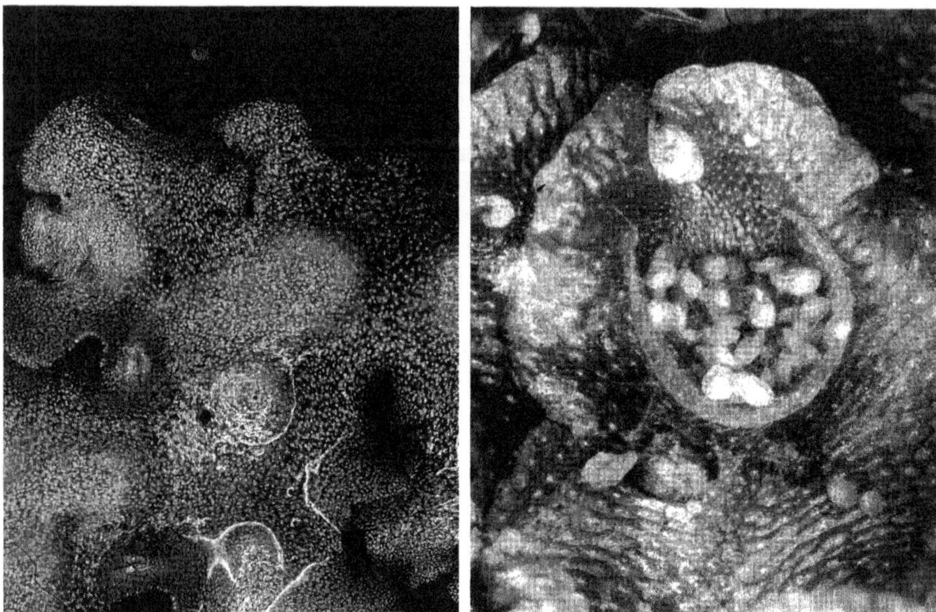

**Abb. 3-8:** 1. Marchantiopsida, Monocleidae. Thallus von *Monoclea gottschei* (Venezuela). Die Punkte im Thallus sind die für die Marchantiopsida typischen Ölkörperzellen (0,5x). 2. Marchantiidae. *Lunularia cruciata.* Halbmondförmiger Brutbecher mit Gemmen (3x).

## 3. Unterklasse Marchantiidae

Die marchantialen Lebermoose haben komplex gebaute Thalli, die wohl primär als eine xeromorphe Anpassung an trockene Standorte gebildet worden sind. Viele Gattungen sind daher Halbwüsten- oder Steppenbewohner (*Targionia, Mannia, Plagiochasma,* xeromarchantioides Lebenssyndrom, vgl. Kap. 4.2.2). Insofern sind der Besitz einer Kutikula, Grund- und Assimilationsparenchym keine Reste einer ehemals kormophytischen Organisation sondern unabhängige Neuentwicklungen. Sekundär sind diese Moose zu Feuchtstandorten (*Marchantia, Conocephalum*) übergegangen, im Extremfall zu amphibischer (*Riccia* subg. *Riciella*) oder schwimmender Lebensweise (*Riccia fluitans, Ricciocarpos natans*).

*Marchantia* gilt in allen Schulbüchern und in den meisten universitären Lehrbüchern als exemplarisches Beispiel für ein Lebermoos, was jedoch absolut nicht zutrifft, da die Marchantiidae mit weltweit 27 Gattungen und ca. 250 Arten zahlenmäßig eine der kleinsten Lebermoosgruppen sind und hinsichtlich der Organisation von Gametophyt und Sporophyt eine der abweichendsten.

Baueigentümlichkeiten der Marchantiidae sind:
- Der Thallus ist (außer bei reduzierten Formen) in ein Grundgewebe und ein Assimilationsparenchym gegliedert.
- Rhizoide befinden sich nur auf der Unterseite des Thallus. Sie besitzen Vorsprünge auf der Innenwand („Zäpfchenrhizoide").

- Auf der Thallusunterseite können spezielle Schuppen ("Ventralschuppen") gebildet werden.
- Sexualorgane werden z.T. auf spezialisierten Gametangiophoren gebildet.

Die Sporen der Marchantiidae sind oberflächlich sehr vielgestaltig (papillös, warzig, reticulat, mit dornigen Fortsätzen u.a.) und mit 40-60 µm relativ groß. Dies als auch die Tatsache, dass vielfach Sporogone im Thallus oder direkt an der Erde gebildet werden, läßt Windverbreitung unwahrscheinlich erscheinen und eher an Zoo- oder Hydrochorie denken.

**1. Familie Marchantiaceae**
Der Aufbau des Thallus gleicht einem bifazialem Laubblatt mit Kutikula, oberer Epidermis, Assimilationsparenchym, Grundparenchym und unterer Epidermis (Abb. 3-9.2). Die Unterseite ist mit Rhizoiden besetzt, vielfach zusätzlich mit Ventralschuppen, die beide eine Funktion bei der Wasseraufnahme haben. Der Thallus besitzt auf der Oberseite Atemporen, die entweder einfache Thallusöffnungen sein können oder kompliziertere, tonnenförmige Gebilde (Abb. 3-9.2). Wenn der Turgor in den Zellen sinkt, kollabieren diese Zellen und verschließen die Thallusöffnungen.

Vegetative Vermehrung ist nur von 3 Gattungen bekannt, darunter *Marchantia* mit runden und *Lunularia* mit halbmondförmigen Brutbechern auf der Thallusoberseite (Abb. 3-8.2), in denen linsenförmige Brutkörper gebildet werden. Sie werden durch Regenfälle aus den Brutbechern herausgeschwemmt (oder beim Gießen von Pflanzen in Erwerbsgärtnereien, was sie dort sehr unbeliebt macht). Da die Brutkörper aufrecht stehend in den Brutbechern gebildet werden, besitzen sie ursprünglich keine differenzierte Ober- oder Unterseite. Je nach dem wie sie landen differenziert sich der aequifaziale Brutkörper in einen dorsiventralen Thallus. Das hat *Marchantia* früher zu einem beliebtem Versuchsobjekt der Physiologen gemacht.

Die Sexualorgane werden vielfach getrenntgeschlechtlich auf schirmchenförmigen Gebilden an gestielten Trägern angelegt (**Gametangiophoren**). Diese sind modifizierte Thallusteile, da sie chlorophyllös sind und Atemporen sowie Ölzellen besitzen. Sie besitzen ferner eine seitliche Rinne, in der Rhizoiden wachsen, was auf ihre Bildung aus dem Thallus hinweist (entsprechend der Bildung des unifazialen Rundblattes aus einem bifazialem Blatt). Die Antheridien sitzen eingesenkt auf der Oberfläche von scheibenförmigen **Antheridiophoren** (Abb. 3-9.3), die Archegonien werden in radialen Reihen auf der Unterseite von schirmchenförmigen **Archegoniophoren** gebildet. Die Befruchtung erfolgt dadurch, dass bei Regen Spermatozoiden auf der Oberfläche der Antheridiophoren entlassen werden, die von einem Regentropfen unter die Schirmchen der Archegoniophoren gespritzt werden. Die Antheridiophoren sind dementsprechend niedriger als die Archegoniophoren. Bei ungestielten, dem Thallus aufliegenden Gametangiophoren erfolgt der Transport der Spermatozoiden über Regenwasser auf der Thallusoberfläche. Hinsichtlich der Länge der Gametangiophoren gibt es sämtliche Variationen zwischen sitzenden und 10 cm hoch gestielten. Dies hat früher zu kontroversen Diskussionen geführt, welche Ausprägung als ursprünglich zu gelten hat und welche als abgeleitet, weil eine Evolution in beide Richtungen denkbar ist.

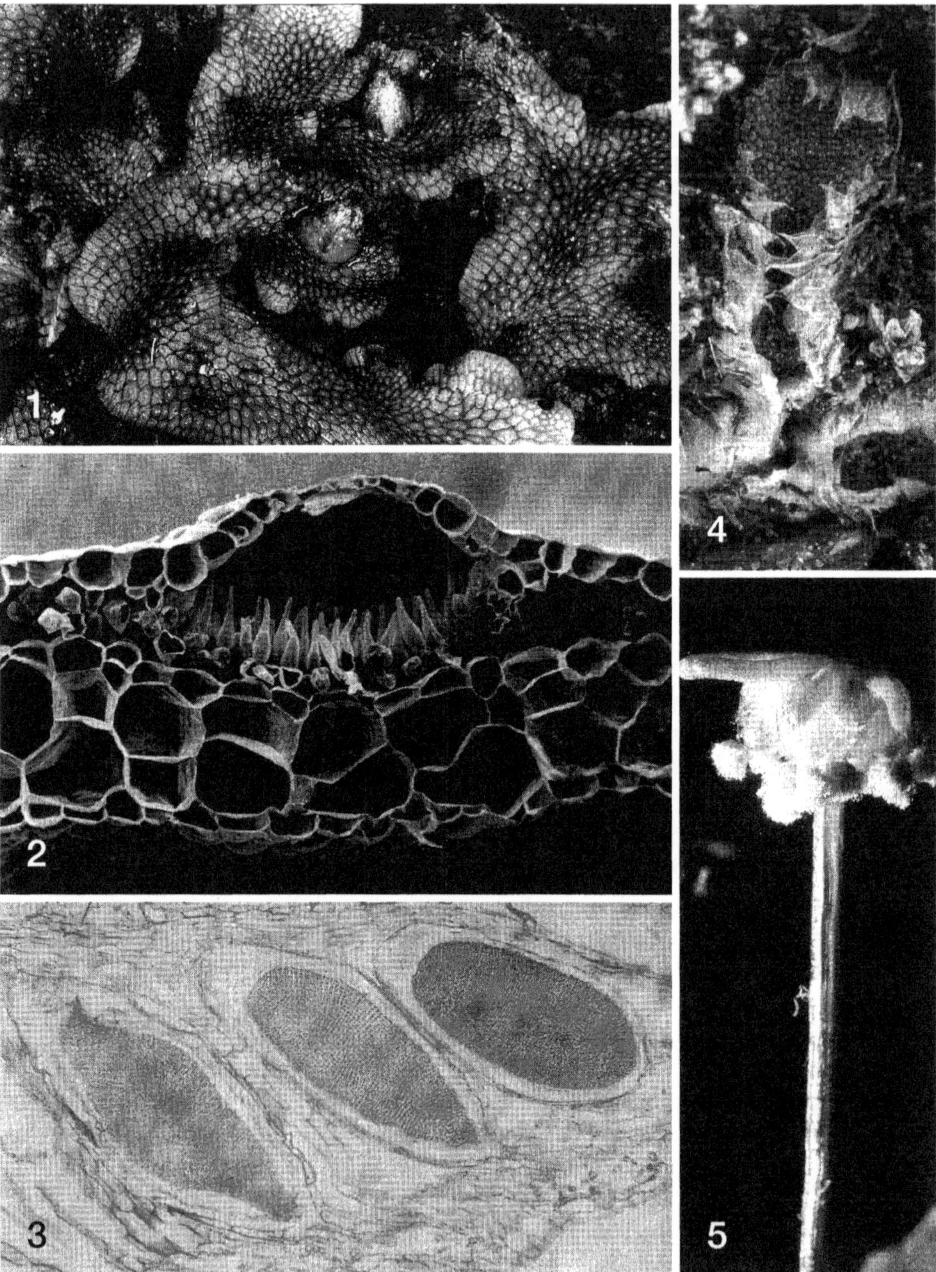

**Abb. 3-9:** Marchantiaceae. 1-2. *Conocephalum conicum*. 1. Thallus mit deutlicher Felderstruktur und Atemporen. 2. REM-Foto vom Thallusquerschnitt mit Atempore, Assimilations- und Speicherzellen. 3. *Marchantia polymorpha*. Querschnitt durch ein Antheridophor mit Antheridien. 4. *Athalamia hyalina*. Thallus, der sich bei Austrocknung einrollt und von weißen Bauchschuppen bedeckt wird. 5. *Marchantia polymorpha*. Archegoniophor mit darunter hängenden, geöffneten Sporenkapseln.

Der aus dem Archegonium gebildete Sporogon ist nahezu ungestielt und anders als bei allen anderen Moosen im Vergleich zum Gametophyten winzig. Er sitzt dann auf der Unterseite der Archegoniophoren (z.B. *Marchantia,* Abb. 3-9.5), öffnet sich mit 4-6 Längsrissen und verbreitet die Sporen durch den Wind, oder er wird (z.B. *Corsinia*) im Thallus eingebettet gebildet, wobei die Sporen erst bei der Verwesung der Mutterpflanze frei werden.

In Europa sind 16 Gattungen der Marchantiaceae vertreten, die eine erstaunliche Breite ökologischer Nischen besiedeln. Das reicht von Schneetälchen in Hochgebirgen (*Asterella lindenbergiana, Sauteria alpina*) über Bachufern (*Conocephalum conicum*) zu Sümpfen (*Marchantia aquatica*) bis zu Xerotherm- und sogar Halbwüstenstandorten (*Targionia hypophylla, Plagiochasma rupestre*). Arten von Trockenstandorten können ihren Thallus einrollen, so dass die auf der Unterseite liegenden Ventralschuppen nach oben gekehrt werden und gegen Insolation schützen (Abb. 3-9.4). Bei trockenem Wetter sind solche Arten kaum zu entdecken.

In der heimischen Flora ist *Marchantia polymorpha* an Ruderalstandorten weit verbreitet. Die Art wird karyologischen Untersuchungen zu Folge als Bastard von *M. aquatica* x *M. alpestris* aufgefaßt. An Bachufern ist *Conocephalum conicum* weit verbreitet. Zu Anfang des letzten Jahrhunderts wurde in Mitteleuropa *Lunularia cruciata* aus dem Mittelmeergebiet eingeschleppt (vgl. Kap. 5.2.5.1, Abb. 3-8.2). Die Art ähnelt *Marchantia polymorpha*, besitzt aber halbmondförmige und nicht becherförmige Brutbecher auf dem Thallus („Mondbechermoos").


**2. Familie Ricciaceae**
Der Thallus besitzt keine Atemporen, ist jedoch in eine obere assimilatorische und eine untere chlorophyllfreie Schicht differenziert. Antheridien und Archegonien werden im Thallus eingesenkt gebildet. Sie öffnen sich nach außen, wodurch eine Befruchtung über einen Wasserfilm auf der Thallusoberseite möglich wird. Das Sporangium entwickelt sich im Thallus, die Sporen werden erst nach der Verwesung der Pflanze frei (Abb. 3-10.2).   ·

Die Gattung *Ricciocarpos* ist zum freischwimmenden Leben auf Wasseroberflächen übergegangen (Abb. 3-10.1), wo sie in der Begleitung von Wasserlinsen wächst. *Ricciocarpos natans* ist (wie auch viele Wasserpflanzen unter den Angiosprmen) kosmopolitisch verbreitet, ist aber meist unbeständig und selten. In Deutschland wächst sie sehr zerstreut auf eutrophen Gewässern.

Die ca. 50 *Riccia*-Arten in Europa verteilen sich auf sehr unterschiedliche Standorte. Die 5 Arten der Untergattung *Ricciella* (mit gekammerten Thalli) wachsen amphibisch auf Wasserflächen oder nach deren Trockenfallen auf Schlamm. Andere Arten finden sich auf feuchten verschlämmten, lehmigen oder tonigen Böden. *Riccia fluitans* kommt zerstreut besonders in Waldtümpeln vor, weitere Arten auf abgelassenen Fischteichen oder trockengefallenen Wasserlöchern und Flußufern. Auf Kulturland sind besonders *R. sorocarpa* und *R. glauca* zu finden. Eine große Zahl von Arten hat sich an Trockenstandorte angepaßt. Sie können den Thallus bei Trockenheit um eine Längsrinne

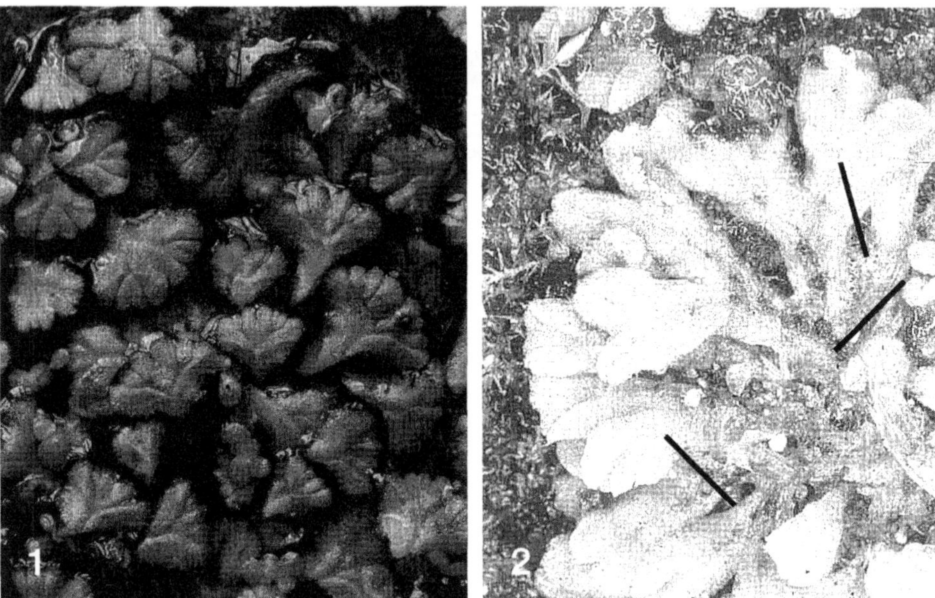

**Abb. 3-10:** Marchantiidae, Ricciaceae. 1. *Ricciocarpos natans*. Nach Art von Wasserlinsen auf der Wasseroberfläche schwimmendes Lebermoos. 2. *Riccia warnstorfii*. Thallusrosette. Die Striche zeigen auf Gruben im Thallus, in denen sich reife Sporenkapseln befinden. Die Sporen werden erst durch Verwesung des Thallus frei.

zusammenklappen und sind in diesem Zustand kaum wahrnehmbar. Vielfach besitzen die Thallusunterseiten noch Schuppen oder Zilien (*R. ciliifera, R. ciliata*), die dann den zusammengeklappten Thallus bedecken und vor Insolation schützen. Alle *Riccia*-Arten sind hierzulande winterannuell und überdauern den Sommer als Sporen. Sie keimen frühestens im September und gehen im April wieder ein.

### 3.2.1.3 Klasse Jungermanniopsida* - Lebermoose i.e.S.

Die eigentlichen Lebermoose sind entweder thallos (vgl. Abb. 3-2.5) oder beblättert (folios, vgl. Abb. 3-2.7), je nachdem ob die Scheitelzelle zwei- oder dreischneidig ist. Bei den beblätterten Lebermoosen ist die Scheitelzelle 4-seitig (tetrahedrisch) und gibt nach drei Seiten Deszendenten ab, woraus eine dreireihig beblätterte Pflanze resultiert.

---

* Neuerdings wird in der 34. Aufl. des Strasburger wieder die auch von K. Müller (1954) benutzte Schreibweise Jungerman verwendet. Müller hatte - gestützt auf Mägdefrau - argumentiert, dass sich Ludwig Jungermann (1572-1653), nach dem die Lebermoosgattung beschrieben wurde, mit einem „n" schrieb. Abgesehen von der Tatsache, dass es keine verbindlichen und vielfach wechselnde Schreibweisen im 16. Jahrhundert gab, und nicht mit Sicherheit gesagt werden kann, wie sich Jungermann wirklich schrieb, ist einzig die Originalschreibweise des Autors (Linné) verbindlich.

Zwei Reihen lateraler Blätter („Flankenblätter") sind normal entwickelt, die dritte (ventrale) Reihe (Amphigastrien) ist nur selten gleichgestaltet (so bei den Calobryidae), häufiger in der Größe reduziert oder sogar fehlend.

Die Jungermanniopsida werden hier in drei Unterklassen eingeteilt: Haplomitriidae (Calobryidae), Jungermanniidae und Metzgeriidae, deren Unterschiede in Tab. 3-3 zusammengefasst sind.

**Tab. 3-3:** Unterschiede der Großgruppen der Jungermanniopsida.

| | Haplomitriidae | Metzgeriidae | Jungermanniidae |
|---|---|---|---|
| **Artenzahl** | 8 | 580 | 5000 |
| **Organisationsform** | folios | thallos | folios |
| **Wuchsform** | orthotrop | plagiotrop | plagio- oder orthotrop |
| **Antheridien** | achselständig an den oberen Blättern | an der Thallus-unterseite | Antheridien blattachselständig, |
| **Archegonien** | akrogyn | anakrogyn | akrogyn |
| **Sporogon** | terminal | dorsal | terminal |
| **Sporogonwand** | einschichtig | mehrschichtig | mehrschichtig |

Früher wurden die Lebermoose in Marchantiales und Jungermanniales eingeteilt (vgl. Tab. 3-4). Die Jungermanniales wurden nach der Position der Archegonien bzw. Sporogone als Jungermanniales anakrogynae, die Jungermanniidae als Jungermanniales akrogynae bezeichnet. Später wurden diese Ordnungen als Metzgeriales und Jungermanniales bezeichnet. Die Gattung *Haplomitrium* mit 8 Arten stellte man zu den Jungermanniales anacrogynae. Sie zeigt aber sowohl jungermanniale als auch von beiden Ordnungen abweichende Merkmale und hat eine eher verbindende Stellung zwischen beiden Ordnungen. Daher wurde die Gattung in eine eigene Ordnung gestellt, die Calobryales. Erhebt man die Metzgeriales und Jungermanniales in den Rang von Unterklassen, sollte man das auch mit den Calobryales tun.

## 1. Unterklasse Haplomitriidae (Calobryidae)

Diese Unterklasse wird in der Regel als Calobryidae bezeichnet, doch bezieht sich der Name auf die Gattung *Calobryum*, die nicht mehr unterschieden wird und mit *Haplomitrium* synonymisiert ist, weswegen diese Unterklasse bzw. Ordnung besser nach einem akzeptiertem Vertreter benannt wird. Die einzige Ordnung der Haplomitriales (Calobryales) enthält nur die Gattung *Haplomitrium* (=*Calobryum*) mit weltweit 8 Arten. Früher wurde auch die Gattung *Takakia* in diese Ordnung einbezogen, die sich nach Entdeckung von Sporogonen als Laubmoos herausstellte und jetzt in die Andreaeidae gestellt wird.

*Haplomitrium* ist aufgrund vieler ursprünglicher oder für Moose eigentümlicher Merkmale seit langem von hohem phylogenetischem Interesse. Erste detaillierte Untersu-

**Abb. 3-11:** Jungermanniopsida, Haplomitriidae. 1. *Haplomitrium mnioides*. Habitus mit kriechendem Rhizom, dreireihiger Beblätterung ohne Rhizoiden und jungem Sporophyt mit Kalyptra (aus Schiffner 1909). 2. *Haplomitrium gibbsiae*. Standortfoto.

chungen stammen bereits aus dem letzten Jahrhundert von den deutschen Bryologen Gottsche (1843) und Leitgeb (1875).

*Haplomitrium* (Abb. 3-11) weist Merkmale auf, die hier unter den Moosen einmalig auftreten:

- Fehlen von Rhizoiden.
- Spezielle Zellwandverdickungen in der einschichtigen Kapselwand.
- Besondere Ultrastruktur der Spermatozoiden mit 57 Mikrotubuli, die manchen Grünalgen enstprechen.
- Akzessorische Reihe von Mikrotubuli in den Spermatozoiden wie bei den Farnen.
- Fehlen von Plastiden-Tubuli wie bei den Grünalgen.
- Fehlen von spezialisierten Androezien und Gynaezien; statt dessen stehen Antheridien und Archegonien nackt in den Blattachseln.
- Variable Ontogenie der Blätter mit einem Lappen (wie bei Laubmoosen) oder 2-4 Lappen (wie bei Lebermoosen).

Obgleich *Haplomitrium* zu den Lebermoosen (z.B. aufgrund des Lebermoos-Sporogons und dem Vorhandensein von Elateren) gerechnet wird, unterscheidet sich *Haplomitrium* von allen anderen Lebermoosen durch:

- Besitz eines Zentralstranges (kommt sonst nur noch bei manchen Pallavicinaceae vor).
- Besitz eines unterirdischen Rhizoms.
- unterschiedliche Ontogenie der Gametangien.
- fädiges Protonema.

**Tab. 3-4:** Unterschiedliche Klassifikationen von Lebermoosen.

| **Müller (1954)** | **Stotler & Crandall-Stotler (1977)** |
|---|---|
| Marchantiales | Marchantiopsida |
| Jungermanniales | Haplomitriopsida |
|     Metzgeriineae | Jungermanniopsida |
|     Calobryineae |     Metzgeriales |
|     Jungermannieae |     Jungermanniales |
| **Schuster (1984a)** | **Crandall-Stotler & Stotler (2000)** |
| Marchantiidae | Marchantiopsida |
| Jungermanniidae | Jungermanniopsida |
|     Calobryales |     Metzgeriidae |
|     Metzgeriales |     Jungermanniidae |
|     Treubiales | |
|     Jungermanniales | **Stech & Frey (2001)** |
| **Bresinsky (1998)** | Treubiopsida |
| | Marchantiopsida |
| Marchantiopsida | Blasiopsida |
| Jungermanniopsida | Jungermanniopsida |
|     Metzgeriales |     Metzgeriidae |
|     Calobryales |     Jungermaniidae |
|     Takakiales | |
|     Jungermanniales | **Hier benutztes System** |
| | Treubiopsida |
| | Marchantiopsida |
| | Jungermanniopsida |
| |     Haplomitriidae |
| |     Metzgeriidae |
| |     Jungermanniidae |

- massive Seta.
- lang gestieltes Archegonium.
- Vorhandensein einer Kalyptra.
- isophylle dreireihige Blätter.
- quer inserierte Blätter.

Der 1-3 cm hohe, aufrechte Gametophyt ist, wie bei allen foliosen Lebermoosen, dreireihig beblättert, nur ist hier die dritte Blattreihe nicht als Unterblatt ausgebildet und reduziert, sondern genauso groß wie die anderen Blätter oder sogar größer. Die Pflanzen sind mit einem kriechenden, unterirdischen, rhizoidlosen Rhizom verankert. Sowohl durch die stark von den anderen Moosgruppen abweichenden Merkmale, als auch durch den Habitus mit rhizoidlosem Rhizom und innerem Leitgewebe, entsteht der Eindruck, dass wir es (ebenso wie stark abweichenden und isolierten Gattungen *Blasia* oder *Takakia*) mit einer sehr isolierten und vermutlich auch sehr urtümlichen

Moosgruppe zu tun haben. Als ältestes Fossil, welches zu den Haplomitriales gestellt wird, kennt man jedoch nur die fossile Gattung *Naiadita* aus der Trias.

Molekulare Stammbäume (Crandall-Stotler & Stotler 2000) lassen *Haplomitrium* je nach molekularen Markern an der Basis der Jungermanniidae, an der Basis der Metzgeriidae oder an der Basis beider Gruppen (der Jungermanniopsida, Abb. 3-12) erscheinen, so dass danach *Haplomitrium* als Vorfahre aller Lebermoosgruppen zu interpretieren wäre. Andere Stammbäume (Lewis et al. 1997) ergeben sogar eine Stellung von *Haplomitrium* an der Basis von allen Moosgruppen. *Haplomitrium* wäre also ein Nachfahre eines Urmooses und eine phylogenetische Verbindung von Laub- und Lebermoosen (woraus ein monophyletischer Ursprung beider Gruppen abzuleiten wäre). Diese Hypothese wird sehr eindrucksvoll dadurch gestützt, dass die Gattung *Takakia* mit *Haplomitrium* zusammen in eine gemeinsame Ordnung gestellt wurde, sich aber später als Laubmoos erwies.

Bislang wurden die Haplomitriidae als Ordnung (Calobryales) in die Metzgeriidae gestellt, aber auch schon als eigene Klasse Haplomitriopsida gewertet (Stotler & Crandall-Stotler 1977, vgl. Tab. 3-4). Die Menge der ursprünglichen und eigenen Merkmale als auch die Ergebnisse der molekularsystematischen Arbeiten lassen es angeraten erscheinen, *Haplomitrium* zumindest in eine eigene Unterklasse zu stellen.

Die Gattung ist vermutlich gondwanaländischen Ursprungs. Südhemisphärisch verbreitete Arten sind vermutlich nach der Abtrennung Indiens und der Drift Indiens nach Norden nach Laurasia gekommen. In Mittel- und Nordeuropa kommt nur *Haplomitrium hookeri* vor. Die Art wächst extrem selten auf feuchten, offenen, sandigen Böden.


## 2. Unterklasse Metzgeriidae

Die Metzgeriidae sind die zweitgrößte Gruppe der Lebermoose. Sie enthalten ungefähr 600 Arten in 30 Gattungen und 12 Familien. Die größten Gattungen sind *Riccardia* und *Metzgeria*, die beide ungefähr je 200 Arten enthalten. Die Arten sind über die ganze Welt verbreitet und kommen von Schneetälchen in Gebirgen bis in die tropischen Regenwälder vor, wo sie ihre Hauptentfaltung haben. Eine Gattung ist als einzige unter den Moosen saprophytisch.

Die Vertreter dieser Ordnung sind thallös. Im Gegensatz zu den Marchantiidae sind diese Thalli jedoch sehr einfach strukturiert und bestehen nur aus parenchymatischem Grundgewebe. Durch Einschnitte im Thallusrand kann es aber zu einer Lappung, durch tiefere Einschnitte zu blattähnlichen Strukturen kommen (z.B. bei *Fossombronia*). Im Unterschied zu den Jungermanniidae sind die Metzgeriidae (meistens) anakrogyn, d.h. die Archegonien werden nicht an der Thallusspitze, sondern auf der dorsalen oder ventralen Seite des Thallus gebildet. Eine strikte Trennung in thallöse und beblätterte, anakrogyne und akrogyne Lebermoose ist nicht möglich, weswegen manche Autoren (z.B. Schuster 1984) sie als zwei Ordnungen innerhalb der Jungermanniidae auffassen.

Metzgeriale Lebermoose galten lange als die ältesten Moose, weil das älteste bekannte fossile Moos, *Pallavicinites devonicus*, ein offenbar thallöses metzgeriales Lebermoos ist, das - wie der Name sagt - die Struktur der rezenten Gattung *Pallavicinia* besitzt.

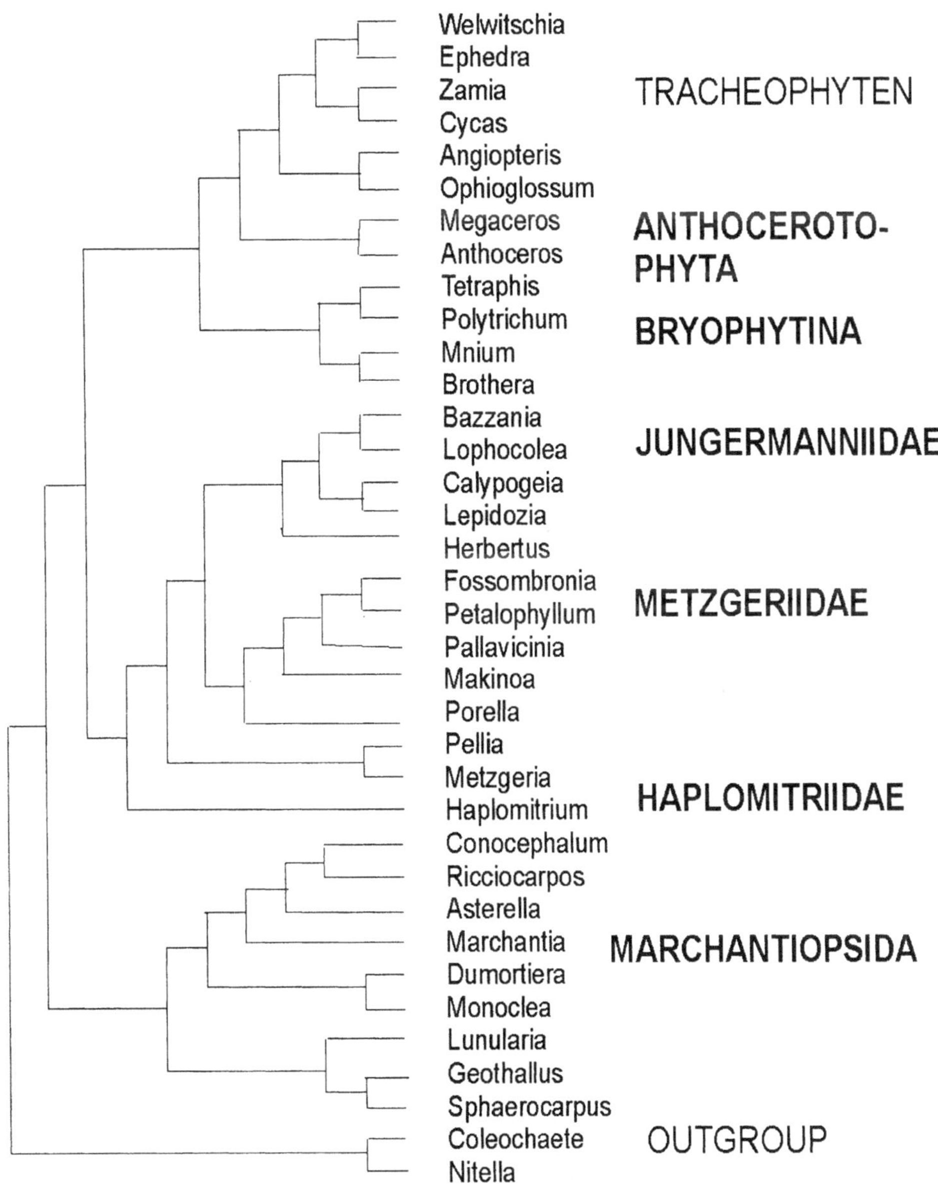


**Abb. 3-12:** Molekularer Stammbaum der Moose (speziell Lebermoose) nach dem Chloroplasten-Gen rbcL (nach Lewis et al. 1997 vereinfacht). Die Hornmoose sind von den übrigen Lebermoosen völlig getrennt und clustern mit den Gefäßpflanzen und Moosen. Die Haplomitriidae erscheinen basal zu den Jungermanniopsida, abgesichert durch einen Bootstrap-Wert von 100 (es gibt auch Stammbäume, in denen die Haplomitriidae basal zu allen Moosen erscheinen). Die Marchantiopsida sind völlig von den restlichen Moosen getrennt. Die Unterscheidung von Metzgeriidae und Jungermanniidae ist nicht eindeutig (vgl. die Stellung von *Porella*).

Außerdem galt vielen Autoren die thallöse Wuchsform und der einfache Aufbau des Thallus als ursprünglich. Aus dem Karbon sind weitere fossile Moose bekannt, die heutigen Vertretern der Gattungen *Metzgeria* (*Hepaticites metzgerioides*) oder *Blasia* (*Blasiites lobatus*) entsprechen. Die Diskussion, ob die beblätterten Lebermoose sich aus den thallösen entwickelt haben oder umgekehrt, hat sich heute vielleicht durch die ursprüngliche Position von *Treubia* (vgl. Kap. 3.2.1.1) in den molekularen Stammbäumen erübrigt. Danach sind halb foliose - halb thallöse Lebermoose wie *Treubia* Ausgangsformen beider Evolutionslinien.

Antheridien und Archegonien werden in der Mitte der Pflanze in oder auf der Thallusoberfläche gebildet. In letzteren Fall werden sie von einem schuppenförmigen Anhängsel (Perigynium oder Involucrum bei *Pellia*, Abb. 1-1.3) oder Blatt (*Fossombronia*) geschützt. Die Archegonien werden also nicht apikal wie bei den Jungermanniidae gebildet, sodass die Pflanze nach ihrer Bildung weiterwächst und das Wachstum der Scheitelzelle nicht mit der Bildung von Archegonien beendet wird. Bei *Metzgeria* werden Sexual-organe an reduzierten Ästen gebildet (s.u.). Die Seta ist kurzlebig und chlorophyllfrei. Das Sporangium ist rundlich bis oval (Abb. 3-13.5) und öffnet sich mit 4 (bei *Moerckia* nur mit 1) Schlitzen.

Die Thalli haben eine einfache Struktur, sie sind in der Regel in der Mitte vielschichtig und dünnen zum Rande hin aus. Nur *Metzgeria* hat eine deutlich abgesetzte Mittelrippe und einschichtige Thallusflügel. Die Zellen des Thallus sind überwiegend parenchymatisch. Nur bei *Pallavicinia*, *Symphyogyna* und *Hymenophyton* (die bäumchenförmige Thalli bilden, Abb. 3-13.4) kommen auch Zentralstränge vor (Abb. 3-13.2). Die Thalli sind einfach (Abb. 3-13.3), dichotom (*Metzgeria*, Abb. 3-2.5) oder fiedrig verzweigt (*Riccardia*, Abb. 3-13.1). Rhizoiden werden an der Unterseite der Thalli gebildet.

Vegetative Vermehrung ist selten anzutreffen. *Blasia* hat flaschenförmige Organe auf der Thallusoberseite, in denen Brutkörper gebildet werden. *Metzgeria* bildet kleine Brutäste.

**1. Familie Metzgeriaceae**
Die Familie hat 4 Gattungen, davon *2 (Metzgeria, Apometzgeria)* in Europa. Es handelt sich um dichotom gegabelte, schmale Thalli auf Fels und Borke. Archegonien werden jedoch nicht, wie sonst bei den Metzgeriidae, anakrogyn (auf der Thallusmitte) gebildet, sondern am Ende reduzierter Äste, die auf der Ventralseite entspringen. Auch die Ergebnisse von DNA-Sequenzierungen ergeben, dass die Metzgeriaceae im Dendrogramm zwischen den beblätterten Jungermanniales liegen. Das würde bedeuten, dass anakrogyne und akrogyne Lebermoose nicht mit thallosen und beblätterten Lebermoosen gleichgesetzt werden können, sondern thallose und beblätterte Formen zwei Mal unabhängig voneinander entstanden sind.

**2. Familie Aneuraceae**
Es handelt sich bei dieser Familie um Vertreter mit lappigen (*Aneura*) bis unregelmäßig oder regelmäßig fiedrigen (*Riccardia*) Arten. *Aneura pinguis* mit 2-5 cm dunkelgrünen

**Abb. 3-13:** Jungermanniopsida, Metzgeriidae. 1. *Riccardia multifida*. Habitus. 2. *Podomitrium peltatum*, Querschnitt durch den Mittelteil des Thallus mit Zentralstrang. 3. *Verdoornia succulenta*. Habitus. 4. *Hymenophyton flabellatum*. Dendroides thalloses Lebermoos. 5. *Aneura pinguis*. Pflanzen mit jungen Sporophyten.

Thalli kommt kosmopolitisch an feuchten Stellen vor. Zu dieser Familie gehört auch die saprophytische Gattung *Cryptothallus* mit 2 Arten (vgl. Kap. 4.6.3). *Cryptothallus mirabilis* wächst unterirdisch unter dichten Moosdecken, meist von Torfmoosen. Die Art lebt mit dem Mykorrhiza-Pilz der Birke (*Betula pubescens*) zusammen und ist daher immer nur unter Birken zu finden. Die Verbreitung ist wegen der Fundumstände nur ungenügend bekannt. Sie reicht von Süd-Grönland über Skandinavien nach Schottland. In Deutschland wurde sie nur einmal in Mecklenburg gefunden. Neuerdings wurde eine weitere Art in Costa Rica entdeckt.

### 3. Familie Pelliaceae

Die Pelliaceae bilden 2-4 cm große Thalli. Sporogone werden auf der Thallusoberseite gebildet, von einem artspezifisch gestaltetem Involucrum geschützt. *Pellia epiphylla* ist häufig an nassen, sauren Standorten, besonders Bachrändern. *Pellia endiviifolia* wächst auf kalkreichen Tonböden und bildet im Herbst geweihförmige Brutäste.

### 4. Familie Pallaviciniaceae

*Pallavicinia* bildet bandförmige Thalli mit Mittelrippe, diese mit Zentralstrang. Diese in den Tropen weit verbreitete Gattung ist in Europa nur durch *P. lyellii* vertreten, die sehr selten in Bruchwäldern vorkommt. *Moerckia blyttii* wächst in arktisch-alpin in Schneetälchen.

### 5. Familie Blasiaceae

Eine Familie mit nur 2 monotypischen Gattungen, in Europa nur durch *Blasia pusilla* vertreten. Die Art bildet am Rande geschlitzte Thalli mit flaschenförmigen Brutorganen auf der Oberseite und Nostoc-besiedelten Thallushöhlungen auf der Unterseite. Sie kommt auf nassen, offenen Böden (Sandgruben, Waldwege) vor.

Die systematische Position von *Blasia* ist noch recht unklar. Ultrastrukturelle Untersuchungen haben ergeben, dass die Spermatozoiden von *Blasia pusilla* denen von *Marchantia* und den Sphaerocarpales gleichen (Carothers 1973, Duckett et al. 1982). Desgleichen ist die Sporophyt-Gametophyt-Verbindung wie bei den Marchantiopsida (Ligrone et al. 1993) ebenso wie die Blepharoplasten-Struktur (Pass & Renzaglia 1995), so dass von den letzteren Autoren postuliert wurde, *Blasia* in die Marchantiopsida einzuschließen. Die einfache Thallusstruktur wäre dabei kein Widerspruch, weil auch *Monoclea* solche Thalli besitzt. Mit dem *trn*L Intron generierte molekulare Stammbäume lassen *Blasia* als eigenen Entwicklungsast an der Basis der Jungermanniopsida erscheinen (Stech & Frey 2001), allerdings nur mit einem Bootstrap-Wert von etwas mehr als 50, weswegen *Blasia* in eine eigene Klasse, die Blasiopsida, gestellt wurde. Kladogramme nach Sequenzen des 25S rDNA stellen *Blasia* hingegen in die Metzgeriales (Wheeler 2000).

### 6. Familie Fossombroniaceae

Die Pflanzen dieser Familie besitzen eine Mittelrippe und (daran ansetzend) 2 Reihen lateraler Blattlappen. Der Bau hat schon das Aussehen einer unterschlächtigen Beblätterung wie bei den Jungermaniidase, doch werden die Gametangien auf der

Mittelrippe gebildet, weswegen die „Blätter" nur als zerschlitzte Thallusflügel zu deuten sind. Die Familie besteht aus drei Gattungen, davon in Europa *Petalophyllum* (mit *P. ralfsii* an südwesteuropäischen Küsten, auch in salzwasserbeeinflußten Bereichen) sowie *Fossombronia* mit 12 überwiegend im Mediterrangebiet verbreiteten Arten. In Mitteleuropa kommen 3 Arten auf nackten, feuchten Böden (Heiden, Äckern, Teichränder) vor.

## 3. Unterklasse Jungermanniidae

Die Jungermanniidae sind beblätterte Lebermoose. Sie repräsentieren ungefähr 80% aller Lebermoose in 250 Gattungen und 40 Familien. Ihre Hauptverbreitung haben die Jungermanniidae in feuchten, ozeanischen Gebieten oder feuchten Gebirgen. Die Berechnung des Laub-Lebermoos-Index wird daher für die Ozeanität einer Flora benutzt. Eine genaue Vorstellung über die Artenzahlen gibt es nicht. Ursprünglich wurden 8000 Arten für die beblätterten Lebermoose angesetzt. Später gingen die Schätzungen auf 6000 zurück und schließlich - unter dem Einfluß der hohen Artenreduktionen bei Gattungsrevisionen und der Entdeckung von kontinentübergreifenden Arealen in den Tropen - auf 4000.

Die Unterklasse ist wie folgt charakterisiert:

- Pflanzen beblättert, meist in drei Reihen.
- Blätter einzellschichtig, ohne Rippe, oft im Gegensatz zu Laubmoosen eingeschnitten, 2-mehrzipflig, vielfach mit Ölkörpern, im Gegensatz zu den Marchantiidae in Chloroplasten-führenden Zellen.
- Archegonien von einer zylindrischen einzellschichtigen Hülle (**Perianth**) eingeschlossen, "akrogyn" an der Spitze des Stämmchens gebildet (das damit den Wuchs einstellt).
- Sporophyt mit langer hyaliner, kurzlebiger Seta.
- Sporogon mit vielschichtiger Wand, mit 4 Längsrissen öffnend.

Die **Sporen** sind mit 6-24 µm Durchmesser die kleinsten unter den Lebermoosen. Es werden 250 bis 1 Million (!) in einem Sporogon gebildet. Die Protonemabildung ist sehr variabel. Bei der Sporenkeimung kann ein Keimschlauch gebildet werden, der fädig und nicht oder wenig verzweigt ist. An dessen Ende wird ein vielzelliges Gebilde (Kallus) gebildet, welches Rhizoiden und eine Pflanze bildet. Gelegentlich ist das Protonema auch flächig-thallös ausgebildet oder rein fädig. Inwieweit das Evolutionslinien sind oder ökologische Anpassungen (z.B. zum Auskeimen von Epiphyllen), ist nicht bekannt. Damit ist auch das Protonemastadium wesentlich anders als bei den Laubmoosen.

Das **Stämmchen** hat eine einfache innere Struktur; es besteht aus einem parenchymatischen Grundgewebe und einer ein- bis mehrschichtigen Rinde, welche aus großlumigen Zellen (zur Wasserspeicherung) oder kleinlumigen und dickwandigen Zellen (zur Festigung) bestehen kann. Es kann dichotom, unregelmäßig oder fiedrig verzweigt sein. Die Rhizoiden sind bis auf wenige Ausnahmen einzellig. Sie können

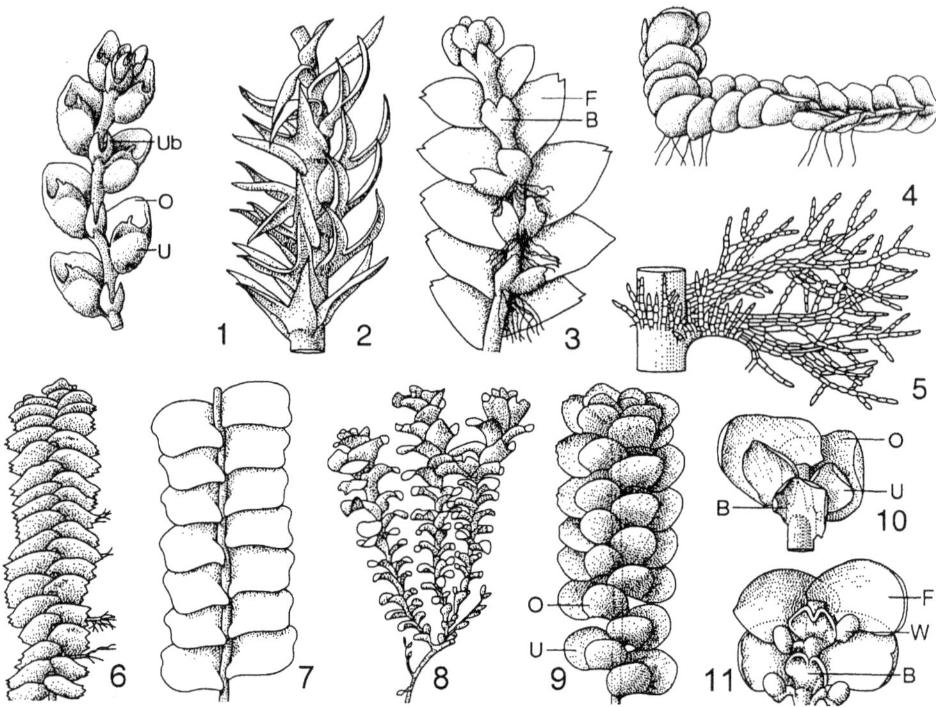

**Abb. 3-14:** Jungermanniidae. 1. *Microlejeunea ulicina.* Oberer Teil einer Pflanze von der Unterseite mit Unterlappen und Unterblättern. 2. *Herbertus alpinus.* Teil einer Pflanze mit isophyller Beblätterung und zweilappigen Blättern. 3. *Calypogeia fissa.* Oberer Teil einer Pflanze von unten. 4. *Jamesoniella autumnalis*, Pflanze von der Seite. 5. *Trichocolea tomentella.* In Zellfäden aufgelöstes Seitenblatt. 6. *Bazzania trilobata.* Pflanze von oben mit oberschlächtiger Beblätterung. 7. *Lophocolea heterophylla.* Pflanze von oben, unterschlächtige Beblätterung. 8. *Marsupella emarginata.* Kahnförmige Beblätterung. 9. *Scapania undulata.* Blätter mit Ober- und Unterlappen. 10. *Porella obtusata.* Teil einer Pflanze von unten mit Unterblättern und Unterlappen. 11. *Frullania tamarisci.* Teil einer Pflanze von unten mit Wassersäcken und Unterblättern. (B Unterblätter, F Flankenblätter, O Oberlappen, U Unterlappen, W Wassersäcke, n. Frey 1995).

(speziell bei Bewohnern von morschem Holz wie der heimischen *Lophocolea heterophylla*) Pilzsymbionten enthalten, speziell in den keulig geschwollenen Enden.

Der Gametophyt ist niederliegend oder aufrecht und hat **Blätter** in zwei lateralen und einer ventralen Reihe (Abb. 3-14). Die lateralen Blätter können vielgestaltig sein. Da sie aus einer Gruppe von 2-3 Initialzellen hervorgehen, sind sie vielfach mehrlappig oder eingeschnitten und mehrzipfelig (Abb. 3-14.6,8). Die unteren Blattränder können vergrößert und nach oben eingeschlagen sein (*Scapania*, Abb. 3-14.9, 3-15.3), was der äußeren Wasserleitung dient, oder zu einer wasserspeichernden Tasche zusammengeklappt sein (*Radula*, Lejeuneaceae). Als extreme Ausbildung werden bei *Frullania* daraus becher- oder krugförmige Wassersäcke gebildet (Abb. 3-14.11). Bei einigen Familien (Trichocoleaceae, Ptilidiaceae) sind die Blätter oder Blattzipfel in Fäden aufgespalten (Abb. 3-14.5), was die Oberfläche vergrößert und Wasseraufnahme so wie den

Gasaustausch erleichtert. Wie immer gibt es auch bei der Beblätterung Ausnahmen. So haben die winzigen Lebermoose *Zoopsis* und *Metzgeriopsis* offenbar die Blätter reduziert und dafür das Stämmchen thallös verbreitert.

Mögliche Blattstellungen sind:

- seitlich angeheftet.

- oberschlächtig: Bei der Betrachtung von oben liegen die oberen Ränder der Blätter frei (Abb. 3-14.6).

- unterschlächtig: Bei der Betrachtung der Pflanze von oben liegt der untere Blattrand frei  (Abb. 3-14.7).

(Die Ausdrucke ober- und unterschlächtig wurden für Mühlräder geprägt, im engl. Sprachgebrauch spricht man von incubous and succubous).

Die ventralen Blätter (Unterblätter, Amphigastrien) sind in der Regel reduziert oder können auch fehlen (so bei *Plagiochila,* Abb. 3-15.1, *Radula, Scapania,* Abb. 3-15.3).

Die Blätter sind einschichtig, haben aber oft kollenchymatische Zellecken zur mechanischen Festigung. Die **Laminazellen** enthalten vielfach Ölkörper in einer Vielfalt von Formen (einfach, zusammengesetzt, rund, traubenförmig, spindelförmig etc., Abb. 3-3), die artspezifisch in Form, Farbe und Anzahl sind und eine wichtige Rolle beim Bestimmen spielen. Da sie aus leicht flüchtigen Terpenoiden bestehen, sind sie nur an Frischmaterial zu beobachten, nicht an Herbarmaterial.

Die **Archegonien** stehen endständig an den Stämmchen (Jungermanniales akrogynae). Sie sind von einer Hülle, dem **Perianth**, umgeben (Abb. 3-16). Dieses Organ ist eine Verwachsung aus den 3 Blattreihen, die dementsprechend manchmal noch dreikantig ist, vielfach aber zylindrisch oder flach. Die Spitze kann glatt, gezähnt oder mit Zilien besetzt sein. Die Form des Perianths und seiner Öffnung wird ebenfalls für die Bestimmung verwendet, weswegen manche Lebermoose nur in fertilem Zustand gut bestimmbar sind. Der Perianth kann noch von andersgestaltigen Involucralblättern umgeben sein. Die **Antheridien** stehen in den Achseln von den oberen Blättern (Abb. 3-16.1)

Bei einigen Gattungen (z.B. der einheimischen Gattung *Calypogeia*) wird das Archegonium bzw. der junge Sporogon in einem zylindrischen, sackförmigem Auswuchs des Stämmchens, dem **Marsupium**, gebildet (Abb. 3-15.4). Es bohrt sich in den Erdboden und ist ursprünglich offenbar als Schutz gegen Austrocknung bei Arten an exponierten Standorten gebildet worden.

Die **Seta** ist nicht chlorophyllös und sehr kurzlebig (Abb. 3-16). Sie ist vielfach relativ lang (1-2 cm), kann aber (z.B. bei epiphytischen Arten) auch kürzer sein. Der **Sporogon** ist dunkelbraun bis schwärzlich pigmentiert und hat eine 2- bis 10-zellschichtige Wand. Er öffnet sich längs mit 4 Rissen von der Spitze bis zur Basis (Abb. 3-16.3). Die Zellen der Sporogonwand haben knotige Eckverdickungen oder verdickte Querwände. Im Inneren werden neben den Sporen Elateren produziert. Sie liegen frei im Sporogon (Jungermanniaceen-Typ) oder sind mit einer Seite am Ende einer Kapselklappe angewachsen (Jubuleen-Typ, Abb. 3-4.3).

Die vegetative Vermehrung erfolgt bei vielen Arten durch Abspaltung von 1- bis 2-zelligen Brutkörpern an den Blatträndern oder am Ende des Stämmchens.

Alle Vertreter der Jungermanniidae werden in eine Ordnung gestellt. Die Auflistung der Familien beschränkt sich auf in Europa vertretene.

## 1. Familie Lepicoleaceae

Tropische, bräunlich gefärbte Arten mit dornig gezähnten Blättern und Unterblättern. In Europa nur durch *Mastigophora woodsii* vertreten, die in Heiden von Irland, Schottland und den Färöern vorkommt.

## 2. Familie Herbertaceae

Ebenfalls überwiegend tropische Vertreter aus 2 Gattungen, die auf Felsen und Bäumen besonders im subalpinen Bereich vorkommen. Die Blätter sind tief in zwei Hälften gespalten (Abb. 3-14.2), wobei die Blattspitzen zur Kondensation von Wasser dienen. In Europa 4 *Herbertus*-Arten, drei davon in eu-atlantischen Gebieten (Irland, Schottland, Südwestnorwegen), davon *H. aduncus* disjunkt in British Columbia (dort epiphytisch in großen Moosbällen in temperaten Regenwäldern) und *H. sendtneri* in den Alpen sowie disjunkt im Himalaya.

## 3. Familie Pseudolepicoleaceae

Sieben Gattungen vorwiegend im Gondwanabereich, darunter in Europa nur *Blepharostoma trichophyllum*, welches in der gesamten Holarktis als auch im tropischen Afrika und Amerika vorkommt. Bei dieser Art sind die Blätter in 4 einzellreihige Fäden geteilt. Es wächst in winzigen Räschen zwischen anderen Moosen.

## 4. Familie Trichocoleaceae

Drei wiederum in tropischen oder südhemisphärisch-temperaten Regenwäldern verbreitete Gattungen. Die Blätter sind bis zum Grund in 4 schmale Lappen geteilt, die am Rande mit zahlreichen einzelligen Haaren besetzt sind (Abb. 3-14.5). Die Pflanzen wirken dadurch filzig. In Europa nur durch *Trichocolea tomentella* vertreten, die an quelligen Stellen in Wäldern vorkommt.

## 5. Familie Lepidoziaceae

In 27 Gattungen wiederum vorwiegend in den Tropen verbreitet. Verzweigung auch ventral, z.B. Stolonenbildung in den Achseln der Amphigastrien. Von den 4 Gattungen in Europa sind *Kurzia* und *Teleranea* mikroskopisch klein. Bei ihnen sind die Blätter in 3-4 Zipfel geteilt. Bei *Teleranea* sind die Zipfel an der Basis nur eine Zelle breit. *Teleranea nematodes* kommt in den gesamten Tropen zwischen anderen Moosen kriechend vor, in Europa im Südwesten bis nach Irland. Bei *Kurzia* sind die Blattzipfel an der Basis 2 Zellen breit. In Europa gibt es drei Arten, die auf Torf, Humus und zwischen anderen Moosen über Felsen wachsen.

*Lepidozia* und *Bazzania* (Abb. 3-14.6) haben 4- bzw. 3-lappige Blätter. Beide Gattungen sind in den tropischen Bergregenwäldern artenreich vertreten. In Europa ist *Lepidozia*

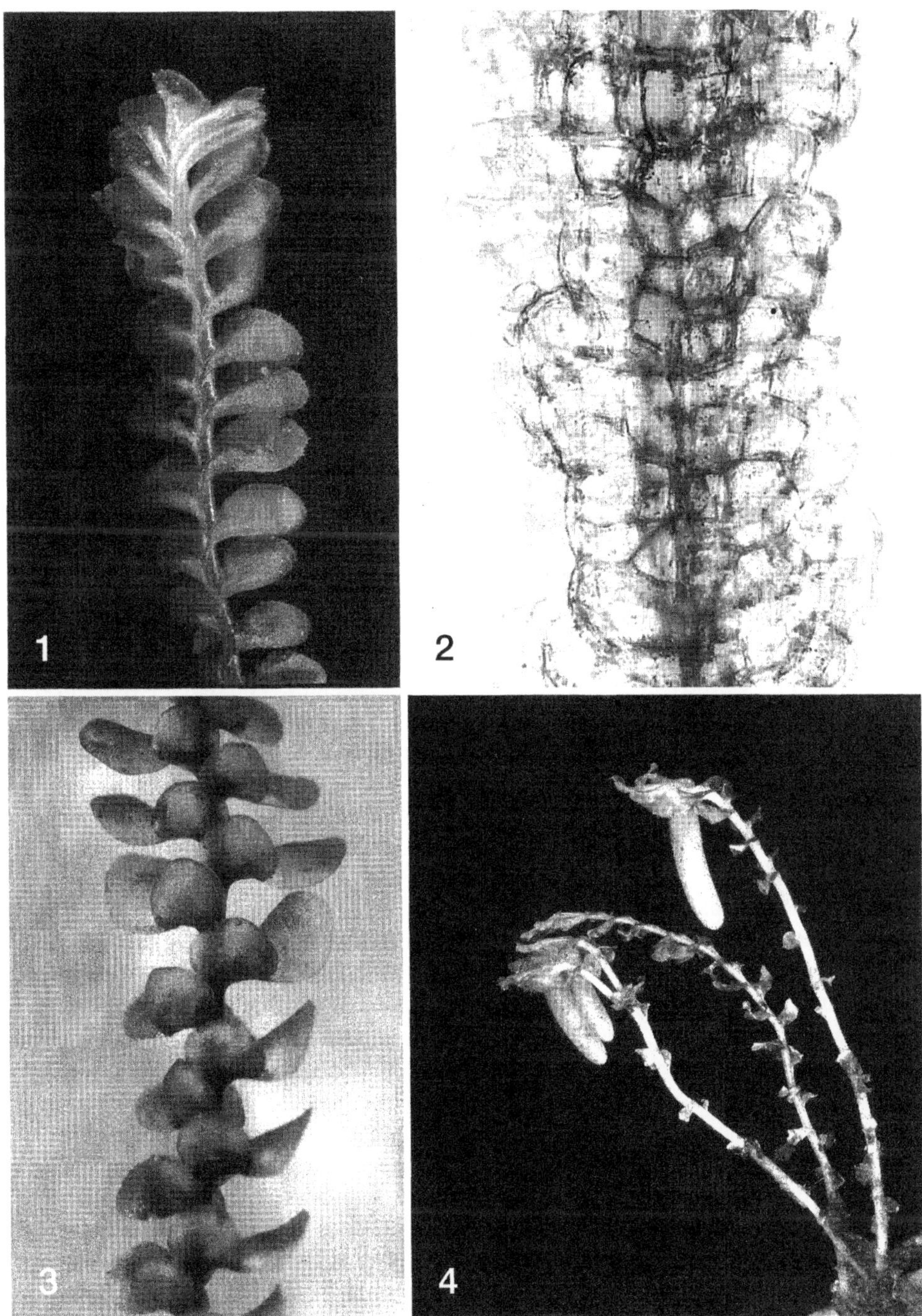

**Abb. 3-15:** Jungermanniopsida. 1. *Plagiochila asplenioides* (2x) 2. *Zoopsis* spec. (ca. 30x). Lebermoos, dessen Blätter reduziert sind. 3. *Scapania undulata*. Blätter mit Ober- und Unterlappen (3x). 4. *Thylimanthus saccatus*. Marsupien unter den Stämmchenspitzen (ca. 1x).

*reptans* auf morschem Holz und Waldboden nicht selten. *Lepidozia cupressina* kommt im atlantischen Westeuropa, aber auch im tropischen Afrika und Südamerika vor. Die häufigste *Bazzania*-Art ist *B. trilobata*, die bis 6 mm breite und mehrere cm lange, ölglänzende Pflanzen auf sauren Waldböden, gerne in montanen Nadelwäldern, bildet. Daneben gibt es 2 weitere, kleinere Arten auf Fels in Bergregionen Mitteleuropas und *B. pearsonii* im atlantischen Teil Europas, außerdem disjunkt in Asien und Alaska.

## 6. Familie Calypogeiaceae

Pflanzen mit rundlichen Blättern und Unterblättern, mit Marsupien. In Europa nur durch die Gattung *Calypogeia* mit  8 Arten vertreten, von denen *C. muelleriana* die häufigste Art auf offenen Böden z.B. an Wegrändern ist.

## 7. Familie Adelanthaceae

Tropische Familie, in Europa nur durch 2 Arten (*Adelanthus decipiens* und *A. lindenbergianus*) vertreten, die beide auch in den Bergregenwäldern Afrikas sowie Mittel- und Südamerikas vorkommen.

## 8. Familie Cephaloziaceae

13 Gattungen, davon 6 in Europa. Blätter rundlich oder zweiteilig. Verzweigung ventral, z.Tl. mit ventralen Stolonen.  Ölkörper fehlend oder unscheinbar klein. Die Gattung *Odontoschisma* mit rundlichen Blättern und zum Teil starken Eckverdickungen in den Laminazellen wurde früher in eine eigene Familie gestellt. Von den 4 Arten in Europa ist das zwischen zwischen Torfmoosen wachsende *O. sphagni* die häufigste. Die Gattung *Cephalozia* besitzt tief eingeschnittene, zweizipflige Blätter. Es handelt sich um sehr kleine Pflanzen mit seitlich angewachsenen Blättern auf Erde, Torf und morschem Holz. Von den 17 Arten in Europa ist *C. bicuspidata* die häufigste. *Nowellia* mit nur *N. curvifolia* in Europa hat den unteren Blattrand zu einem Wassersack umgeschlagen.

## 9. Familie Cephaloziellaceae

Diese Familie mit nur einer Gattung *Cephaloziella* ähnelt den Cephaloziaceae, die Pflanzen sind jedoch noch kleiner und nur etwa 250 µm breit. Die Blätter sind ebenfalls quer angewachsen und zweizipflig. Im Unterschied zu den Cephalziaceae hat Cephaloziella Ölkörper, Brutkörper, einen einzellreihigen Antheridienstiel und  anders gebaute Sporogonstiele und Perianthien. Ca. 17 Arten in Europa. *Cephaloziella divaricata* bildet schwärzliche, an Algenlager erinnernde Rasen auf Erde an relativ trockenen Standorten.

## 10. Familie Antheliaceae

Unterblätter so groß wie die Flankenblätter, alle Blätter eingeschnitten, zweiteilig. Ölkörper fehlen. Pflanzen dicht kätzchenförmig beblättert, in dunklen, krustenförmigen Überzügen, mit weißlichen Wachsfäden überzogen, die früher für Pilzfäden gehalten wurden. In Europa 2 Arten an lang schneebedeckten Stellen der alpinen Region in den alpinen Gebirgen und Nordeuropa, holarktisch.

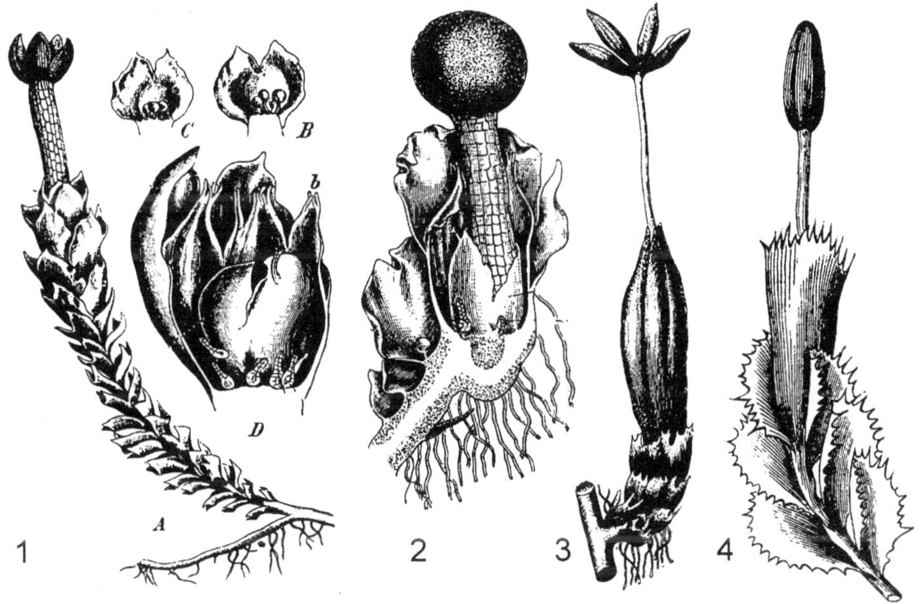

**Abb. 3-16:** Jungermanniopsida. 1. *Marsupella ustulata*. A. Pflanze mit reifem Sporogon. B., C. Blätter mit Antheridien in den Blattachseln. D. Stämmchenspitze im Längsschnitt mit Archegonien an der Basis. 2. *Nardia haematosticta*. Spitze einer fertilen Pflanze im Längsschnitt mit Involucralblättern, Perianth und jungem Sporophyten, an dessen Basis die Kalyptra und ein unbefruchtetes Archegonium. 3. *Lepidozia filamentosa*. Ast mit Perianth und aufgeklapptem Sporogon. 4. *Plagiochila gigantea*. Spitze eines fertilen Asten mit gezähntem Perianth und jungem Sporogon. (n. Schiffner 1909).

## 11. Familie Lophoziaceae
Blätter schräg angewachsen, eingeschnitten, 2 bis 4 zipflig. Ölkörper und Brutkörper vorhanden. 19 Gattungen, davon 10 in Europa. Die häufigsten Gattungen sind *Barbilophozia* (9 Arten) mit großen, mehrere cm lang werdenden Arten und 2, meist aber 3- oder 4-lappigen Blättern und *Lophozia* (je nach Einbeziehung anderer Gattungen 20-30 Arten) mit 2- seltener 3-lappigen Blättern. Die Gattung *Gymnocolea* (mit *G. inflata*) wächst in schwarzbraunen Überzügen in Moortümpeln und auf Torf.

## 12. Familie Jungermanniaceae
Eine artenreiche Gruppe mit 19 Gattungen. Blätter rundlich (Abb. 3-12.4). Unterblätter klein oder fehlend. Ölkörper vorhanden. *Jungermannia* ist mit 17 schwer bestimmbaren Arten in Europa vertreten, die auf feuchter Erde und feuchten Felsen vorkommen, auch submers in Bächen.

## 13. Familie Gymnomitriaceae
Blätter quer am Stämmchen angewachsen, dachziegelig, zweilappig. Unterblätter fehlen. Ölkörper zu 2-3 pro Zelle. Brutkörper fehlen. In Europa vorwiegend durch die Gattungen

*Gymnomitrium* und *Marsupella* vertreten. *Gymnomitrium*-Arten kommen mit 4 Arten in dichten, bleichen, bräunlichen oder schwärzlichen Polstern mit dicht wurmförmig beblätterten Pflanzen auf Felsen in den subalpinen und alpinen Regionen vor, seltener in tieferen Lagen. *Marsupella* kommt in Europa mit 18 Arten an offenen Felsen vorwiegend der alpinen Region vor, einige Arten auch in tieferen Lagen oder als Relikte an offenen Stellen wie Blockhalden. *Marsupella emarginata* (Abb. 3-14.8) wächst an feuchten Felsen der Mittelgebirge, auch submers in Bächen über Silikatgestein.

## 14. Familie Scapaniaceae

Blätter kielig gefaltet, in einen großen Unterlappen und einen kleineren darüber liegenden Oberlappen differenziert. Vorwiegend holarktisch Gruppe mit 3 Gattungen, die alle in Europa vertreten sind. Die monotypische *Douinia ovata* kommt vorwiegend epiphytisch nur in den atlantischen Teilen Europas vor. *Diplophyllum* mit 3 Arten auf Erde und Fels, darunter *D. albicans* mit auffällig verlängerten, hellen, mittelrippenartigen Zellen in der Blattmitte sehr häufig auf kalkfreiem Fels und Erde, oft in Massen. *Scapania* ist mit 40 Arten vertreten. *Scapania undulata* (Abb. 3-14.9, 3-15.3) ist submers in Bächen über Silikatgestein häufig, *S. nemorea* auf Fels und Waldboden.

## 16. Familie Geocalycaceae

Eine Mischung aus früher in Harpanthaceae (mit den Gattungen Gattungen *Saccogyna, Harpanthus* und *Geocalyx*) und Lophocoleaceae (mit den Gattungen *Lophocolea* und *Chiloscyphus*) gestellte Arten. Pflanzen mit meist eingebuchteten oder einge-schnittenen Blättern und stark geschlitzten (meist 4-zipfligen) Unterblättern, die ehe-maligen Harpanthaceae mit Marsupien. Die Gattung *Lophocolea* ist in Mitteleuropa mit 3 Arten vertreten, von denen *L. heterophylla* auf morschem Holz sehr häufig ist, *L. bidentata* auf Erde, Felsen und zwischen Gras verbreitet ist und *L. semiteres* aus Neuseeland früher auf den Scilly Inseln und seit einigen Jahren in Belgien und den Niederlanden eingeschleppt ist. *Chiloscyphus* ist nahe mit *Lophocolea* verwandt und beide Gattungen sind speziell in Außereuropa kaum zu trennen. *Chiloscyphus polyanthos* mit nur buchtig ausgeschnittenen Blättern kommt an feuchten Stellen vor, auch submers in Bächen (var. *rivularis*)

## 17. Familie Plagiochilaceae

In den Tropen sehr artenreiche Familie mit 9 Gattungen, darunter *Plagiochila* mit über 1000 Arten, die in Europa mit 10 Arten vertreten ist, von denen 8 im altlantisch beeinflussten Teil vorkommen. Stattliche, mehrere cm große Pflanzen ohne Unterblätter mit schräg angewachsenen Blättern. In Mitteleuropa durch *P. asplenioides* (Abb. 3-15.1) auf basenreichen Waldböden und *P. porelloides* auf basenreichen Felsen vertreten.

## 18. Familie Arnelliaceae

Blätter kreisrund, gegenständig. Der Sporogon entwickelt sich in einem in den Erdboden eingesenkten Marsupium. Drei Gattungen in Europa, von denen *Gongylanthus* und *Southbya* im Mittelmeergebiet vorkommen und *Arnellia* (monotypisch, einzige Art *A. fennica*) in der Arktis und an wenigen Stellen in den Alpen. *Gongylanthus* (in Europa nur *G. ericetorum*) ist noch mit einem Dutzend Arten in der Neotropis und Südafrika vertreten, *Southbya* mit 2 Arten im Mittelmeergebiet und einer im Himalaya. Beide Gattungen wachsen auf trockenen Macchien- und Garigueböden, wo der Besitz eines Marsupiums einen ökologischen Vorteil bedeutet.

**19. Familie Acrobolbaceae**
Sechs Gattungen, davon *Acrobolbus* mit 12 Arten vorwiegend auf der Südhalbkugel. In Europa gibt es nur eine Art, *Acrobolbus wilsonii,* die in Irland und Schottland sowie den Azoren vorkommt, außerdem noch in den Anden. Es handelt sich um  Lophoziaceae-artige Pflanzen mit eingeschnittenen Blättern, aber mit Marsupium.

**20. Familie Pleuroziaceae**
Tropische Familie mit 2 Gattungen, *Pleurozia* und *Eopleurozia.* Stattliche, rotgefärbte Arten mit dornig gezähnten Oberlappen und muschelförmigem Unterlappen, der mit einer beweglichen Klappe verschlossen ist. In Europa kommt nur *Pleurozia purpurea* von Südwestnorwegen bis Irland vor. Die Art ist außerdem von Alaska, Guadeloupe und dem Himalaya bekannt, hat also ein hochdisjunktes Areal. Sie ist dabei nur steril bekannt, und bildet auch keine Brutkörper. Die disjunkten Vorkommen müssen als extreme Relikte eines früher (im Tertiär?) größeren Areals gedeutet werden.

**21. Familie Radulaceae**
Pflanzen ohne Unterblätter. Oberlappen groß, rundlich-oval, Unterlappen ca. ¼ so groß wie der Oberlappen, am Grunde mit einem Kiel mit dem Oberlappen verwachsen. Vor allem in den Tropen artenreiche Gruppe. Ähnlich wie bei den Lejeuneaceae kommen die meisten der 7 Arten in Europa im atlantisch-mediterranen Bereich vor. In Mitteleuropa nur *R. complanata* vorwiegend auf Borke in Mittelgebirgslagen sowie *R. lindenbergiana* in Bergregionen auf Fels.

**22. Familie Ptilidiaceae**
Pflanzen, bei denen die Blätter 1/3 - 3/4 geteilt sind und die Ränder mit langen Wimpern besetzt sind. In Europa 2 Arten, die beide auch in Deutschland vorkommen. *Ptilidium ciliare* kommt in Heiden und Nadelwäldern vor, *P. pulcherrimum* ist epiphytisch.

**23. Familie Porellaceae**
Arten mit großem Oberlappen, kleineren, lanzettlichen Unterlappen und ungeteilten Unterblättern (3-14.10). Drei Gattungen, davon nur *Porella* mit 6 Arten in Europa. Häufigste heimische Art ist *P. platyphylla* an Kalkfelsen und Borke, nur in unbelasteten Gebieten. *Porella arboris-vitae,* eine seltene Art von Kalkfelsen, hat einen pfefferartigen Geschmack, der von einer Substanz herrührt, die auch in *Polygonum hydropiper* vorkommt, und ein Fischgift ist.

**24. Familie Frullaniaceae**
Epiphytische oder epipetrische Arten mit großem, rundlichen Oberlappen und kleinem, zu einem Wassersack umgewandelten Unterlappen sowie kleinen, geteilten Unterblättern

(Abb. 3-14.11). Der becher- oder krugförmige Unterlappen dient der Wasserspeicherung, er wird an nassen Standorten zu einem lanzettförmigen Blatt umgebildet. In ihm leben teilweise Rotatorien.

In Europa gibt es 13 Arten, von denen in Deutschland nur 5 vorkommen. *Frullania dilatata* mit kappenförmig kurzen Wassersäcken und *F. tamarisci* mit einem Wassersack, der zwei Mal länger als breit ist, sind relativ die häufigsten Arten, aber gegen Luftverschmutzung sehr empfindlich und (zumindestens als Epiphyten) bis vor wenigen Jahren noch sehr zurückgegangen. *Frullania tamarisci* enthält ein Allergen, das bei 6% der Bevölkerung Kontaktdermatitis hervorruft („Olivenpflückerkrankheit" in Portugal, wo die Art an Borke von Ölbäumen wächst).

### 25. Familie Jubulaceae

2 Gattungen, davon in Europa nur *Jubula hutschinsiae* auf nassen Felsen im atlantischen Florengebiet von Makaronesien bis zu den Färöern. Pflanzen mit großen gezähnten Oberblättern, kleinen, helmförmigen Unterlappen und eingeschnittenen Unterblättern.

### 26. Familie Lejeuneaceae

Eine vorwiegend tropisch verbreitete Gruppe mit 80 Gattungen und mehr als 1600 Arten, die vermutlich zu den phylogenetisch jüngsten Moosen gehört, da sie in der Lage war, tropische Tieflandsregenwälder und Blätter zu besiedeln. Die meisten epiphyllen Lebermoose werden von Lejeuneaceae gebildet. Sie sind oft weniger als 1 mm breit. Die Blätter sind in Ober- und Unterlappen differenziert, wobei der Unterlappen auf der ganzen Breite mit dem Oberlappen verwachsen ist und mit diesem ein taschenartiges Gebilde formt. Der Unterlappen kann klein sein und nur 1/20 so groß wie der Oberlappens sein (*Lejeunea*), oder annähernd so groß sein (*Cololejeunea*). Bei *Colura* bildet der Unterlappen einen Schlauch, dessen Eingang mit einer beweglichen Klappe verschlossen ist. Es wird vermutet, dass es sich dabei um einen carnivoren Fallenmechanismus für Protozoen handelt (vgl. Kap. 4.6.6).

Ganz grob werden die Lejeuneaceae in Gattungen mit ganzrandigen Unterblättern (holostipe) und geschlitzten Unterblättern (schizostipe) eingeteilt.

In Europa gibt es nur 7 Gattungen, von denen die viele (*Harpalejeunea, Drepanolejeunea, Colura, Aphanolejeunea, Lejeunea* spp.) auf westmediterran-atlantische Gebiete beschränkt sind und vielfach ihre Hauptverbreitung in tropischen Gebirgen haben. Sie gelten in Europa als Tertiärrelikte. In Mitteleuropa wächst *Lejeunea cavifolia* an feuchten Bachsteinen. *Cololejeunea calcarea* (auf feuchten Kalkfelsen) und *Microlejeunea ulicina* (an Borke in luftfeuchten Gebieten, Abb. 3-12.1) sind mit 0,3 - 0,4 mm breiten Pflänzchen die kleinsten Lebermoose Deutschlands.

## 3.2.2 Bryophytina (Musci), Laubmoose

Die Laubmoose lassen sich in vier Klassen unterteilen, deren Unterscheidungsmerkmale in Tab. 3-5 zusammengestellt sind (vgl. auch Abb. 3-18).

**Tab. 3-5**. Unterscheidung der Großgruppen der Laubmoose.

|  | Sphagnopsida | Andreaeopsida | Takakiopsida | Bryopsida |
|---|---|---|---|---|
| **Artenzahl** | ca. 350 | ca. 90 | 2 | ca. 9000 |
| **Arten in** |  |  |  |  |
| **Europa** | ca. 43 | 13 | - | ca. 1100 |
| **Protonema** | thallös | riemenförmig | globose Masse | fädig |
| **Blätter** | einschichtig ohne Rippe Rippe | einschichtig, mit oder ohne | ein- bis mehr schichtig, mit oder ohne Rippe | einzellfädig |
| **Pseudpodium/** |  |  |  |  |
| **Seta** | +/- | +/- | -/+ | -/+ |
| **Kapsel-** |  |  |  |  |
| **deckel** | + | - | - | + (selten verwachsen) |
| **Peristom** | - | - | - | + |

Das Blasendiagramm (Abb. 3-17) zeigt die Verwandtschaftsgruppen der Laubmoose. Man hat sich ein solches Diagramm als Aufsicht auf die Krone eines Stammbaumes zu denken, bei dem einzelne große Entwicklungsäste zu sehen sind. Die Größe der „Blasen" steht in Relation zur Artenzahl. Im Gegensatz zu ähnlichen Diagrammen für Blütenpflanzen sind die „Blasen" miteinander nicht verbunden. Das liegt daran, dass es sich bei den dargestellten Ordnungen um sehr alte, seit langem isolierte Entwicklungslinien handelt. Zu bedenken ist, dass solche Darstellungen rein empirisch erfolgen und keine wissenschaftliche (zahlen- oder datenmäßige Fundierung) haben, jedoch sehr anschaulich sind. Genauere Stammbäume sind in nächster Zukunft durch die Ergebnisse molekularsystematischer Forschung zu erwarten, sobald dabei eine ausreichend breite Grundlage vorhanden und mehr Taxa sequenziert sind. In dem Diagramm ist ausgedrückt, dass wir vermutlich 3 getrennte Entwicklungsreihen bei den Laubmoosen haben, die als Klassen eingestuft sind. Davon sind die Andreaeopsida und Sphagnopsida relativ artenarm und machen weniger als 5% der Laubmoose aus. Die größte Laubmoosgruppe, die Bryopsida, sind nach der Peristomstruktur in Polytrichidae, Tetraphididae, Buxbaumiidae und Bryidae unterteilbar. Die Bryidae machen 90% aller Arten aus. Früher klassifizierte man die Bryidae nach der Peristomstruktur in haplound diplolepide Gruppen. Ob es sich bei den diplo- und haplolepiden Laubmoosen um

natürliche Gruppen handelt, muss bezweifelt werden, da die Encalyptales beide Ausprägungen aufweisen und bei den Grimmiales und Calymperaceae rudimentäre
Diplolepidie vorkommt. Neckerales, Thuidiales, Hookeriales und Hypnales bilden eine
etwas enger verwandte Gruppe und wurden früher auch als Hypnobryales
zusammengefasst. Sie können als jüngste Evolutionsrichtung innerhalb der Bryidae
gelten. Während die Dicranales, Pottiales, Funariales, Encalyptales und Bryales überwiegend Erdmoose und die Grimmiales Felsmoose, sind die Orthotrichales ausgehend
von epipetrischen Arten überwiegend zum Epiphytismus übergegangen. Eine solche
Entwicklung wird als plesiomorph (abgeleitet) interpretiert, da Epiphyten zumeist Laubholz besiedeln und Laubwälder erst im Tertiär entstanden sind. Eine ähnliche Entwicklung zum Epiphytismus haben die Neckerales durchgemacht. Die Hypnales haben sich
hingegen als Waldbodenmoose in den Wäldern etabliert. In Folge dieser Einnischung
haben sie Tendenzen entwickelt, Festigungselemente wie Blattrippen zu reduzieren,
prosenchymatische Laminazellen zu bilden und Leitgewebe in Stämmchen und Blattrippen aufzulösen. Insofern kann man moderne Evolutionslinien bei den Moosen als
Reduktionstendenzen auffassen, die von großen, aufrechten  Vertretern mit einer teilweise wirksamen inneren Wasserleitung zu niederliegenden Formen ohne innere Wasserleitung geführt hat.

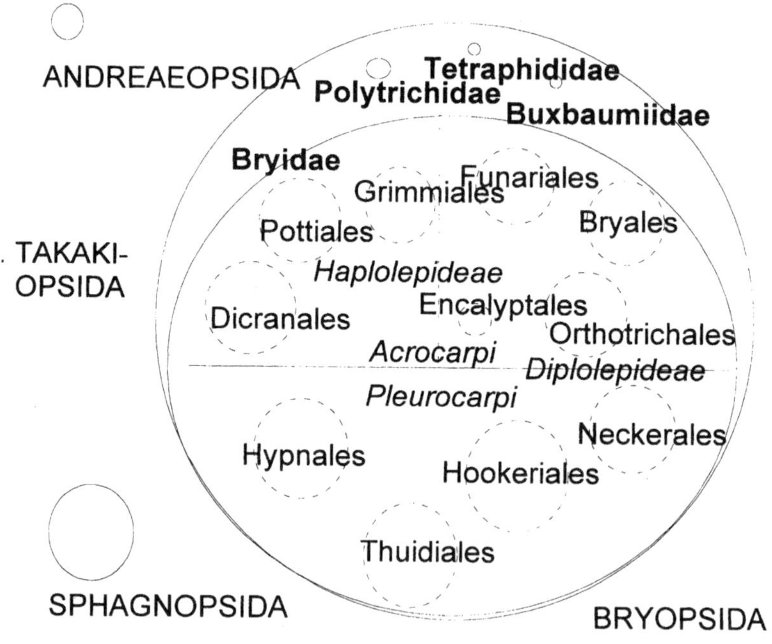


**Abb. 3-17:** Blasendiagramm der systematischen Großgruppen der Laubmoose.

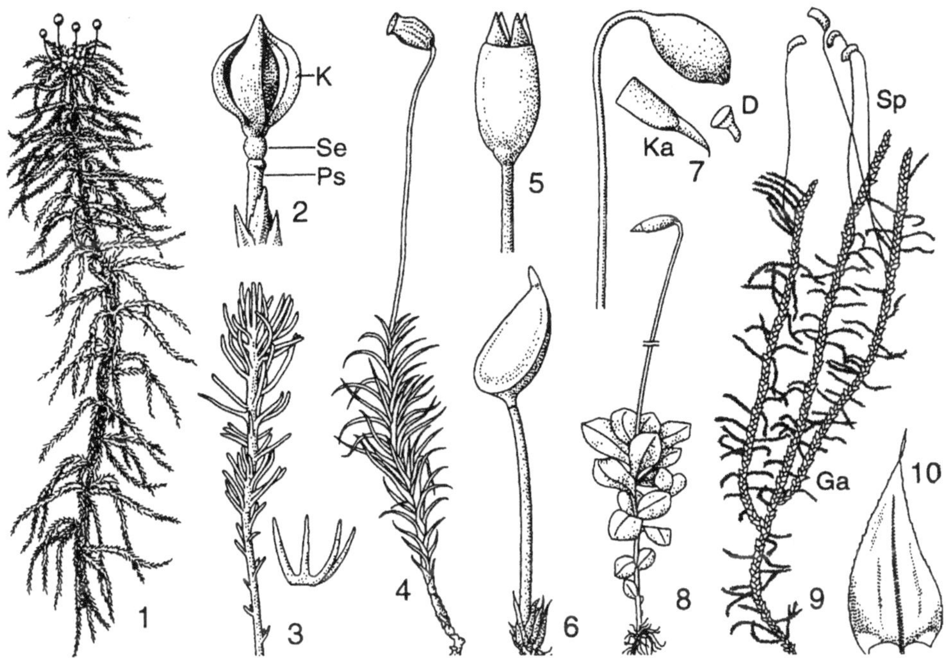

**Abb. 3-18:** Laubmoose (Bryophytina). 1. Sphagnopsida (*Sphagnum capillifolium*, Pflanze mit Sporogonen, 0,8x). 2. Andreaeopsida (*Andreaea rupestris*, Sporophyt mit Pseudopodium, Seta und Sporenkapsel, 12x). 3. Takakiopsida (*Takakia lepidozioides*, Habitus 4x und Blätter 15x). 4. Bryopsida, Polytrichidae (*Polytrichum formosum*, Habitus 0,7x). 5. Bryopsida, Tetraphidae (*Tetrodontium brownianum*, Sporenkapsel 20x). 6. Bryopsida, Buxbaumiidae (*Buxbaumia aphylla*, Habitus 1,2x). 7-8. Bryopsida, Bryidae, akrokarpes Laubmoos (*Rhizomnium punctatum*). 7. Geöffnete Sporenkapsel mit Peristom, Deckel und Kalyptra (2,5x). 8. Habitus (1,2x). 9-10. Bryopsida, Bryidae, pleurokarpe Laubmoose. 9. *Cratoneuron filicinum* (Habitus 0,8x). 10. *Eurhynchium striatulum*, Blatt mit Rippe (7x). D Deckel, Ga Gametophyt, K Sporenkapsel, Ka Kalyptra, Ps Pseudopodium, Se Seta, Sp Sporophyt. (1,3 n. Bresinsky 1998; 2, 4-10 n. Frahm 1995; © Frey & Lünser)

## 3.2.2.1 Klasse Sphagnopsida, Torfmoose

Die Torfmoose zeichnen sich durch eine Reihe von Besonderheiten aus, die ihre Abgrenzung in eine eigene Klasse rechtfertigen:

- Das Protonema ist nicht fädig sondern gelappt (thalloid) (Abb. 3-19.9).
- Die Pflanzen bestehen aus einem unverzweigtem Stämmchen, welches mit seitlichen Ästen besetzt ist, die an der Spitze der Pflanze eine Endknospe bilden (Abb. 3-19.1).
- Die Pflanzen sterben an der Basis ab und wachsen an der Spitze weiter.
- Die Blätter sind rippenlos.
- Das Zellnetz der Blättchen ist in chlorophyllhaltige, lebende Chlorocyten und leere, tote Hyalocyten differenziert (Abb. 3-19.12, 3-21.6)

- Seitenzweige werden in Büscheln zu 2-7 an jedem 4. Stammblatt angelegt (Abb. 3-19.2).
- Die Pflanzen haben keine Rhizoide.
- Das rundliche Sporogon ist ungestielt, sitzt aber auf einer stielartigen Verlängerung eines Astes (Pseudopodium) (Abb. 3-19.6).
- Die Kapsel besitzt kein Peristom und öffnet sich bei Unterdruck durch Absprengen eines Deckels.
- Das Archespor in der Kapsel überlagert die Kolumella (Abb.3-19.7).
- Die Antheridien sind rundlich und öffnen sich ohne Kappe (Abb.3-19.8).

Insgesamt ist die Morphologie und Anatomie der Torfmoose stark von Anpassungen an den Standort in Mooren und Sümpfen geprägt. Das **Stämmchen** besitzt keinen Zentralstrang. Mechanische Festigkeit erreicht es durch verdickte Rindenzellen (Prinzip des Hohlzylinders). Die zum Teil am Stämmchen herabhängenden Äste dienen der dochtartigen, kapillaren Wasserleitung, desgleichen die kleinen, eng anliegenden Astblätter. Äste und Stämmchen sind mit ein- bis mehrschichtigen großen, weitlumigen, wasserspeichernden Hyalocyten umgeben (Abb. 3-19.12, 3-21.7). An den Ästen sind diese zum Teil flaschenförmig gestaltet und besitzen eine Öffnung nach außen (Retortenzellen, Abb. 3-19.12). Die **Blätter** sind rippenlos. Die Laminazellen sind in große, weitlumige, tote Hyalocyten und schmale, assimilierende Chlorocyten differenziert, die ontogenetisch aus einer Zelle hervorgehen (Abb. 3-21.6). Die Bildung von Hyalo- und Chlorocyten ist bei Butterfaß (1992) zusammengefasst. Die leeren Hyalocyten verleihen den Torfmoosen im trockenen Zustand ein bleiches Aussehen, weswegen sie auch „Weißmoose" genannt wurden. Sie sind mit ring- oder spiralartigen Verdickungen versteift, damit sie nicht kollabieren (Ring- bzw. Spiralfasern). Nach außen sind die Hyalocyten durch Poren geöffnet, durch die Wasser eintritt (Abb. 3-21.9). Die Poren können in den Ecken oder in der Mitte liegen, sie können verstärkte Ränder (Ringporen) besitzen. Die Chlorocyten liegen im Blattquerschnitt zwischen

**Abb. 3-19:** Sphagnidae. 1,7,9,11,14. *S. capillifolium,* 2-5, 8,13. *Sphagnum* spec., 6. *S. squarrosum,* 10. *S. novo-caledoniae.* 1. Pflanze mit Sporogonen, Habitus (0,4 x). 2. Stämmchenstück mit abstehenden und hängenden Ästen (1,5 x). 3-5. Stämmchenstücke (2 x). 3. mit weiblicher Knospe, 4. differenzierter weiblicher Ast mit Sporogon, Kapsel mit abgesprengtem Deckel, 5. männlicher Ast mit Antheridium. 6. Reifes Sporogon am Ende eines Astes (8 x). 7. Junges Sporogon im Längsschnitt (20 x). 8. Spore (Polansicht) (200 x). 9. Protonema mit jungem Pflänzchen (35 x). 10. Astspitze mit Rhizoiden (25 x). 11. Blattquerschnitt mit Chloro- und Hyalocyten (180 x). 12. Entblätterte Stämmchenstücke. Links: Rindenzellen (Hyalocyten), rechts: Hyalocyten und Retortenzellen. 13. Porentypen der Hyalocyten in den Astblättern. 14. Blattausschnitt mit großen Hyalocyten, Ringverdickungen und Poren sowie schmalen Chlorocyten (180 x). (aA abstehender Ast, Ab Astblätter, Ah Archegoniumhals, bP beringte Kommissuralpore, C Chlorocyte, D Deckel, Em Embryotheka, gP gereihte, beringte Pore, H Hyalocyten, hA hängender Ast, K Krone, Köpfchen, Ko Kolumella, mP mediane, unberingte Pore, Pb Perichaetialblätter, Pp Pseudopore, Ps Pseudopodium, R Retortenzellen, Re Resorptionsloch, S Sporen, Sb Stämmchenblätter, Sf Sporogonfuß, Sw Sporogonwand, uP unberingte Kommissuralpore). (1,6,7,9,11,14 n. Mägdefrau 1983, 2-5,8,12,13 nach Daniels & Eddy 1985, 10 n. Iwatsuki 1986, © Frey & Lünser).

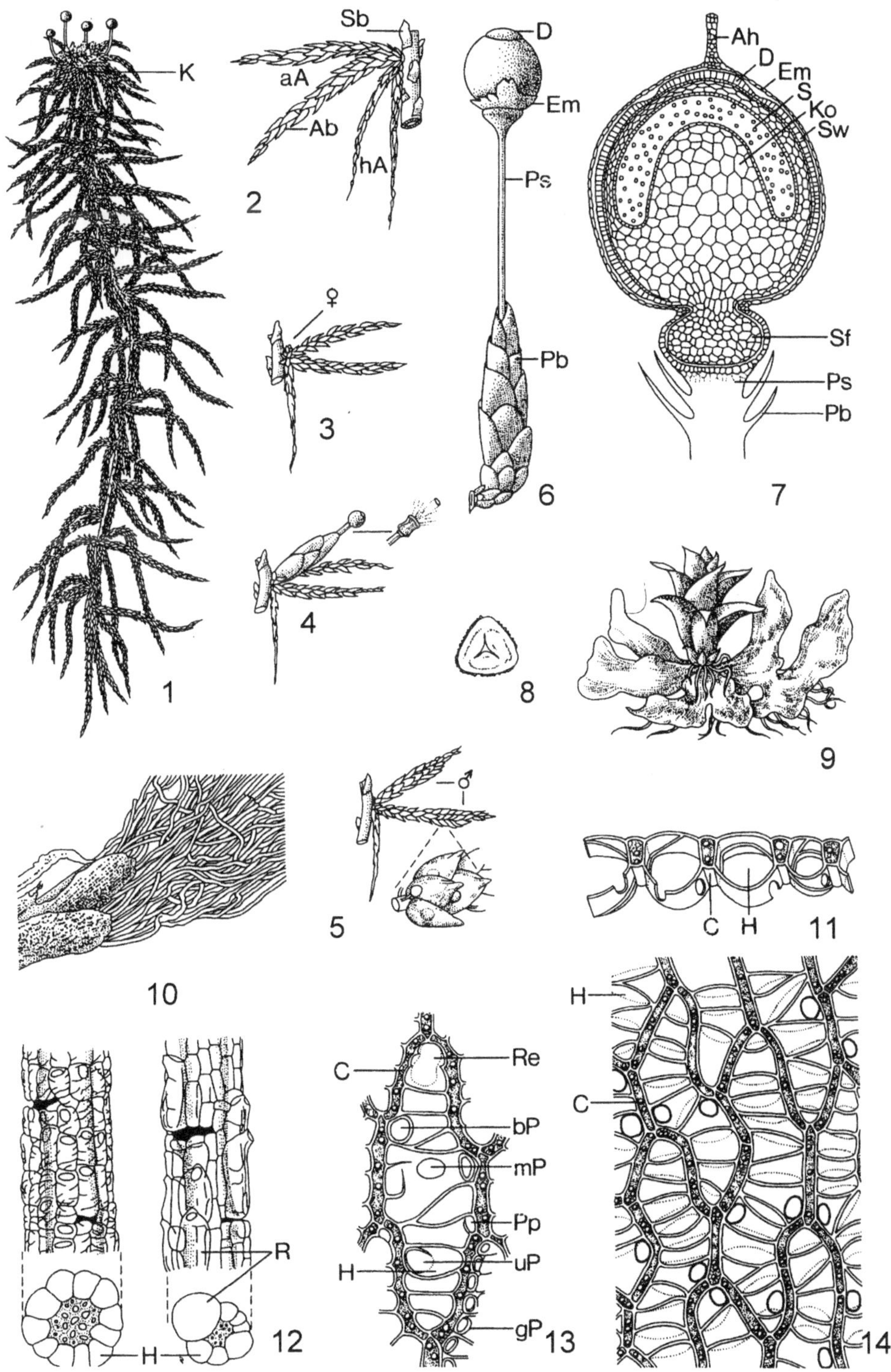
K
Sb
aA
Ab
hA
2
♀
3
4
5
D
Em
Ps
Pb
6
Ah
D
Em
S
Ko
Sw
Sf
Ps
Pb
7
8
9
10
♂
C  H  11
R
H
12
C
Re
bP
mP
Pp
uP
H
gP
13
H
C
14

**Abb. 3-20:** *Sphagnum fallax*, links dekapitulierte Pflanze mit Seitenästen, rechts Pflanze mit Endknospe.

den Hyalocyten (Abb. 3-19.11) und können von diesen eingeschlossen, an allen oder der ventralen und dorsalen Seite freiliegend sein (Abb. 3-21.1-4). Die Lage der Chlorocyten ist ein wichtiges Merkmal für die Bestimmung der Sektionen der Gattung *Sphagnum*. Die Stammblätter sind anders gestaltet als die Astblätter. Ihre Form ist ebenfalls ein wichtiges Bestimmungsmerkmal. Die Torfmoospflanzen sind aut- oder diözisch. Die **Antheridien** stehen in den Achseln von Blättern am Ende auffällig gefärbter Äste (Abb. 3-19.5). Sie sind im Gegensatz zu den Antheridien der Bryopsida kugelig und öffnen sich nicht mit einer Kappe sondern reissen auf (Abb. 3-21.8). Die **Archegonien** werden an einem verkürzten Seitenast gebildet (Abb. 3-19.3-4). Nach der Befruchtung streckt sich der Ast und hebt die reifende Sporenkapsel empor. Der Kapselstiel ist also Teil des Gametophyten und nicht Teil des Sporophyten wie bei anderen Laubmoosen und wird daher als Pseudopodium bezeichnet. In der Sporenkapsel überlagert das Archespor die Kolumella (Abb. 3-19.7), während es bei den Bryopsida einen Hohlzylinder um die Kolumella bildet. Das **Sporogon** besitzt kein Peristom. Es öffnet sich mit einem Deckel, der durch Überdruck mit einem hörbarem Geräusch abgesprengt wird und die Sporen bis 1,5 m weit herausschleudert. Der Überdruck kommt durch Austrocknung der Kapsel zu Stande, wodurch die Seitenwände zusammengezogen werden, bis der Deckel abspringt. Die Sporen haben Tetraedergestalt (Abb. 3-19.8) und sind nicht artspezifisch ornamentiert, wie bei vielen anderen Moosarten. Sie wachsen zu einem lappigen Protonema heran (Abb. 3-19.9). Die vegetative Vermehrung erfolgt durch Pflanzenbruchstücke, die auskeimen. Dadurch kann man getrocknetes, zerriebenes Torfmoosmaterial bei der Rekultivierung von Mooren „aussäen".

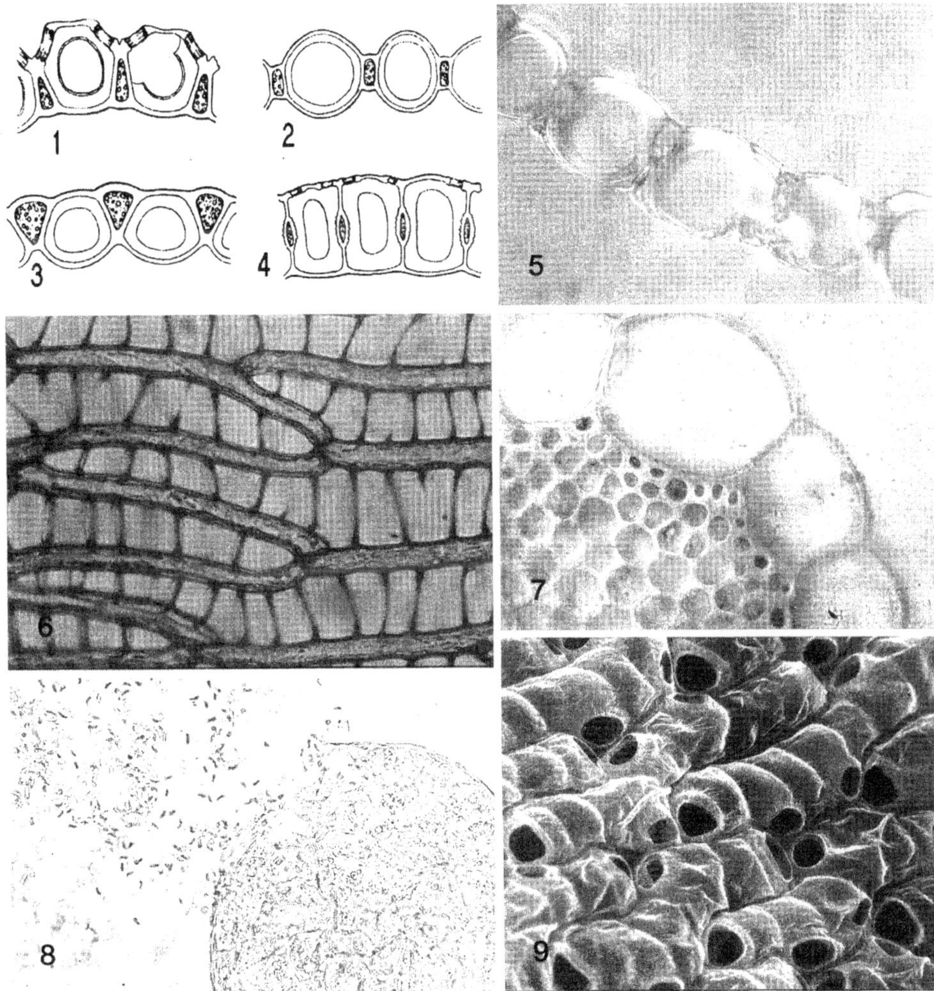

**Abb. 3-21:** Anatomische Details von Torfmoosen. 1-4. Schematische Blattquerschnitte mit unterschiedlichen Lagen der Chlorocyten. 1. *Sphagnum russowii*. 2. *S. riparium*. 3. *S. tenellum*. 4. *S. wulfianum*. 5. Lichtmikroskopischer Blattquerschnitt von *S. palustre*. 6. Zellnetz aus dem Blatt von *Sphagnum macrophyllum* (Methylenblaufärbung). 7. Ausschnitt aus dem Stämmchenquerschnitt von *Sphagnum centrale* mit Hyalodermis. 8. Platzendes kugeliges Antheridium von *Sphagnum spec.* mit austretenden Spermatozoiden. 9. REM Aufnahme einer Blattoberfläche von *Sphagnum spec.* mit großen Poren in den Hyalocyten. (1-4 n. Russow 1865; 9, Orig. Vitt).

Es hat bereits im Paläozoikum (Perm) Moose mit einer ähnlichen Blattdifferenzierung in Chlorocyten und Hyalocyten gegeben, die in die Ordnung der Protosphagnales (mit mehreren Gattungen, u.a. *Protosphagnum*) gestellt wurden. Obgleich der Name eine Abkunft der rezenten Torfmoose von *Protosphagnum* suggeriert, waren die Blätter bis zu 6 cm lang und besaßen eine z. Tl. verzweigte Mittelrippe, sodass es sehr zweifelhaft ist, ob hier eine phylogenetische Verbindung vorliegt. Erste, rezenten Torfmoosen entsprechende Pflanzenreste, kennt man aus der Trias (*Sphagnophyllitis triassicus*). Aus Jura und Kreide sind *Sphagnum*-artige Sporen bekannt. Insgesamt zeigen die kleinen, rippenlosen Blätter der Torfmoose jedoch eine deutliche Reduktion und können als stark abgeleitet interpretiert werden. Die Kapseln besitzen funktionslose Spaltöffnungen.

Die isolierte Stellung der Torfmoose zeigt sich dadurch, dass innerhalb der ganzen Klasse weltweit nur die Gattung *Sphagnum* existiert. Diese läßt sich teils an Hand der Blattform, vielfach aber nur an Hand der im Blattquerschnitt sichtbaren Lage der Chlorocyten in 11 (in Europa 9) verschiedene Sektionen untergliedern. Neuere molekulare Ergebnisse gehen von nur 4 großen Sektionen aus (Shaw 2000).

Torfmoose sind hauptsächlich in den kühlgemäßigten Breiten zu finden, sie gehen aber auch in die tropischen Gebirge. Ihre größte Artenvielfalt haben sie in den borealen Breiten der Nordhemisphäre, die Südhemisphäre ist relativ artenarm. In den borealen Mooren bilden sie riesige Mengen von Phytomasse, die aufgrund der viel größeren Ausdehnung selbst die des tropischen Regenwaldes übersteigt. Dadurch, dass Torfmoose an der Stämmchenspitze permanent wachsen (bis 1 cm pro Jahr) und die unteren Pflanzenteile zwar absterben, aber im sauren Millieu von Mooren nicht dekompostiert werden, bilden sich Torfe. Diese Torfe bilden weltweit den größten oberirdischen Kohlenstoffspeicher. Bei einer globalen Temperaturerhöhung kann es zur Zersetzung der Torfe kommen, was die Bildung von erheblichen Mengen von Treibhausgasen ($CO_2$, Methan) zur Folge hätte. Das würde die Temperaturen noch weiter ansteigen lassen.

Torfmoose kommen weltweit mit ca. 300 Arten vor. In Europa gibt es (je nach Artenkonzept) ca. 45. Alle Torfmoose sind Säurezeiger. Sie haben sehr distinkte Standortansprüche. So lassen sich ombrotraphente und minerotraphente Arten unterscheiden, die in regenwasserbeeinflussten bzw. mineralwasserbeeinflussten Bereichen von Mooren wachsen, je nach Wasserverhältnissen Bult-, Schlenken oder Schwingdeckenarten. Dadurch sind sie wichtige Zeigerpflanzen für die unterschiedlichsten Moortypen. Typische Hochmoorzeiger sind z.B. die rot gefärbten *Sphagnum magellanicum* und *S. rubellum* sowie das gelbbraun gefärbte *S. papillosum*, in kontinentalen Waldhochmooren auch *S. fuscum*. Charakteristisch für Hochmoorschlenken ist *S. cuspidatum*. Flachmoorzeiger sind Arten wie *S. warnstorfii* und *S. teres*. Waldmoore werden von *S. palustre*, *S. girgensohnii* und *S. squarrosum* besiedelt.

Die Hyalocyten bewirken eine Wasserspeicherkapazität der Torfmoose, die das 25-fache ihres Trockengewichtes beträgt, was u.a. ihre Nutzung für Wundkompressen im Ersten Weltkrieg erklärt (vgl. Kap. 11). Daher sind Torfmoore wichtige Wasserspeicher. Die Hyalocyten dienen vermutlich weniger der Wasserspeicherung (an Moorstandorten ist es ja naß genug), sondern vielmehr der Nährstoffaufnahme durch Kationenaustausch (s. Kap. 6) über eine erhebliche Oberflächenvergrößerung. Durch den Ionenaustausch werden $H^+$-Ionen an das Umgebungswasser der Torfmoose abgegeben, wodurch es stark angesäuert wird. Die oft extrem niedrigen pH-Werte insbesondere in Hochmooren gehen auf diese Wirkung zurück. Dadurch haben Torfmoose schon Wälder zum Absterben gebracht, wie es zu Beginn des Atlantikums (6000 b.p.) geschah, als durch ein feuchter werdendes Klima Torfmoose gefördert wurden, die den Unterwuchs von Eichenwäldern bedeckten, diese zum Absterben brachten und überwucherten, wobei die Reste der damaligen Eichenwälder heute am Grund der Moore fossil erhalten sind (Mooreiche).

Aufgrund ihrer guten Wasserspeicherkapazität und ihrer ansäuernden Wirkung werden Torfmoose oder auch Torf gerne als Blumensubstrat genutzt, speziell für Orchideen und Azaleen. Um der Entnahme von Torfmoosen für Gärtnereien vorzubeugen, stehen Torfmoose in vielen Ländern (so auch in der BRD) unter Naturschutz. Torfmoose sind die einzigen Moose, die eine wesentliche ökonomische Bedeutung haben. Früher wurden die Torfmoospflanzen getrocknet als Verpackungs- und Isolationsmaterial benutzt. Auf Grund ihrer Saugfähigkeit wurden bis zum ersten Weltkrieg Wundkompressen aus Torfmoosen gefertigt (vgl. Kap. 11). Torf wurde in Stücke geschnitten und getrocknet als Brennstoff benutzt, weswegen die ehemals ausgedehnten Moore in Nordwestdeutschland bis auf geringe Reste abgebaut worden sind. In manchen Ländern wie Irland oder Finnland werden heute noch Kraftwerke mit Torf beheizt.

## 3.2.2.2 Klasse Andreaeopsida, Klaffmoose

Diese Moosgruppe ist nur mit knapp 100 Arten auf der Welt vertreten. Sie weist folgende Besonderheiten auf:

- Das Protonema ist lappig-bandförmig und mit einzellreihigen Fäden an das Substrat (überwiegend Fels) geheftet (Abb. 3-22.2).
- Die Antheridien haben 3 Längsrinnen und stehen auf langen, zweizellreihigen Stielen. Sie öffnen sich - wie bei den Sphagnopsida - ohne Kappe.
- Das Archespor überwölbt - wie bei den Sphagnopsida - die Kolumella (Abb. 3-22.5)
- Bei der Gattung *Andreaea* sitzt die Kapsel - wie bei den Sphagnopsida - auf einem Pseudopodium (Abb. 3-22.1).
- Die Kapsel öffnet sich mit 4, seltener 1 oder 6 Längsrissen (Abb. 3-22.4,7).
- Die Sporen bleiben in Tetraden zusammen.

Hingegen ist der Bau des Gametophyten nicht wesentlich von dem der Bryopsida unterschieden. Es handelt sich um kleine, schwärzliche oder rötliche Felsmoose, die überwiegend auf Fels in alpinen Lagen vorkommen. Die Blätter sind rippenlos oder auch nicht. Bei den Klaffmoosen (der Name bezieht sich auf die sich mit Längsrissen öffnenden Kapseln) kommen einige Baueigentümlichkeiten vor (Pseudopodium bei *Andreaea*, Bau der Antheridien und des Archespor), die auch bei den Torfmoosen zu finden sind. Der Öffnungsmechanismus der Kapseln erinnert an den der Lebermoose.

## 1. Unterklasse Andreaeidae

### 1. Familie Andreaeaceae

Die weltweit 50 Arten werden meist in die Gattung *Andreaea* gestellt, sodass die Unterklasse - ähnlich wie bei den Sphagnidae - monotypisch wäre. Es gibt jedoch zwei Arten, die eine Plazierung in eigene Gattungen verdienen, nämlich *Neuroloma*

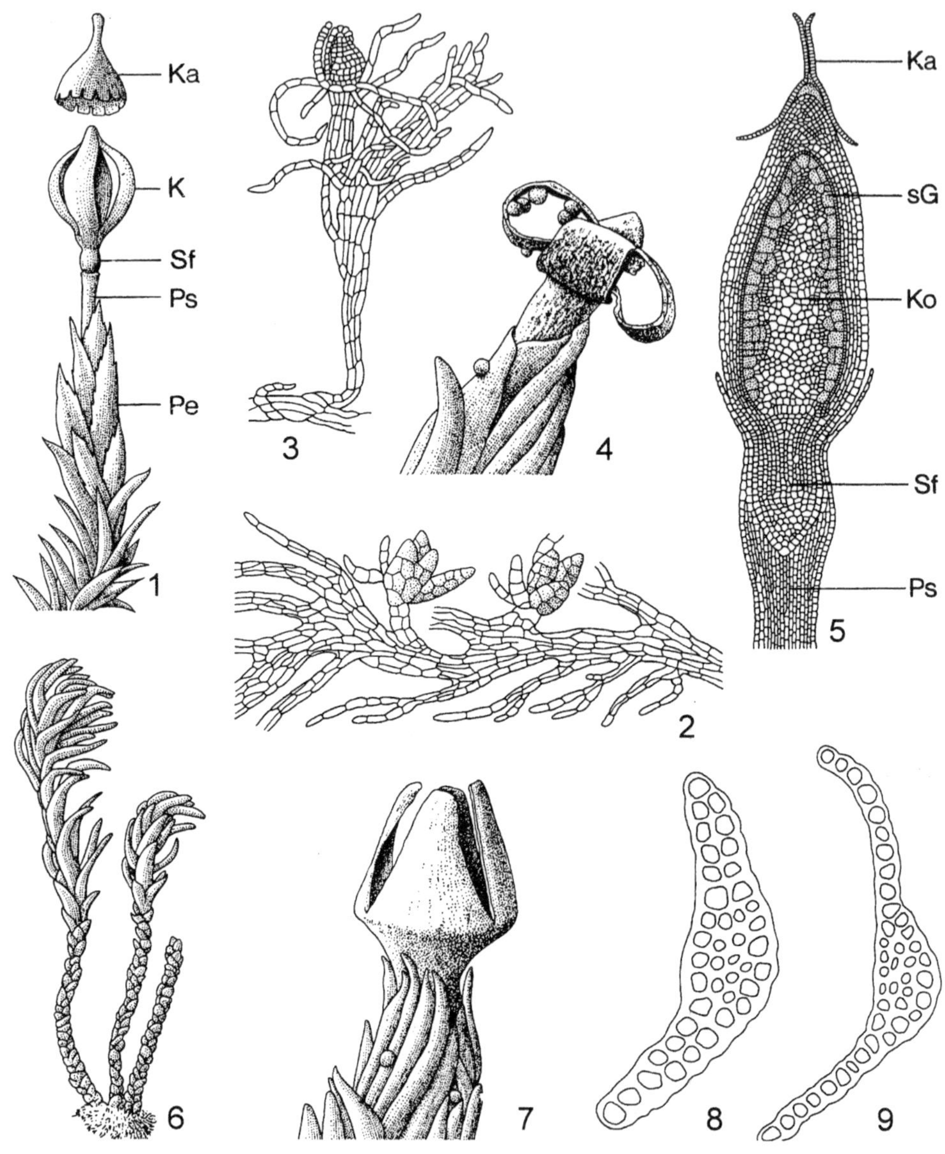


**Abb. 3-22:** Andreaeopsida. 1. *Andreaea rupestris*. Habitus (4 x). 2-4. *Andreaea* spec. 2. Bandförmiges Protonema mit zwei jungen Pflanzen (40 x). 3. Büschelig verzweigtes Protonemabäumchen (30 x). 4. Längsschnitt durch ein junges Sporogon (20 x). 5. *Andreaea megistospora*. Offene Kapsel mit Sporen (15 x). 6-9. *Andreaeobryum macrosporum*. 6. Habitus (4 x). 7. Sporenkapsel mit offenen Klappen (8 x). 8-9. Blattquerschnitte aus dem mittleren Blattteil mit homogener Rippe (70 x). (K Kapsel, Ka Kalyptra, Ko Kolumella, Pe Perichaetialblätter, Ps Pseudopodium, sG sporogenes Gewebe, Sf Sporogonfuß). (1,2 nach Walther 1983, 3,5 n. Kühn 1874, 4, 6-9 n. Murray 1988, © Frey & Lünser).

*fuegianum* (aus Patagonien) mit zwei Rippen und *Acroschisma wilsonii* (mit einer gondwanaländischen Verbreitung in Neuseeland und Südamerika) mit Kapseln, die sich mit 4 Kerben und nicht mit Längsschlitzen öffnen. Alle Arten kommen auf saurem Silikatgestein vor, zumeist auf Plutoniten, seltener auf Erde in Schneetälchen. In Europa gibt es 13 Arten, zumeist an offenen Felsen in alpinen Lagen.


**2. Familie Andreaeobryaceae**
Monotypische Familie mit nur einer Art (*Andreaeobryum macrosporum* (Abb. 3-22.6-9) an Kalkfelsen in den ehemals unvergletscherten Gebieten Nordalaskas und des Yukons (Kanada). Die Art wurde erst 1976 beschrieben. Die monotypische Familie und das kleine Areal spricht für ein Reliktmoos, welches das Quartär nur in einem unvergletscherten Refugium überdauert hat. Die Art wurde bis zunächst in die Andreaeidae gestellt, unterscheidet sich aber von diesen durch das Vorhandensein einer Seta und durch große Sporen, und wird daher neuerdings in eine eigene Klasse Andreaeobryopsida gestellt.


## 3.2.2.3 Klasse Takakiopsida


Eine kleine Gruppe mit nur 2 Arten, deren systematische Position lange ein Rätsel war. Die Gattung war erst 1951 an Hand sterilen Materials aus Japan beschrieben worden. Diese Art, *Takakia lepidiozoides,* sah völlig anders aus als alle anderen Moose. Mit unterirdischen Stolonen, rhizoidlosen Stämmchen mit einem Zentralstrang, in 4 Zellreihen geteilten Blättern in  drei Reihen, Vorhandensein von Schleimhaaren und einer Chromosomenzahl von n = 4 entsprach sie eher den Vorstellungen von einer hypothetischen frühen Landpflanze (Abb. 3-23). Erst die Entdeckung von Archegonien bestätigte, dass es sich hierbei um ein Moos handelte. Zunächst nahm man an, dass es ein Lebermoos war und stellte es wegen einiger Übereinstimmung mit den Calobryales (Fehlen von Rhizoiden, dreizeilige Beblätterung, unterirdische Stolonen) in diese Ordnung der Jungermanniopsida. 1963 wurde eine zweite Art aus dieser Gattung (*Takakia ceratophylla*) beschrieben, deren Areal vom Himalaya und Borneo über Japan, die Aleuten nach Alaska und Britisch Columbia reichte. Die Entdeckung, dass eine der Arten keine Scheitelzelle sondern ein Apikalmeristem hatte, ließ wieder Zweifel an der systematischen Position aufkommen und schien die Hypothese zu bestätigen, dass es sich hierbei um ein lebendes Fossil einer frühen Landpflanze handelt. Aufgrund dessen wurde die Gattung in eine eigene Abteilung Takakiophyta gestellt. 1988 wurden erstmalig Antheridien gefunden. Eine ultrastrukturelle Untersuchung der Spermatozoiden ergab jedoch, dass es ein Laubmoos sein müsse. Schließlich wurden 1990 auf den Aleuten Sporophyten gefunden, die bestätigten, dass es sich hierbei um ein Laubmoos handelt. Die Kapseln öffneten sich jedoch mit einem Längsschlitz (Abb. 3-23.1), sodass beide Arten in eine eigene Unterklasse der Andreaeopsida gestellt wurden. Dennoch zeigt *Takakia* eine eigenartige Mischung aus gametophytischen Lebermoos- und sporophytischen Laubmoosmerkmalen (Tab. 3-6). Die Ergebnisse molekularer Arbeiten erlauben aber bislang keine eindeutige systematische Zuordnung.

**Abb. 3-23:** Takakiopsida. 1. *Takakia cera-tophylla.* Sporogon mit aufreißender Wand und freiwerdenden Sporen. Orig. Größe 0,8 mm. 2-3. *T. lepidozioides.* 2. Blätter. Orig. Länge 1 mm. 3. Habitus. Orig. Grö-ße 1 cm. (1 n. Smith & Davison 1993, 2-3 n. Hattori et al. 1958 aus Schofield 1985)

**Tab. 3-6:** Laub- und Lebermooscharakteristika von *Takakia.*

| Lebermooscharakteristika | Laubmooscharakteristika |
| --- | --- |
| • Zentralstrang in der Seta wie bei *Monoclea* | • Schwach entwickelte Kolumella |
| • Hydroiden im Stämmchen wie bei *Haplomitrium* oder manchen Metzgeriidae | • Mützenförmige Kalyptra |
| • Einzellreihig aufgespaltene Blätter wie bei manchen Jungermanniidae | • Sporenbildung nach der Setenbildung |
| • Fehlen von Rhizoiden und | • Ausdauernde Sporophyten |
| • Besitz von Stolonen wie bei *Haplomitrium* | • Ultrastruktur der Spermatozoide |
| • Schleimpapillen wie bei *Haplomitrium, Verdoornia* oder *Treubia* | • Antheridienentwicklung |
|  | • Sporophytentwicklung |
|  | • Zellnetz der Lamina |
|  | • Öltropfen und keine Ölkörper |
|  | • Gametophyt-Sporophyt-Verbindung |

## 3.2.2.4  Klasse Bryopsida, Laubmoose i.e.S.

Die Laubmoose i.e.S. sind mit ca. 9000 Arten die artenreichste Gruppe der Moose. Sie stellen 90% der Laubmoose. Der Artenreichtum ist korreliert mit der Vielfalt der besiedelten ökologischen Nischen, von heißen Quellen bis zur nivalen Zone der Gebirge, vom Grunde von Seen bis zu Mooren und von tropischen Regenwäldern bis zu Halbwüsten. Es sind auch die Moose, die in großen Ökosystemen wie borealen Nadelwäldern, Mooren, tropischen Bergregenwäldern landschaftsbestimmend sind. Die besiedelten Standorte reichen von alten Feuerstellen über Tierexkremente zu Panzern von Wasserschildkröten.

Für die Charakterisierung der großen Verwandtschaftsgruppen der Laubmoose sind folgende Merkmale von wesentlicher Bedeutung:

- Öffnung des Sporogons und damit verbunden
- Bau des Peristoms
- Wuchsform, und hiermit verbunden
- Stellung der Sporogone,
- Bau der Rippe und
- Chromosomenzahlen (vgl. Kap. 7)

Im Laufe der letzten beiden Jahrhunderte hat man vielfach entweder die Gametophyten- oder die Sporophytenmerkmale (besonders das als konservativ geltende Peristom- merkmale) bevorzugt für die Klassifizierung der Laubmoose herangezogen (vgl. Kap. 2). Der hier vorgeschlagene verwandtschaftsbezogene Gruppierung liegt die Auffassung zugrunde, dass die Merkmale beider Generationen gleichermaßen zu berücksichtigen und zu werten sind.

Insbesondere im Bau des Sporophyten unterscheiden sich die Laubmoose beträchtlich von den Lebermoosen durch

- Fehlen von Elateren
- sich mit einem Deckel öffnende Sporangien
- langlebige Sporophyten
- stabile Seta mit Leitgeweben
- Sporangien häufig mit Spaltöffnungen und abgesetztem Hals
- zylindrisches Archespor
- Besitz einer Kolumella im Sporangium
- Besitz einer Kalyptra
- Besitz von Peristomzähnen (selten reduziert)

Vegetativ durch

- meist spiralige Blattanordnung
- Besitz von Paraphysen in den Gametangienständen
- oft vorhandene Blattrippen oder Blattsäume
- Besitz von Paraphyllien oder Pseudoparaphyllien
- vielfach strukturierte Blattoberflächen mit Papillen oder Mamillen

Von anderen Laubmoosgruppen (Sphagnospida, Andreaeopsida) unterscheiden sich die Bryopsida durch

- meist trichale Protonemen
- Vorhandensein einer Seta (die sekundär reduziert sein kann)
- Vorhandensein eines Peristoms (das sekundär reduziert sein kann).

**Abb. 3-24:** Rasterelektronenmikroskopische Aufnahmen unterschiedlicher Moossporen.

Die Bryopsida sind die einzige Gruppe im Pflanzenreich, in der ein Peristom auftritt. Es ist nach verschiedenen Bauplänen entwickelt, die für die großen Verwandtschaftsgruppen kennzeichnend sind. Die Unterklassen werden  nach dem Bau der Peristomzähne unterschieden (Tab.3-7).

Die Bryopsida zeigen zwar eine enorme Vielfalt an Erscheinungsformen von weniger als 1 mm großen Vertretern bis zu den größten Moosen der Welt mit 50 cm Höhe, haben aber dennoch einen weitgehend ähnlichen Grundbauplan.

Die **Sporen** haben eine Größe zwischen 7 und 150 µm, wobei allerdings die Mehrzahl der Arten Sporengrößen von 10-25 µm hat. Bei einer Größe von >30-40 µm geht man davon aus, dass die Art nicht für eine Verbreitung über größere Strecken durch den Wind geeignet sind. Die Form ist rundlich, wobei man vielfach noch eine pyramidale Zuspitzung erkennen kann, die von ihrer Herkunft aus einer Sporentetrade zeugt. Die Sporenoberfläche ist vielfältig skulpturiert; sie kann glatt, papillös, stachelig, warzig oder netzförmig sein (Abb. 3-24). Diese Strukturen sind vielfach artspezifisch und können - wie bei der Pollenanalyse - zur Artdifferenzierung benutzt werden. Der ökologische Sinn dieser Strukturen ist eine schnelle Benetzbarkeit durch eine Aufhebung der Kohäsionskräfte von Wassertropfen. Sporen mancher Gattungen (*Cinclidium*, *Macromitrium*) sind anisospor, d.h. es gibt zwei Größenklassen von Sporen, die ihrer geschlechtlichen Differenzierung entsprechen. Bei manchen epiphytischen Arten (aus den Gattungen *Dicnemon* und *Chorisodontium*, beide Dicranaceae) teilt sich die Spore schon in der Sporenwand, so dass es zur Bildung von mehrzelligen Sporen kommt.

Die Sporenkeimung zu einem **Protonema** kann sehr unterschiedlich verlaufen. In der Regel reißt die Sporenwand und die Spore keimt zu einem chlorophyllhaltigem Keimschlauch (Abb. 3-25.1), dem Chloronema, aus. Das Chloronema wächst zu einem reich verzweigtem Fadengeflecht aus, welches durch senkrechte, chlorophyllfreie, rhizoidartige Zellfäden, dem Caulonema, im Substrat verankert wird (Abb. 3-25.2) An

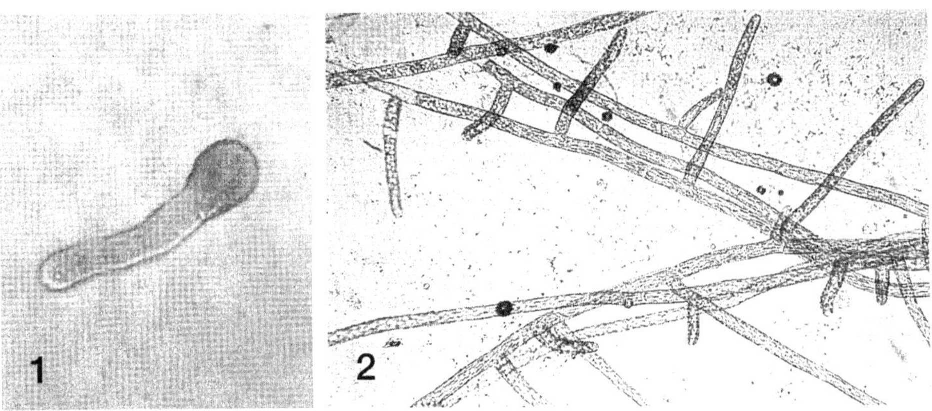

**Abb. 3-25:** Sporenkeimung und Protonemabildung. 1: Keimende Spore von *Orthotrichum lyellii*.
2. Protonema von *Bryum bicolor*.

den Chloronemafäden werden Knospen gebildet, aus denen die Moospflänzchen entstehen. Statt der Protonemafäden werden selten auch nicht-fädige Zellmassen gebildet, in denen sich Apikalzellen differenzieren, aus denen die Pflänzchen hervorgehen, oder aus den Zellklumpen wird ein Protonema, aber ohne Caulonema gebildet. Das Protonema der höhlenbewohnenden "Leuchtmoose" *Schistostega pennata* und *Mittenia plumula* bilden rundliche Zellen, deren Oberseite linsenartig verdickt ist, wodurch das Licht wie durch eine Sammellinse auf die am Grund der Zellen liegenden Chloroplasten gebündelt wird.

Das Protonema ist in der Regel kurzlebig und vergeht nach der Bildung der Moospflänzchen. In einigen Fällen bleibt es erhalten. Das ist einerseits der Fall, wenn der Gametophyt reduziert ist (z.B. bei *Discelium*, Funariaceae, oder dem in Felshöhlungen lebenden *Tetrodontium*, Tetraphididae) und das Protonema mit die Versorgung des Sporophyten mit Nährstoffen übernimmt. Andererseits bleibt es auch bei Arten mit gut ausgebildeten Pflanzen (z.B. *Pogonatum*, Polytrichidae) erhalten, dann dient es der Festlegung des Substrates, was z.B. die Besiedlung von steilen Böschungen erlaubt.

In einigen Fällen kann sich das Protonema vegetativ durch spindelförmige Brutkörper vermehren, so bei *Tetrodontium* (Tetraphididae).

Die Scheitelzelle der Bryopsida ist dreischneidig. Jedoch geht daraus nur in wenigen Fällen eine dreizeilige Beblätterung hervor (z.B. bei *Fontinalis*). So haben die überwiegend tropischen Hypopterygiaceae nach Art der Lebermoose zwei Reihen von Flankenblättern und eine Reihe Unterblätter, oder es gibt eine gleichmäßige Beblätterung in drei Reihen (wie bei *Tristichium*). Bei den Fissidentaceae wird eine Kante der Scheitelzelle reduziert, sodass daraus eine echte zweizeilige Beblätterung resultiert. Andere scheinbar zweizeilige Beblätterungen gehen aus einer Abflachung einer spiraligen Beblätterung hervor. Die meisten Laubmoose haben eine spiralige Beblätterung, die dadurch entsteht, dass die Segmentwände der Scheitelzelle sich spiralig verschieben, woraus eine 2/5- oder 3/8-Blattstellung entsteht.

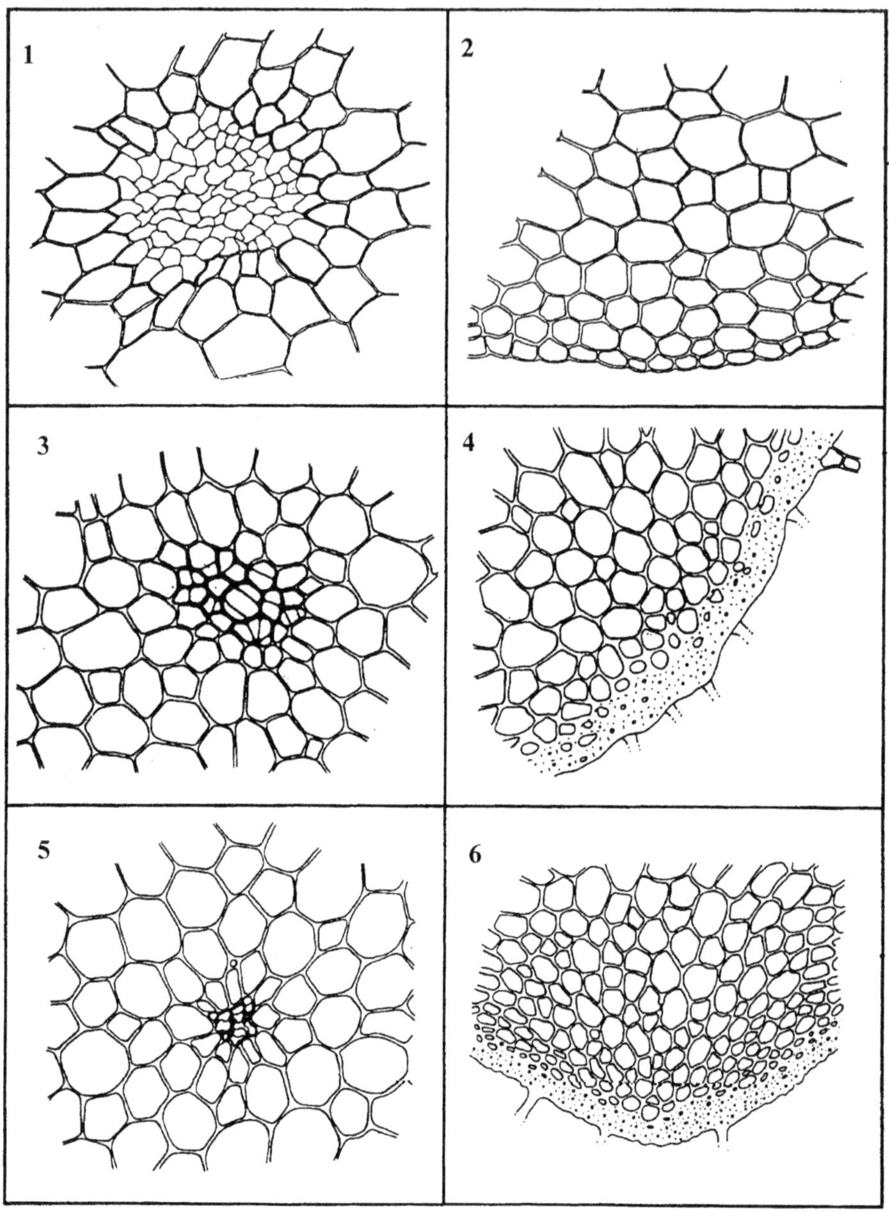

**Abb. 3-26:** Unterschiedliche Stämmchenquerschnitte von Laubmoosen, links zentraler Teil mit Zentralstrang (Hadrom) und Leitparenchym, rechts peripherer Teil mit Leitparenchym und Rindenschicht (Stereom). 1,2. *Rhodobryum giganteum.* 3,4. *Climacium kindbergii.* 5,6. *Pleuroziopsis ruthenica* (aus Henseler & Frahm 2000).

Das **Stämmchen** der Laubmoose ist entsprechend der Blattstellung oval, drei- bis fünfkantig oder rundlich. (Man redet einerseits wegen der geringen Größe von "Stämmchen", andererseits auch darum, weil ein "Stamm" ein kormophytischer Terminus ist und nicht mit den Stämmchen der Moose homolog. Aus diesem Grund wird auch - wie bei den Braunalgen - der Ausdruck Cauloid verwendet, der sich aber nicht durchgesetzt hat). Im einfachsten Fall besteht das Moosstämmchen von außen nach innen aus folgenden Geweben (Abb. 3-26):

- einer Epidermis. Diese ist in der Regel einschichtig, ist aber vielfach nicht genau von den darunter liegenden Zellen zu unterscheiden.
- einer äußeren ein- bis vielschichtigen Rindenschicht (Stereom, äußerer Cortex oder Sklerodermis), die stark verdickte Sekundärwände aufweist. Das Lumen ist oft nur noch punktförmig sichtbar. Die Zellen sind im Längsschnitt langgestreckt (Stereiden). Diese Schicht dient der mechanischen Festigung des Stämmchens nach dem Prinzip eines Hohlzylinders.
- einem inneren parenchymatischen Grundgewebe (Innerer Cortex). Das Grundgewebe weist im Längsschnitt langgestreckte Zellen auf, ist also offenbar ein Leitgewebe für den symplastischen Transport von Wasser und Nährstoffen und wird daher besser auch als Leitparenchym bezeichnet. Im Grundgewebe können falsche Leitspurstränge eingebettet sein, die keine Verbindung zum Hadrom haben.
- Bei vielen Arten tritt ein Zentralstrang (Hadrom) hinzu. Er besteht aus verlängerten, kleinlumigen Zellen. Zentralstränge sind besonders bei den aufrecht wachsenden, akrokarpen sowie bäumchenförmigen Moosen vertreten; den meisten niederliegenden pleurokarpen Laubmoosen fehlt er.

Höher entwickelte Wasserleitungssysteme finden sich bei den Polytrichidae, zu denen die größten Moosen auf der Welt gehören. Bei ihnen ist ein Zentralzylinder entwickelt, der einer Protostele entspricht. Er besteht im  Inneren aus langgestreckten dünnen, wasserleitenden Zellen mit schrägen Endwänden (**Hydroiden**, Abb. 3-27.1, als Gesamtheit Hadrom) und einem umgebendem Ring dünnwandiger Zellen (**Leptoiden**, als Gesamtheit Leptom), der der Stoffleitung dient (Abb. 3-27.3-4). Hydroiden können als Vorstufen von Tracheiden interpretiert werden; sie unterscheiden sich nur durch die meist fehlenden Verdickungsleisten und das Fehlen von Lignin.

Neben dem Zentralzylinder finden sich in den Stämmchen der Polytrichaceen noch **Blattspurstränge**, die aus der Blattrippe in das Stämmchen übergehen. Sie werden jedoch zum Inneren des Stämmchens hin immer kleiner und haben schließlich keinerlei Verbindung mit dem Zentralstrang, sind also funktionslos! Diese blind endenden Blattspurstränge können als Reduktion eines ehemals funktionsfähigen protracheophytischen inneren Wasserleitungssystems interpretiert werden

Als Besonderheit treten bei zwei bäumchenförmigen Hypopterygiaceae (*Canalohypopterygium commutatum*, Frey et al. 1983 und *Catharomnium ciliatum*, Frey & Schaepe 1989) Kanalsysteme im Stämmchen auf, die vermutlich ebenfalls der Wasserleitung oder aber der Wasserspeicherung dienen. Sie entstehen wahrscheinlich schizogen. Bei *Canalohypopterygium commutatum* fanden Frey & Richter (1982) außerdem perforierte Hydroiden (Abb. 3-27.2).

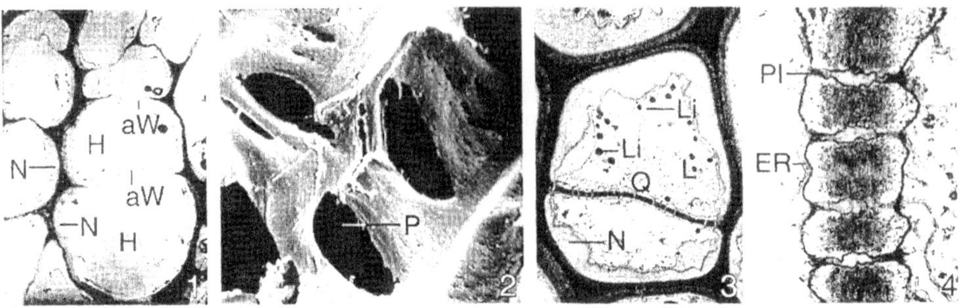

**Abb. 3-27:** Leitgewebe bei Laubmoosen. 1. *Polytrichum formosum.* Hydroiden mit teilweise aufgelösten Querwänden (180x). 2. *Canalohypopterygium tamariscinum.* Ephedroid perforierte Hydroide (200x). 3-4. *Atrichum undulatum.* 3. Leptoide quer, mit Querwand (225x). 4. Querwand mit Plasmodesmen, mit medianer Höhlung (2800x). aW aufgelöste Querwand, ER Endoplasmatisches Retikulum, H Hydroiden, L Leptoiden, Li Lipidtropfen, N Nacréwand, P Perforation, Pl Plasmodesme, Q Querwand mit Plasmodesmen. (1,3,4 TEM Aufnahmen, 2 REM-Aufnahme. 1 n. Hébant 1977, 2 n. Frey & Richter 1982), 3-4 n. Stevenson 1974).

Bei der Betrachtung der verschiedenen Ausprägungen im Aufbau der Moosstämmchen drängt sich die Vermutung auf, es könne sich hier um eine schrittweise Höherentwicklung von Stämmchen ohne innere Differenzierung zu solchen mit Zentralstrang, mit Zentralstrang und Blattspursträngen und solchen mit Zentralzylinder handeln. Da alle diese Strukturen mehr oder weniger funktionslos sind, macht jedoch daher die Interpretation als evolutorische Höherentwicklung keinen Sinn. Auch besitzen die phylogenetisch offenbar jüngsten Laubmoose, die pleurokarpen Arten, keine Zentralstränge, sodass man in der Evolution der Laubmoose eher von einer progressiven Reduktion der Leitelemente im Stämmchen ausgehen muss.

Aus der äußersten Zellschicht der Stämmchen werden Rhizoide, Paraphyllien, Pseudoparaphyllien, Blätter und Seitenäste  gebildet.

**Rhizoide** werden zerstreut am Stämmchen, oft in großer Zahl, gebildet. Sie können einen Wurzelfilz bilden, der (wie ein Docht) der äußeren Wasserleitung dient. Laubmoos-Rhizoide sind verzeigt. Ihre Oberfläche kann papillös sein, was als Bestimmungsmerkmal genutzt wird. Neben diesen als Micronemata bezeichneten Rhizoiden gibt es noch sog. Macronemata, die größer sind und an Astknospen gebildet werden.

**Paraphyllien** sind über das Stämmchen verteilte, kleine, fadenförmige oder blattartige, einfache oder verzweigte Auswüchse. Wenn sie in großen Mengen gebildet werden (so z.B. bei *Thuidium*) dienen sie wie die Rhizoiden der kapillaren Wasserleitung.

**Pseudoparaphyllien** sind lanzettliche, unverzweigte Gebilde, die aber nur an Astknospen bei pleurokarpen Moosen gebildet werden. Sie unterscheiden sich also durch den Ort der Entstehung von den Paraphyllien wie Macronemata von Micronemata.

Die **Blätter** sind im Wesentlichen für die poikilohydrische Wasser- und Nährstoffaufnahme, Assimilation und Gasaustausch eingerichtet. Im Gegensatz zu den Blättern

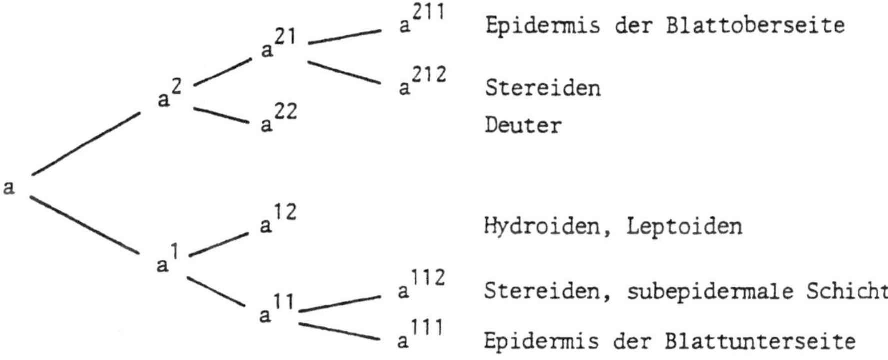


**Abb. 3-28:** Entwicklung des heterogenen Rippentyps bei Laubmoosen, schematisch. a Grundzelle, $a^1$ - $a^{212}$ Abkömmlinge. (Orig. Frey)

der homoiohydrischen Kormophyten haben sie eine unvollständige oder keine Kutikula, um eine Wasseraufnahme durch die Oberfläche zu ermöglichen, und eine meist nur einschichtige, undifferenzierte Lamina, die einen direkten Gasaustausch nach beiden Seiten ermöglicht. Nur bei einigen, vorwiegend Sumpfmoosen (so bei *Philonotis*-Arten, *Mniobryum albicans*) oder Arten feuchter Felsritzen (*Bartramia halleriana*) bedeckt eine Wachschicht die Blattoberfläche, die Wasser abperlen lässt. Diese Moose nehmen Wasser aus dem Untergrund durch äußere Wasserleitung längs des mit Rhizoiden besetzten Stämmchens durch die Blattbasen auf. Es besteht kein Grund, diese Wachsschichten nicht auch als Kutikula zu bezeichnen, obgleich der Begriff vielfach nur bei Kormophyten angewandt wird. Die Blätter sind überwiegend einzellschichtig, nur bei wenigen Arten partiell oder ganz zwei- oder mehrzellschichtig. Die Blätter weisen eine sehr große Differenzierung hinsichtlich Form, Fehlen oder Vorhandensein von Rippe, Blattsaum oder Blattfügelzellen, Zähnelung des Blattrandes, Gestalt und Differenzierung der Laminazellen auf. Deswege werden Laubmoose zumeist nach Blattmerkmalen bestimmt.

Der Besitz einer **Rippe** kann als ursprünglich gelten, da z.B. alle fossilen Laubmoose aus dem Palaeophytikum eine Rippe besaßen. Ein Evolutionstrend zur Rippenlosigkeit zeigt sich speziell bei Teilen der phylogenetisch jungen, pleurokarpen Laubmoose (Hypnales) als Anpassung an einen niederliegenden Wuchs im Untergrund von Wäldern. Die Entwicklung der Rippen ist in Abb. 3-28 dargestellt. Aus einer Grundzelle gehen durch zunächst perikline und dann antikline Teilungen unterschiedliche Schichten hervor. Wie schon von Lorentz (1867) aufgeführt, sind die Abwandlungen dieses Grundmusters der Rippe systematisch relevant. Sie differenzieren größere Verwandtschaftskreise wie Familien, aber auch Unterfamilien (bei Pottiaceae) oder sogar Arten (wie bei *Campylopus*). Die Rippen sind in der Regel in Einzahl als Mittelrippe vorhanden, seltener (z.B. bei den tropischen Callicostaceae) in Zweizahl oder in Form einer aus einer gemeinsamen Basis hervorgehenden Doppelrippe. Außerdem gibt es auch Nebenrippen (eine Mittelrippe und 2-4 kleinere, seitliche), z.B. bei den Leucodontales. Bei fossilen Moosen sind auch Arten mit 3 Rippen bekannt. Die innere Struktur ist bei den einzelnen Laubmoosgruppen sehr unterschiedlich. Vielfach sind englumige, stark verdickte und langgestreckte Zellen (Stereiden) in einem Band oder 2 Bändern (dorsal und ventral) vorhanden, die der Festigung dienen. Die Außenseiten werden von großlumigeren, epidermalen Zellen gebildet. Im Inneren kann sich ein Zentralstrang befinden, der als sog. falscher Blattspurstrang in das Stämmchen eingeht, dort blind endet und keine Verbindung zum Zentralstrang im Stämmchen bekommt. Vielfach gibt es noch großlumige, zentrale Zellen, sog. Deuter. Gelegentlich werden von der Rippe Hyalocyten zur Wasserspeicherung gebildet (*Campylopus, Leucobryum*). Auf der Oberseite (z.B. *Pterygoneurum*, Pottiaceae, fast alle Polytrichaceae) oder der Unterseite (z.B. *Campylopus*, Dicranaceae) können Lamellen gebildet werden, die der Wasserspeicherung in den Zwischenräumen und der Assimilation dienen. Die Rippen können bei manchen Gattungen (*Polytrichum, Campylopus, Leucobryum*) fast die ganze Blattbreite einnehmen. Sie stellen dann - verglichen mit den schmalrippigen oder rippenlosen, einzellschichtigen Blättern anderer Moose - ein sehr effektives und hochdifferenziertes Organ der Assimilation, Wasserleitung und Wasserspeicherung dar. In manchen Verwandtschaftsgruppen tritt die Rippe als durchsichtige (hyaline) Haarspitze aus. Diese wird als Anpassung an sonnenexponierte Standorte interpretiert, da sie meist bei Arten solcher Standorte anzutreffen ist (und auch an schattigen Standorten modifikatorisch zurückgebildet wird). Die Wirkung soll sich aus der Reflektion der Sonnenstrahlen ergeben. Jedoch ist auch eine Funktion bei der Wasseraufnahme nicht auszuschließen, da an diesem Spitzen die Feuchtigkeit kondensiert und direkt in die Blätter aufgenommen werden kann.

Lorentz (1867) unterschied zwischen heterogenen und homogenen Rippen (Abb. 3-29). Bei heterogenen Rippen (Abb. 3-29.2-5, 8-9,12-13) sind verschiedene Zellelemente (Epidermis, Stereiden, Substereiden, Deuter und - sofern vorhanden, Hydroiden und Leptoiden) unterscheidbar. Sie sind charakteristisch für die akrokarpen Vertreter der Bryidae. Andreaeidae, die pleurokarpen Vertreter der Bryidae und die pseudo-pleurokarpen Vertreter der Grimmiales und Orthotrichales haben homogene Rippen. Deuter und Hydroiden sind bei ihnen nicht differenziert. Die homogene Rippe (Abb. 3-29.1,6-7,10-11) ist als abgeleitet anzusehen. Die Ausbildung dieses Rippentyps und

**Abb. 3-29:** Bau der Rippe bei Laubmoosen. 1. *Andreaea rothii.* Homogene Rippe. 2. *Polytrichum piliferum.* Junge heterogene, polytrichoide Rippe. 3. *Encalypta intermedia.* Heterogene Rippe mit zentraler Hydroidengruppe. 4. *Diphyscium foliosum.* Heterogene Rippe ohne Hydroiden. 5. *Dicranum scoparium.* Heterogene Rippe ohne Hydroiden. 6. *Schistidium apocarpum.* Homogene Rippe. 7. *Scleropodium purum.* Homogene Rippe. 8. *Funaria hygrometrica.* Heterogene Rippe mit geteilten Deutern. 9. *Bryum capillare.* Heterogene Rippe mit antiklin geteilten Deutern. 10. *Ulota crispa.* Homogene Rippe. 11. *Anomodon viticulosus.* Homogene Rippe. 12. *Rhizomnium punctatum.* Heterogene Rippe mit antiklin und periklin geteilten Deutern. 13. *Aulacomnium palustre.* Heterogene Rippe. (A Assimilationslamellen, D Deuter, ´D´ entwicklungsgeschichtlich Deutern entsprechende Zellen, E Epidermiszellen, H Hydroiden, L Leptoiden, St Stereiden, Su Substereiden, Z Zentralzelle). (© Frey & Lünser, ca. 500x).

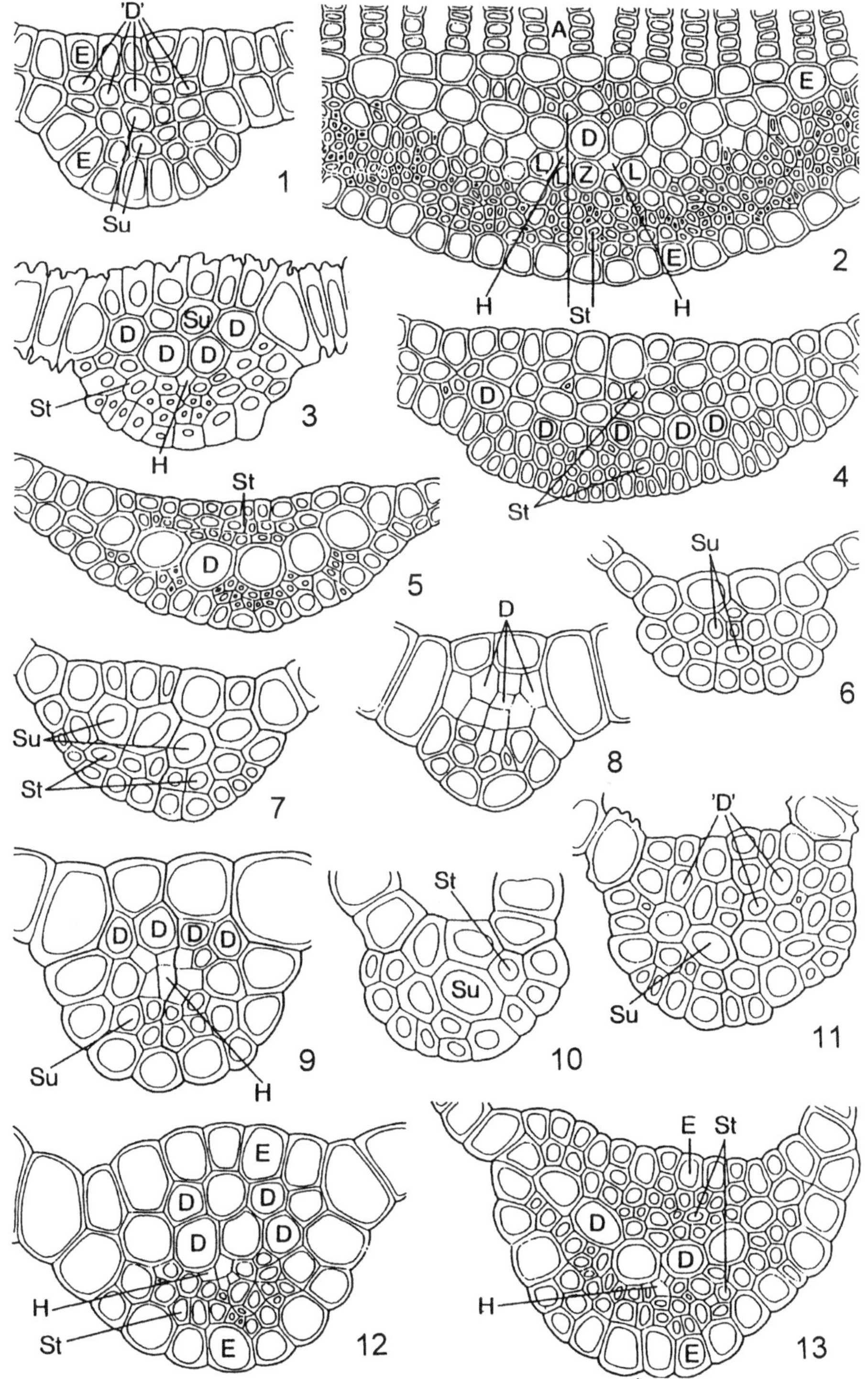

der Ausfall der Rippe bei den abgeleiteten akrokarpen und vor allem bei den pleurokarpen Sippen ist mit der Evolution des prosenchymatischen Blattzellnetzes korreliert.

Die Rippe der Andreaeidae ist bei den costaten Andreaea-Arten homogen (Abb. 3-29.1). Bei den Polytrichidae werden Deuter, Leptoiden und Hydroiden beidseitig von Stereidenbändern eingefasst (Abb. 3-29.2). Nur dort kommen Leptoiden auch in der Rippe vor (polytrichide Rippe). Die Rippen der Buxbaumiidae (Abb. 3-29.4) lassen entwicklungsgeschichtlich Bezüge zu den Rippen der Dicranales unter den Bryidae erkennen (Abb. 3-29.5). Hydroiden fehlen (dicranoide Rippe). Die Rippe der Dicranales weist ursprünglich Deuter, Hydroiden, Substereiden und Stereiden auf, wie es auch bei den Encalyptales und Pottiales der Fall ist (pottioide Rippe) (Abb. 3-29.3). Der leucobryoide Rippentyp der Leucobryaceae mit Chloro- und Hyalocyten ist eine Sonderbildung und als funktionelle Parallelentwicklung zum *Sphagnum*-Blatt aufzufassen. Er lässt sich hypothetisch von einer dicranoiden Rippe ableiten. Nahezu baugleich mit den Rippen der haplolepiden (s.u.) Dicranales sind die der diplolepiden Bartramiales. Über den ultrastrukturellen Bau und die Funktion der Rippenzellen ist außer bei den Polytrichidae nichts bekannt. Hydroiden dienen der Wasserleitung, Leptoiden der Assimilateleitung, Deuter dem Kurzstreckentransport organischer Substanzen, Stereiden der Festigung.

Zwischen Rippe und Lamina können bei bestimmten Laubmoosarten keilförmige Zellen eingeschaltet sein, die eine Bewegung der Lamina gegen die Rippe ermöglichen (Öffnen des Blattes bei Befeuchtung und Schließen bei Austrocknung).

Um ein Einreißen der Ränder der einzellschichtigen Blätter zu verhindern, sind die Blätter vielfach ein- oder umgerollt oder durch eine bis mehrere Reihen von verlängerten Zellen (oft mehrschichtig und wulstig) gesäumt. Die Blattränder können zudem gezähnt oder gesägt, z.Tl. auch mit Zilien besetzt sein. Über die Funktion dieser Zähnelungen ist nichts bekannt.

Als wichtiges Merkmal wurde die Form der **Laminazellen** von Bruch, Schimper & Gümbel (1936-1867) in die Laubmoossystematik eingebracht. Sie unterschieden ein parenchymatisches und ein prosenchymatischem Zellnetz. Die systematische Bedeutung dieser Zellnetztypen und ihre Entwicklungsgeschichte ist zusammenfassend von Frey (1970, 1977, 1981) behandelt worden. Bei der Anlage des parenchymatischen Zellnetzes bilden die Spindelachsen in den sich teilenden Zellen miteinander einen Winkel von 90°. Demnach stehen die Zellwände mehr oder weniger senkrecht aufeinander und die Zellen sind isodiametrisch. Die Polytrichidae, Tetraphididae, Buxbaumiidae und unter den Bryidae die Dicrananae, Orthotrichanae und Bartramianae haben meist ein parenchymatisches Zellnetz. Glatte und relativ dünnwandige Zellen gelten als ursprünglich, solche mit dicken und papillösen Zellwänden als abgeleitet (Abb. 3-30.1-2). Bei mehreren Sippen sind die Zellen langgestreckt (z.B. Dicranales, Abb. 3-30.3), bei einigen sind sie sechsseitig (z.B. Fissidentaceae, Abb. 3-30.4).

Beim **prosenchymatischen Zellnetz** entstehen über stumpf-rhombische Stadien (Abb. 3-30.5) verlängerte Zellen (Abb. 3-30.6,7). Die Zellen verlängern sich nicht durch bipolares Spitzenwachstum, sondern durch Flächenausdehnung der Wände bis in charakteristischer Ausbildung die prosenchymatischen Zellen mit spitzen Enden

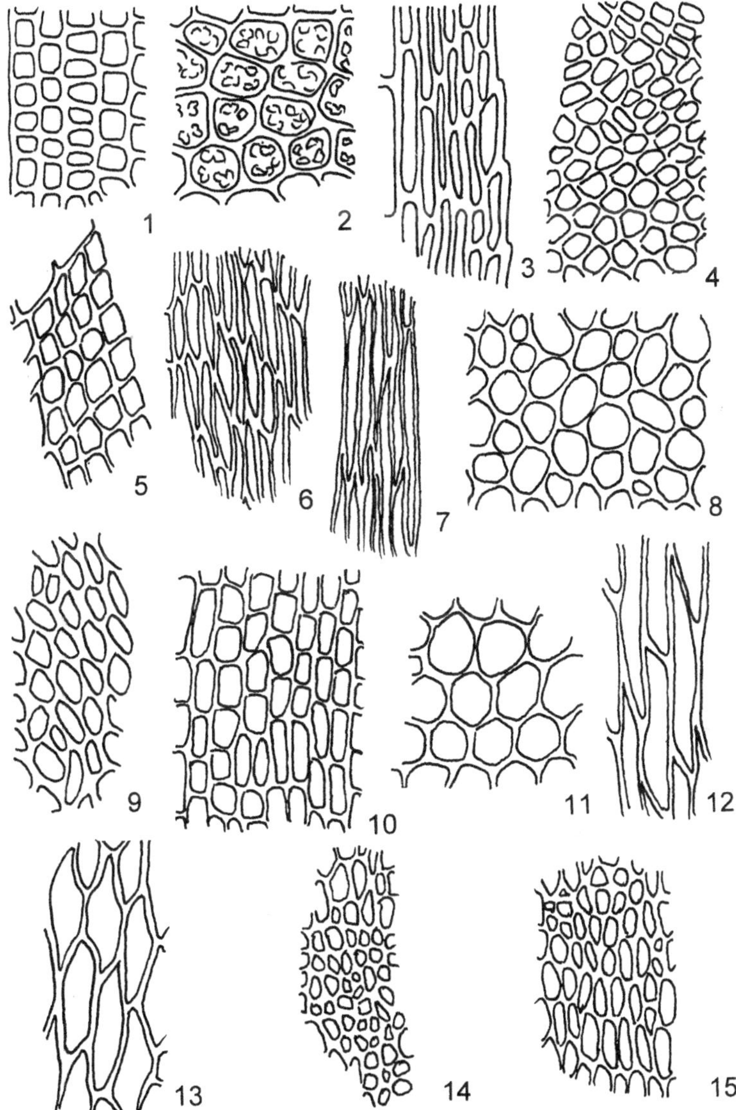

**Abb. 3-30:** Laminazellen bei Laubmoosen (jeweils aus der oberen Blatthälfte). Par = parenchymatisches, pro = prosenchymatisches Zellnetz, par/pro = Übergangsstadien. 1. *Timmia austriaca*. Par, 425 x. 2. *Tortula ruralis*. Par mit Papillen, 500 x. 3. *Dicranella heteromalla*. Par, 375 x. 4. *Fissidens leptocladus*. Par/pro, 500 x. 5. *Neckera crispa*. Stumpf-rhombische Zellen, Entwicklungsstadien, schematisch. 6. *Neckera crispa*. Pro, schematisch, 270 x. 7. *Drepanocladus fluitans*. Pro, 250 x. 8. *Achrophyllum denudatum*. Hexagonale Zellen, 400 x. 9. *Abietinella abietina*. Par/pro, 550 x. 10. *Funaria hygrometrica*. Par/pro, 200 x. 11. *Rhizomnium punctatum*. Hexagonale Zellen, 200 x. 12. *Pohlia wahlenbergii*. Pro, 350 x. 13. *Bryum pallescens*. Par/pro, 250 x. 14. *Hypnodendron dendroides*. Blattzellnetze. Par/pro mit Querteilungen, schematisch, 400 x. 15. *Uskatia conferta*. Par/pro, mit Querteilungen, ohne Größenangabe. (2 n. Kramer, 3,7,12,13 n. Smith, 4, 8 n. Vitt, 15. n. Neuberg).

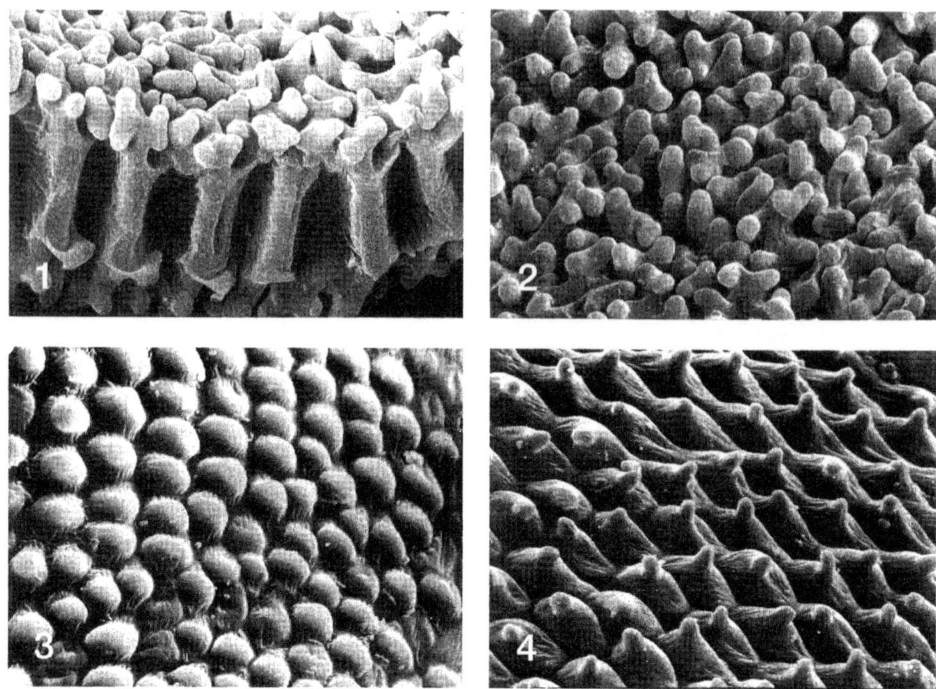

**Abb. 3-31:** Oberflächenstrukturen von Laubmoosblättern. 1-2. *Leiomela* spec., Papillen. 1. Blattquerschnitt, 2. Aufsicht. 3. *Groutiella* spec., Mamillen, 4. *Cardotiella* spec., mamillöse Zellen mit einzelnen Papillen (1-2 Orig., 3-4 phot. Vitt)

ineinander übergreifen. Sie sind vielfach mehr als 10mal so lang wie breit (Abb. 3-30.7). Dieses Zellnetz ist korreliert mit der Pleurokarpie sowie der Reduktion oder dem Ausfall der Rippe. Bei den Bryales, die Übergänge von der Akrokarpie zur Pleurokarpie zeigen, sind alle Stadien zwischen dem parenchymatischen und prosenchymatischen Zellnetz vorhanden (Abb. 3-30. 11-14). Die permischen *Uskatia conferta* (Abb. 3-30.15) hatten ein ähnliches Zellnetz wie die heutigen Bryales (z.B. *Hypnodendron dendroides*, Abb. 3-30.14). Sie können daher mit Vorbehalt den Bryales zugeordnet werden und die Vorfahren der Hypnales darstellen.

In allen vier Ordnungen der Hypnanae fallen Sippen mit kleinen, rundlichen bis sechsseitigen Laminazellen auf. Von der Anlage handelt es sich dabei um einen prosenchymatischen Typ, bei dem zwar die Längswände angelegt werden, es aber nicht mehr zu einer Verlängerung kommt. Es wird angenommen, dass das prosenchymatische Zellnetz über solche Übergangsformen entstand. Ein parenchymatisches Zellnetz herrscht bei den akrokarpen Laubmoosen vor, prosenchymatische Zellen finden sich besonders bei den pleurokarpen Laubmoosen. Im einfachsten Fall sind die Zellen im gesamten Blatt gleichartig. Es können aber auch obere und untere Laminazellen differenziert sein, wobei die oberen chlorophyllös und kleinlumig sind und der Assimilation dienen, während die unteren durchsichtig (hyalin) und großlumig sind und der Wasserspeicherung dienen (so bei Encalyptaceae, Pottiaceae, Calymperaceae). Bei einigen akrokarpen Laubmoosen (z.B. Dicranaceae) und vielen pleurokarpen Laubmoosen sind **Blattflügelzellen** ausgebildet, großlumige, zum Teil aufgeblasene Zellen an den Ecken des Blattgrundes. Sie sind im jungen Stadium ungefärbt und dienen der Aufnahme des äußerlich kapillar am Stämmchen geleiteten Wassers in das Blatt. Besonders große Blattflügelzellen sind für *Calliergon*-Arten u.a. Amblystegiaceae sowie besonders für die überwiegend tropischen Sematophyllaceae typisch.

Die Oberfläche der Laminazellen kann glatt, papillös oder mamillös sein. Mamillen (Aufwölbungen der oberen Zellwand, Abb. 3-31.3) oder Papillen (rundliche, stäbchenförmige oder sternförmig verzweigte, aufgesetzte Strukturen auf der Zellwand, Abb. 3-31.1-2) dienen der schnelleren Benetzbarkeit der trockenen Blattoberfläche. Ein auf die Blattoberfläche fallender Wassertropfen wird schlagartig in die Zwischenräume der Papillen gesogen. Auf diese Weise werden Moospflanzen mit papillösen Blättern bei Befeuchtung sofort turgeszent und können sofort mit der Photosynthese beginnen. Papillöse Blattoberflächen sind daher besonders charakteristisch für Arten trockener Standorte. Bei prosenchymatischen Laminazellen können die oberen Enden der Zellen hervortreten.

Die Laubmoosgametophyten verfügen über eine Vielzahl von Möglichkeiten der vegetativen Vermehrung, an der nahezu alle Organe beteiligt sein können. Die **vegetative Vermehrung** hat bei Moosen aus folgenden Gründen einen hohen Stellenwert für die Erhaltung der Art:

(a) Eingeschlechtliche, entweder männliche oder weibliche Populationen von zweihäusigen Arten könnten sich ansonsten nicht vermehren. Durch vegetative Vermehrung erhalten sie ihren Bestand. Dadurch ist es möglich, dass Arten, die z.B. die Eiszeit in Refugien in nur einem Geschlecht überdauert haben, dort seit mehreren 10 000 Jahren überdauert haben. Eingeschlechtliche Moose sind auch in der Lage, schrittweise die Distanz zu der nächsten andersgeschlechtlichen Population zu überwinden, damit es wieder zur sexuellen Vermehrung kommen kann. Aufgrund dieser Bedeutung, die die vegetative Vermehrung für zweihäusige Moose hat, verfügt ein weitaus höherer Prozentsatz von zweihäusigen Moosen über Methoden ungeschlechtlicher Vermehrung als einhäusige Moose.

(b) Für die sexuelle Fortpflanzung ist Wasser nötig ist, in denen die Spermatozoiden die Distanz vom Antheridium zum Archegonium zurücklegen können. Ist z.B. in trockenen Witterungsperioden kein Wasser vorhanden, setzt ersatzweise vegetative Vermehrung ein. Viele Methoden der vegetativen Vermehrung wie Bruchorgane setzen geradezu trockenes Wetter voraus.

Generell sind alle abgebrochenen Fragmente der Moospflanze zur Regeneration befähigt. Spezialisierte Brutorgane gibt es von folgenden Organen:

Stämmchen:

**Brutäste:** Flagellenartige Seitenäste mit mikrophyller Beblätterung, die aus den Blattachseln im terminalen Bereich der Stämmchen entstehen (*Orthodicranum flagellare, Campylopus flexuosus,* Abb. 3-32.1, *Leucodon sciuroides, Platygyrium repens*).

**Bruchstämme:** Normal gestaltete, leicht abfallende obere Stämmchenteile (*Dicranodontium denudatum*).

**Brutknospen (Bulbillen):** Leicht abfallende, reduzierte Seitenäste mit gestauchtem Längenwachstum (Kurztriebe), die in den Achseln von Blätter gebildet werden, analog zu den Bulbillen der höheren Pflanzen (*Philonotis* spp., *Pohlia annotina* agg., Abb. 3-32.2, *Bryum bicolor* agg.). Die Blätter der Brutknospen können annähernd normal gestaltet oder aber unterschiedlich stark reduziert sein, sodass sie nur noch aus Primordien bestehen.

Blätter:

**Bruchblätter:** Leicht zerbrechliche Blätter, deren Spitzen abfallen und weiterverbreitet werden (*Dicranum tauricum, Tortula fragilis*).

**Brutblätter:** Entweder heteromorphe Blätter, die an den Stämmchenspitzen produziert werden (*Campylopus fragilis, Campylopus pyriformis* mod. *fragilis*) oder normal gestaltete aber leicht abfallende Blätter (*Dicranodontium denudatum, Campylopus pyriformis* mod. *muelleri*).

Zellsprossungen:

**Von Stämmchen:** An den Enden von unbeblätterten Stämmchen werden Zellen abgegeben (*Aulacomnium androgynum*, Abb. 3-32.8). Seltener werden durch speziell geformte apikale Blätter Brutbecher gebildet, die Brutkörper enthalten (*Tetraphis pellucida*, Abb. 3-32.6).

**Von Blättern:** Im einfachsten Fall löst sich der Blattrand in einzelne Zellen auf (*Scapania* spp.). Daneben können spezielle, zumeist spindelförmige Brutorgane aus der Spitze der Blattrippe sprossen (*Leptodontium gemmascens, Grimmia hartmanii*, tropische Calymperaceeen). Einzelne Zellen oder mehrzellige Gebilde können von der Lamina (*Syntrichia latifolia*, Abb. 3-32.5) oder von der Rippe gebildet werden, sowohl an der ventralen Rippenseite (*Syntrichia papillosa*, Abb. 3-32.4) als auch an der dorsalen (*Grimmia torquata*).

**Aus den Blattachseln:** Hier können Büschel von Zellfäden gebildet werden (*Bryum subelegans*) oder die Zellfäden bilden an ihren Spitzen Haufen von kugeligen Zellen (*Hyophila involuta, Didymodon nicholsonii*, Abb. 3-32.7).

**Am Protonema:** Vom Protonema können orthotrop wachsende, kurze, aufrechte, leicht abffallende Seitenfäden gebildet werden, als auch spezielle Brut"blätter" (*Tetrodontium repandum*). Bei *Funaria* können die Protonemafäden zerfallen, indem farblose Trennungszellen angelegt werden.

**Von Rhizoiden:** Einzelne oder Büschel von Rhizoiden, speziell solche, die an Blattspitzen (*Drepanocladus fluitans*) oder an der dorsalen Basis von Blattrippen (viele Dicranaceen) gebildet werden. Außerdem können spezielle, rhizoidbürtige Brutkörper ausgebildet werden (Rhizoidgemmen, „Wurzelknöllchen", engl. *tubers*): vielzellige, unterirdisch an den Rhizoidspitzen gebildete wurstförmige (*Barbula ferruginascens*), eiförmige oder kugelige Zellkörper (*Bryum erythrocarpum* Gruppe, Abb. 3-32.3, *Leptobryum pyriforme*).

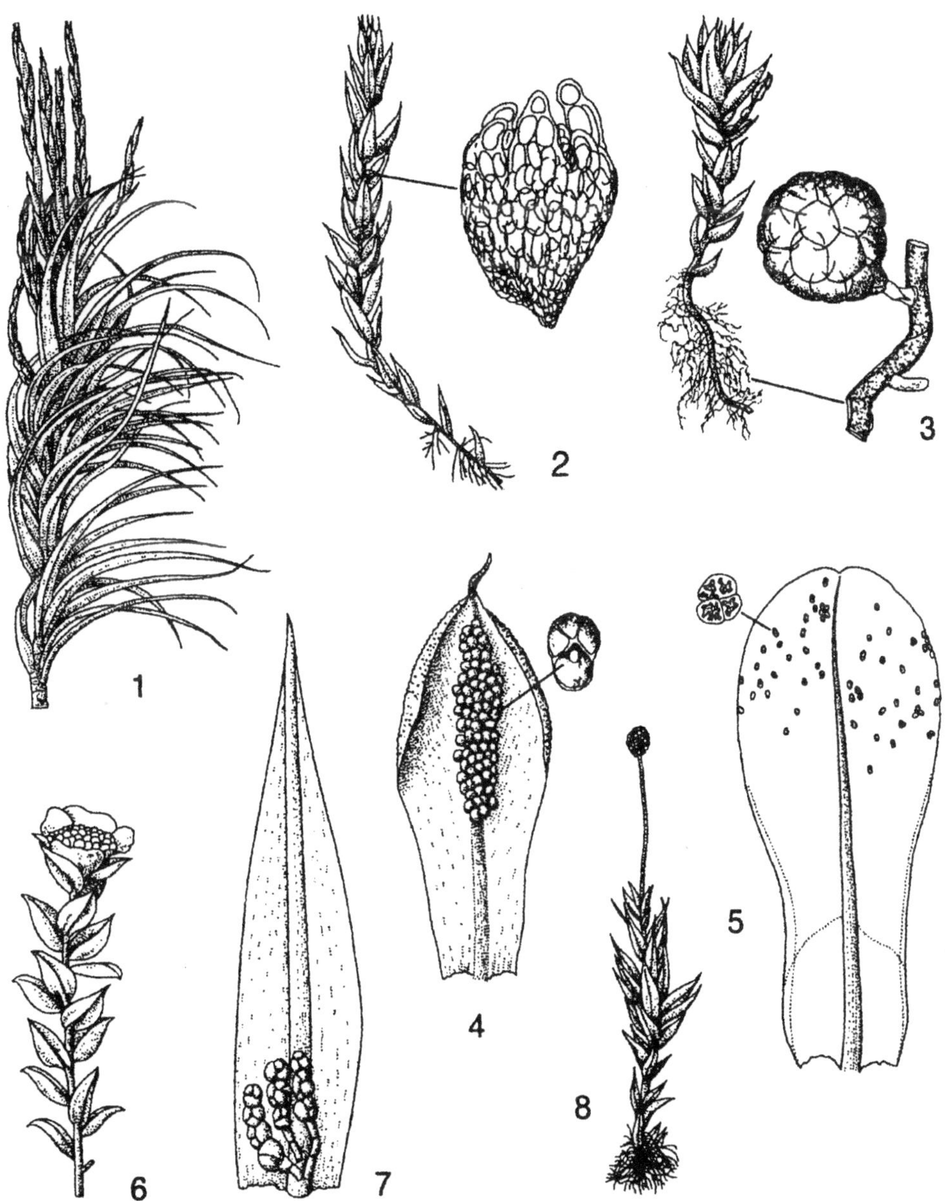

**Abb. 3-32:** Vegetative Vermehrung bei Laubmoosen. 1. Flagellenäste: *Campylopus flexuosus* (30x). 2. Bulbillen: *Pohlia andalusica* (65 x). 3. Rhizoidgemmen: *Bryum sauteri*. 4. Rippenbürtige Brutkörper: *Syntrichia papillosa* (6 x). 5. Blattbürtige Brutkörper: *Syntrichia latifolia* (o.A.). 6. Brutbecher: *Tetraphis pellucida* (o.A.). 7. Blattachselständige Brutkörper: *Didymodon nicholsonii* (o.A.). 8. Zellsprossungen aus der Spitze des Stämmchens: Aulacomnium androgynum. (6,8 n. Brotherus 1924, 2,3 n. Demaret et al. 1969ff, 4,5,7 n. Mönkemeyer 1927).

**Abb. 3-33:** Antheridienstand von *Philonotis seriata* mit „*splash cup* - Mechanismus". Die Perigonialblättern halten einen Wassertropfen, in den die Spermatozoiden entlassen werden.


Die **Geschlechtsverteilung** kann - wie bei den Blütenpflanzen - getrennt- oder gemischtgeschlechtlich sein und die Pflanzen einhäusig (monözisch) oder zweihäusig (diözisch), d.h. Antheridien und Archegonien stehen entweder auf verschiedengeschlechtlichen Pflanzen oder auf derselben zwittrigen Pflanze. In letzterem Fall können Antheridien und Archegonien gemeinsam in einem Gametangienstand stehen (synözisch) oder an derselben Pflanze, aber in getrennten Gametangienständen (autözisch). Die Archegonienstände stehen dann terminal, die Antheridienstände lateral in Blattachseln.

Antheridien und Archegonien sind bei den Laubmoosen in sterile Zellfäden, die **Paraphysen**, eingebettet. Sie stehen in knospenförmigen (so bei den meisten akrokarpen und allen pleurokarpen Laubmoosen) oder rosettigen **Gametangienständen** zusammen, welche von speziellen **Perigonialblättern** (Abb. 3-33) umgeben sind. Diese sind meist morphologisch von den normalen Blättern unterschieden, kürzer und stümpfer, länger ausgezogen, ziliat, ohne Rippe oder auffällig gefärbt. Rosettige Gametangienstände werden nur bei getrenntgeschlechtlichen Arten gebildet, bei denen das Problem besteht, dass die Spermatozoiden die Distanz zur weiblichen Pflanze zurücklegen müssen. Aus eigener Kraft können sie jedoch nur etwa 15 mm schwimmen. Da die weiblichen Pflanzen bei rasig wachsenden Arten jedoch in der Regel weiter entfernt sind, muss die Distanz auf eine andere Weise zurückgelegt werden. Dazu bilden die männlichen Pflanzen besondere Perigonialblätter um die Antheridienstände (besonders schön bei *Mnium-*

Arten, *Philonotis*-Arten oder *Polytrichum*-Arten zu sehen), welche im Volksmund als "Moosblüten" bezeichnet werden. Diese formen flache Schalen, die sich bei Regen mit Wasser füllen. In das Wasser werden die Spermatozoiden aus den reifen Antheridien entlassen. Weitere auftreffende Wassertropfen spritzen dann das Spermatozoid-haltige Wasser in die Umgebung, wo es auch auf weibliche Pflanzen gelangt. Dieser Effekt wird im englischen Sprachgebrauch treffend als *"splash-cup"* Mechanismus (Abb. 3-33) bezeichnet. Nach der Befruchtung der Eizelle im Archegonium wächst die Zygote zu einem Sporophyten heran. Dabei legt sich das (haploide) Gewebe des Archegonienhalses schützend um den jungen (diploiden) Sporophyten und wächst eine Zeit mit, bis es an der Basis durch das Längenwachstum der Seta oder das Dickenwachstum des Sporogon abreißt. Diese Haube wird als **Kalyptra** bezeichnet. Sie reißt entweder mit einem seitlichen Schlitz auf und umhüllt den Sporogon dann kappenförmig oder reißt mit mehreren Schlitzen ein und wird dann mützenförmig.

In der Kalyptra geschützt entwickelt sich der **Sporophyt**. Er besteht aus einem **Sporogon**, der auch als Kapsel bezeichnet wird, ein Ausdruck, der noch aus der Zeit stammt, als man Moose für kleine Blütenpflanzen hielt und die Sporen für Samen, die sich ähnlich wie beim Mohn in einer Kapsel bilden. Der Sporogon (besser eigentlich das Sporangium) ist auf einem mehr oder weniger langen Stiel, der **Seta**, emporgehoben. Die Seta kann nahezu reduziert sein oder eine Länge von 8-10 cm erreichen (*Meesia longiseta*). Wie bei den Lebermoosen weisen Erd- oder Sumpfmoose die längsten Seten auf, wohingegen epiphytische oder epipetrische Arten verkürzte oder gar keine Seten haben. Die Seten sind meist aufrecht, seltener nach unten gebogen. Bei *Funaria hygrometrica* ("Drehmoos") sind sie trocken aufrecht und feucht eingebogen. Bei *Grimmia*-Arten oder einigen Dicranaceae (z.B. *Campylopus*) wachsen sie zunächst nach oben, biegen sich dann um 180° zurück und stecken die Spitzen in die Blätter, wo sich der Sporogon dann besser gegen Austrocknung geschützt entwickeln kann. Nach der Reifung des Sporogons wächst die Seta dann wieder in einem Bogen nach oben, gleichzeitig wird dabei die Kalyptra in den Blättern abgestreift. Bei einigen Arten führen die Seten hygroskopische Drehbewegungen durch. Diese kommen dadurch zustande, dass die äußeren Zellwände starke Zellverdickungen besitzen, in denen die Zellulosefibrillen so gewunden sind, dass die Seta trocken spiralig aufgedreht ist. Bei Befeuchtung dringt durch nur 80 Å große Poren in der Außenwand Feuchtigkeit ins Zellinnere, die die Fibrillen quellen läßt. Diese Quellung führt zu einer Entspiralisierung. Da durch eine Entspiralisierung in eine Richtung die Seta sich (wie ein Knopf) abdrehen würde, ist die Drehrichtung im unteren und oberen Teil der Seta entgegengesetzt (wie bei einem Telefonkabel).

Der **Sporogon** (Mooskapsel, Sporenkapsel, Sporangium) ist unterschiedlich geformt; er kann rundlich, birnenförmig, oder zylindrisch sein. Er besteht aus einem Hals, der sporengefüllten Urne (Theca) und einem Kapseldeckel (Operculum).

Der Hals des Sporangiums kann nahezu fehlen, nahezu so lang wie die Theca sein (viele Bryaceae) oder sogar länger als diese (Bruchiaceae, *Pohlia longicollis*). In all diesen Fällen ist er schmaler als die Theca. Bei den Splachnaceae kann aber er doppelt so breit wie die Theca sein (*Tetraplodon*) oder sogar 3-4 mal breiter bis zu pilzartig verbreitert (*Splachnum*). Diese Form des Kapselhalses wird **Apophyse** genannt. Durch eine auffällige Färbung und ausströmende ätherische Öle lockt die Apophyse Dungfliegen an, die die Sporen verbreiten. Der Kapselhals weist bei vielen Arten Spaltöffnungen des *Mnium*-Typ auf, der auch bei Blütenpflanzen vorkommt, sowie ein lockeres Durchlüftungsgewebe. Da die Sporogone zudem mit einer Kutikula bedeckt sind, hat der Sporophyt also einen tracheophytischen Bau. Im Prinzip sind Moose und Farne also gleichermaßen aufgebaut, beide besitzen einen thallophytischen Gametophyten und einen kormophytischen Sporophyten. Der Unterschied besteht nur darin, dass der Moos-Sporophyt nicht selbständig und wesentlich kleiner ist und der Moos-Gametophyt vielfach (zumindestens bei Laubmoosen) eine höhere Organisation und Zelldifferenzierung aufweist. Insofern können Moose also nicht den Thallophyten zugeordnet werden, wie es früher getan wurde. Die Spaltöffnungen im Sporogon sind jedoch funktionslos. Sie lassen aber vermuten, dass der Sporophyt der Vorfahren der Moose so gebaut war wie der Sporogonhals, als Telom mit einer Kutikula, Spaltöffnungen, Durchlüftungsgewebe und einem zentralen Leitgewebe (Protostele), ähnlich wie fossile Psilophytinae.

Der Deckel des Sporogons (**Operculum**) kann fehlen, kappenförmig (*Funaria*), stumpf kegelig oder lang geschnäbelt (Rhynchostegium, Eurhynchium, Name!) sein. **Kleistokarpe Laubmoose** besitzen keinen Deckel oder er löst sich nicht mehr ab. Sie bilden keine systematische Gruppe, wie zu Anfang des 19. Jahrhunderts angenommen wurde, vielmehr ist dieses Merkmal durch Reduktion mehrfach unabhängig entwickelt worden. Bei den **stegokarpen Laubmoosen,** zu denen die meisten Laubmoose gehören, löst sich der Deckel ab. Dies geschieht durch Auflösung der Mittellamelle an einer präformierten Stellein der Weise, dass die Urne schneller austrocknet als der Deckel, oder durch einen **Anulus**, eine ringförmige Zellreihe, die ungleich verdickte Zellwände haben, welche sich bei Austrocknung zusammenziehen, dadurch aufreißt und sich abrollt (ähnlich dem Anulus der Farnsporangien).

Das Sporogon besteht aus einer Außenwand (**Exothecium**, die Struktur der Exotheciumszellen kann diagnostisch wertvoll sein), dem sporogenen Gewebe (Archespor), welches als Hohlzylinder ausgebildet ist, und einer zentralen **Kolumella**, einer Mittelsäule aus sterilem Gewebe. Bei einigen Arten bleibt die Kolumella mit dem Deckel verbunden, was einen interessanten Öffnungsmechanismus ergibt. Die Kapsel öffnet sich durch Streckung der Kolumella bei trockenem Wetter um die Sporen herauszulassen und kann sich bei feuchtem Wetter durch Verkürzung der Kolumella wieder schließen.

Der Rand der Theca ist mit einem Kranz hygroskopischer, zahnartiger Gebilde (**Peristom**, griech. stoma, Öffnung, peri herum, „Mundbesatz") besetzt, das auch reduziert (rudimentär) sein oder fehlen kann. Es dient der Sporenaussaat durch Öffnen oder Schließen des Sporogons bei feuchter oder trockener Witterung. Das Peristom ist ein besonderes Charakteristikum der Bryopsida und eine im Pflanzenreich einzigartige Einrichtung. Das Peristom der Polytrichidae und Tetraphididae ist aus ganzen Zellen aufgebaut (**nematodont**), während das der Bryidae aus Zellwandverdickungen besteht (**arthrodont**).

**1. das nematodonte Peristom** (Abb. 3-34.1-6)
Dieser Peristomtyp tritt bei den Tetraphididae und Polytrichidae auf. Beide werden unter diesem Gesichtspunkt als Nematodonteae zusammengefaßt. Trotz extremer Unterschiede im Gametophyten beider Unterklassen sind deren Vertreter bei molekularen Stammbäumen auf einem Ast vereinigt, sodass hier eine natürliche Verwandtschaftsgruppe vorliegt und dieser Peristomtyp nicht zwei Mal unabhängig voneinander entstanden ist.

Beim nematodonten Peristom bestehen die Peristomzähne aus ganzen Zellen. Das Peristom der Dawsoniales ist ein pinselartig aufgelöster Hohlzylinder aus zahlreichen, langgestreckten, isolierten Faserzellen. Es entsteht, wenn im Deckelamphithecium in mehreren Reihen Zellen angelegt werden, deren Zellecken stark verdickt sind (Abb. 3-34.1). Die dazwischenliegenden Zellwände lösen sich auf, wodurch es zur Isolierung der Peristomfasern kommt (Abb. 3-34.5).

Bei den Polytrichales besteht das Peristom aus einem Kranz von 16, 32 oder 64 mehrzelligen, einreihig gestellten Zähnen (Abb. 3-34.2,6). Aus 4 oder 8 konzentrischen Schichten des Deckelamphitheciums entstehen durch ein Peristommeristem ganze oder geteilte, U-förmige Zellen. Die die Zähne aufbauenden Zellen werden stark verdickt, die dazwischen liegenden aufgelöst. Auf der Oberfläche der verbreiterten Kolumella entsteht ein häutiges Epiphragma, welches mit der Spitze der Zähne verwächst (Abb. 3-34.2). Die Sporen treten durch die Poren zwischen den Zähnen aus (entspricht funktionell einer Porenkapsel bei den Blütenpflanzen, z.B. beim Mohn).

Das nematodonte Peristom der Tetraphididae ist aus vier zahnartigen, vielzelligen Klappen aufgebaut, bei deren Bildung sich das gesamte Gewebe des Deckelinneren in vier Teile spaltet (Abb. 3-34.3-4). Die beiden äußeren Reihen der die Klappen aufbauenden Faserzellen haben verdickte Wände, wodurch sie in den ersten Entwicklungsstadien den Zellen gleichen, aus denen das arthrodonte Peristom hervorgeht. Die inneren, dünnwandigen Faserzellen kollabieren bei der Reife der Kapsel.

**2. Das arthrodonte Peristom (Arthrodonteae)** (Abb. 3-34.7-18)
Bei diesem für die Bryidae charakteristischen Peristomtyp bestehen die Peristomzähne aus Zellwänden. Das Peristom entsteht unter dem Kapseldeckel (Operculum) aus verdickten Zellwandpartien der zwei bzw. drei innersten Schichten des Amphitheciums (Abb. 3-34.9-10). Selten sind mehr Amphiteciumsschichten beteiligt. Je nach Peristomtyp werden die Wände in verschiedenen Zelllagen verdickt. Die nicht verdickten Wandteile und die übrigen Zellteile werden aufgelöst, sodass allein die verdickten Teile übrigbleiben, die das Peristom darstellen. Der Franzose Philibert (1894-1902) unterschied innerhalb des arthrodonten Peristomtyps erstmalig zwischen haplolepiden und diplolepiden Peristomen.

**2a. haplolepide Peristome (Haplolepideae)**
Ein haplolepides Peristom besteht aus einer einfachen Zahnreihe (Abb. 3-34.8,9). Die Zähne stammen von den Zelllagen 3 (innere Peristomzelllage) und 2 (primäre Peristomzelllage) ab (Abb. 3-34.9,10), wobei auf drei Zellen der Zelllage 3 zwei Zellen der Zelllage 2 kommen (Verhältnis 3:2).

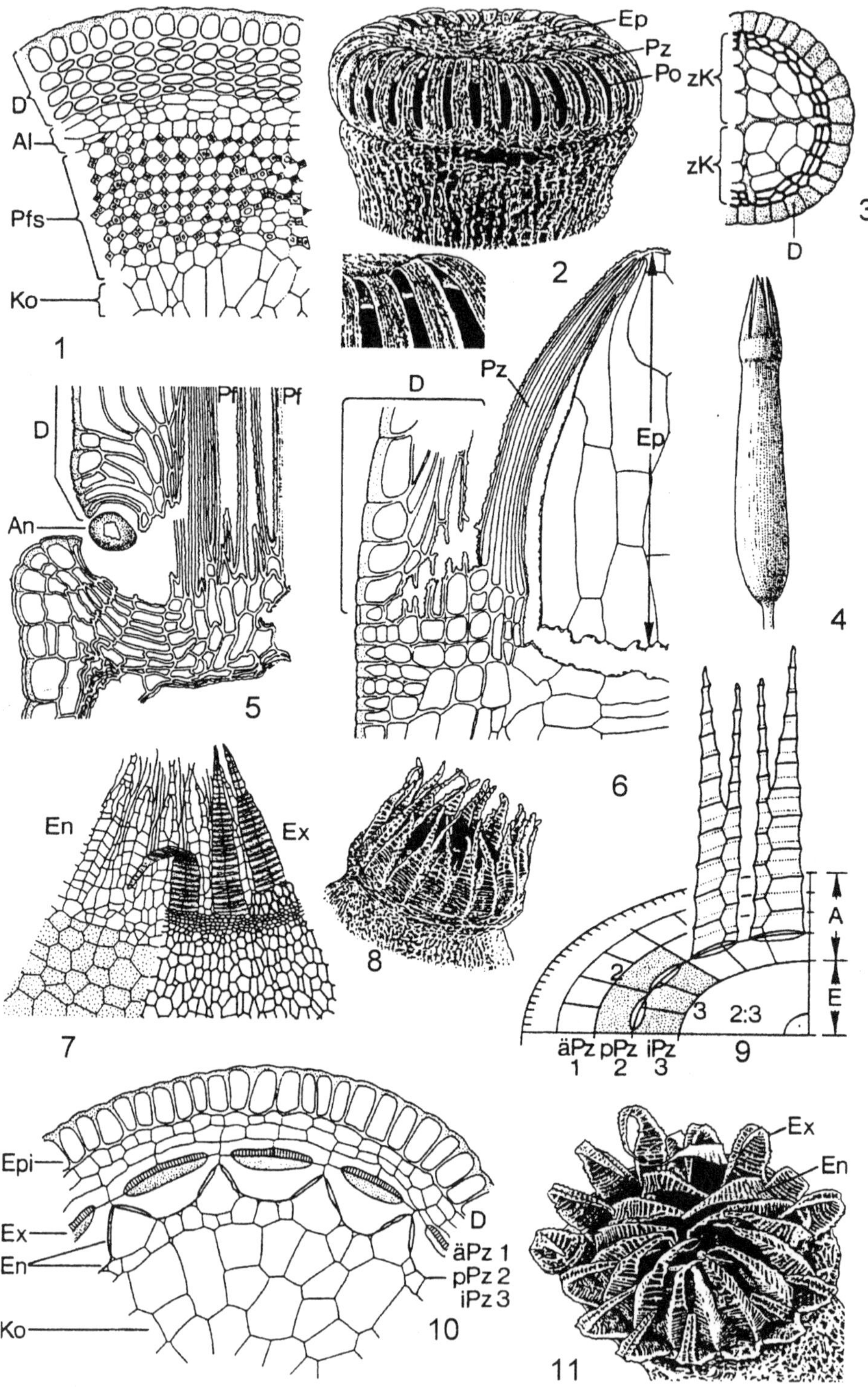
D
Al
Pfs
Ko
1
Ep
Pz
Po zK
zK
D
3
2
D
Pz
D
Ep
4
An
Pf Pf
5
6
En
Ex
7
8
äPz pPz iPz
1   2   3
2
3
2:3
A
E
9
Epi
Ex
En
Ko
D
äPz 1
pPz 2
iPz 3
10
Ex
En
11

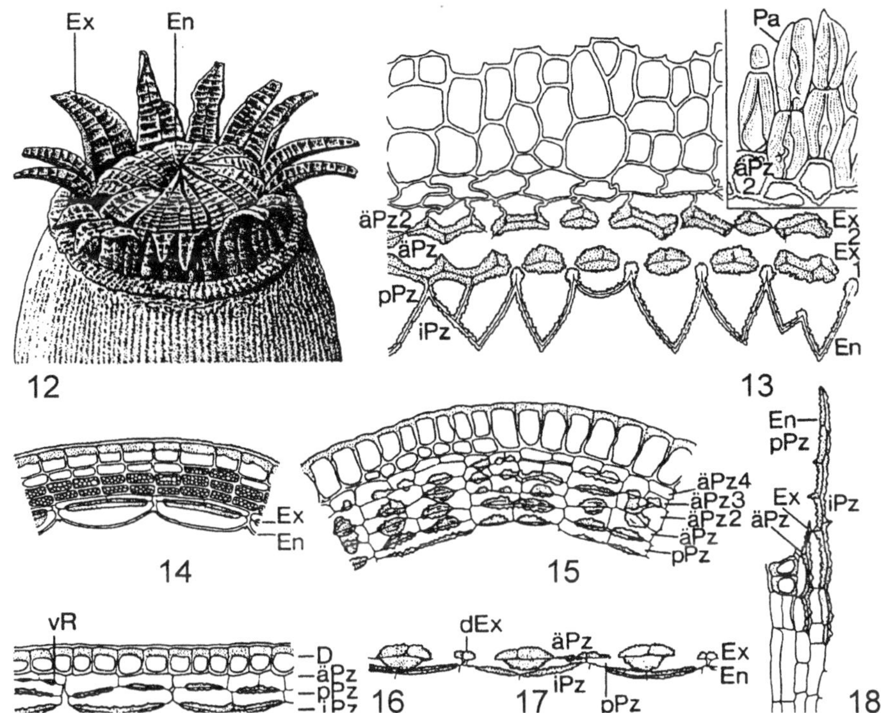


**Abb. 3-34:** Peristomtypen bei den Bryopsida. 1. *Dawsonia superba*. Querschnitt durch das sich entwickelnde Peristom mit angrenzendem Deckel bzw. Kolumella (ohne Größenangabe). 2. *Atrichum undulatum*. Geöffnete Kapsel mit Peristomkranz, Epiphragma und Poren (25 x). 3-4. *Tetraphis pellucida*. 3. Querschnitt durch die Basis der zahnartigen Klappen (Zähne) einer nahezu ausgereiften Kapsel (32 x). 4. Kapsel mit 4 zahnartigen Klappen (Zähnen) (10 x). 5. *Dawsonia superba*. Längsschnitt durch die Basis des Peristoms mit Anuluszelle, Deckel und Peristomfasern (100 x). 6. *Atrichum undulatum*. Längsschnitt durch die Basis des Peristoms mit Deckel, Epiphragma und Peristomzahn (100 x). 7. *Rhizomnium punctatum*. Diplolepides Peristom; links äußeres Peristom (Exostom) entfernt, rechts einer der drei äußeren Peristomzähne in Trockenstellung zurückgekrümmt (20 x). 8. *Dicranella heteromalla*. Haplolepides Peristom (20 x). 9. Stereogramm eines haplolepiden Peristoms. Zwei der 16 Zähne sind in einem 90° Segment dargestellt. 10. *Rhizomnium punctatum*. Querschnitt durch die Peristomzähne (70 x). 11. *Hypnum cupressiforme*. Diplolepides Peristom. Geöffnete Kapsel mit Exo- und Endostom (40 x). 12. *Orthotrichum hortonae*. Diplolepides Peristom der Orthotrichales (20 x). 13. *Buxbaumia viridis*. Querschnitt durch die Basis des Peristoms (120 x). 14. *Funaria hygrometrica*. Querschnitt durch die Basis des Peristoms; Peristomkreise opponiert (120 x). 15. *Encalypta longicolla*. Querschnitt durch die Basis des Peristoms (110 x). 16. *Encalypta rhaptocarpa*. Querschnitt durch die Basis des Peristoms (110 x). 17. *Encalypta procera*. Querschnitt durch die Basis des Peristoms (110 x). 18. *Encalypta rhaptocarpa*. Längsschnitt durch die Basis des Peristoms (105 x). (1 äußere, 2 primäre, 3 innere Peristomzelllage, Al Ablösungsschicht, An Anulus, D Deckel, dEx dazwischen liegende Exostomzähne, E Endothecium, En Endostom, Ep Epiphragma, Epi Epidermis, Ex Exostom, iPz innere Peristomzelllage, Ko Kolumella, Pa Parastom, Pf Peristomfaser, Pfs Peristomfaserschicht, Po Pore, pPz primäre Peristomzelllage, Pz Peristomzahn, V Vorperistom, vR vorperistomartige Rudimente, zK zahnartige Klappe). (1 n. Goebel 1930, 3,5,6, 13-17 aus Edwards 1984, 7,10 nach Mägdefrau 1983, 9 n. Edwards 1979, 12 n. Vitt 1984, 2,4,8,11 Orig., © Frey & Lünser)

Insgesamt sind bei fast allen Sippen 24 Zellen je Zellring der inneren Peristomzelllage und 16 der primären Peristomzelllage am Aufbau des Peristoms beteiligt. Deshalb haben die Haplolepideae im allgemeinen 16 Peristomzähne. Diese weisen auf der Innenseite eine durchgehende Zickzacklinie auf (Abb. 3-34.9). Haplolepide Peristomtypen sind für die Dicrananae charakteristisch (Abb. 3-35.1). Der Aufbau mit dem Verhältnis 24:16 (bzw. 3:2) ist sehr einheitlich und weist die Haplolepideae als monophyletische Gruppe aus. Bei manchen Arten, z.B. der Gattung *Octoblepharum* (Name!), bleiben je zwei Zähne verwachsen, sodass sich 8 Zahnpaare ergeben. Die Peristomzähne können jedoch auch ganz oder teilweise gespalten sein. Sind sie bis zur Basis gespalten, bekommen wir 32 Zähne. Bei manchen Pottiaceae (*Barbula, Tortula,* Abb. 3-35.2) besitzen die Zähne lange, faden-förmige Anhängsel, die trocken schraubig verdreht sind und sich feucht entspiralisieren.

Zu den Haplolepideae gehören die Dicranales, Pottiales und Grimmiales. Bei den beiden zuletzt genannten Ordnungen bildet die äußere Peristomzelllage teilweise Häute, die dem Peristom anhängen und als rudimentäres Exostom oder als Vorperistom aufgefasst werden.

Mit Vorperistom [Prostom] werden alle rudimentären oder eigenen Bildungen umschrieben, die im Allgemeinen der Basis der Hauptperistomzähne anhängen. Es können Bildungen weiterer, äußerer Peristomzelllagen sein, die sich an die Exostomzelllage (äPz) anschließen, oder auch rudimentäre Exostomzähne.

**2b. Diplolepide Peristome (Diplolepideae)**
Diplolepide und polylepide Peristome besitzen ein Exo- und ein Endostom (Abb. 3-35.4,5). Eine oder auch beide Zahnreihen sind jedoch oft reduziert. Am Aufbau des Peristoms sind die drei innersten Schichten des Amphitheciums beteiligt, wobei im Prinzip die tangentialen Wände zwischen den Zelllagen 1 und 2 (äußere und primäre Peristomzelllage) stark verdickt werden, die Wände zwischen den Zelllagen 2 und 3 (primäre und innere Peristomzelllage) dagegen schwächer (Abb. 3-34.10). Die vorwiegend 16 Exostomzähne sind die Hauptzähne. Die Zickzacklinie verläuft hier auf der Außenseite der Zähne (Abb. 3-35.3, Diplolepideae = Zweischupper, diplo = zwei, lepis = Schuppe, vgl. Lepidopteren), wohingegen die Außenseite der Haplolepideae (hingegen jedoch die Innenseite) keine Zickzacklinie hat (Einschupper). Aus der inneren Peristomzelllage, die oft aus 48 Zellen besteht, geht das Endostom hervor. Dieses ist in der Regel ein Hohlzylinder mit aufgesetzten Fortsätzen und dazwischen liegenden Wimpern, die oft an der Basis zu einer Basalmembran vereinigt sind (Abb. 3-34.7). Entwicklungsgeschichtlich entspricht es dem Peristom der Haplolepideae. Vorperistome sind selten. Bei vielen Sippen der Orthotrichanae besteht das Exostom aus Paarzähnen, sodass scheinbar nur 8 Zähne vorhanden sind (Abb. 3-35.4). Das Endostom besitzt in der Regel keine gekielte Grundhaut und ist nicht in Fortsätze und Wimpern differenziert (Abb. 3-34.12), was als ursprünglich angesehen wird. Bei den Funarianae stehen die Zähne des Exo- und Endostoms opponiert (Abb. 3-34.14), bei den Bartramianae, Bryanae und Hypnanae alternieren sie. Bei *Fontinalis* ist das Existom durchbrochen (Abb. 3-35.6) und erlaubt den Sporenaustritt durch diese Öffnungen. Bei *Cinclidium* (Abb. 3-35.7) ist das Endostom domartig verbunden und bildet seitliche Öffnungen (Mohnkapselprinzip). Oft wird fälschlicherweise das diplolepide Peristom mit einem

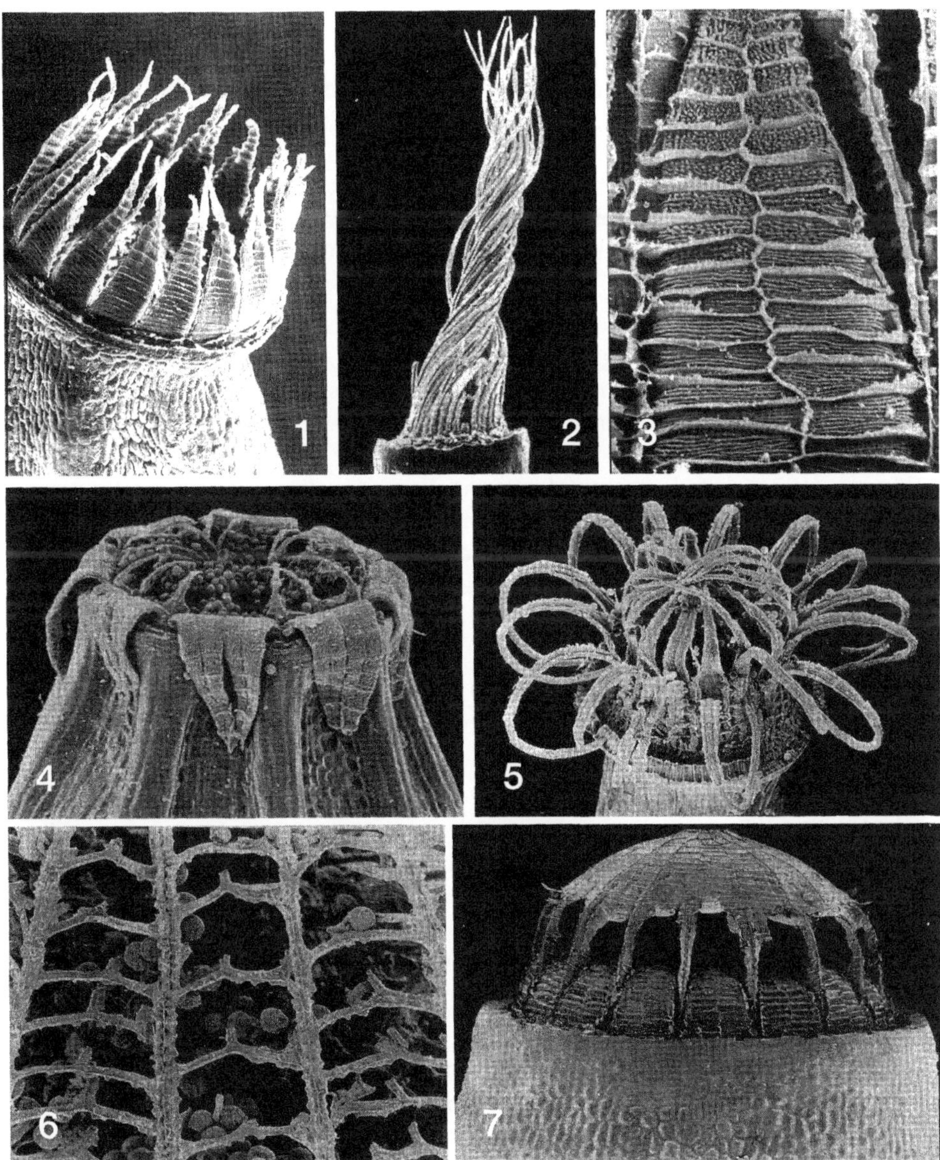

**Abb. 3-35:** Peristomtypen bei den Bryopsida. 1. *Campylopus* spec. Haplostomes, haplolepides, dicranoides Peristom. 2. *Tortula* spec. Haplolepides, haplostomes, pottioides Peristom. 3. *Rhizogomium* spec. Diplolepides Peristom. Außenseite des Exostoms. Man erkennt die Reste der Zellquerwände und die zwei durch Zickzacklinie verbundenen Zellreihen (bei haplolepiden Peristomen auf der Innenseite). 4. *Orthotrichum* spec., diplostomes, diplolepides Peristom. Das Exostom ist zurückgeschlagen, die 16 Zähne sind zu Paarzähnen verwachsen. 5. *Encalypta hortonae*. Diplostomes, diplolepides Peristom. 6. *Fontinalis antipyretica*. Das Endostom ist durchlöchert und erlaubt den Sporenaustritt. 7. *Cinclidium stygium*. Das Endostom ist domartig verwachsen und bildet porenartige Öffnungen. (2-7 Fotos D.H. Vitt).

zweikreisigem und das haplolepide mit einem einkreisigem Peristom gleichgesetzt, was aber nicht zutrifft. Gelegentlich kann nämlich beim diplolepiden Peristom ein Kreis ausfallen. Einkreisige Peristome werden **haplostom** genannt, zweikreisige **diplostom**, unabhängig davon, ob sie haplo- oder diplolepid sind. Manchmal fallen die Peristomzähne auch ganz aus (**gymnostom**), was Unsicherheiten bei der systematischen Einordnung dieser Taxa führt, weil man nicht weiss, ob diese Arten den haplolepiden oder diplolepiden Laubmoosen zuzuordnen sind (z.B. *Rhacocarpus, Amphidium*). Sicherheit darüber bringen heute molekularsystematische Untersuchungen.

Bei *Encalypta* kommen diplolepide und haplolepide Arten in derselben Gattung vor (Abb. 3-34.15-18), daneben gibt es auch gymnostome Arten. Das hat dazu geführt, die Encalyptales als ursprüngliche Gruppe anzusehen, aus der sich die nematodonten und arthrodonten, haplolepiden und diplolepiden Moose entwickelt haben (Philibert in Taylor 1962, Vitt & Hamilton 1974). Diese Ansicht ist aber durch die Untersuchungen von Edwards (1974) widerlegt. Vitt (1984) ging davon aus, dass die Encalyptales aufgrund des Peristombaus sehr eng mit den Buxbaumiidae verwandt seien und mit diesen den Übergang zu den Haplolepidae bilden. Dagegen spricht, dass die Chromosomensätze mit n = 12, 13, 14, 26, 27, 39 und 52 die Encalyptales eindeutig als abgeleitete Gruppe ausweisen, wohingegen die Buxbaumiidae mit n = 8, 9 als ursprünglich anzusehen sind.

Der deutsche Bryologe Fleischer (1904-1923) machte Philibert's Peristomklassifikation zur Basis seines Laubmoossystems, welches heute noch in seinen Grundzügen Gültigkeit hat.

Edwards (1979, 1984) entwickelte eine Peristomformel, die eine genauere Einteilung erlaubt. Sie basiert auf der Anzahl der Zellen in einem Achtel des Sporogonradius in jeder der drei am Peristombau beteiligten Zellschichten. Bei haplolepiden Peristomen sind die Verhältnisse relativ konstant, die Formel beträgt zumeist 4:2:3. Aus dieser Uniformität wird geschlossen, dass es sich bei haplolepiden Moosen um eine monophyletische Gruppe handelt. Bei diplolepiden Peristomen variiert zumeist die Zahl der Zellen in der innersten Schicht. Die Formel kann dann zwischen 4:2:2 und 4:2:14 betragen.

Das Peristom der Buxbaumiidae ist ebenfalls arthrodont (Abb. 3-34.13). An der Peristombildung sind meist mehr als drei Schichten des Deckelamphitheciums beteiligt. Das Exostom stellt eine trichterförmige, gefaltete Haut ohne aufgesetzte Zähne oder Wimpern dar. Die an der Kapselmündung liegenden, splitterartigen Zellen, die eine palisadenartige Struktur bilden und das Exostom umschließen, werden als Parastom bezeichnet. Bei *Diphyscium* ist nur das Endostom vorhanden. Die Anlage erfolgt nach dem Muster der Haplolepideae.

In allen Verwandtschaftskreisen der Bryidae ist der Übergang zur **Kleistokarpie** zu beobachten. Dabei wird nicht nur das Peristom reduziert, auch der Kapseldeckel öffnet sich nicht mehr. Die Sporen werden erst durch Zerfall der Sporogonwand frei. Dies ist besonders bei kurzlebigen, annuellen Arten der Archidiales, Dicranales, Pottiales und Funariales der Fall.

# 1. Unterklasse Polytrichidae, Frauenhaarmoose

Die Frauenhaarmoose wurden früher als Ordnung der Bryidae aufgefaßt, zu Beginn des Jahrhunderts sogar nur als eigene Familie. Sie weisen jedoch so starke Baueigentümlichkeiten auf, dass sie heute als eigene Unterklasse geführt werden. Molekularsystematische Studien haben ergeben, dass sie keinen gemeinsamen Ursprung mit den Bryidae haben und ihre anatomischen Besonderheiten auf eine getrennte Entwicklung zurückgehen.

Hinsichtlich des **Gametophyten** sind die Polytrichidae die am höchsten entwickelten Moose. Unter der Annahme, dass Moose von Proto-Tracheophyten abstammen und die Evolution der Moose in Richtung einer regressiven Entwicklung gegangen ist (Einsparung wasserleitender Strukturen und Blattrippen, wie es die Entwicklung zu den pleurokarpen Laubmoosen zeigt), können die Polytrichidae auch gleichzeitig als eine der ursprünglichsten Moosgruppen interpretiert werden (obgleich es über das Tertiär hinaus keine fossilen Nachweise gibt).

Das **Stämmchen** weist die höchste Differenzierung innerhalb der Moose auf. Es besteht aus einem Zentralstrang (Hadrom) aus Wasser leitenden Elementen (Hydroiden) sowie einem Hohlzylinder Assimilate leitender Zellen (Leptom) (Abb. 3-38.4,5). Hadrom und Leptom entsprechen also einer Protostele, einem konzentrischen Leitbündel mit Innenxylem. Die Organisation des Stämmchen der Polytrichidae ist damit durchaus kormophytisch.

Die **Blätter** haben eine Rippe mit Wasser und Assimilate leitenden sowie Festigungselementen (Abb. 3-38.7). Sie trägt auf der Ventralseite Längslamellen, die der Wasserspeicherung und der Assimilation dienen (Abb. 3-38.10). Die Endzellen der Längslamellen sind unterschiedlich geformt (Abb. 3-38.6) Bei *Polytrichum*-Arten nimmt die Rippe ¾ oder mehr der Blattbreite ein, bei anderen Gattungen ist sie auch schmaler, weist aber immer die charakteristischen Lamellen auf.

**Abb. 3-36** (oben): *Dawsonia superba* aus Australasien, das mit 40-50 cm Höhe größte Moos der Erde.

**Abb. 3-37** (links): Oberer Teil des Sporogons von *Atrichum undulatum*. Die Peristomzähne sind mit einem Häutchen (Epiphragma) verwachsen. Die Sporen können durch die Zwischenräume austreten.

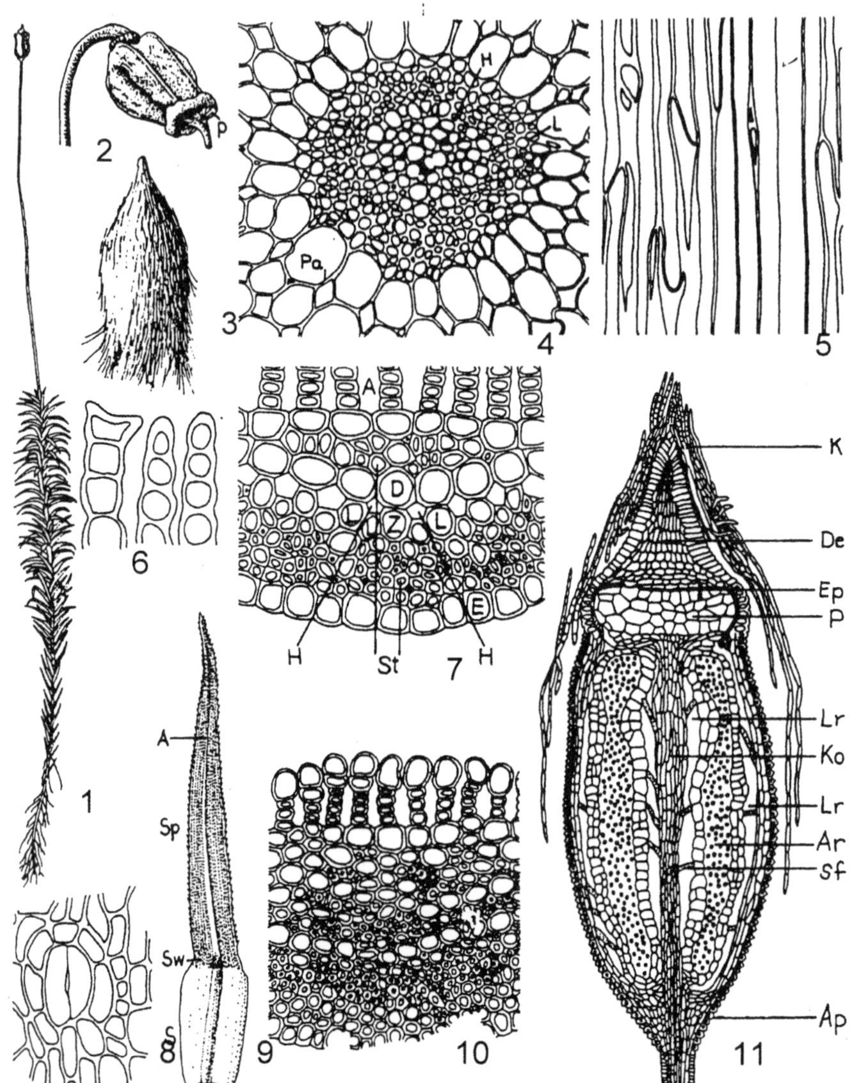

**Abb. 3-38:** Polytrichidae. 1-3. *Polytrichum commune.* 1. Habitus (0,5 x). 2. Sporenkapsel (2,5 x). 3. Kalyptra (2,5 x). 4-5. *Dawsonia superba.* 4. Zentralstrang der Seta quer (400 x). 5. längs (800 x). 6. Endzellen der Assimilationslamellen (1400  x). Links: *Polytrichum commune*, Mitte und Rechts: *P. formosum.* 7. *Polytrichum piliferum.* Rippe quer (Ausschnitt) mit Assimilationslamellen (800 x). 8. *Polytrichastrum alpinum.* Spaltöffnungen des *Mnium*-Typs (500 x). 9. *Polytrichum commune*, Blatt (7 x). 10. *Dawsonia beccarii.* Rippe quer (Ausschnitt) mit Assimilationslamellen (700 x). 11. *Pogonatum aloides.* Längsschnitt durch die Sporenkapsel (10 x). (1-3, 6,7,9,10 Orig., 4,5 n. Hébant 1977, 8,11 n. Schofield 1985; © Frey & Lünser). (A Assimilationslamellen, Ap Apophyse, Ar Archespor, D Deuter, De Deckel, E Epidermis, Ep Epiphragma, H Hydroide, K Kalyptra, Ko Kolumella, L Leptoide, Lr Luftraum, P Peristom, Pa Parenchymzelle, S Scheide, Sf Spannfäden [Trabeculae], Sp Spreite, St Stereide, Sw Schwellgewebe, Z Zentralzelle).

Die besondere anatomische Struktur des Stämmchens der Polytrichidae bedingt, dass die Frauenhaarmoose die größten Moose repräsentieren. Das heimische *Polytrichum commune* erreicht eine Höhe von 50 cm (Abb. 3-35.1). Auch *Dawsonia superba* (Abb. 3-36), eine von Südostasien bis nach Neuseeland vorkommende Art, erreicht diese Höhe, wirkt aber durch seine wesentlich größeren Blätter noch gigantischer und gilt daher als das größte Moos der Erde. Die Gattung *Dendrooligotrichum* hat eine bäumchenförmige Verzweigung auf einem mehr als 30 cm hohen Stämmchen. Sie bildet in Patagonien, Tasmanien und Neuseeland (also Resten des Gondwanakontinents) ausgedehnte Bestände in *Nothofagus*-Wäldern.

Die **Sporophyten** weisen ebenfalls starke Besonderheiten auf. Der Sporogon ist abweichend gebaut (Abb. 3-38.11, 3-37), das Peristom sogar völlig von dem anderer Moose verschieden. Es besteht nicht aus Resten von Zellwänden wie bei den Bryidae, sondern aus konzentrischen Lagen ganzer Zellen. Die Kalyptren sind stark behaart (Abb. 3-38.3), was zu der deutschen Bezeichnung "Frauenhaarmoose" geführt hat.

Die Polytrichidae werden in zwei Familien unterteilt, die Polytrichaceae und die Dawsoniaceae (mit der einzigen Gattung *Dawsonia* in Australasien). Die Dawsoniaceae entsprechen gametophytisch den Polytrichaceae, besitzen aber dorsiventrale Kapseln und ein borsten- oder pinselförmiges Peristom. Obgleich sie die größten Moose stellen, besitzen sie interessanterweise die kleinsten Sporen (6-10 μm). Die Sporenverbreitung erfolgt durch Regentropfen, die auf die flache, waagerechte Oberseite der Kapseln fallen und durch ihre Erschütterung die Sporen aus der Kapsel fliegen lassen.

Die Polytrichaceae bestehen aus 15 Gattungen, von denen 6 monotypisch (d.h. nur aus einer Art bestehen) und die anderen relativ artenarm sind. Sie unterscheiden sich durch die Breite der Blattrippen und das Ausmaß der Lamellierung sowie durch Kapsel-merkmale (Kapselform, Haubenbehaarung, *Bartramiopsis* und *Psilopilum* sekundär ohne Peristom).

Die Gattung *Atrichum* weist eine nur geringe Differenzierung von Stämmchen und Blatt auf. Ihre Blätter besitzen nur schmale Mittelrippen, auf denen wenige Reihen von Lamellen stehen. Die Gattung ist in Europa mit 4 Arten vertreten. *Atrichum undulatum* ist ein häufiges Waldbodenmoos an frischen Standorten.

*Pogonatum* ist durch ein ausdauerndes Protonema gekennzeichnet, das auch nach dem Auskeimen der Pflanzen erhalten bleibt und dichte, samtartige, dunkelgrüne Überzüge auf Erdboden bildet. Das befähigt die Art, offenes Erdreich, bei uns vorzugsweise Wegböschungen, zu besiedeln. Von den 4 Arten in Europa kommen in Deutschland 3 vor. *Pogonatum aloides* ist davon der häufigste Vertreter, besonders in den Mittel-gebirgen.

*Polytrichum*-Arten gehören zu den häufigen Moosen in Mitteleuropa: *P. formosum* auf Waldboden, *P. commune* in Sümpfen, *P. piliferum* und *P. juniperinum* in Heiden und Trockenrasen. Alle diese Arten sowie 2 weitere in Europa vorkommende sind z.B. auch in Neuseeland zu finden. Diese Arten haben also ein teils kosmopolitisches (*P. juniperinum*) teils bipolares Areal, was mutmaßlich auf ein sehr hohes Alter und einen pangäischen Ursprung zurückgeht.

Die Polytrichidae sind in den kühl-gemäßigten Breiten der Erde verbreitet, in den Tropen kommen sie überwiegend nur im Gebirge vor. Die meisten sind Erdbewohner. Spezialisten besiedeln Schneetälchen (*Polytrichastrum sexangulare, Psilopilum*-Arten) oder Felsen (*Polytrichastrum sphaerothecium*).


## 2. Unterklasse Tetraphididae, Vierzahnmoose

Diese Unterklasse beinhaltet weltweit nur zwei Gattungen in einer Ordnung, *Tetraphis* und *Tetrodontium*. Wie die lateinischen Gattungsnamen schon besagen, handelt es sich um Moose mit nur 4 Peristomzähnen.

Der **Gametophyt** ähnelt sehr stark Vertretern der Bryidae und hat keinerlei Besonderheiten (Abb. 3-39.1). Er besteht aus kleinen bis winzigen Pflanzen, die aus einem bei *Tetrodontium* ausdauernden, fädigen Protonema entstehen, kleine Blättchen mit oder ohne Rippe besitzen, ein Stämmchen mit basal 3-zeiliger, oberwärts 5-zeiliger Beblätterung und fehlendem (*Tetrodontium*) oder vorhandenem Zentralstrang (*Tetraphis*). Nur das Protonema hat eine Besonderheit, die bei anderen Laubmoosen nicht auftritt. Es bildet kleine, keulenförmige, einzellschichtige Brutorgane, die der vegetativen Vermehrung dienen.

Der **Sporophyt** ähnelt oberflächlich dem der Bryidae. Er besteht aus einer Seta mit einem kurzzylindrischen Sporogon mit (*Tetrodontium*) oder ohne (*Tetraphis*) Spaltöffnungen, einem kegelförmigen Deckel, der sich ohne Anulus löst. Er besitzt aber ein Peristom aus 4 Zähnen oder besser gesagt Klappen (Abb. 3-39.2). Diese bestehen aus einer dreischichtigen Lage von zahlreichen Zellen. Aufgrund dieses ungewöhnlichen Peristoms werden die Tetraphididae als eigene Evolutionslinie interpretiert und als Unterklasse eingestuft. Auch die Chromosomenzahl von n=7 zeigt ursprüngliche Verhältnisse an.

Die beiden Gattungen sind holarktisch verbreitet, *Tetraphis* mit nur 2, *Tetrodontium* mit 3 Arten.

Von den beiden *Tetraphis*-Arten kommt *T. pellucida* auch in Mitteleuropa vor. Es wächst typischerweise in 1-2 cm hohen Rasen auf morschem Holz, seltener auch an Sandsteinfelsen. Es verbreitet sich vegetativ durch linsenförmige Brutkörper, die in (aus Blättern gebildeten) Brutbechern an der Spitze der Stämmchen gebildet werden (Abb. 3-39.5). Die Brutkörper sind linsenförmig; ihre Verbreitung erfolgt wie bei *Marchantia* durch auftreffende Regentropfen (*splash-cup*-Mechanismus).

*Tetrodontium*-Pflanzen sind winzig (nur bis 1 mm hoch). Aufgrund des ausdauernden Protonemas ist die eigentliche Moospflanze auf wenige Blätter reduziert. Ihre starke Reduktion kann als Anpassung an einen ungewöhnlichen Standort gedeutet werden. Die Pflanzen wachsen unter Felsüberhängen und in Grotten an der Decke von Felshöhlungen, zumeist von Sandsteinen. Sie sind nur durch gezielte Suche an geeigneten Standorten zu finden. Dort können sie mit breiten Stücken Klebeband von ihrem Substrat abgezogen werden, weil enge Felsritzen oder Felsunterhänge zumeist eine direkte

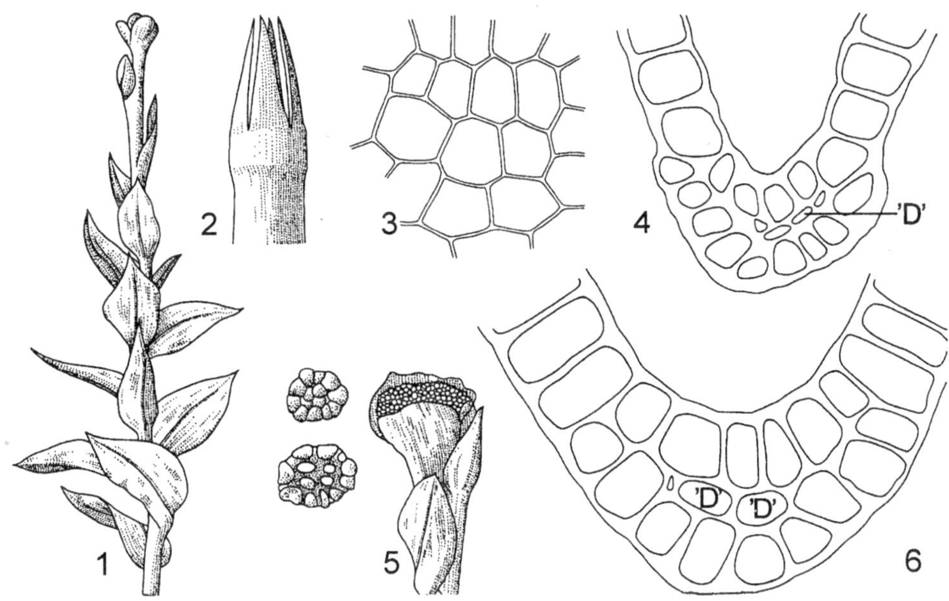

**Abb. 3-39:** Tetraphididae. *Tetraphis pellucida.* 1. Habitus (10 x). 2. Peristom (30 x). 3. Blattzellnetz (1000 x). 4. Rippe quer, Blattmitte (1000 x). 5. Brutbecher mit Brutkörpern (30 x). 6. Perichaetialblatt, Rippe quer (1000 x). („D" entwicklungsgeschichtlich Deutern entsprechende Zellen; © Frey & Lünser).

Entnahme unmöglich machen. Alle drei Arten kommen auch in Europa vor, vorzugsweise in Skandinavien, aber auch sehr zerstreut in Mitteleuropa. *Tetrodontium brownianum* kommt auch in Neuseeland vor, was auf Reste eines pangäischen Areals und ein sehr hohes Alter dieser Gattung schließen lässt.

Polytrichidae und Tetraphididae sind durch den Besitz eines nematodonten Peristoms ausgezeichnet. Trotz ihrer starken morphologischen Unterschiede im Bau des Gametophyten und der Anzahl der Peristomzähne könnten die nematodonten Moose einen gemeinsamen phylogenetischen Ursprung haben, da sie - einzigartig unter den Moosen - Cumarin bilden.

## 3. Unterklasse Buxbaumiidae, Koboldmoose

In diese artenarme Gruppe wird nur eine Ordnung (Buxbaumiales) mit zwei Familien (Buxbaumiaceae, Diphysciaceae) eingeschlossen. Es handelt sich um stark abgeleitete und spezialisierte Formen, die jedoch im Gegensatz zu den Polytrichidae und Tetraphididae arthrodonte Peristomzähne wie bei den Bryidae besitzen, d.h. die Zähne werden aus Zellwänden gebildet und nicht aus ganzen Zellen. Die Buxbaumiidae wurden daher aufgrund ihres arthrodonten Peristoms in die Bryopsida gestellt. Die Ergebnisse molekularsystematischer Studien zeigen aber, dass keinerlei direkte phylogenetische

**Abb. 3-40:** Buxbaumiidae. 1. *Buxbaumia viridis*. Sporophyt (10x). 2. *Diphyscium foliosum*. Mehrere fertile Pflanzen mit blasenförmiger Sporenkapsel (1,5x).

Verbindung zu den Bryopsida besteht und es sich bei den Buxbaumiidae um einen eigenen Entwicklungsast handelt. Die morphologischen Unterschiede zwischen den Vertretern der beiden Familien innerhalb der Buxbaumiidae sind jedoch so groß, dass es fraglich erscheint, ob diese eine natürliche Verwandtschaft bilden. Bei *Buxbaumia* ist der Gametophyt stark reduziert, sodass kaum Aussagen über die systematische Stellung gemacht werden können. Aus der Artenarmut und den starken morphologischen und anatomischen Abweichungen zu den übrigen Laubmoosen läßt sich schließen, dass es sich um Überreste ehemals reicher entfalteter, heute ausgestorbener Laubmoosgruppen handelt. Fossile Nachweise gibt es jedoch nicht.

### 1. Familie Buxbaumiaceae

Einjährige Pflanzen auf morschem Holz oder Erde. Aus den Sporen bildet sich ein kurzer Keimschlauch, der sich zu einem reich verzweigten, ausdauernden, oberirdischen Protonema entwickelt, welches eine Symbiose mit Mykorrhizapilzen eingeht. An dem Protonema bilden sich Knospen, die sich zu extrem reduzierten, eingeschlechtlichen Pflanzen entwickeln. Der weibliche **Gametophyt** besteht nur aus einer unter 1 mm großen Rosette mit 1-4 rippenlosen, eiförmigen, gelappten, hyalinen, nur unterwärts etwas Chlorophyll führenden Blättern und nur einem, seltener zwei, eingeschlossenen Archegonien ohne Paraphysen. Die Blattränder wachsen später zu Zilien aus, die der vegetativen Vermehrung dienen und den Sporogonfuß umgeben. Der männliche

Gametophyt ist mikroskopisch klein und besteht nur aus einem, dem Protonema aufsitzendem muschelförmigen Blatt mit einem eingeschlossenen Antheridium. Der **Sporogon** (Abb. 3-40.1) besteht aus einem dicken Fuß, der ohne Haustorien in den Gametophyten eindringt, einer kurzen, dicken, warzigen Seta und einer eiförmigen, dorsiventralen, schief aufrecht stehenden Kapsel. Die Kapselunterseite ist bauchig, die Oberseite schwach gewölbt bis flach, beide durch eine Kante voneinander getrennt. Der Kapselhals ist kurz und besitzt phaneropore oder kryptopore Stomata. Das Innere der Kapsel ist mit großen Interzellularräumen gefüllt  Das Peristom ist sehr komplex gebaut. Das äußere besteht aus 1-4 Reihen von ungefähr 32 quergegliederten Zähnen, die nach innen größer werden, das innere aus einem Tubus aus 32 verbundenen, nicht quergegliederten Zähnen. Es wird ähnlich wie bei den Polytrichales aus den transversalen Zellwänden von konzentrischen Zelllagen gebildet. Es ist nicht hygroskopisch und hat keine Funktion bei der Sporenaussaat. Die Sporen werden durch auf die flache Kapseloberseite fallende Regentropfen ausgeschleudert.

*Buxbaumia* besitzt eine nahezu tracheophytische Organisationsform. Der Gametophyt ist völlig reduziert und unscheinbar, die eigentliche Moospflanze wird (wie bei den Farnpflanzen) vom Sporophyten gebildet. Dieser besitzt eine dicke Kutikula und Spaltöffnungen. Zwar funktionieren die Spaltöffnungen nicht als wirksamer Transpirationsschutz, doch schützt sich *Buxbaumia* gegen das Austrocknen durch ein außergewöhnliches Wasserspeichergewebe, die extrem stark verdickte Kolumella. Auf diese Weise dauert es bei *Buxbaumia* drei Wochen, bis der Sporophyt seinen Wasservorrat verloren hat (Holdheide 1938). Die seltsam geformte Kapsel ist phototrop und stellt die flache Kapseloberseite dem Lichteinfall entgegen.

Weltweit gibt es 14 *Buxbaumia*-Arten, überwiegend in den borealen und temperaten Breiten der nördlichen Hemisphäre. In Deutschland kommen vor: *Buxbaumia aphylla* (mit rotbrauner, kastanienfarbiger Kapsel, zumeist unter Kiefern auf saurem Waldboden, früher häufiger, heute nur noch selten nachgewiesen, aber stellenweise häufiger  und vielleicht auch wegen der geringen Größe von unter 1 cm übersehen), und *B. viridis* (mit grüner Kapsel auf morschem Holz, gern Fichtenstubben, in sehr luftfeuchten Bergwäldern, sehr selten).


**2. Familie Diphysciaceae**
Die Diphysciaceae beinhalten  nur 3 Gattungen: *Diphyscium* mit 22 Arten, *Muscoflorschuetzia* mit 1 und *Theriota* mit 2 Arten. Bei *Diphyscium* verläuft die Entwicklung der Pflanzen etwas anders als bei anderen Laubmoosen, und zwar dergestalt, dass von den Protonemafäden zunächst trompetenförmige, gestielte Lappen gebildet werden, an deren Basis eine Zelle zu einer Pflanze auswächst. Die Perichaetialblätter besitzen lange, als Granne austretende Rippe und zahlreiche Zilien am oberen Blattrand. *Theriota* unterscheidet sich durch die Blätter, die gleichförmig schmallanzettlich sind. *Muscoflorschuetiella* unterscheidet sich durch das Fehlen eines Peristoms.

Das Auffälligste an den Diphysciaceae ist der große, sitzende, blasenförmige Sporogon, im Gegensatz zu *Buxbaumia* ohne Seta (Abb. 3-40.2). Die Peristomverhältnisse sind ähnlich wie bei *Buxbaumia*, allerdings mit nur 16 Endostomzähnen und nur einer Lage von 16, meist verkümmerten Exostomzähnen. Sie bestehen - wie bei den Bryidae - aus Zellwänden und nicht (wie bei den Polytrichidae) aus ganzen Zellen.

In Mitteleuropa kommt nur *Diphyscium foliosum* vor, welches zerstreut auf verhagerten Waldboden (saure Eichen- und Buchenwälder, gern an Weghängen) vorkommt und selbst (dann aber meist steril) über der Waldgrenze wächst. Die sterilen Pflanzen sind unter 1 cm hoch und besitzen zungenförmige Blätter. Letztere ähneln denen anderer Laubmoose, sind aber zweizellschichtig.

## 4. Unterklasse Bryidae - Echte Laubmoose

Die Bryidae sind die zahlenmäßig größte Gruppe der Laubmoose. Ungefähr 95% aller Laubmoose zählen dazu. Es ist die Moosgruppe, die die stärkste Differenzierung erfahren hat, sodass man ca. 90 Familien mit ca. 650 Gattungen unterscheidet. Man kann mit ca. 9000 Arten rechnen. Die morphologische Differenzierung reicht von unter 1 mm kleinen, zwergigen Vertretern (*Nanomitrium tenerum*), die einen vollen Lebenszyklus in knapp 4 Wochen durchlaufen, bis zu ausdauernden, dezimetergroßen Pflanzen. Aufgrund dieser morphologischen Unterschiede ist es nicht leicht, gemeinsame Merkmale zu definieren. Für die meisten Charakteristika gibt es Ausnahmen.

Der **Gametophyt** der Bryidae ist charakterisiert durch
* fädige Protonemen,
* spiralige Blattanordnung (Ausnahmen 5-, 3-, oder 2-zeilig),
* Besitz von Rhizoiden (selten nahezu fehlend),
* Vorhandensein von Paraphysen in den Antheridien- und Archegonienständen (selten fehlend),
* Vorhandensein von Paraphyllien oder Pseudoparaphyllien.

Der **Sporophyt** der Bryidae ist charakterisiert durch
* Peristomzähne, die durch hygroskopische Bewegungen die Sporenaussaat erleichtern und aus Resten von Zellwänden bestehen. (manchmal reduziert oder sekundär fehlend),
* Sporogon mit hohlzylindrischem Archespor.

Ein Peristom fehlt innerhalb der Bryidae
* bei Moosen mit kleistokarpen Kapseln (stets annuelle Arten), bei denen sich die Kapseln sich überhaupt nicht mehr öffnen und die Sporen nur durch Verwesung der Kapselhülle frei werden.
* bei Moosen mit stegokarpen Kapseln, bei denen sich zwar die Kapsel durch einen Deckel öffnet, die aber keine Peristomzähne aufweisen.

Das Vorhandensein von rudimentären Peristomzähnen bei manchen kleisto- oder stegokarpen Moosen läßt darauf schließen, dass es sich hierbei um eine Rückbildung handelt.

Die Art der Verdickungen auf der Innen- und Außenseite der Peristomzähne bestimmt die Öffnungsweise. Ist die Außenseite stärker verdickt, quillt diese bei Befeuchtung stärker, sodass sich die Zähne bei feuchtem Wetter schließen, und umgekehrt. Es gibt also zwei verschiedene ökologische Typen der Peristomöffnung, die eine Sporenaussaat bei feuchtem oder bei trockenem Wetter ermöglichen. In den meisten Botanik-Lehrbüchern ist nur eine Möglichkeit angeführt. Wechselnde Feuchtigkeitsverhältnisse führen zu einer rhythmischen Folge von Bewegungen, die die aus der Theca quellende Sporenmasse herausbefördert. Ist kein Peristom vorhanden, öffnet sich die Kapsel durch Abfallen des Deckels und die Sporen werden durch den Wind aus der dann meist weitmündigen Kapsel geblasen.

Die Struktur des Peristoms ist meist familienspezifisch und daher zur Bestimmung von Verwandtschaftsgruppen in der Systematik von Belang.

Die Länge der Seta so wie die Position des Sporogons (aufrecht, waagerecht, hängend) ist wesentlich für die Sporenaussaat. So ist denkbar, dass Arten mit langen Seten und aufrechten Kapseln eine bessere Verbreitungsmöglichkeit haben als solche mit kürzeren Seten. Hängende Kapseln dürften die Sporenaussaat erleichtern, aber speziell nur für den Nahbereich. Generell wird aber diese Interpretation überbewertet. So kommen innerhalb einer Gattung wie *Pottia* Arten mit Peristom, ohne Peristom und mit kleistokarpen Kapseln vor. Diese haben aber keine besonders unterschiedliche Verbreitung. Kleistokarpe *Phascum*-Arten sind sogar ausgesprochene Ruderalarten, für die man effektivere Ausbreitungsmöglichkeiten für typisch halten würde. Das kleistokarpe *Pleuridium acuminatum* besiedelt kleine Erdblößen in Wäldern und tritt unregelmäßig und in großer Entfernung auf, hat also offenbar gute Chancen, trotz sich nicht öffnender Kapseln weit verstreute, geeignete Standorte zu besiedeln.

Nach den ältesten Grobklassifikationen wurden die Bryidae zu Anfang des letzten Jahrhunderts in stegokarpe und kleistokarpe Arten eingeteilt, d.h. nach Arten mit sich öffnenden oder sich nicht mit einem Deckel öffnenden Kapseln. Diese Einteilung wurde Mitte des letzten Jahrhunderts als künstlich erkannt, da innerhalb derselben Verwandtschaftsgruppen (z.B. den Pottiaceae, Funariaceae) beide Ausprägungen vorkamen und Kapseln ohne Deckel als Reduktion aufgefaßt wurden. Ähnlich ging es mit einer Einteilung in Kapseln mit oder ohne Peristom.

Vielfach wurden Laubmoose vereinfachend in akrokarpe ("gipfelfrüchtige") und pleurokarpe ("seitenfrüchtige") Laubmoose eingeteilt. Erfolgt die Archegonienbildung an der Spitze des Hauptstämmchens oder an gleichwertigen Seitenstämmchen, so stehen die Sporogone akrokarp. Die Hauptstämmchen weisen dann einen orthotropen Wuchs auf, d.h. sie wachsen aufrecht und sind wenig verzweigt. Dagegen führt die Archegonienbildung an kurzen Seitenästen zu einer lateralen (pleurokarpen) Stellung der Sporogone. Die Hauptstämmchen sind dann durch einen plagiotropen Wuchs gekennzeichnet, d.h. sie sind niederliegend und unregelmäßig bis stark fiedrig verzweigt. Diese Einteilung beinhaltet so viele Probleme, dass man besser von dieser vereinfachenden Unterscheidung nicht mehr ausgehen sollte, da diese Unterteilung speziell bei den akrokarpen Moosen nicht eindeutig ist. Insbesondere gibt es niederliegende (plagiotrope) Moose, die eine akrokarpe Stellung der Sporogone haben, oder aufrechte (orthotrope) Laubmoose mit pleurokarper Stellung. *Fissidens* ist zum Beispiel niederliegend und bildet bei vielen Arten Sporogone in den Blattachseln, gehört aber an die Basis der sonst akrokarpen Moose. *Racomitrium*-Arten, die zu den akrokarpen

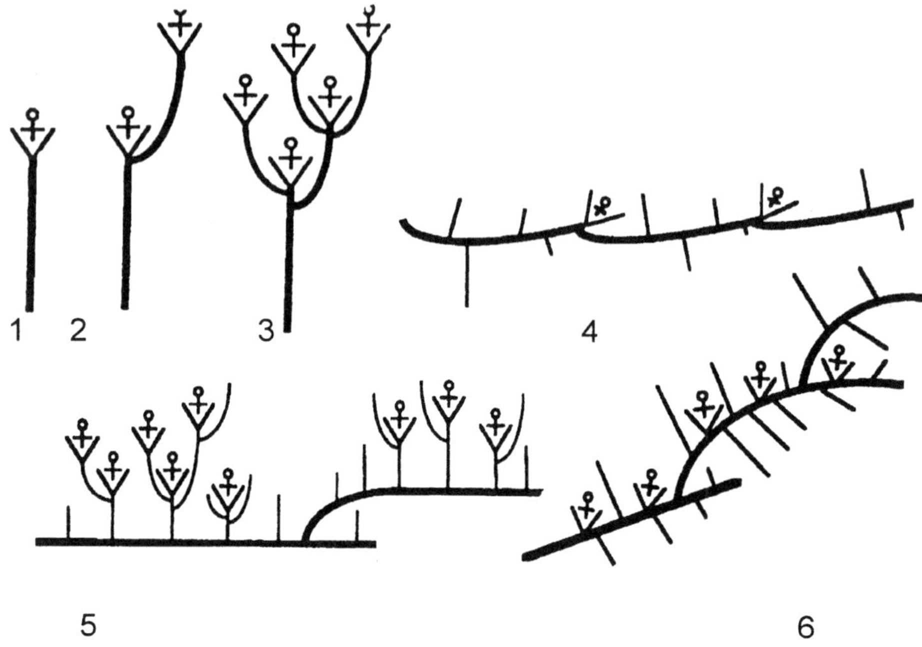

**Abb. 3-41:** Stellung von Perichaetien (und Sporogonen) bei Laubmoosen. 1-5. akrokarp im weiteren Sinne (1. akrokarp im engeren Sinne, 2-3. pseudopleurokarp aufrecht, 4. pseudopleurokarp niederliegend, 5. kladokarp), 6. pleurokarp (nach La Farge-England 1996, verändert).

Grimmiaceae gehören, sind ebenfalls niederliegend, haben aber Sporogone an kurzen Seitentrieben. Ein Teil der sog. akrokarpen Laubmoose hat seitenständige Sporogone, weil Seitenäste das Wachstum der Pflanzen fortsetzen und die an der Hauptachse gebildeten Sporogone dann san der seite stehen. Viele Orthotrichales bilden Sporogone akrokarp an der Spitze der Hauptstämmchen, die aber durch subflorale Äste übergipfelt werden und so "pseudopleurokarp" scheinbar seitenständig sind.

Generell stehen alle Perichaetien terminal. Dabei gibt es zwei Fälle mit je 2 Möglichkeiten:

1. Die Perichaetien werden auf der Hauptachse angelegt.

a. Stellt die Pflanze ihr Wachstum mit Bildung des Perichaetiums bzw. Sporogons ein, steht der Sporogon endständig (**akrokarp**, Abb. 3-41.1). Hierzu gehören zumeist kurzlebige Erdmoose. Die Pflanzen sind meist aufrecht, können aber auch niederliegend sein (*Fissidens bryoides*). Gelegentlich kann ein steriler Seitenast unterhalb des Perichaetiums das Wachstum fortsetzen, ohne jedoch wieder ein neues Perichaetium zu bilden (*Archidium*). Die Pflanzen haben ein monopodiales Wachstum.

b. Ein Seitenast unterhalb des Perichaetiums setzt das  Wachstum fort. Die Pflanzen haben ein sympodiales Wachstum. Hauptstamm und Seitenast strecken sich in dieselbe

Richtung. Dadurch wird der Sporogon scheinbar seitlich gebildet (**pseudopleurokarp,** Abb. 3-41.2-4). Die Pflanzen stehen entweder aufrecht (*Bartramia halleriana, Orthotrichum* spp.) oder sind seltener niederliegend (*Racomitrium*). Es kann auch weiter unten am Stämmchen gelegener Seitenast gebildet werden, der das Hauptwachstum der Pflanze fortsetzt. Dadurch rückt der Sporogon anscheinend an das Ende eines längeren Seitenastes (*Hedwigia*).

2. Die Perichaetien werden auf Seitenachsen gebildet.

a. Die Perichaetien werden an reduzierten, knospenförmigen Seitenästen gebildet (**pleurokarp,** Abb. 3-41.6). Diese stehen in den Achseln von Pseudoparaphyllien, ein Merkmal, welches mit pleurokarp synapomorph ist. Zu diesem Fall gehören alle Hypnales, Leucodontales und Hookeriales. Die meisten Vertreter sind plagiotrop. Orthotrop sind z.B. Bäumchenmoose (*Climacium, Hypnodendron*).

b. Die Perichaetien werden an gestreckten, oft verzweigten Seitenästen gebildet (**kladokarp,** klados griech. Ast, Abb. 3-41.5). Vielfach korreliert dies mit einer kriechenden Grundachse und "akrokarpen" Seitenästen (*Macromitrium, Mesotus, Dicnemon*).

Bei einigen Gattungen (*Fissidens, Racomitrium*) findet man sowohl akrokarp - orthotrope, akrokarp - plagiotrope als auch kladokarp - orthotrope und kladokarp - plagiotrope Vertreter.

Systematisch relevant ist eigentlich nur, dass bei den Haplolepideae weitgehend die akrokarpe Wuchsform vorherrscht, während die Hypnales, Thuidiales und Hookeriales nur pleurokarpe Vertreter beinhalten und die Leucodontales überwiegend kladokarp sind. Definiert man akrokarp als Oberbegriff für akrokarp, pseudopleurokarp und kladokarp rein als endständige Position der Perichaetien (terminal, ohne Bezug auf Hauptachse oder Seitenäste, aufrechten oder niederliegenden Wuchs, monopodiales oder sympodiales Wachstum), so kann man die akrokarpen Dicranales, Encalyptales, Pottiales, Grimmiales, Bryales und Orthotrichales den pleurokarpen Hypnales, Leucodontales, Thuidiales und Hookeriales gegenüberstellen.

Pleurokarpie ist offenbar im Laufe der Evolution erst sehr spät entstanden. Als erster pleurokarper Vertreter ist *Muscites guescelinii* aus der Trias anzusehen. Die Vertreter der Hypnales, Leucodontales, Thuidiales und Hookeriales sind daher als phylogenetisch jüngste Moose anzusehen, die sich speziell als Bodendecker und Epiphyten in den Wäldern eingenischt haben.

Die folgende systematische Übersicht beinhaltet nur die wichtigeren Ordnungen und Familien, wobei der Schwerpunkt auf europäische Taxa gelegt ist. Eine Auswahl bemerkenswerter überseeischer Familien ist in Kleindruck aufgeführt.


## 1. Ordnung Archidiales

Eine kleine Gruppe mit nur einer Gattung (*Archidium*), die weltweit 26 Arten aufweist. Es handelt sich um zumeist winzige, knospenförmige Pflanzen mit einer kleinen Blattrosette (Abb. 3-42.1), die einen deckellosen (kleistokarpen), ungestielten Sporogon einschließt. Die Blätter sind breit- bis schmallanzettlich, mit Rippe, und entsprechen denen der Dicranaceae oder Ditrichaceae (Dicranales). Ungewöhnlich sind hingegen

- Sporogone, die keine Kolumella aufweisen,
- nur wenige (im Extremfall 4, gewöhnlich aber immer weniger als 40) Sporen pro Sporogon (Abb. 3-42.2),
- eine Sporengröße von bis zu 130 µm.

Der Grund für die geringe Zahl der Sporen ist, dass ein Großteil der Sporenmutterzellen sich nicht weiter entwickelt, sich zersetzt und als Nährstoff für die sich zu Sporen weiter entwickelnden Zellen dient. Bei Arten, bei denen sich alle Sporenmutterzellen weiterentwickeln (wie z.B. bei *A. dinteri*), werden 176 dafür nur 50 µm große Sporen gebildet. Auch die Chromosomenzahlen sind mit n = 26 oder 32 stark von den übrigen Laubmoosgruppen abweichend.

*Archidium*-Arten sind zumeist annuell und besiedeln offene Böden. Die Gattung ist weltweit verbreitet. Manche Arten haben kontinentübergreifende Areale (z.B. in Nordamerika und Europa, Nordamerika, Afrika und Asien), was angesichts der schlechten Fernverbreitungsmöglichkeiten (kleistokarpe Sporogone, riesige, kaum windverbreitete Sporen, feuchte bis nasse Standorte, an denen die Sporen an der Erde haften) rätselhaft ist, wenn man nicht alte pangäische Areale dafür verantwortlich macht. Zur Verbreitung über kürzere Strecken dürften Vögel (mit ihren Füßen) beitragen.

Die einzige Art in Europa, *Archidium alternifolium*, kommt sehr zerstreut (aber wohl auch vielfach übersehen) auf feuchten, sandigen oder lehmigen Böden auf Erdblößen vor. Die fertilen Pflanzen  bilden kleine, 2 mm große Blattrosetten mit einer eingeschlossenen Kapsel. Die sterilen Pflanzen (oder die unter den Kapseln gebildeten Innovationstriebe) sind  fädig und können bis 1 cm hoch werden.

Aufgrund der Ähnlichkeit der Blätter und dem Vorhandensein eines Dauerprotonemas (wie bei den Bruchiaceae) werden die Archidiaceae vielfach in die Dicranales gestellt. Das Fehlen einer Kolumella im Sporogon, die großen Sporen, aber auch eine anders ablaufende ontogenetische Entwicklung der Kapsel läßt jedoch Fragen zur systematischen Position dieser Gattung offen. Wie auch bei anderen Unterklassen (Tetraphididae, Polytrichidae) ähneln die Gametophyten stark den Bryidae, jedoch sind - wie in dem Fall von *Archidium* - die Sporophyten anders gebaut.


## 2. Ordnung Dicranales

Diese sehr artenreiche Ordnung ist schlecht zu charakterisieren, da die Vertreter vegetativ sehr unterschiedlich gebaut sind. Das Protonema kann ausdauernd sein (z.B. bei den Bruchiaceae) oder kurzlebig, die Pflanzen Millimeter bis Dezimeter groß. Sie sind in der Regel akrokarp, doch kommen auch kladokarpe Wuchsformen vor (z.B. den Dicnemonaceae). Alle Vertreter besitzen eine Mittelrippe in den Blättern. Die Blätter weisen z. Tl. eine starke anatomische Differenzierung auf (z.B. in Chloro- und Hyalocyten bei Leucobryaceae, Abb. 3-42.15, Rippendifferenzierung bei *Campylopus* Abb. 3-42.6-8, und verwandten Gattungen). Bei manchen Gattungen sind Blattflügelzellen (Abb. 3-42.10) ausgebildet.

Die Sporophyten sind einheitlicher gebaut. Den meisten Vertretern ist ein "dicranoides" Peristom eigen, das aus 16 mehr oder weniger tief gespaltenen, lanzettlichen Zähnen besteht, die unterwärts quergestreift, oberwärts papillös sind (Abb. 3-42.12).

Eine terrestrische Lebensweise kann als ursprünglich angesehen werden und epiphytische Vertreter als abgeleitet.

Dicranale Laubmoose mit komplizierten Rippenstrukturen nach Art von *Campylopus* sind bereits aus dem Perm bekannt, rezente Gattungen (*Campylopodium*) aus der Oberkreide, rezente Arten (*Campylopus, Campylopodiella*) aus dem Tertiär.


## 1. Familie Ditrichaceae

Es handelt sich überwiegend um Erdmoose an offenen Pionierstandorten mit lanzettlichen Blättern und zylindrischen Kapseln auf längerer Seta. Blattflügelzellen fehlen. Weltweit gibt es 15 Gattungen mit ca. 150 Arten. Ein großer Teil der Gattungen ist stegokarp (Kapsel mit abfallendem Deckel).

*Ceratodon purpureus* ist eines der häufigsten akrokarpen Laubmoose. Es ist nahezu kosmopolitisch verbreitet, und dabei sehr formenreich, z.B. was die Blattform angeht. Auffallend sind die roten Seten. Die Art wächst oft großflächig auf Brachflächen, Holz, Gestein oder Dächern.

*Ditrichum*-Arten sind charakteristisch für Wegränder, so *D. heteromallum* in montanen Bereichen der Mittelgebirge.

Kleistokarp (ohne sich durch Deckel öffnende Kapseln) sind die Gattungen *Pleuridium* (auf Waldblößen, gerne an Wurzeltellern von Stammwürfen) und *Pseudephemerum* (auf Teichböden), die kleine Blattrosetten bilden, in die die Sporogone eingesenkt sind.


## 2. Familie Bruchiaceae

Die Vertreter dieser Familie (4 Gattungen mit über 100 Arten) sind durch einen langen Kapselhals ausgezeichnet, der so lang oder auch wesentlich länger als die eigentliche Kapsel ("Urne") ist (Abb. 3-42.3). Der Kapselhals enthält ein Schwamm- und Durchlüftungsgewebe sowie Spaltöffnungen und kann als optimiertes Assimilationssystem gedeutet werden (Abb. 3-42.4).

Die Gattung ist mit 80 Arten vorwiegend in den Tropen verbreitet, in Europa gibt es nur 4. *Trematodon*-Arten gehören zu den seltensten Moosen in Europa. *Trematodon longicollis* kommt (als Tertiärrelikt ?) an Fumarolen in Italien sowie auf Kreta vor. *Trematodon ambiguus* kommt auf feuchtem Erdboden vor, ist aber eigenartigerweise in diesem Jahrhundert in Mitteleuropa weitgehend ausgestorben und fast nur noch in Skandinavien und den Alpen zu finden.

Die Gattung *Bruchia* mit 30 Arten weltweit, aber nur 2 Vertretern in Europa, gehört ebenfalls zu den Raritäten. Es handelt sich um kleine, unter 5 mm große Pflanzen mit Dauerprotonema und kleistokarpen Sporogonen. *Bruchia vogesiaca* ist sommerannuell und kommt von SW-Europa bis in die Vogesen auf lückigen, nassen Stellen in Viehweiden vor. *Bruchia flexuosa* ist eine nordamerikanische Art, die Ende des letzten Jahrhunderts drei Mal in Norditalien und Nordjugoslawien gefunden wurde.

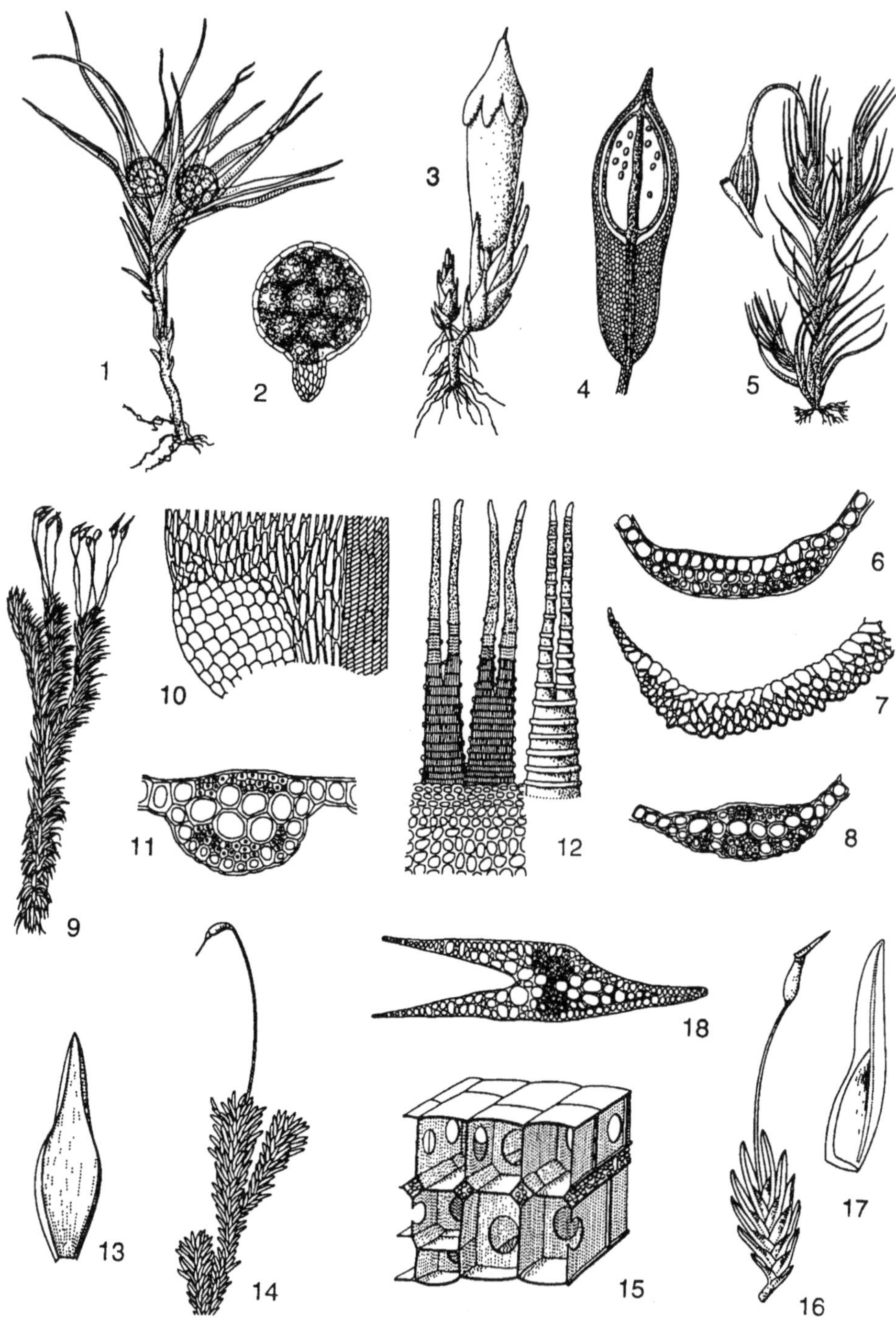

### 3. Familie Seligeriaceae

Seligeriaceae sind Felsmoose. Die Gattung *Seligeria* (16 schwer unterscheidbare Arten in Europa) ist charakteristisch für schattig-feuchte Kalkfelsen, besonders sehr schattige Felsunterhänge. Die Pflanzen sind winzig, mit Sporogon nur wenige mm hoch, und bestehen aus einer kleinen Blattrosette mit schmallinealen Blättern mit Rippe und kleinen, becherförmigen Sporogonen mit oder ohne Peristom. *Blindia* (2 Arten in Europa) bildet mehrere cm hohe Rasen und kommt auf nassen Silikatfelsen vor, *Blindia acuta* in höheren Mittelgebirgslagen. Der Gametophyt (breite Blattrippe, Zellnetz und Blattflügelzellen) gleicht einer Dicranaceae und kann zu Schwierigkeiten bei der Bestimmung führen, jedoch hat der Sporogon ein von den Dicranaceae abweichendes Peristom.

### 4. Familie Leucobryaceae

Die Vertreter dieser Familie weichen vegetativ extrem stark von den übrigen Dicranales ab (Abb. 3-42.14), besitzen aber einen Sporophyten wie die Mehrzahl der Dicranaceae. Die Abweichungen beziehen sich auf den Bau der Blätter, die fast ganz von der Rippe ausgefüllt werden. Diese ist durch eine mediane Reihe von Chlorocyten und ein- bis mehrschichtige Hyalocyten ausgezeichnet (Abb. 3-42.13, 15). Die Hyalocyten sind untereinander (aber nicht nach außen) durch große Poren verbunden. Sie werden als Wasserspeicherorgane interpretiert. Durch die mediane Lage der Chlorocyten sind die Pflanzen trocken weißlich, weswegen sie auch als Weißmoose bezeichnet werden.

Weltweit gibt es 6 Gattungen mit ca. 150 Arten, davon ist die Gattung *Leucobryum* mit über 100 Arten die artenreichste. Die größte Artenentfaltung hat die Familie in den tropischen Tiefländern. Inwieweit die Rippenanatomie eine Anpassung an diese Standorte darstellt, ist nicht bekannt.

In Europa gibt es nur 2 *Leucobryum*-Arten, *L. glaucum* und das erst jüngst wieder unterschiedene *L. juniperoideum*. Die Pflanzen sind vorwiegend weiblichen Geschlechts, männliche Pflanzen sind selten (und daher auch Pflanzen mit Sporogonen) sowie stark reduziert. Sie leben als "Zwergmännchen" in den Polstern der weiblichen Pflanzen. *Leucobryum*-Arten sind Acidophyten und zeigen saure Standorte an. Wegen der gärtnerischen Nutzung zur Dekoration von Blumengestecken stehen sie unter Naturschutz.

---

**Abb. 3-42:** Archidiales, Dicranales, Fissidentales. 1-2. *Archidium alternifolium.* 1. fertile Pflanze (5 x), 2. Sporenkapsel mit Sporen (10 x). 3-4. *Bruchia flexuosa.* 3. Fertile Pflanze, Habitus (30 x). 4. Längsschnitt durch einen Sporogon, oben Sporensack, unten Schwammparenchym im Kapselhals (35 x). 5. *Campylopus flexuosus.* Habitus (2,5 x). 6-8. Blattquerschnitte von *Campylopus*-Arten (280 x). 6. *C. pyriformis.* 7. *C. gracilis.* 8. *C. brevipilus.* 9-12. *Dicranum drummondii.* 9. Habitus (nat. Gr.). 10. Blattgrund mit Blattflügelzellen (85 x). 11. Rippenquerschnitt (100 x). Peristom von der Außenseite (links) bzw. Innenseite (rechts) (125 x). 13-15. *Leucobryum glaucum.* 13. Blatt (22 x). 14. Habitus (4 x). 15. Blattquerschnitt (135 x). 16-17. *Fissidens pellucidus.* 16. Habitus (15 x). 17. Blatt 35 x. 18. *Fissidens grandifrons.* Blattquerschnitt (280 x) mit Dorsal- und Ventralflügel. (1,2 n. Bruch, Schimper & Gümbel 1836-1856, 3,4, 9-12 n. Sullivant aus Brotherus 1924-1925, 5-8, 18 nach Limpricht aus Brotherus 1924-1925, 13-14 n. Crum & Anderson 1981, 15 n. Mägdefrau 1983, 16-17 n. Brotherus 1924-1925).

**5. Familie Distichiaceae**

Pflanzen ähnlich den Ditrichaceae (und früher auch mit dieser Familie vereinigt), aber mit zwei- bis dreizeiliger Beblätterung. Weltweit gibt es 4 Gattungen mit ca. 20 Arten. Die europäischen Vertreter haben eine auffällige zweizeilige Beblätterung (Name!). *Distichium capillaceum* ist ein typisches Moos in den Kalkgebieten der Alpen sowie Skandinaviens und seltener in höheren Mittelgebirgen.


**6. Familie Dicranaceae**

Eine gametophytisch sehr heterogene Gruppe, die weitgehend nur über einen sehr ähnlichen Sporogon mit ähnlichen (dicranoidem) Peristom (Abb. 3-42.12) definiert ist (der auch bei den Fissidentales und Leucobryaceae vorhanden ist). Die zumeist lanzettlichen Blätter sind häufig sichelig-einseitswendig. Auffällig ist, dass es sich fast ausschließlich um Acidophyten handelt.

Die **Dicranoideae** sind meist große Waldbodenmoose (Abb. 3-42.9). Sie enthalten 23 Gattungen mit annähernd 500 Arten. Die Blätter besitzen Blattflügelzellen (Abb. 3-42.10). Besonders artenreich sind die Gattungen *Dicranum* (hauptsächlich in der Nordhemisphäre) und *Dicranoloma* (in der Südhemisphäre) mit 100 Arten. *Dicranum*-Arten sind häufige Waldbodenmoose der Holarktis, besonders in borealen Wäldern. Bei uns ist *Dicranum scoparium* die verbreitetste Art.

Die **Campylopodioideae** zeichnen sich durch eine breite Rippe aus, die 2/3-3/4 der Blattbreite einnimmt und sehr vielgestaltig ausgeprägt ist (Abb. 3-42.6-8). Sie kann mit Hyalocyten der Wasserspeicherung dienen oder mit Stereiden der Wasserleitung und Festigung. Bei der Gattung *Campylopus* findet sich eine starke und unterschiedliche innere Differenzierung der Rippe, die offenbar der ökologischen Einnischung dient. Diese Rippenmerkmalesind beim Bestimmen relevant, wozu Rippenquerschnitte angefertigt werden müssen. Die Seta ist trocken spiralig gedreht und entspiralisiert sich bei Befeuchtung, wozu Wasserdampf über nur 80 Å große Poren in der epidermalen Schicht aufgenommen wird und tertiäre Zellverdickungen zum Quellen bringt. Dadurch machen die Sporogone drehende Bewegungen, die die Sporenaussaat unterstützen. Die Unterfamilie beinhaltet 6 Gattungen mit knapp 200 Arten, von denen die Gattung *Campylopus* (aus der ursprünglich über 1000 Arten beschrieben waren) mit ca. 150 die artenreichste ist.

**Dicranelloideae** sind kleine Erdmoose mit überwiegend schmallinealen Blättern und relativ breiter Rippe. Sie enthalten sechs Gattungen mit ca. 250 Arten. In Europa sind sie hauptsächlich durch die weltweit artenreichste (180 Arten) Gattung *Dicranella* mit 14 Arten repräsentiert. Davon ist *Dicranella heteromalla* ein häufiges Erdbodenmoos auf verhagertem Waldboden mit kleinen, einseitswendigen Blättern und gelblicher Seta. Andere Dicranellen besiedeln offene, vornehmlich lehmig-tonige Böden oder Torf.

Die **Paraleucobryoideae** stellen drei vorwiegend holarktische Gattungen mit *Campylopodiella* (3 Arten), *Brothera* (1 Art) und *Paraleucobryum* (3 Arten), die ähnlich den Campylopodioideae oder Leucobryaceae durch eine sehr breite Rippe gekennzeichnet sind, die1/2 bis 4/5 der Blattbreite einnimmt. Die Rippe besitzt - wie bei den Leucobryaceae - mediane, z.Tl. auch dorsale Chlorocyten und dorsale und ventrale Hyalocyten. Nach molekularen Stammbäumen verteilen sich die Gattungen der Paraleucobryoideae auf Campylopodioideae und Dicranoideae; die Ausbildung von ventralen und dorsalen Hyalocyten im Rippenquerschnitt wäre somit eine konvergente Erscheinung innerhalb der Dicranaceae, die auch bei den Leucobryaceae auftritt).

In Europa kommt nur *Paraleucobryum* mit 3 Arten vor, davon ist *P. longifolium* in höheren Mittelgebirgslagen auf Gestein und an Baumbasen häufig.


## 7. Familie Rhabdoweisioideae

Die in dieser Familie zusammengefassten Gattungen wurden bislang als Unterfamilie in die Dicranaceae gestellt. Sie weichen jedoch stark vom Bauplan der übrigen Dicranaceae ab. So besitzen sie zumeist breitlanzettliche, manchmal zungenförmige Blätter und ein Peristom aus ungeteilten, glatten Peristomzähnen. Neuere molekular-systematische Untersuchungen bestätigen die Eigenständigkeit dieser Gruppe. Es handelt sich um eine artenarme Gruppe mit  4  Gattungen, von denen in Deutschland nur *Rhabdoweisia* mit 3 Arten vertreten ist, die zerstreut an Felsen der Mittelgebirge vorkommen.

Die von manchen Autoren nicht unterschiedenen und früher zu den Rhabdoweisioideae gestellten **Cynodontioideae** zeichnen sich durch mamillöse oder papillöse Laminazellen aus. Nach molekularen Stammbäumen sind sie ebenfalls in die Rhabdoweisiaceae zu stellen. In diese Verwandtschaft gehören u.a. die Gattungen *Cynodontium* mit 10 Arten in Europa an Felsen sowie *Dichodontium* an nassen Standorten.

Neben den angeführten gibt es noch weitere, zumeist artenärmere, außerhalb Europas vorkommende Familien.


## 3. Ordnung Fissidentales

Die Vertreter dieser Familie weichen vegetativ extrem von den übrigen akrokarpen Laubmoosen ab, besitzen aber typische dicranoide Sporophyten, wie sie bei den Dicranaceae  die Regel sind. Trotz der gametophytischen Abweichungen erscheinen Fissidens-Arten bei molekularsystematischen Studien mitten in den Dicranaceae, so dass die Aufrechterhaltung einer eigenen Ordnung  zweifelhaft erscheint.

Die Ordnung besteht im wesentlichen aus den Fissidentaceae. Die Einordnung anderer Familien ist zweifelhaft. Die Fissidentaceae enthalten 4 Gattungen, von denen die Gattung *Fissidens* mit weltweit über 800 schwer bestimmbaren Arten die artenreichste ist. *Fissidens* hat eine zweizeilige Beblätterung (Abb. 3-42.16-17). Die Blätter haben eine Mittelrippe. Die Lamina ist auf der einen Seite sowie in der oberen Blatthälfte normal ausgebildet, auf der unteren Hälfte der der Stämmchenspitze zuweisenden Seite in einen Dorsal- und einen Ventralflügel aufgespalten (Abb. 3-42.18). Der Dorsalflügel wird als Rippenauswuchs interpretiert, der Ventralflügel als eigentliche Lamina. Diese Flügel greifen vielfach wie eine Tasche um die Lamina des nächsten Blattes. Die Funktion dieser Blattumgestaltung ist nicht bekannt.

*Fissidens*-Arten sind überwiegend kleine Erdmoose, die seltener an Gestein oder in fließendem Wasser vorkommen.

## 4. Ordnung Encalyptales

Diese Ordnung beinhaltet nur zwei Familien. Die Bryobartramiaceae sind monotypisch mit 1 Art in Australien und Südafrika. Die Encalyptaceae umfassen nur 2 Gattungen, *Encalypta* mit weltweit 38 Arten und *Bryobrittonia* mit einer Art. *Bryobrittonia longipes* kommt nur an im Pleistozän unvergletscherten Gebieten in Alaska, Yukon, Grönland und der Kola Halbinsel vor.

*Encalypta*-Arten sind niedrige, dichtrasige, wurzelfilzige Pflanzen mit zungenförmigen Blättern. Sie sind nahezu alle kalkstet. Die oberen Laminazellen sind papillös, die unteren sind großlumig und hyalin und besitzen Poren.

Die Sporogone sind zylindrisch und bleiben lange von einer glockenförmigen Kalyptra eingehüllt (daher der Name *Encalypta*, Abb. 3-43). Das Peristom ist diplolepid oder haplolepid oder reduziert. Deswegen wird die Ordnung zum Teil zwischen die haplolepiden Laubmoose (Dicranales, Fissidentales, Pottiales, Syrrhopodontales) und die diplolepiden Laubmoose (Funariales, Bryales, Isobryales, Hookeriales, Thuidiales, Hypnales) gestellt. Das Vorhandensein beider Ausprägungen innerhalb einer Gattung zeigt, dass es sich dabei nicht um zwei grundlegend verschiedene Evolutionslinien handelt.

In Deutschland sind hauptsächlich nur 2 Arten verbreitet: *E. vulgaris* (kleine Rosetten, fast immer mit Sporogonen und zumeist auf Kalktrockenrasen, Kalkfelsen oder Mauern) und E. *streptocarpa* (größere Pflanzen, fast immer steril und mit Brutfäden zur vegetativen Vermehrung in den Blattachseln, an Kalkfelsen und Mauern).

**Abb. 3-43:** Encalyptales. *Encalypta vulgaris*, Habitus (6 x). ( n. Frahm & Frey 1987).

## 5. Ordnung Pottiales

### 1. Familie Calymperaceae

Eine überwiegend tropisch verbreitete Gruppe von Laubmoosen, die sich speziell an die tropischen Tieflandsregenwälder angepasst hat. Darunter bilden die Calymperaceae mit ca. 480 Arten in 5 Gattungen (von denen *Calymperes* und *Syrrhopodon* die artenreichsten sind) die größte Gruppe. Die Leucophanaceae sind mit 5 Gattungen und 75 Arten weniger zahlreich.

Die Calymperaceae bilden überwiegend niedrige Polster, zumeist epiphytisch. Sie haben einen besonderen Blattbau mit einer scheidigen Blattbasis, die - wie bei *Encalypta* - aus großlumigen, hyalinen Zellen (Cancellinae) mit inneren und äußeren Poren gebildet wird, sowie eine schmalere

Blattspitze mit meist rundlichen papillösen Zellen (Abb. 3-44.2-3). Die Blätter sind zudem bei *Calymperes* durch einen intra(!)marginalen Randsaum (Tenniolae) gesäumt. Häufig werden Brutkörper an der in der Blattspitze austretenden Blattrippe gebildet (Abb. 3-44.4-5).

Die Sporogone sind zylindrisch und sitzen auf einer kurzen Seta. Sie haben 16, teilweise auch 8, ungeteilte oder fehlende Peristomzähne. Die Kalyptra ist wie bei *Encalypta* groß und mützenförmig. Sie ist bei dem peristomlosen *Calymperes* persistierend, aber durch senkrechte Schlitze perforiert, um die Sporenaussaat zu ermöglichen. Die Sporenaussaat wird über das Operculum (Kapseldeckel) reguliert, welches sich im trockenen Zustand hebt und die Sporen austreten läßt.

Die Blattbasis mit Hyalocyten und eine weitgehende Reduzierung der Leitgewebe in Stämmchen und Blattrippen (Abb. 3-44.6-9) sind Anpassungen an eine überwiegend ektohydrische Lebensweise.

In Europa kommt nur *Calymperes erosum* vor, eine pantropische Art, die im letzten Jahrhundert an Fumarolen der Insel Pantelleria (Italien) gefunden wurde.


## 2. Familie Cinclidotaceae

Diese Familie besteht aus Wassermoosen, die angeheftet an Steine oder Bäume im Hochwasserbereich von Flüssen vorkommen. Die Familie ist auf Europa und den Vorderen Orient beschränkt. Alle 9 Arten gehören zur Gattung *Cinclidotus*, von denen fünf in Deutschland im Bereich der großen Ströme und ihrer Nebenflüsse vorkommen, drei sind auf das östliche Mittelmeergebiet beschränkt.

Die Pflanzen bilden kleine Polster bis lang flutende Büschel. *Cinclidotus aquaticus* wächst im Alpen- und Voralpengebiet submers in schnellfließenden Gewässern auf Kalkgestein. Alle anderen Arten haben einen submediterranen Verbreitungsschwerpunkt. *Cinclidotus mucronatus* hat sich, vermutlich als Folge der Erwärmung des Flußwassers, am Rhein und seinen Nebenflüssen von Süddeutschland bis nach Holland ausgebreitet, *C. danubicus* kommt in Deutschland nur im Donau- und Rheingebiet vor, *C. nigricans* hat die Weser erreicht, *C. fontinaloides* kommt bis zur Elbe vor. Alle Arten sind gute Indikatoren der Wassergüte und zeigen β-mesosaprobe bis oligosaprobe (*C. aquaticus*) Verhältnisse an.

Die Blätter sind zungenförmig bis lanzettlich und am Rande als Schutz gegen Einreißen mehrschichtig.

Die Sporogone sitzen seitenständig. Sie werden nur bei Niedrigwasser gebildet. Das Peristom ist - wie auch bei vielen Pottiaceen - fadenförmig. Die Familie unterscheidet sich von den Pottiaceae hauptsächlich nur durch die aquatische oder semi-aquatische Lebensweise und kann auch bei den Pottiaceae als Unterfamilie geführt werden.


## 3. Familie Pottiaceae

Eine sehr artenreiche Gruppe meist kleinwüchsiger Erdmoose, seltener Felsmoose. Die Kapseln sind aufrecht und eiförmig bis zylindrisch, die Peristomzähne sind charakteristisch lang fadenförmig. Zum Teil ist das Peristom reduziert oder fehlend oder die Kapseln sind kleistokarp. Diese Reduktionsstufen finden sich sogar innerhalb

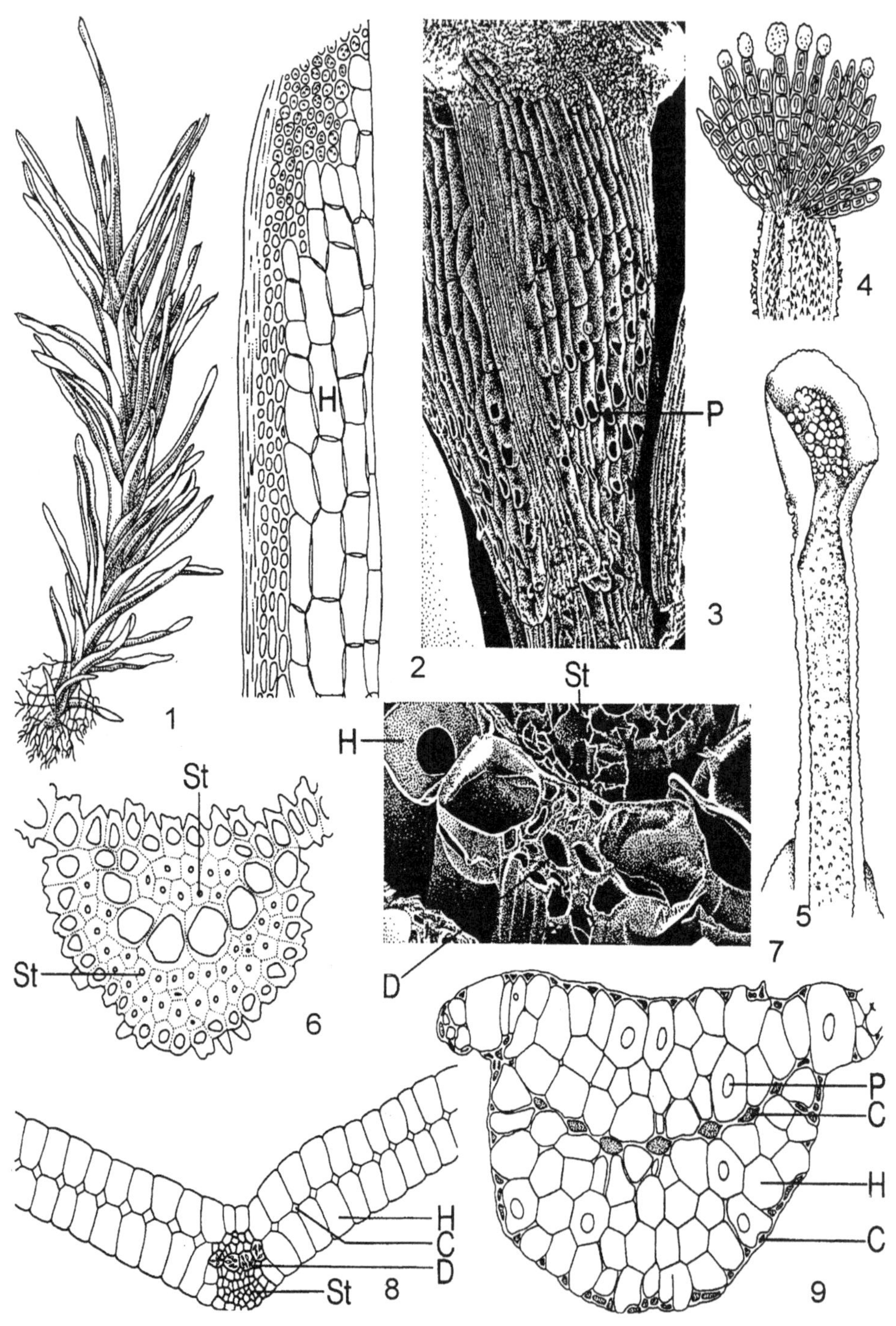
H
P
St
H
St
D
St
4
3
5
2
1
6
7
H
C
D
St
8
P
C
H
C
9

derselben Gattung (z.B. *Pottia lanceolata* mit Peristom, *P. truncata* ohne Peristom, *P. bryoides* kleistokarp).

Die Blätter sind vielgestaltig. Während Formenreihen wie die Dicranales, Funariales oder Bryales nur oder ganz überwiegend glatte Laminazellen besitzen, haben die Pottiaceae vielfach mamillöse oder papillöse Laminazellen. Diese Strukturen, die die Wasseraufnahme beschleunigen, sind zum Teil sogar artspezifisch ausgebildet (z.B. bei *Tortula*). Die Blätter haben ferner größere, chlorophyllfreie (hyaline) basale Laminazellen zur Wasserspeicherung, als Haarspitzen austretende Rippen, eingerollte Blattränder, sich zusammenrollende Blätter oder Assimilationsfäden auf der Blattrippe (Abb. 3-45, 3-46). Die meisten dieser Merkmale sind als Anpassungen an Trockenstandorte zu deuten. Manche Vertreter haben pangäische Vorkommen in den Trockengebieten der Mediterraneis, Kaliforniens, Südchiles, Südafrikas, Australiens und Neuseelands (also alles Weinanbaugebieten), was auf ein mesozoisches Alter dieser Sippen oder aber spätere Einschleppung durch den Weinbau schließen lässt. In Deutschland kommt ein Teil dieser Arten an Xerothermstandorten in den Weinanbaugebieten vor, wo sie als Relikte der Klimaperioden des Boreals und Atlantikums gelten, als aufgrund einer wesentlich höheren Temperatur mediterrane Floren- und Faunenelemente aus dem Mittelmeergebiet nach Mitteleuropa einwanderten.

Die Pottiaceae sind eine sehr artenreiche Familie mit 87 Gattungen und ca. 1650 Arten weltweit. Die einzelnen Unterfamilien sind schlecht voneinander abgesetzt. Die **Trichostomoideae** haben in der Regel schmallanzettliche Blätter und einen Rippenquerschnitt mit 2 (dorsalen und ventralen) Stereidenbändern. Zu ihnen gehören in der einheimischen Flora u.a. die überwiegend kalksteten *Tortella*-Arten mit trocken krausen Blättern sowie *Pleurochaete squarrosa* als mediterrane Art, die charakteristisch für Xerothermstandorte ist.

Die **Pottioideae** haben breitlanzettliche bis zungenförmige Blätter. *Aloina* hat stark xeromorphe Blätter, bei denen (beinahe nadelblattartig) die eingerollten Blattränder fast die ganze Blattfläche bedecken (Abb. 3-46.3) sowie Filamente auf der Rippe (Abb. 3-46.6). Andere Gattungen (*Pseudocrossidium, Hilpertia*) haben nach außen gerollte Blattränder, die nicht nur dem mechanischen Schutz sondern auch der Wasserspeicherung und Assimilation dienen (Abb. 3-45.5-6). *Crossidium* hat eingerollte Blattränder, hyaline Haarspitzen und zusätzlich Filamente auf der Rippe (Abb. 3-45.2,4, 3-46.5-6). Durch die eingerollten Blattränder wird ein Wasserspeicher gebildet, indem

---

**Abb. 3-44:** Calymperales. 1-2. *Syrrhopodon tosaensis.* 1. Habitus (5 x), 2. Laminazellen am Übergang Scheide – Spreite, mit Hyalocyten. 3. *Mitthyridium subluteum.* Blattscheide; Hyalocyten mit Exoporen (50 x). 4. *Syrrhopodon tosaensis.* Blattspitze mit Brutkörpern (100 x). 5-6. *Calymperes moluccense.* 5. Blattspitze mit Brutkörpern (150 x). 6. Rippe eines Brutkörper tragenden Blattes quer (300 x). 7. *Syrrhopodon spiculosus.* Blatt mit Rippe, quer (100 x). 8. *Leucophanes octoblepharioides.* Blatt mit Rippe, quer (100 x). 9. *Exodictyon incrassatum.* Blatt quer, obere Hälfte (150 x). (C Chlorocyte, D Deuter, H Hyalocyte, P Pore, St Stereide). (1,2,4 n. Noguchi 1988, 3,7 Orig., 5,6,9 n. Ellis 1987, 8 n. Ligrone 1984, 9 n. Ellis 1985; © Frey & Lünser)

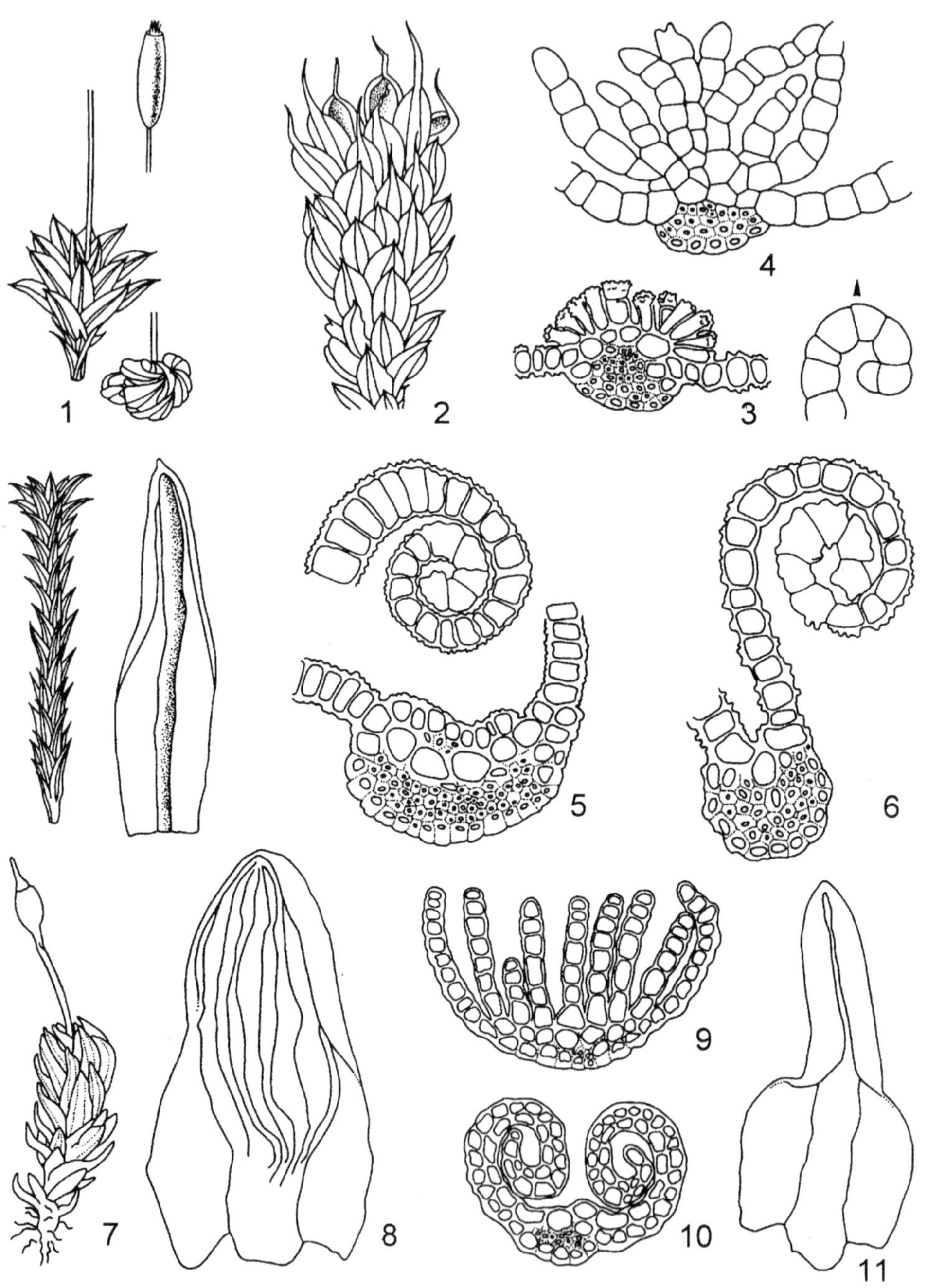

die Filamente als Assimilationsorgane fungieren. Andere Gattungen (*Pterygoneurum, Aligrimmia, Indusiella*, Abb. 3-45.8-9) besitzen statt der Filamente Lamellen mit derselben Funktion. *Phascum* und *Acaulon* bilden kleine knospenförmige Pflanzen mit kleistokarpen Sporogonen, *Tortula* kleine bis mittelgroße Felsmoose (Abb. 3-45.1) mit wasserspeichernden basalen Laminazellen ähnlich den Calymperaceae oder Encalyptaceae, teilweise mit wasserspeichernden Hyalocyten in der Rippe (Abb. 3-45.3)

Ähnlich der vorigen Unterfamilie sind die **Merceyoideae**, jedoch artenarm mit 2 Gattungen und 17 Arten, die ausnahmslos auf schwermetallhaltigen Böden zu finden sind. In Europa kommt *Scopelophila (Merceya) ligulata* sehr selten an kupferhaltigen Schiefern in den Alpen und den Pyrenäen vor. *Scopelophila cataractae* ist eine Art, die zerstreut auf Schwermetallböden in der ganzen Welt zerstreut vorkommt und daher offenbar ein hohes phylogenetisches Alter besitzt. Die Art ist in Europa vermutlich mit Zinkerzen eingeschleppt worden. Sie ist seit 1984 in der Umgebung von Zinkhütten in England, Spanien, Nordfrankreich, Belgien, Holland auf Schlacke gefunden worden, jedoch nur zwei Mal in Deutschland (in Stolberg und bei St. Goar. Die Erzgrube bei St. Goar ist jedoch schon 1959 geschlossen worden, sodass die Art dort schon vor 1984 vorgekommen sein muss). In Europa ist sie nur steril bekannt und vermehrt sich mit rhizoidbürtigen Brutkörpern.

Die **Pleuroweisioideae** sind Felsmoose ohne Peristom und ohne differenzierte basale Laminazellen. Einige Gattungen (*Hymenostylium, Anoectangium*) sind alpin, andere (*Gymnostomum, Eucladium*) kommen auch in tieferen Lagen vor und bilden an geeigneten Stellen Kalktuff.

**Leptodontioideae** haben grob und unregelmäßig gezähnte Blattspitzen. *Leptodontium* ist in den tropischen Gebirgen mit 40 Arten vertreten, kommt aber auch in Europa mit 3 Arten vor. *Leptodontium flexifolium* wächst besonders auf Reetdächern in Nordwesteuropa. Das Areal dieser Art schließt das tropische Amerika, Afrika und SO-Asien ein, sodass sich die Frage stellt, ob sie in Europa indigen ist.

Die **Barbuleae** sind mit über 20 Gattungen und mehr als 600 Arten wiederum eine artenreiche Gruppe. Sie besitzen im Rippenquerschnitt nur ventrale Stereiden. Zu dieser Unterfamilie gehören in Europa *Barbula* und *Didymodon* mit zahlreichen Arten. *Barbula convoluta* und *B. unguiculata* sind häufige Ruderalmoose. *Didymodon*-Arten sind Felsmoose an basischem Gestein. *Hyophila involuta* ist eine pantropische Art auf feuchtem Kalkgestein. Sie wächst in Europa im Uferbereich der Schweizer Seen und am Bodensee sowie (von dort herabgeschwemmt?) am Oberrhein. Sie ist dort nur steril

---

**Abb. 3-45:** Pottiales. 1. *Tortula atrovirens*, feuchte und trocken zusammengedrehte Pflanze (14 x). 2. *Crossidium laxefilamentosum*, Habitus (20 x). 3. *Tortula atrovirens*. Rippe quer, mit ventralen wasserspeichernden Zellen (250 x). 4. *Crossidium laxefilamentosum*. Rippe quer, mit Assimilationsfäden (300 x). 5. *Pseudocrossidium replicatum*. Habitus (20 x), Blatt (24 x), Rippe quer und revoluter Blattrand mit Assimilationszellen (240 x). 6. *Tortula porphyroneura*. Blatthälfte quer (260 x). 7-9. *Aligrimmia peruviana*. 7. Habitus (9,5 x). 8. Blatt von der Oberseite mit Assimilationslamellen (96 x). 9. Blatt quer, mit Assimilationslamellen (180 x). 10-11. *Indusiella thianschanica*. 10. Blatt quer mit eingerollten Blatträndern (180 x). 11. Habitus (42 x). (1-6 n. Frey & Kürschner 1988, 7-11 n. Murray 1984; © Frey & Lünser).

**Abb. 3-46:** REM-Aufnahmen von 1-2. *Tortula atrovirens*. Ventralseite der oberen Blatthälfte mit Rippe. 3. *Aloina rigida*. Blatt mit eingeschlagenen Blatträndern. 4. *Aloina bifrons*. Blatthälfte quer, mit eingeschlagenen Blatträndern und Assimilationsfäden. 5. *Crossidium desertorum*. Obere Blatthälfte. Rippe mit Assimilationsfäden. 6. *C. asirense*. Obere Blatthälfte. Rippe mit dickem Fadenpolster (aus Frey 1990).

bekannt und vermehrt sich durch blattachselbürtige Brutkörper. Wie dieses kleinräumige disjunkte Areal einer tropischen Art in Europa zustandekommt, das im Pleistozän ehemals vergletscherte Seen einschließt, ist ein Rätsel.

## 6. Ordnung Grimmiales

Es handelt sich überwiegend um polster- oder deckenbildende Felsmoose, zumeist an exponierten Standorten. Die breit- bis schmallanzettlichen Blätter besitzen eine Mittelrippe, die in der Regel als hyaline Haarspitze austritt (Abb. 3-47.2, bei aquatischen oder hygrophilen Arten reduziert oder fehlend). Solche Haarspitzen werden in der Regel als Insolationsschutz interpretiert (durch Reflektion der einfallenden Sonnenstrahlen), doch ist diese Interpretation zweifelhaft, da eine hohe Insolation in der Regel bei trockenem Wetter der Fall ist, wenn die Moose in dehydriertem Zustand ohnehin hohe Temperaturen ohne Schaden tolerieren können. Auf der anderen Seite spielen Haarspitzen wohl eine Rolle als Wasseraufnahmeorgane, speziell bei Tauniederschlag, da an diesen Spitzen Feuchtigkeit kondensiert.

Die Seta ist kurz, gerade oder teilweise U-förmig in das Polster gebogen (Abb. 3-47.3.4, die Sporogone entwickeln sich dann von den Blätter geschützt). Die Kalyptra ist groß und überwiegend mützenförmig (auch das ist als besonderer Schutz des sich entwickelnden Sporogons gegen Austrocknung anzusehen). Die Sporogone sind eiförmig bis kurz zylindrisch, das Peristom haplolepid mit ungeteilten bis gespaltenen Zähnen. Bei vielen niederliegenden Vertretern (z.B. *Racomitrium*) findet sich Pleurokarpie.

### 1. Familie Grimmiaceae

Zehn Gattungen mit ca. 350 Arten, davon die meisten artenarm. Die Gattungen *Grimmia*, *Schisitidium* und *Racomitrium* sind artenreich und weltweit überwiegend auf trockenem Gestein verbreitet. Nur *Scouleria* (5 Arten in Amerika und Asien) sowie *Hydrogrimmia* (eine Art in alpinen Gebirgen Eurasiens) haben sich an das submerse Leben angepasst. *Grimmia* hat in Europa ca. 40 schwer bestimmbare Arten, die überwiegend kleine Polster auf exponierten Kalk- oder Silikatfelsen bilden. Von ihnen ist *Grimmia pulvinata* "Kulturfolger" und eine sehr häufige Art auf Mauern, auch in Städten.

*Racomitrium*-Arten (Abb. 3-47.4) wachsen auf offenen Silikatfelsen. Ihre basalen Laminazellen sind oft buchtig (stacheldrahtartig) verdickt. *Racomitrium lanuginosum* ist bestandsbildend in Tundren der Arktis und Subantarktis und kommt darüberhinaus weltweit in den Hochgebirgen sowie in besonders großer Massenentfaltung auf Lavaströmen (z.B. Island, Hawaii, Ätna) vor.

*Schistidium*-Arten besitzen in die Perichaetialblätter eingesenkte Kapseln (Abb. 3-47.5). In dieser Gattung werden neuerdings zahlreiche "morphs" unterschieden.

## 7. Ordnung Funariales

Kleine, rosettenförmige, kurzlebige (ein- oder zweijährige, selten ausdauernde) Erd-moose. Bei kurzlebigen Sippen (*Discelium*, *Physcomitrella*) findet sich ei n Dauerprotonema. Blätter eiförmig, mit Rippe und großlumigem, laxen, hexagonalen Laminazellen. Seta vielfach verlängert, selten Kapseln sitzend. Sporogon kugelig, eiförmig oder birnförmig, diplolepid, bei kurzlebigen Arten auch Kleistokarpie. Nahezu alle Vertreter dieser Ordnung bevorzugen nährstoffreiche Böden (Schlammböden von

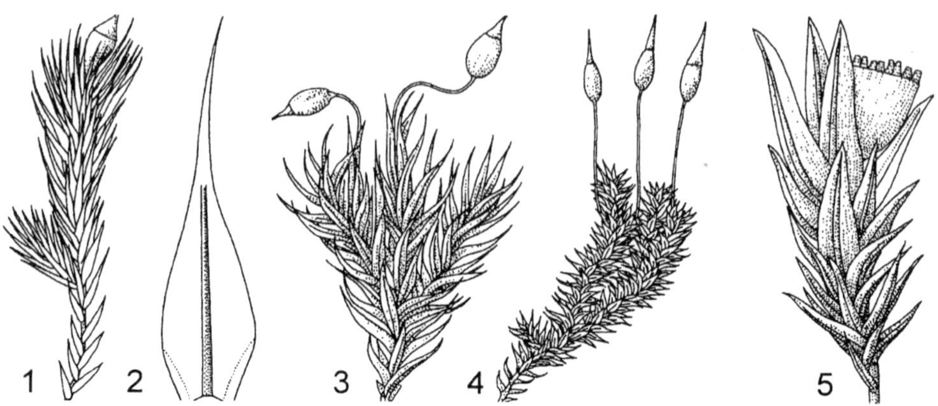

**Abb. 3-47:** Grimmiales. 1-2. *Coscinodon cribrosus*. 1. Pflanze (6 x), 2. Blatt (18 x). 3. *Grimmia trichophylla* (5 x). 4. *Racomitrium canescens* (1,5 x). 5. *Schistidium alpicola* (18 x). (1,2 n. Brotherus, 3,4 n. Demaret & Castagne 1959 ff., 5. n. Crum & Anderson 1981)

Teichen: *Physcomitrium* (Abb. 3-48.2), *Physcomitrella* (Abb. 3-48.6-7), *Nanomitrium*, *Micropoma niloticum* im Nilgebiet, Humus: *Ephemerum* (Abb. 3-48.1), Brandstellen: *Funaria* (Abb. 3-48.3), oder sind sogar koprophil wie die Splachnaceae).

## 1. Familie Funariaceae

Ein- bis zweijährige Erdmoose in 15 Gattungen mit über 300 Arten. Innerhalb der Familie gibt es eine Reduktion von längerlebigen Arten mit langer Seta und diplolepidem Peristom (z.B. *Funaria,* Abb. 3-48.3) über kurzlebige Arten  mit kürzerer Seta und gymnostomer Kapsel (z.B. *Entosthodon,* Abb. 3-48.4-5), *Physcomitrium,* Abb. 3-48.2) zu kleistokarpen Vertretern mit in die Blätter eingesenkten Kapseln (*Physcomitrella,* Abb. 3-48.6, *Gonionitrium* Abb. 3-48.8-9). Die Gattung *Goniomitrium* kommt in Südafrika und Südaustralien vor, ist also ein Beispiel einer ursprünglichen Gondwanasippe mit anschließender Speziation nach Zerreißen des Gonwanakontinents.

*Funaria* ist weltweit mit zahlreichen Arten vertreten, darunter *F. hygrometrica,* die kosmopolitisch verbreitet ist, besonders an Brandstellen. (Die Bezeichnung nitrophil trifft wohl daher auf diese Art nicht zu, es scheinen eher hohe Phosphatgehalte entscheidend zu sein). *Physcomitrium*-Arten kommen auf Schlammflächen von abgelassenen Teichen und Grabenrändern vor. *Physomitrella patens* wächst auf Schlamm an trockengefallenen Flußufern. Ihr Lebenszyklus dauert nur 4 Wochen, weswegen die Art gern in Kultur genommen und für physiologische oder genetische Experimente benutzt wird.

Viele Gattungen bastardieren in der Natur, daneben sind durch v. Wettstein in den zwanziger Jahren des letzten Jahrhunderts künstliche Bastarde als auch Polyploide erzeugt worden.

**2. Familie Gigaspermaceae**

Pflanzen mit kriechender, unterirdischer Achse und kleinen, knospenförmigen Pflanzen. Sporen sehr groß (daher der Name), über 50 µm. Weltweit 6 Gattungen mit insgesamt nur 9 Arten. *Gigaspermum* kommt mit 2 Arten in Neuseeland, Australien und Südafrika vor (Rest eines Gondwana-Areals) und mit einer weiteren Arten hochdisjunkt nur in Marokko und Palästina.

**3. Familie Disceliaceae**

Mit nur einer monotypischen Gattung. *Discelium nudum* besitzt eine reduzierten Gametophyten, dafür ein Dauerprotonema, was die Art befähigt, nackte Tonböden zu besiedeln. Die Kalyptra bleibt geschlossen und wird von der Kapsel durchwachsen. Die Art kommt sehr zerstreut in der Holarktis vor, sporadisch auch in Deutschland.

**4. Familie Oedipodiaceae**

Mit nur einer Art, *Oedipodium griffithianum* (Abb. 3-48.11) in humosen Felsspalten in Norwegen, Schweden, Schottland und disjunkt auf den Falkland-Inseln. Die Kapseln sind peristomlos und haben einen langen, verdickten Hals. Vegetative Vermehrung durch große Brutkörper, die in den Antheridienständen gebildet werden.

**5. Familie Splachnaceae**

Die europäischen Arten der Familie zeichnen sich in Europa aus durch Sporogone mit langem (Taylorioideae, Abb. 3-48.12), oder verdicktem (Splachnoideae, Abb. 3-48.13) Hals (Hypophyse), welcher wenig breiter (*Tetraplodon*) oder wesentlich breiter als die Urne ist (bis zu pilzförmigen Schirmen bei *Splachnum*). Die Taylorioideae (*Tayloria* mit rund 50, daneben noch 2 artenarme Gattungen in den Tropen) wachsen auf stark humosen Böden. Die Splachnoideae wachsen auf organischem Material wie Dung (von Kühen, Rentieren, Rehwild), Eulengewöllen oder Tierleichen. Von der Hypophyse werden bei Erwärmung ätherische Stoffe abgegeben. Diese locken Dungfliegen an, welche sich mit Sporen bepudern, die zu neuen geeigneten Standorten gebracht werden.

Die Gattungen *Splachnum* und *Tetraplodon* sind in Europa fast nur noch auf Skandinavien und alpine Gebirge beschränkt. Vorkommen in Mooren im Flachland und in den Mittelgebirgen Zentraleuropas sind weitgehend erloschen. Einerseits spielt natürlich die Moorrekultivierung eine Rolle, andererseits werden vielleicht auch bestimmte Mindestflächen zum Erhalt der Populationen benötigt oder die Dungfliegen sind dort ausgestorben.

**6. Familie Ephemeraceae**

Wie der Name andeutet, sind diese Arten ephemer, d.h. unbeständig und kurzlebig. Sie bestehen aus winzigen Blattrosetten mit eingeschlossener Kapsel (Abb. 3-48.1). *Ephemerum* mit 27 Arten in der Holarktis und Südafrika wächst auf kleinen Erdblößen z.B. im Wirtschaftsgrünland oder auf alten Maulwurfshügeln. *Micromitrium* mit 10 Arten kommt auf Schlammböden vor, in Europa nur mit *M. tenerum*. Vielleicht aufgrund der Winzigkeit (die ganze Pflanze misst weniger als 1 mm) wird die Art an ihren Standorten auf dem Boden abgelassener Fischteichen vielleicht auch übersehen.

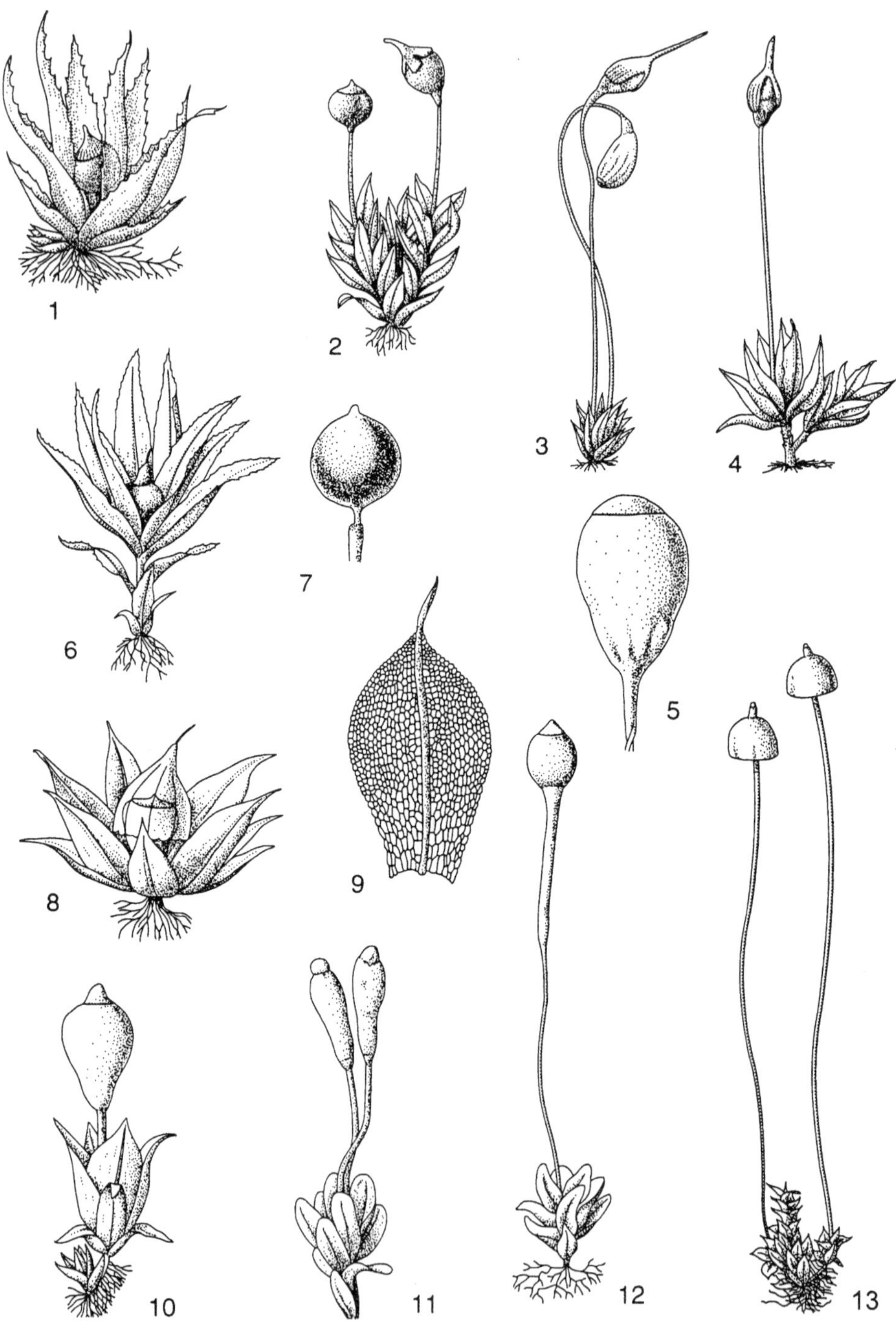

## 8. Ordnung Schistostegales

Eine Ordnung mit nur einer Art, *Schistostega pennata*. Die Art kommt in Felshöhlungen und -nischen im westlichen Nord- und Mitteleuropa sowie in Nordamerika vor. Sie bildet ein langlebiges Protonema aus rundlichen Zellen, deren Vorderseite linsenförmig verdickt ist und das Licht auf die am Zellgrunde liegenden Chloroplasten bündelt. Das einfallende Licht wird dadurch katzenaugenartig reflektiert, weswegen die Art die Bezeichnung Leuchtmoos bekommen hat.

Der Gametophyt besteht aus zweizeilig beblätterten, kleinen (<1cm) Pflanzen mit am Stämmchen herablaufenden Blättern und rhombischem Zellnetz, weswegen *Schistostega* in die Nähe der Bryales gestellt wird. Die Pflanzen sind bläulichgrün überlaufen, was auf einer Wachsauflage beruht. Im Antheridienstand fehlen Paraphysen. Der Sporophyt besteht aus einer längeren Seta mit einer rundlichen, peristomlosen Kapsel
Der eigenartige Bau von Protonema und Gametophyt stimmt mit dem von *Mittenia plumula* aus Neuseeland überein, was als extreme Konvergenzerscheinung zu werten ist. *Mittenia* hat jedoch eine Blattrippe und ein Peristom und wird zu den Bryales gestellt.


## 9. Ordnung Bryales

Es handelt sich um gametophytisch sehr vielgestaltige Moose, welche durch einen einheitlich diplolepiden Peristomtyp (bryides Peristom) ausgezeichnet sind (ähnlich den ebenfalls sehr heterogenen Dicranales mit dem dicranoiden Peristom). Innerhalb der Bryales erfolgt ein Wechsel von akrokarpen Arten mit parenchymatischem Zellnetz zu pleurokarpen Arten mit prosenchymatischem Zellnetz.

Die Bryales sind eine phylogenetisch alte Gruppe, wie Fossilfunde aus dem Perm von Russland zeigen: Sie sind durch zahlreiche ausgestorbene Gattungen representiert, welche einen ähnlichen Blattbau (mit Rippe, ähnlichem Zellnetz und gesäumtem Blattrand) aufweisen.

### 1. Familie Bryaceae

Aufrechte Pflanzen. Blätter mit Rippe und rhombischem (bis verlängertem) Zellnetz. Sporogon auf längerer Seta birnenförmig ("Birnmoose", Abb. 3-49.2-4), seltener eiförmig, mit abgesetztem Hals, abstehend oder nickend. Weltweit 20 Gattungen mit ca. 1400 Arten, darunter 800 *Bryum*-Arten.

*Bryum*-Arten stellen in der heimischen Flora zahlreiche und zum Teil sehr häufige Ruderalmoose. Häufigstes ist wohl *B. argenteum*, eine nitrophile Art, welche in naturnahen Gebieten wie Island oder Spitzbergen nur an Vogelfelsen oder unter

---

**Abb. 3-48:** Funariales. 1. *Ephemerum serratum* (20 x). 2. *Physcomitrium sphaericum* (5 x). 3. *Funaria hygrometrica* (4 x). 4-5. *Entosthodon fascicularis*. 4. Habitus (6 x). 5. Kapsel (20 x). 6-7. *Physcomitrella patens*. 6. Habitus (11 x). 7. Kapsel (20 x). 8-9. *Goniomitrium africanum*. 8. Habitus (10 x). 9. Blatt (25 x). 10. *Pyramidula tetragona* (12 x). 11. *Oedipodium griffithianum* (5 x). 12. *Tayloria hornschuchii* (6 x). 13. *Splachnum luteum* (nat. Gr.). (1-7 n. Demaret & Castagne 1959 ff., 8-13. n. Brotherus 1924-1925).

Fischtrockengestellen vorkommt, bei uns aber Bestandteil der Pflasterritzengesellschaft in den Städten geworden ist. Problematisch ist, dass die Art sich neuerdings, mutmaßlich als Folge der hohen Stickoxidemissionen, an nährstoffarmem Gestein wie Schiefer verbreitet und dabei durch ihre höhere Konkurrenzkraft die ursprüngliche Moosvegetation (z.B. *Hedwigia ciliata*) verdrängt.

Andere *Bryum*-Arten sind charakteristisch für offene Sand- und Lehmflächen wie in Sandgruben. Ihre ursprüngliche Heimat sind die Gletscheralluvionen Skandinaviens, wo sie besonders artenreich sind. Sie sind untereinander eng verwandt  (was auf eine rezente Entstehung vielleicht im Pleistozän schließen lässt) und dementsprechend schlecht unterscheidbar.

*Bryum capillare* ist eine häufige Art besonders auf Mauern, Felsen und Borke. Sie bildet - wie andere Bryum-Arten - eine formenreiche Komplexart aus vielen Kleinarten. Der *Bryum-erythrocarpum*-Komplex besteht aus Arten, die rot, gelb oder braun gefärbte, manchmal himbeerförmige Rhizoidgemmen besitzen, nach denen sie bestimmt werden. Sie waren besonders Bestandteil der Flora von (heute durch Nachkulturen meist verschwundenen) Stoppeläckern, da sie nicht darauf angewiesen sind, Sporogone zu bilden (was längere Zeit gedauert hätte), sondern sofort Brutkörper bilden, mit denen sie auch nach dem Unterpflügen überdauern können. Eine ähnliche Lebensstrategie haben die Arten des *Bryum-bicolor*-Komplexes, welche oberirdisch (in artspezifischer Form, Größe und Anzahl) Brutkörper in Form von Bulbillen in den Blattachseln bilden. Bulbillen haben auch die Arten des *Pohlia-annotina*-Komplexes. Diese Arten besiedeln heute Ruderalfluren, dürften aber ursprünglich an episodisch trockenfallenden See- und Flußufern gestanden  haben. Da an solchen Standorten jederzeit mit Hochwasser zu rechnen war, das solche Populationen zerstört hätte, wurden leicht abfallende und durch das Wasser gut zu verbreitende Brutkörper gebildet. *Rhodobryum* (mit 2 Arten in Europa, 40 weltweit) hat eine spezielle Wuchsform mit unterirdisch kriechenden Rhizomen, aufsteigenden, nackten Sekundärstämmchen und einer endständigen, großen Blattrosette (Abb. 3-49.1). *Mielichhoferia-Arten* (in Europa *M. mielichhoferiana*) sind Schwermetallmoose. Sie wachsen sehr vereinzelt besonders auf kupferhaltigem Schiefer. Unter den Bryaceae befindet sich auch einer der wenigen Neophyten unter den heimischen Moosen, *Orthodontium lineare*. Die Heimat dieser Art liegt in Südafrika und Neuseeland. Die Art wurde Ende des letzten Jahrhunderts in England eingeschleppt, blieb dort aber wegen Verwechslung mit einer dort schon vorkommenden Art der Gattung zunächst unerkannt, bis sie vor 60 Jahren begann, sich explosionsartig über Europa auszubreiten. Sie kommt heute in ganz Mitteleuropa vor, speziell im Bereich der Eichen-Birkenwälder in Nordwestdeutschland und Holland, wo sie an Baumbasen und auf Erde wächst (auch in Ersatzgesellschaften wie Kiefernforsten).

---

**Abb. 3-49:** Bryales. 1. *Rhodobryum roseum* (nat. Gr.). 2. *Bryum globosum* (12 x). 3. *Pohlia cruda* (6 x). 4. *Leptobryum piriforme* (8 x). 5. *Mnium spinosum* (nat. Gr.). 6. *Hypnodendron kerrii* (nat. Gr.). 7. *Leucolepis acanthoneuron* (nat. Gr.). 8. *Bartramia secunda* (nat. Gr.). 9. *Breutelia tomentosa* (nat. Gr.). (1-3 n. Demaret & Castagne 1959 ff., 4-9. n. Brotherus 1924-1925).

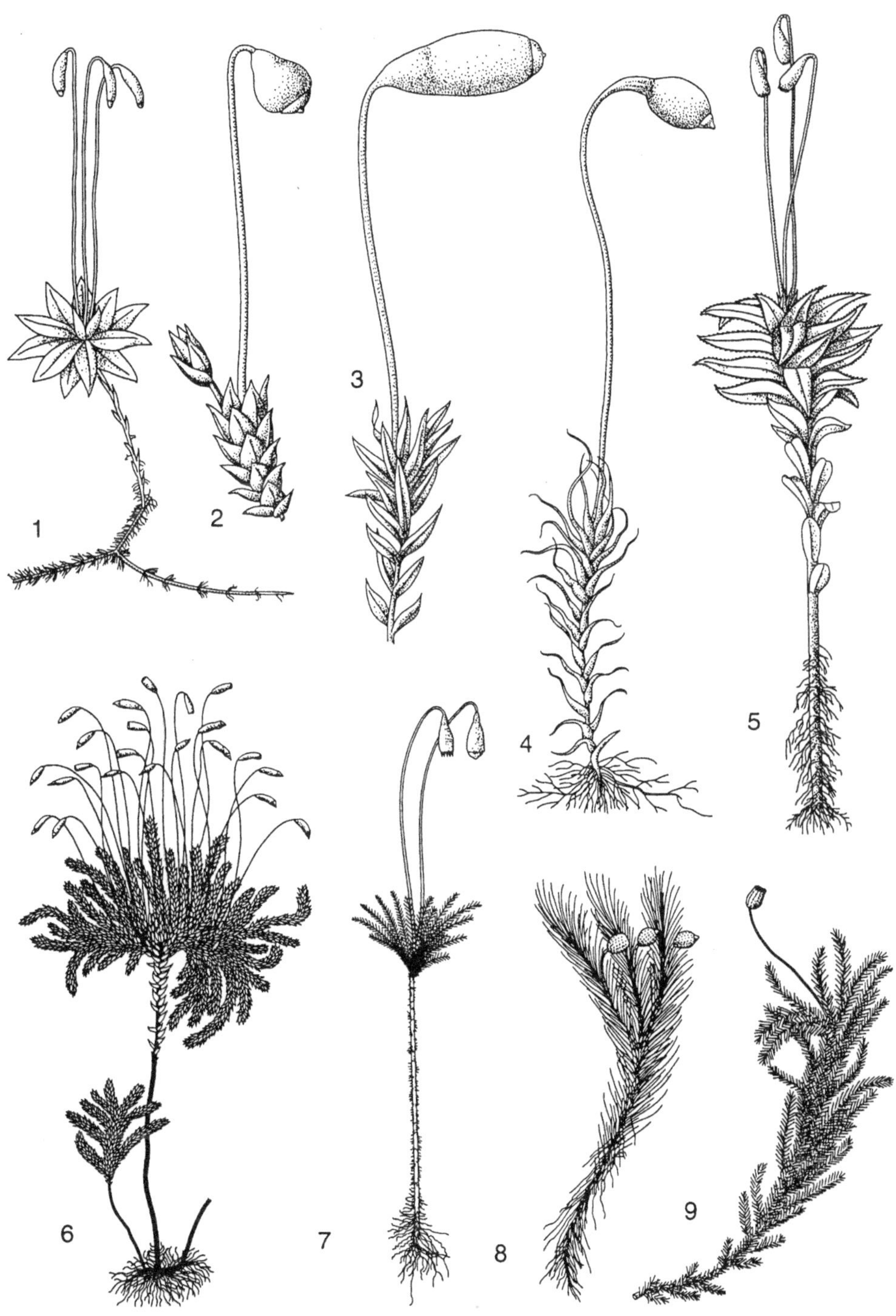

## 2. Familie Mniaceae

Mittelgroße Pflanzen mit aufrechten oder niederliegenden Stämmchen. Blätter breitlanzettlich mit Rippe und meist gesäumtem Blattrand. Laminazellen meist glatt, sechseckig. Antheridienstände scheibenförmig (*splash-cup* Mechanismus). Sporophyt ähnlich dem der Bryaceae mit lang gestieltem und rundlichem bis zylindrischem, nickendem bis waagerechtem Sporogon. Manche Arten sind polysetisch (Abb. 3-49.5).

Weltweit 10 Gattungen mit 90 Arten, darunter *Mnium* (inkl. *Rhizomnium, Plagiomnium*) mit 70 Arten, fast ausschließlich auf der Nordhalbkugel (nur 1 Art in den tropischen Gebirgen sowie eine auf Neuseeland). *Mnium hornum* ist eines der häufigsten Waldbodenmoose Mitteleuropas. *Trachycystis* (sehr ähnlich *Mnium*, aber mit mamillösen Laminazellen) kommt rezent mit 3 Arten in Ostasien vor, ist aber aus dem Tertiär Europas bekannt. Eine in 45 Millionen Jahre altem Bernstein eingeschlossene Probe ist mit der ostasiatischen *T. flagellaris* identisch. Sie ist im Verlauf des Quartärs in Europa ausgestorben, hat aber (ähnlich wie *Gingko biloba*) in Ostasien überdauert.

## 3. Familie Leptostomataceae

Diese Familie ist nur durch die Gattung *Leptostomum* vertreten, die hauptsächlich in den temperaten Breiten der Südhemisphäre vorkommt. Die Pflanzen ähneln den Mniaceae, besitzen aber ein reduziertes Peristom.

## 4. Familie Rhizogoniaceae

*Mnium*-ähnliche Pflanzen in den Tropen und der Südhemisphäre. Acht Gattungen mit 45 Arten. *Rhizogonium* (15 Arten) zweizeilig beblättert, *Pyrrhobryum* (15 Arten) spiralig.

## 5. Familie Hypnodendraceae

Nur mit den Gattungen *Hypnodendron* (25 Arten) und *Braithwaitea* (1 Art). Die Pflanzen bilden große (bis 10 cm hohe) Schirmchenmoose (Abb. 3-49.6), eine dendroide Wuchsform mit kriechender Grundachse, nackten oder mit Niederblättern besetzen Stämmchen sowie flachen, schirmartigen Wedeln. Die Sporophyten entspringen in Vielzahl aus der Mitte dieser Schirme. Die Vertreter dieser Familie sind auf Ostaustralien, Neuseeland und Neu-Kaledonien beschränkt.

## 6. Familie Mitteniaceae

Mit nur einer Art, *Mittenia plumula*, in Australien, Neuseeland und Tasmanien. Die Art besitzt einen ähnlichen Bau und ein vergleichbares Leuchtprotonema wie *Schistostega* auf der Nordhemisphäre, was als extreme Konvergenz gedeutet wird.

## 7. Familie Ptychomitriaceae

Gesteinsmoose von sehr variabler Größe von 1 mm bis 5 cm Höhe. Blätter lanzettlich, trocken kraus, Laminazellen oberwärts rundlich, unterwärts verlängert. Blattflügelzellen vorhanden. Sporogon aufrecht, zylindrisch, lang geschnäbelt, mit mützenförmiger

Haube. Die Familie wird auch teilweise zu den Grimmiales gestellt. *Campylostelium saxicola* mit nur 1 mm hohen Stämmchen wächst selten auf feuchtschattigen Silikatgestein. *Ptychomitrium polyphyllum* kommt selten auf etwas basenreicherem Silikatgestein in Westeuropa.


## 8. Familie Timmiaceae

Große, *Atrichum*-artige Moose. Blätter aber ohne Rippenlamellen, am Grunde scheidig. Obere Laminazellen rundlich, untere langgestreckt. Nur eine Gattung mit 6 Arten in boreo-alpinen Gebieten der Nordhemisphäre.


## 9. Familie Aulacomniaceae

Pflanzen mit breit-lanzettlichen Blättern und kleinen, rundlichen, papillösen Laminazellen. Nur *Aulacomnium* (7 Arten) in der Nordhemisphäre und *Leptotheca* (4 Arten) in der Südhemisphäre. *Aulacomnium palustre* ist eine stattliche Pflanze mit starkem Wurzelfilz in Mooren. *A. androgynum* bildet kleine Polster auf morschem Holz und Sandstein. Beide bilden (*A. androgynum* regelmäßig, *A, palustre* selten) Brutkörper an der Spitze von unbeblätterten Stämmchen.


## 10. Familie Meesiaceae

Größere Sumpfmoose mit 3- oder 5-zeiliger Beblätterung, rhombischen (selten rundlichen) Laminazellen sowie langgestielten Sporogonen mit langem Hals. 3 Gattungen (*Meesia* mit 12, *Amblyodon, Paludella* mit je 1 Art) in der Nordhemisphäre, zumeist boreo-alpin. *Meesia*-Arten kommen in Europa überwiegend in Mooren (nur *M. uliginosa* auch an Kalkgestein in den Alpen) vor,  in Skandinavien und früher als Glazialrelikte in Mooren Mitteleuropas, wo sie zumeist in diesem Jahrhundert ausgestorben sind (*M. triquetra* noch selten in Voralpenmooren). *Paludella* mit auffällig breitlanzettlichen, zurückgekrümmten Blättern in Kalkflachmooren der Arktis und sehr selten der Alpen, in Mitteleuropa früher in Quellmooren, dort jedoch in letzter Zeit weitgehend ausgestorben.


## 11. Familie Catoscopiaceae

Mit nur einer Art, *Catoscopium nigritum*, in arktisch-alpinen Kalkflachmooren der Nordhemisphäre. Gametophyt zart, unscheinbar, mit kleinen Blättchen mit quadratischen Laminazellen, zumeist in großen Bulten oder Decken wachsend. Sporogon auf 1 cm langer Seta, kugelig, waagerecht abstehend.


## 12. Familie Bartramiaceae

Bartramiaceae zeichnen sich durch kugelige Kapseln aus ("Apfelmoose"). Die Laminazellen sind mamillös bis (oft stark) papillös. Die Antheridienstände sind von

Hochblättern umgeben und blütenartig. Weltweit existieren 9 Gattungen mit ungefähr 400 Arten. *Bartramia* (95 Arten, Abb. 3-49.8) kommt weltweit in temperaten Gebieten sowie den tropischen Gebirgen vor. Das einheimische *B. pomiformis* wächst auf neutralem Gestein der Mittelgebirge. *Philonotis* ("Quellmoos", 180 Arten) ist charakteristisch für quellige Standorte (Sümpfe, Wasseraustritte an Felsen, nasse Böden). Die häufigste einheimische Art ist *Ph. fontana. Breutelia-Arten* (>100 Arten ) sind charakteristisch für hochmontane Waldböden in den Tropen (Abb. 3-49.9). In den euozeanischen Gebieten Europas hat sich *B. tomentosa* vermutlich als Tertiärrelikt gehalten. *Conostomum* (7 Arten) mit deutlich fünfreihiger Beblätterung hat sich weltweit in Hochgebirgen etabliert. *Conostomum tetragonum* kommt bipolar in der Nord- und Südhemisphäre vor.

Weitere nur tropische oder südhemisphärische Familien sind die Phyllodrepaniaceae, Calomniaceae und Spiridentaceae.


## 10. Ordnung Orthotrichales

Es handelt sich um eine Gruppe von Felsmoosen und Epiphyten, wobei die Felsmoose als ursprünglich angesehen werden und die epiphytische Lebensweise als moderne Entwicklungen innerhalb der Evolution. Die Blätter (überwiegend mit Mittelrippe) haben ein parenchymatisches, papillöses Zellnetz, was als Anpassung an die genannten Standorte zu deuten ist. Dementsprechend sind auch Hydroiden in den Stämmchen und Stereiden in den Blattrippen als Mechanismen einer inneren Wasserleitung reduziert. Bei den Sporophyten besteht die Tendenz, die Seten zu verkürzen (bis zu eingesenkten Sporogonen). Sporogone werden vielfach pseudopleurokarp gebildet (die Hauptstämmchen werden von Seitenästen übergipfelt).

Die Sporogone sind kurz zylindrisch, selten rundlich, und besitzen phaneropore oder kryptopore Spaltöffnungen im Sporogonhals. Das Peristom ist diplolepid mit Exo- und Endostom, in Ausnahmefällen durch Ausfall des Endo- oder Exostoms  zu einem Zahnkranz reduziert (*Orthotrichum "anomalum"*). Bei Orthotrichaceae kommen zweigestaltige, ungleich große und geschlechtlich differenzierte Sporen vor (Anisosporie).

Häufigste Chromosomenzahl ist 11 (oder durch Aneuploidie 10 bzw. 12) bzw. 6 oder 20,21,22.


### 1. Familie Orthotrichaceae

Polsterförmige Fels- und Rindenmoose. Sporogone meist eingesenkt. Kalyptren behaart. Eine artenreiche Gruppe mit weltweit 23 Gattungen und über 900 Arten. Die vorwiegend epiphytischen *Orthotrichum*- (Abb. 3-50.1, ca. 33 in Europa) und *Ulota*-Arten (Abb. 3-50.2, 9 Arten in Europa) stellen empfindliche Bioindikatoren für die Luftverschmutzung. Noch vor 10 bis 30 Jahren waren sie in weiten Gebieten Deutschlands aufgrund der hohen $SO_2$-Belastung ausgestorben. Inzwischen wird das verlorene Terrain wiedererobert und (offenbar als Folge der hohen $NO_x$-Emissionen) sogar Städte wiederbesiedelt. *Zygodon*-Arten sind in den tropischen Gebirgen mit über 80 Arten verbreitet. Sie bilden

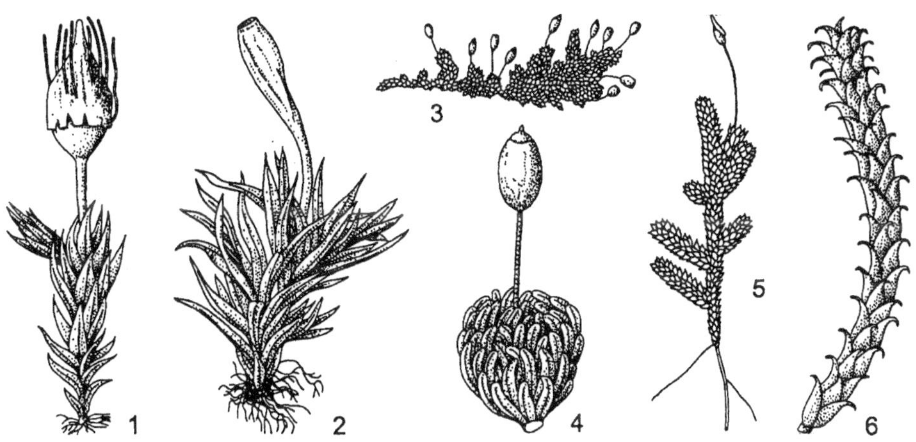

**Abb. 3-50:** Orthotrichales. 1. *Orthotrichum anomalum* (15 x). 2. *Ulota bruchii* (6,5 x). 3-4. *Macromitrium incurvum.* 3. Pflanze (nat. Gr.). 4. Ausschnitt (4 x). 5-6. *Braunia secunda* (nat. Gr.). 6. Ausschnitt. (1, 3-5 n. Brotherus, 2 n. Landwehr 1966).

mehrzellige, spindelförmige Brutkörper auf den Blättern. In Europa kommen nur 4 Arten vor, die ebenfalls empfindliche Bioindikatoren darstellen, von denen *Zygodon viridissimus* die häufigste Art ist. *Zygodon forsteri* kam sehr zerstreut in Europa vor und hatte bei Bonn (Kottenforst, Siebengebirge) im letzten Jahrhundert neben dem Oberrheintal eines der wenigen Vorkommen in Deutschland. Der letzte Nachweis aus dem Siebengebirge datiert von 1940. Seitdem ist die Art in Deutschland ausgestorben,

In den Tropen bilden *Macromitrium* (Abb. 3-50.3), *Macrocoma* und *Schlotheimia* mit über 500 Arten die artenreichsten Gattungen der Familie.


### 2. Familie Hedwigiaceae

Überwiegend kriechende Gesteinsmoose (Abb. 3-50.5-6). Blätter ohne Rippe, z.Tl. in Haarspitzen endend. Sporogone pseudolateral, Pflanzen daher vom Aussehen eines pleurokarpen Laubmooses. 4 Gattungen mit 25 Arten. In Europa ist *Hedwigia ciliata* eine Charakterart nährstoffarmer Silikatfelsen. *Braunia alopecura* ist auf wenige Vorkommen in den Südalpen beschränkt und gilt als Tertiärrelikt.


### 3. Familie Rhacocarpaceae

Mit nur einer, von 21 auf 7 Arten reduzierten Gattung. Felsmoose in der Südhemisphäre und den tropischen Gebirgen mit offenbar gondwanaländischem Ursprung und stärkerer Artbildung in den Anden sowie auf Neuguinea. Die Pflanzen ähneln Hedwigiaceae, besitzen aber Blattflügelzellen sowie eigenartige, unter den Moosen bisher einzig aus dieser Gattung bekannte Kanalsysteme in den Zellwänden der Lamina (Abb. 3-51) mit unbekannter Funktion (Nährstoffaufnahme?, Wasseraufnahme?). Ferner sind die Zellen von "kühlrippenartigen" Strukturen in der Zellwand umgeben, deren Funktion ebenfalls nicht geklärt ist. Da die

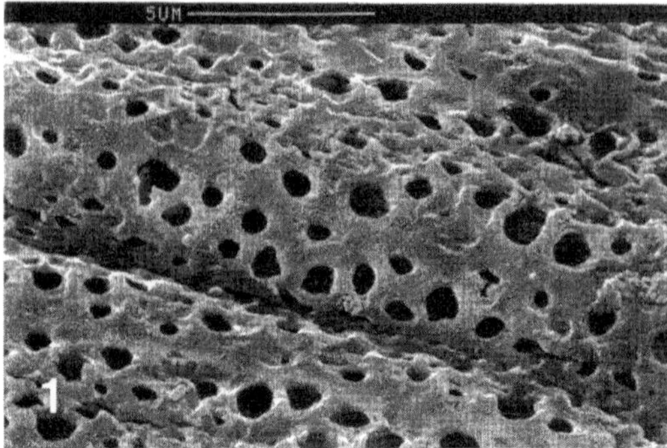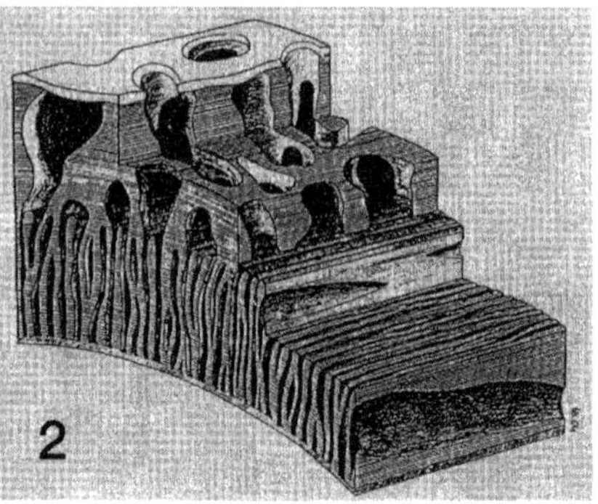

**Abb. 3-51:** *Rhacocarpus* spec. 1. REM-Aufnahme der Blattoberfläche mit Lakunen in der Zellwand. 2. Dreidimensionale Rekonstruktion der Zellwand (Orig. W. Barthlott).

Sporogone peristomlos sind, war die systematische Stellung aufgrund der starken gametophytischen Abweichungen nicht zu klären, doch haben molekularsystematische Studien erwiesen, dass die Gattung in die Verwandtschaft der Hedwigiaceae gehört.

## 11. Ordnung Neckerales

Diese Gruppe wird auch vielfach als Isobryales bezeichnet. Das Peristom ist diplolepid, doch vielfach reduziert. Die Pflanzen besitzen meist kriechende Grundachsen (primäres Stämmchen) sowie davon ausgehende Äste (Sekundärstämmchen), die ihrerseits wieder verzweigt sein können. Die Sekundärstämmchen können hängend sein (Abb. 3-52.1,7, z.B. Meteoriaceae) oder aufrecht und dann bäumchenförmige Verzweigungssysteme bilden (Abb. 3-52.2,5, z.B. Climaciaceae, Thamniaceae, Lembophyllaceae). Die Beblätterung kann zweizeilig (Phyllogoniaceae), dreizeilig (Fontinalaceae) oder spiralig sein. Die Laminazellen sind parenchymatisch oder prosenchymatisch. Eine Blattrippe ist oft vorhanden, aber nur schwach entwickelt; sie kann auch reduziert sein. Häufig sind Blattflügelzellen vorhanden.

Die Familie ist mit 25 Familien schwerpunktmäßig in den Tropen verbreitet. In Europa kommen nur 8 Familien vor.

### 1. Familie Fontinalaceae

Fontinalaceae sind Wassermoose. *Dichelyma* (5 Arten) und *Brachelyma* (2 Arten) besitzen eine Rippe und eine kriechende Grundachse, *Fontinalis* (ca. 20 Arten) hat keine kriechende Grundachse und keine Rippe. *Fontinalis*-Arten sind submers flutende Moose mit dreizeiliger Beblätterung, die bei manchen Arten noch durch kielig gefaltete Blätter betont wird. Häufigste Art ist *F. antipyretica,* an Steine angeheftet in oligotrophen Bächen bis in mesosaprobe Flüsse, auch in Stillgewässern (Waldweihern) an Baumwurzeln angeheftet oder losgelöst flutend. Wie viele Wassermoose produziert *Fontinalis* nur Sporogone, wenn die Pflanzen trocken fallen. Das Exostom ist verwachsen, aber durchbrochen (Abb. 3-35.6). *Dichelyma* und *Brachelyma*-Arten kommen zur Hauptsache im östlichen Nordamerika vor; zwei *Dichelyma*-Arten auch in Skandinavien. *Dichelyma capillaceum* hat eine eigenartige Verbreitung an einigen Stellen in Mittel- und Südschweden sowie in Südfinnland (wo die Art die Eiszeit sicherlich nicht hat überdauern können, sondern sich vielleicht erst später durch Fernverbreitung aus Nordamerika angesiedelt hat) und ist darüber hinaus an jeweils einer Stelle im Baltikum, Polen, Deutschland und Frankreich gefunden worden. Der deutsche. Fundort wurde 1916 in der Ville bei Brühl entdeckt. Dort wurde die Art bis 1924 nachgewiesen und galt seitdem als in Deutschland ausgestorben. 1997 wurde sie dort auf einer Exkursion mit Bonner Studenten wiederentdeckt.


## 2. Familie Cryphaeaceae

Meist epiphytische Vertreter, seltener Felsmoose in 8 Gattungen mit annähernd 100 Arten. Blätter trocken dicht anliegend, mit Rippe und rundlichen, überwiegend glatten Laminazellen. Die Kapseln sind eingesenkt (Abb. 3-52.1-3).

In Europa ist die Familie nur durch die Gattung *Cryphaea* mit 2 mediterran-atlantischen Arten vertreten. Das Areal von *Cryphaea heteromalla* reichte entlang der wintermilden Küste nordwärts bis Jütland und Südschweden. In den letzten 150 Jahren ist die Art unbeständig und sehr selten im Binnenland aufgetreten, offenbar immer nur in wärmeren Perioden. In den letzten 10-15 Jahren wurde sie jedoch dort vermehrt gefunden. Der Grund dafür ist nicht bekannt. Es kann sich um eine Folge der milderen Winter handeln, aber auch um eine Förderung durch $NO_x$-Emissionen.


## 3. Familie Leucodontaceae

Elf Gattungen mit 86 überwiegend epiphytischen aber auch epipetrischen Arten. Die Blätter haben oft Nebenrippen. Die Familie ist in Europa durch 3 Gattungen vertreten. *Leucodon sciuroides* wächst hauptsächlich epiphytisch an Laubholzstämmen und bildet trocken aufwärts gekrümmte Äste ("Eichhörnchenschweifmoos"). Es ist gegen Luftverunreinigung empfindlich, weswegen die Art selten geworden und meist auf die höheren Mittelgebirgslagen beschränkt ist. In etwas stärker belasteten Gebieten wechselt sie auf (besser gepufferte) Gesteinssubstrate. *Antitrichia curtipendula* ist ebenfalls eine überwiegend epiphytische Art, die früher bis ins Flachland verbreitet war, dort aber schon zu Ende des letzten Jahrhunderts ausgestorben ist (letzter Nachweis z.B. im Siebengebirge 1920). In den höheren Mittelgebirgslagen hat sie sich länger halten können, ist dort (z.B. im Schwarzwald, Eifel, Westerwald) aber auch vor 30 Jahren der stärkeren Luftverschmutzung (oder dem Sauren Regen) zum Opfer gefallen und hat sich nur noch auf Felsen halten können. Nur in den wenig belasteten Vogesen ist sie noch reichlich epiphytisch und auch mit Sporophyten zu finden. *Pterogonium gracile* mit kleinen, drehrund beblätterten, bäumchenförmigen Pflanzen ist nur in wärmeren Lagen auf kalkfreiem Gestein zu finden, z.B. häufiger im Rhein- und Moseltal und deren Seitentälern.

## 4. Familie Neckeraceae

Die Arten dieser Familie sind 4- bis 8-zeilig beblättert, die Blätter sind aber charakteristischerweise verflacht (Abb. 3-52.8). Die Blätter sind zungenförmig. Weltweit 13 Gattungen mit knapp 200 Arten. In der heimischen Flora ist *Neckera* mit 5 Arten vertreten, von denen *N. complanata* und *N. crispa* auf Kalkgestein als auch epiphytisch an basenreicher Borke besonders in Kalkgebieten verbreitet sind. *Homalia* ist mit 18 Arten vorwiegend in den Tropen verbreitet und kommt bei uns mit *H. trichomanoides* an feuchtschattigen Baumbasen und Felsen vor (2 weitere Arten im Mittelmeergebiet). *Leptodon* (in Europa nur *L. smithii* im Mittelmeergebiet) bildet flache, 2- bis 3-fach gefiederte Wedel, die sich bei Trockenheit schneckenförmig einrollen (Abb. 3-52.3). Ursache für diesen Mechanismus sind asymmetrische Verdickungen im Stengelquerschnitt.

## 5. Familie Thamnobryaceae

Thamnobryaceae bilden bäumchenförmige Moose, flache Wedel bei *Porotrichum* und *Porothamnium* mit jeweils 44 Arten in den Tropen, richtige Bäumchen bei *Thamnobyrum* mit 40 Arten. In Europa ist die Familie nur durch *Thamnobryum alopecurum* vertretren, das große, dunkelgrüne Pflanzen an Felsen im Spritzwasserbereich von Bächen bildet.

## 6. Familie Climaciaceae

Wie die Thamnobryaceae bäumchenförmige Moose mit nur einer Gattung und weltweit 4 Arten. In Europa nur *Climacium dendroides* in bis zu 10 cm hohen, gelbgrünen Pflanzen auf Sumpfwiesen.

## 7. Familie Pterobryaceae

Tropische Familie mit 30 Gattungen und ca. 300 Arten, vielfach bäumchenförmig (Abb. 3-52.5) oder schweifförmig (Abb. 3-52.4). In Europa nur *Myurium hochstetteri* (als Tertiärrelikt?) an wenigen Stellen Irlands und der Hebriden, auch auf den Azoren und Madeira.

## 8. Familie Meteoriaceae

Ebenfalls eine tropische Familie mit 19 Gattungen und ca. 300 Arten, die oft Massen von "Hängemoosen" in luftfeuchten Gebieten der Bergregenwälder (Nebelwälder) bilden (Abb. 3-52.7), wobei sie Nebelfeuchtigkeit aus der Luft auskämmen. Neuesten molekularsystematischen Arbeiten zu Folge sind die Meteoriaceae keine natürliche Gruppe sondern polyphyletisch und vermutlich als konvergente Anpassung unterschiedlicher Verwandtschaftsgruppen an das Nebelkämmen entstanden.

---

**Abb. 3-52:** Neckerales. 1. *Dendrocryphaea gorveana* (nat. Gr.). 2-3. *Dendroalsia abietina*. 2. Habitus feucht (nat. Gr.). 3. Habitus trocken (nat. Gr.). 4. *Prionodon laeviusculus* (nat. Gr.). 5. *Pterobryum densum* (nat. Gr.). 6-7. *Papillaria amblyacris*. 6. Pflanze (nat. Gr.). 7. Blatt (20 x). 8. *Neckera undulata* (nat. Gr.) (n. Brotherus 1924-1925).

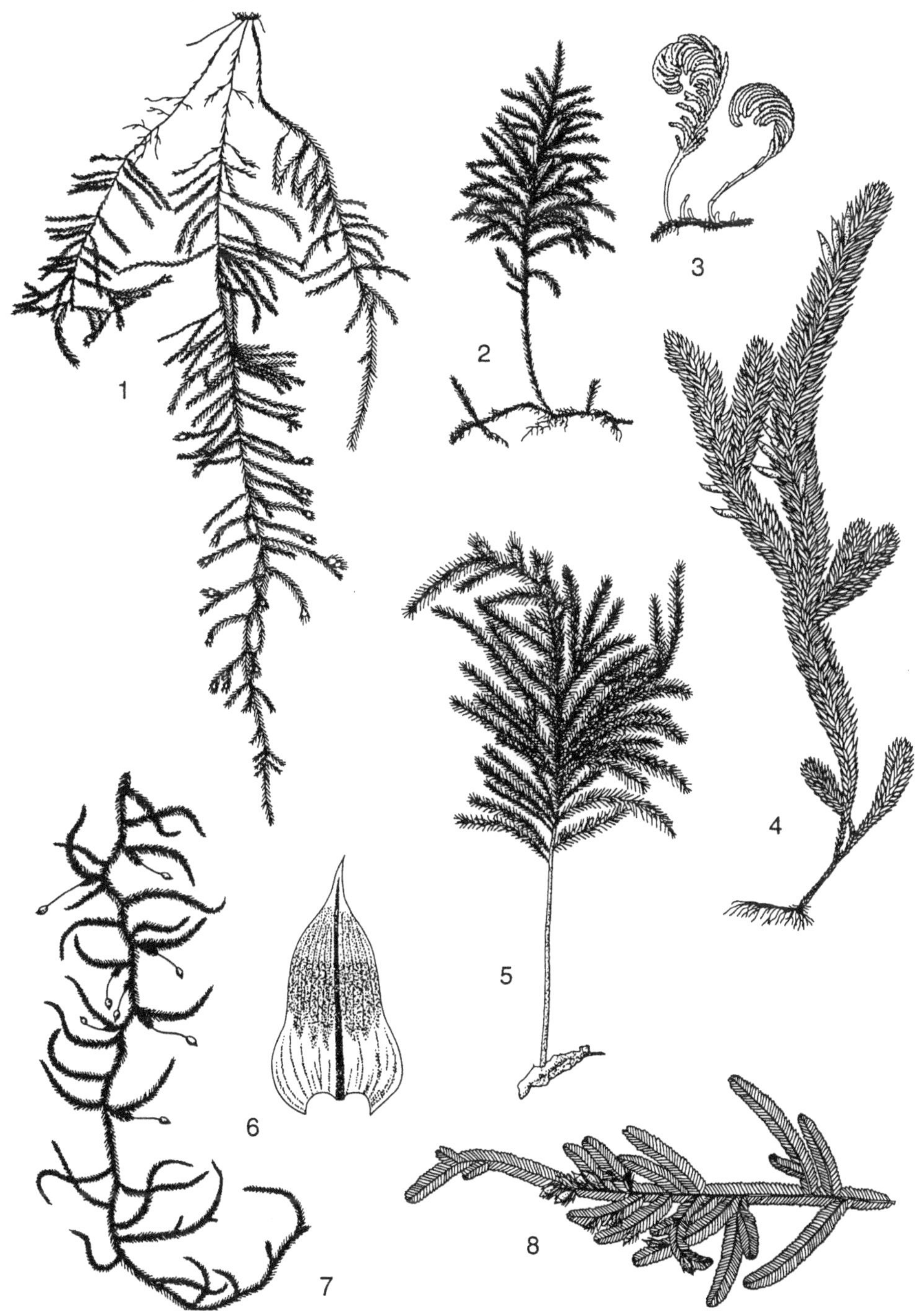

Daneben gibt es noch eine Reihe weiterer überwiegend tropischer Familien wie Pleuroziopsidaceae, Lembophyllaceae, Phyllogoniaceae, Sorapilaceae, Trachylomaceae, Garovagliaceae, Ptychomniaceae, Trachypodaceae, Racopilaceae, Echinodiaceae, Prionodontaceae, Rutenbergiaceae und Hydropogonaceae.

## 12. Ordnung Hookeriales

Eine Ordnung mit 44 Gattungen mit ungefähr 1000 Arten überwiegend in den Tropen. Die Pflanzen sind vorwiegend kriechend mit spiralig bis häufig auch verflacht beblätterten Stämmchen. Eine Blattrippe kann einfach sein (Abb. 3-53.2) oder fehlen, häufiger besteht sie auffälligerweise aus einer Doppelrippe (Abb. 3-53.5,10). Das Zellnetz der Lamina besteht häufig aus isodoametrischen Zellen (Abb. 3-53.6). Früher wurde die Ordnung nur in die Hookeriaceae und Daltoniaceae geteilt, heute unterscheidet man die Hookeriaceae mit rippenlosen Blättern, Daltoniaceae mit einfachen Rippen, und die Callicostaceae mit Doppelrippen. Letztere ist die artenreichste Gruppe. Die Sporogone besitzen eine auffällig behaarte Kalyptra (Abb. 3-53.9)

In Europa kommen nur 6 Gattungen mit je einer Art vor, als Arten tropischer Verwandschaft nur in milden Gebieten. *Hookeria lucens* (Abb. 3-53.7-8) kommt an quelligen Stellen in den ozeanischen Teilen Westeuropas vor. Dieser Standort sichert im Winter Frostfreiheit. Die Stämmchen besitzen im Querschnitt teilweise perforierte Querwände (Abb. 3-53.8), die als Siebplatten-artige Strukturen gedeutet werden können und vermuten lassen, dass es sich bei dem Stämmchenparenchym eher um ein Leitparenchym handelt, also ein reduziertes Leptom. *Cyclodictyon laetevirens* und *Daltonia splachnoides* kommen nur an der West- und Südküste der Iberischen Halbinsel bzw. in Irland vor; sie gelten als tropische Reliktarten aus dem Tertiär. *Distichophyllum carinatum* kommt an wenigen Stellen der nördlichen Kalkalpen vor, sowie an vergleichbaren Stellen in Japan, eine kaum erklärbare Disjunktion. Die Erklärung als Tertiärrelikt ist hier - wie auch bei anderen sog. Tertiärrelikten in den Südalpen - nicht schlüssig, da diese Gebiete im Pleistozän vergletschert waren. *Calyptrochaete apiculata* ist aus der Südhemisphäre lokal in England eingeschleppt und verwildert. *Tetrastichium virens* kommt von den Azoren und Madeira bis nach Südspanien vor.

Zu den Hookeriales werden die Hypopterygiaceae gerechnet, schirmchenförmige, vorwiegend tropische Moose. Sie ähneln habituell den Hypnodendraceae, haben aber eine flache anisophylle Beblätterung (große Dorsalblätter und kleine Ventralblätter). Ca. 60 Arten weltweit; in Europa sind einige Arten in Gewächshäusern eingeschleppt, und *H. muelleri* aus Australien ist in Portugal verwildert.

## 13. Ordnung Thuidiales

Kriechende bis aufsteigende, vielfach auffällig 2- bis 3-fach gefiederte, pleurokarpe Moose. Blätter kurz, breitlanzettlich, mit Mittelrippe und zumeist kurz ovalen bis rundlichen Laminazellen, die vielfach papillös sind. Sporogone gestielt. Chromosomenzahlen n = 10-12. Erd- und Felsmoose, seltener an Borke und in Sümpfen.

### 1. Familie Fabroniaceae

Sehr zarte Rindenmoose, weltweit 8 Gattungen mit über 100 Arten, in Europa nur wenige Vertreter mit südlicher Verbreitung. *Fabronia ciliaris* aus dem Mittelmeergebiet (mit einem disjunktem Vorkommen im Saaletal) ist schon aus dem Baltischen Bernstein bekannt.

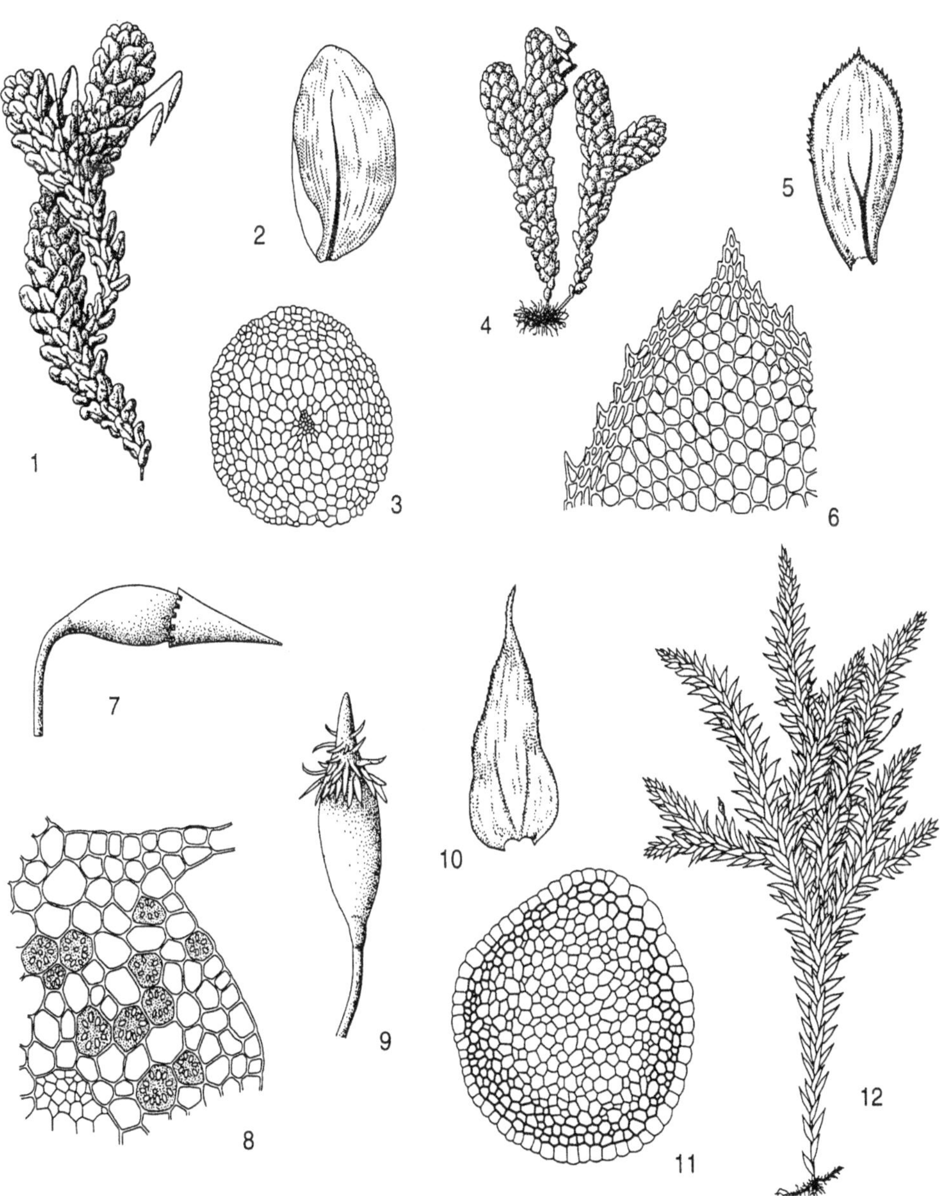

**Abb. 3-53:** Hookeriales. 1-3. *Pterygophyllum quadrifarium.* 1. Habitus (nat. Gr.). 2. Blatt (5 x). 3. Stämmchenquerschnitt (35 x). 4-6. *Eriopus cristatus.* 4. Habitus (nat. Gr.). 5. Blatt (7 x). 6. Blattspitze mit Laminazellen (100 x). 7-8. *Hookeria lucens.* 7. Sporophyt (10 x). 8. Ausschnitt aus dem Stämmchenquerschnitt mit Siebplatten (150 x). 9-12. *Lepidopilum polytrichoides.* 9. Sporogon mit behaarter Kalyptra (8 x). 10. Blatt mit Doppelrippe (6 x). 11. Stämmchenquerschnitt (40 x). 12. Habitus (nat. Gr.). (n. Brotherus 1924-1925).

## 2. Familie Pterigynandraceae

Pflanzen mit dachziegeliger Beblätterung mit kurzer bis fehlender Rippe. Eine Gruppe mit unklarer systematischer Zugehörigkeit, die aufgrund der ovalen, am Rücken papillösen Laminazellen teils in die Thuidiales teils in die Entodontaceae oder eine eigene Familie gestellt wurde. *Pterigynandrum filiforme* ist eine Charakterart der hochmontanen Wälder an Baumstämmen und Felsen, die selten in tiefere Lagen geht und als Rarität in den höchsten Lagen des Siebengebirges vorkommt. *Heterocladium heteropterum* bildet dunkelgrüne Rasen an kalkfreien Felsen der Silikatgebirge.

## 3. Familie Leskeaceae

Rinden- und Felsmoose mit 20 Gattungen in 140 Arten, besonders in den Gebirgen. *Pseudoleskea, Pseudoleskeella* und *Lescuraea* auf Gestein der höheren Mittelgebirgslagen und der Alpen. *Leskea polycarpa* an Borke und Fels im Überschwemmungsbereich der Tieflandflüsse.

## 4. Familie Anomodontaceae

Pflanzen ähnlich den Thuidiaceae, aber ohne regelmäßige Fiederung und ohne Paraphyllien. Die Blätter haben rundliche, papillöse Zellen, weswegen die Pflanzen stumpflich-grün aussehen, weil das einfallende Licht gestreut und nicht reflektiert wird. 4 Gattungen mit 30 Arten, in Deutschland nur die Gattung *Anomodon* mit 5 Arten an Felsen und seltener Borke. Alle *Anomodon*-Arten sind Basenzeiger, die auf Kalkgestein vorkommen, auf Silikatgestein Basenreichtum anzeigen und auf Borke basische Verhältnisse (durch die Borke selber oder durch Staubeinwehungen). *Anomodon viticulosus* bildet bis 10 cm lange, braungrüne, kaum verzweigte Pflanzen, oft in Massenvorkommen in Kalkgebieten.

## 5. Familie Helodiaceae

Eine kleine Gruppe mit 4 Gattungen und 9 Arten, die eine regelmäßige Fiederung und starke Paraphyllienbildung wie die Thuidiaceae haben, aber durch ein prosenchymatisches Zellnetz unterschieden sind. *Helodium blandowii* ist eine holarktische Art in Kalkflachmooren speziell in den borealen Gebieten. Sie kam noch im letzten Jahrhundert vielfach in Deutschland vor und ist hier heute nahezu ausgestorben.

## 6. Familie Thuidiaceae

Regelmäßig gefiederte Moose (zumeist auf Erde, seltener Gestein) mit kleinen, papillösen Blättern. Stämmchen dicht mit Paraphyllien besetzt. Die Paraphyllien (kurze fadenförmige über die gesamte Stämmchenoberfläche verteilte Anhängsel) stehen so dicht, dass sie einen dochtartigen Überzug bilden, der kapillar Wasser leitet. In der heimischen Flora überwiegend durch 4 *Thuidium*-Arten vertreten, die in Kalk- (*Th.*

*pilibertii*) oder Silikatgebieten mit guter Basenversorgung vorkommen. Häufigste Art ist *Thuidium tamariscinum*, welches mit einer dreifachen Fiederung und etagenförmigem Wuchs *Hylocomium splendens* gleicht, aber stumpf (wegen der papillösen Blätter) und nicht glänzend aussieht. Der etagenförmige Wuchs kann als eine Anpassung an den Laubfall gedeutet werden.

## 14. Ordnung Hypnales

Kriechende, niederliegende Pflanzen mit (aus diesem Grunde) reduziertem oder fehlendem Zentralstrang im Stämmchen. Dieses ist mit Paraphyllien oder Pseudoparaphyllien besetzt (schuppenartige Blättchen an Astprimordien). Blätter eilanzettlich, meist mit Blattflügelzellen. Blattrippe nur noch selten gut ausgebildet und häufiger reduziert oder fehlend. Laminazellen prosenchymatisch. Sporogon auf langer Seta, vielfach sehr klein. Peristom diplolepid, Endostom zum Teil fehlend. Kalyptra glatt und kappenförmig.

Die Hypnales bilden oft Massenbestände auf Waldböden oder in Mooren. Fossil sind Hypnales nur aus dem Tertiär nachgewiesen, was in Verbindung mit der progressiven Reduktion von Rippen und Leitgeweben auf eine phylogenetisch junge Gruppe schließen läßt.

### 1. Familie Cratoneuraceae

Artenarme Gruppe von Sumpfmoosen (9 Arten in einer Gattung) mit regelmäßig gefiederten Pflanzen und sicheligen Blättern. Blätter mit Blattflügelzellen und Rippe sowie Paraphyllien. Neuerdings wird die Familie (u.a. wegen unterschiedlich gestalteter, teils glatter, teils papillöser Laminazellen) als monotypisch erachtet und die übrigen Vertreter in die Amblystegiaceae bzw. Helodiaceae gestellt.

In Deutschland ist *Cratoneuron commutatum* (Abb. 3-54.1-2) charakterisistisch für kalkhaltige Quellen und Bäche. Die Art ist kalktuffbildend.

Die Familien Hypnobartlettiaceae und Donrichardsiaceae stellen eigenartige Wassermoose mit sehr breiter Rippe und doppel- bzw. mehrschichtiger Lamina. Innerhalb mehrerer Gattungen (*Donrichardsia, Hypnobartlettia, Gradsteinia, Koponenia, Ochyrea*) ist aus den verschiedensten Teilen der Welt (Slowakei, Texas, Kolumbien, Bolivien, Neuseeland) nur eine Art beschrieben worden, die wiederum nur von der Typuslokalität bekannt ist. Neuere DNA-Sequenzierungen haben ergeben, dass die Vertreter dieser Gattungen trotz dieser  starken anatomisch-morphologischen Abweichungen in die Amblystegiaceae oder Brachytheciacease zu stellen sind. Der Fund von Sporophyten bei einer Art, die mit denen einer am selben Standort zusammen wachsenden Art identisch war, macht es wahrscheinlich, dass es sich bei diesen Arten um somatische Mutationen handelt. Der Auslöser für solche Mutationen ist nicht bekannt.

### 2. Familie Amblystegiaceae

Zumeist nordhemisphärische Erd- und Sumpfmoose in 40 Gattungen mit ca. 260 Arten, die in borealen Sümpfen großen Massenwuchs bilden ("Braunmoose" skandinavischer Autoren). Gattungen sehr variabel, mit oder ohne Rippe, mit oder ohne Blattflügelzellen, mit kurz rhombischen bis prosenchymatischen Laminazellen. In Deutschland häufige Vertreter sind die Gattungen *Leptodictyum, Amblystegium, Amblystegiella, Hygroamblystegium, Drepanocladus* (Abb. 3-54.3-5), *Scorpidium,Campylium, Hygrohypnum* und *Calliergon.*

### 3. Familie Brachytheciaceae

Erdmoose mit Blattrippen und Blattflügelzellen sowie überwiegend prosenchymatischen Laminazellen (Abb. 3-54.6-7). Weltweit 36 Gattungen mit fast 700 Arten. Die Kapseldeckel sind stumpf-kegelig (*Brachythecium*) oder lang geschnäbelt (*Rhynchostegium, Rhynchostegiella, Eurhynchium*), wie schon aus den Gattungsnamen hervorgeht. Häufigster Vertreter ist *Brachythecium rutabulum*, eine nitrophile Art, die in letzter Zeit (offenbar gefördert durch Luftstickstoffdüngung) besonders massig auftritt, dabei neuerdings auch an Baumstämmen.

### 4. Familie Entodontaceae

Pflanzen mit hohlen, eiförmig-stumpfen Blättern und dachziegelartiger Beblätterung, ohne Paraphyllien. Rippe fehlend oder kurz und doppelt. Zellnetz prosenchymatisch. Blattflügelzellen deutlich. 5 Gattungen mit 160 Arten. In Europa durch 4 *Entodon*-Arten vertreten, von denen *E. concinnus* die häufigste Art ist, welche auf Kalktrockenrasen vorkommt. *Pleurozium schreberi* (Abb. 3-54.8-9) ist eine häufige Art auf sauren, frischen Wald- und Heideböden mit auffällig rotem Stämmchen ("Rotstengelmoos"). Ähnlich ist *Scleropodium purum* (Brachytheciaceae) mit grünem Stämmchen ("Grünstengelmoos") und Blattrippen.

### 5. Familie Rhytidiaceae

In Europa nur durch *Rhytidium rugosum* vertreten, welches goldgelbe Pflanzen mit kralliger Beblätterung ("Katzenpfötchenmoos") auf Kalktrockenrasen bildet. Obgleich die Art bei uns in Mitteleuropa nur an Xerothermstandorten auftritt, reicht ihr Areal bis weit in die Arktis.

### 6. Familie Plagiotheciaceae

Verflacht beblätterte Pflanzen. Blätter ohne oder mit kurzer Doppelrippe, oft asymmetrisch. Ca. 14 Gattungen mit 150 Arten, darunter *Stereophyllum* mit 75 Arten in den Tropen und *Plagiothecium* mit 66 Arten in temperaten Breiten. *Plagiothecium undulatum* ist ein auffällig großes, weißgrünes Moos auf sauren Waldboden im atlantischen Teil Europas. Mehrere schwer bestimmbare *Plagiothecium*-Arten kommen auf saurem Waldboden vor. *Isoptergyium elegans* (mit symmetrischen Blättern) ist charakteristisch für saure, verhagerte Waldböden und nährstoffarme Felsen. Vegetative Vermehrung erfolgt durch blattachselständige Brutfäden.

**7. Familie Sematophyllaceae**

Eine überwiegend tropisch verbreitete Familie mit fast 1000 Arten in 48 Gattungen. Blätter meist mit auffällig geöhrten, aufgeblasenen und gefärbten Blattflügelzellen (Abb. 3-54.10-11). In Deutschland 4 Gattungen mit meist nur einer Art.

*Brotherella lorentziana* vom Aussehen eines *Hypnum cupressiforme* auf Waldboden ist im Vorkommen auf den Südschwarzwald und die Nordalpen beschränkt. Ein solches Areal entzieht sich jeglicher Interpretation, da es sich um ehemals vergletscherte Gebiete handelt, die Art dort also nicht überdauert haben kann, aber sonst nirgendwo anders vorkommt. *Heterophyllium affine*, welche auch in den tropischen Gebirgen Südamerikas vorkommt, ist sehr selten im 19. Jahrhundert, aber nicht mehr rezent in Europa gefunden worden, sodass die Art als ausgestorben gelten muss. *Callicladium haldanianum* ist eine boreo-kontinentale Art, die im Osten Nordamerikas so häufig ist wie hierzulande *Hypnum cupressiforme*. In Europa ist sie nur im Osten häufiger und in Mitteleuropa extrem selten. *Sematophyllum micans* und *S. demissum* sind kleine Gesteinsmoose an feuchten Stellen, im Wesentlichen im eu-atlantischen Westeuropa, nach Osten sehr selten bis in die Vogesen oder den Schwarzwald  reichend.

**8. Familie Hypnaceae**

Pflanzen mit langen, oft sicheligen Blättern ohne Rippe oder mit kurzer Doppelrippe, mit Blattflügelzellen, Pseudoparaphyllien  und prosenchymatischem Zellnetz. 27 Gattungen mit 830 Arten weltweit. In Europa ca. 45 Arten.

Die **Ctenidioideae** bilden regelmäßig gefiederte Pflanzen mit stark sicheligen Blättern. *Ctenidium molluscum* (Abb. 3-54.13-14) ist ein massenhaft auf Kalkgestein auftretendes Moos. *Ptilium crista-castrensis* kommt boreo-montan auf feuchtschattigen Waldböden vor. *Hyocomium armoricum* ist im Vorkommen auf Bachränder im atlantischen Teil Europas beschränkt.

Die **Pylaisioideae** stellen zumeist Epiphyten mit geraden Blättern und geraden aufrechten Sporogonen. *Pylaisia polyantha* ist eine seltenere Art  auf Laubholz. *Platygyrium repens* (Abb. 3-54.12) bildet bronzegrüne Überzüge auf Borke und vermehrt sich vegetativ durch Flagellenäste. Die Art ist früher sehr zerstreut gewesen, wird aber seit 10 Jahren vermehrt aufgefunden, was mutmaßlich auf eine Förderung durch Stickstoffemissionen zurückzuführen ist.

Die **Orthothecioideae** stellen goldglänzende Pflanzen mit schmallanzettlichen, geraden Blättern, ähnlich Homalothecium, aber ohne Rippe. Die 3 europäischen *Orthothecium*-Arten wachsen an feuchten Kalkfelsen in den alpinen Gebirgen und in Skandinavien, sehr selten auch in  Mittelgebirgslagen.

Die **Hypnoideae** sind in Europa mit ca. 20 *Hypnum*-Arten (die Artgewichtung ist bei den einzelnen Autoren sehr unterschiedlich) vertreten. Die häufigste und zugleich auch formenreichste Art ist *H. cupressiforme* (an Gestein und Borke), die sowohl kleine Pflanzen mit geraden  Blättern bildet (besonders an Borke), als auch mittelgroße oder robuste Formen mit sicheligen Blättern. Die unterschiedliche Formenvielfalt könnte ein Resultat von Isolierung in unterschiedlichen Refugien während der Eiszeiten sein; in Nordamerika ist die Art nur in einer Form vertreten. Weitere verbreitete Arten sind *H. lacunosum* auf Kalktrockenrasen, *H. jutlandicum* in Massenbeständen in Heiden

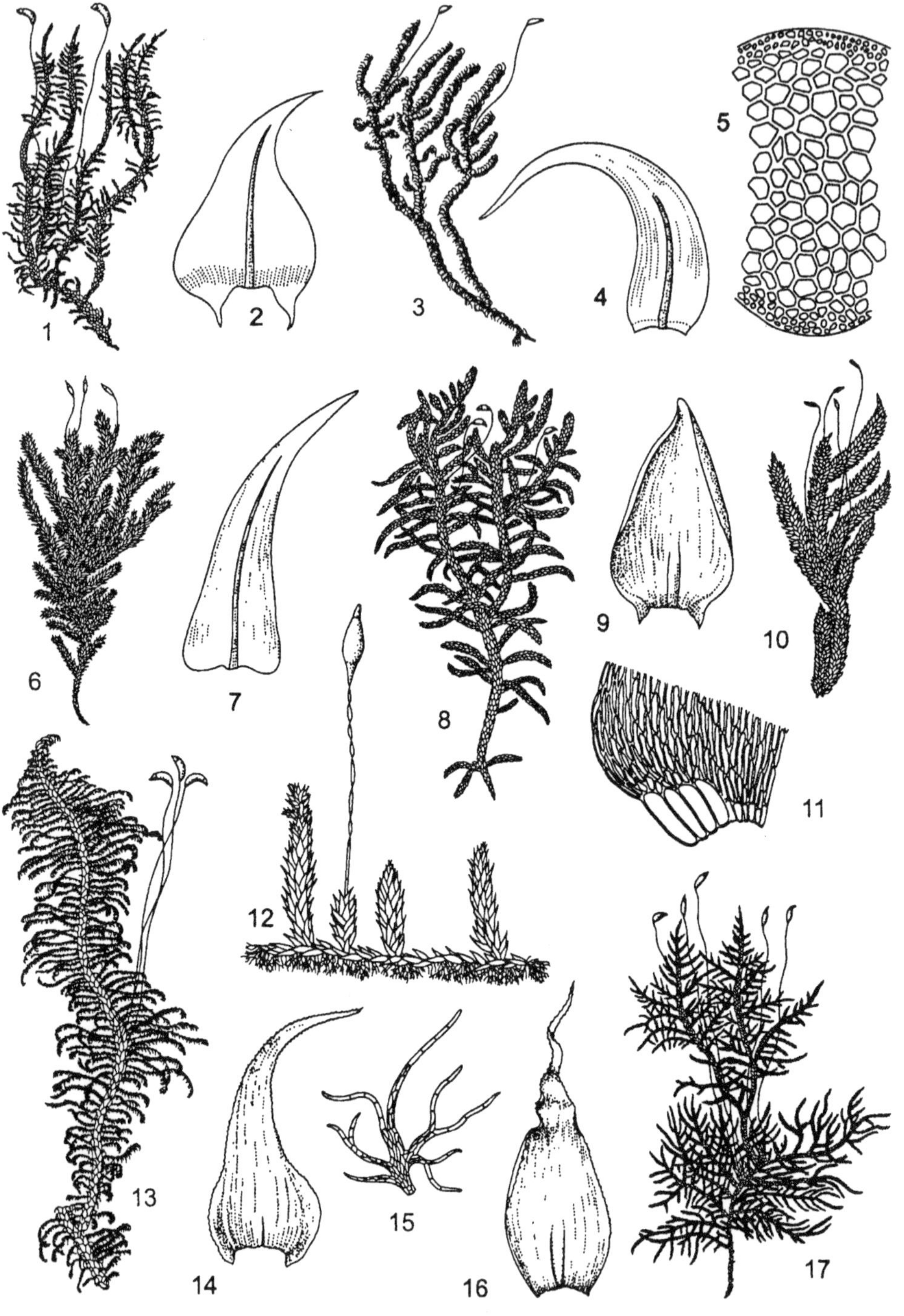

und Kiefernwäldern und *H. mamillatum* an Borke (besonders in "filiformen" Hängeformen). Von *Hypnum cupressiforme* ist eine somatische Mutation unter dem Namen *Hypnum heseleri* aus dem Saarland und den Niederlanden beschrieben worden (jetzt auch in Nordfrankreich und Rheinhessen gefunden). Diese einem *Hypnum* völlig unähnliche Art (mit breiter Blattbasis, plötzlich verschmälerter Blattspitze und kätzchenförmiger Beblätterung) konnte nach seiner Entdeckung im Saarland jahrelang nicht bestimmt werden. Dass es sich dabei um eine bisher übersehene Art handelte, war unwahrscheinlich. Eine Identität mit einer überseeischen Art, die durch Einschleppung nach Deutschland gekommen war, konnte nach jahrelangen Studien ausgeschlossen werden. Schließlich brachte ein  Herbarbeleg aus den Niederlanden mit einem *"heseleri"*-Ast an einer *Hypnum cupressiforme* Pflanze die Erkenntnis, dass es sich dabei um eine somatische Mutation handelt. Dies konnte durch eine Isoenzym-analyse belegt werden, bei der *Hypnum cupressiforme* und das neue "mysteriöse" Moos dieselben Proteinbanden hatten.

Die **Hylocomioideae** stellen stattliche Waldbodenmoose in den Gattungen *Rhytidiadelphus* und *Hylocomium*. *Rhytidiadelphus squarrosus* ist das häufigste "Unkraut" in Zierrasen, war aber trotzdem lange durch die Bundesartenschutzverordnung geschützt. *Hylocomium splendens* (Abb. 3-54.15-17) bildet stockwerkartig verzweigte Pflanzen (ähnlich *Thuidium tamariscinum*) auf sauren Waldböden besonders in montanen Lagen.

---

- Es gibt ca. 16000 Moosarten, von denen 300 auf die Hornmoose, knapp 600 auf die Lebermoose und knapp 10000 auf die Laubmoose entfallen.
- Die Hornmoose sind Moose mit einem einfach aufgebauten thallosen Gametophyt aber einem schotenförmigen Sporophyt mit Tracheophyten-Merkmalen wie Spaltöffnungen und Kolumella. Die Zellen besitzen überwiegend nur einen Chloroplasten (wie bei den Grünalgen), die Sporophyt-Gametophyt-Verbindung ist wie bei den Farnen. Diese Merkmale als auch ultrastrukturelle Merkmale (Bau des Spermatozoides), entwicklungsgeschichtliche Merkmale (Entwicklung der Archegonien), anatomische Merkmale (Besitz von Pseudoeleateren) weisen den Hornmoosen eine deutliche Sonderstellung inenrhalb der Moose zu, weswegen sieals eigene Abteilung geführt werden.

---

**Abb. 3-54:** Hypnales. 1-2. *Cratoneuron filicinum* (Cratoneuraceae). 1. Habitus (nat. Gr.). 2. Blatt (40 x). 3-5. *Drepanocladus fluitans* (Amblystegiaceae). 3. Habitus (nat. Gr.). 4. Blatt (17 x). 5. Teil eines Stengelquerschnittes (125 x). 6-7. *Pleuropus euchloron* (Brachytheciaceae). 6. Habitus (nat. Gr.). 7. Blatt (18 x). 8-9. *Pleurozium schreberi* (Entodontaceae). 8. Habitus (nat. Gr.). 9. Blatt (20 x). 10-11. *Acroporium pungens* (Sematophyllaceae). 10. Habitus (nat. Gr.). 11. Blattgrund mit Blattflügelzellen (100 x). 12. *Platygyrium repens* (Hypnaceae). Habitus (5 x). 13-14. *Ctenidium molluscum* (Hypnaceae). 13. Habitus (nat. Gr.). 14. Blatt (20 x). 15-17. *Hylocomium splendens* (Hylocomiaceae). 15. Paraphyllien (200 x). 16. Blatt (7 x), 17. Habitus (nat. Gr. (n. Brotherus 1924-1925).

- Die Lebermoose sind extrem vielgestaltig. Sie bilden einfach oder komplex gebaute Thalli oder beblätterte Formen. Als gemeinsame Merkmale haben sie einzellige Rhizoiden, wenigzellige Protonemen, Elateren, keine Columella, einen in vier Klappen aufspringendes Sporangon und den Besitz von Ölkörpern in den Zellen.
- Lebermoose lassen sich in die Klassen Treubiopsida, Marchantiopsida und Jungermanniopsida unterteilen.
- Die Treubiopsida sind eine artenarme, urtümliche Gruppe von Moosen, welche Merkmale der Marchantiopsida und Jungermanniopsida vereint und aufgrund von fossilen Nachweisen und molekularen Stammbäumen an der Basis des Lebermoosastes stehen.
- Die Marchantiopsida sind thallose Moose mit einer einschichtigen Sporangienwand und besonderen Ölzellen im Thallus. Die Marchantiidae sind darunter komplex gebaute thallose Moose mit teilweise hoher Thallusdifferenzierung (Atemporen, Assimilations- und Schwammparenchym, Epidermis mit Kutikula, Besitz von Gametangiophoren).
- Die Jungermanniopsida sind entweder thallos (Metzgeriidae) oder folios (Jungermanniidae). Unter ihnen sind die Haplomitriidae die ursprünglichsten Vertreter mit einer Reihe archaischer Merkmale. Die größte Artenentfaltung haben wir bei den Jungermanniidae.
- Die Laubmoose lassen sich in 3 artenarme (Sphagnopsida, Andreaeospida, Takakiopsida) und eine artenreiche Gruppe (Bryopsida) unterteilen.
- Die Sphagnopsida (Torfmoose) haben keine Rhizoide, ein „endloses" Wachstum, eine besondere Blattanatomie mit Chloro- und Hyalocyten, ein Pseudopodium und eine besonders gebaute Sporenkapsel.
- Die Andreaeopsida (Klaffmoose) sind eine Gruppe artenarmer Felsmoose mit Pseudopodium, sich in Längsrissen öffnender Sporenkapsel, Sporen in Tetraden, lappigem Protonema und besonders gebauten Antheridien.
- Die Takakiopsida umfassen nur eine urtümliche Gattung mit 2 Arten, welche sich durch eine Mischung aus Laub- und Lebermooscharakteristika charakterisiert sind.
- Die Bryopsida weisen ein Peristom an der Öffnung der Sporenkapsel auf. Sie werden im Wesentlichen nach dem Bau des Peristoms in die nematodonten Polytrichidae und Tetraphididae und die arthrodonten Buxbaumiidae und Bryidae unterteilt.

# 4 Ökologie

Die Ökologie behandelt die Wechselwirkungen zwischen Organismen und ihrer Umwelt, die Anpassungen der Organismen (morphologisch-anatomisch = Autökologie) als auch ihre Einnischung (Lebensformen, Lebensstrategien, Vergesellschaftung = Synökologie) sowie ihre Reaktion auf Standortfaktoren (Ökophysiologie, hier in Kap. 6 behandelt).

Eine erste Darstellung der Autökologie und Synökologie der Moose gab Herzog (1926) in seiner „Geographie der Moose", die sich an Christ's 16 Jahre zuvor erschienenem „Geographie der Farne" orientierte. Abgesehen von kleineren zusammenfassenden Beiträgen von Gams (1932) und Richards (1932) blieb diese Darstellung der Ökologie der Moose lange Zeit die einzige. Erst in neuerer Zeit sind in den Sammelbänden von Smith (1982) und Longton (1990) einzelne Teile der Moosökologie unter moderneren Aspekten behandelt. Zu solchen aktuellen Teilbereichen gehört die Ökologie von Moosen an Sonderstandorten (Wüsten, Regenwälder, Polargebiete) oder die Behandlung von Lebensformen und Lebensstrategien.

Aufgrund der Abhängigkeit von verfügbarem Wasser, dem poikilohydrischen Lebenssyndrom der Moose, ist diese Pflanzengruppe hinsichtlich ihrer ökologischen Ansprüche und Anpassungen absolut nicht mit Kormophyten zu vergleichen. Ihre dadurch erlangte besondere Eignung als spezielle ökologische Zeigerarten und Bioindikatoren ist in Kap. 11 behandelt.

## 4.1 Morphologisch-anatomische Anpassungen

### 4.1.1 Wuchs- und Lebensformen, Lebensstrategien

Die Morphologie der Pflanzen wird als Anpassung an die Standortfaktoren verstanden. Deswegen ist die Analyse der Morphologie hilfreich bei dem Vergleich des Arteninventars verschiedener Standorte oder Untersuchungsflächen entlang eines ökologischen Gradienten, z.B. einem Transekt.

Man unterscheidet zwischen der Morphologie von einzelnen Pflanzen, welche man **Wuchsform** nennt, also die Größe oder Verzweigung der Pflanze (engl. *growth form*, z.B. gefiederte Kammmoose, Bäumchenmoose), und dem Habitus der zusammenwachsenden Moose, den man **Lebensform** (engl. *life form*, z.B. Rasen, Polster) nennt. In der älteren Literatur werden Wuchs- und Lebensformen vielfach als synonym behandelt

© Springer-Verlag GmbH Deutschland, ein Teil von Springer Nature 2001
J. Frahm, *Biologie der Moose*,
https://doi.org/10.1007/978-3-662-57607-6_4

und die Begriffe durchmischt. Während Wuchsformen rein die Morphologie des Individuums bezeichnen und genotypisch sind, sind die Lebensformen der Ausdruck der ökologischen Anpassung der Art und phenotypisch. Hinzu kommt, dass allgemein als Lebensform die Raunkiaerschen Lebensformen verstanden werden, die eine Überlebensstrategie bedeuten und den Lebensstrategien der Moose (s.u.) vergleichbar sind.

Die **Wuchsformen** der Laubmoose ist von Meusel (1935) näher untersucht worden. Sie hängt von der Wuchsrichtung, der Symmetrie, Verzweigung, Periodizität im Wuchs, der Ausbildung von Seitentrieben u.a. ab. Meusel unterschied orthotrope (aufrechte) und plagiotrope (niederliegende) Moose. Dies ist eine sinnvollere Einteilung als die nach der Position des Sporophyten vorgenommene in akrokarpe und pleurokarpe Moose, da es auch niederliegende akrokarpe Moose gibt und es zudem durch Übergipfelung von Seitenästen bei eigentlich akrokarpen Arten zu einer Pseudopleurokarpie kommen kann. Meusel unterschied:

**Orthotrope Laubmoose**
- Protonemamoose. Der Vorkeim bleibt lange oder auf Dauer erhalten.
- Rhizoidmoose (*Ephemerum, Phascum*)
- Rhizoidstrangmoose (*Polytrichum*)
- basitone Innovationen (*Mnium*)
- akrotone Innovationen (Kurzrasen, Hochrasen, Polster)

**Plagiotrope Laubmoose**
- Fadenmoose (*Eurhynchium*)
- Bäumchenrasen (*Isothecium*)
- Bäumchenmoose (*Thamnobryum*)
- Kriechspross (*Leucodon*)
- Kamm-Moos (*Thuidium*)

Eine durchgehende Zuordnung der Moosarten zu Wuchsformen nach Meusel ist von Düll (1970) in der unvollendeten „Moosflora von Südwestdeutschland" begonnen, aber nicht fertiggestellt worden, und hat wohl auch wenig praktische Bedeutung.

Einzelpflanzen mit einer spezifischen Wuchsform sind zu charakteristischen **Lebensformen** zusammengeschlossen (Abb. 4-1). Es gibt verschiedene Vorschläge für die Klassifizierung der Lebensformen, die zum Teil den Nachteil haben, dass sie regional entwickelt wurden und sich nicht auf andere Gebiete (z.B. die Tropen) übertragen lassen oder aber alle den Nachteil haben, dass man bei der praktischen Arbeit mit diesen Kategorien Schwierigkeiten bei der Zuordnung hat, was dazu führt, dass man einerseits vereinfachen, andererseits aber mehr differenzieren muss. Es wird heute vielfach übersehen, dass bereits Herzog (1926) acht „Haupttypen von Individuenverbänden" (heute als Lebensformen bezeichnet) vorstellte: Herden, Kurzrasen, Hochrasen, Kissen und Polster, Decken, Teppiche, Filze und Gehänge. Später erst erarbeiteten Gimingham & Birse (1957) ein System von Lebensformen (von ihnen als *growth form* bezeichnet)

**Abb. 4-1:** Lebensformen von Moosen. 1. Herde (*Stegonia latifolia*). 2. Kurzrasen (*Campylopus jamesonii*). 3. Polster (*Plagiopus oederi*). 4. Hochrasen (*Dendroligotrichum dendroides*), zugleich Wuchsform Bäumchen. 5. Gehänge (*Pilotrichella flexilis*). 6. Schweif (*Spiridens reinwardtii*). 7. Decken (*Camptothecium megaptilum*). 8. Wedel (*Braithwaitea sulcata*) (Vorlagen aus Herzog 1926).

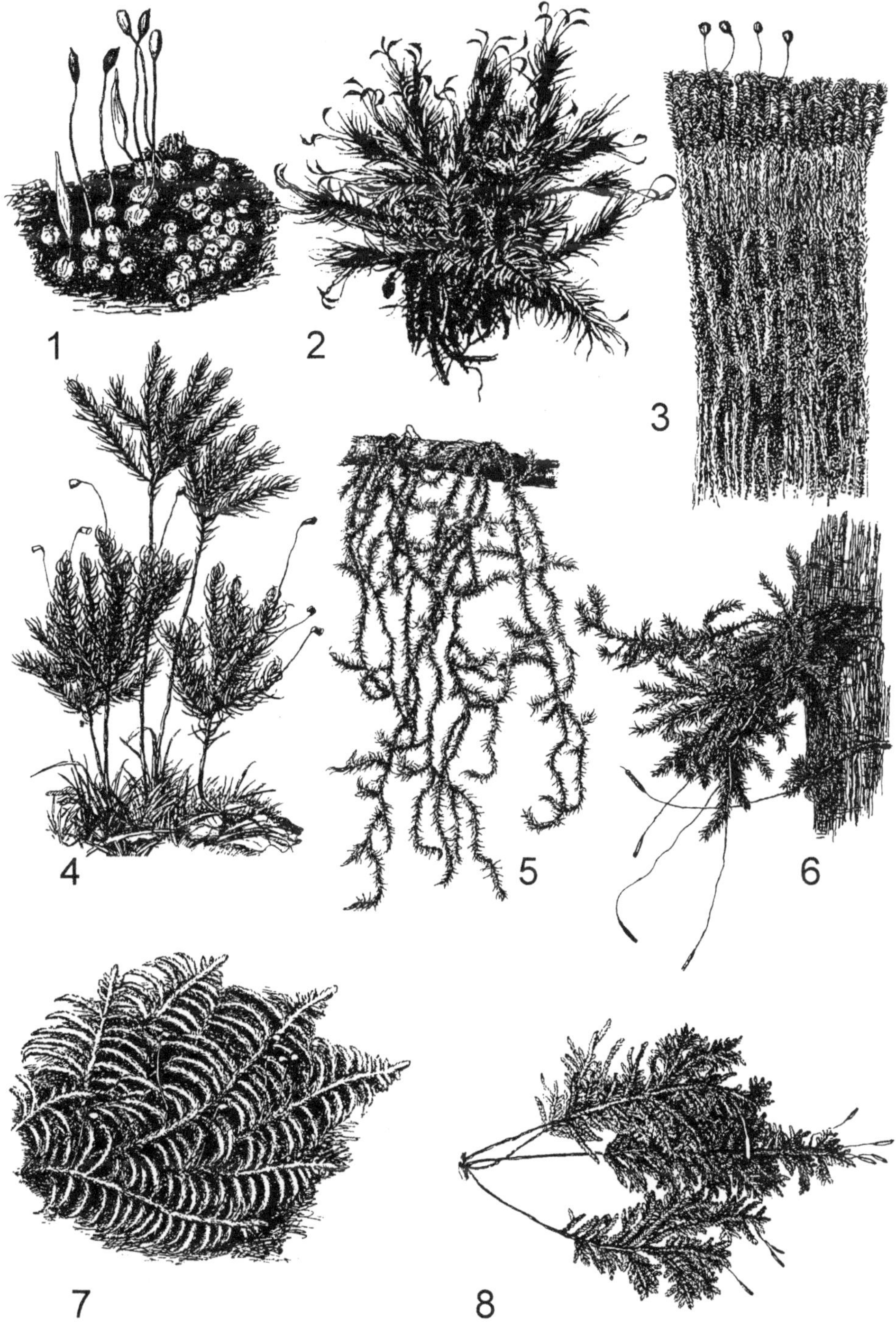

anhand von temperaten Mooses. Mägdefrau (1969) führte ein System von Lebensformen ein, welches auf den Kategorien Herzogs beruht, aber auch Wuchsformen (Schweife, Wedel, Bäumchen) einschloss. Die jüngste Klassifizierung der Lebensformen, die auch tropische Formen einschließt, stammt von Mägdefrau (1982). Sie schließt aber auch Elemente ein, die wir heute als *life strategies* (z.B. Einjährige) oder Wuchsformen (z.B. Bäumchen) bezeichnen. Mägdefrau unterscheidet:

- Einjährige (*Riccia, Ephemerum*)
- Kurzrasen (*Marsupella, Barbula*)
- Hochrasen (*Plagiochila asplenioides, Polytrichum*)
- Polster (*Grimmia*)
- Decken (*Lophocolea, Homalothecium*)
- Filze (*Lepidozia, Hypnum*)
- Gehänge (trop. Frullanien, Meteoriaceae)
- Schweife (*Leucodon*)
- Wedel (*Neckera*)
- Bäumchen (*Rhodobryum*)

Problematisch bleibt die genaue Unterscheidung z.B. von Kurz- und Hochrasen oder Decken und Filzen. Manche Arten kommen zudem in zwei verschiedenen Lebensformen vor, z.B. steriles *Plagiomnium undulatum* als Decken und fertile als Wedel. Aufgrund dessen haben später die Autoren, die mit den Lebensformentypen gearbeitet haben, ihre eigenen Modifikationen an dem System vorgenommen, und es zumeist vereinfacht.

Trotz der genannten Unzulänglichkeiten steht es außer Frage, dass die Lebensformen Standortsanpassungen sind und daher Rückschlüsse auf die ökologischen Verhältnisse zulassen. Das gilt nicht nur dafür, dass bestimmte Lebensformen für bestimmte Standorte charakteristisch sind, wie Polster für Paramos, Hängemoose für Nebelwälder oder Schweife für Baumstämme. So ändert sich entlang von Transekten durch tropische Regenwälder vom Tiefland bis zur Waldgrenze die Zusammensetzung der Lebensformen auch innerhalb einer Formation mit der Höhe und unterschiedlichen Feuchte-, Licht- und Temperaturverhältnissen. Als Erster hat Giesenhagen (1910) die Höhenverteilung von „Moostypen" in tropischen Regenwäldern in Südostasien untersucht. Später wurden Lebensformspektren erfolgreich zur Höhengliederung tropischer Regenwälder auf Borneo (Frey et al. 1990, Abb. 4-2), Zentralafrika (Frey et al. 1995) und in Peru (Frahm 1987a) benutzt. So waren z.B. in einem Transekt durch den Osthang der Anden in Peru Polstermoose auf subalpine Lagen beschränkt, Hängemoose vornehmlich in Höhen mit Wolkenbänken (*cloud forest*), Bäumchenmoose und Wedel besonders in Höhen von 500 bis 2000 m und Filze zwischen 1100 bis 2300 m Höhe vertreten. Dabei haben sich Lebensformen besonders als Ausdruck der Feuchteverhältnisse herausgestellt (Pócs 1982, Proctor 1990, Thiers 1988, Tobiessen et al. 1977). Generell sind Rasen, Filze und Polster besonders effektiv für die Wasserspeicherung und daher charakteristisch für Standorte mit gelegentlicher Austrocknung. Hängemoose sind höchst typisch für den „Wolkenwald", also Kondensationszonen im tropischen Bergregenwald, in denen diese Moose bartflechtengleich die Feuchtigkeit aus den Wolken auskämmen können. Bäumchenmoose vertragen keine längere Austrocknung, da ihr inne-

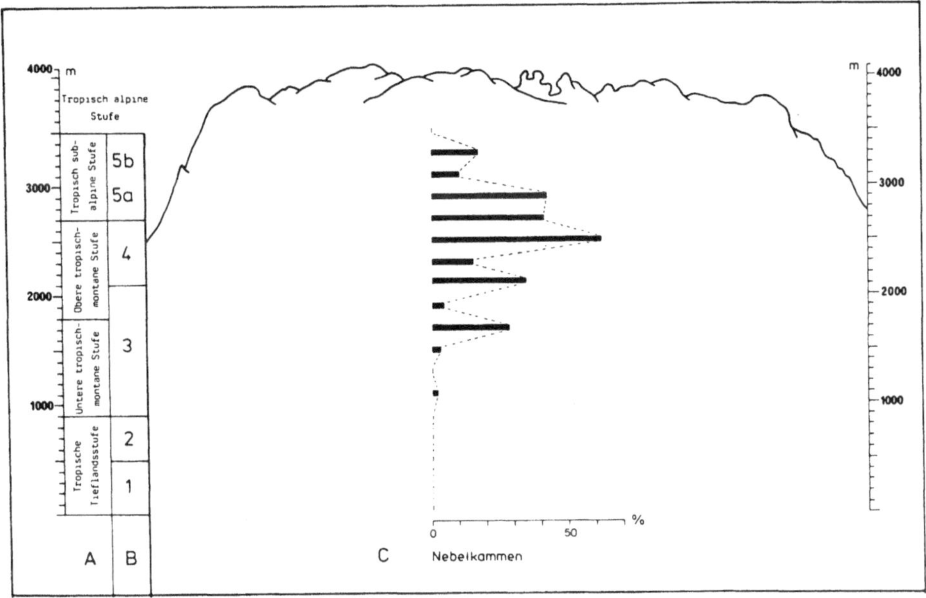



**Abb. 4-2:** Prozentuale Verteilung der Lebensform Hängemoose entlang eines Höhentransektes am Mt. Kinabalu, Borneo (aus Frey et al. 1990).

res Wasserleitungssystem nicht ausreichend stark ist und keine äußere Wasserleitung möglich ist. Sie kommen nur an sehr luftfeuchten Stellen vor. Schweife und Wedel scheinen eine Anpassung an einen besseren Gasaustausch zu sein, indem sie von nassen Unterlagen abstehen und somit eine direkte Benetzung mit Wasser vermeiden, was den Gasstoffwechsel herabsetzen würde.

Eine Erweiterung der Lebensformen durch populationsbiologische Aspekte wurde mit der Anwendung des Begriffes **Lebensstrategie (*life strategy*)** auf die Moose durch During (1979) vorgenommen. Der Terminus selbst ist irreführend und wenig sinnvoll, da eine Strategie eine Anpassung der Handlung an wechselnde Gegebenheiten bedeutet, etwas, wozu Pflanzen mit genetisch vorprogrammierten Mustern absolut nicht in der Lage sind, hat sich aber fest eingebürgert. Statt dessen könnte man besser von **Lebenszyklen (*life history*)** reden.

Bei Moosen beruht die Lebensstrategie auf:

Verhältnis zwischen geschlechtlicher und ungeschlechtlicher Vermehrung
Effektivität von beiden Vermehrungstypen
Größe und Zahl der produzierten Sporen
Zeit bis zur Sporenreife
Dauer des Lebenszyklus (*life span*).

Nach der Dauer des Lebenszyklus können ephemere, annuelle, kurzlebige und langlebige Arten unterschieden werden. Nach During (1979) gibt es folgende Lebensstrategien

**Tab. 4-1:** Übersicht der Lebensstrategien bei Moosen nach During (1979).

| | Fugitives | Colonists | Annual shuttle species | Short lived shuttle species | Perennial shuttle species | Perennial stayers |
|---|---|---|---|---|---|---|
| Lebens-zyklus | kurz, ephemer oder annuell | mäßig lang, ein- bis mehrjährig | kurz, ephemer bis einjährig | wenig-vieljährig | vieljährig bis aus-dauernd | aus-dauernd |
| sexuelle Repro-duktions-rate | hoch, viele Pflanzen fertil | hoch | groß, viele Pflanzen fertil | Groß, viele Pflanzen fertil | mäßig bis fehlend | niedrig |
| asexuelle Repro-duktion | fehlt | hoch, besonders in dem ersten Teil des Lebens-zyklus | fehlt | fehlt oder selten | mäßig, höher bei fehlender sexueller Ver-mehrung | niedrig |
| erste Repro-duktion | < 1 Jahr | asexuell: wenige Monate, Sexuell: 2-3 Jahre | < 1 Jahr | 2-3 Jahre | asexuell 1-2 Jahre, sexuell >5 Jahre | mehrere Jahre |
| Sporen | >20 µm, langlebig | < 20µm | 25-50 (-200)µm | 25-50 (-100)µm | 25-200µm | <20µm |
| Wuchs-form | Rasen | Rasen oder Thallus-matten | Rasen oder Thallus-matten | Rasen oder Thallus-matten | Polster, Matten, | Filze, Matten, Bäumchen |

bei Moosen (Tab. 4-1):

**Fugitives**: *Funaria hygrometrica.*
**Colonists**: *Bryum bicolor* s.lat., *Bryum erythrocarpum* s.lat., *Bryum argenteum, Marchantia polymorpha, Leptobryum pyriforme.*
**Annual shuttle species**: *Physcomitrium, Phascum, Pottia, Ephemerum, Acaulon, Riccia, Fossombronia.*
**Short lived shuttle species**: *Bryum, Pottia hemii, Tetraplodon mnioides.*
**Perennial shuttle species**: *Leucodon, Antitrichia, Orthotrichum, Ulota.*
**Perennial stayers**: *Sphagnum, Leucobryum, Dicranum,* pleurokarpe Laubmoose.

Die Verteilung von Lebensstrategien wurde erstmalig in den Tropen von Kürschner et al. (1999) an Höhentransekten untersucht. Dabei ergab sich, dass weltweit vergleichbare Strategien in entsprechenden Höhen existieren. So ist die Moosflora in Primärregenwäldern durch *perennial stayers* und *perennial shuttle species* gekennzeichnet. Mit zunehmender Höhe steigt die Vermehrungsrate, die im montanen Bereich vorherrschend asexuell, im hochmontanen und subalpinen Bereich eher sexuell erfolgt. *Colonists* können als Indikatoren von Sekundärregenwäldern gelten. Diese Verhältnisse lassen sich in allen Teilen der Tropen feststellen, unabhängig von der systematischen Zugehörigkeit der beteiligten Sippen (Kürschner et al. 1999). Diese Funktionstypen können als unabhängig voneinander entstandene Anpassungen an unterschiedliche Höhenstufen in den Tropen interpretiert werden.

## 4.1.2 Wasserleitungs- und Wasserspeicherungsstrukturen

Neben morphologischen  Anpassungen wie Wuchs- und Lebensformen spielen auch anatomische Anpassungen eine Rolle für die Ökologie der Moose. Dabei sind Anpassungen an den Wasserfaktor die bedeutendsten, geben sie doch den Ausschlag für die Länge der Turgeszenzperiode der Pflanzen und damit für die Dauer der Stoffwechselaktivität, die wiederum für die Phytomasseproduktion ausschlaggebend ist. Solche anatomische Anpassungen an den Wasserfaktor (vgl. Abb. 4-3) sind:

**Besitz eines Zentralstranges**
Ein Zentralstrang (Hadrom) ist in vielen akrokarpen und in einem Teil der pleurokarpen Laubmoose vertreten, sie treten selten auch bei bäumchenförmigen Lebermoosen auf. Sie bestehen aus englumigen, verlängerten Zellen mit schrägen Endwänden und dienen der inneren Wasserleitung. Die innere Wasserleitung ist jedoch alleine nicht ausreichend für den Wassertransport, unterstützt ihn jedoch und findet sich daher speziell bei Arten, die auf einem feuchten Substrat wachsen, aber starker Verdunstung ausgesetzt sind. Er fehlt bei Arten, die ihren Wasserbedarf rein über atmosphärisches Wasser decken (Epiphyten, Hängemoose).

**Mechanismen äußerer Wasserleitung**
Eine äußere Wasserleitung kann durch einen Rhizoidenfilz, ersatzweise auch durch einen Filz aus Pseudoparaphyllien oder eng gestellte konkave Blätter erfolgen (kätzchen- oder wurmförmige Beblätterung, z.B. *Pseudoscleropodium purum, Myurella, Plagiobryum*). Im ersten Fall wird das Wasser wie in einem Docht, im zweiten kapillar geleitet. Rhizoidenfilze sind charakteristisch für Moose an sumpfigen Stellen, die starker Verdunstung ausgesetzt sind (*Philonotis, Aulacomnium*). Konkave Blätter sind für viele pleurokarpe Laubmoose charakteristisch. Filze aus Pseudoparaphyllien treten bei einigen pleurokarpen Laubmoosen auf (*Thuidium, Hylocomium*).

**Papillöse Blattoberflächen**
Papillen auf der Blattoberfläche erleichtern die Befeuchtung trockener Pflanzen, indem ein Wassertropfen durch die kapillaren Zwischenräume zwischen den Papillen gezogen wird und sich das Wasser so über die ganze Blattoberfläche verteilt, wohingegen ein Wassertropfen auf einer glatten Blattoberfläche abgerundet liegen bleibt. Zusätzlich kann auch Wasser zwischen den Papillen gespeichert werden. Papillöse Blätter finden sich bei trockenadaptierten Sippen (erdbewohnende Pottiaceen, gesteinsbewohnende Grimmiaceen).

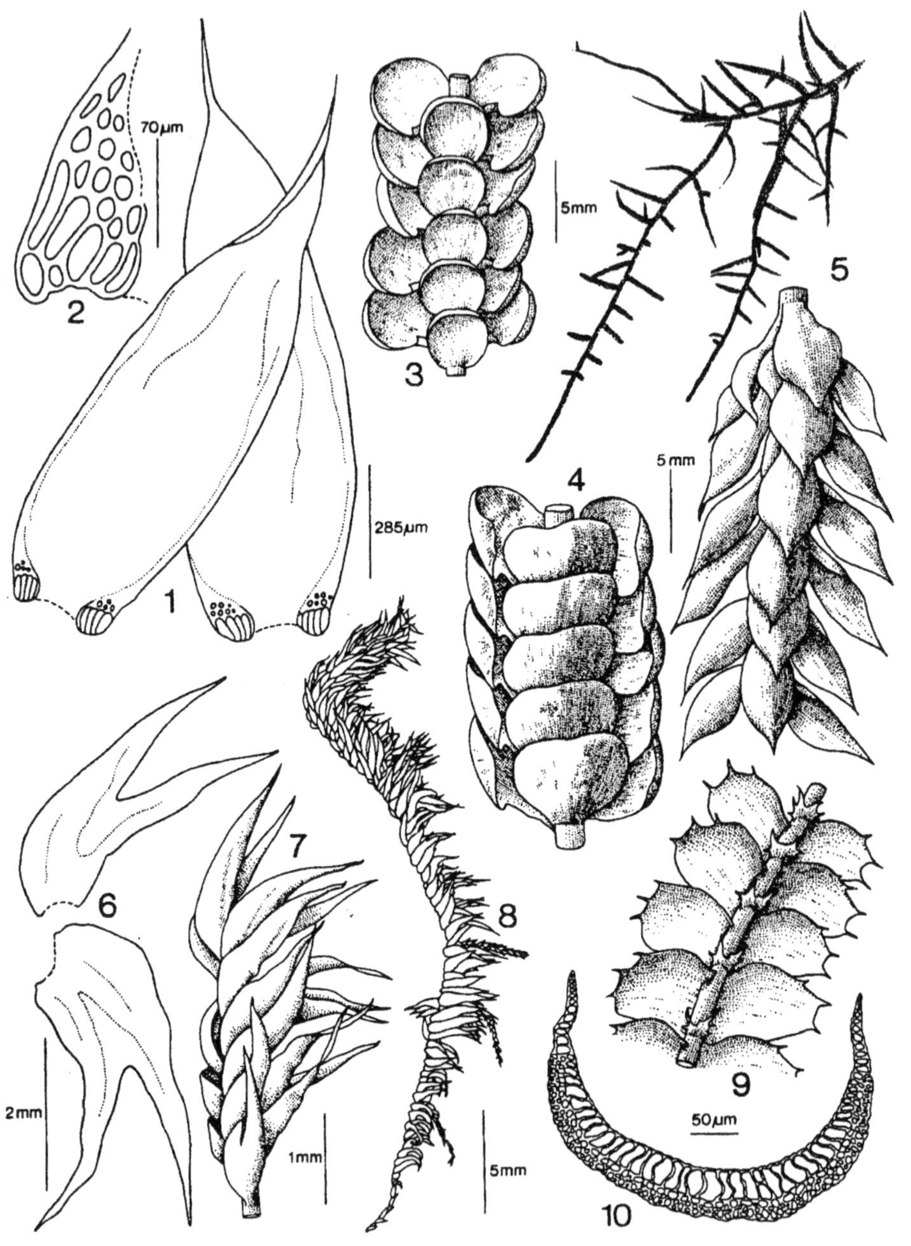

**Abb. 4-3:** Strukturen der Wasserleitung und -speicherung. 1-2. Blattflügelzellen (*Sematophyllum brachytheciiforme*). 3-5. Rinnenbildung 3. *Marchesinia excavata*. 4. *Evansiolejeunea roccatii*. 5. *Pilotrichella profusicaulis*. 6-9. Kondensationsspitzen an ziliaten Blättern. 6-8 *Herbertus doggeltianus*. 9. *Leptoscyphus infuscatus*. 10. Hyalocyten (*Campylopus nivalis*). (n. Kürschner & Seifert 1995).

**Wassersäcke**
Wassersäcke sind besonders für manche Lebermoosfamilien charakteristisch. Bei den Scapaniaceae, Radulaceae und Lejeuneaceae wird der untere Teil eines zweilappigen Blattes aufwärts gefaltet, wodurch sich ein Hohlraum zwischen den Blattlappen bildet, in dem sich Wasser sammeln kann. Bei *Frullania*-Arten wird dieser untere Blattlappen zu einer flaschenförmigen oder krugförmigen Struktur umgebildet. Ähnliche Strukturen werden bei der Gattung *Lepidolaena* zusätzlich an den Spitzen der vier Unterblattlappen gebildet.

**Blattflügelzellen**
Blattflügelzellen (Abb. 4-3.1-2) werden von einigen Laubmoosgruppen an den unteren Blattecken gebildet, sowohl bei akrokarpen (z.B. Dicranaceae) als auch häufiger bei pleurokarpen Laubmoosen (z.B. Hypnaceae, Amblystegiaceae, Brachytheciaceae, speziell auch Sematophyllaceae). Sie können großlumig, dickwandig und für gewöhnlich rötlichbraun gefärbt sein, als auch aufgeblasen, dünnwandig und durchscheinend gefärbt. Sie dienen der Wasserspeicherung als auch der Überleitung des Wassers vom Stämmchen in das Blatt.

**Zilien**
Speziell bei Lebermoosen können die Blätter ein- bis mehrfach eingeschnitten sein und Blattzipfel bilden (Abb. 4-1.6-9). Diese dienen als Kondensationspunkte für die Luftfeuchtigkeit. Im Extremfall sind die Blätter ganz (*Kurzia, Blepharostoma*) oder teilweise (*Trichocolea*) in Zellfäden aufgespalten. Dieser Mechanismus dient ebenfalls der Wasseraufnahme als auch der extremen Vergrößerung der Blattoberfläche, was einen Gasaustausch an nassen Standorten erleichtert.

**Hyalozyten**
Hyalozyten sind großlumige, leere, tote Zellen in den Blättern (Lamina, Rippen) oder Stämmchen (dort als Hyalodermis) von manchen Laubmoosfamilien wie Sphagnaceae, Dicranaceae (*Paraleucobryum, Campylopus,* Abb. 4-1.10) und Calymperaceae, selten auch in einigen Gattungen der Pottiaceae (*Tortula, Tortella*). Sie können größere Wassermengen speichern und werden daher als wasserspeichernde Strukturen interpretiert, obgleich sie zum Teil in nassen Standorten wachsen, wo Wasserspeicherung kein Problem darstellt (z.B. *Sphagnum,* vgl. dazu Kap. 6).

**Lamellen und Filamente**
Manche Laubmoose besitzen lamellöse oder filamentöse Auswüchse auf den Blattrippen, so z.B. Pottiaceen (*Aloina, Crossidium, Pterygoneurum*), Dicranaceae (z.B. manche *Campylopus*-Arten, allerdings dorsal) oder Polytrichaceae (ventrale Lamellen). Bei *Polytrichum* füllt die Rippe den größten Teil des Blattes, so dass die Rippenlamellen nahezu die ganze Blattfläche bedecken. Zwischen den Lamellen wird Wasser gespeichert, was zu einer signifikanten Verlängerung der Photosynthese führt. Wüstenmoose können so in der Nacht aufgenommene Taufeuchtigkeit in den Morgenstunden zur Photosynthese nutzen.

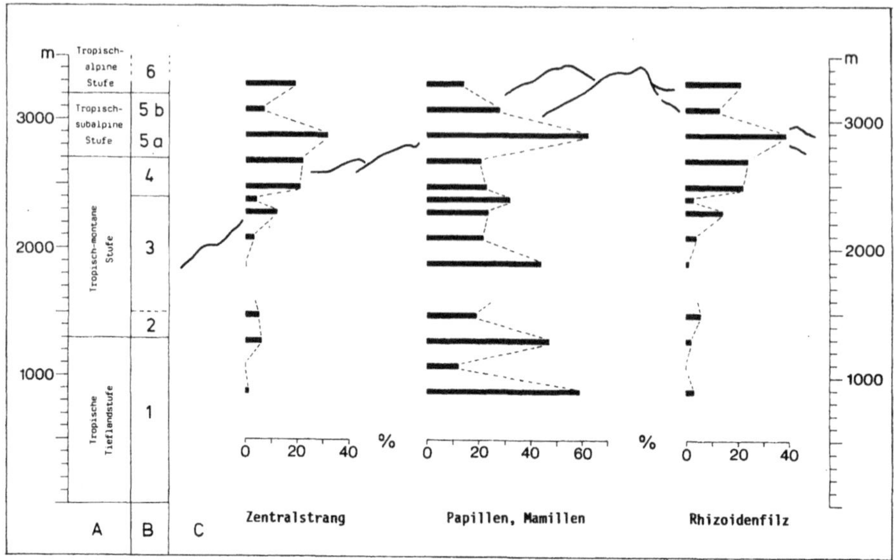



**Abb. 4-4:** Verteilung von wasserleitenden Strukturen (Zentralstrang, Papillen/Mamillen, Rhizoidenfilz) entlang eines Höhentransektes durch Ost Zaire (Mt. Biega, Mt. Kahuzi). (n. Kürschner & Seifert 1995).

Wasserleitende und –speichernde Strukturen wurden entlang von Höhentransekten als Anpassungen an unterschiedliche Höhenstufen tropischer Regenwälder untersucht und erfolgreich korreliert, so in Peru (Frahm 1987a), Borneo (Frey et al. 1990) und Zentralafrika (Kürschner & Seifert 1995, Abb. 4-4). In Zaire und Rwanda wurden Arten mit Zilien oder Hyalocyten besonders im hochmontanen, subalpinen und alpinen Bereich gefunden. Arten mit Zentralstrang und Rhizoidenfilz waren hauptsächlich oberhalb 2000 m vertreten, wohingegen papillöse Blattoberflächen in allen Teilen des untersuchten Transektes aufgefunden wurden. Diese adaptiven Trends bei Lebensformen und ökologischen Anpassungen kommen in vergleichbaren Höhen gleichermaßen in den gesamten Tropen vor – unabhängig von den dort vertretenen Arten (Kürschner et al. 1999). In Mitteleuropa hat Halfmann (1991) die anatomischen Strukturen von Blockhaldenmoosen mit den Standortverhältnissen korreliert.

Die Interpretation und Auswertung solcher Strukturen darf jedoch nicht zu weit getrieben werden, da sie nicht existenziell sind. So gibt es mancherlei Fälle, in denen Moosarten mit und ohne wasserspeichernden Organen (z.B. *Paraleucobryum longifolium* mit Hyalocyten und *Dicranum fulvum* ohne Hyalocyten) oder mit und ohne wasserleitenden Einrichtungen (z.B. *Pottia lanceolata* mit glatten Blättern ohne Glashaar und ohne Rippenlamellen, *Pterygoneurum ovatum* mit Glashaar und Rippenlamellen, *Barbula unguiculata* mit papillösen Blättern ohne Filamente und Glashaar) miteinander vergesellschaftet sind, ohne dass eine Art offenbar davon benachteiligt wäre.

# 4.1.3 Insolationsschutz

Eine weitere Methode, die photosynthetisch aktive Periode zu verlängern, ist neben der Wasserspeicherung der Verdunstungsschutz. Im Gegensatz zu Kormophyten mit verdunstungshemmenden Abschlussgeweben haben die Moose keine entsprechenden Einrichtungen, weil dies die Wasseraufnahme durch die Oberfläche verhindern würde. Verdunstungshemmende Einrichtungen sind besonders an exponierten Standorten (offene trockene Erdböden wie in Steppen, Gestein) anzutreffen. Zu den verdunstungshemmenden Mechanismen gehören:

**Papillen**
Die schon unter 4.1.2 erwähnten Papillen dienen nicht nur der Wasseraufnahme, sondern streuen auch auftreffendes Licht. Daneben ändern sie die Wellenlänge des in das Blatt einfallenden Lichtes. Solche Blätter wirken stumpf (z.B. *Thuidium* mit papillöser Blattoberfläche, aber das habituell ähnliche *Hylocomium „splendens"* mit glatter, glänzender Oberfläche). Die Adaptationen betreffen insbesondere Laubmoose, weil Lebermoose überwiegend hygrophytisch sind und nur die wenigen trockenadaptierten Sippen spezielle Anpassungen ausbilden.

**Glashaare**
Speziell Grimmiaceae und Pottiaceae haben vielfach Blattrippen, die in eine oft lange durchsichtige Haarspitze austreten (Abb. 4-5.1). Manchmal sind auch nur die Blattspitzen lang ausgezogen (*Bryum capillare, B. argenteum*). Diese Spitzen verleihen den zumeist in Polstern wachsenden Arten ein silbriges Aussehen und werden als Insolationsschutz gedeutet. Dafür spricht, dass dieses Merkmal modifikatorisch ist und besonders an sehr trockenen Standorten ausgeprägt ist, an schattigen aber reduziert sein kann oder fehlt. Wie schon bei wasserspeichernden Einrichtungen erwähnt, kommen an demselben Standort aber auch Arten mit und ohne solche Einrichtungen zusammen vor, z.B. *Tortula ruralis* (mit Glashaar) und *Tortula inermis* (ohne Glashaar). Eine wenig beachtete Funktion dieser Glashaare könnte auch sein, dass die Spitzen Kondensationspunkte für Tau sind und der Aufnahme nicht tropfbaren Wassers dienen.

**Färbung**
Arten an exponierten Felsen wie *Grimmia-* oder *Andreaea*-Arten sind vielfach schwärzlich oder auch rötlich gefärbt, was einem Lichtfilter gleichkommt. Auch dieses Merkmal ist modifikatorisch beeinflusst, so ist *Bryum alpinum* an schattigen Stellen grün, an exponierten rot. Ähnliche Funktion haben silbrige Färbungen (z.B. *Bryum argenteum*), mit denen das Licht reflektiert wird, oder goldmetallic-Färbungen (z.B. das Hängemoos *Phyllogonium fulgens* in den Tropen).

**Rollmechanismen**
Als Verdunstungsschutz rollen sich die Ränder von manchen Laubmoosen ein, wodurch sie eine sukkulente Form annehmen (z.B. *Aloina „aloides"*, Abb. 4-5.3, *Pogonatum „aloides"*). Dieses Merkmal ist vielfach mit Lamellen oder Filamenten

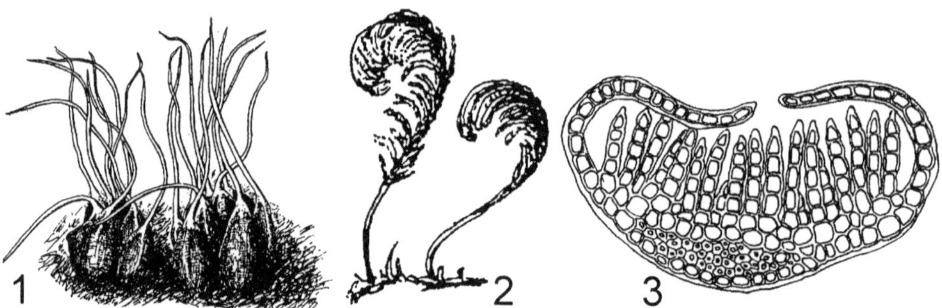

**Abb. 4-5:** Insolationsschutz bei Moosen. 1. Glashaare (*Crossidium squamiferum*). 2. Rollwedel (*Leptodon smithii*). 3. Rollblatt quer mit Filamenten (*Aloina ambigua*). (aus Herzog 1926).

kombiniert, so bei *Polytrichum juniperinum* oder *Pterygoneurum,* bei denen die Blattränder die Rippenlamellen überdecken und die Verdunstung des zwischen den Lamellen gespeicherten Wassers herabsetzen. Xeromorphe Marchantiales (*Targionia, Mannia, Athalamya*) rollen ihre Thallusränder nach oben ein. Sie sind auf der Unterseite mit schwärzlichen, rötlichen oder silbrigen Schuppen besetzt, die als Austrocknungsschutz, aber auch bei Wiederbefeuchtung der leichteren Wasseraufnahme dienen, da die Oberseite der Thalli wegen einer relativ dicken Cutin-Schicht dazu nur schlecht in der Lage ist.

Gerollt sind auch die Blattränder von einigen akrokarpen Laubmoosen, und zwar eingerollt (so meist) oder zurückgerollt (*Pseudocrossidium „revolutum"*). Dieser Mechanismus gibt dem Blattrand größere Stabilität gegen ein Einreißen der ansonsten leicht verletzbaren einschichtigen Lamina. Andere Moose erreichen diesen Schutz durch mehrzellschichtige Blattränder  (z.B. Wassermoose wie *Cinclidotus*) oder durch lang gestreckte Zellreihen am Blattrand sowie durch Reduktion der Lamina zu Gunsten der mehrschichtigen Rippe (*Leucobryum, Campylopus, Paraleucobryum*).

Bei Laubmoosen wie *Leptodon smithii* oder *Dendroalsia abietina* sowie Lebermoosen wie *Plagiochila circinalis* rollen sich bei Trockenheit ganze Stämmchen bzw. die Stämmchen mit fiedrig verzweigten Seitenästen ein. Grund ist, dass die Stammquerschnitte asymmetrische Verdickungen besitzen, die beim Eintrocknen diese Rollbewegungen induzieren.

### Drehmechanismen
Die Blätter mancher Laubmoose (*Tortula atrovirens, Bryum capillare*) drehen sich bei Trockenheit spiralig-schneckenförmig ein, wodurch speziell die jüngeren Blätter der Gipfelknospe geschützt werden. Der Mechanismus dieser Drehbewegung ist nicht bekannt.

### Schutz junger Sporogone
Ein wesentliches Problem bei der Bildung von Sporophyten ist die Austrocknung des unentwickelten Sporangiums.  Als Austrocknungsschutz dient bei den Laubmoosen

die Kalyptra, eine aus haploidem Gewebe des Archegonienhals gebildete Haube. Größe und Form der Kalyptra sind sehr unterschiedlich und den Standortverhältnissen der Art angepasst. Die größten Kalyptren bildet die Gattung „*Encalypta*", bei der die Sporangien völlig von der Haube eingehüllt sind. Diese Gattung ist typisch für trockene Standorte. Große Kalyptren besitzen auch Funariaceae. Hingegen haben tropische Hygrophyten wie Hookeriaceae vergleichsweise kleine mützenförmige, an der Basis gewimperte Kalyptren. Bei der Gattung *Campylopus* wächst die Seta in einem Bogen nach unten und steckt das sich entwickelnde Sporangium zwischen die Perichaetialblätter, wo es sich geschützt entwickeln kann. Erst dann biegt sich die Seta wieder aufwärts, um die Sporenaussaat zu ermöglichen. Dadurch bekommt die Seta eine S-förmige, schwanenhalsige Krümmung, die der Gattung zu dem Namen verholfen hat. Manche Lebermoose können die Entwicklung des Sporophyten in das Erdreich verlagern, in dem sich aus dem Achsengewebe ein beutelförmiges Organ (Marsupium) in das Erdreich bohrt, in dem sich der Sporophyt entwickelt. Solche Marsupien finden sich in der heimischen Flora bei der Gattung *Calypogeia*, die nur mesophytisch ist, im Mittelmeergebiet bei *Gongylanthus ericetorum*, welche in heißen Garigues wächst, aber auch bei Gattungen wie *Thylimanthus*, die in Regenwäldern wachsen. Sie dürften dieses Merkmal von Vorfahren an Trockenstandorten ererbt haben.

## 4.2 Moose als Standortspezialisten

Die einfache Struktur als auch die spezielle Physiologie (vgl. Kap. 6) erlauben es den Moosen, an Extremstandorten zu überleben. Das beinhaltet nicht nur kleinräumige Standorte wie Felsen, Baumkronen oder Schwermetallböden, sondern schließt große Vegetationstypen wie Wüsten und Kältesteppen, Polargebiete und Regenwälder ein. Je schwieriger die Lebensgrundlagen für Höhere Pflanzen werden, um so mehr geraten Moose (auch durch Ausschluss der Konkurrenz) in den Vordergrund. So verhalten sich die Artenzahlen von Moosen und Blütenpflanzen vom Äquator gegen die Pole hin umgekehrt (Tab. 4-2).

**Tab. 4-2:** Verhältnis der Artenzahlen von Moosen und Blütenpflanzen in verschiedenen Florengebieten der Erde.

|  | Blütenpflanzen | Moose | Verhältnis |
|---|---|---|---|
| Kolumbien | ca. 45000 | ca. 2800 | 22,5 : 1 |
| Deutschland | ca.  2800 | ca. 1000 | 2,5 : 1 |
| Spitzbergen | 136 | 400 | 1 : 3 |
| Antarktis | 531 | 74 | 7 : 1 |

## 4.2.1 Polarmoose

Tundra Biome nehmen große Flächen auf der Nordhalbkugel ein, was meist wegen der nicht flächentreuen Kartenprojektion kaum auffällt; erst z.B. eine Mercator-Projektion zeigt, dass diese Gebiete weitaus ausgedehnter sind als die tropischer Regenwälder. In ihnen spielen Moose eine große Rolle hinsichtlich Artenzahl, Bedeckung, Phytomasse und Pflanzenproduktion. Zusammenfassende Darstellungen von Polarmoosen lieferten Longton (1982, 1988) und Russell (1990).

Trotz ihrer höheren Artenzahl machen Moose nur etwa 30% der Phytomasse in Tundra Biomen aus, nur an nassen Standorten geht der Anteil bis an 100%. Das zeigt, dass die Phytomasseproduktion bei Moosen durch Feuchtigkeit bedingt ist. Die Produktivität beträgt je nach Feuchtigkeit des Standortes bis $100g/m^2/Jahr$. Grund für die geringe Phytomassebildung ist der Gasstoffwechsel, der – anders als bei Blütenpflanzen – bei höheren Beleuchtungsstärken keine höheren $CO_2$-Werte ergibt. Eine Sättigung der Photosynthese wird schon bei 30% des Lichtgenusses von Höheren Pflanzen erreicht. Grund dafür ist der im Vergleich zu Blütenpflanzen geringere Chlorophyllgehalt. Dafür können Moose jedoch effektiv bei niedrigen Temperaturen assimilieren, selbst unter Schneedecken und bei Temperaturen unter 0°C. Das Temperaturoptimum für die Photosynthese liegt bei 10-15°C. Dadurch, dass Moose im Gegensatz zu den meist einjährigen polaren Blütenpflanzen ausdauernd sind, sind sie länger als diese photosynthetisch aktiv. Hinzu kommt, dass Moose einen wichtigen Beitrag für die Akkumulation von Nährstoffen aus Wasser und Stäuben leisten, die von den Moosen festgehalten und inkorporiert werden. Eine durch ihre antimikrobiellen Wirkstoffe verursachte geringe Dekompositionsrate führt dabei zur Nährstoffakkumulation für andere Organismen, obgleich sie als Nahrung für herbivore Tiere (Lemminge, Rentiere) nur eine sehr untergeordnete Rolle spielen.

Die schwache Resistenz gegen niedrige Temperaturen scheint für Moose ein Problem, die offenbar die im Vergleich zu temperaten Breiten geringe Diversität der (ant)arktischen Moosfloren erklärt. Das zeigt sich daran, dass an geothermal erwärmten Standorten (so an Fumarolen auf Island oder den South Sandwich Islands) eine große Anzahl von Moosarten auftreten, welche die Standortverhältnisse der kühleren Umgebung nicht mehr tolerieren.

An Lebensformen sind speziell Polster, Matten und dichte Rasen vertreten, die einen Vorteil bei der Wasserspeicherung als auch kapillaren Wasseraufnahme bieten. Bei in die Arktis reichende borealen Arten ist dabei teilweise eine Änderung der Lebensform zu verzeichnen. Die von Moosen besiedelten Standortbereiche sind in polaren Gebieten von der Feuchtigkeit geprägt. So finden sich die größten Moosmengen in Mooren, dann auf sickerfeuchten Quellen oder Schmelzwasserbereichen. Nur quantitativ wenige Arten gehen in trockenere Bereiche. Die Kürze der Vegetationsperiode wird zum Teil dadurch verlängert, dass Moose (z.B. *Drepanocladus-, Bryum-, Calliergon*arten) auch submers in Seen vorkommen, wo sie bei +4°C weitaus wärmer als außerhalb des Wassers unter einer Eisdecke assimilieren können. Dasselbe gilt für Schneetälchen, wo Moose unter der Schneedecke Photosynthese betreiben können.

## 4.2.2 Wüstenmoose

Die Kenntnis über Moose wüstenhafter Bereiche ist sehr gering und nur fragmentarisch, obgleich die Anpassungen an solch extreme Lebensräume besonders interessant erscheinen. Eine Übersicht der wenigen bekannten Details gibt Scott (1982). Eines der Gründe ist, dass Moose dort nur stellenweise und in geringer Bedeckung auftreten und nur in feuchten Jahreszeiten erkennbar sind, weil sie in Trockenperioden kaum kenntlich sind oder als Sporen überdauern. Auch ist die Auswahl an Standorten beschränkt. Auf Grund von Krustenbildung (Kalkkrusten, Wüstenlack) ergeben sich vielfach keine für Moose geeignete Substrate. In Sandwüsten können Moose ebenso wie in Weißsandfeldern anderer Trockengebiete im Sand vergraben vorkommen, wobei sie von der reduzierten Lichtmenge als auch dem feuchteren Kleinklima profitieren. Eine besondere Anpassung findet sich selten in Geröllwüsten, wo Moose (z.B. *Aschisma carniolicum*) unter durchsichtigem Quarzgeröll wachsen, versorgt von Kondenswasser. In episodischen Salzwassertümpeln flutend wachsen weltweit die algenähnlichen Vertreter der Lebermoosgattung *Riella,* die einzigen wirklich salztoleranten Moose. Trockenperioden überdauern sie als Sporen.

Obgleich Moose im Vergleich zu Kormophyten relativ arm an anatomischen und morphologischen Strukturen sind, so weisen sie jedoch in besonderem Maße Anpassungen an Trockenstandorte auf. Speziell angepasst sind die marchantialen Lebermoose (*Plagiochasma, Mannia, Targionia, Oxymitra, Athalamya, Exormotheca, Riccia*), die in vielen Lehrbüchern ganz zu Unrecht als typische Hygrophyten bezeichnet werden („Brunnenlebermoose"). Ihre anatomisch-morphologischen Einrichtungen wie der Besitz einer Kutikula, Atemporen zur Gasstoffwechselregelung, wasserspeicherndes Schwammparenchym, Atemhöhlen, Einrollmechanismen bei Trockenheit, Bauchschuppen zur Wasseraufnahme als auch in Form von Spreuschuppen als Insolationsschutz prädestinieren sie für Wüstenstandorte (xerothalloides *life syndrom*, Frey 1990), so dass man davon ausgehen kann, dass sie sich an solchen Standorten entwickelt haben und sekundär auf Feuchtstandorte übergegangen sind. *Riccia*-Arten haben vielfach Zilien an den Thallusrändern, Rotfärbungen oder kollabierte oder ballonartig aufgeblasene Epidermiszellen als Insolationsschutz. Bei der Gattung *Exormotheca* treten „Fensterthalli" auf, die langgestreckte, leere, durchsichtige Zellen auf der Thallusoberfläche besitzen, welche neben dem Strahlungsschutz wohl auch noch einen Hitzeschutz darstellen. Lebermoose aus anderen Verwandtschaftsgruppen treten selten in Wüsten auf. Sie haben zum Teil Marsupien ausgebildet, beutelförmige, in den Boden gesenkte Achsenorgane, in denen die Sporogone heranreifen. Desgleichen fehlen in Wüsten pleurokarpe Laubmoose. Die meisten Wüstenmoose setzen sich aus akrokarpen Laubmoosen, vornehmlich Pottiaceae zusammen. Fossile und arealkundliche Evidenzen lassen darauf schließen, dass diese Sippen im Mesozoikum entstanden sind, als die Erde einen wüstenartigen Charakter hatte (Frey 1990). Zu den morphologischen Anpassungen (vgl. Abb. 4-6) der akrokarpen Laubmoose gehören zusammengedrehte Blätter (*Tortula atrovirens*), Rollblätter, vielfach in Verbindung mit Rippenlamellen oder –filamenten (*Aloina, Crossidium, Pterygoneurum*), Dickblättrigkeit, Rippen mit wasserspeichernden Zellen, eingerollte Blattränder, papillöse Laminazellen, Glashaare

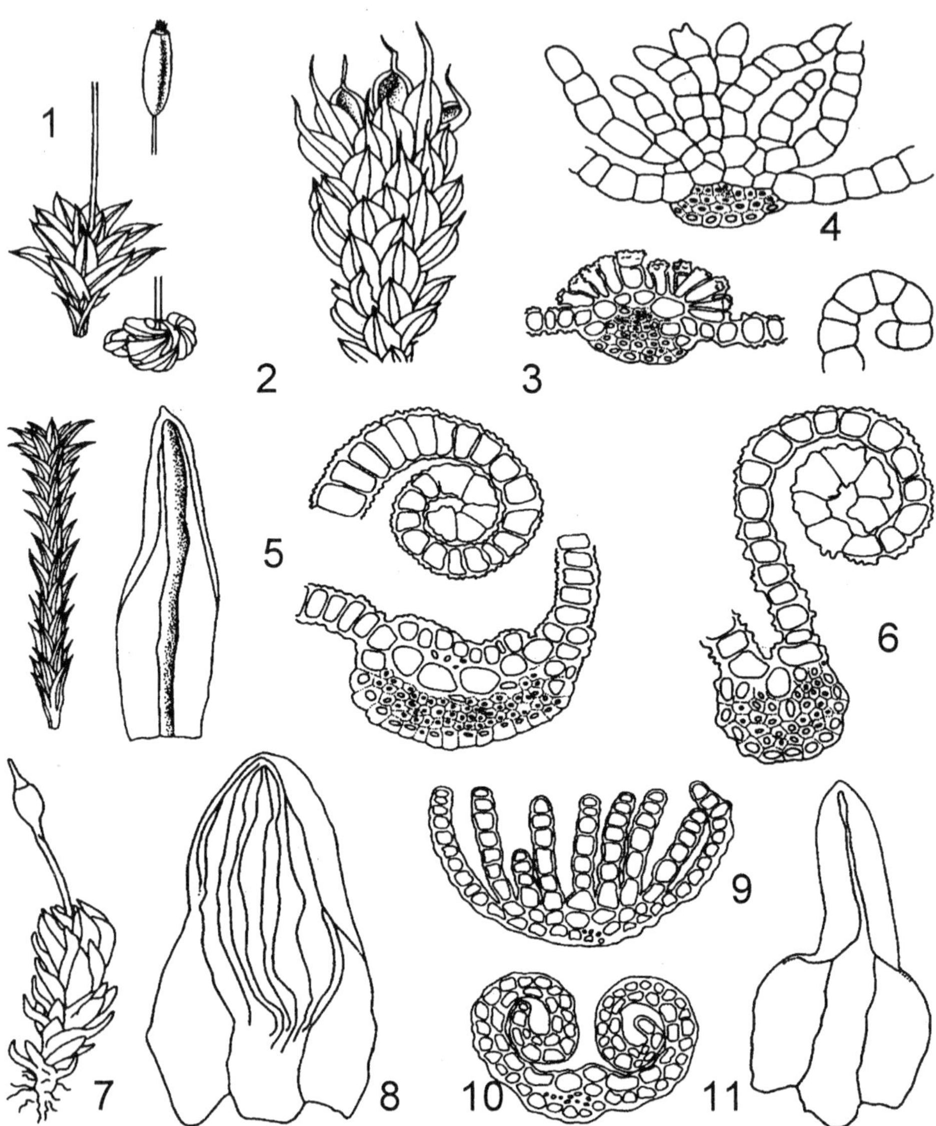

**Abb. 4-6:** Anpassungen von Pottiaceen an Trockenstandorte (xeropottioides Lebenssyndrom) 1. *Tortula atrovirens*, feuchte und trocken zusammengedrehte Pflanze (14 x). 2. *Crossidium laxefilamentosum*, Habitus (20 x). 3. *Tortula atrovirens*. Rippe quer, mit ventralen wasserspeichernden Zellen (250 x). 4. *Crossidium laxefilamentosum*. Rippe quer, mit Assimilationsfäden (300 x). 5. *Pseudocrossidium replicatum*. Habitus (20 x), Blatt (24 x), Rippe quer und revoluter Blattrand mit Assimilationszellen (240 x). 6. *Tortula porphyroneura*. Blatthälfte quer (260 x). 7-9. *Aligrimmia peruviana*. 7. Habitus (9,5 x). 8. Blatt von der Oberseite mit Assimilationslamellen (96 x). 9. Blatt quer, mit Assimilationslamellen (180 x). 10-11. *Indusiella thianschanica*. 10. Blatt quer mit eingerollten Blatträndern (180 x). 11. Habitus (42 x). (1-6 n. Frey & Kürschner 1988, 7-11 n. Murray 1984).

oder entfärbte Blätter (*Bryum arachnoideum, Gigaspermum mouretii*). Solche von der zunehmenden Aridität abhängigen Anpassungen haben Frey & Kürschner (1991a) an einem Transekt in der Judäischen Wüste beschrieben.

Paradox muten wasserabstoßende Mechanismen bei Wüstenmoosen an, die marchantiale Lebermoose in Form einer dicken Kutikula oder viele Pottiaceae in Form von Wachsauflagen auf den Blättern oder Filamenten besitzen. Sie verhindern eine direkte Befeuchtung und damit eine Reduktion des Gasaustausches, wahrscheinlich sind sie aber auch schmutzabweisend und verdunstungshemmend.

An Lebensstrategien sind annuelle Arten vertreten, die in Form von Sporen im Boden überdauern. Sie verbleiben am Standort oder pendeln von einem geeigneten Standort zum anderen. Es sind überwiegend einhäusige Arten, die eine Befruchtung wahrscheinlicher macht, mit großer Sporenbildung. Andere Arten sind zwar nicht ephemer, aber kurzlebig (*Tortula, Crossidium, Pterygoneurum*). Dies erlaubt ihnen, sich rasch auf veränderte Standortbedingungen einzustellen, wie sie durch Stürme oder Wasserfluten entstehen. Sie treten in Herden von Einzelpflanzen auf. Ihr Reproduktionsaufwand ist geringer als bei annuellen Arten, jedoch durch kleine Sporen ($< 25\,\mu m$) auch über größere Strecken effektiv. Daneben kommen ausdauernde Arten vor. Dazu gehören thallöse Lebermoose oder unter den Laubmoosen *Gigaspermum*, welches mit unterirdischen Stämmchen überdauert. Sie haben auffällig große Sporen, mit denen sie zu keiner Fernverbreitung fähig sind. Das minimiert das Risiko, an einen ungünstigen Standort verfrachtet zu werden und bestärkt die Tendenz, an einem günstigen Standort auf Dauer zu verbleiben, an den man durch seine morphologisch-anatomischen Anpassungen adaptiert ist.

Auffälligerweise spielt die vegetative Vermehrung bei Wüstenmoosen nur eine untergeordnete Rolle. Ein weitaus größerer Teil der Arten produziert Sporogone an feuchteren Standorten, obgleich für die Befruchtung ja flüssiges Wasser zur Verfügung stehen muss, wozu aber auch morgendliche Befeuchtung durch Tau ausreicht. Sporen scheinen besser als Überdauerungsorgane geeignet zu sein. Die produzierten Sporen sind zudem sehr groß, so $60\text{-}100\ \mu m$ bei den marchantialen Lebermoosen, bis über $100\ \mu m$ bei dem Laubmoos „*Gigaspermum*". Die Größe der Sporen hängt vielleicht mit besseren Keimungschancen zusammen. Zudem sind viele Laubmoose kleistokarp (wobei sich die Kapseln nicht öffnen) oder gymnostom (ohne Peristom), so dass die Sporen offenbar an Ort und Stelle verbleiben und erst durch Staubstürme fortgeweht oder von Regenfluten fortgespült werden. Kleistokarpie gilt auch für die thallösen *Riccia*-Arten, bei denen die Sporen im Thallus gebildet werden und erst nach der Zersetzung des Thallus frei werden.

Auch die Physiologie befähigt Moose durch ihre Austrocknungsresistenz zur Besiedlung von Wüstenstandorten, weil sie temperatur- und trockenresistent sind. Dies befähigt sie, Trockenperioden von vielen Monaten ohne Schaden zu überdauern, dann aber binnen weniger Stunden photosynthetisch aktiv zu werden, nach kurzfristigen Austrocknungen sogar unmittelbar. Ähnlich wie bei Polarmoosen ist aber auch bei Wüstenmoosen als Besiedlern offener, sonnenexponierter Standorte der Kompensationspunkt nicht wesentlich höher als z.B. bei Waldmoosen. Das Photosynthesemaximum wird

jedoch schon bei weitaus geringerer Wassersättigung der Pflanze erreicht. Ein ernäh-
rungsphysiologisches Problem ist Stickstoffmangel an Wüstenstandorten. Dieser wird
teilweise durch ein unterirdisches Zusammenleben von Cyanobakterien (*Collema*-Ar-
ten) und den Moosrhizoiden kompensiert (Frey & Kürschner 1991c).

## 4.2.3 Regenwaldmoose

Seit Ende des 18. Jahrhunderts beschränkte sich für fast 200 Jahre die bryologische
Erforschung der tropischen Regenwälder zumeist auf taxonomische Aspekte. Im Rah-
men einer weltweiten Bestandsaufnahme der Arten galt es auch die Tropen einzubezie-
hen. Später kamen floristische Untersuchungen dazu. Mit der Ökologie tropischer Regen-
waldmoose hat man sich im Detail erst spät befasst. Zusammenfassende Darstellungen
geben Pócs (1982), Richards (1984) sowie Gradstein & Pócs (1989).

Die Zahl der Moose in tropischen Regenwäldern wird auf 3000 - 4000 Arten geschätzt
(Laub- und Lebermoose etwa zu gleichen Teilen), was 25-30% der Gesamtartenzahl
entspricht. Davon gehören 90% zu nur 15 Familien (unter den Laubmoosen besonders
Calymperaceae, Meteoriaceae, Neckeraceae, Sematophyllaceae und Hookeriaceae, unter
den Lebermoosen besonders Lejeuneaceae, Frullaniaceae, Plagiochilaceae, Lepidozia-
ceae). Die größte Diversität findet sich im tropischen Asien, gefolgt von der Neotropis
und dem tropischen Afrika. Die Unterschiede zwischen dem tropischen Asien und Afrika
sind besonders gravierend, weswegen man bei den Moosen nicht von einem einheitlichen paläotropischen Florenreich ausgehen kann.

Weltweit kann man in den Feuchttropen einen Aspektwechsel beobachten, der durch
einen Anstieg der Menge von  Moosen mit der Meereshöhe hervorgerufen wird. Im
tropischen Tieflandsregenwald spielen Moose physiognomisch nur eine untergeordnete Rolle, die meisten Bäume sind frei von epiphytischen Moosen, mit geringer Bedeckung finden sich Überzüge von Lebermoosen  oder Polster von Calymperaceae und
Leucobryaceae. Der Boden ist, da laubbedeckt, frei von Moosen, nur auf morschem
Holz finden sich wenige Vertreter von Sematophyllaceae oder Hookeriaceae. Fels-
standorte fehlen überwiegend wegen der vorherrschenden tiefen Verwitterung. Am
Waldesgrund herrschen bei 1% des Tageslichtes Beleuchtungsstärken, die kaum über
dem Kompensationspunkt liegen. Nur im Kronenraum ist die Lichtversorgung besser,
dort kommt aber eine starke tageszeitliche Austrocknung hinzu.

Oberhalb ca. 300 m im submontanen Bereich nimmt die Artenzahl der Moose als auch
ihre Bedeckung bis um 1000 m  leicht zu, steigt dann im montanen Bereich wiederum
bis auf 1800 m, um dann im hochmontanen Bereich noch einmal sprunghaft anzustei-
gen. Zwischen 1800 und 2800 m sind die Bäume dicht mit epiphytischen Moosen eingehüllt. In Höhen mit häufiger Wolkenkondensierung, so meist um 2200 m, aber auch
um 2800 m, dominieren Hängemoose als Lebensform, die den dort häufigen Nebel
auskämmen (Nebelwälder, *elfin forests*). Bei weiteren sinkenden Baumhöhen und gleichzeitig höherem Lichtgenuss erreicht die Phytomasse der Moose ihr Maximum in den
subalpinen Wälder gerade unterhalb der Waldgrenze. Dort sind dann auch die Waldbö-

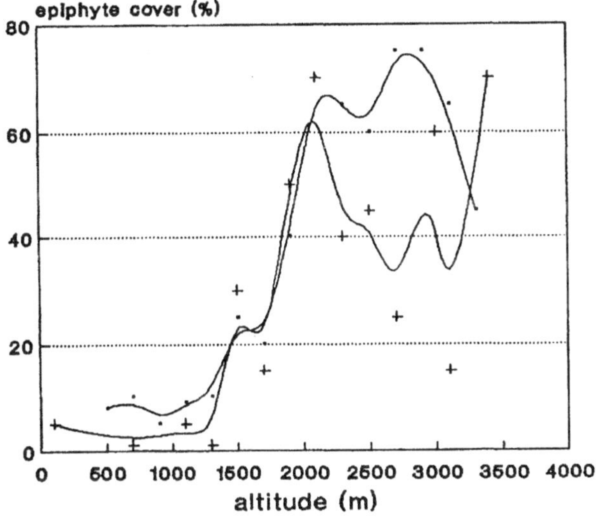



**Abb. 4-7:** Anstieg der Bedeckung der epiphytischen Moose entlang Transekten durch Regenwälder in Kolumbien (nach van Reenen und Gradstein 1983) und Borneo (eigene Angaben). Die Minima zwischen 2600 und 3000 m in Borneo gehen auf ungünstige Borkenstruktur der vorherrschenden Trägerbäume (*Leptospermum, Rhododendron*) zurück.

den mit einem dichten Moosteppich ausgekleidet. Lokale Variationen ergeben sich durch unterschiedliche Feuchtigkeit. So nimmt bei steigenden Niederschlägen der Anteil der Lebermoose zu. Er kann in extrem niederschlagsreichen Gegenden wie der Chocó-Region in West-Kolumbien bis zu 90% betragen.

Die Gründe für den Anstieg der Moosmenge mit der Meereshöhe waren lange Zeit unbekannt. Als Erklärung wurde höherer Lichtgenuss, höhere Niederschläge oder sinkende Temperaturen mit steigender Höhe angeführt, Argumente, die allein diesen Effekt nicht erklären konnten. Experimentell konnte nachgewiesen werden, dass es sich um einen Kombinationseffekt von Temperatur und Beleuchtungsstärke handelt (Frahm 1990c). Die Verbindung von geringer Beleuchtungsstärke und hoher Temperatur, wie sie in Tieflandsregenwäldern realisiert ist, reicht bei vielen Arten zu keiner Nettophotosynthese. Hinzu kommt, dass bei Moosen von tropischen Bergregenwäldern oberhalb 25°C ein starker Abfall der Photosyntheseleistung zu verzeichnen ist. Das lässt darauf schließen, dass Moose ursprüngliche kühladaptierte Pflanzen waren, die sich erst nachträglich in die im Tertiär entstandenen tropischen Regenwälder eingenischt haben und ihre Artentfaltung aus physiologischen Gründen in den tropischen Bergregenwäldern erlebt haben, wohingegen die Tieflagen der Tropen nur von (phylogenetisch jüngeren) Spezialisten besiedelt wurden. Letzteres erklärt auch, warum sich die Moosflora der Tieflandsregenwälder nur aus Vertretern weniger Familien rekrutiert. Dafür sprechen auch arealkundliche Interpretationen, wonach sich die tropisch montanen Moose überwiegend von Gondwanasippen ableiten lassen, zum Teil auch von holarktischen Sippen. Ein hoher $CO_2$-Gehalt in Bodennähe als Kompensation erklärt vielleicht das Vorkommen der wenigen Arten aus speziellen Familien in den dunklen, heißen Tieflandsregenwäldern. Steigende Beleuchtungsstärke und sinkende Temperaturen in der Höhe führen zu weniger Atmungsverlusten und steigenden Nettophotosyntheseraten.

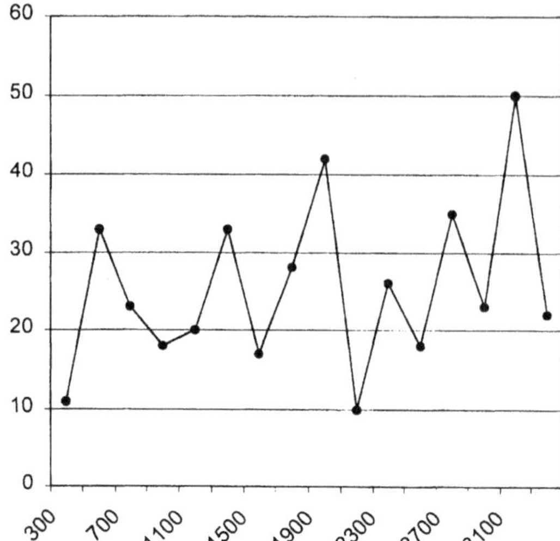



**Abb. 4-8:** Floristische Diskontinuitäten entlang eines Transektes am Osthang der Anden in Peru (aus Frahm & Gradstein 1991). Die Kurve zeigt die Anzahl der Arten in 200 m Höhenintervallen, die dort ihre Ober- oder Untergrenze der Verbreitung haben. Peaks zeigen den höchsten *species-turnover* an; dort wechseln Höhenstufen: < 500m: trop. Tieflandsregenwald, 500-1300 m: trop. submontaner Wald, 1300-1900m: trop. montaner Wald, 1900-2800 m: trop. hochmontaner Wald, >2800 m: trop. subalpiner Wald.

Aufgrund dieses Wandels in der Moosflora und –vegetation lassen sich Moose sehr gut für die Höhengliederung tropischer Regenwälder benutzen (Frahm & Gradstein 1991). Diese kann quantitativ über die Bedeckungswerte der Moose auf unterschiedlichen Substraten wie Erde, morsches Holz oder Stämme erfolgen (Reenen & Gradstein 1983), über den Anstieg der Phytomasse (vgl. Kap. 4.4.2), über Lebensformenspektren (vgl. Kap. 4.1.1) oder über den Anstieg der Artenzahl, floristische Diskontinuitäten (Gradstein & Frahm 1987), aber auch qualitativ über das Artenspektrum, da die meisten Arten charakteristische Höhenverbreitungen haben. Vorteil der Höhengliederung tropischer Regenwälder durch Moose ist, dass es im Vergleich zu Blütenpflanzen recht wenige Arten gibt, die weitere (zum Teil kontinentübergreifende) Areale haben.

Bedeutung haben Moose auch bei der Differenzierung von Primär- und Sekundärwäldern. Letztere weisen aufgrund des höheren Lichtgenusses eine größere Anzahl von Arten auf, die aber zu ausbreitungsstarken Generalisten gehören.

## 4.2.4 Epiphyten

Epiphytismus ist wahrscheinlich eine junge Entwicklung bei den Moosen. Es gibt jedenfalls keine Hinweise darauf, dass es schon Epiphyten in den paläozoischen Wäldern gegeben hätte. Fossil sind epiphytische Moose erst aus dem Tertiär bekannt; sie gehören jedoch bereits zu heutigen Gattungen bzw. Arten (vgl. Kap. 10) und aus der Tatsache, dass es sich bei epiphytischen Moosgruppen um stark abgeleitete Formen handelt. Zu Anpassungen an den Epiphytismus gehören:

**Sporenkeimung im Sporangium** (z.B. bei *Orthotrichum-, Dicnemon-, Cryphaea-, Chorisodontium*-Arten, bei Lebermoosen unter den Lejeuneaceae). Dabei keimen die Sporen im Sporangium zu chlorophyllösen, mehrzelligen Stadien heran. Vorteil ist, dass diese vorgekeimten Stadien einen Entwicklungsvorsprung haben, wenn sie auf geeignetem Borkensubstrat landen.

Bildung von **Zwergmännchen** bei diözischen Arten. Dabei sitzen kleine männliche Pflanzen in den Polstern der normal entwickelten weiblichen Pflanzen, was kurze Distanzen bei der Befruchtung sichert.

Besondere **wasserspeichernde Strukturen** (vgl. 4.1.2).

Besondere **Lebensformen** wie Polster (als Wasserspeicher und Humussammler), daneben Wedel oder Schweife (*Leucodon, Neckera,* viele tropische Laub- und Lebermoose, zum besseren Gasaustausch in feuchten Klimaten) und in den Tropen Hängemoose (zum Nebelauskämmen) als Astepiphyten.

Die Zusammensetzung der epiphytischen Moosarten ist besonders vom Borken-pH bestimmt, die Menge der Epiphyten von der Borkenstruktur (Wasserspeicherkapazität, glatte, rissige oder sich ablösende Oberfläche) und der Feuchtigkeit des Standortes. Dabei ergibt sich eine gewisse Korrelation zwischen der Höhe der Niederschläge und der Epiphytenmenge, da der Regen für Moose Nährstofflieferant ist und erhöhte Nährstoffzufuhr zu gesteigerter Phytomassebildung führt. Augenfälliges Beispiel dafür ist der Anstieg der Epiphyten in den Gebirgen und in ozeanischen Gebieten.

Epiphytismus ist besonders in den temperaten und tropischen Regenwäldern ausgeprägt, wo der überwiegende Teil der Moosarten auf Bäumen wächst.

In den letzten Jahrzehnten rückten mit der Canopy-Forschung auch die Moose der Kronenregion der tropischen Regenwälder in das Interesse. Aufgrund besserer Lichtverhältnisse ist dieser Bereich besonders artenreich; die epiphytische Moosflora kann dort auf einem Hektar aus mehr als 100 Arten bestehen. Speziell bei den Arten des äußeren Kronenraumes handelt es sich um trocken- und starklichtadaptierte Sippen, die zum Teil auch in niedrigeren Lagen auf Büschen wachsen.


## 4.2.5 Epiphylle

Der Wechsel von Moosen auf die lebende Blattoberfläche dürfte noch später als der Wechsel zum Epiphytismus entstanden sein. Hier finden sich die am meisten abgeleiteten Formen, u.a. Neotenie bei der Laubmoosgattung *Ephemeropsis* und der Lebermoosgattung *Metzgeriopsis.* Bei der in Australasien vorkommenden Gattung *Ephemeropsis* ist der Gametophyt extrem reduziert und Gametangien werden in kleinen Knospen auf dem Dauerprotonema gebildet. Bei *Metzgeriopsis* verbleibt die Pflanze in einem thallusartigem Jugendzustand. Der größte Teil der epiphyllen Moose rekrutiert sich aus Lebermoosen, und darunter wiederum aus den Lejeuneaceae. Diese haben besondere Anpassungen wie Hapteren (Saugfüßchen zur Festhaftung) an den Rhizoidenden gebildet. Epiphylle Moose sind im Vorkommen auf immergrüne Regenwaldbereiche beschränkt, sie kommen in den Tropen, seltener auch den Subtropen vor

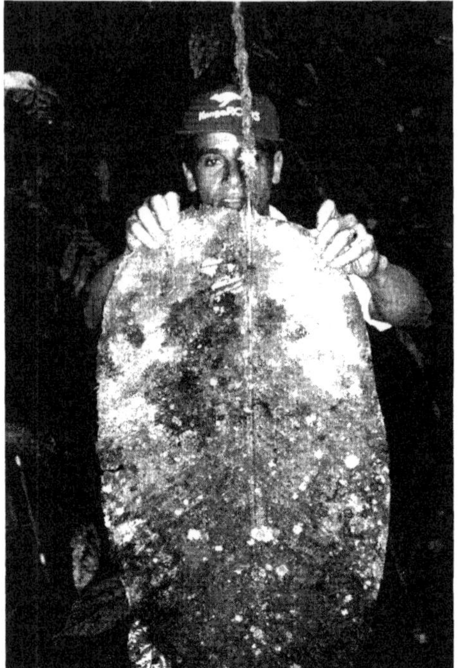

**Abb. 4-9:** Mit epiphyllen Moosen besetztes Blatt (Ecuador, Rio Palenque).

**Abb. 4-10:** Das Laubmoos *Crossomitrium* spec. auf einem Blatt wachsend (Kolumbien, Chocó).

(Makaronesische Inseln, Schwarzmeerküste), sowie in den temperaten Regenwäldern der Südhemisphäre (wo die Evolution dieser Sippen vermutlich ihren Ausgang nahm). Im tropischen Afrika gibt es 164 epiphylle Lebermoosarten und 21 epiphylle Laubmoosarten, etwa 100 davon sind obligat epiphyll. Die Zahl der epiphyllen Moosarten wird für die Neotropis auf das Eineinhalbfache, für das tropische Asien auf das Doppelte der Werte für Afrika geschätzt. Hohe Artenzahlen finden sich auch an einzelnen Lokalitäten. So hat man in einem Bergregenwald in El Salvador 66 epiphylle Leber- und 12 Laubmoosarten gefunden, im Chocó (Kolumbien) 63 Leber- und ein Laubmoos. Die Anzahl von Arten pro Blatt kann bis zu 20 betragen und ist abhängig vom Standort (Feuchte), Alter des Blattes, seiner Oberflächenstruktur und ob es einfach oder zusammengesetzt ist. Das Alter der immergrünen Blätter beträgt 2-6 Jahre, es ist besonders bei Palmen und Farnen hoch. Glatte, ledrige Blätter sowie dünne Blätter (von Hymenophyllaceae) werden gegenüber behaarten bevorzugt. Der überwiegende Teil der epiphyllen Lebermoose gehört zu den Lejeuneaceae, daneben kommen neben foliosen auch thallose Arten (*Metzgeria*) vor. Bereits 3 Monate nach dem Austreiben der Blätter können diese von epiphyllen Moosen besiedelt werden. Die ersten Kolonisten gehören zu den obligaten Epiphyllen, ihnen folgen fakultative Epiphylle, zum Schluss kommen Laubmoose. Da das Vorkommen bestimmter Arten positiv korreliert ist, kann es sein, dass hier allelopathische Wirkungen unter den epiphyllen Moosen vorliegen.

Die Vermehrung epiphyller Lebermoose erfolgt überwiegend durch Brutkörper. Bei vielen Arten sind diese groß und linsenförmig, wodurch sie durch einen Wasserfilm am Blatt haften. Die Anheftung der Pflanzen erfolgt durch verwachsene Rhizoidenbüschel, wobei die Ausbildung spezialisierter Haftorgane besonders bei obligaten Epiphyllen zu finden ist. Sie kann auch durch klebrige Substanzen erfolgen, die am Blattrand ausgeschieden werden.

Lange Zeit war man der Ansicht, dass epiphylle Moose lediglich Lebensraum auf den Blättern beanspruchen. Berrie & Eze (1975) sowie Eze & Berrie (1977) fanden heraus, dass *Radula flaccida* das Blatt des Trägerbaums durchbohren und Wasser sowie Mineralien (aber keine Stoffwechselprodukte) aus dem Blatt aufnehmen, was einem Hemiparasitismus gleichkommt. Ferner beziehen epiphylle Moose vermutlich Stickstoff von mit ihnen auf den Blattflächen vergesellschafteten Cyanobakterien (Bentley & Carpenter 1980), wobei nicht auszuschließen ist, dass dieser Stickstoff auch als Blattdüngung von der Trägerpflanze durch das Blatt aufgenommen wird, so dass insgesamt sehr komplexe Beziehungen in dieser „Phyllosphäre" bestehen.

## 4.2.6 Wassermoose

Wassermoose zeichnen sich durch das Fehlen von speziellen morphologischen Anpassungen aus. Sie besitzen weder Leitstränge noch Papillen, weder eingerollte Blätter noch lamellierte Rippen. Lediglich Fließwasserarten zeichnen sich durch starke Mittelrippen (z.B. *Hygroamblystegium*), derbes Zellnetz (*Fontinalis*) oder gesäumte Blattränder (z.B. *Cinclidotus*) aus, alles als mechanischer Schutz gegen die erodierende Kraft des Wassers. Die sexuelle Vermehrung ist reduziert oder auf Perioden beschränkt, in denen die Pflanzen trocken fallen, weil es speziell im Fließwasser nicht zur Befruchtung kommt. Die Sporangien von *Fontinalis* weisen verwachsene Peristomzähne auf, so dass die Sporen streubüchsenartig zwischen den Peristomzähnen nach Art einer Mohnkapsel austreten. Dafür ist die vegetative Vermehrung bei vielen Arten durch blattachselständige (*Didymodon nicholsonii*) oder blattbürtige (*Tortula latifolia*) Brutkörper gegeben, doch erfolgt sie meistens durch Verfrachtung von Pflanzenfragmenten. Ungeklärt ist, wie die Diasporen gegen die Strömung verbreitet werden, da die Verfrachtung nur in der Fließrichtung erfolgt und so die im Oberlauf eines Baches oder Flusses gelegenen Populationen allmählich überaltern und aussterben müssten.

## 4.3 Ausbreitungsökologie

Ein zentraler Punkt in der Biologie der Pflanzen ist, wie und wie oft diese neue Populationen etablieren, welche sexuellen und asexuellen Verbreitungsmittel sie dafür haben, wie häufig oder selten sie aufgrund dessen sind, wie sie sich der Konkurrenz anderer Pflanzen erwehren. Moose gelten in dieser Hinsicht als konservativ, wie man auch aus fossilgeschichtlichen (Kap. 10) und arealkundlichen Evidenzen (Kap. 5) schließen kann.

Auch cytologische Hinweise, dass Moose selten Hybriden bilden, die offenbare Selbst-befruchtung monözischer Sippen (aufgrund der geringen Distanz, welche Spermato-zoiden zurücklegen können) und die vorherrschende vegetative Vermehrung diözischer Sippen zeigt die starke genetische Isolation unter Moosen.

## 4.3.1 Sexuelle Vermehrung

Die Rolle der geschlechtlichen Vermehrung besteht generell darin, dass sie zu geneti-scher Vielfalt führt. Diese Rolle ist jedoch bei Moosen fraglich, denn 50% der Moose sind einhäusig, was zu Selbstbefruchtung führt und zu Ineffektivität genetischer Rekombinationsmöglichkeiten. Des Weiteren pflanzt sich nur ein Teil der Moose ge-schlechtlich fort. So bilden von den 690 Laubmoosarten in Großbritannien nur 50% gemeinhin Sporophyten, 18% bilden nie Sporophyten, bei 4% sind sie weltweit unbe-kannt (Longton & Miles 1982). Für den Erfolg der geschlechtlichen Vermehrung ist u.a. die Geschlechtsverteilung verantwortlich. Monözische Moose haben bessere Befruchtungschancen, daher ist ihr Anteil an den Sporophyten bildenden Moosen be-sonders hoch. Diözische Moose müssen die Entfernung zwischen männlichen und weib-lichen Pflanzen überwinden. Das ist ein besonderes Problem, da sich aus männlichen und weiblichen Sporen getrenntgeschlechtliche Klone entwickeln. Da Spermatozoiden keine größeren Strecken als 1,5 cm aus eigener Kraft zurücklegen können, müssen solche Moose zu speziellen Hilfsmitteln greifen. Dazu gehört der „*splash cup*-Mecha-nismus". Bei Laubmoosen werden die Antheridienstände von blütenähnlichen Hüll-organen umgeben (*Mnium, Philonotis*), in denen sich Regenwasserstropfen halten. In diese Flüssigkeit werden die Spermatozoiden abgegeben. Mit einem auftreffenden Wassertropfen wird das spermatozoidhaltige Wasser zu weiblichen Pflanzen gespritzt. Bei dem Lebermoos *Marchantia* treten die Spermatozoiden in den Wasserfilm auf dem tellerförmigen männlichen Gametangiophor aus und werden von dort unter die Radien des weiblichen Gamtangiophors zu den Archegonien gespritzt. Ein anderes Hilfsmittel ist, dass männliche Pflanzen zweihäusiger Arten als sog. Zwergmännchen ausgebildet sind, die in den weiblichen Polstern leben (z.B. *Leucobryum*).

## 4.3.2 Vegetative Vermehrung

Es gibt wohl keine andere Pflanzengruppe, bei der die vegetative Vermehrung solche Bedeutung hat und solche Vielzahl von speziellen morphologischen Einrichtungen hervorgerufen hat, wie bei den Moosen. Die ungeschlechtliche Vermehrung hat zwei Aspekte: einmal einen anatomisch-morphologischen, der die sog. „Brut"-organe be-handelt, und einen, der die verbreitungs- und populationsbiologische Bedeutung er-klärt.

Die anatomisch-morphologischen Einrichtungen zur vegetativen Vermehrung bei Moo-sen ist bereits im letzten Jahrhundert von Correns (1899) in einem umfangreichen Werk abgehandelt worden, das heute als klassisch bezeichnet werden darf. Wohl deswegen hat Goebel (1915) diesen Aspekt in seiner „Organographie der Pflanzen" nur kurz abgehandelt.

Den „ökologischen" Aspekt der Brutkörperbildung hat schon Goebel (1915) angesprochen, sogar unter Verwendung des damals noch ungewöhnlichen Begriffes „ökologisch", welchen er in Anführungszeichen setzte.

Die ökologische Bedeutung der vegetativen Vermehrung von Moosen ist folgende:

1. Brutkörper werden vor allem von diözischen Arten gebildet. Correns (1899) stellte seinerzeit fest, dass von 915 in Deutschland vorkommenden Laubmoosarten 110 Brutkörper bilden. 86,4% dieser Arten sind diözisch, 10,9% monözisch, 2,7% zwittrig. Die vegetative Vermehrung gleicht also die Schwierigkeiten aus, die die Befruchtung bei diözischen Arten mit sich bringt. Ein weiterer Nachteil von diözischen Arten ist, dass die gebildeten Sporen eingeschlechtlich sind und aus ihnen männliche oder weibliche Pflanzen entstehen. Soll es zu einer erfolgreichen geschlechtlichen Vermehrung kommen, müssen männliche und weibliche Pflanzen so nahe stehen, dass eine Befruchtung ermöglicht wird. Das ist aber um so unwahrscheinlicher, je weiter die Sporen verbreitet werden. So kommt es vielfach zur Entstehung von rein männlichen oder weiblichen Klonen an einer Stelle, die sich nur vegetativ vermehren können. Es kann so (z.B. auf einer Insel oder einem Berg) zur Bildung von eingeschlechtlichen Populationen kommen, die jahre-, jahrhunderte- oder jahrtausendelang rein vegetativ überdauern. Moose können dadurch auch lange ungünstige Klimaperioden in kleinen ökologischen Nischen überdauern. Goebel (1915) schließt aus dem hohen Prozentsatz von vegetativer Vermehrung bei diözischen Arten, dass die Arten, die nicht zur vegetativen Vermehrung fähig waren, ausgestorben sind, weil sie steril nicht überleben konnten. Erst wenn durch vegetative Ausbreitung männliche und weibliche Pflanzen wieder zusammengefunden haben, kann es wieder zu geschlechtlicher Vermehrung kommen. Auch wenn die vegetative Vermehrung in der Regel nur über kürzere Distanzen erfolgt und durch Sporenverbreitung längere Strecken überbrückt werden können, so kann es auch durch Brutorgane zur Fernverbreitung kommen, z.B. bei Stürmen oder zoochor durch Anheftung an Vögel.

2. Wie man am Standort beobachten kann, werden Brutkörper besonders dann gebildet, wenn die Standortbedingungen suboptimal werden, z.B. bei Austrocknung oder bei längeren trockenen Klimaperioden. So werden kleine, leicht abfällige Brutblätter bei *Campylopus pyriformis* im Sommer gebildet, wenn an ohnehin schon trockenen Standorten wie Kiefenwaldrändern die zur Verfügung stehenden Wassermengen nicht ausreichen, um normale Blätter zu bilden. Solche brutblattbildenden Formen werden von dieser Art an nassen Stellen nie gebildet. Auch bei Lebermoosen ist Brutkörperbildung besonders an trockenen Standorten anzutreffen. Diese Brutkörperbildung könnte man als Trockenstress-induziert bezeichnen.

3. Vegetative Vermehrung kann auch charakteristisch für die Randbereiche von Arealen oder die Randbereiche der Höhenverbreitung sein, also ebenfalls wiederum suboptimale Standortverhältnisse anzeigen. So bildet z.B. das Laubmoos *Tetraphis pellucida* in den höheren Mittelgebirgslagen regelmäßig Sporogone, vermehrt sich aber

im Flachland rein vegetativ. Das thallöse Lebermoos *Lunularia cruciata* bildet nur in seinem natürlichen Verbreitungsgebiet, welches in Europa vom Mittelmeergebiet bis nach Südengland reicht, Sporogone. In Mitteleuropa, wohin es mit Kübelpflanzen in Gewächshäuser und von dort in Botanische Gärten, Parks und Friedhöfe verschleppt wurde und sich in den letzten 30 Jahren von dort an Bachränder im Freiland etabliert hat, kommt es nur steril vor. Die Art vermehrt sich durch linsenförmige Brutkörper ähnlich wie bei dem Brunnenlebermoos *Marchantia*, die in halbmondförmigen Brutbechern gebildet werden („Mondbechermoos"). Die Brutkörper sind linsenförmig und millimetergroß und werden in der Regel durch Wasser (Gießwasser in Gewächshäusern und Gärten) verbreitet. Wie es dennoch zu der weiten Ausbreitung an naturnahen Standorten kam, ist nicht nachvollziehbar. In solchen Fällen wird man wieder die Zoochorie durch Vögel heranziehen müssen.

Brutkörper sind auch für systematische Zwecke relevant. So können verschiedene Typen von Rhizoidgemmen innerhalb einer Gattung (z.B. *Ditrichum*) infragenerische Einheiten abgrenzen. Innerhalb der Bryaceen wird die Anzahl, Form und Färbung von blattachselständigen Bulbillen zur Unterscheidung einer Reihe von Kleinarten im *Pohlia annotina*- und *Bryum bicolor*-Komplex benutzt. Bei dem *Bryum erythrocarpum*-Komplex werden Größe, Form und Färbung von Rhizoidgemmen zur Abgrenzung von Kleinarten verwandt.

Prinzipiell können alle Teile von Moospflanzen der vegetativen Vermehrung dienen. Jede Zelle ist also regenerationsfähig. So kann man für die Anlage von Kulturen Moospflanzen durch ein Sieb streichen. Diese Potenz spielt vermutlich bei der Entstehung von Polyploiden eine Rolle. Polyploide können experimentell dadurch hergestellt werden, dass man Sporophytengewebe, z.B. eine Seta, zerschneidet. Die Bruchstücke keimen zu einem Protonema aus, welches dann diploid ist. Auf diese Weise lässt sich die Entstehung von polyploiden Sippen in der Natur erklären, indem z.B. eine Moospflanze von Wild zertreten wird und der verletzte Sporophyt auf feuchter Erde neu auskeimt. Vegetative Vermehrung kann generell auch ohne spezielle Brutorgane erfolgreich funktionieren. Das belegen z.B. die Torfmoose. Dennoch werden bei vielen Arten Brutorgane aus einer Vielzahl von Organen wie dem Stämmchen, Blättern oder dem Protonema gebildet.

Auffälligerweise bilden manche Moosarten stets Brutkörper, andere nur gelegentlich. Über die Induktion der Brutkörperbildung weiß man nichts. An Kulturen von *Funaria*-Protonemen am Botanischen Institut Bonn bildeten sich nach Auxinzugaben Brutkörper, wie sie zwar schon von Correns erwähnt wurden, aber in der Natur nur selten auftreten.

Brutkörper sind bei vielen Arten erst in letzter Zeit bekannt geworden, wobei sich die Frage erhebt, ob diese früher nur übersehen wurden und sich jetzt erst die Aufmerksamkeit darauf gerichtet hat, oder ob sie heute generell (umweltbedingt?) häufiger gebildet werden, oder sich brutkörperbildende Sippen heute stärker ausgebreitet haben. In Einzelfällen kann man von einer rezenten Ausbreitung ausgehen. So war das rhizoidgemmenbildende akrokarpe Laubmoos *Barbula ferruginascens* nach Mönkemeyer (1927) in Europa von drei Nachweisen bekannt. Heute ist die Art vielfach aus Deutschland nachgewiesen, wo sie hauptsächlich auf mit Kalkstein geschotterten Waldwegen zu finden ist. Die Verbreitung erfolgt offenbar „autochor" in den Reifenprofilen von Kraftfahrzeugen.

Brutorgane werden von Moosen von nahezu allen Pflanzenteilen gebildet (vgl. Kap. 5.1.2, 3.2.2.1, Abb. 3-32).

# 4.4 Ökologische Rolle

## 4.4.1 Nährstoffkreislauf

Obgleich Moose in manchen Biotopen (Mooren, Arktis) vorherrschend sind, ist doch ihre Rolle für den Stoffkreislauf bislang wenig untersucht worden, weil diese Rolle offenbar unterschätzt wird. So bilden pleurokarpe Laubmoose (*Hylocomium* und *Pleurozium*) in einem borealen Nadelwald nur 6% der Phytomasse, jedoch 17% der Phosphatmenge (Chapin et al. 1987). Weil jedoch die Phytomasseproduktion der Moose pro Jahr 49% der gesamten Phytomasse beträgt, tragen Moose mit 75% an der Phosphatversorgung des Waldes bei. Das Beispiel illus-triert gleichzeitig die besondere Rolle der Moose bei der **Erschließung von Nährstoffen aus der Atmosphäre**. Regenwasser, selbst Nebelfeuchtigkeit alleine reicht für die Ernährung von Moosen, was insbesondere bei der Kultur von Moosen zu berücksichtigen ist. Mooskulturen bleiben über Jahre am Leben, wenn sie mit destilliertem Wasser befeuchtet werden, weil als alleinige Nährstoffquelle abgestorbene alte Pflanzenteile ausreichen. Damit ist gesagt, dass die Regenmenge in gewissen Grenzen (kurz anhaltender Regen hat wegen des Auswaschungseffekts einen höheren Nährstoffgehalt als lang anhaltender Regen) ausschlaggebend ist für die Menge des Nährstoffeintrages und damit die Phytomasseproduktion. Dadurch binden Moose atmosphärische Nährstoffeinträge, die ansonsten teilweise oberirdisch abfließen würden. Auf diese Weise werden in Regenwäldern bis zu zentnerschwere „Moosbälle" in den Baumkronen gebildet. Auch Veränderungen in der Atmosphäre wie die Zunahme von Ammonium als Folge der Intensivviehhaltung oder Stickoxide als Folge von Verbrennungsprozessen wie des Autoverkehrs zeigen Düngewirkung, die offenbar zum Anstieg der Epiphyten führt. Eine besondere Rolle bei der Nährstoffakkumulation aus der Atmosphäre kommt den Moosen zu, weil sie diese nicht nur intrazellulär aufnehmen, sondern auch extrazellulär durch Ionenaustausch binden, und weil sie im Interzeptionswasser zwischen den Moosen oder in wasserspeichernden Einrichtungen (z.B. Hyalocyten) zusätzliche Regenmengen speichern.

In Wäldern kommt zu der Nährstoffversorgung durch Regenwasser *throughfall* hinzu, d.h. Wasser, das über Blätter und Borke leckt und sich dabei mit Nährstoffen (Staub, Insektenkot) anreichert. Speziell in tropischen Regenwäldern wird dieses Wasser mit Stickstoff von blattbewohnenden Cyanobakterien angereichert, welche auch die Stickstoffversorgung von epiphyllen Moosen beeinflussen dürften. Epiphyten bekommen zusätzlich *stemflow*, mit Nährstoffen angereichertes, am Stamm herablaufendes Wasser. Die Wirkung zeigt sich am stärkeren Epiphytenbesatz an Stammabflussrinnen.

## 4.4.2 Phytomasse und Wasserspeicherfähigkeit

Moose spielen insbesondere in Mooren, aber auch in tropischen Bergregenwäldern quantitativ eine große Rolle. Ihre Phytomasse spielt speziell für die Bestimmung der Wasserspeicherkapazität der Moose und der Einschätzung ihres ökologischen Nutzens eine Rolle. Sie wurde jedoch nur selten und zumeist an epiphytischen Moosen in den Tropen bestimmt (Tab. 4-3). Dabei sind die Techniken der Phytomassebestimmungen sehr uneinheitlich, so dass die bisherigen Daten sehr streuen; sie reichen von der Erfassung der Phytomasse eines ganzen Baumes bis zu Hochrechnungen auf Quadratmeterbasis. Sie schließen ferner besonders auf waagerechten Ästen zum Teil auch den dort akkumulierten Humus mit ein.

**Tab. 4-3:** Phytomasse epiphytischer Moose in unterschiedlichen Teilen der Erde.

| Autor | Land | g/m² | kg/ha |
|---|---|---|---|
| Hofstede et al. (1993) | Kolumbien 3700 m | ? | 44000 |
| Pócs (1976) | Tanzania 1415 m | 63 | 1773 |
| | Tanzania 2120m | ? | 10300 |
| Jacobsen (1978) | Transvaal | 34 | 340 |
| Frahm (1987) | Peru 3200m | 140 | ? |
| Frahm (1990) | Borneo | 400 | 1320 |
| Frahm (1994) | Zaire 3200m | 600 | 6000 |
| Frahm unpubl. | Vogesen 1200m | 200 | 150 |
| | Vogesen 600m | 80 | 500 |

Phytomassebestimmungen entlang von Transekten in Peru (Frahm 1987a), Borneo (Frahm 1990a) und Zentralafrika (Frahm 1994, Abb. 4-11) zeigten übereinstimmend sehr geringe Werte (10-12g/m²) in Tieflagen unterhalb 1000 m, sowie deutliche Anstiege (speziell oberhalb 2000 m) bis zu Maxima an den Waldgrenzen, die bei 140g/m² in Peru, 400g/m² in Borneo und 600g/m² in Zaire lagen. Auf den Hektar bezogen entspricht dies 1320 kg/ha in Borneo und 6000 kg in Zaire. Lokal können die Werte in Nebel- oder Tallagen noch darüber liegen. Die Steigerung der Phytomassewerte vom Tieflandregenwald bis zur Waldgrenze kann das Tausendfache betragen und unterstreicht den dramatischen Wechsel der ökologischen Bedingungen, aber auch die gute Eignung von Moosen als Indikatoren für die Höhenstufen tropischer Regenwälder.

Die unterschiedlichen Phytomassebeträge in verschiedenen Höhen beruhen auf dem Zusammenwirken von Beleuchtungsstärke und Temperatur. Niedrige Beleuchtungsstärke und hohe Temperaturen, wie sie in tropischen Tieflagen realisiert sind, reduzieren die Nettosphotosyntheseleistung, steigende Beleuchtungsstärken bei Temperaturen unter 25°C, wie sie in tropischen Bergwäldern vorhanden sind, lassen sie ansteigen (vgl. Kap. 6.3.2). Bei ausreichendem Licht und nicht zu hohen Temperaturen in feuchtem Zustand der Moose, die zu Atmungsverlusten führen, spielt die Niederschlagshöhe für die Phytomassebildung eine Rolle, da sie den Nährstoffeintrag bestimmt. Das er-

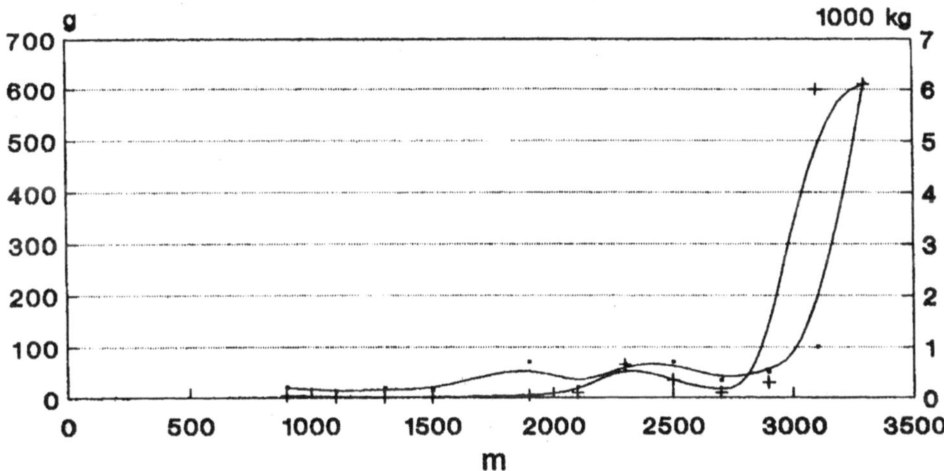


**Abb. 4-11:** Anstieg der Phytomasse epiphytischer Moose bezogen auf m² (Messwert) und ha (Überschlagswert) entlang eines Transektes am Mt. Kahuzi, Zaire. Normalerweise steigen die Werte ab 2000 m stärker an. Die geringeren Werte in diesem Transekt beruhen auf dem Vorherrschen von Bambuswäldern in diesen Höhen (aus Frahm 1994).

klärt auch, warum in temperaten Bergwäldern unter vergleichbaren Niederschlagsmengen und Temperaturen ähnliche Phytomassewerte auftreten.

Die **Wasserspeicherkapazität** von epiphytischen Moosen beträgt in der Regel das 2,5 – 3,5fache (Frahm 1990b) ihres Trockengewichtes. Hinzu kommt das sog. Interzeptionswasser, welches in den Zwischenräumen zwischen den Moospflanzen gespeichert wird. Da die Berechnung der Wasserspeicherkapazität von trockenen Moosen ausgeht, was in der Natur kaum realisiert ist, kann man dafür das Interzeptionswasser vernachlässigen. Daraus kann die Wasserspeicherfähigkeit der Moosdecke berechnet werden, die im tropisch-montanen Bereich 20-60 l/ha beträgt und bis zur Waldgrenze auf 1800l/ha ansteigen kann. Geht man dort von einer Niederschlagsrate von nur 4000 mm/Jahr aus (das entspricht 40,000,000 l/ha/Jahr), sowie von einer gleichmäßigen Niederschlagsverteilung über das Jahr, so werden 18% des Tagesniederschlages in der Moosdecke gespeichert. In niedrigeren Lagen sinkt die Wasserspeicherkapazität der Moose mit sinkenden Phytomassewerten und sinkenden Niederschlagswerten auf 1-2%. Der ökologische Wert der Moosdecke besteht also nicht so sehr im absoluten Wasserspeichervermögen, sondern darin, dass die Wassermengen nicht direkt abfließen und dabei die Nährstoffe aus dem Regenwasser dem Ökosystem zugeführt werden. Die ökologische Rolle der Waldbodenmoose in temperaten Breiten wird ebenfalls mit ihrer Wasserspeicherfähigkeit begründet. Jedoch geht alles Wasser, was die Moose aufsaugen, zunächst dem Bodenwasser und damit den Höheren Pflanzen und dann auch dem Grundwasser verloren. So kann man beobachten, dass Böden unter dichten Moosdecken, z.B. in Nadelforsten, ausgesprochen trocken sind. Mägdefrau und Wutz (1951) berechneten die Wasseraufnahmefähigkeit des lebenden Teils einer lufttrockenen geschlossenen Moosdecke in Forsten mit 5 mm Niederschlag, unter Einschluss der abgestorbenen Teile mit 15 mm. Das bedeutet, dass nach trockenem Wetter der größte Teil eines einzelnen, nicht zu starken Regenfalles in temperaten Breiten von der Moosdecke gespeichert wird und die Feuchtigkeit an die Atmosphäre durch Verdunstung zurückgegeben wird. Bei feuchtem Wetter oder Dauerregen tritt rasch eine Sättigung ein und das überschüssige Wasser kann das Boden- und Grundwasser speisen. Dabei bewirken die Moosrasen, dass das Wasser nicht oder schlechter oberflächlich abläuft und in den Boden einsickern kann.

# 4.5 Vergesellschaftung

Wie alle anderen Pflanzen sind auch Moosarten zu regelmäßigen Vergesellschaftungen zusammengeschlossen, die von der Bryosoziologie erfasst werden. Als Grund für die Bildung solcher „Moosgesellschaften" wird angeführt, dass es sich dabei um einen Zusammenschluss von Arten mit denselben oder ähnlichen Standortansprüchen handelt. Daneben können jedoch auch andere, bislang wenig untersuchte  Faktoren eine Rolle spielen, wie z.B. allelopathische Wirkungen der Moosarten untereinander.

Moose können:
- Teile von Blütenpflanzengesellschaften sein (Oxycocco-Sphagnetea in Mooren),
- Schichten (Stratum) in Blütenpflanzengesellschaften sein (Moose in Wäldern),
- sog. abhängige Gesellschaften oder Synusien (Mikrogesellschaften) bilden (z.B. Moosgesellschaften auf offenerdigen Sonderstandorten wie Wurzelbrüchen oder Epiphyten in Wäldern), oder
- unabhängige (selbständige) Gesellschaften bilden (Felsmoosgesellschaften, Moosvegetation alpiner Fließgewässer, z.B. Geissler [1976]).

Diese Einteilung ist jedoch nicht ganz durchgängig. So ist im Einzelfall vielfach nicht ganz klar, ob es sich bei Moosgesellschaften von Felsblöcken oder Baumstämmen in Wäldern um abhängige oder unabhängige Gesellschaften handelt. Mikrogesellschaften werden als getrennte Vegetationseinheiten in eigenen Systemen zusammengefasst.

Vielfach sind Moose aufgrund derselben physiologischen Ansprüche mit Flechten und Luftalgen vergesellschaftet (z.B. an Erdrainen, Baumstämmen oder Felsen). In diesen Fällen werden getrennte Moos- und Flechtengesellschaften unterschieden, wobei die Frage offen bleibt, ob es sich wirklich um getrennte Gesellschaften handelt, oder eine gemeinsame Kryptogamengesellschaft. Aus praktischen Gründen (die Bestimmung von Moosen und Flechten ist nur Spezialisten möglich) werden Moos- und Flechtengesellschaften getrennt behandelt.

## 4.5.1 Erfassung von Moosgesellschaften

Unabhängig von der Frage, ob es sich bei Moosgesellschaften um abhängige oder unabhängige Gesellschaften, selbständige Gesellschaften oder nicht handelt, ist es sinnvoll, immer wieder auftretende Vergesellschaftungen zu erfassen. Die Erfassung kann mit **quantitativ vegetationsanalytischen Methoden** durchgeführt werden. Dazu bedient man sich Methoden wie

- der Frequenzbestimmung von Moosen mit Hilfe von Gitternetzen. Dabei wird notiert, in wie viel der vorhandenen Quadrate eine Art erscheint. Benutzt man 100 Quadrate (z.B. ein Netz von 20 x 20 cm Größe mit 10 x 10 Maschen), bekommt man durch die Häufigkeit des Vorkommens in den einzelnen Feldern (Frequenz) die Bedeckung (Abundanz) in Prozent ermittelt.
- die quantitative Bestimmung der Bedeckung (Abundanz) über das Ausplanimetrieren von Kopien der Moosbestände, die mit Plastikfolien angefertigt werden, und anschließender Auswertung durch statistische Methoden (Frey & Kürschner 1979, Frahm 1987b) oder
- der planimetrischen Auswertung von Fotos.

Eine Übersicht quantitativer Methoden gibt Bates (1982). Solche Methoden dienen der Bestandsaufnahme als auch der Erfassung von Veränderungen. Sie sind objektiver als die folgenden Methoden, erfordern jedoch einen größeren Arbeitsaufwand und dienen nicht der Erfassung von Gesellschaften.

In Europa sind **halbquantitativ-qualitative Erfassungen von Gesellschaften** mehr verbreitetet. Moosgesellschaften sind bislang im Wesentlichen nur dort, im Vorderen Orient, in Ansätzen auch in Japan und neuerdings auch (von europäischen Forschern) in den Subtropen, Tropen und Neuseeland erfolgt. In Nordamerika hat man Moose (mit Ausnahme von Muhle 1973) lediglich vereinzelt mit vegetationsanalytischen Methoden erfasst, nicht aber Gesellschaften.

Die Bryosoziologie in Europa ist dabei von der Braun-Blanquet-Schule geprägt. Schon bald nach Einführung dieser Methode haben Allorge, Frey, Gams und Ochsner in den Zwanziger Jahren Moosgesellschaften beschrieben. Heute existieren ca. 500 bryosoziologische Publikationen, zu 80% aus Mitteleuropa. Manche dieser ersten Arbeiten waren wegweisend, so die von Ochsner (1928) über die Epiphytenvegetation der Schweiz, in der Moos- und Flechtengesellschaften mit ihren ökologischen Ansprüchen behandelt wurden. Später bearbeitete Stodiek (1937) xerotherme Moos- und Flechtengesellschaften in Mitteldeutschland. Eine umfassendere Bearbeitung von Moosgesellschaften vollzog sich in Mitteleuropa speziell in den Vierziger bis Siebziger Jahren. Damals entstanden Klassiker wie die Bearbeitung der Erdmoosgesellschaften auf Schonen (Waldheim 1947) und der epiphytischen und epilithischen Moosvegetation von Öland (Sjögren 1964). In Deutschland entstanden Gesellschafts-Inventarisierungen von ganzen Naturräumen (Dunk 1971, Neumayr 1971, Hertel 1974). In neuerer Zeit hat sich besonders Marstaller in überaus zahlreichen Publikationen um die Erfassung der Moosgesellschaften Thüringens verdient gemacht. Darüber hinaus sind nur noch wenige umfassendere bryosoziologische Arbeiten erschienen (z.B. Bodenseegebiet: Ahrens 1992).

Vielfach wird eine bryosoziologische Bearbeitung heute auch eher als Grundlage für die Behandlung ökologischer Fragestellungen (Lindlar 1997), Untersuchung ökologischer Gradienten (Frey & Kürschner 1991c) oder Lebensstrategien (Frey & Kürschner 1991b) benutzt und mit ihnen verknüpft.

Die Erfassung von Moosgesellschaften erfolgt zumeist in abgewandelter Form nach der Braun-Blanquet Methode. Kryptogamenspezifische Modifizierungen beziehen sich auf die Größe der Untersuchungsfläche (im Zentimeter- oder Dezimeterbereich) als auch auf die Schätzskala. Da viele Moosarten in Moosgesellschaften mit niedrigen Bedeckungsprozenten vertreten sind, hat man die ursprüngliche Braun-Blanquet-Skala so modifiziert, dass sie im unteren Bereich mehr Differenzierungsmöglichkeiten bietet (Tab. 4-4).

**Tab. 4-4:** Verschiedene Schätzskalen der Artmächtigkeiten (Abundanz)

|  | Braun-Blanquet | Ochsner (1928) | Frey (1933) | Barkman (1958) |
|---|---|---|---|---|
| 5 | >75% | >50% | >50% | <75% |
| 4 | 50-75% | 25-50% | 25-50% | 50-75% |
| 3 | 25-50% | 12,5-25% | 12,5-25% | 25-50% |
| 2 | 5-25% | 6,25%-12,5% | 6-12,5% |  |
| 2b |  |  |  | 15-25% |
| 2a |  |  |  | 5-15% |
| 1 | 1-5% | <6,25% | 1-6% | <5% |
| + | <1% |  | <1 | <1% |

Daneben gibt es auch zehnteilige Schätzskalen. Muhle (1973) hat unterschiedliche Schätzskalen an denselben Probeflächen durch verschiedene Personen austesten lassen und die Ergebnisse mit planimetrischen Auswertungen verglichen. Er kommt dabei zu dem Ergebnis, dass die klassische Braun-Blanquet Skala am besten geeignet ist, weil die Testpersonen nur im Bereich zwischen 20 und 60% einigermaßen genau geschätzt haben, niedrigere Bedeckungen aber zu hoch und hohe Bedeckungen zu niedrig bewertet haben. Es lässt sich auch von den halbquantitativen Schätzskalen absehen und mit einer genaueren direkten Schätzung von Bedeckungswerten arbeiten (z.B. Frahm 1972), was sich aber trotz offenbarer Vorteile nicht durchgesetzt hat. Eine gewisse Mindestinformation gibt auch eine Presence-Absence-Table, wie sie z.B. von Sjögren (1975) für epiphylle Moosgesellschaften verwendet wurde. Daneben sind auch relative Schätzskalen möglich (1 = wenig, 2 = mäßig 3 = häufig vertreten), die ebenfalls zu verwertbaren Ergebnissen führen. Die modifizierten Schätzskalen nach Braun-Blanquet werden mit der Zunahme gleichzeitiger multivariater statistischer Auswertungen (Clusteranalysen, Korrelationsanalysen) weniger geeignet, weil sie nicht-linear sind und erst in lineare Werte umgerechnet werden müssen (z.B. 3 in 37,5%), was kleinere Verfälschungen der Ergebnisse zur Folge hat. Deswegen sollte man für solche Zwecke besser mit Prozentzahlen rechnen.

Die Darstellung der Einheiten erfolgt tabellarisch (Tab. 4-5), die Auswertung nach Differenzialarten oder Charakterarten. Es wurde vielfach, besonders in Nordamerika, argumentiert, dass die Braun-Blanquet-Methode sich nur im temperaten Mitteleuropa anwenden ließe, wo sie entwickelt wurde, und die Charakterartenmethode Vorkennt-

**Tab. 4-5:** Beispiel einer Vegetationsaufnahme einer Moosgesellschaft: das Grimmietum montanae am Südwesthang des Großen Ölbergs im Siebengebirge (aus Lindlar 1997).

| Aufnahme Nr.: | 167 | 168 | 170 | 173 | 174 | 166 | 169 | 171 | 172 |
|---|---|---|---|---|---|---|---|---|---|
| Lokalität Nr.: | 9 | 9 | 9 | 9 | 9 | 9 | 9 | 9 | 9 |
| Datum: | 4'96 | 4'96 | 4'96 | 4'96 | 4'96 | 4'96 | 4'96 | 4'96 | 4'96 |
| Flächengröße [qcm]: | 1600 | 1500 | 1800 | 1600 | 1600 | 1200 | 1600 | 900 | 1200 |
| Exposition: | NW | SW | W | W | SW | W | N | W | SW |
| Neigung [']: | 35 | 35 | 40 | 40 | 25 | 40 | 30 | 50 | 45 |
| Untergrund: | Bb | Bb | Bb | Bb | Bb | Bb | Bb | Bb | Bb |
| Deckung [%]: | 75 | 70 | 60 | 75 | 40 | 95 | 95 | 75 | 65 |
| Anzahl der Arten: | 6 | 6 | 4 | 6 | 5 | 8 | 7 | 9 | 8 |
| pH: | 4,90 | 4,70 | 4,90 | 5,20 | 5,10 | 4,70 | 4,80 | 5,00 | 5,20 |

**Kennart des Grimmieteum montanae:**

| | | | | | | | | | |
|---|---|---|---|---|---|---|---|---|---|
| Grimmia montana | 3 | 2b | 2b | 1 | 2b | 2a | 2a | 2b | 2b |

**Trennart:**

| | | | | | | | | | |
|---|---|---|---|---|---|---|---|---|---|
| Coscinodon cribrosus | . | . | . | . | . | . | . | 1 | 2a |

**Kennarten der Racomitrietea heterostichi:**

| | | | | | | | | | |
|---|---|---|---|---|---|---|---|---|---|
| Grimmia trichophylla | 2b | 1 | 3 | 3 | 2a | 2b | 3 | 3 | 2a |
| Racomitrium heterostichum | 2a | 2a | 2a | 2b | . | 2a | 1 | + | . |
| Hedwigia ciliata | . | . | . | . | 2b | 1 | . | 1 | . |
| Racomitrium fasciculare | . | . | . | . | . | . | 1 | . | . |

**Begleiter:**

| | | | | | | | | | |
|---|---|---|---|---|---|---|---|---|---|
| Dicranoweisia cirrata | 2a | 1 | 1 | . | 1 | 2b | . | . | 1 |
| Pohlia nutans | 1 | . | . | + | . | 1 | . | 1 | 1 |
| Hypnum cupressiforme | . | 2b | . | . | . | 2b | 1 | . | 1 |
| Pseudotaxiphyllum elegans | . | . | . | 2a | . | . | 2b | + | 1 |
| Ceratodon purpureus | 1 | . | . | . | . | 1 | . | . | + |
| Grimmia hartmannii | . | 2a | . | . | + | . | . | . | . |
| Paraleucobryum longifolium | . | . | . | . | . | . | 1 | 1 | . |
| Atrichum undulatum | . | . | . | . | . | . | . | 1 | . |
| Cynodontium polycarpum | . | . | . | . | + | . | . | . | . |

nisse erfordere, die bei einer Anwendung in den Tropen nicht vorhanden wären. Diese Einschränkung mag für die Phanerogamenvegetation tropischer Regenwälder gelten, doch haben erfolgreiche Untersuchungen in tropisch-subalpinen Wäldern oder Páramos die Anwendbarkeit der Methode auch außerhalb Europas bewiesen. Auch für die Untersuchung von Moosgesellschaften in den Tropen wurde die Braun-Blanquet-Methode für ungeeignet erachtet. Inzwischen hat die Erfassung von epiphytischen Moosgesellschaften entlang von Höhen-Transekten durch tropische Regenwälder in Borneo (Kürschner 1990), Zentralafrika (Kürschner 1995) und Peru (Kürschner & Parolly 1998b) die Anwendbarkeit dieser Methode in den Tropen sowie Subtropen (Drehwald 1995, Zippel 1998) hinreichend belegt. Daneben sind auch Moosgesellschaften in Halbwüsten bearbeitet worden (Frey & Kürschner 1991c, Frey et al. 1990).

## 4.5.2. Synsystematik

Basierend auf der Unterscheidung in abhängige und unabhängige Moosgesellschaften hat man früher versucht, unterschiedliche Systeme der Moosgesellschaften aufzustellen. Danach bezeichnete man abhängige Gesellschaften als **Synusien**, Einschichtgesellschaften als Teile der Gesamtvegetation als Sozietäten oder „**Vereine**", höhere Kategorien als **Unionen** und **Federationen**, und nur selbständige Gesellschaften als **Assoziationen**, höhere Einheiten als **Verbände**. Bezüglich begrifflicher und methodischer Fragen vergleiche man dazu die Ausführungen von Barkman (1958) und Wilmanns (1962). Entsprechend wurden die selbständigen Moosgesellschaften in das System der Pflanzengesellschaften eingeordnet (z.B. Felsmoosgesellschaften Grimmietalia entsprechend zu den Felsspaltengesellschaften Asplenietalia). Die Unmöglichkeit der Trennung von abhängigen und unabhängigen Moosgesellschaften, die schließlich zur Einführung von Begriffen wie „völlig abhängigen Moosgesellschaften" führte, hat dazu geführt, diese Unterscheidung nicht mehr vorzunehmen und damit auch die Zweigleisigkeit in der Systematik der Pflanzengesellschaften aufzugeben. Damit würde ein Wald z.B. zahlreiche, terminologisch nicht differenzierte kryptogamische Kleinst-Assoziationen beinhalten.

Eine erste Übersicht aller seit 1920 beschriebenen Moosgesellschaften Zentraleuropas gab der „Prodromus" von v. Hübschmann (1986), der 180 Moosgesellschaften enthält. Diese Einteilung fußte im Wesentlichen auf unterschiedliche Substrate (Wasser-, Erdmoos-, Felsmoos-, epiphytische Gesellschaften), ungeachtet der Tatsache, dass manche Gesellschaften auf verschiedenen Substraten ausgebildet sein können. Ferner basierten die bei v. Hübschmann zusammengestellten Gesellschaften nicht auf den Regeln des Codes der pflanzensoziologischen Nomenklatur. Diese Gesichtspunkte berücksichtigte Marstaller (1993) in einer neuen Übersicht der Moosgesellschaften Zentraleuropas. Eine kleinere Zusammenstellung von Moosgesellschaften Süddeutschlands gibt v. Brackel (1993). Die Zugehörigkeit der europäischen Moosarten zu Moos- als auch Phanerogamengesellschaften finden sich bei Dierßen (2001).

Synsystematische Darstellungen von Moosgesellschaften waren bislang auf Europa beschränkt. Neuerdings haben Kürschner & Paroly (1998a, 1999) gezeigt, dass sich auch ein weltweites System für epiphytische Moosgesellschaften der äquatorialen Regenwälder aufstellen lässt. Sie konnten dabei belegen, dass sich alle epiphytischen Moosgesellschaften der Innertropen in eine weltweite Klasse (Lejeuneo flavae - Frullanea ericoidis) eingruppieren lassen (Tab. 4-6). Diese Klasse ersetzt die Klasse der Frullaniodilatatae - Leucodontea sciuroidis in der Holarktis. In entsprechenden Höhen entlang von Transekten in verschiedensten Teilen der Tropen (Borneo, Zaire/Rwanda, Peru) existieren dabei vergleichbare Moosgesellschaften. Unter entsprechenden ökologischen Bedingungen sind dabei in vergleichbaren Höhenlagen (= bei vergleichbaren Temperaturen) vikariierende Vertreter derselben Gattungen an dem Aufbau von Moosgesellschaften beteiligt. Grund ist, dass diese vikariiernden Arten identische Lebensformen besitzen, die sie zur Einnischung in vergleichbare Standorte befähigen.

**Tab. 4-6:** System der epiphytischen Moosgesellschaften in unterschiedlichen Höhen und in unterschiedlichen Teilen der Innertropen (nach Kürschner & Parolly 1998a).

| Frullanio dilatatae-Leucodontea sciuroidis | Lejeuneo flavae-Frullanea ericoidis | | |
|---|---|---|---|
| Holarctic | Pantropical | | |
| *Frullania dilatata*<br>D: *Neckera cephalonica, N. pumila, Radula complanata, R. lindenbergiana, Zygodon viridissimus* | *Acroporium pungens, Adelanthus decipiens, Cheilolejeunea trifaria, Frullania arecae, F. ericoides, F. riojaneirensis, F. apiculata, Homaliodendron flabellatum, Jamesoniella rubricaulis, Lejeunea flava, L. laetevirens, Leptodontium viticulosoides, Leucolejeunea xanthocarpa, L. unciloba, Lopholejeunea subfusca, L. nigricans, Mastigolejeunea auriculata, Metalejeunea cucullata, Metzgeria decipiens, M. leptoneura, Neckeropsis disticha, Plagiochila corniculata, Pyrrhobryum spiniforme, Zygodon reinwardtii* | | |
| **Frullanio dilatatae-Leucodontetea sciuroidis**<br>Mohan 1978 em. Marst. 1985<br><br>Northern Hemisphere | **Taxilejeuneo-Prionodontetea fusco-lutescentis**<br>Kürschner et Parolly 1998<br><br>Central and South America | **Frullanio depressae-Lejeuneetea flavae**<br>cl. nov.<br><br>Central Africa | **Thysanantho-Bazzanietea tridentis**<br>cl. nov.<br><br>Southeast Asia |
| **Orthotrichetalia**<br>Had. in Kl. et Had. 1944<br><br>(Northern Hemisphere) | **Bryopterido-Neckeropsietalia undulatae**<br>Kürschner et Parolly 1998<br><br>(lowland - submontane) | **?**<br>(All. Lejeuneo flavae-Plagiochilion salvadoricae)<br>Kürschner 1995<br><br>(? - submontane) | **Thysanantho-Cheilolejeuneetalia**<br>ord. nov.<br><br>· (lowland - submontane) |
| **Frullanio teneriffae-Leucodontetalia canariensis**<br>Marst. 1985<br><br>(Southwest Europe, Macaronesia) | **Prionodontetalia fusco-lutescentis**<br>Kürschner et Parolly 1998<br><br>(montane - oreal) | **Plagiochilo squamulosae-Porotrichetalia mollicuii**<br>ord. nov.<br><br>(montane - oreal - subalpine) | **Bazzanietalia uncigerae**<br>ord. nov.<br><br>(montane - oreal) |

## 4.5.3 Bedeutung der Bryosoziologie

Die Beschreibung von Moosgesellschaften hat große Bedeutung für den Bereich Vegetationskunde, Naturschutz und das Biomonitoring.

In der **Vegetationskunde** spielt die Bryosoziologie eine Rolle bei der Erfassung von überwiegend durch Moose bestimmte Pflanzengesellschaften, wie etwa Felsmoosgesellschaften auf Blockhalden (z.B. Lüth 1990).

Im **Naturschutz** gilt die Überlegung, dass nicht nur einzelne Arten schutzwürdig oder gefährdet sind und daher in eine Rote Liste aufgenommen werden, sondern dass die Artenvergesellschaftungen zu schützen sind. Das impliziert die Schutzwürdigkeit von Standorten und die Aussage, dass Artenschutz nur durch Standortschutz gewährleistet ist. Insofern sind Rote Listen von Moosgesellschaften sinnvoller als Rote Listen von Arten. Eine solche Rote Liste von Moosgesellschaften ist aber erst einmal in Niedersachsen realisiert worden (Drehwald & Preising 1991).

Für das **Biomonitoring** sind Analysen von Veränderungen von Artenvergesellschaftungen wichtiger und interessanter als die einzelner Arten. Insofern lassen sich speziell quantitative Vegetationsanalysen mit gutem Erfolg für Dauerflächenuntersuchungen benutzen. So bearbeitete Sjögren (1964) in einer als klassisch zu bezeichnenden Arbeit die epiphytischen und epilithischen Moosgesellschaften der Insel Öland. Dreißig Jahre später konnte er nach einer Wiederholung seiner Arbeit im Detail die Veränderungen aufzeigen (Sjögren 1995).

Die Betrachtung der Moosgesellschaften beschränkt sich auf die heutigen Verhältnisse. Pflanzengesellschaften haben jedoch auch eine räumlich-zeitliche Dimension. Die räumlich-zeitliche Dimension wird in der Arealkunde behandelt, wo man jedoch von einzelnen Arten ausgeht. Die Pflanzenarten waren jedoch zu Phytozönosen zusammengeschlossen, ja mit Tieren zu Biozönosen vereint, und diese haben sich geschlossen bei Klimaänderungen verschoben oder verändert. So haben z.B. nicht einzelne temperate Moosarten während der Glaziale in Refugien überlebt, sondern ganze Moosgesellschaften. Somit können Moosgesellschaften unter Umständen schon sehr alt sein, Das liegt nahe, wenn man bedenkt, dass heutige Moosarten durchaus 50 Millionen Jahre alt sein können (Evidenz von Fossilien, vgl. Kap. 10) oder älter (Evidenz aus Arealkundlichen Interpretationen und molekularen Untersuchungen, vgl. Kap. 5) sein können. So gibt es identische Moosgesellschaften in Nordamerika und Europa, wobei sich die Frage erhebt, ob sich diese unabhängig voneinander neu konstituiert haben (vgl. das Argument von den Vergesellschaftungen von Arten identischer Standortansprüche) oder diese Gesellschaften schon vor 50 Millionen Jahren, vor der Trennung Nordamerikas und Europas, existiert haben. Desweiteren haben wir Hinweise darauf, dass es nicht nur gondwanaländische Arten (mit einem Alter von 80-100 Millionen Jahren) in Neuseeland und Südamerika gibt, sondern diese zum Teil noch in denselben Artenkombinationen überlebt haben, es also auch noch gondwanaländische Moosgesellschaften gibt.

## 4.6 Interaktionen

Moose leben zumeist nicht isoliert, sondern mit anderen Organismengruppen zusammen. Mit ihnen sind sie in vielerlei Hinsicht zu komplexen Wirkungsgefügen verwoben, die nur ansatzweise untersucht worden sind.

### 4.6.1 Konkurrenz

Moose sind relativ klein und langsam wachsend und somit auch relativ konkurrenzschwache Pflanzen. Sie unterliegen dem Verdrängungswettbewerb der Höheren Pflanzen und besiedeln vorzugsweise von diesen nicht besetzte ökologische Nischen wie offene Felsen, Tundren, Hochgebirge, Quellfluren, Moore, schattige Waldböden, als Epiphyten die Stamm-, Ast- und Zweigregionen der Bäume, oder offene, gestörte Standorte. Eine Konkurrenz um Wasser und Nährstoffe findet selten statt, da Moose im Gegensatz zu Höheren Pflanzen dazu atmosphärische Quellen ausnutzen. Größer ist die **Konkurrenz zwischen Moosen und Höheren Pflanzen** um Platz. Als Schutz gegen den Konkurrenzdruck Höherer Pflanzen haben zumindest einige Moosarten allelopathische Wirkung. Neben keimungsfördernden Wirkungen (vgl. Kap. 8.4.2) von Moosextrakten auf Samen Höherer Pflanzen wurden in Laborversuchen bei einigen Arten auch keimungshemmende Wirkungen festgestellt. Auch in der Natur lassen sich keimungshemmende als auch keimungsfördernde Wirkungen von Moospolstern feststellen. Die keimungsfördernde Wirkung wird Phytohormon-ähnlichen Substanzen in den Moosen zugesprochen. Sie führen vermutlich dazu, dass ein Same einer Höheren Pflanze in einem Moosbett schnell keimt, dabei aber seine Kräfte verzehrt, bevor er Anschluss an das Substrat gefunden hat, wodurch er endgültig keinen Ansiedlungserfolg hat und das Moos sich eines lästigen Konkurrenten entledigt hat. Denselben Effekt hat die keimungshemmende Wirkung. Die Ursachen für die unter dem Aspekt der Verdrängung unerwünschter Konkurrenten besser verständliche Keimungshemmung sind nicht bekannt. Sie könnte auf eine Ansäuerung des Keimungsmilieus durch die Moose durch deren Ionenaustausch, bei Samen von Bäumen aber auch auf die fungizide Wirkung von Moosinhaltsstoffen auf den Mykorrhizapilz zurückzuführen sein. Auch der Schutz gegen Herbivorie durch biozide Inhaltsstoffe (vgl. Kap. 8) schützt Moose, nicht aber ihre Konkurrenten, gegen Pflanzenfresser. Der Einfluss Höherer Pflanzen auf Moose bezieht sich auch auf Abdeckung durch Laubfall, verstärkte Düngung (besonders auf empfindliche Moose wie Torfmoose). Umgekehrt kann eine geschlossene Moosdecke in Wäldern wie den borealen Nadelwäldern verhindern, dass Nährstoffe aus dem Regen in den Boden dringen und die Wurzeln der Bäume erreichen, die aufgrund dessen ein flaches Wurzelsystem ausbilden.

Moose unterliegen aber auch Effekten anderer Pflanzengruppen. Eine Übersicht geben During & van Tooren (1990).

Größer ist das **Konkurrenzproblem zwischen Moosen und** den physiologisch ähnlich reagierenden **Flechten** oder auch Luftalgen. Da Flechten photo- und trockentoleranter sind, besiedeln diese aber weniger schattigere und trockenere Standorte als Moose. Das ist z.B. in borealen Nadelwäldern zu beobachten. So zeigt die Beobachtung, dass epiphytische Krustenflechten von Moosen nicht überwachsen werden. Wie Versuche ergaben, hemmen wässrige Extrakte von Krustenflechten die Keimung von Moosporen als auch der Samen von Kresse und Bromeliaceen (Frahm et al. 2000, Abb. 4-12). Desgleichen können sich Strauchflechten in Heiden und Tundren gegen Moose behaupten oder sie sogar verdrängen. Im Experiment zeigten Cladonien wachstumshemmende Wirkung auf Moose (Giordano et al. 1999). Manche Moose werden von Flechten besiedelt. Auch Cyanobakterien (*Nostoc*), Algen (*Chlorococcus*) und Gallertflechten (*Collema, Leptogium*) überwachsen Moose.

Die **Konkurrenz zwischen Moosen** behandelt Rydin (1997). Sie bezieht sich auf Raum, Licht und Nährstoffe. Generell sind die Effekte der gegenseitigen Beeinflussung – abgesehen von einigen Feldbeobachtungen – wenig untersucht. Das betrifft insbesondere die Konkurrenz zwischen Arten in Moosgesellschaften. So könnte vermutet werden, dass sich bestimmte Arten regelmäßig zu Gesellschaften nicht allein deswegen zusammenschließen, weil sie dieselben oder ähnliche Standortansprüche haben, sondern weil sie durch allelopathische Wirkung andere Moosarten ausschließen. An-

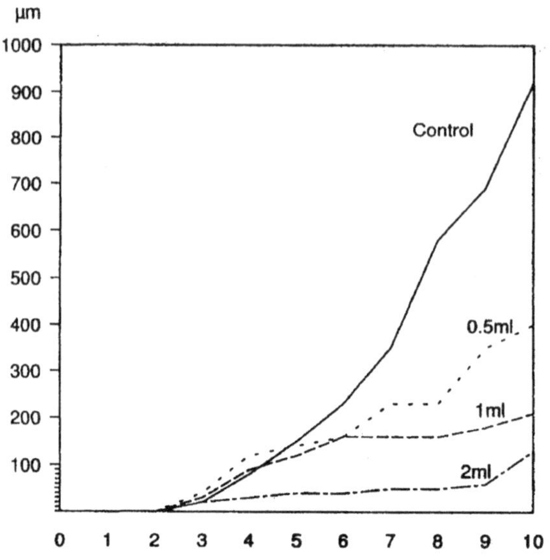



**Abb. 4-12:** Hemmende Wirkung eines wässrigen Extraktes der Krustenflechte *Pertusaria amara* auf das Protonema-Wachstum des Mooses *Funaria hygrometrica* zum Beleg der allelopathischen Wirkung von Flechten auf Moose (aus Frahm et al. 2000).

dere Gründe für den Gesellschaftszusammenschluss von Moosarten könnten Ausschluss der Konkurrenz durch unterschiedliche Lebensformen oder Nährstoff- bzw. Wasseraufnahme (endohydrisch versus ektohydrisch) sein. So protokollierten Kosiba & Sarosiek (1991) einen Verdrängungswettbewerb von *Atrichum undulatum* (endohydrisch, Hochrasen) gegen *Plagiomnium affine* (ektohydrisch, Decke) in einem Zeitraum von zehn Jahren. Desweiteren sind vermutlich auch das Prioritätsprinzip und das Zufallsprinzip mit entscheidend. Letztere sind besonders bei epiphytischen Moosgesellschaften an gleichaltrigen, gleichartigen Trägerbäumen (wie z.B. Alleebäumen) erkennbar. Das Zufallsprinzip wird auch bei Transplantationsversuchen erkennbar, in denen mal die eine, mal die andere Art die Überhand über eine andere gewinnt (van der Hoeven 1994). Schließlich sind auch unterschiedlich starke Einflüsse einzelner Arten auf den Standort relevant, wie z.B. die starke Ansäuerung der Umgebung durch Torfmoose, die zu einer Verdrängung anderer Moosarten führt. Zum Teil sind auch Artenverschiebungen nicht Ausdruck von Konkurrenz, sondern von geänderten Standortbedingungen. Ein Beispiel dafür gibt Sjögren (1995), der die Veränderungen der Moosvegetation an Baumstämmen auf Öland (Schweden) zwischen den Perioden 1958-62 und 1988-90 aufzeichnete. Hier kam es zu einem Wechsel zu acidophilen Arten oder Arten mit breiter Standortamplitude.

## 4.6.2 Parasitismus

Obgleich Moose generell antimikrobielle Wirkstoffe besitzen, können einige Flechten als auch Pilze auf Moosen parasitieren. Das betrifft nicht nur ein Überwachsen z.B. durch Flechten, sondern direkte Kontake zwischen Pilz und Moos durch die Ausbil-

**Abb. 4-13:** Das saprophytische Lebermoos *Cryptothallus mirabilis* 20 cm tief unter einer Torfmoosdecke

dung von Haustorien oder Apressorien (Poelt 1985). Unter den Pilzen parasitieren sowohl Ascomyceten (Döbbeler 1997) als auch Basidiomyceten auf Moosen. Sie dringen durch die Rhizoiden ein. Dabei sind die Parasiten wirtsspezifisch; ihr Befall führt aber nicht zum Tode der Wirtspflanze. Die Ascomyceten sind in der Regel sehr klein und bestehen nur aus wenigen endophytischen Hyphen; das Ascocarp wird innerhalb einer Zelle des Wirtes gebildet. Basidiomyceten können größer sein und sogar große Fruchtkörper bilden (z.B. *Lyophyllum palustre* auf *Sphagnum*).

## 4.6.3 Saprophytismus

Unter den Moosen ist nur eine einzige Gattung als obligat saprophytisch bekannt, *Cryptothallus* (Aneuraceae). Die Gattung hat die Gestalt einer *Aneura*, ist aber chlorophyllfrei. Von dieser Gattung war bis vor kurzem nur eine Art, *C. mirabilis* (Abb. 4-13), aus Europa bekannt. Erst jüngst ist eine weitere Art aus Costa Rica beschrieben worden. Es handelt sich bei *C. mirabilis* um ein thallöses Lebermoos, das unter Moosdecken (zumeist *Sphagnum*) in Symbiose mit dem Mykorrhizapilz der Moorbirke (*Betula pubescens*) lebt. *Cryptothallus* ist deshalb am ehesten in Birken-brüchern anzutreffen. Die Pflanzen leben dort „unterirdisch" in 10-20 cm Tiefe und können nur gefunden werden, wenn die lockeren, lebenden *Sphagnum*-Decken darüber entfernt werden. Nur der Sporogon durchstößt die Moosdecke.

Unter den Laubmoosen leben *Buxbaumia*-Arten partiell saprophytisch, was die Überlebensfähigkeit dieses Mooses mit extrem reduziertem Gametophyten sichert. Es erklärt vielleicht auch, warum die Art *Buxbaumia aphylla* in Mitteleuropa in den vergangenen Jahrzehnten nahezu ausgestorben war, da u.U. der Pilz auf den sauren Böden vom sauren Regen zum Absterben gebracht wurde und das Moos alleine nicht lebensfähig ist.

## 4.6.4 Symbiosen

Symbiosen gibt es selten zwischen Moosen und stickstoffassimilierenden Cyanobakterien, so bei den Lebermoosgattungen *Blasia* und *Anthoceros*, die den Cyanobakterien Hohlräume auf der Unterseite der Thalli zur Verfügung stellen. Die Stickstoffassimilation findet bei den Cyanobakterien in den Heterocysten statt, diese bilden normalerweise nur 2-5% der Zellen, in den anderen findet Photosynthese statt. In den Hohlräumen der Lebermoose werden hingegen bis zu 60% Heterocysten gebildet, was die Stickstoffassimilation beträchtlich erhöht, aber auch demonstriert, das die Cyanobakterien Photosyntheseprodukte vom Moos bekommen, und zwar in Form von Sucrose.

Auch in den (durch Poren mit der Außenwelt verbundenen) Hyalocyten von Torfmoosen sind Arten der Gattungen *Nostoc* oder *Cylindrospermum* beobachtet worden. Da dieses aber nicht regelmäßig zu beobachten ist, kann es sich nur um eine zufällige Verbindung handeln. Lockere Verbindungen mit Cyanobakterien haben Moose von Extremstandorten wie Mooren, Sandböden, Wüstenkrusten und Lavagestein. Diese Cyanobakterien haben einen normalen Anteil von Heterocysten. Bei Torfmoosen konnte belegt werden, dass der von den Cyanobakterien produzierte Stickstoff vom Moos aufgenommen wird (Basilier 1980). In diesen Fällen ist nicht klar, ob und inwiefern die Cyanobakterien von den Moosen profitieren. Auch bei Moosen anderer Standorte finden sich oft auf und zwischen den Blättern („epiphytisch") Cyanobakterien, von deren Stickstoffproduktion die Moose profitieren können.

## 4.6.5 Mykorrhiza

Mykorrhizen existieren bei vielen Lebermoosen. Stahl (1949) gab einen Abriss der damaligen Kenntnis. Erst jüngst wurde das Thema wieder behandelt, jetzt aber mit ultrastrukturellen Methoden (Pocock & Ducket 1985). Endotrophe Mykorrhiza ist von den thallösen Lebermoosen der Gattungen *Aneura*- und *Riccardia* bekannt. Viele beblätterte Lebermoose (speziell *Lophozia*-Arten) besitzen symbiontische Pilze in den geschwollenen Endzellen ihrer Rhizoiden. Es sind meist Bewohner morschen Holzes. Dass der Stoffwechsel der Moose mit dem der Pilze verknüpft ist, zeigt das Beispiel von *Lophocolea heterophylla*, aus dem eine bislang nur aus dem Pilzreich bekannte Substanz, das Sesquiterpenoid 2-Methylisoborneol, isoliert werden konnte (Toyota et al. 1990). Diese Substanz macht 1% des Trockengewichtes der Pflanze aus, was weitaus mehr als der Anteil des Pilzes an dem Moos ist. Viele thallöse Lebermoose (z.B. *Pellia, Fossombronia, Pallavicinia,* viele marchantiale Lebermoose wie *Marchantia, Conocephalum, Preissia* oder *Lunularia*) beherbergen endophytische Pilze (Phycomyceten) in Vesikeln in basalen Teilen der Leitgewebe, was auf eine Beteiligung am Stoffwechsel schließen lässt.

## 4.6.6 Zoophagie

Mehr als 400 Pflanzenarten sind carnivor. Alle gehören zu den Blütenpflanzen. Seit mehr als 100 Jahren hat man darüber spekuliert, ob gewisse Lebermoose auch carnivor sind. Es handelt sich um Lebermoose mit zu Wassersäcken umgewandelten Blatt-
zipfeln, in denen sich teilweise invertebrate Tiere
(Tardigraden, Nematoden, Kleinkrebse, Rotatorien)
finden. Bei diesen Arten z.B. der Gattungen
*Frullania* oder *Lepidolaena* fehlen jedoch jegliche
Fallenmechanismen. Bei den Gattungen *Pleurozia*
und *Colura* finden sich hingegen Fallen in den Blättern nach Art des Wasserschlauches (*Utricularia*),
die bereits Ende des vorletzten Jahrhunderts im Detail von Goebel beschrieben wurden (Abb. 4-14).
Erst als bei der Gattung *Genlisea* (Scrophulariaceae)
Carnivorie auch an Protozoen entdeckt wurde, hat
man die Frage nach Carnivorie bei Lebermoosen
wieder aufgenommen (Barthlott et al. 2000).
„Fütterungsversuche" an der neu beschriebenen Art
*Colura zoophaga* ergaben, dass sich zahlreiche
Wimpertierchen in den Wassersäcken der Art fangen (Abb. 4-15). Diese Wimpertierchen leben normalerweise auf der Oberfläche des Mooses, wo sie
Bakterien abweiden. Dabei geraten sie auch in den
fallenartigen Eingang in den Wassersack, aus dem
es kein Entkommen mehr gibt. Man kann davon
ausgehen, dass von dem Moos keine Protease zur
Verdauung gebildet wird, jedoch nach dem Absterben der Wimpertierchen die organische Substanz
nach dem bakteriellen Abbau vom Moos verwertet
wird. Daher kann man bei diesem Beispiel auch
nicht von Carnivorie, sondern besser nur von
Zoophagie reden.

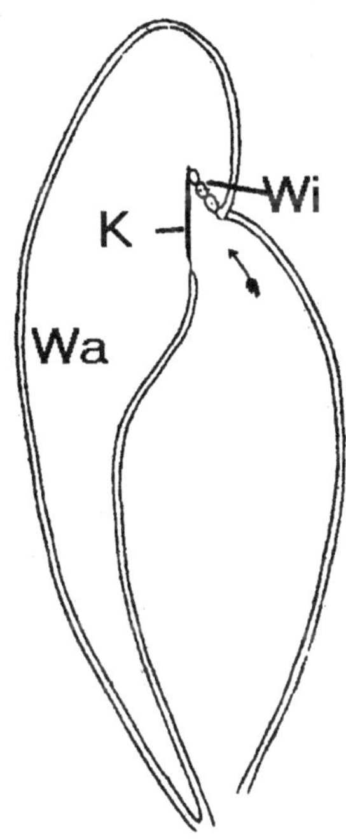


**Abb. 4-14:** Fallenmechanismus im Blatt des Lebermooses *Colura zoophaga*. Das Blatt bildet durch Einrollung des oberen Blattrandes einen Wassersack (Wa). Am Ende einer Rinne in der Blattfläche befindet sich eine nach innen aufgehende Klappe (K), die sich nur in Pfeilrichtung öffnet, weil sie wegen eines Widerlagers nicht zurückschwingen kann. (n. Goebel aus Barthlott et al. 2000, verändert).

## 4.6.7 Moose und Tiere

Für zahlreiche wirbellose Tiere bieten Moose Lebensraum oder Plätze zur Eiablage.
Dennoch werden Moose nur von wenigen Tieren gefressen, darunter nur wenigen Säu-
getieren, so in der Arktis von Lemmingen oder Rentieren. Unter den Wirbellosen fressen manche Insektenlarven Moose, einige ausschließlich, daneben Heuschrecken und

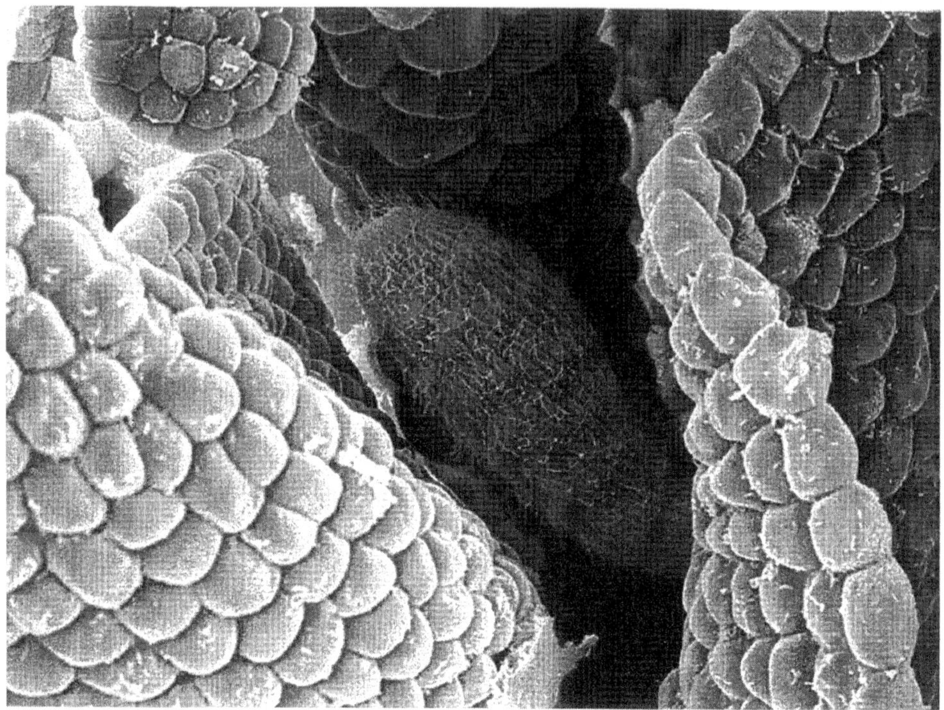

**Abb. 4-15:** Wimpertierchen verschwindet im „Schlund" des Lebermooses *Colura zoophaga*.

Käfer. Das ist ein Grund, warum Moosherbarien so gut wie nie gegen Schädlinge behandelt oder vergiftet werden müssen. Gerne werden gerade Sporophyten aufgrund der eiweißreicheren Sporennahrung gefressen, so von manchen Ameisen. Aber obwohl Moose einen idealen Lebensraum für viele Wirbellose wie z.B. Schnecken bilden, werden sie kaum gefressen. Grund sind fraßhemmende Wirkungen der Moose (vgl. Kap. 8), die von polyphenolischen Wirkstoffen in den Zellwänden ausgehen, mit denen die Moose Fraßfeinde abwehren. In Fütterungsversuchen (Davidson et al. 1990) fraßen Nacktschnecken selbst nach Hungerperioden keine zur Verfügung gestellten Laubmoose, hingegen Protonema und unreife Kapseln.

Interaktionen zwischen Moosen und Tieren bestehen bei den Splachnaceae, auf Dung, Gewöllen und Tierkadavern wachsenden Laubmoosen. Diese Moose haben einen charakteristisch erweiterten Kapselhals (Hypophyse), die Duftstoffe (organische Säuren wie Propion- oder Buttersäure) produzieren, welche durch die Spaltöffnungen nach außen abgegeben werden und Dungfliegen anlocken (Koponen 1990). Beim Besuch der Moossporogone bepudern sich die Fliegen mit Klumpen von Sporen, die durch hygroskopische Peristombewegungen aus den Sporogonen gebracht werden, welche sie an andere geeignete Keimsubstrate bringen (Abb. 4-16). Das ist ähnlich wie die Anlockung von Insekten durch den Stinkmorchel, die Rafflesie oder Fliegenfallenblüten bei den Araceae.

**Abb. 4-16:** Fliegen besuchen einen Rasen von *Tayloria mirabilis* in einem *Nothofagus-pumilio*-Wald in Südchile (Ausschnitt aus einem Video-Film). Die geschwollenen Apophysen der Sporen-kapseln sondern speziell bei Erwärmung (Besonnung) einen auch für Menschen deutlich war-nehmbaren Duft ab, der Fliegen anlockt. Diese bepudern sich mit den an den Öffnungen der Sporenkapseln abgegebenen Sporen und verbreiten diese weiter.

## 4.6.8 Moose und andere Pflanzengruppen

Moose stellen auch einen Lebensraum für andere (epibryische) Moose dar, häufig in den tropischen und temperaten Regenwäldern, selten in der heimischen Flora (z.B. *Cololejeunea rosettiana* auf *Neckera crispa* oder *Thammnobryum alopecurum*), eben-so wie für Flechten (z.B. die ozeanische Flechte *Normanina pulchella* auf dem epiphytischen Lebermoos *Frullania*). Desgleichen beherbergen Moose ganze Mikro-Synusien von Algen. In Laborversuchen zeigte die Präsenz von Pilzarten wachstum-steigernde Wirkung bei Moos-Protonemen. Diese biochemischen Wechselwirkungen zwischen den einzelnen Organismengruppen sind kaum erforscht und dürften in der Natur komplexe Wechselwirkungen bilden.

- Aufgrund der poikilohydrischen Lebensweise unterscheidet sich das ökologische Verhalten von Moosen deutlich von dem der Kormophyten. Spezielle Lebensformen (z.B. Hängemoose) und Lebensstrategien (z.B. Ephemere) erlauben den Moosen das Vorkommen in speziellen ökologischen Nischen wie als Bodendecker in Wäldern, als Epiphyten oder als Epiphylle in Regenwäldern.
- Trotz des relativ einfachen Baus von Moosen besitzen diese zahlreiche morphologische und anatomische Anpassungen speziell zur Wasseraufnahme, -leitung und -speicherung, die sie zu erfolgreichen Standortspezialisten in Wüsten, Regenwäldern, Hochgebirgen und Tundren machen.
- In diesen Ökosystemen besitzen Moose eine besondere ökologische Rolle im Nährstoffkreislauf durch die Aufnahme von Nährstoffen aus der Atmosphäre mit dem Niederschlag, durch die Aufnahme von Nebelfeuchtigkeit und der Speicherung der Niederschläge in den Pflanzen.
- Eine weitere ökologische Rolle besteht darin, dass Moose Lebensraum für eine Kleintierwelt bilden und als Saatbett für Blütenpflanzen dienen. Manche Moose bilden Symbiosen mit Cyanobakterien und Pilzen, einige sind sogar zoophag und fangen Protozoen.
- Moose bilden ähnliche Vergesellschaftungen wie Höhere Pflanzen, zum Teil als Schichten in Phanerogamengesellschaften, zum Teil als selbständige Gesellschaften, die mit denselben Methoden erfasst werden. Sie spielen eine Rolle für die Standortansprache als auch (durch ihre Veränderungen) in der Bioindikation. Wegen der größeren Areale von Moosen sind Moosgesellschaften weiter verbreitet als Phanerogamengesellschaften; sie können zu weltweiten Klassifikationen gruppiert werden.

# 5 Arealkunde

Mit der Verbreitung von Moosen und ausbreitungsbiologischen Aspekten hat man sich erst sehr spät beschäftigt. In der ersten Hälfte des 19. Jahrhunderts stand rein die Katalogisierung der Moose im Vordergrund. Obgleich damals Moose reichlich in Übersee gesammelt und beschrieben wurden, hat man immer wieder dieselben Arten aus unterschiedlichen Teilen der Welt unter unterschiedlichem Namen beschrieben. Dem lag der christliche Schöpfungsgedanke zugrunde, wonach die Pflanzen- und Tierarten von Gott auf den unterschiedlichen Erdteilen und Inseln immer neu erschaffen wurden, was jegliche Ansätze zu phytogeographischen Interpretationen im Ansatz erstickte. So hielt man in Afrika und Südamerika gleichermaßen vorkommende Arten für unmöglich, und obgleich man die Ähnlichkeit zwischen Proben derselben Art aus verschiedenen Kontinenten sah, wurden diese unter verschiedenem Namen beschrieben.

Das Interesse an phytogeographischen Fragestellungen kam erst Ende des 19. Jahrhunderts auf. Eine erste Zusammenfassung der "Geographie der Moose" gab Herzog (1926), der sich von der 10 Jahre zuvor erschienenen "Geographie der Farne" von Christ hatte inspirieren lassen. Durch das Fehlen von Floren aus überseeischen Gebieten und das Fehlen von weltweiten Revisionen von Gattungen mussten viele Aussagen jedoch falsch sein. So kannte Herzog bis auf wenige Ausnahmen nur Großdisjunktionen zwischen verschiedenen Kontinenten auf Gattungsebene (wie bei Blütenpflanzen). Aufgrund der seinerzeit geringen floristischen Durchforschung waren die damaligen Aussagen auch vielfach fehlerhaft. Und obgleich Wegener (1922) seine Kontinentalverschiebungstheorie bereits seit längerem veröffentlicht hatte, war diese von den Wissenschaftlern der Zeit nicht akzeptiert, weswegen die arealkundlichen Aussagen Herzogs völlig deskriptiv blieben und er sich jeglicher Interpretation enthielt. An Stelle der Kontinentalverschiebung diskutierte man jedoch schon seit Beginn der Phytogeographie (Humboldt) die "Landbrückentheorie", z.B. zur Erklärung von augenfälligen floristischen Verwandtschaften zwischen Nordamerika und Europa. Das Lehrbuch von Herzog blieb jedoch trotz seiner Unzulänglichkeiten über 50 Jahre die einzige Zusammenstellung dieser Art. Erst durch die seit den Sechziger Jahren einsetzenden weltweiten taxonomischen Revisionen und die gesteigerten floristischen Kenntnisse ergab sich eine solidere Basis für phytogeographische Auswertungen, die dann auch durch die inzwischen durch Meeresbodenuntersuchungen belegte Kontinentalverschiebung interpretiert werden konnte. Die Plattentektonik als Erklärung für heutige Areale ist erstmalig durch Irmscher (1923) herangezogen worden und später für Moose speziell durch Schuster (1969, 1972, 1984) ausgebaut worden. Aber auch heute muss man sich davor hüten, Verbreitungsangaben unrevidierter Gattungen für phytogeographische Evaluationen zu benutzen, weil dies unweigerlich zu Irrtümern führt (und auch geführt hat). Neben dem

Einfluss der Kontinentalverschiebung auf die Arealgestalt wird auch gleichermaßen Fernverbreitung diskutiert, wofür van Zanten (1976, 1978a, 1978b) eine Reihe von experimentellen Nachweisen geliefert hat. Eine neuere Darstellung der Ausbreitung und Verbreitung von Moosen liefern van Zanten & Pócs (1981).

Es gibt viele Moose, die in nahezu allen Teilen der Welt zu finden sind oder den temperaten Breiten der gesamten Nord- oder Südhalbkugel. Das heißt nicht, dass Moose weniger standortspezifisch reagieren als Blütenpflanzen. Spezielle Substrat- und Klimaansprüche der einzelnen Arten führen zu bestimmten Verbreitungsmustern wie bei anderen Pflanzen auch. Die Ursachen für die weite Verbreitung liegen im Wesentlichen in zwei Faktoren begründet: der relativ leichten Ausbreitungsfähigkeit der Moose durch Sporen oder Brutkörper und das geologisch hohe Alter der Moose.

## 5.1 Ausbreitungsbiologie

Als Ausbreitungsorgane (Diasporen) stehen bei Moosen Sporen als auch Brutkörper zur Verfügung. Der Anteil der sexuellen Vermehrung durch Sporen und der asexuellen durch Brutkörper ist sehr unterschiedlich. Es gibt Moosarten, die lokal (bei zweihäusigen Arten durch das Fehlen eines Geschlechtes) oder weltweit überhaupt nur steril bekannt sind. Der Anteil sich nur vegetativ vermehrender Arten ist besonders bei zweihäusigen Arten groß, weil die Sporen eingeschlechtlich sind und zu eingeschlechtlichen Klonen heranwachsen. Manche zweihäusige Arten kommen lokal nur in eingeschlechtlichen Populationen vor. Hier verhindert die vegetative Vermehrung das Aussterben der Art an einem Standort.

Die Ausbreitung kann schrittweise (z.B. von einem Standort zu anderen) über kürzere Distanz (Nahverbreitung) als auch über größere Distanz (> 300 km, Fernverbreitung, *"long distance dispersal"*) erfolgen. Die schrittweise Ausbreitung lässt sich bei Neophyten (vgl. Kap. 5.2.5.1) verfolgen. Die Effektivität der Verbreitung von Moosen ist von einer Vielzahl von Faktoren abhängig wie der Zahl und der Größe der gebildeten Diasporen, der Form der Sporenkapsel oder ihrem Öffnungsmechanismus, der Länge des Kapselstiels (Seta), Verbreitungsmöglichkeit durch Wind, seltener Wasser oder Tieren und der Keimungsfähigkeit der Sporen. Zu einer effektiven Verbreitung gehört ferner, dass die Pflanzen an einem Standort wachsen, von dem eine Windverbreitung möglich ist, entsprechendes Wetter bei der Sporenaussaat herrscht (Trockenheit, genügend starker Wind), dass die Sporen den Transport überdauern (Trockenresistenz, Kälte- und UV-resistenz in höheren Luftschichten), die Sporen in ein Gebiet mit geeignetem Klima und geeignetem Kleinstandort gelangen, die ökologische Nische dort nicht schon besetzt ist, dass, wiederum bei zweihäusigen Arten, männliche und weibliche Sporen nebeneinander landen und die klimatischen Voraussetzungen zur Auskeimung der Sporen und zum Überstehen der empfindlichen Protonemaphase bestehen. Dabei ist jedoch nicht etwa die Häufigkeit der Diasporenbildung für die Areale entscheidend, vielfach besitzen Moosarten eine weite Verbreitung, obgleich sie selten Sporogone bilden und auch keine speziellen vegetativen Vermehrungsmöglichkeiten haben, wie z.B.

*Pleurozium schreberi, Leucobryum glaucum* oder *Rhytidium rugosum* in der Holarktis. Umgekehrt sind Arten mit starker Sporenproduktion oder kleinen Sporen nicht immer auch am weitesten verbreitet.

## 5.1.1. Generative Vermehrung

### 5.1.1.1 Sporenzahl

Ein Problem bei der Vermehrung von Moosen ist, dass zumindest bei zweihäusigen Arten männliche und weibliche Pflanzen nicht weiter als 1-2 cm auseinander stehen dürfen, damit die Spermatozoiden durch Wasser zu den Eizellen gelangen können und es zur Befruchtung kommen kann. Nur bei Moosen mit *"splash cup* Mechanismus" kann spermatozoidhaltiges Wasser in blütenförmigen Antheridienständen durch auffallende Regentropfen weiter (bis 1,5 m) gespritzt werden. Zur Kompensation dafür werden in einem Sporangium bei Lebermoosen zwischen 20000 und einer Million Sporen gebildet. Die Anzahl der Sporen bei Arten der Gattung *Sphagnum* liegt in Abhängigkeit von der Größe der Kapsel zwischen 18500 und 243000 (Sundberg & Rydin 1998). In einer einzigen Kapsel des Laubmooses *Rhynchostegium confertum* werden zwischen 280000 und 700000 Sporen produziert (Ingold 1959). Die höchste Zahl von Sporen in einem Laubmoossporangium wurde mit 5 Millionen bei der Gattung *Dawsonia* gefunden. Das bedeutet, dass in einem Klon von wenigen Quadratdezimetern u.U. mehrere Milliarden Sporen gebildet werden. Es kommt hinzu, dass aus jeder einzelnen Spore nach der Keimung zahlreiche einzelne Moospflanzen von dem aus der Spore gebildetem Protonema produziert werden können.

Generell kann man sagen, dass Arten mit großen Sporen weniger zahlreiche und Arten mit kleinen Sporen zahlreichere Sporen produzieren. Der Nutzen dieser beiden unterschiedlichen "Strategien" dürfte sich die Waage halten, da die zahlreicher produzierten kleinen Sporen aufgrund ihrer geringeren Menge an Reservestoffen kurzlebiger sind als größere Sporen mit mehr Reservestoffen. Nur bei manchen Arten werden weniger, dafür um so größere Sporen in den Sporenkapseln gebildet, so bei der Laubmoosgattung *Archidium* 4-28 jedoch bis 200 µm große.

Die hohen produzierten Sporenzahlen führen dazu, dass große Mengen von Sporen weit verbreitet werden, auch in Gebiete, in denen die Arten nicht vorkommen. Petterson (1940) filtrierte aus Regenwasser eines Tages in Finnland 300 Lebermoossporen (bis auf eine *Metzgeria*-Spore alle von *Marchantia polymorpha*) und 2000 Laubmoossporen. Diese stammten von 14 Arten, darunter 278 von *Aloina brevirostris*, die in Finnland nicht heimisch ist, sondern ihre nächsten Vorkommen in Schweden und Russland hat. Hochgerechnet wären das 60 Milliarden Sporen pro Quadratkilometer gewesen. Die Verbreitung von Moossporen über aktuelle Arealgrenzen hinaus führt dazu, dass Moose sofort auf klimatische Änderungen reagieren können und dadurch ausgezeichnete Indikatoren für Klimafluktuationen abgeben (vgl. Kap. 11.2.5). Moossporen sind zudem nahezu überall anzutreffen. Selbst in der Luft über der Antarktis sind einige Moossporen angetroffen worden (Rudolph 1970).

## 5.1.1.2 Sporengröße

Die Sporengröße schwankt bei Laubmoosen zwischen 7 und 35 μm, bei jungermannialen Lebermoosen zwischen 10 und 40 μm und bei marchantialen Lebermoosen zwischen 40 und 90 μm. Leider ist über die Effektivität der Verbreitungsmöglichkeiten kaum etwas bekannt und es wird nach dem Grundsatz "je kleiner die Diaspore um so weiter die Verbreitungsmöglichkeit" argumentiert. Dabei geht man nach einer älteren Kalkulation von Schmidt (1918) aus, nach der Sporen von 8-12 μm selbst durch geringe Windgeschwindigkeiten 20 000 Kilometer und mehr weit verbreitet werden können, Sporen von 20-30 μm 300 Kilometer und Sporen von 60-200 μm nicht zur Fernverbreitung geeignet sind. Das hat dazu geführt, Fernverbreitung nur für Diasporen kleiner als 30 μm zu postulieren, wie sie Sporen von den meisten (aber nicht allen) Laub- und Lebermoosen und kleinzellige Brutkörper besitzen. Die Erfahrung widerspricht dem jedoch. Offenbar gehen nur Sporen < 30 μm bei Windstille in das Luftplankton ein und können so höhere Luftschichten von mehreren Kilometer Höhe erreichen. Es kann kein Zweifel daran bestehen, dass größere Sporen oder Brutkörper bei stärkeren Windgeschwindigkeiten in bodennäheren Luftschichten ebenfalls weit verbreitet werden, auch interkontinental mit tropischen Wirbelstürmen. Staubstürme aus der Sahara erreichen Europa oder die Karibik, Staubstürme aus der Wüste Gobi Nordamerika. Mit ihnen werden auch Tiere wie flugfähige Insekten verbreitet. Es reicht zudem unter Umständen, wenn solche Verbreitungsmöglichkeiten auch nur einmal in 1000 oder 10000 Jahren auftreten, um solche Verbreitungen zu ermöglichen. Sie können die sog. ungeklärten Disjunktionen (vgl. Kap. 5.2.4.5) erklären.

Es haben z.B. auch Moosarten mit sehr großen Sporen sehr große Areale, so das laurasisch verbreitete Lebermoos *Pellia epiphylla* mit bis zu 90 μm großen Sporen oder transkontinental verbreitete Arten der Laubmoosgattung *Archidium* mit bis zu 160 μm großen Sporen. Das in Europa nur mit männlichen Pflanzen bekannte und sich nur vegetativ durch vielzellige Brutkörper vermehrende epiphytische Laubmoos *Tortula pagorum* wurde mehrfach ausserhalb seines mediterranen Areals in Mitteleuropa gefunden und kann dorthin nur über größere Distanzen mithilfe seiner Brutkörper gekommen sein. Das ebenfalls mediterrane Lebermoos *Lunularia cruciata* ist in Mitteleuropa aus Botanischen Gärten entwichen und ist hier ebenfalls nur steril bekannt. An seine Freilandvorkommen an naturnahen Standorten kann es nur durch seine linsenförmigen, großen Brutkörper gelangt sein. In vielen anderen Fällen bleibt das Problem vorerst ungelöst. Ein besonderer Test für die Verbreitungsmöglichkeiten sind auch jungvulkanische Inseln wie die mittelatlantischen Inseln (St. Helena, Ascension, Kanaren, Azoren, Madeira), aber auch Hawaii, die auch von Arten mit größeren Sporen besiedelt wurden. Dasselbe trifft für die Moosflora von jungen Vulkanen (z.B. in Zentralafrika) und Gebirgen (z.B. Anden) zu, die nur über Fernverbreitung besiedelt worden sein können. Arten wie das thallose marchantiale Lebermoos *Targionia hypophylla* besitzen Sporen von 50-65 μm Durchmesser, die unter der Thallusspitze produziert werden, sind aber über die wärmeren Teile der ganzen Welt verbreitet (südl. Nordamerika, Mittel- und Südamerika, südl. Europa, Afrika, Australien).

### 5.1.1.3 Keimungsfähigkeit

Da nach der Sporenverbreitung nicht immer unbedingt auch gleich geeignete Keimungs-bedingungen vorhanden sind, ist auch die Dauer der Keimungsfähigkeit von Bedeu-tung. Die Keimfähigkeit der Sporen ist jedoch sehr unterschiedlich und liegt zwischen einigen Stunden und vielen Jahren. Malta (1922) stellte die Keimungsfähigkeit an 195 Arten unterschiedlich alter Herbarproben fest. Von ihnen keimten noch 73 Arten, wie z.B. *Ceratodon purpureus* noch nach 16, *Funaria hygrometrica* noch nach 13 Jahren, *Encalypta vulgaris* nach 10 und *Dicranoweisia cirrata* nach 9 Jahren. Hingegen be-trägt die Lebensfähigkeit von Sporen tropischer Lebermoose wie epiphyllen Lejeu-neaceae nur wenige Stunden. Speziell bei epiphytischen Laubmoosen (z.B. den Gat-tungen *Dicnemon, Chorisodontium, Macromitrium*, aber auch bei den heimischen *Orthotrichum*-Arten) finden wir den Effekt, dass die Sporen bereits in der Sporen-kapsel auskeimen und bereits im vorgekeimten Zustand verbreitet werden. Die Ausbreitungsdistanz ist dann entsprechend geringer. Bei Moosen finden wir überwie-gend nicht chlorophyllöse, bräunliche Sporen, und in geringerem Umfang chloro-phyllöse, grüne Sporen. Man geht davon aus, dass grüne Sporen (z.B. von Lejeuneaceae, Orthotrichaceae) eine geringere Trockenresistenz und geringere Keimungsfähigkeit haben als braune Sporen.

### 5.1.1.4 Ein- bzw. Gemischtgeschlechtlichkeit

Eine Kompensation der Nachteile der Verbreitung von getrenntgeschlechtlichen Spo-ren finden wir bei manchen Lebermoosen (*Riccia, Sphaerocarpus*), die Sporentetraden bilden, welche aus 2 weiblichen und 2 männlichen Sporen bestehen. Gleichermaßen wirkt das Verkleben von mehreren Sporen bei anderen Moosgattungen.

### 5.1.1.5 Ausbreitungsmöglichkeiten

In der Regel erfolgt die Sporenausbreitung über den Wind (**Anemochorie**). Die Effek-tivität der Windverbreitung wird von vielen Faktoren beeinflusst. Die Weite der Ver-breitung ist nicht nur von der Windstärke bestimmt. Baumkronen und Gebüsche, jede feuchte Oberfläche ist ein Hindernis für Sporen. Sporen in der freien Atmosphäre fun-gieren als Kondensationskerne für Nebeltropfen und Regen und werden so wieder nie-dergeschlagen. Bei Fernverbreitung geht man von einem Transport in höheren Luft-schichten aus, in denen die Sporen ultravioletter Bestrahlung und Temperaturen unter dem Gefrierpunkt ausgesetzt werden. Van Zanten (1978a,b) konnte experimentell be-legen, dass Sporen disjunkt verbreiteter Moosarten UV- und kältetolerant sind.

Für Moosarten, die (a) große Sporen bilden (z.B. Arten der Laubmoosgattung *Archidium* mit 100 – 160 µm großen Sporen), (b) diese nicht dem Wind exponieren sondern, wie bei thallösen Lebermoosen der Gattung *Riccia* im Thallus bilden oder wie bei kleistokarpen Laubmoosen in Kapseln, die sich nicht öffnen, oder (c) an schlammigen

Standorten vorkommen, an denen die Sporen am Substrat haften bleiben, muss auch **Zoochorie** postuliert werden, speziell durch das Haften von Sporen an den Füssen von Vögeln. Proctor (1961) wies nach, dass Sporen von *Riella americana* durch Enten mit der Nahrung aufgenommen werden und ihre Keimungsfähigkeit nicht durch die Passage des Darmtraktes verlieren. Die Verbreitungsdistanz liegt jedoch bei wenigen Kilometern, da die Nahrung bei Enten den Darm in nur einer halben Stunde passiert. Vielfach kommen alle drei Faktoren zusammen: *Archidium alternifolium* hat sowohl riesige Sporen, als auch kleistokarpe Kapseln und kommt an tonigen Standorten vor, hat also denkbar schlechte Voraussetzungen für Fernverbreitung, hat aber dennoch ein großes Areal; viele *Riccia*-Arten kommen auf schlammigen Böden vor, bilden große Sporen im Thallus, die erst durch Verwesen der Pflanze im Substrat frei werden. Aus dieser Kombination von Faktoren muss davon ausgegangen werden, dass hier eine Zoochorie "beabsichtigt" ist, auch wenn andere Autoren (Schuster 1984) Zoochorie über größere Distanzen generell für unwahrscheinlich oder von marginaler Bedeutung halten.

Ein Sonderfall stellt die Insektenverbreitung bei den Splachnaceae dar, die auf Dung, Gewölle oder Tierleichen wachsen. Hier ist der Kapselhals (die Apophyse) vergrößert und farblich kontrastiert (Abb. 4-16), in Europa bei *Tayloria* schmaler, bei *Tetraplodon* so breit und bei *Splachnum* breiter als die Urne. Im Extremfall ist die Apophyse bei *Splachnum rubrum* oder *S. luteum* pilzartig auf langer, dünner Seta. Die Sporen dieser Gattungen klumpen zusammen und werden durch Dungfliegen verbreitet, die durch ätherische Stoffe angelockt werden, welche in der Apophyse produziert und verströmt werden. Die Dungfliegen verbreiten die Sporen auf weitere, geeignete Substrate, die sie zur Eiablage aufsuchen. Durch das Zusammenklumpen der Sporen ist gewährleistet, dass immer männliche und weibliche Sporen zusammen verbreitet werden und daher neue Populationen immer aus einem Gemisch beider Geschlechter bestehen und daher auch stets mit Sporophyten anzutreffen sind.

Speziell bei Moosen an und in Gewässern, besonders Fließgewässern, muss man von Wasserverbreitung (**Hydrochorie**) ausgehen. Das schließt Fragmente von Pflanzen ein, die von der Strömung verbreitet werden, als auch Sporen, die außerhalb, aber auch im Wasser gebildet werden. Das Peristom von *Fontinalis* hat dafür weite Durchbrechungen, durch die die Sporen bei entdeckelter Kapsel frei werden. Einige Moosarten (nur 2 Laubmoose in der Nordhemisphäre, jedoch zahlreichere Laub- und Lebermoose in der Südhemisphäre) kommen im Salzspraybereich an Küstenfelsen vor. Experimentelle Untersuchungen über Salztoleranz der Sporen oder Brutkörper (z.B. auch von Arten, die epiphytisch an *Cocos nucifera* an tropischen Stränden wachsen) und die damit gegebene Möglichkeit der Ausbreitung durch Meeresströmungen fehlen jedoch.


### 5.1.1.6 Morphologische Anpassungen

Außer durch atmosphärische Faktoren ist die Effektivität der Sporenverbreitung insbesondere bei Laubmoosen stark von der Morphologie und Anatomie der Sporenkapsel abhängig (vgl. Abb. 5-1). Einige Laubmoosarten besitzen Kapseln ohne Deckel (kleistokarpe Moose). Sie sind vielfach von den Blättern umhüllt und nur bei ephemeren Arten mit kurzem Lebenszyklus anzutreffen. Nach dem meist nur mehrmonatigen Leben sterben die Pflanzen ab, die Kapselwände verwesen und setzen dabei die Sporen frei. Das ist vielfach bei Ackermoosen der Fall. Auch bei Lebermoosen wie *Riccia*-Arten bleiben die Sporenkapseln in der Pflanze und werden durch Verwesung frei. Daneben spielt die Länge der Seta, bei Laubmoosen auch das Vorhandensein oder Fehlen eines Peristoms und seine Morphologie sowie die Form und Position der Kapsel für die Sporenaussaat eine Rolle. In becherartig geformten Kapseln (z.B. bei *Physcomitrium*) liegen die Sporen frei (Abb. 5-1.7) und können bei schwachen Luftbewegungen fortgetragen werden. *Bei Ulota-* oder *Orthotrichum*-Arten schrumpfen die Kapseln und drücken so die Sporen heraus (Abb. 5-1.5). Bei *Sphagnum*-Arten entsteht in den reifenden Kapseln ein Unterdruck, der dazu führt, dass plötzlich die Seitenwände der Kapseln implodieren und der Kapseldeckel hörbar abgesprengt wird (Abb. 5-1.4), ein Vorgang, den man bei heißem, sonnigen Wetter am Standort beobachten kann. Die Sporen entweichen in einer Wolke bis zu 1,5 m weit.

Wohl mehr theoretisch spielt auch die Positionierung der Kapsel (aufrecht, waagerecht oder hängend, Abb. 5-1.6-8) bei der Sporenverbreitung eine Rolle. Da die Stellung der Kapseln innerhalb einer Gattung zwischen aufrecht und hängend variieren kann (z.B. bei *Campylopus, Funaria*) und dabei Arten mit nach unten geneigter Kapselöffnung oft die weitere Verbreitung haben (z.B. *Funaria hygrometrica*), spielt dieser Faktor vielleicht keine so wesentliche Rolle. Aufrechte Kapseln sind überwiegend bei xerophytischen Arten offener Standorte und bei Epiphyten an frei stehenden Bäumen zu finden. Sie sind auf eine weite Verbreitung angewiesen, die am besten bei trockenem Wetter funktioniert. Waldmoose entlassen ihre Sporen bei feuchtem Wetter und verfügen dadurch über eine geringere Ausbreitungsfähigkeit. Sie erreichen jedoch bei feuchten Witterungsbedingungen ein feuchtes Substrat und können sofort auskeimen.

Auch ist die Länge der Seta bei der Sporenaussaat von Bedeutung. So haben epiphytische Laub- und Lebermoose (Abb. 5-1.1) allgemein kürzere Seten als epigäische Arten (Abb. 5-1.2), da ihre Sporen ohnehin in den Luftraum fallen. Bei den meisten Laubmoosen trägt das Peristoms (sofern vorhanden) trägt zur Sporenaussaat bei. Die Peristomzähne bestehen innen und außen aus unterschiedlich strukturierte Schichten, was eine hygroskopische Bewegung bei Änderung der Luftfeuchte bewirkt. Besitzt ein Peristomzahn außen Längsstreifen und innen Querbalken, ist das Peristom trocken eingekrümmt (geschlossen) und biegt sich bei Befeuchtung zurück. Durch Einlagerung von Wasser in die Innenseite werden die (wie bei einem Farn-Anulus) U-förmigen Verdickungen entspannt und aufgebogen. Obgleich in vielen Lehrbüchern zu lesen ist, dass sich die Laubmoosperistome bei trockener Witterung öffnen, um die Sporen aus der Kapsel treten zu lassen, kommt häufig auch der umgekehrte Fall vor, und die Sporenaussaat erfolgt bei feuchtem Wetter.

Die meisten Peristomzähne sind lanzettlich und werden zur Sporenaussaat zurückgekrümmt. Bei manchen Gattungen (*Orthotrichum, Schistidium, Tayloria*) werden die Peristomzähne sternförmig ausgebreitet oder sogar zurückgeklappt und legen damit die gesamte Kapselöffnung frei, im Gegensatz zu peristomlosen Kapseln nur bei trockenem Wetter. Bei Pottiaceen kommen auch spiralig gedrehte Peristome vor, die bei

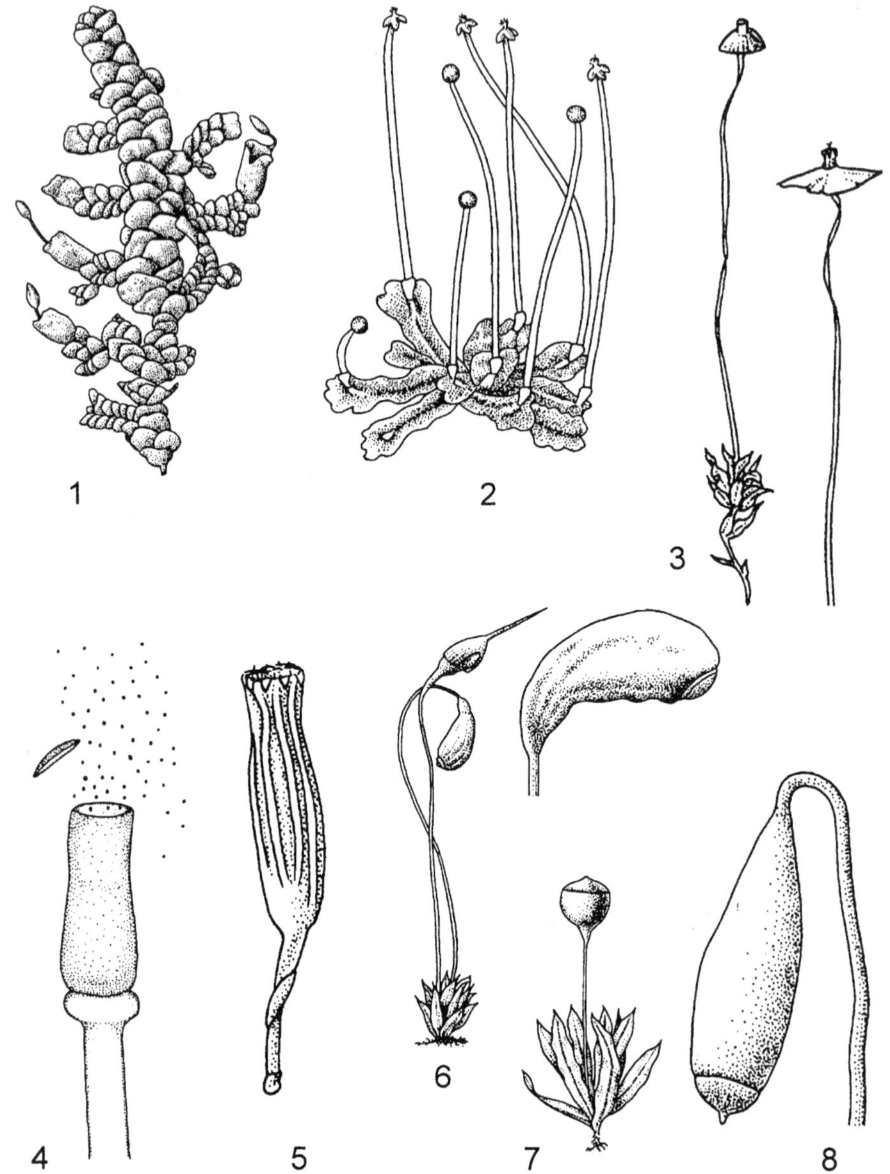

**Abb. 5-1:** Der Sporenverbreitung von Moosen dienende morphologische Anpassungen. 1. Kurz gestielte Sporogone bei epiphytischen Arten (*Radula complanata*). 2. Lange Seten bei Erdmoosen (*Pellia epiphylla*). 3. Zoochorie bei Dungmoosen, die pilzähnliche Apophyse des Sporogons lockt Dungfliegen an (*Splachnum rubrum*). 4. Öffnung des Sporogons durch Implosion (*Sphagnum spec.*). 5. Herausdrücken der Sporenmasse durch Kontraktion des Sporogons (*Orthotrichum spec.*). 6-8. Unterschiedliche Positionen von Laubmoos-Sporogonen für die Sporenaussaat. 6. waagerecht (*Funaria hygrometrica*). 7. Aufrecht (*Physcomitrium eurystomum*). 8. Hängend (*Pohlia nutans*).(1-3, 5-8 nach Frey et al., 4 n. Schofield).

Befeuchtung ihre Drehung lockern und die Sporen durch die Zwischenräume freilassen. Die Peristomzähne geben nicht nur die Öffnung der Kapsel frei, sondern können auch durch häufige hygroskopische Ein- und Auswärtskrümmungen Sporenmasse direkt aus der Kapsel herausschaufeln.

Sonderfälle existieren bei der Laubmoosgattung *Tetraphis* mit nur vier, sehr robusten Peristomzähnen, die sich bei Trockenheit öffnen, sowie den Polytrichidae. Letztere besitzen 32 kurze Zähne, die an ihrer Spitze mit einer häutigen Schließhaut, dem Epiphragma, verbunden sind. Nur wenn die Sporenkapseln durch Wind, Regentropfen oder Tiere bewegt werden, können die Sporen durch die Lücken zwischen den Peristomzähnen entweichen, wie die Samen aus einer Mohnkapsel.

Bei manchen Laubmoosen kommen zudem noch hygroskopische Drehbewegungen von Seten vor. Bei *Campylopus* sind die Seten trocken wie ein Tau gedreht. Bei Befeuchtung (selbst durch einen Atemhauch) despiralisieren sie (Frahm & Frey 1987). In diesen Seten befinden sich in den epidermalen Zellen Porenfelder mit einem Porendurchmesser von nur 80 Å. Durch diese Öffnungen gelangen Wassermoleküle ins Innere, wo sie eine starke Zellverdickung aus Pektinen quellen. Durch diese Größenzunahme der Mikrofibrillen entspiralisiert sich die normalerweise spiralisierte Seta. Dass sie dabei nicht abgedreht werden (wie ein Knopf, den man abdreht), wird dadurch verhindert, dass diese Seten im unteren Teil in entgegengesetzter Richtung gedreht sind.

## 5.1.2 Vegetative Vermehrung

Sterilität wird vielfach bei zweihäusigen Arten durch das Fehlen eines Geschlechtes an einem Standort oder in einem Teilareal hervorgerufen. In solchen Fällen fehlt zumeist das männliche Geschlecht, so z.B. bei den selten mit Sporophyten anzutreffenden Arten *Leucobryum glaucum*, *Scleropodium purum* oder *Trichodon cylindricus*. Diese sterilen Populationen bestehen dann nur aus weiblichen Pflanzen. Das ist bei Moosen jedoch nicht gleichbedeutend mit einem Unterbleiben der Vermehrung.

Im Gegensatz zu Farn- und Blütenpflanzen spielt die vegetative Vermehrung bei Moosen eine besondere Rolle. Ungefähr 10-15% der Laubmoose sind mit besonderen Techniken zur vegetativen Vermehrung befähigt und ein noch größerer Prozentsatz unter den Lebermoosen, welche sich aber überwiegend auf das Abschnüren von Zellen am Blattrand beschränken. Die Möglichkeiten der vegetativen Vermehrung sind bei Moosen besonders vielfältig, häufig und auch effektiv. Von einer ganzen Reihe von Laub- und Lebermoosen sind überhaupt keine Sporophyten bekannt. Sie pflanzen sich mutmaßlich schon seit Zehntausenden von Jahren nur vegetativ fort. Das Fehlen von Sporophyten lässt entweder auf nicht optimale Standortbedingungen unter den gegenwärtigen Klimabedingungen schließen, oder, bei zweihäusigen Arten, auf das Fehlen eines Geschlechtes. Vielfach sind beide Faktoren gekoppelt. Beispiel dafür ist *Takakia lepidozioides*, welches von Nord-Borneo über die Aleuten bis nach British Columbia verbreitet ist, und für ein Lebermoos gehalten wurde, bis man erstmalig 50 Jahre nach Beschreibung der Art Antheridien und schließlich auch Sporogone gefunden hat.

Vegetativ sich vermehrende Arten haben teilweise sehr kleine Areale, wo sie durch geologische oder klimatologische Veränderungen in kleine Nischen gedrängt wurden und auf kleinstem Gebiet als männliche oder weibliche Populationen in Felsritzen oder ähnlich kleinen Standortsbereichen überdauern können. Solche Arten „warten hier auf bessere Zeiten" und bilden ein besonderes Potenzial für die Flora nach kommenden Veränderungen in der Erdgeschichte. Es gibt jedoch auch weit verbreitete Arten, die selten mit Sporophyten angetroffen werden, zumindest in größeren Teilen ihres Areals, z.B. häufige Waldbodenmoose wie *Pleurozium schreberi, Hylocomium splendens* oder *Dicranum scoparium*. Diese Arten vermehren sich bei trockener Witterung durch Pflanzenbruchstücke und bilden nur an sehr feuchten Standorten Sporophyten, an denen solche Bruchstücke nicht gebildet werden. Andere Arten sind in Teilen ihres Areals nur steril bekannt.

Prinzipiell kann eine vegetative Vermehrung durch alle Teile der Moospflanze erfolgen. Trockene Moospflanzen (z.B. *Marchantia*) lassen sich durch ein feines Sieb streichen, die Fragmente lassen sich auf einem Substrat aussähen und zu neuen Pflanzen regenerieren. Abgebrochene Teile vom Stämmchen, Ästen, Blättern oder Rhizoiden keimen wieder zu einem Protonema aus.

Darüber hinaus besitzen Moose aber auch eine Vielzahl besonderer Einrichtungen für die vegetative Vermehrung. Es sind insbesondere akrokarpe Laubmoose (vgl. Kap. 3), die solche speziellen Verbreitungsmittel (Flagellenäste, abfällige Blätter, Stämmchenspitzen, Blattspitzen, spezielle Brutkörper an Blättern, Rippen, Rhizoiden, blattachselständige Brutknospen) ausbilden, da es sich bei ihnen zumeist um Neubesiedler offener Standorte handelt. Bei Lebermoosen sind spezielle Brutkörper seltener. Es werden entweder Zellen vom Blattrand abgegeben (*Scapania* spp., *Lophozia* spp., *Radula complanata*), leicht abbrechende Blätter oder Äste gebildet (besonders bei epiphytischen Arten wie *Frullania fragilifolia*), Brutäste (*Metzgeria fruticulosa, M. temperata*) oder (bei den Marchantiales) besondere linsenförmige Brutkörper gebildet (*Marchantia polymorpha, Lunularia cruciata*). Diese Brutkörper werden in Brutbechern gebildet und nach dem *splash cup*-Mechanismus verbreitet, indem Regentropfen in den Brutbecher fallen und die Brutkörper dabei herausspritzen. Die Effektivität dieser Methode lässt sich in vielen Gewächshäusern, Gärtnereien und Gärten beobachten, wo diese beiden Arten viele Blumentöpfe und Gartenland überziehen.

## 5.1.3 Abwechseln von vegetativer und generativer Vermehrung

Der Vorteil der sexuellen Vermehrung besonders bei zweihäusigen Arten ist der dadurch ermöglichte genetische Austausch. Vorteil der asexuellen Vermehrung ist die Überdauerungsmöglichkeit von eingeschlechtlichen Populationen oder Beständen unter schlechten, zur sexuellen Vermehrung nicht geeigneten Standortbedingungen.

Eine besondere Stärke in der Verbreitungsbiologie der Moose ist das sinnvolle Abwechseln von Phasen mit sexueller und asexueller Vermehrung. In Trockenphasen oder an trockenen Standorten, wenn eine sexuelle Vermehrung ausgeschlossen ist, wird oft auf vegetative Vermehrung zurückgegriffen, z.B. bei Dicranaceen. *Campylopus*-Arten bilden dann Brutblätter, *Dicranum*-Arten vermehren sich bei Trockenheit durch besonders leicht abfällige Blätter oder Teilen davon. Dagegen findet man diese nur an feuchten Standorten mit Sporophyten.

Wechseln solche Phasen regelmässig, wird dieser Vorgang  mit einem unpassenden aber eingebürgerten Terminus als „*Life Strategy*" bezeichnet. Dabei wird nicht berücksichtigt, dass der militärische Ausdruck Strategie für ein Anpassen militärischer Handlungen an wandelnde Gegebenheiten steht, Pflanzen jedoch nicht zu kalkulierten Anpassungen in der Lage sind, sondern nur genetisch fixierte Vorgaben erfüllen können. Insofern wäre dafür besser der Ausdruck „Reproduktionszyklus" zu wählen. Auf diese Weise lassen sich z.B. Verbreitungslücken zwischen verschiedengeschlechtlichen Populationen  durch vegetative Vermehrung schließen, damit es wieder zur sexuellen Vermehrung kommen kann. Das ist nur der Fall, wenn männliche und weibliche Pflanzen mindestens 1,5 cm zusammenstehen.

## 5.1.4  Die Rolle von Monözie und Diözie

Während Farne alle monözisch sind, sind Moose teils monözisch, teils diözisch. Ein gravierender Unterschied hinsichtlich der Effektivität scheint nicht zu bestehen. Zum Teil gibt es monözische und diözische Arten innerhalb einer Gattung oder sogar monözische oder diözische Populationen innerhalb einer Art. Theoretisch haben zweihäusige Arten einen besseren Genaustausch, einhäusige Arten aber weniger Probleme bei der Befruchtung, da bei zweihäusigen Arten der Zwischenraum zwischen Pflanzen beiderlei Geschlechts überbrückt werden muss. Das Problem wird auf unterschiedliche Weise gelöst. Bei Arten mit zusammenklumpenden Sporen (z.B. Splachnaceen) werden männliche und weibliche Sporen zusammen verbreitet, desgleichen bei einigen Lebermoosen (z.B. *Sphaerocarpus*), bei denen Sporen in Tetraden zusammenbleiben, die je zwei männliche und zwei weibliche Sporen enthalten. Solche Arten sind dann stets mit Sporophyten anzutreffen, obgleich sie zweihäusig sind. Bei manchen Gattungen (z.B. Dicranaceen wie *Leucobryum, Dicranum* oder *Campylopus* oder tropischen Orthotrichaceen wie *Macromitrium*) werden Zwergmännchen ausgebildet, die - wie im Falle von *Macromitrium* - aus kleineren Sporen hervorgehen. Die Sporen sind dann dimorph und lassen sich in zwei unterschiedliche Größenklassen teilen. Zwergmännchen leben geschützt von Außeneinflüssen in den weiblichen Polstern und werden von den weiblichen Pflanzen durch ausgeschiedene Wuchshemmstoffe klein gehalten. Im Extremfall sind die männlichen Pflanzen so klein, dass sie auf den Blättern der weiblichen Pflanzen leben.

In der Regel sind monözische Arten häufiger mit Sporophyten anzutreffen als diözische, da hier Antheridien und Archegonien auf einer Pflanze zusammenstehen und eine Befruchtung erleichtern. Monözische Arten haben vielfach auch die größeren Areale. Bei ihnen genügt eine Spore, um eine zweigeschlechtliche Population zu starten, bei zweihäusigen Arten müssen es zwei und dann noch verschiedengeschlechtliche Sporen sein.

## 5.2 Arealgeschichte und Arealgestalt

Generell sind die Areale von vielen Moosarten größer als die von Blütenpflanzen. So haben z.B. 40% der Laubmoose der Neotropen ein weites Areal, welches von Südmexiko bis Südbrasilien reicht. Diese Feststellung war bislang nur empirisch belegt. Eine erste stichprobenartige Überprüfung gab Urmi (1999). Danach ist der prozentuale Anteil der Endemiten auf Art- und Gattungslevel unter den Angiospermen auf unterschiedlichen geographischen Niveaus (Schweiz, Europa, Holarktis) sechs Mal höher als bei Moosen, was auf kleinere Areale bei den Angiospermen deutet. Desgleichen ist die prozentuale Übereinstimmung der Arten der Schweiz und Dänemarks (also etwa gleicher Flächen) bei Angiospermen weitaus geringer als bei Moosen, was auf deren größere Areale schliessen lässt.

Voraussetzungen für die größeren Areale als bei Blütenpflanzen ist die leichtere Verbreitungsmöglichkeit durch Sporen, die speziell bei einhäusigen Sippen oft produziert werden. Beweise sind die Besiedlung jungvulkanischer Inseln über große Entfernungen.

Dennoch gibt es aber auch zahlreiche Moosarten, die auf lokale Vorkommen in kleinen ökologischen Nischen wie Felsspalten beschränkt sind. Arten solcher Standorte sind in der Lage, Klimaänderungen viel eher zu überstehen als Blütenpflanzen, die lokal eher aussterben. Dennoch kommen Moose trotz ihrer guten Verbreitungsmöglichkeit durch Sporen nicht überall vor. Gründe dafür sind:

1.  Nicht zusagende Standortbedingungen. Das erklärt zum Beispiel, warum gewisse Arten z.B. im europäischen Mittelmeergebiet, in Kalifornien, Chile, Südafrika und Südaustralien vorkommen, nicht aber anderswo.
2.  Konkurrenzdruck. Man kann davon ausgehen, dass Sporen in Gebiete verbreitet werden, in denen die Art nicht vorkommt, sich dort aber nicht entwickeln können, weil die ökologischen Nischen besetzt sind.
3.  Sterilität. Fehlende Sporenbildung (hervorgerufen durch ungünstige Standortbedingungen, Fehlen eines Geschlechtes bei zweihäusigen Arten) schränkt die Verbreitungsmöglichkeit stark ein oder verhindert eine Fernverbreitung.
4.  Zufall. Es hat eine Fernverbreitung stattgefunden, die zu einer zufälligen Besiedlung eines Standortes geführt hat, von dem u.U. eine weitere Ausbreitung erfolgte.

Die Florengeschichte haben die Moose prinzipiell mit den Gefäßpflanzen geteilt. Beide Gruppen waren zusammen mit Tieren Bestandteile von früheren Biozönosen. Im Gegensatz zu den Gefäßpflanzen hatten Moose jedoch eine weitaus geringere Evolutionsgeschwindigkeit. Während wir bei Blütenpflanzen u.a. von Gattungsdisjunktionen ausgehen und sich in den Teilarealen vikariierende Arten gebildet haben (z.B. Europa – Nordamerika), haben wir bei Moosen Disjunktionen auf Artniveau. Und während z.B. die meisten Arten der früheren gondwanaländischen Gefäßpflanzenflora ausgestorben sind und gondwanaländische Areale überwiegend nur bei fossilen Arten nachweisbar sind, haben viele Moose aus dieser Zeit überdauert und zeigen noch heute diese Verbreitung.

## 5.2.1 Geschlossene Areale

### 5.2.1.1 Kosmopoliten

Ähnlich wie bei Farnpflanzen (z.B. *Pteridium aquilinum, Lycopodium clavatum*) gibt es auch unter den Moosen Kosmopoliten, d.h. nicht gerade überall (ubiquitär), sondern weltweit an allen entsprechenden Standorten in entsprechenden Klimagebieten vorkommende Arten. Dazu gehören besonders *Ceratodon purpureus, Bryum argenteum* und *Marchantia polymorpha* als nitrophile Arten an anthropogenen Standorten oder *Racomitrium lanuginosum* als Pionierart auf Felsen (besonders Lavaströmen) von der Arktis bis in die Antarktis, insgesamt ca. 65 Arten (Pócs 1976). Andere Arten wie *Reboulia hemisphaerica* oder *Anthoceros laevis*, die man als subkosmopolitisch bezeichnet, sind ebenfalls weltweit, jedoch sehr zerstreut verbreitet, weil sie spezifischere Standortansprüche haben. Während man bei ruderalen Arten auch an eine Verbreitung durch den Menschen oder Bereitstellung von Standorten durch den Menschen denken kann oder Pionierarten durch offene Standorte weltweite Besiedlungsmöglichkeit haben, ist eine Erklärung nahezu weltweiter Areale bei Arten anderer Standorte problematisch, es sei denn, man geht von Resten einer ehemals pangäischen Verbreitung aus.

### 5.2.1.2 Pangäische Areale

Etwa 60% Prozent der Moosfamilien haben eine weltweite oder die Tropen oder Außertropen umfassende Verbreitung. Familien wie Polytrichaceae, Sphagnaceae, Dicrana-ceae, Hypnaceae, Bryaceae, Pottiaceae unter den Laubmoosen und Marchantiaceae, Metzgeriaceae, Jungermanniaceae und Plagiochilaceae unter den Lebermoosen sind auf der ganzen Welt vertreten mit Ausnahme von Gebieten mit nicht zusagenden Standortbedingungen. Daneben gibt es Familien, die nur (Calymperaceae, Meteoriaceae, Lepicoleaceae) oder überwiegend in den Tropen vorkommen (Hookeriaceae, Sematophyllaceae, Trichocoleaceae, Lejeuneaceae).

Auf Gattungsebene gibt es noch zahlreichere Beispiele für weite Areale, die wiederum entweder die ganze Welt, tropische oder außertropische Gebiete einschließen (z.B. *Phaeoceros, Frullania* und *Riccia* unter den Lebermoosen, *Andreaea, Racomitrium, Polytrichum, Trematodon* unter den Laubmoosen).

Diese weiten Areale werden als Indiz für ein hohes Alter dieser Taxa gedeutet und dafür, dass mutmaßlich diese Familien und Gattungen bereits vor 200 Millionen Jahren im Perm, vor Aufspaltung des Pangäa-Kontinents existiert haben. Die Landmasse der Erde bestand gegen Ende des Palaeozoikum aus einem Kontinent (Pangaea). Da die ältesten fossilen Moose bereits aus dem Devon (vor 350 Millionen Jahren) bekannt sind, weitere aus dem Karbon (vor 300 Millionen Jahren) und zahlreichere aus dem Perm, und diese durchaus heutigen Moosen vergleichbar sind, liegt es nahe, den Ursprung der heute weltweit verbreiteten Familien bereits im Perm zu vermuten. Wieweit das auch schon auf einzelne Gattungen zutrifft, ist unklar. Hinweise darauf durch Fossilfunde sind spärlich. So kann man aus der Ähnlichkeit von fossilen Lebermoosen aus dem Devon (*Pallavicinites devonicus*) oder dem Karbon (*Treubiites kidstonii*) mit rezenten Arten schließen, dass u.U. die Pallavicinaceae schon im Devon oder die Gattung *Treubia* schon im Karbon existiert haben. Für die Gattung *Treubia* ergeben sich molekularsystematische Hinweise auf ein hohes Alter (Frey et al. 1999). Begünstigt würde dieses Überleben palaeozoischer Sippen dadurch, dass in Teilen der Erde (z.B. Patagonien, Neuseeland) seit dem Perm eine Klimakonstanz mit kühl-temperatem Klima existiert hat. Ein Problem ist auch, dass viele fossil bekannte Moosarten offenbar ausgestorben sind, so die reiche Laubmoosflora aus dem Perm, die man den Bryales zurechnen kann.

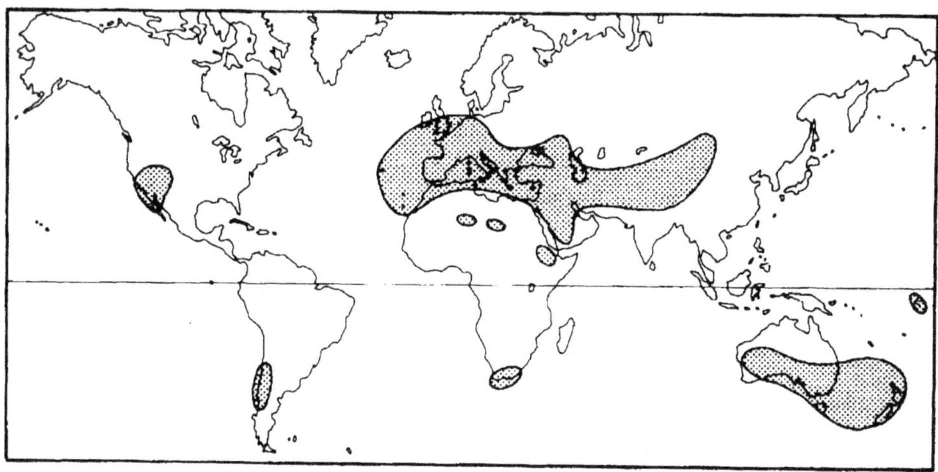

**Abb. 5-2:** Weltweites Areal von *Tortula atrovirens* als Beispiel eines pangäischen xerothermen Areals (aus Frey & Kürschner 1988).

Auf Artebene gibt es zahlreiche Beispiele für trockenadaptierte Sippen, die in allen Trockengebieten der Erde (z.B. *Targionia hypophylla*) oder in den Trockengebieten sowohl der Nordhalbkugel (Mittelmeergebiet, Kalifornien) als auch der Südhalbkugel (Chile, Südafrika, Südaustralien, Neuseeland) vorkommen. Die Verbreitung solcher Arten wie z.B. *Bartramia stricta, Tortula atrovirens* (Abb. 5-2) fallen mit den Weinanbaugebieten der Erde zusammen. Die Entstehung dieser Areale wird so interpretiert, dass diese Taxa auf der Pangaea zu Anfang des Mesozoikums (Trias) als Anpassung an ein trockenes kontinentales Klima entstanden sind. Das würde bedeuten, dass diese Taxa 200 Millionen Jahre alt sein müssten. Alternativ kann man an eine Verschleppung durch den Menschen denken. Eine genaue Lösung dieser Frage können nur molekulare Arbeitsmethoden bringen, mit Hilfe derer die genetischen Distanzen zwischen den unterschiedlichen Populationen bestimmt werden können. Diese geben dann Aufschluss über die ungefähre Zeitdauer der Trennung dieser Populationen.

### 5.2.1.3 Laurasische (Holarktische) Areale

Ein großer Teil der Moose (auf Arten-, Gattungs- und Familienebene) hat eine circum-holarktische Verbreitung, die man als laurasisch bezeichnet (Laurasia = Eurasien und Laurentischer Schild in Nordamerika). Das betrifft sowohl arktische als auch boreale und temperate Moose. Zu den Laubmoosfamilien mit laurasischer Verbreitung gehören z.B. Climaciaceae, Rhytidiaceae, Catoscopiaceae, Timmiaceae, Encalyptaceae, Ephemeraceae, Schistostegaceae. Vielfach ist der Großteil der Arten und Gattungen einer Familie in Laurasien konzentriert, so dass man davon ausgeht, dass diese Familien laurasischen Ursprungs sind, sich aber (über die mittelamerikanische Landbrücke oder die Gebirge Afrikas) nach Süden ausgedehnt haben. Das wird für Polytrichaceae und Sphagnaceae postuliert. Andersherum sind auch seltener gondwanaländische Elemente über die Anden nordwärts gewandert oder auf der Indischen Scholle nach Laurasien gelangt. Die laurasischen Elemente verdanken ihren Ursprung der langdauernden Trennung der Kontinentalmassen nach Aufspaltung der einheitlichen Landmasse Pangaea in Laurasia und Gondwana, die bis ins Jura durch das Tethys-Meer getrennt waren. Die Laurasische Landmasse war in der Kreidezeit durch einen Meeresarm getrennt, der ungefähr N-S parallel zu den Rocky Mountains in Nordamerika verlief und zu einer Trennung der Moosflora Nordamerikas in eine westliche und eine östliche geführt hat, die heute noch als Erklärung der floristischen Unterschiede zwischen dem westlichen und östlichen Nordamerika herangezogen wird. Erst vor 50 Millionen Jahren begann sich Nordamerika von Eurasien zu lösen. Von den 141 Laubmoosgattungen, die in Europa und Nordamerika vorkommen, kommen 68 Gattungen mit denselben Arten in beiden Teilen vor (Abb. 5-3), 63 nur in Nordamerika, 20 nur in Europa (Frahm & Vitt 1993). Die 68 gemeinsamen Gattungen sind überwiegend boreo-alpin verbreitet (z.B. *Haplodon, Hylocomium, Kiaeria, Cinclidium, Dicranodontium, Pleurozium, Ptilium, Scorpidium, Timmia*), einige auch mediterran (z. B. *Bartramidula, Eucladium, Gyroweisia, Leptodon, Pleurochaete*). Sie werden für Reste eines Teils der alten laurasischen Moosflora gehalten. Diese Hypothese stützt sich darauf, dass rezente Arten durchaus schon im Tertiär existiert haben, wie durch Fossilfunde belegt ist. Die Frage ist nur, wo diese laurasischen, heute boreo-alpin verbreiteten kälte-daptierten Arten im Tertiär mit seinem tropischen bis subtropischen Klima gelebt haben. Der größere Teil der laurasischen Moosflora im Tertiär (vgl. Kap. 10) bestand – wie Fossilien im Bernstein belegen – aus subtropischen und tropischen Elementen, die sich heute nur noch in Südostasien gehalten haben. Es bleibt auch die Frage, ob die Trennung der Areale laurasischer Taxa während 50 Millionen Jahre nicht zur Bildung eigener Taxa geführt hat, weil Moose so eine geringe Evolutionsrate haben, oder weil hier immer noch Genaustausch über Sporenverbreitung stattfindet.

In Europa haben die quartären Vergletscherungen (ähnlich wie bei den Blütenpflanzen, z.B. *Magnolia, Liriodendron, Metaseqouia, Chamaecyparis*) zu einem Aussterben von Arten geführt. So sind fossil aus dem Tertiär Europas Arten bekannt (z.B der Gattung *Trachycystis*, Mniaceae, Abb. 10-11), die heute hier nicht mehr vorkommen, sondern nur in Ostasien überdauert haben. Ein Teil der Moosarten konnte die quartären Vereisungen in unvergletscherten Gebieten nördlich (!) des Eisschildes überdauern. Hinwei-

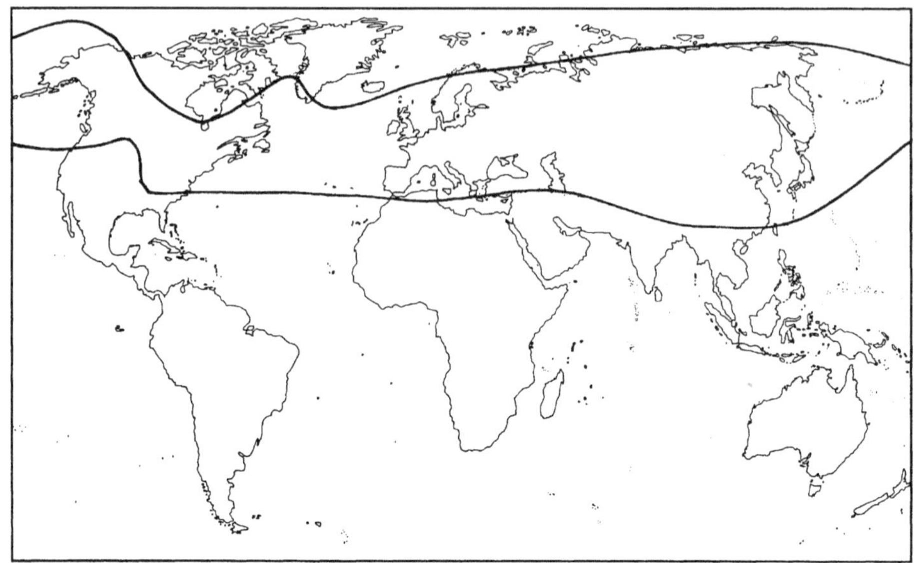

**Abb. 5-3:** Areal von *Bartramia pomiformis* als Beispiel eines holarktischen (laurasischen) Verbreitungstyps.

se darauf erhalten wir durch Arten, die sich nach Abschmelzen des Eises nicht weiter ausgebreitet haben, sondern in den Refugien weiterexistierten und heute noch durch ihr Vorkommen ehemals eisfreie Gebiete anzeigen. Beispiele dafür sind u.a. die Laubmoose *Andreaeobryum macrosporum* (Alaska), *Bryobrittonia longipes* (Alaska, Yukon, Kola Halbinsel) oder die Lebermoose *Ascidiota bleparophylla* (SW-China, Alaska) und *Calycularia laxa* (Sibirien, Alaska). Zahlreichere Arten werden ebenfalls in den Refugien überdauert haben, sich anschließend aber wieder nach Süden ausgebreitet haben.

Innerhalb Laurasiens haben die Klimaverschlechterung gegen Ende des Tertiärs und die dann einsetzenden mehreren Eiszeiten einen wesentlichen Einfluss auf die heutige Verbreitung der Moosarten gehabt. Der Großteil der subtropischen Arten zog sich in südlichere Breiten zurück. Einige Moosarten waren jedoch in der Lage, an geschützten Standorten wie z.B. an der Atlantikküste oder am Südrand der Alpen zu überdauern. Beispiele dafür sind *Adelanthus lindenbergianus* in Irland, *Frullania inflata* in den Südalpen, *Cyclodictyon laetevirens* in Irland und Spanien oder *Neckera intermedia* in Spanien. Es sind überwiegend Arten, deren Hauptverbreitung heute noch in den tropischen Gebirgen liegt.

Überdauerungsmöglichkeiten gab es in Nordamerika mehr als in Europa, da dort keine West-Ost verlaufenden Gebirge (wie in Europa die Pyrenäen und Alpen) den Weg nach Süden versperrten. Aus dem gleichen Grund konnten auch warme Luftmassen weiter nach Norden vordringen, sodass die Tundra kleinflächiger ausgebildet war und der gemäßigte Wald in Nordamerika viel weiter nach Norden reichte und selbst subtropische Arten sich in geschützten Tälern am Südfuß der Appalachen halten konnten, wo sie heute noch zu finden sind. Einige dieser Arten kommen ebenfalls noch in SE-Asien vor (z.B. *Porella japonica, Plagiochila yokogurensis* und *P. euryphyllon, Brothera leana, Drummondia prorepens* u.a., Iwatsuki 1958). Sie müssen also im Tertiär eine weitere Verbreitung gehabt haben und sowohl am Südfuß der Appalachen als auch in SE-Asien die Eiszeiten überdauert haben. Der Anteil subtropischer Arten in der Moosflora Nordamerikas ist aus diesem Grunde weitaus höher als in Europa.

Tendenziell haben jedoch die Klimaveränderungen gegen Ende des Tertiärs im Pliozän und im Pleistozän wohl bei vielen Arten zu einer starken Zersplitterung oder Schrumpfung der Areale geführt. Vorkommen von z.B. *Claopodium whippleanum* in Nordamerika (von Kalifornien bis British Columbia), in Portugal und fossil aus dem Tertiär des Kaukasus belegen diesen Effekt.

Eine mutmaßliche Zufuhr gondwanalandischer Taxa erfuhr Eurasien über die Indische Platte. Diese war ursprünglich Teil des Gondwanakontinents, löste sich vor 90 – 100 Millionen Jahren von Madagaskar und begann nordwärts zu driften, wobei sie vor erst 10 Millionen Jahren an Eurasien "andockte" und seitdem durch den Druck den Himalaya auffaltete. Dabei muss man annehmen, dass die Überquerung des Äquators zu einer hohe Aussterberate gondwanalänischer Elemente geführt hat. Es würde das Vorkommen von isolierten Vorkommen von Gattungen ansonsten gondwanaländischer Verbreitung im Himalaya erklären. So ist z.B. die Lebermoosgattung *Lepidolaena* in Patagonien, Tasmanien und Neuseeland mit mehreren Arten vertreten, von denen nur eine in Sikkim vorkommt. Andere Verbreitungen gondwanaländischer Elemente nach Laurasien haben zu einer weiteren Artenbildung und Ausbreitung nach Ostasien hinein geführt (ähnlich wie die Kannenpflanzengattung *Nepenthes* nach der Verfrachtung von Madagaskar über Indien nach Asien in SE-Asien zu einer starken Speziation geführt hat). Beispiele unter den Lebermoosen sind dafür die Gattungen *Mastigophora, Lophochaete, Treubia* u.a.

### 5.2.1.4 Gondwana - Areale

Knapp 30% der Moosfamilien auf der Welt haben eine gondwanaländische Verbreitung. Sie sind auf Teile der Erde (Südamerika, Afrika, Indien, Madagaskar, Australien, Neuseeland) beschränkt (Abb. 5-3), die bis in die Jura-Zeit einen zusammenhängenden Südkontinent, das Gondwanaland, bildeten. Ihre Entstehungszeit dürfte somit in das Mesozoikum fallen. Beispiele dafür sind Dicnemonaceae, Hypnodendraceae, Calomniaceae, Lembophyllaceae unter den Laubmoosen und Schistochilaceae, Hymenophytaceae, Balantiopsidaceae oder Lepidolaenaceae unter den Lebermoosen. Von ihnen geht man aus, dass sie bereits im Perm auf der Südhälfte von Pangaea oder nach der Trennung von Pangaea in Laurasia und Gondwana entstanden sind.

Weit mehr als Laurasia fragmentierte Gondwanaland zu unterschiedlichen Zeiten in Einzelteile. Von der bis vor 200 Millionen Jahren noch zusammenhängende Landmasse trennte sich vor 180 Millionen Jahren die Antarktis und Australien. Vor 120 Millionen

**Abb. 5-3:** Areal von *Campylopus thwaitesii (controversus)* als Beispiel eines gondwanaländischen Areals.

Jahren begannen sich dann Afrika und Südamerika voneinander zu trennen. Vor 135
Millionen Jahren trennte sich Indien und driftete als Insel auf Laurasien zu, mit dem es
sich vor 10 Millionen Jahren verband. Australien trennte sich erst vor 55 Millionen
Jahren von der Antarktis, über die es mit Südamerikas in Verbindung stand, und erreichte nordwärts driftend vor ebenfalls 10 Millionen Jahren seine heutige Position.
Neuseeland brach vor etwa 50 Millionen Jahren von Australien. Nach neueren geologi-
schen Untersuchungen haben sich auch Teile Nordaustraliens gelöst und sich mit
Laurasien vereinigt. Die humiden Küstenbereiche des Gondwanakontinentes (das Innere war weitgehend arid) war somit die Wiege vieler Moosgattungen. Ausgehend von
diesen humiden Küstenbereichen ist auch das aride Innere des Gondwanakontinents
besiedelt worden. Artenpaare, von denen eine Art auch heute noch in den temperaten
Teilen Südamerikas, Südafrikas, Australiens und Neuseeland vorkommen und die nächst
verwandten trockenadaptierte Arten nördlich anschließend vorkommen, belegen dies.
So kommen eine Reihe tropischer Moosarten sowohl in Südamerika als auch in Afrika
und dann nur noch in Indien und Sri Lanka vor (Abb. 5-3). Das kann nur als altes
Gondwanaareal gedeutet werden. Wäre Fernverbreitung von Sporen möglich, käme
die Art in Südasien nicht nur in Indien, sondern auch noch weiter östlich vor. Das Alter
dieser Arten muss also mit rund 200 Millionen Jahren angegeben werden.

Die Fragmentation des Gondwanalandes führte erstens zu Disjunktionen (zumindestens
auf Familien- und Gattungsniveau, vielleicht sogar auf Artenniveau) und zweitens durch
die dadurch hervorgerufene Isolation von Sippen zu neuer Gattungs- und Artenbildung.
Afrika und Südamerika trennten sich erst vor ca. 120 Millionen Jahren, und daher finden wir innerhalb der Tropen zwischen Afrika und Südamerika größere Übereinstim-

mungen als zwischen Afrika und Südostasien. Insofern ist es für Moose nicht angebracht, Südostasien und Afrika zur Paläotropis zusammenzufassen und der Neotropis gegenüberzustellen. Beide Kontinente veränderten zudem ihre Breitenkreislage nur wenig, sodass es nur zu relativ geringen Klimaveränderungen kam. Im Gegensatz dazu driftete Indien aus den gemäßigten Breiten der Südhalbkugel in tropische Breiten und über den Äquator auf die Nordhalbkugel. Australien driftete ebenfalls aus temperaten Breiten in die Bereiche der Wendekreiswüsten und liegt jetzt mit der Nordspitze am Tropenrand. Die klimatischen Veränderungen dürften einen wesentlichen Einfluss auf die Evolution gehabt haben. Hinzu kommt die Ausbildung von Wäldern in diesem Zeitraum, sodass insbesondere die epiphytischen Arten unabhängig voneinander in den einzelnen Gebieten entstanden.

Durch die Drift von Indien und Teilen Australiens nordwärts und ihren Anschluss an Laurasien sind Teile der Gondwanalandmoosflora wie auf „Noahs Arche" von der Südhalbkugel auf die Nordhalbkugel verfrachtet worden. So ist z.B. für die Polytrichales ein südhemisphärischer Ursprung und die Einwanderung nach Laurasien über Indien postuliert worden (Smith 1972). Auch zeichnen sich viele systematische Gruppen von Moosen (z.B. die Jungermanniales) im Bereich des ehemaligen Gondwanalandes durch besonderen Artenreichtum aber auch durch das Vorkommen von besonders primitiven Formen aus.

Ein weiterer Wanderweg ergab sich wesentlich später in Amerika, wo vor ca. 3 Millionen Jahren durch die Bildung eines durchgehenden Gebirgssystemes von Alaska bis Feuerland eine Wanderungsroute für holarktische Arten in die Südhemispäre und für subantarktische Arten in die Nordhemisphäre entstand.

### 5.2.1.5 Circum-Tethische Areale

Nach der Aufspaltung des Gondwanakontinents in den Laurasischen und Gondwanakontinent bildete sich im Mesozoikum ein Tethys genanntes Mittelmeer, welches heute noch in Resten  angedeutet als mediterranes Mittelmeer und der Karibik existiert. Viele Moose (Marchantiale Lebermoose wie *Mannia*, *Plagio-chasma*, *Atahalamya*, *Exormotheca*, pottioide Laubmoose wie *Aloina*, *Crossidium*, *Pseudocrossidium*, *Timmiella*, *Pterygoneuron*) zeigen auch heute noch diese Verbreitung, die vom Irano-Turanischen über das Saharo-Arabische zum Mediterranen Florengebiet und zu den ariden Florengebieten Nordamerikas reicht. Da die Entstehungszeit dieses Arealtyps in aride Klimaperioden fällt und es sich bei diesen Taxa sämtlich um trockenadaptierte Sippen handelt, geht man davon aus (Frey & Kürschner 1988), dass diese Taxa mesozoischen Ursprungs sind.

### 5.2.1.6 Pantropische Areale

Ein gewisser Prozentsatz an Arten ist in den tropischen Regionen der ganzen Welt verbreitet. Pócs (1976) gibt 55 Arten für diesen Verbreitungstyp an, wobei die Zahl sicherlich noch in der Zukunft auf Grund der Ergebnisse weltweiter Revisionen steigen wird. Bekannte Beispiele für pantropische Moosarten sind *Octoblepharum albidum, Fissidens asplenioides, Acrolejeunea emergens, Lejeunea flava, Frullania squarrosa* u.a. Es handelt sich zumeist um Tieflandsarten.

## 5.2.2 Disjunkte Areale

„Disjunktionen gehören zu den interessantesten Problemen der Pflanzengeographie; ihre Lösung ist für die Durchdringung genetischer und geographischer Zusammenhänge von größter Bedeutung" (Herzog 1926: 212). Man versteht unter Disjunktionen die Aufspaltung des Areals einer Art in zwei oder mehr Teilareale. Dieser Effekt wirft eine Reihe von Fragen auf, z.B. ob zwischen den Teilarealen ein genetischer Austausch stattfindet oder die Populationen genetisch voneinander isoliert sind, was zu phänotypisch nicht sichtbaren doch molekularsystematisch erfassbaren Unterschieden führt und die Möglichkeit der Entstehung eigener Unterarten oder Arten eröffnet. Insofern werden Disjunktionen als ein Artbildungsmechanismus aufgefasst. Ein historischer Denkansatz fragt nach der Entstehung dieser Teilareale. Diese können durch unterschiedliche Refugien während der Eiszeiten, durch Gebirgsbildung, Inselbildung, Kontinentalverschiebung infolge von plattentektonischen Vorgängen oder aber auch durch Verschleppung (z.B. durch den Menschen) oder durch Tiere (Zoochorie) entstanden sein.

Kontinentübergreifende Disjunktionen werden als Großdisjunktionen bezeichnet. Bei den Blütenpflanzen kennt man solche Großdisjunktionen nur auf Gattungsebene. So sind viele im Tertiär durch Laurasien verbreitete Pflanzengattungen (aufgrund der besseren Erhaltung als Fossilien sind zumeist Beispiele von Baumgattungen wie *Liriodendron, Hamamelis, Platanus, Tsuga, Thuja, Taxodium, Liquidambar, Libocedrus* u.v.a.m. bekannt) durch die Trennung von Nordamerika und Eurasien auf diese Kontinente verteilt worden und zu einem Teil in Europa in den quartären Kaltzeiten ausgestorben (Walther & Straka 1970), sodass sich heute Disjunktionen zwischen Teilen Nordamerikas und Asiens ergeben.

Herzog (1926) kannte seinerzeit nur wenige Beispiele für Großdisjunktionen unter Moosen. Er führte nur 18 Arten an, die disjunkt in Nordamerika - Europa, Neuseeland - Patagonien, Europa - Himalaya oder in der Holarktis und Neuseeland vorkommen. Grund dafür war die vergleichsweise schlechte floristische Durchforschung von Gebieten außerhalb Europas und das Fehlen von taxonomischen Revisionen. Er versuchte auch seinerzeit gar nicht erst, Erklärungen dafür zu geben. Erst durch die Erstellung von Florenwerken für viele außereuropäische Gebiete sowie die  Intensivierung der taxonomischen Arbeit seit etwa 30 Jahren und dabei erstellten weltweiten Gattungsrevisionen ist die Kenntnis über Großdisjunktionen auf Artebene gestiegen. Sie betreffen z.B. Disjunktionen zwischen den Neotropen und dem tropischen Afrika, Afrika und Südostasien, Madagaskar und Indien, Ostasien und Nordamerika, Nordamerika und Europa, Nordamerika, Ostasien und Europa, Europa und Mittel- und Südamerika,

Europa und die afrikanischen Hochgebirge u.a. Der Nachweis der Richtigkeit der Wegenerschen Kontinentalverschiebungstheorie durch Meeresbodenuntersuchungen in den Sechziger und Siebziger Jahren des 20. Jahrhunderts eröffnete zudem eine Grundlage für phytogeographische Spekulationen, die speziell Schuster (1972, 1984) auf Moose anwandte. Nach unserem jetzigen Wissen sind folgende prozentuale Übereinstimmungen zwischen größeren Florengebieten bekannt (Tab. 5-1):

**Tab. 5-1:** Prozentuale Übereinstimmungen zwischen den Moosen Größerer Florengebiete.

| Disjunktion | Prozensatz gemeinsamer Arten | Quelle |
|---|---|---|
| Neuseeland - Patagonien | 27% der Laubmoose Neuseelands | Van Zanten & Pócs (1981) |
| Europa - Nordamerika | Laubmoose: 70% der Arten Nordamerikas | |
| | Lebermoose: 64% der Arten Nordamerikas | Schofield (1988) |
| Afrika- Südamerika | 8% der Laubmoosflora der Neotropen (334 Arten) | Delgadillo (1993) |
| Afrika - SE-Asien | 108 Moosarten, die Afrika mit Südostasien gemeinsam hat. | Pócs (1986). |

Diese Disjunktionen werden zum Teil als Reste ehemals zusammenhängender Areale interpretiert oder als Ergebnis von Fernverbreitung. Van Zanten & Pócs (1981) gehen davon aus, dass Großdisjunktionen auf Gattungsebene durch Kontinentalverschiebung hervorgerufen wurde, auf Artebene aber durch Fernverbreitung. Als Argument dient, dass es bei Trennungszeiten von 50 Millionen Jahren (Europa – Nordamerika) oder 65 Millionen Jahren (Patagonien – Neuseeland) die Evolutionsrate nicht so niedrig sei, dass es in dieser Zeitspanne nicht zu Neubildungen von Sippen (Arten, Unterarten) geführt hätte. Einerseits belegt die Existenz von vikariierenden Arten (*species pairs*) eine fortschreitende Evolution nach Kontinentaltrennungen, andererseits das Vorhandensein von identischen Arten entweder Genaustausch durch Fernverbreitung oder ausgebliebene Weiterentwicklung. Auf der anderen Seite gibt es auch viele Arten, die nur steril bekannt sind, und bei denen die Chance zur Entwicklung neuer Sippen extrem gering ist. Disjunktionen können auch durch lokales Aussterben (z.B. durch quartäre Klimaschwankungen) und damit durch eine Zersplitterung des Areals geführt haben. Verlust der Fähigkeit zur sexuellen Reproduktion (aufgrund von ungünstigen Klimabedingungen) oder des Überlebens nur eines Geschlechtes und der dadurch hervorgerufenen Entstehung unisexueller Populationen hat zur Beibehaltung dieser Arealzersplitterung geführt. Zum anderen dürften manche Arten auf Grund sehr spezifischer Standortansprüche nie ein zusammenhängendes Areal besessen haben oder disjunkte Areale auch das Resultat von Fernverbreitung sein.

Mit Großdisjunktionen von Moosen haben sich Schofield (1974), Pócs (1975), Grolle (1969), Gradstein & Vana (1987), Schofield & Crum (1972), Schuster (1972) u.a. beschäftigt. Frey (1990) hat auf Disjunktionen von Xerothermelementen in der Nord- und Südhemisphäre aufmerksam gemacht. Daneben gibt es in Monographien und Revisionen zahlreiche Beispiele von Großdisjunktionen einzelner Arten.

### 5.2.2.1 Bipolare Disjunktionen

Mehr als 100 Moosarten kommen sowohl in den außertropischen Breiten der Nord- als auch Südhalbkugel vor. Bei einem Teil dieser Arten handelt es sich nachweislich um Verschleppungen. Bei den anderen Arten besteht die Frage, ob es sich ebenfalls um Verschleppungen, ob es sich um Reste ehemals pangäischer Areale handelt, ob es sich um Wanderungen von Arten handelt (z.B. durch die amerikanische Gebirgskette) oder ob es sich um Resultate von zufälligen Fernverbreitungen handelt. Vermutlich gibt es keine einheitliche Antwort, da alle Erklärungsmöglichkeiten für unterschiedliche Arten in Frage kommen. Man kann sicher für einige Arten wie z.B. *Conostomum tetragonum*, welche in subantarktischen Bereichen der Südhemisphäre als auch den Anden als auch arktisch-alpinen Gebieten der Nordhemisphäre vorkommt, von einer Wanderung ausgehen. Das gilt speziell für arktische Arten, die während des Pleistozäns, als in den Anden die Vegetationsgürtel um mehrere hundert Meter tiefer lagen, gute Wandermöglichkeiten besaßen. Als weitere Möglichkeit kommt theoretisch eine transäquatoriale Verbreitung durch Sporen in Frage, jedoch gibt es auf Grund der äquatorialen Tiefdruckrinne keine verbindenen Luftströme zwischen der Nord- und Südhalbkugel.

### 5.2.2.2. Südhemisphärische Disjunktionen

Über 50 Moosarten zeigen auf der Südhalbkugel zirkum-subantarktische Areale mit Vorkommen im Südteil Südamerikas, Afrikas, Australiens und in Neuseeland, entweder in allen genannten Gebieten oder in mehreren Teilen davon (vielfach nicht in Südafrika). Bei ihnen stellt sich die Frage, ob es sich um Reste eines ehemaligen Gondwana-Areals handelt oder um Fernverbreitung. Van Zanten (1976, 1978a, 1978b) und van Zanten & Gradstein (1988) versuchten experimentell diese Frage zu lösen. So stellte er bei Arten mit disjunkter gondwanaländischer Verbreitung eine bessere Keimungsrate nach vorhergehender Austrockung bzw. Einfrieren (4 Tage bei −30°C) fest als bei Arten, die auf ein Teilareal beschränkt waren. Angeblich endemische Arten von Neuseeland mit guter Keimungsrate stellten sich nachträglich als Synonyme von aus Patagonien beschriebenen Arten heraus. Das unterstützt die Hypothese, dass es sich bei den disjunkten Vorkommen um Ergebnisse von Fernverbreitung durch die vorherrschenden Westwinde handelt, weil diese Arten potentiell dazu in der Lage sind (Abb. 5-4). Viele Arten produzieren jedoch (zumindestens heutzutage) keine Sporen. In diesen Fällen kann das heute disjunkte Areal nur als Relikt eines ehemals zusammenhängenden gondwanaländischen Areals zurückgeführt werden. In anderen Fällen gibt es nah

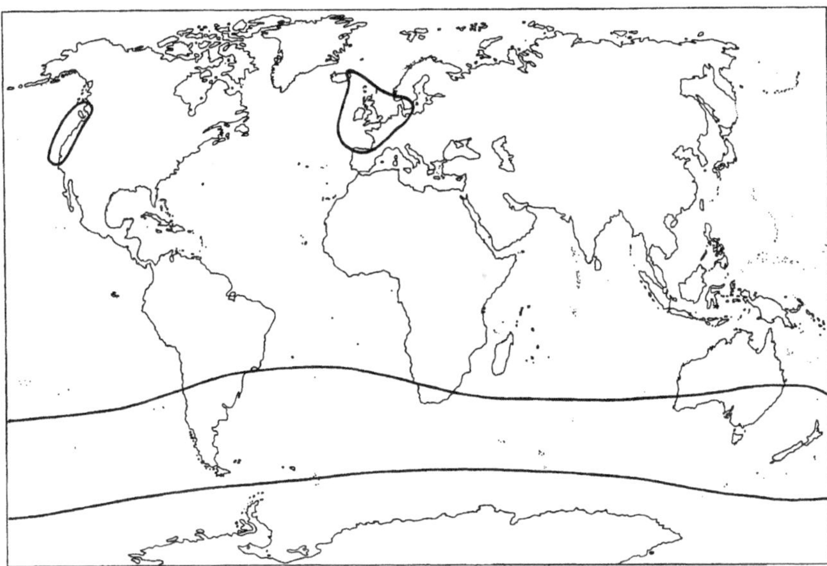

**Abb. 5-4:** Verbreitung von *Campylopus introflexus* als Beispiel eines südhemisphärischen Areals. Die Vorkommen in der Nordhemisphäre beruhen auf Verschleppung.

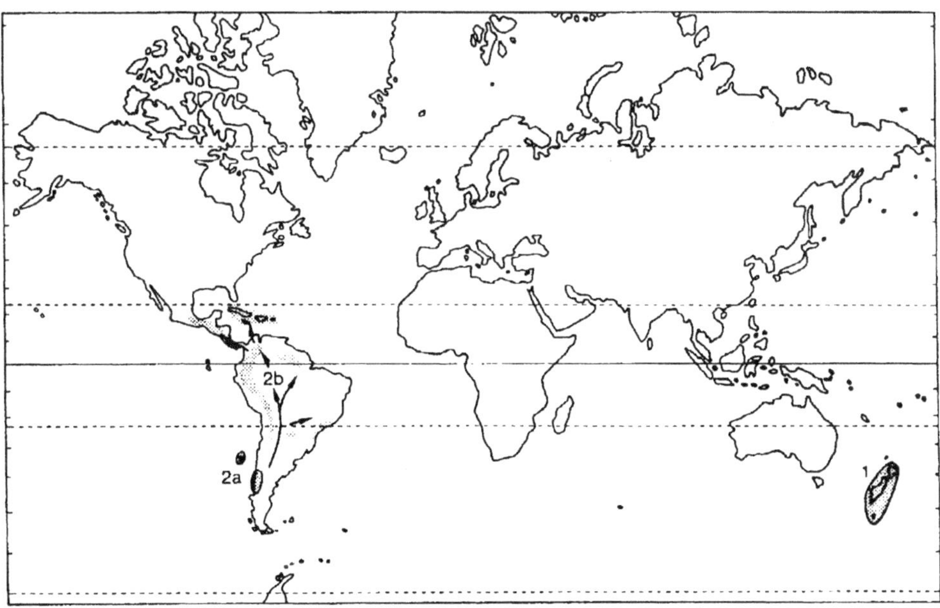



**Abb. 5-5:** Verbreitung der Arten der Gattung *Monoclea* als Beispiel disjunkt südhemisphärischen Gattung gondwanaländischen Ursprungs mit neuer Sippenbildung durch Ausbreitung in die tropischen Gebirge. 1: *M. forsteri*. 2a: *M. gottschei* ssp. *gottschei*. 2b: *M. gottschei* ssp. *elongata* (aus Meißner et al. 1998).

verwandte Arten im Süden Südamerikas und Südafrika oder Australien, die belegen, dass sich hier durch räumliche Trennung neue taxonomische Einheiten (Arten oder Unterarten) gebildet haben. So haben phytochemische (Gradstein et al. 1992) als auch molekularsystematische Arbeiten (Meißner et al. 1998) belegen können, dass eine Art der Lebermoosgattung *Monoclea* durch die Kontinentaldrift in Neuseeland und Patagonien isoliert wurde und sich dort zu eigenen Arten weiterenwickelt hat (Abb. 5-5). Die patagonische Sippe (*M. gottschei*) hat sich dann durch die Anden weiter nach Norden ausgebreitet, wobei es zur Bildung einer morphologisch kaum aber phytochemisch und molekularsystematisch eindeutigen Bildung einer Subspecies gekommen ist.

### 5.2.2.3 Laurasische Disjunktionen

Ein Teil der holarktischen Arten ist nicht durchgängig verbreitet sondern kommt nur in Teilen der Nordhalbkugel vor. Die meisten Arten dürften auch schon vor der Trennung der Kontinente auf der Nordhalbkugel existiert haben.

Typen solcher Disjunktionen sind:

**Westküste Nordamerikas, Westküste Europas**, das betrifft temperate Arten z.B. *Plagiothecium undulatum* (Abb. 5-6), *Antitrichia curtipendula*, *Porella cordaeana*, als auch mediterrane Arten z.B. *Antitrichia californica* und *Claopodium whippleanum*. Hier stellt sich die Frage, ob es ich um Reste eines circum-tethyschen Areals aus dem Mesozoikum handelt oder um Fernverbreitung. Gegen die Relikthypothese spricht, dass es sich um relativ wenige Arten handelt, eine Standortskonstanz in den Teilarealen über 100 Millionen Jahren fraglich ist  und die Vegetationsverhältnisse in Kalifornien als auch dem Mittelmeergebiet im Quartär starken Schwankungen unterlagen. Andere Arten kommen ausserdem noch im Himalaya bzw. Yünnan vor, z.B *Mastigophora woodsii, Bazzania pearsonii, Douinia ovata, Anastrepta orcadensis, Anastrophyllum donianum, A. joergensenii, Plagiochila carringtonii, Scapania ornithopodioides, S. nimbosa, Pleurozia purpurea* unter den Lebermoosen, *Campylopus gracilis (schwarzii), Leptodontium recurvifolium, Dicranum subporodictyon* unter den Laubmoosen.

**Westküste und Ostküste Nordamerikas (Appallachen), Westküste und Ostküste Eurasiens**, z.B. *Campylopus atrovirens* (Abb. 5-7).

**Ostküste Asiens – Westküste Nordamerika** (circum- und amphipazifische Arten). Dieser Verbreitungstyp ist durch zahlreiche Publikationen (u.a. Schofield 1965, 1969, 1980, 1984, Schofield & Crum 1972) belegt. Arten dieser Verbreitung kommen in Japan, z.T. auch in Yünnan, und in British Columbia vor. Beispiele sind *Takakia lepidozioides, Hypopterygium faurei, Wijkia hornschuchii, Apotreubia nana, Diplophyllum* subg. *Macrodiplophyllum*. Einige Arten verbinden beide Teilareale über die Aleuten. Diese disjunkten Vorkommen werden als Reste eines ehemals geschlossenen Areals im Tertiär interpretiert, als die Areale aufgrund eines wärmeren Klimas im Norden über die Beringstraße verbunden waren. Ohne fossile Nachweise bleibt diese Erklärung hypothetisch. Fernverbreitung wird in diesem Zusam-

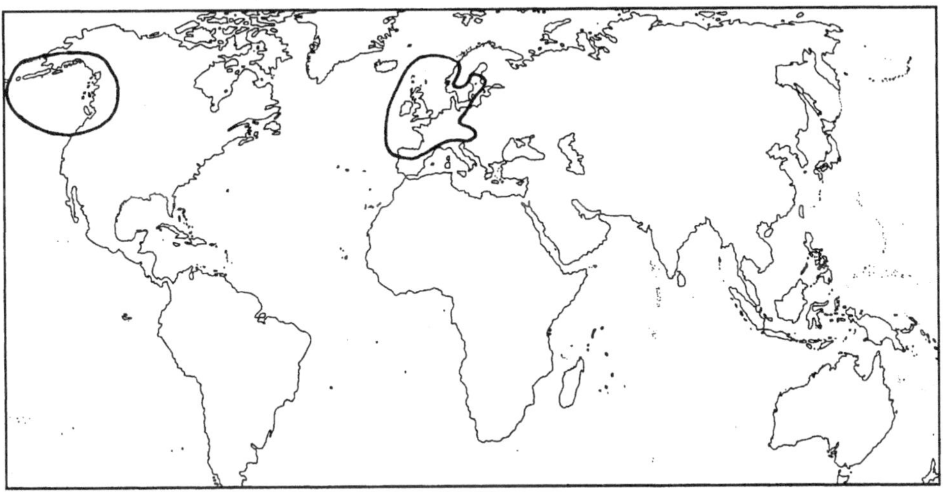

**Abb. 5-6:** Verbreitung von *Plagiothecium undulatum* als Beispiel einer Disjunktion zwischen dem westlichen Nordamerika und dem westlichen Europa.

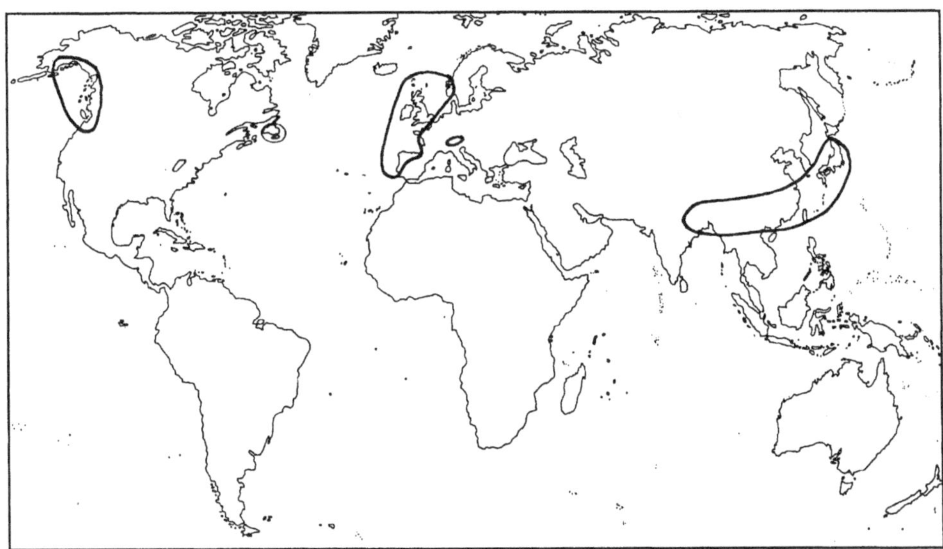

**Abb. 5-7:** Laurasisches Areal von *Campylopus atrovirens,* welches auf die Küstenbereiche und feuchten Gebirge der Nordhemisphäre beschränkt ist (nach Frahm 1984).

menhang kaum diskutiert. Manche Arten sind in Nordamerika südwärts noch in Mexico zu finden (z.B. *Campylopus japonicus*), andere in Asien südwärts bis Ozeanien (*Porella japonica, Campylopus japonicus*).

**Ostküste Nordamerikas – Westküste Europas** (amphiatlantische Arten). Zu Arten dieses Verbreitungstyps gehören *Porella pinnata, Frullania oakesiana, Lejeunea lamacerina, Radula voluta, Atrichum crispum, Sphagnum pylaisii, Diphyscium foliosum* (Abb. 5-8) u.a. Als mögliche Erklärung gibt Schuster (1984) an, dass es sich um Arten handeln könnte, die vor der Trennung von Nordamerika und Eurasien vor 50-60 Millionen Jahren ein gemeinsames Areal bildeten und seitdem getrennt sind, wobei es trotz Unterbrechung des Genflusses für so lange Zeit zu keiner neuen Artbildung gekommen ist. Die Tatsache, dass rezente Arten fossil aus dem Tertiär bekannt sind, belegt die geringe Evolutionsrate bei Moosen. Auf der anderen Seite ist auffällig, dass die Vorkommen der meisten Arten in Europa (*Frullania oakesiana* nur an wenigen Stellen in Westeuropa, *Atrichum crispum* nur auf den Britischen Inseln) auf wenige Funde beschränkt sind, was eine Fernverbreitung wahrscheinlich macht. Diese wenigen Vorkommen lassen daran denken, dass die Arten "später" kamen und sich nicht mehr erfolgreich einnischen konnten oder potentiell zusagende ökologische Nischen besetzt fanden.

**Ostküste Asiens – Westküste Nordamerikas**. Nach Iwatsuki (1958) kommen 53% der Laubmoose der südlichen Appalachen auch in Japan vor (*z.B. Brothera leana, Drummondia prorepens, Forsstroemia trichomitria*). Auf die Verbindungen der Moosfloren des östlichen Nordamerikas mit Asiens ging auch Crum (1972), Iwatsuki (1966, 1972), Iwatsuki & Sharp (1968, 1969), Sharp (1972), Sharp & Iwatsuki (1965), Steere (1966, 1969) ein. Diese floristischen Ähnlichkeiten werden als Überreste eines geschlossenen Areals im frühen Tertiär gedeutet, das über die Beringstraße oder dem damals noch mit Nordamerika verbundenem Europa bestand. In der Tat belegen Fossilfunde von Moosen aus dem Miozän Europas ostasiatische Arten oder Arten ostasiatischer Verwandtschaft (vgl. Kap. 10). Auch hat es während der Eiszeiten immer wieder Verbindungen zwischen Nordamerika und Eurasien über die trockengefallene Beringstraße gegeben, die einen beschränkten Florenaustausch erlaubten.

Einige Arten haben sehr ungleiche Häufigkeit in ihren Teilarealen. So ist *Crumia latifolia* im westlichen Nordamerika weit verbreitet, kommt aber in Euasien nur im Kaukasus vor. Schuster (1984) hält dies für das Ergebnis eines fortschreitenden Aussterbens in Eurasien, doch könnte auch zufällige Fernverbreitung der Grund sein. Ähnlich ist die in Nordamerika verbreitete Art *Clasmatodon parvulus* in Mitteleuropa nur einmal kurzzeitig im letzten Jahrhundert in Sachsen gefunden worden, offenbar ein Resultat einer zufälligen Sporenverbreitung. Das in Nordamerika häufige Laubmoos *Rhodobryum ontariense* ist in Europa selten, wohingegen das in Europa häufige *Rhodobryum roseum* aus Nordamerika nur von drei Stellen bekannt ist. Hier handelt es sich offenbar um vikariierende Arten, die sich nach der Trennung von Nordamerika und Eurasien gebildet hatten. Sie geben einen Eindruck von der geringen Evolutionsrate bei Moosen, die zur Bildung von nah verwandten Arten nach der Kontinentaltrennung vor 50 Mio Jah-

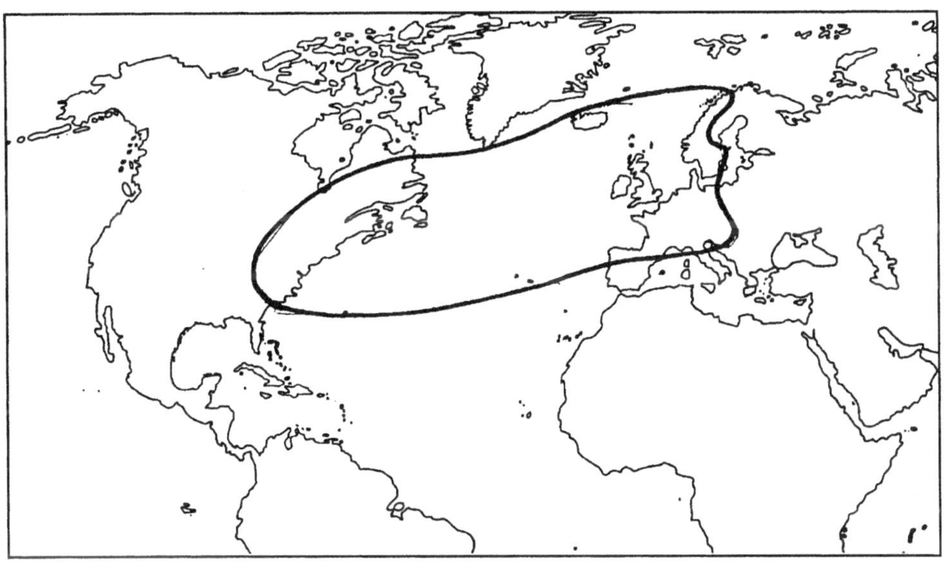

**Abb. 5-8:** Verbreitung von *Diphyscium foliosum* als Beispiel eines amphi-nordatlantischen Arealtyps.

ren geführt hat. Durch Sporenflug ist dann vielleicht später die nordamerikanische Art nach Europa gekommen. Das seltene Auftreten von *Rhodobryum roseum* in Nordamerika erklärt sich damit, dass der umgekehrte Weg der Sporenverbreitung von Ost nach West entgegen der vorherrschenden Windrichtung offenbar schwieriger und seltener vorkommt. Diese Fälle zeigen auch, dass eine Ausbreitung von einem zum anderen Kontinent auf der Nordhalkugel vielleicht gar nicht so häufig ist, wie man annehmen könnte. Man weiss dabei nicht, ob Sporen nicht in großer Zahl über weite Strecken transportiert werden, oder ob dies der Fall ist, aber die Sporen sich in dem anderen Kontinent nicht erfolgreich etablieren können. Einige Lebermoose, die in Europa und dem westlichen Nordamerika häufig sind (wie *Scapania nemorea* oder *Nowellia curvifolia*), kommen z.B. auffälligerweise nicht im östlichen Nordamerika vor.

### 5.2.2.4 Disjunktionen Neotropen – tropisches Afrika

Zur Zeit sind 334 Laubmoosarten bekannt, die sowohl in den Neotropen als auch im tropischen Afrika vorkommen. Das sind 8% der Laubmoosflora der Neotropen (Delgadillo 1993). Es ist davon auszugehen, dass dieser Anteil mit der besseren floristischen Durchforschung noch steigen wird.

Von den in den Hochlagen der Gebirge verbreiteten Arten vermutet man, dass sie über Sporen verbreitet werden, zumal diese Gebirge nur wenige Millionen Jahre alt sind (Frahm 1982). Wegen der größeren Ausdehnung der Anden und ihrer größeren Artenzahl geht man davon aus, dass das Entwicklungszentrum dieser Arten in den Anden liegt. Da aber die Windsysteme in den Innertropen von Ost nach West gehen, müssten die Sporen über den Pazifik und nicht über den Atlantik verbreitet worden sein.

Bei den Arten des tropischen Tieflandes, die in Afrika und den Neotropen vorkommen, kann es sich auch um Reste eines gemeinsamen Areales aus der Zeit handeln, als beide Kontinente noch zusammenhingen. Das ist gerade für Arten mit eingeschränkten Ferverbreitungsmöglichkeiten (große Sporen, sich nicht öffnende oder in den Blättern verborgene Sporenkapseln) anzunehmen. In solchem Falle müsste man von einem Alter der Arten von mehr als 135 Millionen Jahren ausgehen. Es gibt allerdings auch vikariierende Taxa in Südamerika und Afrika (nah verwandte Arten, Unterarten), die darauf hinweisen, dass nach der Trennung der Kontinente die Evolution eine getrennte Entwicklung nahm.

### 5.2.2.5 Disjunktionen tropisches Afrika – SE-Asien

Pócs (1976) gibt 52 Beispiele für Arten, die sowohl in Afrika als auch Südostasien verbreitet sind. Das sind weniger Arten, als das tropische Afrika mit der Neotropis gemeinsam hat. Auch wenn wegen des geringen genauen Kenntnisstandes kein genauer Vergleich gezogen werden kann, so hat es den Anschein, dass die floristischen Affinitäten zwischen SE-Asien und Afrika eher geringer sind als zwischen Afrika und den Neotropen. Das würde bedeuten, dass die für die Blütenpflanzen gängige Einteilung in das neotropische und palaeotropische Florenreich keine Entsprechung bei Moosen hat.

## 5.2.3 Endemismen

Taxa, deren Areale sich auf Einzelgebiete beschränken, werden als Endemiten bezeichnet. Endemismus kann auf Familien- Gattungs- oder Artniveau bestehen sowie auf unterschiedlich große Flächen, so z.B. Europa oder das westliche Nordamerika oder die Alpen umfassen oder auch nur wenige Kilometer große Vorkommen z.B. in den Südalpen.

Bei den **Familienendemismen** handelt es sich zumeist um monotypische Familien, die nur aus einer Gattung mit wiederum meist nur einer Art bestehen. Beispiele dafür sind die Pseudoditrichaceae in der kanadischen Arktis, Andreaeobryaceae in den ehemals unvergletscherten Gebieten im Nordwesten Nordamerikas, die Helicophyllaceae und Hydropogonaceae in den Neotropen, und die Pleurophascaceae auf Neuseeland.

Der Anteil der **Gattungsendemismen** beträgt z.B. in Nordamerika etwa 5%. Besonders endemismenreich ist z.B. die Westküste Nordamerikas mit Gattungen wie *Alsia, Dendroalsia, Bestia, Leucolepis, Roellia* oder *Scouleria.* Hier hat offenbar insbesondere die Abgrenzung und Isolierung der ozeanischen Klimabereiche durch die Rocky Mountains als auch die Überdauerungsmöglichkeit der Eiszeiten eine Rolle gespielt. Reich an endemischen Gattungen ist auch Japan (z.B. die Laubmoosgattungen *Fauriella, Sciaromiopsis, Brachymeniopsis* u.a.), was im Vergleich mit Nordamerika und Europa mit besseren Chancen zur Überdauerung der Eiszeiten zusammenhängen kann. In Europa sind relativ wenige Gattungen wie die Laubmoosgattungen *Trochobryum, Stylostegium, Cinclidotus* oder *Ptychodium* endemisch.

**Artendemismen** sind in Nordamerika mit 18% (Laubmoose) bzw. 16% (Lebermoose) vertreten. Wie auch bei Blütenpflanzen gelten jungvulkanische Inseln als besonders endemismenreich. Jedoch sind die Angaben über den Prozentsatz endemischer Laubmoose für Hawaii bei 51%, Madagaskar bei 70%, den Mascarenen, Komoren, den mittelatlantischen Inseln (Tristan da Cunha, St. Helena) sicher viel zu hoch gegriffen und nur ein Ergebnis zu geringer vergleichender floristischer Arbeit. Revisionen einzelner Gattungen haben die Endemismenrate auf Inselgruppen wie Hawaii oder Neukaledonien extrem reduziert. Für geringe Endemismenraten spricht auch, dass auf Hawaii 34% der Laubmoosgattungen nur mit einer Art vertreten sind (in Nordamerika 9%) und dass dort jede Gattung durchschnittlich nur knapp 2 Arten besitzt (Gemmell 1954). Hier ist es also nicht zu einer Besiedlung mit einer Stammart und anschließender explosionsartiger Artenbildung wie bei endemischen Blütenpflanzen gekommen. Das hohe Alter festländischer Areale und die guten Verbreitungsmöglichkeiten durch Sporen machen einen solchen Anteil endemischer Arten auf den vielfach nicht mehr als 2-3 Millionen Jahre alten Inseln unwahrscheinlich.

Generell ist der Grad des Endemismus bei Moosen weitaus niedriger als bei Blütenpflanzen. So sind 86% der Blütenpflanzen auf Neuseeland endemisch, aber nur 28% der Laubmoose (van Zanten & Pócs 1981).

Wie bei Blütenpflanzen gibt es auch bei Moosen Endemismen in isolierten Gebirgen. Gattungsendemismen sind oft etwas problematisch, da sie vielfach auf monotypische Gattungen zurückgehen, d.h. auf Familien mit nur einer Gattung. Es ist jedoch vielfach Einstellungssache, ob man eine monotypische Gattung als selbstständig ansieht oder aber die Art in die nächstverwandte Gattung stellt. Angaben über Endemismen auf Artniveau sind ebenfalls problematisch, da die ungenügende weltweite Kenntnis der Moose solchen Endemismus nur vortäuscht. So sind z.B. die aus Europa beschriebenen Laubmoose *Bruchia vogesiaca* und *B. trobasiana* für europäische Endemismen gehalten worden (letztere nur für das Gebiet der Südalpen), bis eine weltweite Monographie der Gattung ergab, dass *Bruchia vogesiaca* auch in Nordamerikas und Asien vorkommt und *B. trobasiana* schon unter dem Namen *B. flexuosa* aus Nordamerika beschrieben worden war. Dieses Problem betrifft insbesondere tropische Moose und zeigt die Notwendigkeit von monographischen Bearbeitungen und Revisionen.

## 5.2.4 Europäische Arealtypen

Bryogeographische Bearbeitungen für Teile Europas gibt es für Ungarn (Boros 1968) und Norwegen (Störmer 1969). Genau wie bei den Blütenpflanzen werden die Vorkommen von Moosen in Europa dreidimensional pol-äquatorwärts (arktisch, boreal, temperat, mediterran), west-östlich (atlantisch, Abb. 5-10, kontinental) und nach der Höhe (planar, collin, montan, subalpin, alpin) klassifiziert. Eine Zuordnung der europäischen Moosarten zu solchen Arealtypen gibt Düll (1984, 1985).

Neben diesen vielen Kombinationsmöglichkeiten sind besonders die folgenden Verbreitungstypen von Interesse.


### 5.2.4.1 Arktisch-alpine Arten

Eines der einschneidensten Ereignisse klimatischer Art und der Schlüssel für die Erklärung vieler heutiger Arealtypen in der Nordhemisphäre sind die quartären Vereisungen. Diese führten dazu, dass die Tundren-Flora, die sich in Europa während der Eiszeiten zwischen dem skandinavischen und dem arktischen Eisschild ausbildete, sich nach den Eiszeiten nach Skandinavien und den Alpen zurückzog. Das führte zu arktisch-alpinen Disjunktionen, denen die meisten dieser Arten angehören (Abb. 5-9). Die eigentliche Heimat dieser Tundrenarten ist nicht bekannt.

Nur einige wenige Arten (*Scapania spitzbergensis*, *Seligeria polaris*, *Funaria polaris*, *Voitia hyperborea*, *Bryobrittonia longipes*) sind rein arktisch und kommen nur in Nordeuropa vor. Von ihnen wird angenommen, dass sie die Eiszeiten nördlich des Eisschildes (z.B. auf der Kola-Halbinsel) überdauerten, dort auch nach der Eiszeit blieben (*Bryobrittonia longipes*) oder sich von diesen Eiszeitrefugien wieder weiter nach Süden ausbreiteten.

Ebenso wenige Arten sind rein alpin verbreitet (z.B. *Geheebia gigantea*, *Leptodontium styriacum*, *Riccia breidleri*), über deren Herkunft nicht genaues bekannt ist. Viele früher für alpine Endemiten gehaltene Arten haben sich auch in anderen Hochgebirgen der Welt (Himalaya, afrikanische Gebirge) gefunden.


### 5.2.4.2 Glazialrelikte

Manche arktisch-alpine Arten (z.B. *Paludella squarrosa*, *Meesia triquetra* u.a. in Mitteleuropa inzwischen ausgestorbene *Meesia*-Arten, *Helodium blandowii*, *Calliergon trifarium*, *C. richardsonii*, *Scorpidium turgescens*, *Cinclidium stygium*, *Mnium cinclidioides* u.a.) sind heute in Mitteleuropa noch in Mooren, seltener in Blockhalden (*Tetraplodon angustatus*, *Chandonanthus setiformis*) zu finden, also an primär waldfreien Standorten. Von ihnen wurde behauptet, dass es sich dabei um Relikte aus der letzten Eiszeit handele. Diese für Blütenpflanzen aufgestellte Erklärung auf Moose anzuwenden, ist zumindestens fraglich, da immer wieder arktische Moosarten in Ton- und Sandgruben Mitteleuropas gefunden werden, wohin sie nur durch Fernverbreitung gelangt sein können (sog. Ausstichmoose, wie beim Bau der Hochbahn bei Berlin-Buch um 1920, beim Bau der Autobahn Hamburg – Hannover bei Garlstorf in den Fünfziger Jahren, beim Öjendörfer Ausstich bei Hamburg, in dem arktisch-alpine Arten wie *Catoscopium nigritum* oder *Hymenostylium revcurvirostre* in großen Mengen auftraten, oder das Auftreten des borealen *Sphagnum lindbergii* in einer Tongrube am Niederrhein), was ihre Fernverbreitungsmöglichkeiten ausreichend belegt.

Ein weiteres gewichtiges Argument gegen diese Hypothese ist, dass die Moore, in denen die Glazialrelikte gefunden werden, sich erst im Laufe des Postglazials gebildet

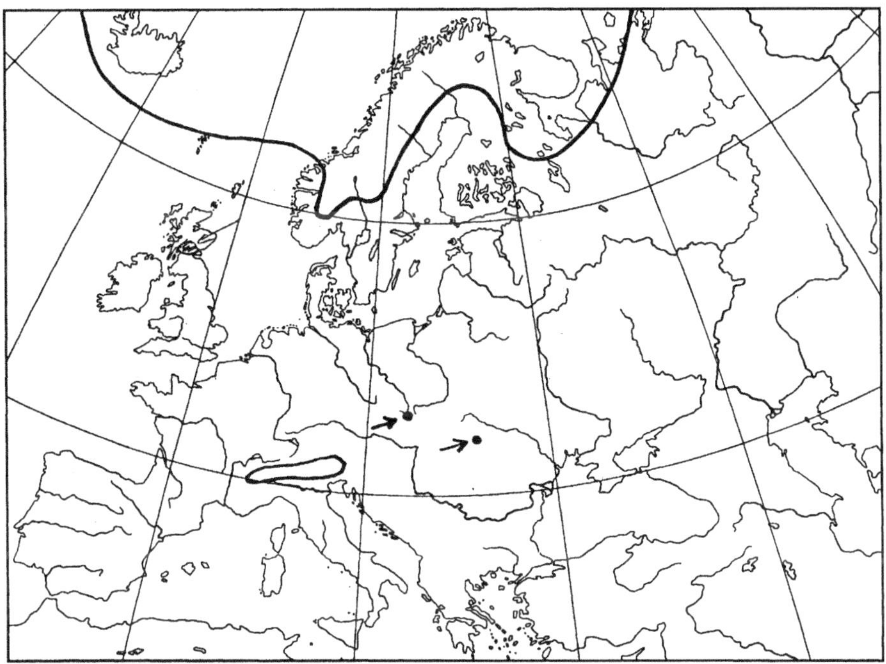

**Abb. 5-9:** Verbreitung von *Tayloria lingulata* in Europa als Beispiel einer arktisch-alpinen Art.

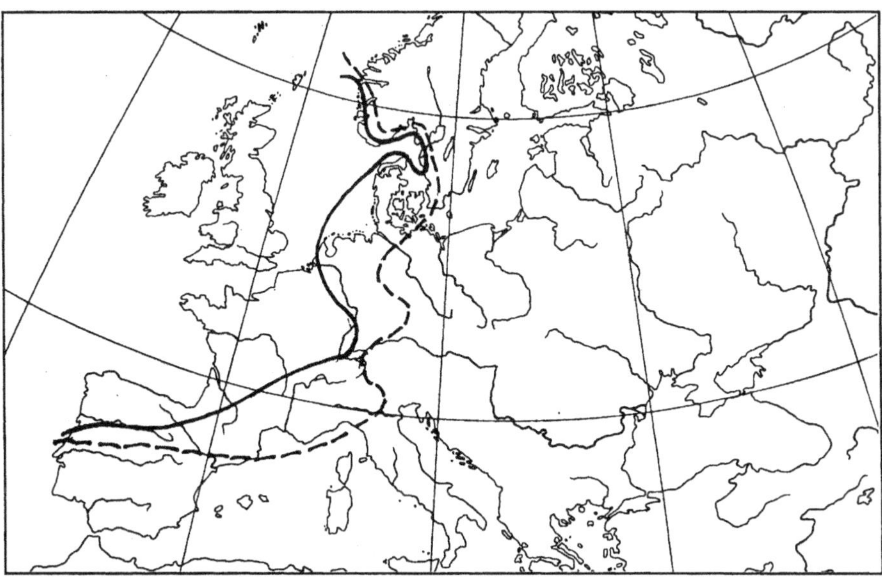

**Abb. 5-10:** Ostgrenzen von *Hyocomium armoricum* (durchgezogene Linie) und *Ptychomitrium polyphyllum* (gestrichelte Linie) in Europa als Beispiele von atlantisch verbreiteten Moosarten.

haben, also keine Besiedlungskonstanz über die letzten 10000 Jahre geboten haben können (Odgaard 1998). Die Arten müssen daher später aus ihren Ursprungsgebieten nach Mitteleuropa verbreitet worden sein.

### 5.2.4.3 Xerothermrelikte

Hierzu gehören Arten, die ihre Hauptverbreitung im Mittelmeergebiet haben, aber vorgeschobene oder disjunkte Vorkommen in Mitteleuropa. Sie werden langläufig als Relikte der postglazialen Wärmeperiode (6000 - 7800 Jahre b.p.) interpretiert, die an Sonderstandorten ("Felsenheiden", "Steppenheiden") überdauert haben, weil sie dort nicht der Wiederbewaldung ausgesetzt waren. Diese sog. Steppenheidetheorie geht bereits auf Gradmann (1901) zurück. Zu den mediterranen Moosen in Mitteleuropa gehören *Bartramia stricta*, *Pleurochaete squarrosa*, *Pottia recta*, *P. starckeana*, *Weisia tortilis*, *W. crispata*, *Pterygoneuron cavifolium*, *P. subsessile*, *P. lamellatum*, *Trichostomum brachydontium*, *Tortella nitida*, *Tortula atrovirens*, *T. inermis*, *T. canescens*, *T. princeps*, *Funaria muehlenbergii*, *Bryum torquescens*, *Scleropodium illecebrum*, *Rhynchostegiella tenella*, *Fabronia ciliaris*, *Targionia hypophylla*, *Mannia fragrans*, *Sphaerocarpus texanus* u.a Diese Steppenheidetheorie wird gleichermaßen auf Blütenpflanzen wie auf Moose angewandt, ist aber für Moose fraglich. Die Aufzählung enthält Arten, die an Sekundärstandorten vorkommen (*Sphaerocarpus*, *Pottia recta* auf Äckern), wobei ein Relikstatus ohnehin fraglich ist, wenn man nicht davon ausgeht, dass die Arten sich von Relikstandorten auf Sekundärstandorte ausgebreitet haben. Ferner wurde erstmalig für *Bartramia stricta* an Hand von Isoenzymanalysen nachgewiesen, dass die disjunkte Population im unteren Moselgebiet in Deutschland identisch ist mit einer von 2 Population aus dem Dépt. Var in Südfrankreich (Quandt et al. 1999). Daraus kann geschlossen werden, dass es sich bei der Moselpopulation nicht um ein Relikt sondern um das Ergebnis einer relativ rezenten Fernverbreitung handelt. Auffällig ist allerdings, dass alle Vorkommen der Laubmoose *Pleurochaete squarrosa*, *Abietinella abietina* und *Rhytidium rugosum*, die in Mitteleuropa an Xerothermstandorten vorkommen, steril sind. Das könnte bedeuten, dass es Reliktvorkommen aus einer für diese Arten optimaleren Klimaperiode mit sexueller Vermehrung und dies auch der Grund für die zerstreuten Vorkommen ist, die offenkundlich nicht alle potentiellen Standorte umfassen, oder dass die Art sich in Mitteleuropa (ohne spezielle Brutkörper sondern mit Pflanzenfragmenten) verbreitet und diese Verbreitung vom Zufall abhängig ist.

### 5.2.4.4 Tertiärrelikte

Für Tertärrelikte werden Arten gehalten, die überwiegend in den Tropen vorkommen, in Europa aber isolierte Vorkommen im eu-atlantischen Florengebiet (West-Irland, Schottland, z.Tl. auch Südwestnorwegen) oder in den Südalpen haben. Zu diesen in Europa eu-atlantisch verbreiteten Arten  werden Lebermoose gezählt wie z.B. *Lepto-*

*scyphus cuneifolius, Adelanthus decipiens, A. lindenbergianus, Teleranea nematodes, Lepidozia cupressina* (alle sowohl in den Neotropen als auch in den afrikanischen Hochgebirgen), mehrere Lejeuneaceae, *Marchesinia mackaii, Harpalejeunea molleri, Drepanolejeunea hamatifolia, Colura calyptrifolia, Jubula hutchinsiae, Plagiochila bifaria (P. killarniensis)* (atlantisches Europa, Makaronesien, Neotropen), sowie unter den Laubmoosen *Campylopus shawii* (Karibik, Azoren und Irland/Schottland), makaronesische Arten an der Südküste der Iberischen Halbinsel (*Neckera intermedia, Tetrastichium virens*) oder auch Südirlands (*Cyclodictyon laetevirens*) u.a.

Von diesen Arten wird angenommen, dass sie im Tertiär Bestandteile der europäischen Moosflora waren und die pleistozänen Kaltzeiten in Refugien an der milden Atlantiküste überdauert haben. Diese Refugien können mit den jetzigen Reliktvorkommen identisch sein, zumal bei Arten, die nur von ganz wenigen Stellen bekannt sind. Sie brauchen aber nicht identisch sein, speziell weil der Meeresspiegel während der Vereisungen um bis zu 170 m tiefer lag und weite - heute meerbedeckte - Gebiete als potentielle Refugien in Frage kamen. Ein Teil der Arten hat sich erfolgreich über Westeuropa verbreitet, soweit es die eigenen Standortansprüche zuließen, und gehören zu den relativ weit verbreiteten Arten (z.B. *Campylopus flexuosus*) oder besiedeln nur einige wenige Standorte (z.B. *Lepidozia cupressina*).

Zu den Arten, die in Europa auf die Südalpen beschränkt sind, gehören z.B. *Braunia alopecura*. Bereits Cortini-Pedrotti et al. (1992) wiesen darauf hin, dass es sich bei diesen Südalpenstandorten um ehemals vergletscherte Täler handelt, an denen ein Überdauern dieser Arten in situ unmöglich war.

Tropische Arten finden sich in  Europa des weiteren an Fumarolen in Italien. Hierzu gehört *Calymperes erosum*, der einzige Vertreter der tropischen Familie Calymperaceae in Europa, sowie *Trematodon longicollis*, eine pantropische Art. Bei diesen Arten herrschte die Ansicht, dass es sich um Tertiärrelikte handele, die die Eiszeiten an heißen Fumarolen in der Umgebung von Neapel sowie auf der Insel Pantelleria gehalten haben. *Calymperes erosum* war ursprünglich als endemische Art, *C. sommieri*, beschrieben worden, bis erst vor 20 Jahren ihre Identität mit der pantropischen *C. erosum* bekannt wurde. *Trematodon longicollis* ist noch von einer weiteren Lokalität auf Kreta bekannt. So sehr die Vorstellung des Überlebens der Eiszeiten an einem geothermal geheiztem Standort einleuchtend sein mag, so fragt man sich natürlich, ob diese Geothermalstandorte in Italien schon die letzten 2-3 Millionen Jahre existiert haben.


## 5.2.4.5 Ungeklärte Disjunktionen

Die disjunkten Vorkommen einiger Arten scheinen sich jeglicher Erklärung zu entziehen, von denen hier einige Fälle exemplarisch herausgegriffen wurden. Das Laubmoos *Distichophyllum carinatum*, zu der tropischen Familie der Hookeriaceae gehörend, ist eine Art, die an feuchten Kalkfelsen an 3 Stellen der Nordalpen sowie in Japan an ebensolchen Standorten vorkommt. Die Art wurde 1908 vom Wolfgangsee neu beschrieben. Da sie eine der wenigen Vertreter einer tropischen Familie in Europa ist, vermutete man schon damals, dass es sich hierbei um eine Fernverbreitung einer unbekannten Art aus den Tropen, z.B. im Zusammenhang mit der Explosion des Krakatau handeln könne. Später wurde die Art aber in Japan gefunden.

*Hyophila involuta* ist pantropisch verbreitet und wächst dort auf feuchten Kalkfelsen. In Europa kommt sie (die nächsten Vorkommen liegen südlich der Sahara) am Ufer der schweizer Seen, Bodensee, Aare- und Oberrhein vor, hier allerdings als Wassermoos im Bereich der Spritzwasserzone.

Das Laubmoos *Heterophyllium affine* ist von Kolumbien bis ins südostliche Nordamerika verbreitet. Es wurde im letzten Jahrhundert vereinzelt in der Rheinpfalz, im südlichen Bayern, Vorarlberg, Niederösterreich und den Ostkarpaten gefunden. Das Verschwinden in diesem Jahrhundert lässt an eine vorübergehende Fernverbreitung aus dem Hauptareal denken, die keinen Bestand hatte. Die Art wächst auf morschem Holz in Wäldern, ist also nicht durch Zerstörung ihres Standortes ausgestorben.

## 5.2.5 Von Menschen beeinflusste Areale

Auch der Mensch nimmt Einfluss auf die Arealgestalt von Pflanzen, vornehmlich durch Verschleppungen (Anthropochorie). Die durch den Menschen eingeführten Arten werden als Adventivpflanzen bezeichnet, wobei zwischen absichtlich (Ergasiophyten, Kultur-flüchtlinge) bzw. unabsichtlich eingeführten Arten (Neophyten, Neubürger) unterschieden wird. Unter den Blütenpflanzen haben wir einen recht hohen Anteil von z. B. aus Übersee  eingeführten Arten. Trotz der theoretisch durch Sporenverbreitung leichteren Verschleppungsmöglichkeiten kennen wir bei Moosen nur wenige Fälle von anthropochor verbreiteten Arten. Daneben hat der Mensch durch Schaffung von neuen Standorten (Wiesen, Ackerflächen) Arten zu einer weiteren Verbreitung verholfen, die man als Apophyten bezeichnet.

In weit aus größerem Masse als bei der Ausbreitung von Moosen hat der Mensch jedoch zur Verarmung der Moosflora beigetragen. Luft- und Wasserverschmutzung, Dünger- und Herbizideinsatz, Entwässerung von Mooren und Feuchtgebieten, Abholzung von Wäldern haben in großen Teilen der Welt die Moosflora entscheidend beeinflusst. Selbst in anscheinend naturbelassenen Teilen der Erde wie der Arktis oder den Hochgebirgen führen erhöhte Stickstoff- oder Schwefeldioxideinträge zu Veränderungen. Die Fähigkeit der Moose, in kleinsten ökologischen Nischen wie Felsspalten oder ähnlichen Kleinstandorten zu überleben bewahrt die Moose dabei vor ähnlichen großen Aussterberaten wie z.B. bei Tieren.

### 5.2.5.1. Neophyten

Wie bei Blütenpflanzen, allerdings in weitaus geringerem Maße, hat der im Mittelalter einsetzende Welthandel auch zu einer Einschleppung von Moosen aus anderen Florengebieten geführt. Die ältesten Fälle solcher Verschleppungen sind nicht genau ver-

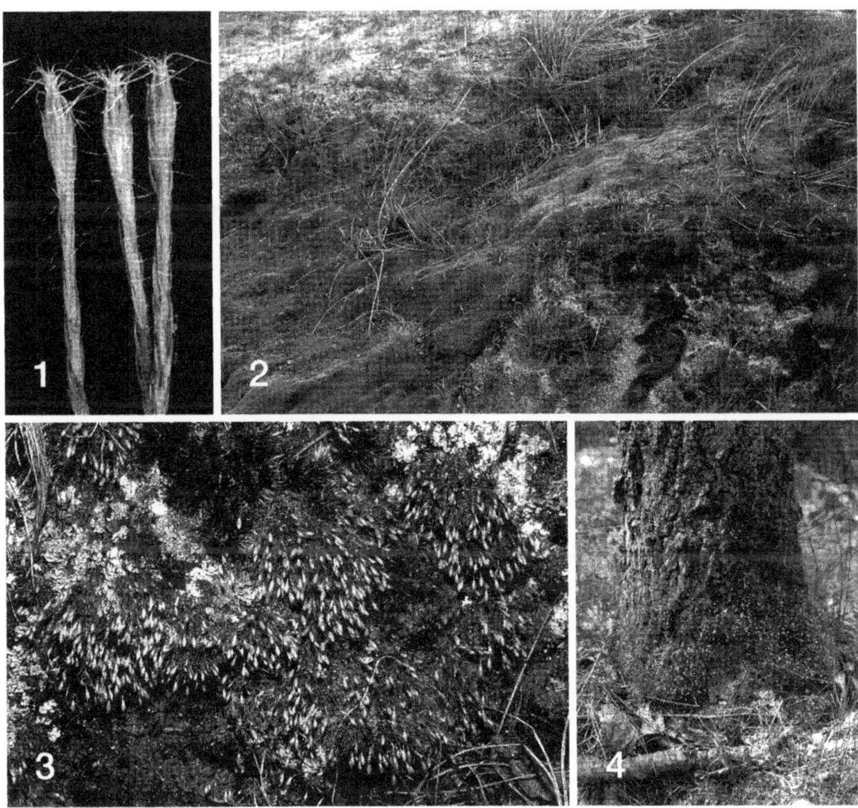

**Abb. 5-11:** Neophytische Moose. 1-2. *Campylopus introflexus.* 1. Einzelpflanzen. 2. Massenwuchs auf einer Grauen Düne der Insel Norderney (Foto Kuhbier). 3-4. *Orthodontium lineare.*
3. Einzelner Rasen. 4. Bestand an der Basis einer Birke.

bürgt, da man sich ja erst seit etwa 200 Jahrhunderten mit Moosen beschäftigt, davor
aber schon 200 Jahre sehr intensiven Schiffsverkehrs Möglichkeiten zu solchen Floren-
änderungen boten. *Pseudoscleropodium purum* hat sein geschlossenes Areal in Westeuropa, ist in Amerika nur auf Jamaica, in Britisch Kolumbien und Neufundland bekannt und wahrscheinlich mit Gartenpflanzen eingeschleppt worden (Crum 1972). Es
kommt weiterhin noch lokal auf den mittelatlantischen Inseln, in Japan, Südaustralien
und Neuseeland vor. Es dürfte als Verpackungsmaterial oder an der Wolle lebender
Schafe verschleppt worden sein.

In Europa kennen wir nur wenige Beispiele von Neophyten. *Orthodontium lineare* (Abb.
5-11.3-4), ursprünglich heimisch in Australien, Neuseeland und wenigen Stellen Südafrikas trat um 1911 bei Liverpool zuerst in Europa auf, wurde 1939 bei Berlin und
1952 in Holland gefunden und hat sich in den nächsten 20 Jahren explosionsartig über
Mitteleuropa ausgebreitet. Die Art erreichte 1953 Dänemark, 1964 die Tschechoslo-
wakei, 1976 Schweden und 1978 Norwegen. Sie ist heute in Nordwesteuropa im Be-

reich der Eichen-Birkenwälder und Ersatzgesellschaften sehr häufig und in Europa wohl häufiger als in der ursprünglichen Heimat.

Ebenfalls aus der Südhemisphäre zu uns gekommen ist *Campylopus introflexus* (Abb. 5-11.1). Die Art ist in Neuseeland, Tasmanien und Australien, Südafrika, Patagonien Chile und Südbrasilien beheimatet (Abb. 5-4). 1941 wurde die Art erstmalig in England gesammelt, 1958 in der Bretagne, 1966 in Belgien, 1967 in Norddeutschland, 1968 in Dänemark. Seitdem hat sich die Art bis nach Südnorwegen und selbst Island im Norden und Nordspanien im Süden ausgebreitet. *Campylopus introflexus* besiedelt hier wie in der Südhemisphäre offene Sandböden in Heiden und an Waldrändern, in Sandgruben und Torf in Mooren. An der Nordseeküste sind die Grauen Dünen inzwischen mit dieser Art überzogen (Abb. 5-11.2). In den Siebziger Jahren tauchte die Art auch in Kalifornien und Oregon auf und hat sich seitdem an der Pazifikküste bis nach British Columbia verbreitet.

*Phascum leptophyllum (Tortula rhizophylla, Chenia rhizophylla),* eine in der Nordhemisphäre nur von weiblichen Pflanzen und von wenigen Stellen bislang nur aus Louisiana, Mittel- und Südamerika sowie Japan bekannte Art, wurde in England, Spanien, Frankreich und neuerdings in Deutschland gefunden.

Besonders häufig erschienen neophytische Moose in England. *Tortula amplexa* von der Westküste Nordamerikas wurde in Leicester gefunden. *Hennediella (Tortula, Hyophila) stanfordensis* ist ursprünglich vom Campus der Stanford University in Kalifornien beschrieben worden und ist dann auch in Südengland gefunden worden. Alle diese Arten besitzen rhizoidbürtige Brutkörper. Im Jahre 1986 wurde auf dem Gelände eines ehemaligen Truppenübungsplatzes in Hampshire das Lebermoos *Lophozia herzogiana* aus Neuseeland gefunden. Es ist zu vermuten, dass diese Art während des zweiten Weltkrieges mit neuseeländischen Truppen dorthin gelangte und sich seither dort hält.

Wahrscheinlich durch Erzimporte ist *Scopelophila cataractae* (Abb. 5-12) nach Europa gekommen. Diese Art wächst auf schwermetallhaltigen Böden und kommt sehr zerstreut durch Amerika, Südost- und Ostasien vor. 1967 ist die Art erstmalig in Wales auf einer Schlackenhalde gefunden worden, aber erst 1985 konnte an Hand des Herbarmaterials die Identität festgestellt werden. Gleichzeitig wurde *Scopelophila cataractae* in Frankreich, Belgien, Südholland und Deutschland, zumeist in der Umgebung von Zinkhütten, gesammelt. Die Art ist vielleicht mehrfach unabhängig voneinander nach Europa mit Zinkerzen eingeschleppt worden, die den heimischen Erzen bei der Verhüttung zugesetzt werden. Die Art vermehrt sich durch rhizoidbürtige Brutkörper, die beim Waschen des Erzes ausgespült und auf zinkreiche Abraumhalden gespült werden

Ebenfalls aus der Südhemisphäre ist *Lophocolea semiteres* aus Neuseeland zu uns gekommen. Die Art wurde in Europa zuerst 1955 auf den Scilly Inseln gefunden, dann ab 1972 in der Umgebung Botanischer Gärten in Irland. 1990 wurde sie erstmals in Belgien gefunden, von wo sich die Art schnell bis nach Holland ausbreitete.

Bei weiteren Moosarten besteht der Verdacht auf Einschleppung. So ist das epiphytische Laubmoos *Tortula pagorum* in Europa nur mit männlichen, in Nordamerika nur mit

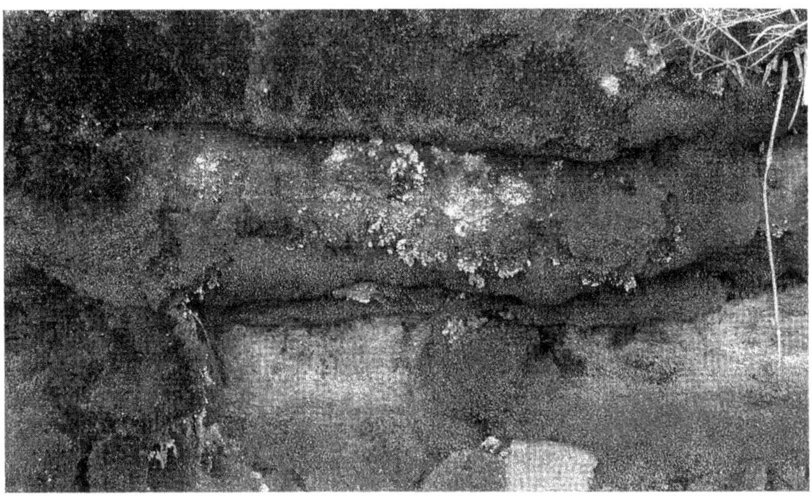

**Abb. 5-12:** *Scopelophila cataractae*, ein Schwermetallmoos an der Mauer einer ehemaligen Erzwaschanlage der Grube „Gute Hoffnung" bei St. Goar.

weiblichen Pflanzen vertreten. Es verbreitet sich dort rein vegetativ über Brutkörper. Sporophyten werden nur in Australien gefunden, das als seine Heimat gelten kann. Die Art wurde aber schon 1862 aus Meran in Oberitalien beschrieben. Die ebenfalls schon 1845 aus England beschriebene, ebenfalls epiphytische Art *Tortula papillosa* kommt auf der Nordhalbkugel nur in Europa vor, wo sie steril ist, und bildet nur auf der Süd-halbkugel Sporogone.

Die erfolgreiche Ausbreitung dieser überseeischen Moose in Mitteleuropa, ihre Eta-blierung in der heimischen Flora und Einnischung an speziellen Standorten dürfte zum Teil auch durch die emissionsbedingte Schwächung der heimischen Moosflora hervor-gerufen sein. In noch naturnahen Gebieten fehlen diese Arten oder sind sehr selten, da die ursprüngliche Moosvegetation noch intakt ist und keine ökologische Nische für einen Neusiedler frei ist. In Gebieten jedoch, in denen die heimische Moosflora durch Emissionen oder emissionsbedingte Substratveränderungen geschwächt ist, können sich diese säureliebenden Neubürger breit machen.

## 5.2.5.2 Apophyten

Als Apophyten bezeichnet man Arten, die durch anthropogene Standorte wie Kultur-land (Äckern oder Stoppelfeldern) oder Kunstbauten (Mauern, Blockpackungen der Flüsse) gefördert werden. Mit dem Ackerbau ist es zu einer weiten Ausdehnung von offenen Standorten für ephemere Arten gekommen. Moose wie *Riccia* spp., *Anthoceros* spp., Pottiaceen und *Bryum*-Arten konnten sich dadurch von ihren ursprünglich sehr beschränkten natürlichen Standorten wie lückige Trockenrasen, trockengefallene Fluss- oder Seeufer, Maulwurfshügel u.a. auf anthropogene Standorte ausdehnen. Ferner sind

**Abb. 5-13:** *Lunularia cruciata*, ein aus dem Mittelmeergebiet stammendes Lebermoos, das seit 150 Jahren in Mitteleuropa in Gärten und Parks verwildert und sich seit 30 Jahren an Bachrändern etabliert hat.

in Gebieten, die von Natur aus arm an Steinen oder Felsen sind wie große Teile des norddeutschen Tieflandes, durch Mauern oder auch Blockpackungen längs der Flüsse Sekundärstandorte für Felsmoose geschaffen worden. Viele Arten haben sich besonders an anthropogenen Stellen eingenischt und sind in naturnahen Gebieten selten. Sie können als Indikator für den menschlichen Einfluss dienen. Dazu gehören Felsmoose wie *Tortula muralis* oder nitrophile Arten wie *Bryum argenteum*. Ursprünglich dürfte *Bryum argenteum* auf Vogelfelsen oder ähnliche Standorte beschränkt gewesen sein, wie es auch heute noch der Fall in unberührten Landschaften wie großen Teilen der Arktis ist. In Europa war es eine der häufigsten Arten zunächst in Industriegebieten und urbanen Bereichen, von wo sich *Bryum argenteum* heute bedingt durch die hohen Stickstoffemissionen auf naturnahe Standorte wie nährstoffarme Felsen ausbreitet. Sand- und Tongruben bieten kurzzeitig offene Standorte, die durch Sporenflug von seltenen Moosen besiedelt werden können. Durch die schnellen Veränderungen in solchen Biotopen halten sich solcherlei Moose nur kurze Zeit an diesen Standorten.

### 5.2.5.3 Kulturflüchtlinge

In Europa kann nur das mediterrane Lebermoos *Lunularia cruciata* als Kulturflüchtling gelten (Abb. 5-13). Die Art ist durch Verschleppung auf Blumentöpfen aus dem Mittelmeergebiet nach Mitteleuropa gelangt. Diese frostempfindliche Art wurde schon im letzten Jahrhundert in Deutschland in Gärten, Parks und auf Friedhöfen gefunden, wo ihr Auftreten immer nur von kurzer Dauer blieb. Die Art überwinterte aber offensichtlich immer in Gewächshäusern und konnte von da aus wieder Standorte im Freiland besiedeln. In den letzten 30 Jahren mehren sich die Angaben von echten Freilandvorkommen in wintermilden Gebieten, sodass die Art stellenweise als eingebürgert zu gelten hat. Eine ähnliche anthropogene Ausbreitung dieser Art fand in Nordamerikas und Neuseeland statt. Die Vermehrung erfolgt nur vegetativ durch auf dem Thallus in halbmondförmigen Brutbechern gebildeten Brutkörpern. Offenbar nur in den natürlichen Verbreitungsgebieten (in Europa im Mittelmeergebiet, aber auch in Cornwall, in Kalifornien und dem nördlichen Neuseeland) vermehrt sich die Art geschlechtlich, sodass die Bildung von Sporogonen zur Unterscheidung von indigenem und neophytischen Vorkommen benutzt werden kann.

# 5.3 Arealkartierungen

Die Erfassung der Verbreitung von Moosen erfolgt ähnlich wie bei den Blütenpflanzen auf unterschiedlichem geographischen Maßstab. In kleinräumigen Erfassungen zumeist auf Grundlage des Rasters der topographischen Karten kartiert, so in Deutschland auf Messtischblattbasis (1:25 000, z.B. Düll et al. 1996 für Nordrhein-Westfalen oder Quadrantenbasis z.B. nördliche Eifel, Düll 1995). Eine komplette Rasterkartierung für ganze Länder gibt es nur für Großbritannien (Hill et al. 1991, 1992, 1993). Kartierungen ausgewählter Arten gibt es für die Iberische Halbinsel (z.B. Casas et al. 1985) und Polen (z.B. Ochyra & Szmajda 1983). Für Europa wurde entsprechend dem „Flora Europaea" Projekt eine Kartierung nach dem 50x50 km Gitternetz des UTM Systems begonnen (Schumacker 1984), aber nicht fortgeführt. Einen Überblick über alle bis 1975 publizierten Verbreitungskarten von Moosen gibt Sjödin (1980a, 1980b).

# 5.4 Floristische Diversität

Die größte Diversität von Moosen haben wir in den Neotropen. Zur Zeit sind von dort z.B. 4103 Arten Laubmoose bekannt (Delgadillo et al. 1955), hingegen im tropischen Afrika nur 2939 Arten (O' Shea 1995). Die Neotropen gehören aber auch zu den am besten durchforschten tropischen Gebieten. Die Steigerung der Artenzahlen läßt sich z.B. am Beispiel Perus verfolgen, wo 1951: 345, 1975: 568, 1985: 834, 1987: 903 und 1992: 889 Arten bekannt waren. (Menzel 1992). Der Rückgang der Artenzahlen in jüngster Zeit ist auf taxonomische Revisionen zurückzuführen.

Die höchsten Artenzahlen liegen in den Neotropen in Kolumbien und Peru mit 900 – 1000 Laubmoosen. Zum Vergleich haben wir in ganz Nordamerika 1248 Laubmoosarten (Anderson et al. 1990), in Kanada 965. In Deutschland haben wir ca. 1000 Moosarten (Laub- und Lebermoose), in Europa knapp 1600 (Corley et al. 1981, Grolle 1983).

- Moose haben von Blütenpflanzen stark abweichende Arealverhältnisse. Grund dafür ist die unterschiedliche Ausbreitungsbiologie.
- Die Ausbreitung von Moosen erfolgt sehr unterschiedlich und ist abhängig von der Art der Vermehrung (rein generativ, rein vegetativ oder abwechselnd). Für die generative Vermehrung spielen besonders Sporenzahl und -größe sowie Ein- oder Gemischtgeschlechtlichkeit eine Rolle. Die Ausbreitung erfolgt zumeist anemochor. Je nach Sporengröße, UV- oder Frosttoleranz ist eine Nah- oder Fernverbreitung möglich. Daneben ist auch bei bestimmten Arten Zoochorie und Anemochorie oder Ausbreitung durch den Menschen möglich.
- Bei Laubmoosen spielen morpologische Anpassungen (Länge der Seta, Position der Kapsel, Bau und Funktion des Peristoms) für die Ausbreitung eine Rolle, die aber nicht überbewertet werden dürfen, weil auch Arten mit schlechten Ausbreitungsvoraussetzungen (kleistokarpe Arten) über z.Tl. große Areale verfügen.
- Besonders zweihäusige Arten kompensieren die Schwierigkeiten bei der sexuellen Vermehrung durch vegetative Vermehrung, zu der praktisch alle Teile der Pflanze fähig sind.
- Die Areale der Moose sind generell größer als die von Blütenpflanzen, was durch die Ausbreitungsmöglichkeiten durch Sporen, aber auch das hohe geologische Alter von Moosen bedingt ist. Sechzig Prozent der Familien sind weltweit verbreitet, daneben zahlreiche Gattungen und sogar Arten. Viele Familien und Arten besitzen eine holarktische, pantropische oder austral-temperate Verbreitung.
- Ebenfalls im Kontrast zu Blütenpflanzen gibt es unter Moosen sehr viele disjunkte Artenareale. Diese sind Resultate der Kontinentaldrift oder quartärer Klimaschwankungen.
- Endemismen als auch Neophyten sind hingegen unter Moosen weitaus weniger vertreten als bei Blütenpflanzen

# 6 Ökophysiologie

Bereits zu Beginn der Evolution der grünen Landpflanzen entwickelten sich zwei unterschiedliche physiologische Strategien bei der Eroberung der Landoberfläche: Kormophyten (Farnpflanzen, Samenpflanzen) wurden zu homoiohydrischen Pflanzen. Sie beziehen Wasser und Nährstoffe in der Regel aus dem Boden und leiten sie über den Transpirationssog zu den Blättern. Diese Strategie erforderte spezielle morphologisch-anatomische Anpassungen (Abschlussgewebe, Stomata, Leitgewebe) und auch eine dauernde Verfügbarkeit von Wasser oder Wasserspeicherung, hat aber auch zum Teil hohen Wasserverlust (bei sonnigem Wetter) und Wasserstress bei unzureichender Wasserzufuhr zur Folge. Dies hat sich generell als die erfolgreichste Strategie durchgesetzt. Die Thallophyten (Luftalgen, Flechten) und die Bryophyten (Moose) entwickelten sich zu poikilohydrischen (wechselfeuchten) Pflanzen. Sie sind nur im befeuchteten Zustand stoffwechselaktiv. Dadurch vermeiden sie Wasserstress und können auch Standorte besiedeln, die für Kormophyten nicht geeignet sind (Felsen, Borke), erkaufen das aber mit reduzierten Stoffwechselperioden und geringerer Produktivität. Das bedeutet aber nicht, dass poikilohydrische Pflanzen deswegen nur feuchte Standorte besiedelten. Im Gegenteil hat die Einnischung in trockene Standorte zu spezifischen morphologischen, anatomischen und physiologischen Anpassungen geführt. Man kann diese unterschiedliche Reaktion auf den Wasserfaktor als alternative Äste in der Evolution der Landpflanzen bezeichnen. Er hat für beide Pflanzengruppen einschneidende Konsequenzen für den Bau als auch den Stoffwechsel gehabt und hat quasi als Motor für die Evolution gewirkt. Die Strategie des Überdauerns trockener Perioden durch Überleben in einem Trockenzustand (Anhydrobiosis) benutzen auch einige Tiergruppen (Nematoden, Tardigraden, Rotatorien) als auch sekundär Höhere Pflanzen („Wiederauferstehungspflanzen").

Das Studium der Physiologie der Moose ist aus mehreren Gründen von Reiz. Erstmal wird vielfach unterstellt, dass zwischen der Physiologie der Moose und der Höheren Pflanzen kein großer Unterschied bestehe und Arbeiten an Moosen daher nicht relevant seien. Das ist aber nicht korrekt. Speziell die poikilohydrische Lebensweise der Moose, ihre direkte, ungeschützte Abhängigkeit von den Umweltfaktoren haben bei den Moosen zu unterschiedlichen Anpassungsstrategien geführt. Im folgenden wird daher im wesentlichen auf ökophysiologische Fragestellungen eingegangen, weil nur sie die Antwort auf das im Vergleich zu Kormophyten unterschiedliche ökologische Verhalten und ihre unterschiedliche Verbreitung liefern. Dabei wird der Schwerpunkt auf moostypische Komplexe wie Wasseraufnahme, Austrocknungsresistenz und Gasstoffwechsel gelegt. Zusammenfassende Darstellungen geben Proctor (1981, 1982) und Brown (1982) speziell zum Mineralstoffwechsel.

© Springer-Verlag GmbH Deutschland, ein Teil von Springer Nature 2001
J. Frahm, *Biologie der Moose*,
https://doi.org/10.1007/978-3-662-57607-6_6

# 6.1 Wasserfaktor

Bei den Kormophyten wird Wasser durch die Wurzeln aufgenommen, durch den Stamm geleitet und von den Blättern verdunstet. Diese Transpiration wird durch die Stomata kontrolliert und durch eine mehr oder weniger dichte Kutikula bedingt. Bei allen Thallophyten und Bryophyten sowie einigen sekundär zurückentwickelten Blütenpflanzen (*Tillandsia*) findet eine überwiegend äußere Wasseraufnahme statt; der Wassergehalt der Pflanze ist also von dem der Atmosphäre abhängig, wobei das Wasser in Form von Bodenwasser, Regen, Tau oder aus hoher Luftfeuchtigkeit aufgenommen wird. Bryophyten nutzen das Wasser so lange es verfügbar ist, sei es zwei Monate im Jahr in einer Halbwüste, zwei Morgenstunden in einer Nebelwüste, oder ganzjährig in Sümpfen oder Mooren. Durch gute Austrocknungsresistenz überstehen sie unbeschadet Trockenperioden .

Wasseraufnahme bedeutet auch gleichzeitig Nährstoffaufnahme (s. 4.4). Daher muss man vorsichtig sein, wenn man morphologische Strukturen, die anscheinend der Wasseraufnahme oder -speicherung dienen (z.B. Hyalocyten) nur unter dem Aspekt des Wasserfaktors interpretiert.

## 6.1.1 Wasseraufnahme und -leitung

Stoffwechsel kann nur so lange betrieben werden wie die Moospflanzen turgeszent sind. Trocknen die Moose aus, fallen sie in einen Zustand latenten Lebens (**Dormanz**). Mit Hilfe von Wasserspeichereinrichtungen (fleischige Thalli, Wassersäcke, zu Taschen umgeschlagene Blattränder bei Lebermoosen, Rippenlamellen bei Laubmoosen) kann die stoffwechselaktive Periode auch noch in trockene Witterungsphasen hinein verlängert werden. Das ist insbesondere bei Wüsten- und Steppenmoosen der Fall. Sinkt die Temperatur in solchen Gebieten nachts, kann der Taupunkt erreicht werden. Die Moose (wie auch die mit ihnen vergesellschafteten Flechten und Luftalgen) quellen. Nach Sonnenaufgang können sie einige Zeit assimilieren, bevor sie dehydrieren und den Rest des Tages in Trockenstarre verbringen.

Im Gegensatz hierzu besitzen die homoiohydrischen Sprosspflanzen eine Wasseraufnahme aus dem Boden und innere Wasserleitung. Im Vergleich dazu ist die Lebensweise der Moose sehr ursprünglich, was jedoch auch seine Vorteile hat. Bei Austrocknung erlöscht der Stoffwechsel nahezu, Transpirationsprobleme oder Welkestress gibt es für sie nicht. Moose können also auch an Stellen vorkommen, an denen nicht dauernd Wasser zur Verfügung steht wie an Felswänden, Baumborke oder Wüstensand. Im trockenen Zustand können dabei auch höhere Temperaturen überstanden werden.

Die **Wasseraufnahme** erfolgt in Form von atmosphärischen Wassers oder Umgebungswassers (bei Wassermoosen) oder Bodenwassers direkt über die gesamte Oberfläche der Moospflanzen. Die Aufnahme atmosphärischen Wassers erfolgt über tropfbares Wasser (Regen, Tau), als auch durch Kondensation von Wasser aus der Luftfeuchte (z.B. an Glashaaren) sowie auch direkt aus der Luftfeuchte. Die Wasseraufnahme aus der Luftfeuchte ist abhängig von den osmotischen Werten in den Zellen der Moose. Hygrophyten (*Rhizomnium punctatum, Plagiomnium undulatum*) haben nur sehr geringe osmotische Werte, sie trocknen schon bei hoher Luftfeuchte (<95%) aus. Mesophyten können bei mehr als 80% Luftfeuchte Wasserdampf aus der Luft aufnehmen, Xerophyten bei noch geringerer Luftfeuchte. Anscheinend nur in Ausnahmefällen ist tropfbares Wasser zur Erlangung der Turgeszenz nötig, so bei dem Wüstenmoos *Pseudocrossidium aureum* (Rundel & Lange 1980). Im allgemeinen schwanken diese osmotischen Werte von Art zu Art und sind auch standortabhängig. So ergaben Messungen, dass bei Kronendachepiphyten die Pflanzen an den äußeren Ästen (die der Verdunstung besonders stark ausgesetzt sind) die höchsten osmotischen Werte aufwiesen (Hosakawa & Kubota 1957). Nach Geländebobachtungen können die meisten Moose ihre Verdunstungsverluste bei einer Luftfeuchte oberhalb 80% rH durch Wasserdampfaufnahme decken. Erst bei einer geringerer Luftfeuchte trocknen die Pflanzen aus.

Die Wasseraufnahme wird in Sonderfällen auch durch Poren in den Zellwänden ermöglicht, so bei den Blättern und der Stämmchenrinde von *Sphagnum* und den Hyalocyten in den Blattbasen von *Tortula*- und *Encalypta*-Arten sowie bei Calymperaceae.

Nach der Art der **Wasserleitung** klassifizierte Buch (1945-1947, 1947) die Moose in ektohydrische und endohydrische.

**Ektohydrische Moose** nehmen Wasser durch ihre gesamte Oberfläche auf. Eine Wasserleitung findet statt, jedoch ist diese äußerlich. Im Stämmchenquerschnitt befinden sich keine oder stark reduzierte wasserleitenden Strukturen (Abb. 6-1.1). Sie findet in Zwischenräumen überlappender Blätter, dochtartig im Rhizoidenfilz oder auf der Oberfläche von papillösen Blättern statt. Ektohydrische Moose sind daran zu erkennen, dass sie sich in Wasser in Sekundenschnelle benetzen. Taucht man eine Pflanze von z.B. *Tortula ruralis* in Wasser, so erreicht sie in wenigen Sekunden ihre Turgeszenz. Das hat eine wichtige ökologische Bedeutung an trockenen Standorten, an denen die Moose nach Befeuchtung sofort stoffwechselaktiv werden und die vielfach kurze Zeit bis zur nächsten Austrocknung voll nutzen können.

**Endohydrische Moose** verfügen über wasserleitende, seltener auch nährstoffleitende Elemente im Stämmchen oder auch in den Rippen der Blätter (Abb. 6-1.2). Es handelt sich dabei überwiegend um aufrecht wachsende akrokarpe Moose wie Polytrichaceae, *Mnium* spp. oder *Bryum* spp., aber auch bäumchenförmige pleurokarpe Laubmoose und sogar bäumchenförmige Lebermoose (*Hymenophyton flabellatum, Podomitrium podophyllum, Pallavicinia* spp.) Die Pflanzen werden weniger leicht turgeszent als ektohydrische Arten, was auf die Ausbildung einer schwachen Kutikula zurückzuführen ist. Sie wachsen an quelligen Stellen (*Philonotis* spp., *Pohlia wahlenbergii*) oder unter Felsüberhängen (*Schistostega, Bartramia halleriana*). Zu ihnen gehören auch marchantiale Lebermoose (*Marchantia polymorpha, Conocephalum conicum, Lunularia cruciata* etc.) Das Vorhandensein von Leitgeweben ist also deutlich mit der Wuchsform korreliert, aber auch mit dem Standort. So haben z.B. obligat epiphytische akrokarpe Moose kein Leitgewebe. Wasser wird bei endohydrischen Arten durch die Rhizoide aufgenommen und im Stämmchen geleitet, wie man durch Wasserleitungsversuche gefärbten oder radiokativ markierten Wassers nachweisen kann. Diese Art der Wasser-

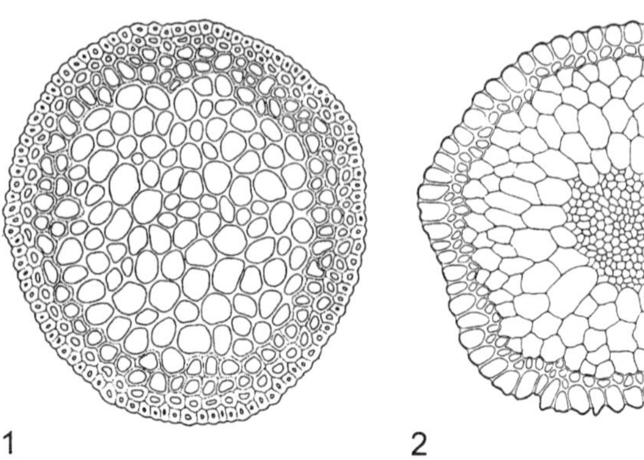

**Abb. 6-1:** Stammquerschnitte von ektohydrischen (links) und endohydrischen (rechts) Moosen. 1. *Anomodon rugelii*, 2. *Philonotis turneriana* (n. Kawai 1971).

leitung ist jedoch nicht voll ausreichend, was sich leicht demonstrieren lässt. Entfernt man am Stengel einer trockenen *Polytrichum*-Art im unteren Teil Blätter und Rhizoidenfilz und hält die Pflanze mit dem unteren Ende in Wasser, so wird der obere Teil der Pflanze nicht turgeszent werden. Dementsprechend ist auch der Terminus „endohydrisch" nicht korrekt, es sind eigentlich mixohydrische Arten, die ihren Wasserbedarf über die innere und äußere Wasseraufnahme decken, doch hatte Buch (1945-47) diesen Terminus für Arten benutzt, die zwischen seinen endo- und ektohydrischen Arten stehen (z.B. *Funaria hygrometrica, Ceratodon purpureus, Barbula* spp.).

Die Leitgewebe bestehen im einfachsten Fall aus einem differenzierten Zentralstrang im Stämmchen, der aus kleinlumigen verlängerten Zellen mit schrägen Querwänden zusammengesetzt ist. Die höchste Ausprägung von Leitgeweben bei Moosen findet man bei den Polytrichales (s. Kap. 10). Nur hier finden wir auch nährstoffleitende Elemente (das Leptom), die den Siebzellen der Kormophyten ähneln. Die wasserleitenden Elemente (das Hadrom) bestehen aus englumigen Zellen mit schrägen Querwänden, die Tracheiden ähneln. Leptom und Hadrom sind nach Art eines konzentrischen Leitbündels mit Außenphloem angeordnet und gleichen einer Protostele.

Bei vielen Laubmoosen besitzen auch die Blattrippen Leitgewebe. Diese Strukturen haben jedoch keine Verbindung mit dem Zentralstrang des Stämmchens. In manchen Fällen (*Mnium, Polytrichum*) führen sie als Blattspuren bis in das Grundgewebe der Stämmchen, werden jedoch dabei nach innen laufend kleiner, enden schließlich blind und haben endlich keine Verbindung mehr zum Zentralstrang (sog. Falsche Blattspuren, Frey 1981).

Dieses Leitgewebe ist jedoch dem Xylem und Phloem der Kormophyten nur analog, weil sie bei Moosen im Gametophyten, bei Kormophyten im Sporophyten liegen. Jedoch hat auch der Sporophyt der Moose ein Leitgewebe, das sich als Zentralstrang durch die Seta zieht und in der Columella des Sporogons endet. Hier ist eine Wasser- und Nährstoffversorgung des Sporophyten durch den Gametophyten notwendig, da der Sporophyt nicht oder nur im beschränkten Maße zur eigenen Wasseraufnahme befähigt ist. Viele Sporenkapseln (z.B. *Buxbaumia*, Polytrichaceae) sind zudem von einer dicken Kutikula bedeckt. Das Vorhandensein von Stomata in den Sporogonen vieler Laubmoose zeigt mit der Präsenz von Leitgeweben und einer Kutikula, dass es sich hierbei um durchaus kormophytische Strukturen bei Moosen handelt.

Es ist interessant zu sehen, dass hochentwickelte Moose wie die Polytrichidae prinzipiell alle Charakteristika von Kormophyten wie Leitgewebe in Stämmchen und Blättern, Stomata (in den Sporogonen) sowie eine Kutikula (auf den Rippenlamellen und auf den Sporogonen) besitzen, aber diese morphologischen Strukturen keine volle Wirkungsfähigkeit haben. Die scheinbare Primitivität der Moose beruht also nicht darauf, dass Moose nicht in der Lage waren, höher entwickelte Strukturen zu entwickeln. In den ökologischen Nischen jedoch, die von Moosen besiedelt wurden, war eine kormophytische Lebensweise eher hinderlich und daher kormophytische Strukturen nicht weiterentwickelt sondern eher zurückentwickelt worden (progressive Reduktion, Frey 1981). Demenstprechend kann man hochentwickelte Moose wie die Polytrichidae eher als ursprünglich ansehen und Arten ohne Leitgewebe wie die meisten pleurokarpen Laubmoose als abgleitet (s. Kap. 11)

Viele endohydrische Arten besitzen zudem eine Kutikula im Sinne einer Wachsschicht, die das Blatt allerdings nicht völlig wasserundurchlässig macht. Ihre Blattoberfläche ist schwer benetzbar und mit einer wachsartigen Substanz bedeckt (so bei *Bartramia* spp., *Conostomum tetragonum, Saelania glaucescens*). Besprengt man diese Pflanzen mit Wasser, bleiben die Wassertropfen auf ihnen liegen. Die Wachsschicht lässt sich in einem Reagenzglas mit Äther lösen und setzt sich dann an der Oberfläche ab. Moose mit kutikulären Blattstrukturen finden sich überwiegend in Felsspalten und Sümpfen. Die Funktion der Wachsschicht ist vermutlich, eine Wasserbedeckung der Blätter zu verhindern, welche eine Herabsetzung des Gasaustausches zur Folge hätte.

Die Einteilung der Moose nach Art ihrer Wasseraufnahme hat auch Bedeutung für die Toleranz der Moose gegen Luftverschmutzung. Bei Transplantationsversuchen von Moosarten aus unbelasteten Gebieten in das Ruhrgebiet (Frahm 1976) zeigte sich, dass ektohydrische Arten besonders geschädigt werden, da sie die im Regenwasser gelösten Schadstoffe direkt über die Blätter aufnehmen. Endohydrische Arten hingegen nehmen das Wasser über den Boden auf, der einen Teil der Schadstoffe abpuffert. Es ist insofern also nicht verwunderlich, wenn noch in stark belasteten Industriegebieten *Marchantia polymorpha* zu finden ist, die Wasser mit Rhizoiden an der Unterseite des Thallus aufnimmt und deren Oberseite mit einer dicken Kutikula gegen direkten Kontakt mit Regenwasser geschützt ist.

Wie erfolgt die Wasserleitung?

## 1. Innere Wasserleitung

(a) durch die Zellwände (apoplastisch). Das betrifft einmal den Wassertransport in den Blättern, bei denen z.B. kapillar oder im Rhizoidenfilz am Stämmchen emporgeleitetes Wasser in das Blatt aufgenommen und im Blatt weitertransportiert wird. Ebenso erfolgt die Wasserleitung im parenchymatischen Gewebe von Stämmchen ohne Zentralstrang.

(b) durch Wasserleitung über Plasmabrücken von Zelle zu Zelle (symplastisch). Diese Art der Wasserleitung muss bei der Durchdringung der Zellmembranen einen größeren Widerstand überwinden und dürfte daher weniger effektiv sein. Man findet sie hauptsächlich bei dünnwandigen parenchymatischen Geweben.

(c) durch wasserleitende Zellen (Hydroiden). Diese Zellen sind tot, englumig, verlängert und besitzen schräge Endwände. Hydroiden sind in den Stämmchen von einem Teil der Laubmoose (der endohydrischen Arten) als Zentralstrang ausgebildet (Abbildung). Bei Lebermoosen finden sich innere Wasserleitungsorgane nur bei dendroiden Arten der Pallaviciniaceae (thallös) und *Haplomitrium*. Die innere Wasserleitung wurde bereits von Haberlandt (1886) durch Färbeversuche an *Polytrichum juniperinum* und *Plagiomnium undulatum* nachgewiesen. Mägdefrau (1935) verglich mit dieser Methode das Ausmaß der inneren und äußeren Wasserleitung an 19 Moosarten unterschiedlicher Standorte und unterschiedlicher Wuchstypen. Zacherl (1956) und Bopp & Stehle (1957) verwendeten fluoreszierende Färbemittel für den Nachweis, Eschrich & Steiner (1967) sowie Trachtenberg & Zamski (1979) radioaktive Markierungen.

(d) in Sonderfällen, z.B. den Hyalocyten von Leucobryaceen, sind die Zellen mit großlumigen Poren untereinander verbunden und erlauben eine sehr effektive innere Wasserleitung und -speicherung.

Dass die innere Wasserleitung selbst im Falle des Vorhandenseins eines hochentwikkeltes Zentralzylinders nicht ausreichend ist, kann man demonstrieren, indem man eine *Polytrichum*pflanze mit der unteren Hälfte der Pflanze in ein Wasserglas gibt, von der man die Blätter und den Rhizoidenfilz entfernt hat. Die Pflanze verwelkt im Gegensatz zu einer Kontrollpflanze, der man Blätter und Rhizoidenfilz belassen hat.

## 2. Äußere Wasserleitung

Äußere Wasserleitung beruht zumeist auf kapillaren Mechanismen. Diese findet statt:

(a) zwischen den Blättern. Das ist besonders der Fall bei Arten eng anliegenden Blättern (sog. „kätzchenförmige" Beblätterung, Abb. 6-2.1), so bei vielen pleurokarpen Laubmoosen (*Pseudoscleropodium purum*, *Pleurozium schreberi*, *Rhynchostegium murale*).

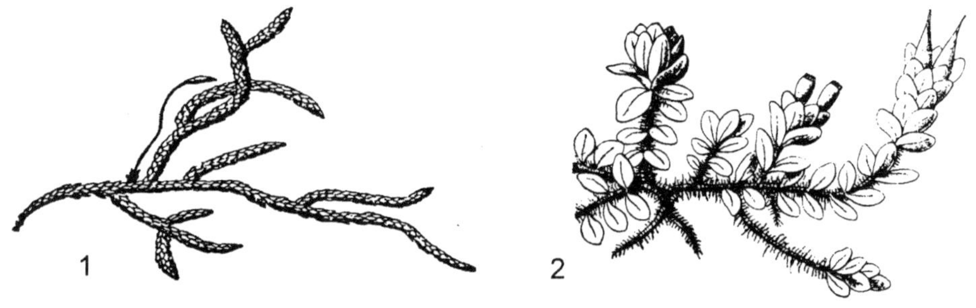

**Abb. 6-2:** Äußere Wasserleitung bei Moosen. 1. Dachziegelige Beblätterung (*Scleropodium touretii*). 2. Rhizoidenfilz (*Orthomniopsis japonica*) (n. Brotherus 1924).

(b) zwischen Blattgrund und Stämmchen. Das tritt besonders bei Arten mit scheidigem, stengelumfassenden Blattgrund auf (*z.B. Timmia* spp., *Breutelia* spp., viele Polytrichaceae). Die Zellen des Blattgrundes sind zudem meist sehr großlumig und dünnwandig, was die Wasseraufnahme und -speicherung erleichtert.

(c) zwischen Rhizoiden (Abb. 6-2.2) oder Paraphyllien. Die äußere Wasserleitung durch dochtartige Rhizoidenfilze ist besonders bei Moosen nasser und gleichzeitig exponierter Standorte entwickelt, wie z.B. in Mooren (*Aulacomnium palustre*) oder an nassen Felsen (*Philonotis fontana*). Paraphyllien haben dieselbe Funktion bei pleurokarpen Laubmoosen. Sie bilden besonders bei Thuidiaceae und Hylocomiaceae dichte Filze.

(d) auf den Blattoberflächen. Dort führen Ultrastrukturen der Blattoberfläche wie Papillen (Abb. 6-3) dazu, dass z.B. ein Regentropfen seine Oberflächenspannung verliert und das Wasser in Bruchteilen von Sekunden durch die kapillaren Zwischenräume der Papillen gesogen wird. Diese Struktur funktioniert auch als ökologische Anpasssung. So ist die Dichte, Höhe oder Verzweigung von Papillen von *Tortula*-Arten mit dem Vorkommen korreliert (*T. ruralis* mit einfachen Papillen in Mitteleuropa, *T. hirsutissima* mit verzweigten Papillen im Mittelmeergebiet).

Dass die Wasserleitung bei Moosen durch äußere Wasserleitung erfolgt, hat erstmalig K.F. Schimper (der Vetter des Bryologen W.P. Schimper) im letzten Jahrhundert festgestellt. Schimper lebte nach Abbruch seiner akademischen Laufbahn zurückgezogen und pflegte selbst nicht zu Vorträgen zu kommen, sondern seine Reden vortragen zu lassen, wobei er vielfach die Ergebnisse in Reime brachte. So ließ er 1857 an der Universität Bonn einen Vortrag über die Wurzel und die Wasserleitung bei Moosen durch seinen Vetter Wilhelm Philipp Schimper halten und mit einem Experiment ergänzen. Dabei wurde Wasser mit Hilfe einer gebogenen Torfmoospflanze von einem wassergefüllten Glas in ein leeres Glas transportiert. Dazu ließ er ein Gedicht „Mooslob" vortragen und in einem Gedichtheft verteilen. Die äußere Wasserleitung ist in Vers 125 beschrieben:

> Empfindlich für das Feuchte
> Wie für des Ortes Leuchte,
> Was Wurz und Stengel leisten
> Gleich siehst Du bei den meisten,
> Was die geheim auch mischen,
> Sie können nicht erfrischen,
> Die kargen Wasserfasser -:
> *Moos welkt im Glase Wasser!*
> *Die Blätter sind die Leiter*
> *und außen geht es weiter!*

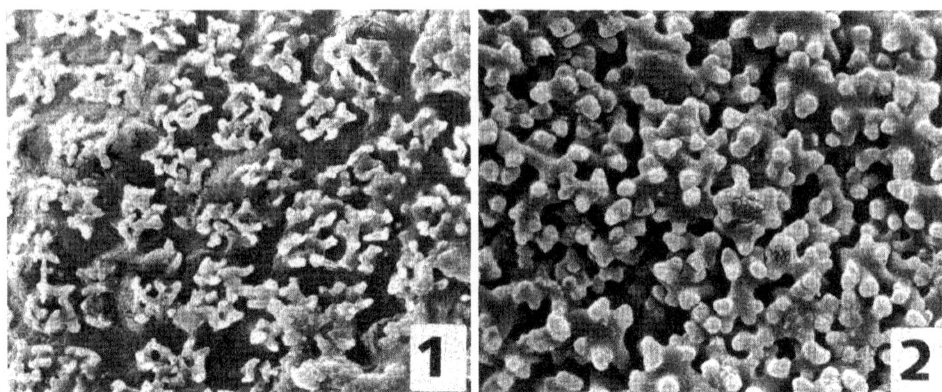

**Abb. 6-3:** Papillöse Blattoberflächen zur Herabsetzung der Oberflächenspannung von Wassertropfen als Hilfsmittel zur Wasseraufnahme und zur Wasserspeicherung bei Moosen. 1. *Tortula calcicolens*, 2. *Tortula ruralis*.

## 6.1.2 Wasserspeicherung

Der Wassergehalt der Moose ist entscheidend für die Dauer des Gasstoffwechsels und die Intensität der Photosynthese. Daher ist für Moose wichtig, wie schnell sie nach einer Befeuchtung mit der Assimilation beginnen können und wann sie wieder austrocknen. Die Photosynthese steigt dabei mit steigendem Wassergehalt der Pflanze, fällt aber  bei stärkeren Wassergehalten wieder ab, offenbar als Folge der Wasserbenetzung der Pflanzenoberfläche, welche den Gasaustausch behindert. Hygrophyten zeigen eine maximale Photosyntheserate bei höheren Wassergehalten (1000% des Trockengewichtes), Xerophyten bei niedrigeren Wassergehalten (200% des Trockengewichtes). Der Turgeszensphase der Moose ist wesentlich abhängig von der Verdunstung und diese wiederum von Luftfeuchte und Temperatur. Der Sättigungsdampfdruck von Wasser variiert um 7% pro °C, sodass also schon kleine Temperaturerhöhungen zu einer stärkeren Verdunstung führen.

An verdunstungshemmenden Strukturen sind zu nennen:

(a) Kutikula. In mehr oder weniger großem Umfang kann eine Wachsschicht auf den Blättern die Verdunstung herabsetzen, obgleich sie keinen solchen Schutz wie bei den Kormophyten bewirkt. Eine besonders dicke Kutikula ist bei marchantialen Lebermoosen ausgebildet, die dadurch befähigt sind, trockene (*Targionia hypophylla*) bis wüstenhafte (*Plagiochasma rupestre*) Standorte zu besiedeln.

(b) Rollblätter. Im einfachsten Fall werden die Blatträndern einwärts gekrümmt, was die verdunstende Oberfläche herabsetzt (z.B. *Weissia, Trichostomum*). Vielfach wird dieser Mechanismus auch zusammen mit anderen Einrichtungen zur Wasserspeicherung benutzt, z.B. Rippenlamellen (*Polytrichum juniperinum, Aloina* spp.).

(c) Einrichtungen, die die Sonneneinstrahlung reduzieren wie Glashaare (z.B. bei Felsmoosen wie *Grimmia*- oder *Racomitrium*-Arten).

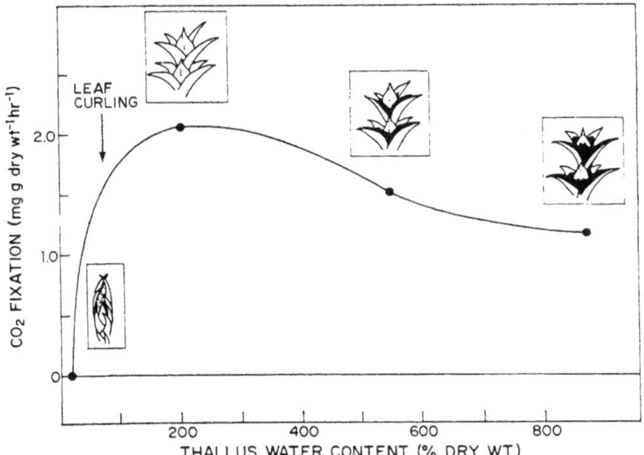


**Abb. 6-4:** Nettophotosynthese von *Pseudocrossidium aureum* bei 20°C in Abhängigkeit von der Wassersättigung (nach Rundel & Lange 1980)

Für die Wasserspeicherung sind die Wuchsform (also z.B. Polsterwuchs, s. Kap. 2) als auch spezielle anatomische oder morphologische Anpassungen der einzelnen Pflanze maßgebend. Moose an überwiegend dauerfeuchten Standorten (wie z.B. Wassermoose) benötigen daher keine speziellen Einrichtungen für die Wasserspeicherung. Arten anderer Standorte (auch offener Standorte, z.B. die meisten Ruderalmoose), kommen auch ohne Wasserspeichereinrichtungen aus. Dennoch haben Moose eine Vielzahl von verschiedenen Wasserspeichereinrichtungen wie Rippenlamellen, Wassersäcke oder Hyalocyten entwickelt (s. Kap. 2).

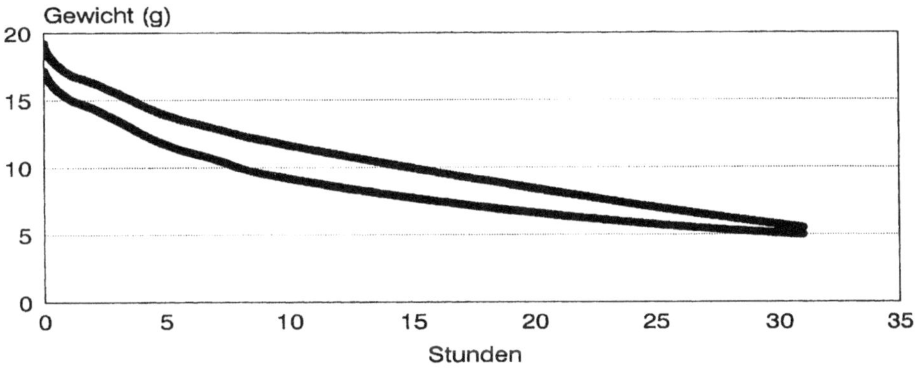


**Abb. 6-5:** Wasserspeicherungsvermögen und -abgabe bei den Laubmoosen *Paraleucobryum longifolium* (obere Linie) und *Dicranum fulvum* (untere Linie) bei 20°C und 40% RH. Beide Arten speichern etwa das Vierfache ihres Trockengewichtes an Wasser. Nach 12 Stunden ist der Wassergehalt auf 25% gesunken.

Der Wassergehalt der Moose ist auch bestimmend für die Photosynthese und Atmung. Die Photosynthese steigt progressiv mit steigendem Wassergehalt (Abb. 6-4). Die optimalen Wassersättigungsraten variieren je nach Art zwischen 400% und 700% des Trockengewichtes bei ektohydrischen Arten und um 200% bei endohydrischen Arten. Die Optima sind bei Arten trockener Standorte niedriger als bei Arten feuchter Standorte. Die Photosynthese, nimmt jedoch wieder ab, wenn die Pflanzenoberfläche wasserbedeckt ist, was den Gasaustausch behindert (Abb. 6-4). Atmung ist bei einem Wassergehalt von 200% des Trockengewichtes am höchsten (Proctor 1982).

Moose vermögen das 2,5- bis 15-fache ihres Trockengewichtes an Wasser aufzunehmen (Mägdefrau & Wutz 1951). Arten ohne spezialisierte morphologische oder anatomische Einrichtungen zur Wasserspeicherung nehmen das Drei- bis Fünffache auf (Abb. 6-5) . Spitzenwerte werden von Torfmoosen (*Sphagnum*) erreicht, die mit ihren Hyalocyten Wasser bis zum 25-fachen des Trockengewichtes speichern können.

## 6.1.3 Austrocknungsresistenz

Die Austrocknungsresistenz von Moosen wurde schon von Irmscher (1912), später u.a. von Abel (1956) und Hosokawa & Kubota (1957) untersucht. Die Fähigkeit Trockenperioden zu überstehen, ist bei Moosen sehr unterschiedlich ausgeprägt. Nach den Versuchen von Abel (1956), der verschiedene Arten unterschiedliche Zeit einer relativen Feuchtigkeit unterschiedlicher Höhe und unterschiedlicher Dauer aussetzte und die Vitalität anschließend durch Plasmolyse testete, gibt es drei verschiedene Gruppen. **Hygrophyten** werden schon durch kurzzeitige und geringfügige Austrocknung geschädigt. Dazu gehören Wasser- und Sumpfmoose wie *Fontinalis antipyretica*, *Philonotis calcarea* und *Scorpidium scorpioides* als auch Standortspezialisten wie das Höhlenmoos *Schistostega pennata* und viele Lebermoose. **Mesophyten** (z.B. *Bryum capillare, Atrichum undulatum, Ceratodon purpureus, Hylocomium splendens*) ertrugen Austrocknung für kürzere Zeit. **Xerophyten** wie fels- und baumbewohnende Arten wie *Neckera crispa, Tortula ruralis, Pterogonium gracile* oder *Porella platyphylla* blieben nach langer Zeit der Austrocknung ungeschädigt. Solche Arten lassen sich auch nach bis zu mehrjähriger Verweildauer im Herbar wieder in Kultur nehmen. Die Lebensfähigkeit solcher Proben kann man an dem Erhaltungszustand der Chloroplasten ermessen. Je trockener austrocknungsresistente Moose gehalten werden, um so länger können sie überleben.

Mit der Trockenresistenz ist auch die Schnelligkeit verbunden, nach Befeuchtung wieder Photosynthese zu betreiben. Während Xerophyten wie *Tortula ruralis* selbst nach mehrmonatiger Austrocknung nach Befeuchtung wieder sofort mit der Photosynthese beginnen können, können Hygrophyten wie *Hookeria lucens* schon nach mehrtägiger Trockenheit irreversibel geschädigt sein. Bei wieder erfolgender Befeuchtung setzt unmittelbar Atmung ein, die stärker als normale Dunkelatmung ist.

Der Kompensationspunkt wird artenabhängig nach wenigen Minuten bis Stunden erreicht. Das Einsetzen der Photosynthese nach Auftauen eingefrorener Moose verläuft ähnlich, wie auch die Frost- und Trockentoleranz einzelner Arten ähnlich ist. Charakteristisch für frost- und trockenresistente Moosarten ist der Besitz von kleinen Laminazellen mit kleinen Vakuolen.

Die Gründe für die hohe Austrocknungsresistenz ist nicht genau bekannt. Man geht davon aus, dass es sich dabei um eine spezielle Eigenschaft des Protoplasmas handelt, die Kormophyten nicht besitzen. Es muss aber betont werden, dass ökologische Anpassungen wie die Austrocknungsresistenz weniger von morphologischen als von physiologischen Faktoren bestimmt werden.

Die Austrocknungstoleranz ist jahreszeitlich unterschiedlich. In trockenen Perioden oder bei häufiger Austrocknung kann es zu einer Art Abhärtung kommen. Diese Perioden fallen in Mitteleuropa mit den Wachstumsstillstandsphasen (Frühjahr bis Sommer) zusammen. Längere Feuchteperioden, in Mitteleuropa gleichbedeutend mit den Wachstumsphasen im Frühjahr und Herbst, führen zu einer „Verweichlichung" und einer Herabsetzung der Austrocknungsresistenz.

# 6.2 Temperaturfaktor

Abgesehen von der Hitze- und Frostresistenz sind optimale Temperaturen wesentlich für die Netto-Photosyntheserate. Diese liegen bei Arten aus gemäßigten Breiten zwischen 15° und 20°C, einer Erkenntnis, die bei Mooskulturen in Klimakammern Rechnung getragen werden sollte. Für arktische und antarktische Arten liegen die Optima

**Tab. 6-1:** Optimaltemperaturen für den Gasstoffwechsel von Moosen aus verschiedenen Klimagebieten (aus Frahm 1990, verändert)

| Boreale Gebiete | | |
|---|---|---|
| Waldbodenmoose | 15-20°C | Stalfelt (1937) |
| *Dicranum fuscescens* | 14-20°C | Hicklenton & Oechel (1977) |
| | | |
| Großbritannien | | |
| *Racomitrium lanuginosum* | 13-15°C | Tallis (1959) |
| | | |
| Temperate Gebiete | | |
| *Homalothecium sericeum* | 10°C | Romose (1940) |
| *Sphagnum magellanicum* | 18°C | Rudolph (1968) |
| *Polytrichum juniperinum* | 10°C | Bazzaz et al. (1970) |
| | | |
| Antarktis | | |
| *Bryum sandbergii* | 24-30°C | Rastofer & Higinbotham (1968) |
| | 20°C | Rastofer (1970) |
| *Bryum antarcticum* | 5-10°C | Rastofer (1970) |
| | | |
| Subarktis | | |
| *Dicranum elongatum* | 10°C | Kallio & Karenlampi (1975) |
| *Racomitrium lanuginosum* | 5°C | Kallio & Karenlampi (1975) |

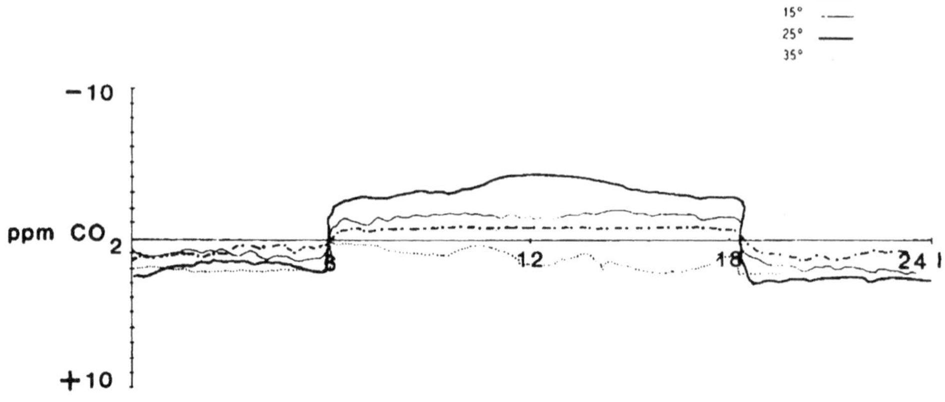


**Abb. 6-6:** Abhängigkeit des $CO_2$-Gasstoffwechsels von *Plagiomnium rhynchophorum* bei 1500 Lux unter verschiedenen Temperaturen.

bei 5°-10°C, für boreale Arten dazwischen (Tab. 6-1). Weit verbreitete Arten können in unterschiedlichen Gebieten auch unterschiedliche Temperaturoptima haben (vgl. *Racomi-trium lanuginosum* in England 13-15°C, in der Arktis 5°C. Tropische Arten haben höhere Optima bei 25°C, die den Mitteltemperaturen der tropischen Tieflagen entsprechen (Frahm 1990). Der obere Kompensationspunkt liegt bei 25-30°C. Höhere Temperaturen sind im befeuchteten Zustand letal und führen zum Absterben der Moose aufgrund zu starker Atmungsverluste (s. Abb. 6-6).

## 6.2.1 Frostresistenz

Die Frostresistenz ist abhängig von der Schnelligkeit des Einfrierens und dem Wassergehalt der Pflanzen. So tolerierten bei 32% rH vorgetrocknete Moose schnelles Einfrieren auf –30°C, wohingegen feucht eingefrorene Moose bei –10°C abstarben. Absolut trockene Moospflanzen tolerieren Einfrieren in flüssigen Stickstoff bei –196°C. Interessanterweise scheint es keine infraspezifische Variabilität bei der Frostresistenz wie bei der Austrocknungsresistenz zu geben. Longton (1979) benutzte Klone von *Bryum argenteum* aus tropischen, temperaten und polaren Herkünften für Tests, in denen sich bei allen eine Frostresistenz von -15°C - -20°C ergab, unabhängig von der Herkunft. Ebenso scheint es keine jahreszeitlich unterschiedliche Frostresistenz bei Moosen zu geben. Hingegen ergibt sich eine Korrelation zwischen Trocken- und Frostresistenz. Wenig trockenresistente Moose wie *Hookeria lucens* zeigten auch eine geringe Frostresistenz, die bereits bei -5° nach schnellem Einfrieren abstarb (Dilks & Proctor 1975).

## 6.2.2 Hitzeresistenz

Ähnlich wie bei der Frostresistenz ist auch die Resistenz gegen Hitze bei Moosen im ausgetrockneten Zustand höher als im befeuchteten. Nörr (1974) gab als Obergrenze für befeuchtete Pflanzen 42-51°C an, hingegen 85-110°C für trockene. Dabei ergaben sich geringfügige saisonale Unterschiede. Nach Lange (1955) ertrugen alle untersuchten Arten 65°C, die mesophytischen Arten (*Mnium hornum, Dicranum scoparium*) 80-90°C, xerophytische Arten (*Pleurochaete squarrosa, Barbula gracilis*) 100-110°C (Zeitdauer jeweils 30 min.). Bei Angaben aus der amerikanischen Literatur ist Vorsicht geboten, da die Angaben der Temperaturen zum Teil nicht in Celsius sondern in Fahrenheit gemacht wurden. So bezieht sich die vielfach zitierte Hitzeresistenz von *Fontinalis novae-angliae* bei Glime & Carr (1974) von 100° auf Fahrenheit (40°C). Generell scheint bei Moosen in feuchtem Zustand bei Temperaturen von 30-35°C der Tod aufgrund starker Atmungsverluste einzutreten (Longton 1979).

# 6.3 Lichtfaktor

## 6.3.1 Beleuchtungsstärke

Die Photosynthese der Moose, ihre Reaktion auf Licht, Temperatur und $CO_2$, ist prinzipiell vergleichbar mit der der Höheren Pflanzen. Sie ist jedoch abhängig von der Hydratur der Moospflanze und optimal nur bei voll turgeszenten Pflanzen (Dilks & Proctor 1979). Unter Wasserstress sinkt die Assimilationsrate stark ab, besonders schnell bei Hygrophyten. Genauso führt Wasserbedeckung durch Hemmung der $CO_2$-Diffusion zu einer Erniedrigung der Photosyntheserate. Daher dienen viele Wuchsformen von Moosen (Wedel, Schweife, Bäumchen) der Vermeidung von Wasserbedeckung an feuch-

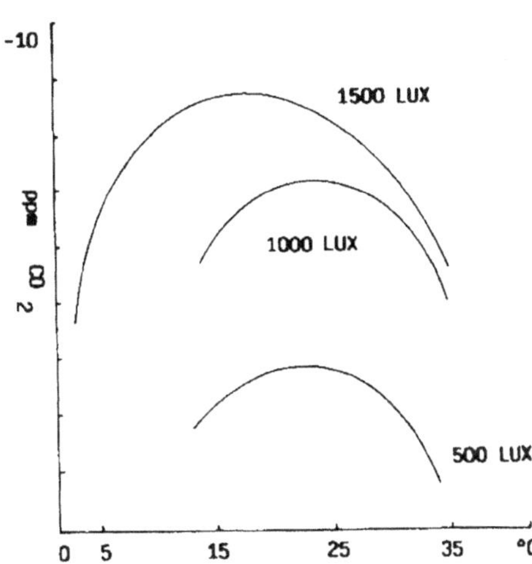


**Abb. 6-7:** Abhängigkeit des $CO_2$-Gasstoffwechsels von *Plagiomnium rhynchophorum* von der Temperatur und Beleuchtungsstärke (aus Frahm 1990).

ten Standorten wie in Regenwäldern. Eine laufende kapillare Zufuhr von Wasser oder verdunstungsschützende Einrichtungen (z.B. auch Polsterwuchs) helfen die Moospflanzen turgeszent zu halten und damit das Optimum der Phytosyntheserate zu halten.

Lichtsättigung wird bei den meisten untersuchten Arten bei 10-20 Klx erreicht, was insbesondere für Waldbodenmoose gilt, höhere Werte (bis 40 Klx) bei Arten exponierter Standorte wie Astepiphyten (*Ulota crispa*) oder Arten offener Standorte (*Sphagnum capillifolium, Polytrichum juniperinum*), niedrigere Werte von nur 2-3 Klx bei Schattenpflanzen wie *Marchantia polymorpha* (Proctor 1982).

Der Kompensationspunkt liegt bei den meisten untersuchten Arten in der Größenordnung zwischen 300 und 700 lx. Nur bei Arten exponierter Standorte (z.B. bei *Tortula ruralis, Homalothecium sericeum*) wurden auch Werte zwischen 1 und 2 Klx ermittelt. Der Kompensationspunkt ist temperaturabhängig und liegt bei 5°C zwischen 160 und 620 lx  und bei 25°C zwischen 740-1930 lx, bei Arten offener Standorte  bei 15°C zwischen 1 und 6 klx . Die tiefste Temperatur zur Erreichung des Kompensationspunkt beträgt -5°C. Das Temperaturoptimum für die Photosynthese (bei normaler $CO_2$ Konzentration) variiert bei unterschiedlichen Arten zwischen 10 und 20°C, was bei Kulturversuchen berücksichtigt werden sollte, bei denen sich Temperaturen von 15°C als am besten herausgestellt haben. Die letale Obergrenze liegt (im turgeszenten, photosynthetisch aktiven Zustand) zwischen 40 und 50°C. Generell liegt der Lichtkompensationspunkt besonders bei Waldmoosen noch deutlich unter dem der höheren Pflanzen (Proctor 1990). Die Anpassung von Moosen an schattige Standorte zeigt sich auch durch den Quotient von Chlorophyll a zu b. Dieser beträgt bei Moosen 1,1 – 2,4. Höhere Pflanzen besitzen einen höheren Anteil an Chlorophyll a (Valanne 1984).

Tropisch-montane Moosarten zeigten einen ähnlichen Gasstoffwechsel wie die temperater Breiten (Frahm 1990, Zotz et al. 1996). Die Assimilationsrate steigt bei diesen Arten bei Temperaturerhöhungen bis auf 25°C, wobei sie sich bei Steigerungen von je 10°C  verdoppelt, fällt danach aber wieder ab (Abb. 6-7). Bei 35°C wird keine Nettophytosynthese mehr erreicht. Der Licht-Kompensationspunkt liegt bei 25°C um 500 Lux und bei 5°C um 900 Lux. Niedrige Beleuchtungsstärken unter 500 Lux bei hohen Temperaturen über 25°C, also Standortbedingungen, wie sie in tropischen Tieflandswäldern herrschen, führen bei Moosen also zu physiologischen Problemen. Sie betreffen insbesondere starke Atmungsverluste in der Dunkelphase bei hohen Temperaturen (Zotz et al. 1996). Das drückt sich dadurch aus, dass in tropischen Tieflandsregenwäldern trotz der dort vorhandenen Feuchtigkeit nur eine geringe Phytomasse von Moosen vorhanden ist. Diese besteht aus Arten, die sich zudem aus nur wenigen Familien (Leucobryaceae, Calymperaceae, Sematophyllaceae, Lejeuneaceae) zusammensetzt. Wie die Moose aus tropischen Tieflandsregenwäldern unter niedrigen Beleuchtungsstärken und hohen Temperaturen (also Bedingungen, unter denen in Klimakammern keine Nettophotosynthese erreicht wird), ist nicht bekannt. Eventuell spielt hier der erhöhte $CO_2$-Gehalt der Luft in Bodennähe ein Rolle. Bei Des weiteren nimmt aufgrund des Gasstoffwechsels in den Tropen die Menge der Moose mit der Meereshöhe (mit zunehmender Beleuchtungsstärke und abnehmenden Temperaturen) zu.

## 6.3.2 $CO_2$-Konzentration

Die in Kap. 6.2.1 für die Beleuchtungsstärke gemachten Angaben gelten für normale $CO_2$-Konzentrationen der Luft. Der Kompensationspunkt für $CO_2$ liegt zwischen 50 und 100 ppm $CO_2$ bei einer Temperatur von 20°C, also weit unter den aktuellen Mittelwerten von ca. 350 ppm. Das reflektiert die niedrigeren $CO_2$-Gehalte der Atmosphäre zu Zeiten der Entstehung der grünen Landpflanzen im Palaeophytikum, als sich der Photosyntheseapparat entwickelte. Er liegt damit auch im Bereich der normalen $C_3$-Pflanzen unter den Blütenpflanzen. In den bodennahen Luftschichten der Wälder haben wir aufgrund der Atmungsaktivität der Bodenmikroorganismen ein bis zu 50% erhöhtes $CO_2$-Angebot (Sveinbjörnson & Oechel 1992), welches geringere Beleuchtungsstärken und/oder hohe Temperaturen kompensieren kann. Das gilt wahrscheinlich auch oder gerade für tropische Tieflandsregenwälder, wo Nettoassimilationsraten trotz hoher Temperatur und minimalen Beleichtungsstärken möglich ist.

Alle Moosen scheinen auf gasförmige Zufuhr von $CO_2$ angewiesen zu sein; auch submerse Moose können kein $HCO_3$ aus dem Wasser nutzen, wie es einige submerse Makrophyten und auch *Chara* tun. Damit sind submerse Moose bei $CO_2$-Mangel in eutrophen Gewässern den Makrophyten unterlegen, was das häufige Vorkommen von submersen Moosen in oligotrophen oder fließenden Gewässern und ihr Fehlen in stehenden eutrophen Gewässern erklärt. Dort sind Moose zum schwimmenden Leben (z.B. *Ricciocarpus natans*) übergegangen. Die im Wasser gelöste Menge $CO_2$ ist zwar so hoch wie in der Luft, jedoch ist die Diffusion in Wasser um den Faktor 10 niedriger als in Luft. Die $CO_2$ Aufnahme ist von der Fließgeschwindigkeit abhängig, in Stillgewässern am geringsten und in schnellen Fließgewässern am stärksten. In Stillgewässern kommt jedoch bakteriell durch Abbau organischer Substanz erzeugtes $CO_2$ als Kohlenstoffquelle dazu.

## 6.3.3 Gasstoffwechsel

Für das Überleben am Standort ist entscheidend, wie schnell Moose nach wieder erfolgter Befeuchtung photosynthetisch aktiv werden. Ähnlich wie bei Flechten setzt der Gasstoffwechsel wieder sofort nach Befeuchtung ein. Der Kompensationspunkt kann schon nach einigen Minuten, spätestens nach einigen Stunden wieder erreicht sein. Die Schnelligkeit, mit der Photosynthese nach vorausgegangener Austrocknung einsetzt, ist arten- bzw. standortabhängig. Arten trockener Standorte (wie *Racomitrium lanuginosum, Tortula ruraliformis* oder *Neckera crispa*) setzen unverzüglich nach Befeuchtung mit dem Stoffwechsel wieder ein, Hygrophyten wie *Hookeria lucens* brauchen längere Anlaufzeiten. Dabei gibt es selbst infraspezifische Unterschiede: Das epiphytische *Hypnum cupressiforme* var. *filiforme* ist besser an Austrocknung and schnelle Regeneration des Stoffwechsels angepasst als das nicht-epiphytische var. *cupressiforme*. Kulturen von Moosarten haben sich generell als weniger austrocknungsresistent als Populationen aus der Natur gezeigt. Ebenso zeigten öfter kurzfristig ausgetrocknete Moose eine schnellere Regenerationsfähigkeit als einmal längere Zeit ausgetrocknete. Diese Anlaufzeiten zur Wiederherstellung des Stoffwechsels sind kürzer nach vorhergehender totaler Austrocknung und länger nach nur unvollständiger Austrocknung.

In der Regel wird atmosphärisches $CO_2$ als Kohlenstoffquelle durch die Photosynthese genutzt (s. 6.3.2). Für eine Reihe von Moosen ist experimentell in Dunkelversuchen nachgewiesen, dass sie organische Kohlenstoffquellen wie Glukose nutzen können.

## 6.4 Nährstoffe

Ähnlich wie die Wasseraufnahme unterscheidet sich auch die Nährstoffaufnahme der Moose von der der Kormophyten. Bei Moosen erfolgt der Großteil der Wasser- und Nährstoffaufnahme über die Niederschläge. Daraus erklärt sich die große Bedeutung der Moose – ähnlich wie Flechten – für das Biomonitoring von gasförmigen Emissionen, Schwermetallen und Radioisotopen. Nur bei Moosen mit gut ausgebildetem Leitgewebesystem (z.B. Polytrichaceae) erfolgt zum Teil auch eine Nährstoffaufnahme aus dem Boden. Bei dem Substrat aufliegenden Moosen trägt auch Bodenwasser zur Nährstoffversorgung bei. Einen detailierten Überblick über den Mineralstoffwechsel der Moose gibt Brown (1992).

Moose besiedeln eine sehr große Vielfalt von Standorten wie fließendes und stehendes Wasser, morsches Holz und lebende Bäume, humosen oder nährstoffarmen Boden, Kalk- oder Silikatfelsen, selbst Dung und Tierleichen. Als wesentliche Quelle für die Mineralstoffversorgung der Moose wird im allgemeinen jedoch der atmosphärische Nährstoffeintrag angesehen und nicht das Substrat. Das wird auch durch das Fehlen einer effektiven inneren Wasserleitung bestätigt. Das gilt insbesondere für alle Epiphyten. Nur besonders kleine oder dem Substrat eng anliegende Erd- oder Felsmoose werden über das Bodenwasser auch mit Nährstoffen aus dem Substrat versorgt. Eine Ausnahme machen alle Wassermoose, die ohnehin in einer Art Hydrokultur leben.

Moose sind für die atmosphärische Mineralstoffversorgung besonders geeignet, da
(a) ihre Oberfläche im Verhältnis zum Volumen besonders groß ist,
(b) die Ionenaufnahme ungehindert erfolgt und selbst durch eine bei manchen Arten vorhandene Kutikula nicht verhindert wird,
(c) die Zellwand eine hohe Kationaustauschfähigkeit hat.

Als Nährstoffquellen kommen Partikel in angewehten Stäuben und in Regenwasser gelöste Stoffe in Frage, die durch Ionenaustausch gebunden werden. Dadurch ist der Elementgehalt von Moosen lokal sehr unterschiedlich und hängt sehr stark von der Staubimprägnierung aus der Umgebung ab. Bei Waldmoosen spielt für die Ernährung das Wasser eine besondere Rolle, welches durch das Kronendach tropft oder an den Stämmen abläuft. Durch den Kronenschluss und den Stammablauf wird die Zusammensetzung des Regenwassers stark verändert. Stickstoff wird dabei im Kronenraum um bis zu zwei Dritteln ausgefiltert (Brown 1982). Dafür sind im Stammabfluss größere Mengen $Mg^{2+}$, $Mn^{2+}$ und P vorhanden. Zudem wird der pH des Regenwassers im Stammablauf durch den Chemismus der Borke als auch den Ionenaustausch der Epiphyten verändert. Daraus kann aber nicht geschlossen werden, dass die Produktivität bei Waldmoosen größer ist, da im Wald weniger Niederschlag niedergeht als im Freien und zudem eine physiologische Beeinträchtigung durch geringere Lichtstärken herrscht. Die Nährstoffanreicherung im „througfall" resultiert aus dem Abwaschen von organischer Substanz von den Blättern (z.B. Tierkot von Raupen, Insekten und Vögeln) als auch in den Tropen durch ausgewaschenes organisches Material, welches sich unter den Epiphyten akkumuliert, als auch Stoffwechselprodukte von epiphyllen Cyanobakterien und Pilzen. Wird „througfall" mit einem einfachen Papierfilter gefiltert und damit Exkrete oder Reste von kleinen Tierleichen zurückgehalten, werden 30% den Nitrats und 80-90% des Ammoniums zurückgehalten (Brown 1982). Ähnlich angereichert mit Nährstoffen ist Stammflusswasser. Saurer Regen fördert das Auswaschen von durch Ionenaustausch gebundenen Nährstoffen in der Kronenregion. Nur einzelne Elemente wie $Ca^{2+}$ werden überwiegend aus dem Boden oder aus Stäuben aufgenommen (Brown 1982).

Insgesamt haben Moose eine wichtige Funktion im Nährstoffhaushalt von Ökosystemen, da sie Nährstoffe aus der Atmosphäre in das Ökosystem einbringen und dort akkumulieren. Das trifft z.B. auf Felsmoose und Epiphyten zu, die Regenwasser aufsaugen und am Ablaufen hindern, ihm die darin gelösten Nährstoffe entziehen und das Wasser in Form von Wasserdampf wieder abgeben. Auch auf Waldböden und in Mooren kommt es in geringerem Umfang auch zu einer Herausfilterung der Nährstoffe, die nach dem Absterben der Moose anderen Pflanzen in mineralisierter Form zur Verfügung stehen.

Aus Versuchen mit unterschiedlichen Nährböden weiß man, dass (ebenso wie bei Farnen und Samenpflanzen) $K^+$, $Ca^{2+}$, $Mg^{2+}$, N, P und S für das Wachstum essentiell sind und das Fehlen eines dieser Elemente zu Mangelerscheinungen führt. Im Gegensatz zu Höheren Pflanzen und bedingt durch die zumeist atmosphärische Nährstoffaufnahme reichen jedoch weitaus geringere Konzentrationen. Deswegen kann man Moose auf künstlichen Nährböden ziehen, die für Höhere Pflanzen designiert wurden, jedoch in weitaus schwächerer (um eine Potenz niedrigerer) Nährstoffkonzentration, was bei der Kultur von Moosen zu berücksichtigen ist.

Generell enthalten Moose weitaus mehr unterschiedliche Elemente als Blütenpflanzen, wie Aschenanalysen von Shacklette (1965) ergaben. Besonders Elemente wie „seltene Erden", z.B.Niobium oder Scandium, finden sich in Moosen zudem in höheren Konzentrationen als im Boden, weil sie in Moosen angereichert werden. Wie aus der hohen Schwermetalltoleranz von Moosen hervorgeht, resultieren daraus jedoch keine Schäden. Das hängt damit zusammen, dass Moose die Aufnahme von Elementen nicht selektieren und kontrollieren können wie Höhere Pflanzen. Desgleichen ist der Elementgehalt in Gametophyten und Sporophyten von Moosen identisch, auch hier findet keine Selektion von Nährstoffen statt.

## 6.4.1 Nährstoffaufnahme

Die Aufnahme von Mineralstoffen erfolgt in drei Schritten:

1. **Kationenaustausch**. Ein Teil der Elemente wird in Form von Partikeln an der Oberfläche der Moose festgehalten. So lässt sich die Staubimprägnierung bei Moosen dadurch feststellen, dass in einer Aschenanalyse Elemente (Al, Ti, Be, Zr) gefunden werden. Ebenso können mit einer Röntgenanalyse unter dem Rasterelektronenmikroskop Metalle auf der Oberfläche von Moospflanzen lokalisiert werden. Auf diese Weise erklärt sich die Eignung für die „moss bag technique", bei der Moose (besonders Torfmoose) exponiert werden und speziell Schwermetallemissionen aufnehmen. Aus der Expositionszeit und der Menge von der Immissionen lässt sich die Luftbelastung berechnen. Diese Schwermetalle liegen zumeist in Partikelform vor. Bei der Bestimmung des Schwermetallgehaltes dürfen die Moosproben daher vorher nicht gewaschen werden. Die Bindung der Elemente erfolgt durch Kationenaustausch und Chelatbildung an der Oberfläche der Moose. Der Ionenaustausch ist besonders an Torfmoosen untersucht worden. Torfmoose kommen nur an Standorten mit niedrigem pH vor. Als mögliche Ursache dafür hat man früher das Regenwasser, $H^+$-Ionen Abgabe von Bakterien, $H^+$-Ionen Abgabe aus organischen Säuren in den Zellwänden von Torfmoosen, oder Humussäuren im Wasser angegeben. Dass der wesentliche Faktor der Ionenaustausch ist, war jedoch bereits  Hobby-Gärtnern bekannt, denn sie benutzen Sphagnen zum Ansäuern von Gießwasser, wenn das Leitungswasser zu hart ist. Dazu wird eine Hand voll Sphagnen in eine Gießkanne zum Gießwasser gegeben, worauf das Wasser enthärtet wird und sich dadurch zum Gießen von Sauerhumuspflanzen (Orchideen, Azaleen) eignet. In der Natur säuern Torfmoose das umgebende Wasser auf pH 4,5 - 3 an. Die stärkste Versauerung ist in den Bulten zu verzeichnen. Die Fähigkeit, den pH-Wert von Lösungen zu senken, beruht auf der Fähigkeit zum Kationenaustausch. Dabei werden Kationen ($Mg^{2+}$, $Ca^{2+}$, $K^+$) aus dem umgebendem Wasser an der Zellmembran gegen $H^+$ ausgetauscht. Der  Kationenaustausch ist experimentell schon früher von mehreren Autoren unabhängig voneinander nachgewiesen und intensiv durch die Arbeiten von Brehm (1968, 1970) und Rudolph & Brehm (1966) studiert worden. Der Ionenaustausch ist vermutlich an die Gegenwart von Polygalacturonsäure in den Zellwänden gebunden, welche die negative Ladung erzeugt. Diese Säure macht 12% des Gewichts der Zellwände von Torfmoosen aus.

Experimentell konnte belegt werden, dass der Kationenaustausch bei verschiedenen Arten und in den unterschiedlichen Teilen der Torfmoospflanze (Stämmchen, Endknospe, Äste) auch unterschiedlich stark ist (Clymo 1963). Das hängt mit der unterschiedlichen Größe der Oberfläche der Zellmembran zusammen, die für den Ionenaustausch zur Verfügung steht. Die Oberfläche wird speziell durch die Innenflächen der Hyalocyten stark vergrößert. Mit diesen Versuchen ist belegt, dass Torfmoose dasselbe Kationaustauschvermögen haben, wie es seit etwa 100 Jahren schon von den Phanerogamenwurzeln bekannt ist.

Kationenaustausch hat man überwiegend an Torfmoosen studiert, da bei ihnen die Frage im Vordergrund stand, wieso diese Pflanzen an solchen Standorten mit extrem ho-

**Tab. 6-2:** Kationenaustausch von unterschiedlichen Laubmoosarten (aus Frahm 1997).

| | Gewicht (g) | pH | Leitfähigkeit (µS) | absorbiertes Ca⁺⁺ (mg) | (mg/100g) |
|---|---|---|---|---|---|
| Aqua dest. | | 7,25 | 1,54 | | |
| CaCl$_2$ | | 6,24 | 1058 | | |
| *Sphagnum palustre* | 3,36 | 3,56 | 933 | 8,62 | 256 |
| *Sphagnum fimbriatum* | 4,22 | 3,64 | 962 | 9,81 | 232 |
| *Leucobryum glaucum* | 10,26 | 3,42 | 903 | 5,45 | 53 |
| *Dicranum scoparium* | 5,36 | 3,35 | 984 | 10,10 | 187 |
| *Mnium hornum* | 5,47 | 3,58 | 939 | 9,00 | 164 |

her Wasserstoffionenkonzentration als auch geringem Nährsalzangebot existieren und worauf sich ihr Unvermögen begründet, höhere pH-Werte zu ertragen. Orientierende Versuche mit anderen Moosarten zeigen jedoch, dass die Nährstoffaufnahme hier genauso über Ionenaustausch erfolgt (Frahm 1997, Tab. 6-2). Daraus ist - ebenso wie bei Torfmoosen - eine ansäuernde Wirkung auf die Umgebung verbunden, ein Effekt, der bei manchen anderen Fragestellungen nicht berücksichtigt wird. So wird die Versauerung an Stammfüßen von Bäumen auf den am Stamm ablaufenden „Sauren Regen" zurückgeführt, wohingegen der ansäuernde Effekt durch die auf dem Stamm wachsenden Kryptogamen (auch *Protococcus*-Algenüberzüge werden eine ansäuernde Wirkung haben) hervorgerufen oder zumindestens gesteigert werden kann.

Durch Kationenaustausch werden insbesondere auch Schwermetallionen an der Oberfläche von Moosen gebunden, weswegen diese zu Akkumulationstests von Schwermetallen in Gewässern eingesetzt werden können. Dabei wird Moosmaterial von unbelasteten Flüssen in belastete verbracht und nach einer bestimmten Expositionszeit ihre Schwermetallaufnahme gemessen. Genauso werden durch Moose (ebenso wie durch Flechten) Isotope aus radioaktivem Fallout gebunden. Auch die Resistenz von Kalkmoosen gegen Sauren Regen erklärt sich weniger aus der Pufferwirkung des Substrats sondern aus dem dichten Besatz der Moosoberfläche mit Ca$^{2+}$-Ionen.

2. Die gelöste Stoffen werden schließlich aktiv durch die semipermeable Zellmembranen in das Cytoplasma aufgenommen. Dazu liegen bei Moosen keine speziellen Untersuchungen vor.

3. Partikel können schließlich auch in unlöslicher Form durch Pinocytose in die Zellen aufgenommen werden, wie REM Aufnahmen von *Rhytidiadelphus squarrosus* von Straßenrändern gezeigt haben, in dem Bleipartikel in Vesikeln in der Zelle gefunden wurden (Gullvag et al. 1974).

An Nährstoffquellen kommt in erster Linie die Atmosphäre in Frage, wie Versuche mit der „moos bag technique" zeigen, bei denen in Nylonnetzen aufgehängte Bälle von Torfmoosen u.a. Schwermetalle aufnehmen. Auch der Nachweis von Radioisotopen in Moosen, die aus Atomversuchen oder Kernkraftwerksunglücken stammen, belegt dies. Bei direkt dem Boden anliegenden Moosarten kommt auch die Mineralversorgung über

Bodenwasser in Frage, desgleichen bei „im Wasser stehenden" Moosen mit innerer oder äußerer Wasserleitung (z.B. an Quellen). Die Feststellung, dass in regenreichen Gebieten mehr Moose zu finden sind als in regenarmen, hat somit nicht nur mit der besseren Wasserversorgung sondern gleichzeitig mit der besseren Nährstoffversorgung zu tun. Desgleichen basiert die Zunahme von Moosen an Waldlichtungen nicht nur auf der erhöhten Lichtintensität sondern auch auf dem erhöhten Nährstoffeintrag durch Regen.

## 6.4.2 Substrat

Manche ubiquitäre Moosarten (z.B. *Ceratodon purpureus*) haben eine sehr weite Amplitude hinsichtlich ihrer Standortansprüche, speziell was die Art oder den pH des Untergrundes angeht. Sie kommen sowohl auf basischem als auch saurem Substrat vor, auf morschem Holz, Erde, Gestein, Borke und Erdboden. Die meisten Moosarten haben jedoch sehr spezifische Standortansprüche und sind deswegen in der Ökologie bei der Standortansprache von großem Wert. So sind die meisten Dicranaceae und Polytrichaceae sowie alle Torfmoose charakteristisch für saure Standorte, die Gattung *Seligeria* für Kalkgestein.

Kulturversuche haben gezeigt, dass für den Mineralstoffwechsel ein ausgewogenes Verhältnis von $K^+$, $Ca^{2+}$ und $Mg^{2+}$ notwendig ist, obgleich an nährstoffarmen Standorten in geringer Konzentration von 1 mg/l.

### 6.4.2.1 Schwermetalle

Manche Moosarten sind bekannt dafür, dass sie an schwermetallreichen Standorten wachsen können, einige Arten sind auf solche Standorte beschränkt. Beispiele dafür sind die Laubmoose *Mielichhoferia* spp., *Scopelophila* spp. (=*Merceya*) und das Lebermoos *Gymnocolea acutiloba*. Diese Arten werden vielfach als Kupfermoose bezeichnet, sie kommen jedoch auch auf Zinkböden vor. In der Natur sind diese Arten für gewöhnlich auf kleine Felsritzen in metamorphen Gestein oder einzelne Schieferbänder beschränkt und zeigen sehr kleinflächige Schwermetallakkumulationen an, sodass sie zur Metallprospektion für wirtschaftliche Zwecke wenig geeignet sind.

Diese „Kupfermoose" sind nicht nur schwermetalltolerant sondern erfordern erhöhte Anteile von $Cu^{++}$ im Substrat. Generell sind alle Moose schwermetalltolerant und haben eine sehr hohe Aufnahme- und Akkumulationsfähigkeit für Schwermetalle, was sie für das Biomonitoring von Schwermetallbelastungen in Gewässern und der Luft interessant macht (s. Kap. 7). Analysen von „Kupfermoosen" zeigten jedoch keine erhöhten $Cu^{2+}$-Werte in den Zellen der Pflanzen.

## 6.4.2.2 Phosphat und Stickstoff

Einige Moosarten sind charakteristisch für alte Brandstellen. Dazu gehören insbesondere *Funaria hygrometrica*. Abgesehen davon, dass feuchte Holzkohle ein gutes Substrat für die Sporenkeimung und Protonemaentwicklung abgibt, haben diese Standorte einen höheren pH-Wert und extrem hohe Nährstoffkonzentrationen in der Asche, speziell an Phosphat und Stickstoff. Ein hoher Stickstoffbedarf dieser Arten ließ sich in Kulturversuchen jedoch nicht bestätigen (Brown 1982).

Ebenfalls charakteristisch für extrem nährstoffreiche Substrate sind Splachnaceae, die auf Tierkot (Dung, Gewöllen) und Tierleichen wachsen.

Andere Arten wie *Bryum argenteum, Ceratodon purpureus, Leptobryum pyriforme* und *Marchantia polymorpha* können als nitrophil gelten. Ihre natürlichen Vorkommen in der Naturlandschaft dürften an Vogelfelsen oder Wildlägern gelegen haben. Heute sind diese Arten in der Kulturlandschaft weit verbreitet. Die bei allen Verbrennungsvorgängen freiwerdenden Stickstoffemissionen (aus Industrie, Kraftverkehr, Hausfeuerung) sind in den letzten Jahren extrem gestiegen und haben zu einer starken Förderung dieser Arten geführt. Dadurch, dass diese Arten konkurrenzkräftiger als die ursprünglichen Arten besonders an nährstoffarmen Standorten sind, führen sie einen Verdrängungswettbewerb, der viele empfindliche Arten zum Opfer fallen.

Hinsichtlich der Stickstoffversorgung  spielen Cyanobakterien für viele Moose eine Rolle. Das betrifft nicht nur die Fälle, bei denen Nostoc-Kolonien in den Thalli von Lebermoosen (*Anthoceros, Blasia*) siedeln. Beobachtungen an Wüstenmoosen zeigen, dass das sehr nährstoffarme Substrat mit fädigen  Cyanobakterien durchsetzt ist, die sicherlich auch zur Stickstoffversorgung der darin wachsenden Erdmoose beitragen (Frey & Kürschner 1991). Desgleichen können Cyanobakterien in Moospolstern an extremen Standorten wie Felsmoosen oder epiphytischen Moosen beobachtet werden, die dort zwischen  und auf den Blättern wachsen.

Inwieweit auch gasförmige Emissionen (z.B. $NO_x$, $NH_3$) zur  Mineralversorgung der Moose beitragen, ist noch nicht untersucht.

- Die poikilohydrischen Moose haben in der Evolution der Landpflanzen hinsichtlich der Wasser- und Nährstoffversorgung einen anderen Weg als die homoiohydrischen Kormophyten eingeschlagen. Obgleich sie offenbar von tracheophytischen Vorfahren abstammen, haben sie eine alternative Lebensstrategie entwickelt, die sie unabhängig von Wasserstress macht. Dies befähigt sie zur Besiedlung von Extremstandorten.
- Hinsichtlich des Wasserfaktors sind Moose von der Aufnahme atmosphärischen Wassers abhängig, was sie besonders als Bioindikatoren geeignet macht. Die Wasseraufnahme erfolgt über die gesamte Oberfläche. Sie wird durch spezielle morphologische Strukturen wie papillöse Blattoberflächen unterstützt. Daneben gibt es wasserleitende Strukturen. Ektohydrische Arten vermögen durch besondere Anpassungen wie Rhizoidenfilze Wasser außen zu leiten, endohydrische Arten verfügen daneben über eine innere, aber nicht ausreichende Wasserleitung („Moos welkt im Glase Wasser").
- Zur Verlängerung der Photosyntheseperiode verfügen manche Moose über spezielle wasserspeichernde Einrichtungen. Trockenperioden werden im Zustand der Dormanz überdauert, wobei im dehydrierten Zustand auch hohe Temperaturen toleriert werden. In ähnlichem Maße sind Moose auch frostresistent.
- Für die Photosynthse sind bereits niedrige Beleuchtungsstärken ausreichend. Die Kompensationspunkte liegen bei schattentoleranten Arten bei 300 Lux, bei Arten exponierter Standorte beim 1-2000 Lux. Schattenarten können niedrige Beleuchtungsstärken offenbar durch erhöhte $CO_2$-Werte kompensieren.
- Als Nährstoffe werden Partikel aus angewehten Stäuben, kapillar aufgenommenes Bodenwasser und in Regenwasser gelöste Stoffe genutzt, die durch Kationenaustausch aufgenommen werden. Durch die Aufnahme atmosphärischen Wassers inkorporieren Moose die darin gelösten Nährstoffe in Ökosysteme.
- Manche Moose sind auf schwermetallreiche, andere auf phosphat- oder stickstoffreiche Substrate beschränkt.

# 7 Cytologie und Genetik

Chromosomen sind an Moosen bereits zu Ende des 19. Jahrhunderts untersucht worden. Jedoch führte erst die Erfindung der Quetschmethode und der Orcein- bzw. Karminessigsäurefärbung in den Zwanzigerjahren des 20. Jahrhunderts zu zahlreicheren Studien auf diesem Gebiet. Generell sind Chromosomen von Moosen weitaus kleiner als bei Samenpflanzen (nur 0,5-0,9 µm) und dementsprechend schwer zu beobachten. Zudem sind sie bei Laubmoosen vielfach nicht band- sondern nur unregelmäßig punktförmig (Abb. 7-1) und neigen in der Metaphase zu Verklumpung.

Moos-Chromosomen sind sowohl bei der Mitose als auch der Meiose anfärbbar (s. Anhang). Auf Grund der kurzen Lebensdauer der Sporophyten werden bei Lebermoosen eher Mitosestadien ausgezählt, bei Laubmoosen werden nach Möglichkeit Meiosen vorgezogen. Der Grund ist, dass Teilungsstadien der Sporenmutterzellen - entsprechendes Reifestadium des Sporogons vorausgesetzt - sicherer anzutreffen und einfacher zu färben sind als Mitosen in den Stämmchenspitzen, die schlecht zu präparieren sind und vielfach keine Teilungsstadien zeigen (oder nur nachts). Dennoch sind viele cytologische Entdeckungen an Moosen gemacht worden. Heitz (1928) entdeckte das Heterochromatin in den Chromosomen des Lebermooses *Pellia*. Die Eheleute Marchal erzeugten als erste künstliche Polyploide bei Moosen, indem sie Sporophytengewebe verletzten und in Kultur zu neuen diploiden Moospflanzen heranwachsen ließen. Die Befruchtung solcher Pflanzen erbrachte tetraploide Sporophyten. Diese Versuche wurden durch Fritz von Wettstein in Göttingen fortgesetzt, der an Funariaceen bis zu 32-fache Polyploide erzeugen konnte. Der Amerikaner Allen (1930) entdeckte an dem Lebermoos *Sphaerocarpus* die Geschlechtschromosomen. Grund dafür war, dass bei *Sphaerocarpus* die Meiosporen in Tetraden beieinander bleiben. Da *Sphaerocarpus* diözisch ist, besteht jede Tetrade aus 2 männlichen und 2 weiblichen Sporen. Da wiederum männliche und weibliche Pflanzen morphologisch unterschieden sind, entstehen bei dem Aussähen einer Tetrade 2 weibliche und 2 männliche Pflanzen. Die Analyse der Chromosomen ergab, dass männliche und weibliche Sporen sich durch ein ungleich großes Chromosom auszeichnen, welches die Bezeichnung X und Y Chromosom bekam. Burgeff (1943) führte *Marchantia* in die Pflanzengenetik ein. Er selektierte Mutationen aus der natürlichen Mutationsrate und führte Kreuzungen von Arten und Mutanten durch.

Heute benutzt man das Laubmoos *Physcomitrella patens* in Labors zu genetischen Experimenten wie der Erzeugung von Mutanten. Grund ist, dass die Art sehr kurze Lebenszyklen hat (ähnlich wie das unter den Blütenpflanzen aus diesem Grunde verwendete *Arabidopsis thaliana*).

© Springer-Verlag GmbH Deutschland, ein Teil von Springer Nature 2001
J. Frahm, *Biologie der Moose*,
https://doi.org/10.1007/978-3-662-57607-6_7

# 7.1 Chromosomenzahlen

Chromosomenzahlen sind von 830 Taxa von Lebermoosen und 1550 Taxa von Laubmoosen anhand von 6700 Chromosomenzählungen bekannt, die in fast 900 Publikationen veröffentlicht wurden (Fritsch 1991). Die ältesten Angaben stammen aus dem Anfang des 20. Jahrhunderts, die meisten Zählungen stammen aus dem Zeitraum 1950-1990. Damit sind die Chromosomenverhältnisse von ca. 10% der Laubmoose und 15% der Lebermoose festgestellt. Auf Grund der relativen Uniformität der Chromosomenzahlen bei Moosen sind jedoch keine „großen Überraschungen" mehr zu erwarten.

## 7.1.1 Systematische Relevanz (Cytotaxonomie)

Chromosomenzahlen von Moosen werden hauptsächlich einerseits zur Charakterisierung der Großgruppen der Moose, andererseits für Arttrennungsprobleme, seltener auch als Anhaltspunkt für fragliche Gattungszuordnungen benutzt. Ursprünglich hatte man sich von den Chromosomenzahlen eine Hilfe bei der Klassifikation der Moose versprochen, doch zeigte sich, dass die Zahlen bei Moosen recht einheitlich sind.

Die Chromosomenzahlen liegen zwischen n = 4 und n = 66, wobei hohe Zahlen selten sind. Die meisten Zahlen liegen zwischen n = 4 und n = 20.

Von den **Hornmoosen** weisen 97% Chromosomensätze von n = 4, 5 oder 6 auf. Dadurch unterscheiden sie sich deutlich von den Lebermoosen mit Grundzahlen von n = 8, 9 oder 10. Sie sind damit vermutlich überwiegend haploid.

Die Grundzahl bei den meisten **Lebermoosen** ist n = 9, die bei 64% der bisher bekannten Lebermoose festgestellt wurde. Fast 87% aller für Lebermoose angegebene Chromosomenzahlen sind n = 8, 9 oder 10. Diploid (mit n = 16 - 20) sind etwa 10%, triploid 1,3%. In vielen Gattungen und Familien (z.B. Jungermanniaceae) findet man nur n = 9 (oder 18). Ob diese Chromosomensätze funktionell diploid sind und von n = 4 oder 5 abgeleitet sind, wird kontrovers diskutiert. Das Laubmoos *Takakia*, früher für ein Lebermoos gehalten, hat n = 4 oder 5. Es konnte schon aufgrund der Chromosomenzahl kein Lebermoos sein, da Lebermoose n = 8,9,10 haben, es sei denn, man postulierte, dass alle Lebermoose diploid sind. Dies als Beispiel, wie Chromosomenzahlen Hinweise auf systematische Zugehörigkeit liefern können.

**Laubmoose** besitzen Grundzahlen von n = 4, 5, 6 und 7. Die häufigste Zahl bei Laubmoosen ist n = 11. Innerhalb der Laubmoose zeichnen sich die Torfmoose (Sphagnidae) durch einheitliche Sätze von n = 19 bzw. 38 aus, die Polytrichidae haben n = 7 oder 14, desgleichen die Tetraphididae n = 7 oder 8, die Andreaeidae n = 10 oder 11.

Auch phylogenetische Spekulationen lassen sich an Chromosomenzahlen knüpfen, die jedoch vielfach kontrovers diskutiert werden. Details dazu finden sich bei Ramsay (1983).

Da die Aussagekraft von Chromosomenzahlen durch die Uniformität der Grundzahlen sehr beschränkt ist, hat man sich später mit Chromosomenmorphologie beschäftigt

**Tab. 7-1:** Chromosomenzahlen der systematischen Großgruppen der Moose.

| Syst. Gruppe | Chromosomenzahl | sek. Polyploidie |
|---|---|---|
| Anthocerotophyta | 4,5,6  (97%) | keine |
| Bryophyta | | |
|    Marchantiophytina | 8,9,10 (67%) | 11,3% |
|    Bryophytina | | |
|      Andreaeidae | 10,11 | |
|      Sphagnidae | 19, 38 | |
|      Tetraphididae | 7,8 | |
|      Polytrichidae | 7,14 | |
|      Bryidae | 4,5,6,7 | |
|       Haplolepideae | 7 | 22% |
|       Diplolepideae | 6 | 18% |

(Newton 1979, Ramsay 1982, vgl. Kap. 7.2). Die meisten Chromosomenzählungen erfolgten an verschiedenen Moosen aus bestimmten Florengebieten und nur selten an systematischen Gruppen, so an Mniaceae (Bowers 1980), bei denen die cytologischen Daten für die Taxonomie verwendet wurden.

## 7.1.2 Polyploidie

In allen systematischen Gruppen der Moose kommen Polyploide (bei Laubmoosen z.B. 10, 12, 14) oder Aneuploide (9,11,13) vor. Manche Arten kommen sogar in mehreren Polyploidiestufen vor, z.B. das häufige heimische Waldbodenmoos *Atrichum undulatum* mit n = 7, 14 und 21, oder das bei uns auf Schlammboden wachsende *Physcomitrium pyriforme* sogar mit n = 9, 18, 27, 36 und 54. Diese **Autopolyploide** lassen sich im Gelände meist nicht unterscheiden. Vielfach wurde die Unterscheidung solcher Polyploide auf Artrang postuliert, so die Unterscheidung von *Pellia borealis* (n = 18) von *Pellia epiphylla* (n = 9), was sich aber als kaum durchführbar erwiesen hat. Weitere Polyploide wurden durch den Freiburger Professor Lorbeer vor 60 Jahren an Lebermoosen festgestellt und als neue Arten beschrieben, so *Riccia rhenana* (n = 16) und *R. duplex* (n = 18), Polyploide von *R. fluitans* (n = 8). Obgleich bei künstlich erzeugten Polyploiden sich die Pflanzen der unterschiedlichen Polyploidiestufen durch die Zellgröße unterschieden, ist das in Wildpopulationen meist nicht der Fall, so bei manchen *Jungermannia*-Arten mit n = 9 und n = 18. Daher kann man Polyploide meist auch nicht im Mikroskop an der Zellgröße erkennen. Ausnahmen sind die Lebermoose *Chiloscyphus polyanthus* (n = 9) und *C. pallescens* (n = 18). Solche Polyploide können für unterschiedliche Teilpopulationen in disjunkten Arealen charakteristisch sein, aber auch (wie bei *Atrichum*) durcheinander wachsen, oder sich an unterschiedlichen Stand-

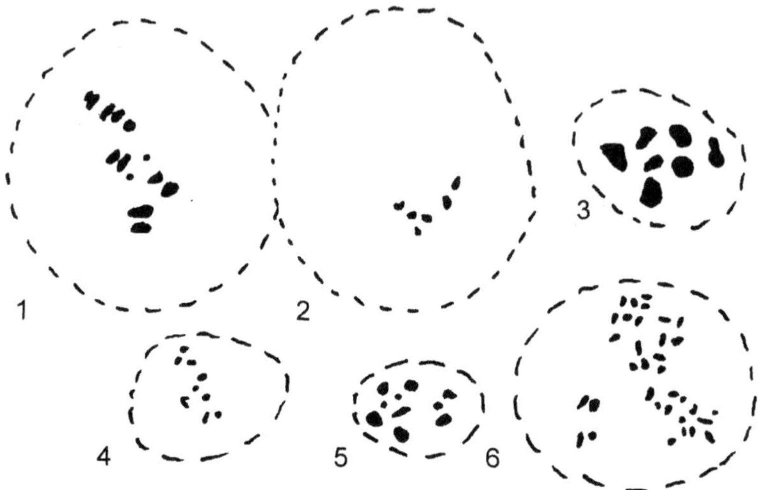

**Abb. 7-1:** Chromosomensätze (Meiosen) von Laubmoosen. Bivalente hängen zumeist noch zusammen. 1. *Papillaria amblyacis* (n = 11). 2. *Breutelia pendula* (n = 6). 3. *Dawsonia longiseta* (n = 6). 4. *Macromitrium ligulare* (n = 9). 5. *Hypopterygium rotulatum* (n = 9). 6. *Hypopterygium rotulatum*, polyploid. (Nach Ramsay 1983).

orten eingenischt haben (z.B. beide erwähnten *Chiloscyphus*-Arten). Man kann sich die Entstehung von Polyploiden auf mehrfache Weise vorstellen:

- einmal kann bei der Meiose ein Teilungsschritt ausbleiben und es enstehen diploide Sporen (Diplosporie), oder
- wenn einer Kernteilung bei der Mitose keine Zellteilung folgt, oder
- wenn in der Natur Sporophytengewebe verletzt wird (z.B. durch das Auftreten von Wild auf einem Wildwechsel), und der Sporophyt auf feuchtem Boden zu einem neuen, jetzt aber diploiden Gametophyten heranwächst.

Die Polyploide haben dann in der Regel mehr Durchsetzungskraft, weil sie weniger anfällig gegen Mutationen sind.

Vielfach ist Polyploidisierung mit dem Wechsel der Geschlechtsverhältnisse verbunden, so bei *Bryum capillare* (n = 10, diözisch) und *B. torquescens* (n = 20, synözisch). Diesen Effekt hatte von Wettstein schon bei einem künstlich aus *Bryum caespiticium* (n = 10) erzeugten Polyploiden (n = 20) festgestellt. Daraus wurde zum Teil geschlossen, dass Zweihäusigkeit ursprünglich und Einhäusigkeit abgeleitet ist.

Polyploide findet man besonders bei weit verbreiteten Arten wie z.B. *Tortula muralis* (n = bis zu 66!), *Funaria hygrometrica* (n = bis zu 56!) oder Populationen, die weit in extreme Habitate wie arktische Gebiete vorstoßen. Generell nimmt Polyploidie polwärts zu. Daneben gibt es auch regionale Unterschiede. So ist der Anteil von diploiden und triploiden Sippen unter den Moosarten in den Rocky Mountains größer als im Himalaya.

**Abb. 7-2:** Chromosomensatz des Lebermooses *Mylia taylori* (n = 8 + m). (Nach Newton 1983).

Neben Autopolyploidie findet sich bei Moosen auch **Endopolyploidie**, z.B. bei Lebermoosen, bei denen die Brutkörper den doppelten Chromosomensatz der Mutterpflanze haben.

**Aneuploidie** ist bei Lebermoosen selten (z.B. bei *Frullania* mit n = 9, 10) oder *Plagiochila* (n = 8, 9), bei Laubmoosen verbreitet.

## 7.2 Chromosomenstruktur

Wegen der Uniformität der Chromosomenzahlen hat die Erforschung der Struktur der Chromosomen bei Moosen (Karyotyp-Analyse) eine besondere Bedeutung, die mit Hilfe von Autoradiographie oder der Chromosomenbandtechnik betrieben wird, aber selten an Moosen angewandt wurde. Bereits die Größe der Chromosomen ist sehr unterschiedlich. Während die Länge der Chromosomen bei *Pellia epiphylla* zwischen 7 und 19 µm liegt, ist sie bei *Chiloscyphus pallescens* nur 2 µm. Während bei anderen Pflanzengruppen und Tieren die Lage des Centromers bei der mitotischen Metaphase bestimmt wird, ist dies bei Moosen schwer möglich. Ein Chromosom aus einem Satz ist oft deutlich (mehr als die Hälfte) kleiner und wird als m(micro)-Chromosom bezeichnet, doch ist die Größe nicht genau definiert, so dass der Terminus von verschiedenen Autoren unterschiedlich angewandt wird. Daneben gibt es Größenunterschiede bei den Geschlechtschromosomen dergestalt, dass in der Regel das Y-Chromosom größer ist, wobei es auch wiederum Ausnahmen gibt. Weitere Chromosomenunterschiede ergeben sich durch Heterochromatin, welches zumeist durch Giemsa-C-Färbung sichtbar gemacht wird. Da alle Chromosomen unterschiedliche Banden haben, erlaubt diese Methode eine sichere Differenzierung einzelner Chromosomen. Jedoch sind Heterochromatinbanden in der Regel auf die Prophase beschänkt und daher entsprechend schwieriger zu beobachten.

## 7.3 Hybridisierung

Im Gegensatz zu Blütenpflanzen ist Hybridisierung bei Moosen selten. Sie wurde nur bei Laubmoosen, nicht aber Lebermoosen nachgewiesen. In der Natur lassen sich in einigen Verwandtschaftskreisen Hybriden zwischen zwei Arten beobachten. So bilden *Pogonatum aloides* und *P. nanum* unterschiedliche Hybriden, je nach dem ob *P. aloides* oder *P. nanum* den männlichen bzw. weiblichen Elternteil stellt. Solche Hybriden sind aber selten und nur dort vorhanden, wo sich sich die Standortsbereiche der beiden Eltern überdecken. Bei Pottiaceae, Ditrichaceae und Funariaceae sind auch Gattungsbastarde bekannt, so zwischen den Laubmoosen *Physcomitrella patens* und *Physcomitrium eurystomum* (Funariaceae). Die Hybridisierung betrifft in diesen Fällen Arten mit sich öffnenden (stegokarpen) und sich nicht öffenenden Sporenkapseln.

Daneben wurden auch künstliche Art- und auch Gattungshybriden gezüchtet, vornehmlich wieder aus den Funariaceae (v. Wettstein 1924). Unter Lebermoosarten sind keine Hybriden bekannt, jedoch hybridogen entstandene Arten. Solche mutmaßlich hybridogen entstandene Sippen unter den Moosen lassen sich durch ihre Chromosomenzahlen erkennen, z.B. das Lebermoos *Metzgeria conjugata* (n = 17), welches aus *M. simplex* (n = 9) und *M. furcata* (n = 8) entstanden sein kann. Der hybridogene Status von Arten lässt sich auch durch Isoenzymanalysen (vgl. 7.5) nachweisen, wobei die Hybriden Enzymsysteme der Eltern in sich vereinigen. Auf diese Weise wurde u.a. anhand von Material aus Nordamerika festgestellt, dass *Plagiomnium medium* ein allodiploides Moos ist, welches aus der Hybridisierung von *P. ellipticum* und *P. insigne* hervorgegangen ist. Interessanterweise fehlt in Europa ein Elternteil (*P. insigne*), obgleich *P. medium* hier auch vorkommt, sodass die Hybridisierung vor der Trennung der nordamerikanischen und europäischen Landmasse stattgefunden haben muss und *P. insigne* anschließend in Europa ausgestorben ist.

## 7.4 Mutanten

Neben künstlich im Labor erzeugten Mutanten sind nur wenige sichere Fälle aus der Natur bekannt. In jüngster Zeit sind somatische Mutationen beobachtet worden, die erhebliche morphologische Veränderungen mit sich bringen. So wurde 1989 im Saarland ein unbekanntes epiphytisches Moos mit fremd anmutender wurmförmiger Beblätterung gefunden (Abb. 7-3). Einige Zeit später tauchte so ein Moos in Holland auf. Neuerdings wurde es in Lothringen, Sachsen und Rheinhessen gefunden. Die Entdeckung eines Herbarbeleges, bei dem nur ein Ast an einer Pflanze von *Hypnum cupressiforme* so abweichend ausgebildet war, brachte die Vermutung, es könnte sich dabei um eine somatische Mutation dieser Art handeln. Dies konnte einerseits molekular bewiesen werden, wobei in Proben beider Pflanzen dieselben Isoenzyme gefunden wurden. Andererseits ergab die Aussaat von Sporen dieses mysteriösen Mooses zur Hälfte *Hypnum-cupressiforme*-Pflanzen. Dies zeigt, dass eine Befruchtung weiblicher Pflanzen dieser Art durch männliche Pflanzen von *Hypnum cupressiforme* möglich war (van Zanten & Hofman 1994). Auf Grund der starken morphologischen Unterschiede und einem morphologischen, nicht genetischen Artkonzept folgend, wurde die Mutante jedoch als eigene Art (*Hypnum heseleri,* Abb. 7-3) beschrieben (Ando & Higuchi 1994).

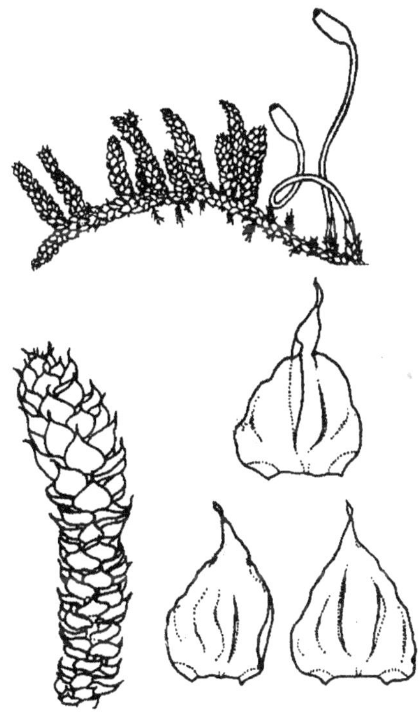

**Abb. 7-3:** *Hypnum heseleri,* ein somatischer Mutant von *Hypnum cupressiforme* (Nach Ando & Deguchi 1994).

Eine Mutation an einem aquatischen Moos wurde 1997 an einem Wasserfall im Schwarzwald gefunden. Es zeichnete sich durch eine mehrschichtige Blattlamina (was für Moose ungewöhnlich ist) und eine dicke Rippe aus. DNA-Sequenzierungen eines ribosomalen und eines Chloroplastengens ergaben, dass die Sequenzen (bis auf eine Substitution) mit der am Standort wachsenden Art *Platyhypnidium riparioides* identisch waren. Aber erst der Fund von identischen Sporophyten an beiden Arten belegte, dass es sich wiederum um eine somatische Mutation handeln muss (Stech & Frahm 1999). Diese wurde auch wieder als eigene Art, *P. mutatum* beschrieben (Ochyra & Vanderpoorten 1999). Wassermoose mit mehrschichtigen Laminas sind noch an mehreren, weit auseinander liegenden Stellen der Welt gefunden worden (Texas, Kolumbien, Bolivien, Neuseeland, Slowakei, Schweiz, Tenerifa). Sie sind alle nur von einer Stelle bekannt, so dass die Vermutung nahe liegt, es könne sich dabei ebenfalls um Mutationen handeln. Der auslösende Faktor dafür ist nicht bekannt. Auffällig ist ferner, dass die meisten Fälle erst in den letzten Jahren aufgetreten sind.

## 7.5 Isoenzymanalysen

Die elektrophoretische Isoenzymanalyse hat in den letzten 20 Jahren beigetragen, die genetische Variabilität von Moossippen zu erfassen. Die Methode eröffnete Möglichkeiten, Artabgrenzungen als auch besonders infraspezifische Variabilität auf Populationsebene zu klären. Die Methode beruht darauf, dass Enzyme für dieselbe Reaktion (*"enzyme loci"*) in unterschiedlicher molekularer Form existieren, die als Isoenzyme bezeichnet werden. Diese Isoenzyme werden mit Hilfe der Elektrophorese (bei Moosen meist Stärkegelelektrophorese) aufgetrennt und spezifisch angefärbt. Dabei zeigt sich eine unterschiedliche Anzahl und Art von Isoenzymen, die die genetische Diversität der Sippen zum Ausdruck bringen. Die Methode ist (verglichen mit DNA-Sequenzierungen) relativ wenig aufwendig, erfordert aber Lebendmaterial. Nach anfänglicher Kritik über die Aussagekraft der Ergebnisse hat sich diese Methode jetzt etabliert (Wyatt et al. 1989, Stoneburner et al. 1991).

## 7.5.1 Populationsgenetik

Die geringen Evolutionsraten und das hohe Alter vieler Moosarten könnten theoretisch zu einer erheblichen genetischen Uniformität führen. Dem ist aber generell nicht so, denn Moose haben vielfach eine ähnlich hohe genetische Vielfalt wie Blütenpflanzen, oft auf engstem Raum. Sie ist allerdings bei Arten mit vorwiegend vegetativer Vermehrung zum Teil geringer. So sind in Polen sechs verschiedene sympatrische Sippen von *Plagiochila asplenioides* nachgewiesen worden, die in unterschiedlichen prozentualen Anteilen in demselben Gebiet vorkommen (Abb. 7-4). Es kann angenommen werden, dass diese Sippen in unterschiedlichen Refugien während der letzten Vereisung entstanden sind und von dort in ihr heutiges Verbreitungsgebiet eingewandert sind. Bei einigen Arten fand sich allerdings überhaupt keine Variabilität, selbst in einem großen Verbreitungsgebiet, so bei *Plagiochila porelloides* in Skandinavien, Polen und Griechenland (Cronberg 2000). Die Variabilität ist auch nicht immer direkt mit Standortfaktoren korreliert. Zum Teil zeigt sich, dass Bestände von Arten an jungen Standorten (Forsten) weniger polymorph sind als an älteren Standorten (Naturwäldern).

Des Weiteren belegen Isoenzymanalysen, dass sich hinter einem Artnamen auch morphologisch verschiedene, sympatrische Geschwisterarten verbergen, die nicht kreuzbar sind und auch morphologisch unterscheidbar, wie im Fall von *Conocephalum conicum* (Szweykowski et al. 1981) nachgewiesen wurde.

## 7.5.2 Geographische Anwendungen

Genetische Unterschiede zeigen auch disjunkte Vorkommen von einer Art, wie ebenfalls an *Concocephalum conicum* an Populationen aus Europa, Nordamerika und Japan nachgewiesen werden konnte (Odrzykoski 1986).

Auch vegetationsgeschichtliche Unterschiede lassen sich durch Isoenzyme aufzeigen. So lassen sich innerhalb Nordamerikas drei Populationen des subarktischen Mooses *Meesia triquetra* nachweisen (Montagnes et al. 1993). Eine davon kommt nur im nördlichsten Teil des Areals vor, eine im mittleren, eine im südlichen. Die südlichen Vorkommen liegen in Mooren außerhalb der quartären Vergletscherungen. Sie können daher als Relikte aus der letzten Eiszeit angesehen werden, an denen sich die Art bis heute gehalten hat. Bei der Rückwanderung aus den pleistozänen Refugien haben sich etappenweise die mittlere und nördliche Population gebildet. Auf diese Weise könnte auch der Status von Glazialrelikten unter den Moosen in Mitteleuropa geklärt werden, was aber bislang noch nicht geschehen ist. Von vielen arktischen Arten in Mooren Mitteleuropas ging man davon aus, dass sie Glazialrelikte seien, was aber angesichts der leichten Ausbreitungsmöglichkeit der Arten durch Sporen nicht zwingend ist, wie das Vorkommen von arktischen Arten in Sandgruben Mitteleuropas zeigt. Dagegen spricht auch, dass sich diese Moore erst im Laufe des Postglazials aus verlandeten Seen gebildet haben, also keine Besiedlungskonstanz boten.

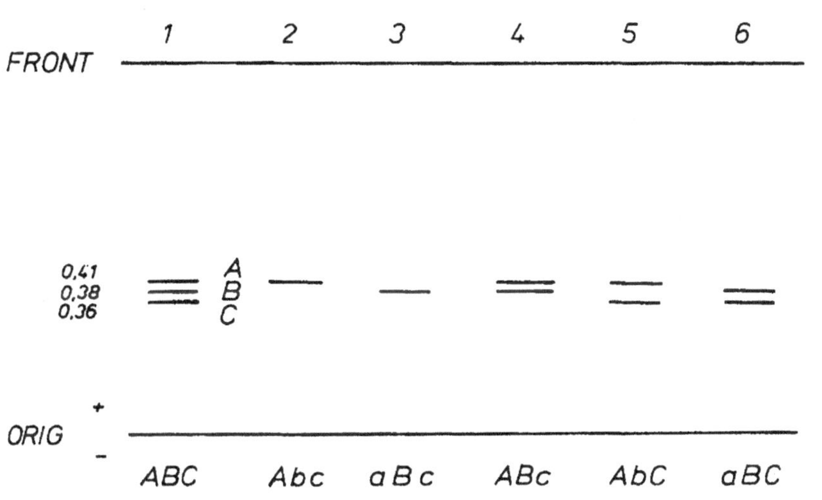


**Abb. 7-4:** Unterschiedliche Isoenzymbanden in sympatrischen Populationen von *Plagiochila asplenioides* aus Polen (n. Krzakowa 1978)

Generell geht man davon aus, dass Tier- und Pflanzenpopulationen in ehemals vergletscherten Gebieten eine geringere genetische Variation haben als solche in ehemals unvergletscherten Gebieten, weil sie dorthin zurückwandern mussten und dort erst kurze Zeit wieder ansässig geworden sind, im Gegensatz zu den lang besiedelten Refugien.

## 7.5.3 Taxonomische Anwendungen

Isoenzymanalysen haben Bedeutung bei Arttrennungsproblemen, speziell bei schwer unterscheidbaren Sippen. So gingen die Ansichten über den Wert von *Sphagnum rubellum* und *S. capillifolium* auseinander, bis Cronberg (1989) differenzierende Banden bei unterschiedlichen Enzymsystemen fand. Hofman (1991) wandte Isoenzymanalysen auf die Populationsgenetik und Taxonomie der Laubmoosgattung *Plagiothecium* an und postulierte anhand von Isoenzym- als auch morphologischen Analysen, dass die schwer unterscheidbaren Artenpaare *Plagiothecium ruthei* und *denticulatum* sowie *P. laetum* und *P. curvifolium* nicht zu differenzieren sind.

Polyploide können auch durch Isoenzyme nachgewiesen werden. An den wenigen bisher untersuchten Beispielen stellte sich jedoch heraus, dass bei angeblich primär polyploiden Moosarten nur haploide Expressionen gefunden wurden, auch in Moosen mit Grundzahlen, die als polyploid gelten. Das widerspricht der Theorie, dass Lebermoose mit n = 9 aus Vorfahren mit Grundzahlen von n = 4 oder 5 entstanden sind. Hingegen lässt sich klären, ob es sich bei sekundär polyploiden Arten um Auto- oder Alloploidie handelt, so z.B. bei *Pellia borealis* (n = 18), welche ein Autopolyploid von *P. epiphylla* (n = 9) ist (Zielinski 1984).

- Chromosomenzahlen sind von 10-15% der Moose bekannt. Sie liegen zwischen n = 4 und n = 66, die meisten zwischen n = 4 und n = 20, und weisen innerhalb der verschiedenen systematischen Gruppen eine bemerkenswerte Uniformität auf (97% der Hornmoose mit n = 4,5,6, 64% der Lebermoose mit n = 9).
- Innerhalb der Laubmoose haben zeichnen sich die Unterklassen durch besondere Grundzahlen aus.
- Polyploidie kommt bei Moosen häufig vor, besonders bei weit verbreiteten Arten und in arktischen Gebieten.
- Ein Chromosom in einem Satz ist oftmals kleiner und wird als m-Chromosom bezeichnet.
- Im Gegensatz zu Blütenpflanzen ist Hybridisierung bei Moosen selten und nur von Laubmoosen bekannt.
- Mutanten sind künstlich erzeugt als auch (sehr selten) in der Natur gefunden worden.
- Die infraspezifische genetische Variabilität ist bei Moosen hoch und durch Isoenzymanalysen belegbar. Mit ihr lassen sich standortbedingte und vegetationsgeschichtlich bedingte Populationsunterschiede belegen.

# 8 Phytochemie

Schon frühzeitig war von Moosen bekannt, dass einige Arten besonders duften oder einen besonderen Geschmack haben, wonach sie im Gelände zum Teil sogar bestimmt werden können. So riechen manche Laubmoose (*Cirriphyllum crassinervium*, *Taxiphyllum wisgrillii*) nach Gurke, andere (*Pohlia nutans*) nach grünen Bohnen. Bei Lebermoosen ist dieser Effekt verbreiteter. Manche Arten (*Mannia fragrans*, *Geocalyx graveolens*) bekamen ihren Namen nach dieser Eigenschaft. Arten wie *Lophocolea heterophylla* und *Jungermannia cordifolia* duften nach Bleistift (Zedernholz), *Jungermannia obovata* und *Nardia scalaris* nach Karotten, *Conocephalum conicum* nach Pilzen. Das Lebermoos *Porella arboris-vitae* hat einen scharfen Geschmack und kann dadurch im Gelände von ähnlichen Vertretern der Gattung unterschieden werden.

Inhaltsstoffe von Moosen wurden schon zu Ende des vorletzten Jahrhunderts untersucht. Czapek (1899) studierte die Zellwände von Moosen und fand, dass die meisten Arten phenolische Substanzen enthalten. Die Inhaltsstoffe, die mit Eisen(III)chlorid schwarz reagieren und die mit Basen gelb werden, nannte er „Dicranumgerbsäure", die mit Millon's Reagenz reagierten, Sphagnol. Von den Moosen sind besonders Lebermoose (ca. 10% der 5-6000 Arten in 50% der Gattungen) untersucht worden, weil sie einen besonderen Reichtum an Inhaltsstoffen aufweisen, die überwiegend in den für sie typischen Ölkörpern lokalisiert sind. Von Laubmoosen sind nur ca. 4% der rund 10.000 Arten in 20% der Gattungen untersucht worden. Der relativ geringe Anteil der untersuchten Arten birgt die Gefahr, dass man die Ergebnisse noch nicht verallgemeinern kann und dass speziell chemosystematische Interpretationen noch recht unsicher erscheinen. Auf der anderen Seite sind aber vielleicht gerade wegen der noch unvollkommenen Kenntnis Überraschungen zu erwarten. Ferner sind die Ergebnisse zumeist an Einzelproben gewonnen worden und es liegen nur wenige Erkenntnisse vor, inwieweit die chemischen Daten genetisch fixiert sind und inwieweit die Zusammensetzung der Inhaltstoffe in den verschiedenen Populationen einer Art variiert.

Die Isolierung von Inhaltsstoffen aus Moosen setzte in größerem Umfang erst vor weniger als 30 Jahren ein, was damit zusammenhängt, dass die chemische Analytik früher größere Mengen von Pflanzenmaterial für die Extraktion benötigte und diese Mengen bei den vergleichsweise kleinen Moosen nicht zur Verfügung standen.

Die meiste Literatur über die Phytochemie der Moose bezieht sich auf die Isolierung und Beschreibung von Inhaltsstoffen. Erst vereinzelt sind phytochemische Daten gezielt zur Klärung von taxonomischen Problemen eingesetzt worden. Übersichten der in Moosen gefundenen Inhaltsstoffe geben Markham & Porter (1978), Suire & Asakawa

© Springer-Verlag GmbH Deutschland, ein Teil von Springer Nature 2001
J. Frahm, *Biologie der Moose*,
https://doi.org/10.1007/978-3-662-57607-6_8

(1979, 1981), Asakawa & Heidelberger (1982) und Huneck (1983). Einen Überblick der Bandbreite der phytochemischen Forschung an Moosen geben Zinsmeister & Mues (1990).

# 8.1 Stoffgruppen

Typische bei Moosen vorkommende Stoffgruppen sind:

## 8.1.1 Flavonoide

Flavonoide (Abb. 8.1.1) sind eine wichtige Gruppe sekundärer Pflanzenstoffe mit C-15-Kohlenstoffgerüst, die meist in glykosidisch gebundener Form auftreten. Sie wurden bei Algen und Pilzen bislang nicht gefunden. Flavonoide erreichen ihre größte Mannigfaltigkeit bei den Angiospermen (ca. 2000 verschiedene Strukturen). Bei etwa 40-50% der Laub- und Lebermoosarten treten Flavonoide auf (Mues 1986). Sie fehlen den Hornmoosen (Anthocerotophyta) und innerhalb der Laubmoose den Polytrichidae, Andreaeopsida, Sphagnopsida und Tetraphididae. Während bei den Laubmoosen sowie den Jungermanniales und Metzgeriales unter den Lebermoosen eine Vielzahl von Flavonoiden vorhanden ist, treten bei den Monocleidae nur Flavon-O-Glycuronide, bei den Calobryales nur Flavon-O-Glycoside auf. Bei den übrigen Lebermoosen zeigt sich eine Tendenz auf Familien- oder Ordnungsebene zur Produktion eines bestimmten Flavonoid-Typs (Markham 1988). Die Laubmoose zeigen dagegen eine ziemlich variable Verteilung von unterschiedlichen Flavonoiden, sodass eine systematische Auswertung hier zu keinem Erfolg  geführt hat (Geiger et al. 1997).

Flavonoide haben eine Bedeutung für die Chemosystematik, weil sie relativ stabil sind und auch noch aus altem Herbarmaterial extrahiert werden können und weil sie strukturelle Veränderungen von Art zu Art aufweisen.

## 8.1.2 Biflavonoide

Biflavonoide sind in etwa der Hälfte der untersuchten Laubmoose gefunden worden, sie fehlen den Horn- und Lebermoosen, was für die Eigenständigkeit dieser Gruppen spricht. Biflavonoide sind außerdem in Psilotopsida, Selaginellales und manchen Gymnospermen vertreten. Das spricht für eine phylogenetische Verbindung von Laubmoosen zu Kormophyten.

## 8.1.3 Nicht flavonoide phenolische Substanzen

Andere phenolische Verbindungen sind in Hornmoosen und reichlich in Lebermoosen aber nur selten bei Laubmoosen nachgewiesen worden. Bei Laubmoosen ist es insbesondere Sphagnumsäure in den Zellwänden von Torfmoosen. Sphagnumsäure ist eine Verbindung mit einem Benzolring, die nur bei Sphagnen, aber nicht bei anderen Moosen nachgewiesen wurde. Bibenzyle sind in allen Lebermoosen, aber nicht in Horn- oder Laubmoosen gefunden worden. Zu dieser Stoffgruppe gehört auch Lignin, dessen Vorkommen in Moosen gelegentlich angegeben wurde, was aber bezweifelt werden muss. Bei den sog. Lignin-Nachweisen bei Moosen und Hornmoosen handelt es sich dabei um polyphenolische, Lignin-ähnliche Substanzen (Lignane), die sich von dem Lignin der Kormophyten durch einen geringeren Grad der Methylierung unterscheiden (Takeda et al. 1990, Martini et al. 1998, Cullmann et al. 1999).

## 8.1.4 Terpene, Terpenoide

Diese umfangreiche Gruppe von Naturstoffen leitet sich - wie auch die Steroide - biogenetisch vom Isopren ab. Nach der Anzahl der zum Aufbau verwendeten Isopren-Einheiten unterscheidet man Mono-, Sesqui-, Di-, Tri-, Tetra- und Polyterpenoide. Sie sind im Tier- und Pflanzenreich weit verbreitet. Ihre gesamte Vielfalt findet sich nur in Höheren Pflanzen, z.B. in ätherischen Ölen, Harzen und Balsam. Terpenoide haben wichtige biologische Funktionen als Pigmente, Pheromone, Phytohormone, Riechstoffe und natürliche Insektizide.

In Moosen sind 24 Monoterpene, 172 Sesquiterpenoide, 44 Diterpenoide, 14 Triterpenoide und 13 Steroide bekannt geworden (Conolly 1994). Mono- und Sesquiterpenoide sind auf Lebermoose beschränkt, Diterpenoide kommen darüber hinaus auch bei Laubmoosen vor, Triterpenoide nur bei Laubmoosen. Die Monoterpenoide sind für den charakteristischen Duft von manchen Lebermoosarten verantwortlich wie den Terpentingeruch von *Conocephalum conicum*, den Karottengeruch von *Jungermannia obovata* oder den Zedernholzduft von *Lophocolea heterophylla*. Sesquiterpenoide sind in den Ölkörpern der Lebermoose lokalisiert.

Die Forschung an Naturstoffen in Moosen kann in Zukunft eine große Bedeutung bekommen. So kennt man zwar zahlreiche fungizide und bakterizide Wirkstoffe, doch machen Resistenzen gegen diese Stoffe die Suche nach weiteren erforderlich. Bei den Bioziden, die zur Bekämpfung von pflanzlichen und tierischen Schädlingen eingesetzt werden, hat man bislang auf synthetische Wirkstoffe zurückgegriffen, die im Gegensatz zu den Naturstoffen den Nachteil haben, schlecht abbaubar zu sein. Schließlich ist ein Screening von Moosarten und ein Testen ihrer biologischen Wirkung erfolgversprechend, weil schon kleine Modifizierungen in den Molekülen, wie sie in der chemischen Evolution der Inhaltsstoffe innerhalb einer Gattung vorkommen, die Wirksamkeit drastisch erhöhen können. Obgleich manche Inhaltsstoffe in Moosen in erstaunlichen Mengen vorhanden sind (bis zu 1% des Trockengewichtes), ist es doch vielfach nicht möglich, ausreichende Mengen für biologische Tests durch Aufsammlungen oder Kulturen zu bekommen. Heute besteht die Möglichkeit, in vitro Zellkulturen von Moosen anzulegen, wobei die Produktivität durch eine entsprechende Abstimmung der Kulturbedingungen (Licht, Temperatur, Nährstoffe) optimiert werden kann. Auch für den Fall, dass eine Synthese der biologisch wirksamen Substanzen nicht möglich oder aber unökonomisch sei, sind Zellkulturen von Moosen eine biotechnologische Alternative. In solchen Kalluskulturen oder Zellsuspensionen verdoppelt sich die Phytomasse in 2 Tagen.

Die Beschäftigung mit der Phytochemie der Moose beinhaltet mehrere Fragestellungen:

1.  Gibt uns die Phytochemie Hinweise auf die Evolution und den Ursprung der Bryophyten, insbesondere in Bezug auf die Grünalgen, da diese nicht durch Fossilien belegt sind?
2.  Läßt sich die Verteilung der Inhaltstoffe für die Systematik nutzen?
3.  Lassen sich biologisch aktive Substanzen von Moosen nutzen?

## 8.2 Phytochemie und Phylogenie

Bei der Phylogenie der Moose stellt sich zunächst die Frage nach ihrem mono- oder polyphyletischen Ursprung, da es dafür keine fossile Hinweise gibt. Phytochemische Daten lassen eher auf einen polyphyletischen Ursprung schließen, da viele Stoffgruppen nur in Laub-, Leber- und Hornmoosen vorkommen (Tab. 8.1) und die drei Großgruppen der Moose chemisch gesehen keine große Übereinstimmung zeigen.

**Tab. 8.1:** Verteilung von chemischen Stoffgruppen auf die Großgruppen der Moose

|  | Anthocerotae | Hepaticae | Musci | Kormophyten |
| --- | --- | --- | --- | --- |
| Bibenzyle | - | + | - | - |
| Biflavonoide | - | - | + | + |
| Flavonoide | - | +/- | +/- | + |
| Monoterpenoide | - | + | - | - |
| Diterpenoide | - | + | - | - |
| Sesquiterpenoide | - | + | - | - |
| Triterpenoide | - | - | + | + |

Insbesondere drückt sich die isolierte Stellung der Hornmoose durch das Fehlen von Flavonoiden und das Fehlen der bei den Lebermoosen häufigen Mono-. Di- und Sesquiterpenoiden aus. Dies ist ein wichtiges Indiz für die eigene Evolutionslinie der Hornmoose.

Für Lebermoose sind Mono- und Sequiterpenoide charakteristisch, welche signifikante Marker dieser Pflanzengruppe sind. Sie  fehlen in Laubmoosen, welche dafür Triterpenoide und Biflavonoide besitzen. (Eine interessante Ausnahme macht die jetzt zu den Laubmoosen gestellte Gattung *Takakia* mit Sesquiterpenoiden, cf. Asakawa 1994). Auch bestehen zwischen Laub- und Lebermoosen kaum phytochemische Bezüge, so dass man phytochemisch gesehen von einem polyphyletischen Ursprung der Laub-, Leber- und Hornmoose ausgehen kann. Das Auftreten von Triterpenoiden und

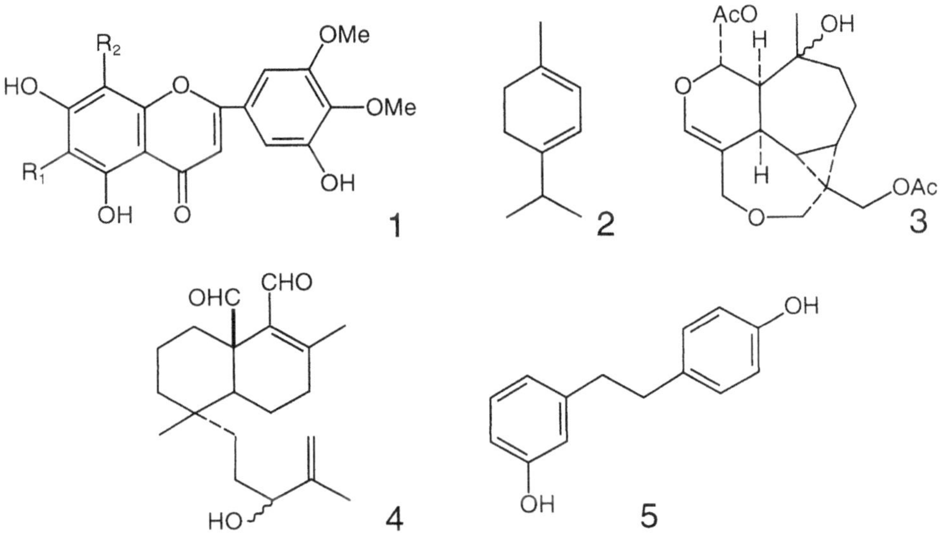

Abb. 8-1: Beispiele von Inhaltsstoffen von Moosen. 1. Flavonoide: Apometzgerin. 2. Monoterpenoide: α-Terpinen, ruft terpentinartigen Duft bei manchen *Frullania*- und *Porella*-Arten hervor. 3. Sesquiterpenoide, charakteristisch für die Ölkörper von Lebermoosen: Plagiochilen H. 4. Diterpenoide: Perrottetianal C in nicht scharf schmeckenden *Porella*-Arten. 5. Bibenzyle: Lunularin (Nach Asakawa & Heidelberger 1982).

Biflavonoiden in Farnen und anderen Kormophyten läßt auf einen gemeinsamen Ursprung der Farne (Pteridophyta i.e.S., Tab. 1-1) mit den Laubmoosen schließen. Manche Schlußfolgerungen erscheinen aber unberechtigt. So wurden Lebermoose phylogenetisch schon mit Braunalgen in Verbindung gebracht, die ebenfalls Terpenoide und andere aromatische Verbindungen besitzen (Asakawa 1986). Um zu gesicherten Ergebnissen zu kommen, bedarf es noch eingehender weiterer Forschung.

# 8.3 Chemosystematik

Auch für die Klärung der verwandtschaftlichen Beziehungen zwischen den Großgruppen der Moose lassen sich phytochemische Daten heranziehen. So läßt sich ein gemeinsamer Ursprung von Metzgeriales und Jungermanniales postulieren, da in beiden Gruppen (aber nicht in anderen) das Sesquiterpenoid Pinguison (zuerst in *Aneura pinguis* nachgewiesen) vorkommt. Auch die Zugehörigkeit der Sphaerocarpales zu den Marchantiales ist (trotz des abweichenden Baus) phytochemisch zu untermauern. Das Auftreten oder Fehlen von Flavonoiden bei Lebermoosen scheint familientypisch zu sein. So haben die Arten der Porellaceae, Frullaniaceae, Metzgeriaceae und Radulaceae Flavonoide, die der Aneuraceae, Herbertaceae, Gymnomitriaceae und Calyogeiaceae keine. Trotz des Reichtums an Inhaltsstoffen (z.B. wurden aus 19 *Frullania*-Arten 42 verschiedene Flavonoide isoliert) können einige als biochemische Marker für einzelne Gattungen gelten. Den Nutzen der Flavonoidchemie für die Systematik der Lebermoose haben Markham et al. (1978) dargestellt.

Bei den Laubmoosen sind Flavonoide (bislang) nur bei den Bryidae nachgewiesen worden, nicht jedoch bei den Andreaeopsida und Sphagnopsida sowie den Polytrichidae und Tetraphididae.

Manche dieser biochemischen Marker sind jedoch weiter verbreitet. So kommt das aus *Polygonum hydropiper* (Polygonaceae) isolierte Polygodial nicht nur in *Drimys lanceolata* (Winteraceae) und *Warburgia ugadensis* (Canellaceae) sondern auch in *Porella*-Arten unter den Lebermoosen und selbst im Tierreich, in einem Nudibranchier, vor. Polygodial wirkt als Fraßschutz und als Fischgift.

Innerhalb einzelner Lebermoosgattungen konnte man chemo-evolutionäre Trends aufdecken, woraus hervorging, dass fortgeschrittene biochemische Entwicklungsgänge für abgeleiteten Taxa typisch sind. Hier läßt sich im Vergleich der Inhaltsstoffe einzelner Arten eine Evolution von einfachen zu komplizierten Verbindungen, z.B. Sesquiterpen-Lactonen verfolgen, die Hand in Hand mit morphologischen Veränderungen geht.

Selbst innerhalb einer Art lassen sich Sippen mit unterschiedlichen Inhaltsstoffen (Chemorassen) unterscheiden. Der Grund für die Bildung unterschiedlicher Stoffe in unterschiedlichen Sippen einer Art ist nicht bekannt. Eventuell ist dies als Antwort auf unterschiedlichen ökologischen Stress (unterschiedliches Mikroklima, unterschiedlicher Druck von Fraßfeinden) zu interpretieren.


## 8.4 Biologisch aktive Substanzen

Obgleich bislang nur 1% aller Moose phytochemisch untersucht wurden, ist eine Vielzahl von biologischen Aktivitäten von Gesamtextrakten oder isolierten Wirkstoffen bekannt, besonders bei Lebermoosen. Bei den aktiven Substanzen in Lebermoosen handelt es sich um Sesqui- und Diterpenoide oder lipophile aromatische Verbindungen, welche in den Ölkörpern lokalisiert sind. Die bisher bekannt gewordenen Wirkungen von Moosinhaltsstoffen lassen Moose als eine wertvolle Quelle für Wirkstoffe in der Medizin, Pharmazie und Landwirtschaft erscheinen.
Diese Wirkungen beziehen sich auf:

- antimikrobielle (fungizide und bakterizide) Wirkung
- keimungsfördernde und -hemmende Wirkungen
- biozide oder fraßhemmende Wirkung
- allergene Wirkung
- Antitumor-Aktivität

## 8.4.1 Antimikrobielle Wirkung

Moose gehören zu den ältesten Landpflanzen (s. Kap. 10). Die ältesten bekannten Fossilien stammen aus dem Devon und ähneln durchaus heutigen Vertretern. Eine Voraussetzung für die erfolgreiche Behauptung dieser Pflanzengruppe liegt darin, dass sie biologisch aktive Substanzen enthalten, mit denen sie sich erfolgreich gegen Pilze und Bakterien, aber auch gegen Freßfeinde wie Insekten oder Schnecken "wehren" können, mit denen sie an vielen Standorten (z.B. auf dem Waldboden) eng zusammenleben. Normalerweise wären diese zarten Pflanzen, die im Gegensatz zu den Gefäßpflanzen auch keinerlei mechanischen Schutz wie ein Abschlußgewebe haben, "ein gefundenes Fressen" für Pilze und Bakterien.

Der fungizide und bakterizide Effekt von Moosen ist schon lange bei Naturvölkern bekannt gewesen. Die Indianer Nordamerikas (Flowers 1957) benutzen Moose u.a. zur Schmerzlinderung bei Verbrennungen und zur Wundversorgung. Die Verwendung zur Wundversorgung (z.B. mit Torfmoosen, Wundkompressen wurden noch im 1. Weltkrieg aus Torfmoosen hergestellt) bezieht sich nicht nur auf die Saugfähigkeit der verwendeten Moose sondern auch auf ihre antimikrobiellen Eigenschaften. In der chinesischen Volksmedizin werden 40 Moosarten als Heilpflanzen gegen Herz-Kreislauferkrankungen, Tonsilitis, Brochitis, Tympanitis, Cystitis angeführt (Ding 1982), u.a. auch gegen Ekzeme und Verbrennungen. Klinische Tests sind nur in einem Fall gemacht worden (Wu 1982). Dabeierhöhte ein Extrakt von *Rhodobryum giganteum* im Tierversuch den Aorta-Durchfluß um 30%.

Trotz dieser Wirkungen von Moosen blieben die dafür verantwortlichen chemischen Verbindungen lange unbekannt, insbesondere weil man früher für die Analytik nicht die dafür erforderliche Menge reinen Pflanzenmaterials zur Verfügung hatte und weil Moose im Gegensatz zu Blütenpflanzen (auch wegen ihrer geringen Größe) allgemein wenig Beachtung fanden. Das gilt auch für die Volksmedizin. 90% der mehr als 1000 Arzneipflanzen im chinesischen Heilpflanzenbuch "Pen Tsao Kang Mu" aus der Ming Dynastie sind Höhere Pflanzen. Das heißt aber nicht, dass Niedere Pflanzen hinsichtlich ihrer biologisch aktiven Substanzen weniger interessant wären. Erst in den letzten 25 Jahren hat man einen Teil der Moosinhaltsstoffe aufgeklärt. Eine Übersicht geben Asakawa & Heidelberger (1982). Bei den biologisch aktiven Substanzen handelt es sich innerhalb der (besser untersuchten) Lebermoosen hauptsächlich um Mono-, Di- und Sesquiterpenoide.

Die antimikrobielle Aktivität richtet sich gegen zahlreiche gram-positive Bakterien als auch Pilze und ist u.a. an *Escherichia coli, Staphylococcus aureus, Bacillus subtilis, Pseudomonas aeruginosa* sowie *Penicillium crustosum, Aspergillus niger, Saccharomyces cerevisiae*, und auch bei Nutzpflanzenschädlingen wie *Uromyces fabae* etc. erprobt worden. An Wirkstoffen wurden Polygodial in der Lebermoosgattung *Porella*, Norpin-guisone in *Conocephalum conicum* und Lunularin aus *Lunularia cruciata* isoliert. Eine antibakterielle Wirkung wurde bei einem Wirkstoff aus *Marchantia polymorpha* festgestellt (Kamory et al. 1995). 4-Hydroxy —3′-methoxybibenzyl sowie α und β-Pinin-alloromadendrin aus dem neuseeländischen Lebermoos *Plagiochila*

**Abb. 8-2:** Mit dem Pilz *Phytophthora infestans* infizierte Tomatenpflanzen, links mit einem Moosextrakt behandelt. (Foto U. Steiner)

*stevesoniana* haben biologische Wirkung gegen dermatophytische Organismen wie *Trichophyton mentagrophytes, Candida albicans* und *Bacillus subtilis* gezeigt (Lorimer & Perry 1993). Bei anderen Arten ist die antimikrobielle Wirkung des Gesamtextraktes bekannt, die Wirkstoffe sind jedoch bislang nicht isoliert. Inhaltsstoffe aus *Plagiochila fasciculata*, ebenfalls aus Neuseeland, zeigten positive Wirkung gegen P388-Zellen (Leukämie), Herpes simplex Typ 1, Polio Typ 1, *Bacillus subtilis, Escherichia coli, Candida albicans, Trichophyton mentagrophytes* (Fußpilz) und *Cladosporium resinae* (Lorimer et al. 1994). Es ist anzunehmen, dass diese oder ähnliche Wirkstoffe auch in anderen (z.B. heimischen) *Plagiochila*-Arten und ähnlich effiziente Wirkstoffe auch in anderen Lebermoosen zu finden sind.

An Wirkstoffen kommen eine Vielzahl von Verbindungen in Frage, da die Evolution u.a. innerhalb von Lebermoosgattungen zu einer großen Vielfalt von unterschiedlichen Verbindungen einer Stoffgruppe geführt hat. Daher sind viele biologisch aktive Substanzen artspezifisch und werden auch für die Chemotaxonomie benutzt.

Die antimikrobielle Wirkung ist (im Gegensatz zur Antitumorwirkung bei Moosen) nur ansatzweise untersucht worden. Man kann wohl davon ausgehen, dass alle Moose entsprechende Wirkstoffe enthalten, weiß jedoch nicht, ob sie unterschiedliche Wirkung (generell oder auf bestimmte Organismen) haben.

Die wenigen Tests sind früher nur an Platten-Kulturen gemacht worden. Im Plattentest haben bereits 0,05% alkoholische Extrakte von gewissen Lebermoosen Hemmwirkung auf Kulturen von *Alternaria solani*. Praktische Anwendungen im Nutzpflanzenbereich sind bisher nur am Institut für Pflanzenkrankheiten der Universität Bonn durchgeführt worden. Im Gewächshaustest an Tomatenpflanzen zeigten mit Moosextrakten behandelte Pflanzen je nach Konzentration deutlich geringere bzw. gar keine Schadwirkung nach Infektionen mit dem Erreger der Kartoffelfäule *(Phytophthora infestans)* und anderen Pilzarten (Abb. 8-2).

## 8.4.2 Keimungsfördernde und -hemmende Wirkung

Huneck & Meinunger (1990) stellten fest, dass beim "Kressetest" verwendete Extrakte von Moosen bei vielen Arten die Keimungsrate und das Wachstum der Keimpflanzen und Keimwurzeln erhöhten. Untersucht wurden 53 Laub- und 29 Lebermoose aus Mitteleuropa auf Keimungsbeeinflussung. Dabei ergaben sich unterschiedliche Wirkungen. Einige Moose förderten nur das Keimpflanzenwachstum, andere das Keimwurzelwachstum, wieder andere beides. Einige Arten hatten nur sehr geringe wachstumsfördernde Wirkung. Zhou et al. (1997) stellten dieselbe Wirkung mit wässrigen Extrakten von Moosen aus China fest, die an einer Anzahl von Nutzpflanzensamen getestet wurden. Die Keimungsrate erhöhte sich um 20-70% je nach verwendeter Moosart. Ursache für diese keimungsfödernde bzw. - hemmende Effekte sind Wachstumshormone bzw. wachstumshemmende Substanzen wie z.B. Lunularsäure, die in Lebermoosen weit verbreitet ist.

Keimungshemmende Wirkung haben *Sphagnum-* oder *Leucobryum*-Arten, die in der Natur reinartige Polster bilden. In ihnen keimen (trotz der guten Feuchtigkeitsverhältnisse) so gut wie keine Samen von Phanerogamen. In der Natur führen auch die fungiziden Inhaltsstoffe von Moosen dazu, dass auf Mykorrhiza angewiesene Blütenpflanzen in Moospolstern nicht keimen können. Daher haben große Moosrasen in Wäldern durchaus auch einen bestimmenden Einfluß auf die Keimung bestimmter Baumarten.

## 8.4.3 Biozide und fraßhemmende Wirkung

Den Bryologen ist bekannt, dass Herbarmaterial kaum von Schädlingen angegriffen wird und in der Regel keinerlei Behandlung (Begasung, Kälteschock) bedarf. Grund dafür sind in den Moosen enthaltene Fraßgifte, die isoliert und getestet werden konnten (Übersicht bei Ando & Matsuo 1984). Desgleichen lehrt die Beobachtung in der Natur, dass Moose in der Regel nicht von tierischen Schädlingen wie Insekten und deren Larven oder Schnecken gefressen werden, obgleich diese zarten Pflanzen für solche Tiere „ein gefundenes Fressen" sein sollten. Ähnlich wie gegen Bakterien und Pilze haben Moose als Schutz gegen Fraßfeinde chemische Abwehrmechanismen entwickelt. So hatten in Tests, die an der Universität Bonn durchgeführt wurden, wässrige Gesamtextrakte aller untersuchten Laub-, Leber- und Torfmoose in Konzentrationen von 2-5% Trockengewicht als auch alkoholische Extrakte in Konzentrationen von 0,5% fraßhemmende Wirkung auf Nacktschnecken (*Arion lusitanicus*). Dazu wurden den Schnecken in einem Präferenztest mit Moosextrakt behandelte und unbehandelte Salatblätter zum Fraß angeboten, wobei die behandelten Blätter je nach Konzentration des Moosextraktes gar nicht oder wenig gefressen wurden (Abb. 8-3). Isolierte Wirkstoffe wie eine 0,25% Lösung des Sesquiterpenoid Pinguison aus dem Lebermoos *Aneura pinguis* hat eine fraßhemmende Wirkung auf Insekten. Plagiochilin A aus der Lebermoosgattung *Plagiochila* hat in einer Konzentration von 1-10µg/ml fraßhemmende Wirkung auf Insekten und giftige Wirkung auf Mäuse (Asakawa et al. 1980). Im Extremfall haben

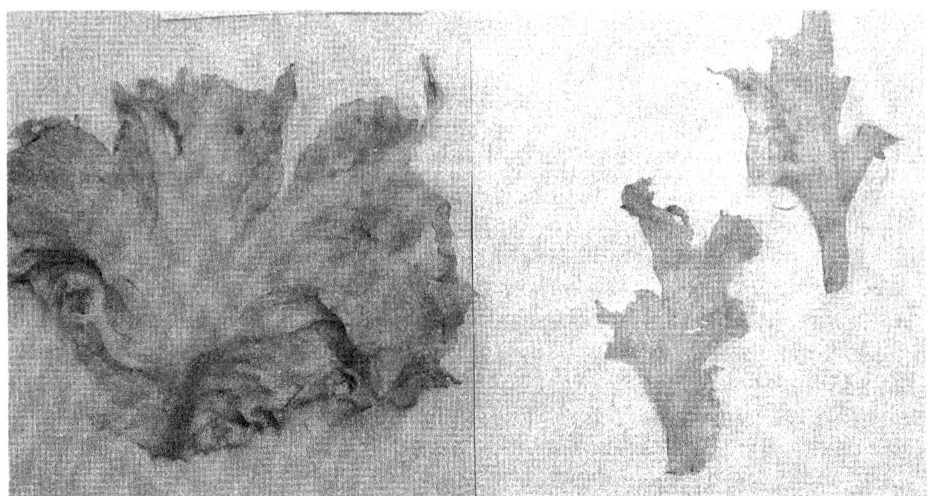

**Abb. 8-3:** Fraßhemmende Wirkung eines Moosextraktes aus dem Lebermoos *Porella thuja* gegen Nacktschnecken der Art *Arion lusitanicus*. Links mit Moosextrakt, rechts nur mit dem Lösungsmittel behandeltes Salatblatt.

Wirkstoffe aus Moosen wie der scharf schmeckende Wirkstoff Polygodial aus dem Lebermoos *Porella arboris-vitae*, desgleichen Sequiterpen-Lactone wie Diplophyllin oder Frullanolidin fischtötende Wirkung .

## 8.4.4 Allergene Wirkungen

Bei Olivenpflückern im Mittelmeergebiet und bei Holzfällern in Frankreich und Kanada sind Fälle von Dermatitis bekannt geworden, deren Ursache in Hautkontakt mit Lebermoosen der Gattung *Frullania*, besonders *F. tamarisci* liegt. Auch in anderen Lebermoosgattungen sind potentiell Allergien-auslösende Substanzen gefunden worden (Asakawa 1998). Auslöser sind Lactone, wie sie auch in Blütenpflanzen (z.B. *Inula*-Arten) vorkommen. Eine allergene Wirkung tritt jedoch nur selten und bei einem kleinen Teil (ca. 6%) der Bevölkerung auf.

## 8.4.5 Anti-Tumor-Wirkung

Auf der Suche nach Krebs hemmenden Wirkstoffen hat man auch die Wirkung von Extrakten und isolierten Inhaltsstoffen von zahlreichen Moosen auf das Wachstum von Zellkulturen getestet (u.a. Spjut et al. 1986, Sakai et al. 1988). Dabei zeigten sich tumorhemmende Wirkung bei Ätherextrakten aus zahlreichen (aber nicht allen getesteten) Lebermoosen und mehreren aus Moosen gewonnenen Substanzen, vornehmlich aus Lebermoosen, u.a. Diplophyllin aus *Diplophyllum*-Arten, Marsupellone aus *Marsupella emarginata,* Plagiochilin aus mehreren *Plagichila*-Arten sowie Tulipinoide gewonnen aus *Conocephalum conicum* und *Wiesnerella denudata* Asakawa (1998). Andererseits sind aber seltener auch Tumor auslösende Sesqui- und Diterpenoide aus Moosen wie Porelladiolidin aus *Porella*-Arten bekannt geworden.

- Typische bei Moosen vorkommende sekundäre Pflanzeninhaltsstoffe sind Flavonoide, Biflavonoide, Terpene, und Terpenoide. Manche dieser Stoffgruppen kommen nur in Laub-, Leber- oder Hornmoosen vor und sind signifikante Marker.
- Die geringe Übereinstimmung hinsichtlich der Inhaltsstoffe lässt unter phytochemischem Aspekt auf einen polyphyletischen Ursprung der Moose schliessen.
- Viele Klassifikationen in der Grobsystematik der Moose lassen sich phytochemisch untermauern, doch tauchen dieselben phytochemischen Marker zum Teil auch auch bei anderen Pflanzen- und sogar Tiergruppen auf.
- Innerhalb von Gattungen gibt es vielfach zahlreiche chemo-evolutionäre Trends, die Hand in Hand mit morphologischen Veränderungen gehen.
- Moosinhaltsstoffe haben reiche biologische aktive Wirkungen. Sie wirken antimikrobiell (fungizid und bakterizid), keimungshemmend bzw. keimungsfördernd, biozid (piscicid) oder fraßhemmend; sie haben zum Teil Anti-Tumor und allergene Wirkung. Diese Wirkungen lassen Moose zu einer reichen Ressource für die Medizin, Landwirtschaft und Pharmazie werden.

# 9 Stammesgeschichte

Die Frage nach der Abstammung der Moose ist direkt mit der Frage nach dem Ursprung aller grünen Landpflanzen verknüpft. Die Eroberung des Festlandes durch photoautotrophe Landpflanzen erfolgte am Ende des Ordoviziums und zu Beginn des Silurs (vor 440 Mio. Jahren). Sie war die Voraussetzung für die Entwicklung heterotropher Organismen auf dem Land. Die Anpassung an das Landleben vollzog sich so, dass Pflanzen mit thallophytischer Struktur flaches Wasser oder feuchten Boden besiedelten, wo eine Übertragung von Spermatozoiden durch Wasser gewährleistet war. Als Schutz gegen Austrocknung wurden um die Eizellen sterile Hüllen angelegt. Die auf diesen Pflanzen entstehenden Sporophyten waren mit den Gametophyten ganz oder wenigstens noch zeitweise verbunden. Sie entwickelten Leit- und Abschlussgewebe sowie Stomata und bildeten Meiosporen, die durch eingelagerte Sporopollenine widerstandsfähig gemacht wurden und sich leicht durch die Luft verbreiten ließen. Die Hornmoose können eine Vorstellung eines solchen Prototyps der ersten Landpflanzen geben (was nicht heißt, dass die Hornmoose die ersten Landpflanzen waren).

## 9.1 Ableitung der Moose

### 9.1.1 Fossile Evidenz

Die ersten Sporen von Landpflanzen, welche Sporopollenin enthalten und in Tetraden vorliegen, also aus Meiosen hervorgegangen sein müsssen, stammen bereits aus dem Ordovizium. Doch die ältesten fossilen Landpflanzen sind erst seit der Wende Silur/ Devon bekannt. Neben schwer interpretierbaren Formen („*Sporogonites*") gehören dazu die Rhyniophyta, die zweifelsfrei schon den Tracheophyten zuzurechnen sind.

Die ältesten bekannten ältesten Moose aus dem Devon (vgl. Kap. 10) zeigen in etwa die gleiche Organisationshöhe wie rezente Vertreter. Daher gibt die Paläobotanik keine direkt verwertbaren Hinweise auf die Abstammung der Moose. Alle Aussagen über die direkte Phylogenie der Moose müssen daher hypothetisch bleiben.

Alle Mutmaßungen über die Stammesgeschichte der Moose sind daher auf die vergleichende Morphologie lebender Formen und ihrer Ontogenese, auf Untersuchungen von Ultrastrukturen, chemischen Inhaltsstoffen oder neuerdings molekularen Daten (DNA Sequenzen) gestützt. Darauf basierend sind mehrere zum Teil auch widersprechende Hypothesen aufgestellt worden.

© Springer-Verlag GmbH Deutschland, ein Teil von Springer Nature 2001
J. Frahm, *Biologie der Moose*,
https://doi.org/10.1007/978-3-662-57607-6_9

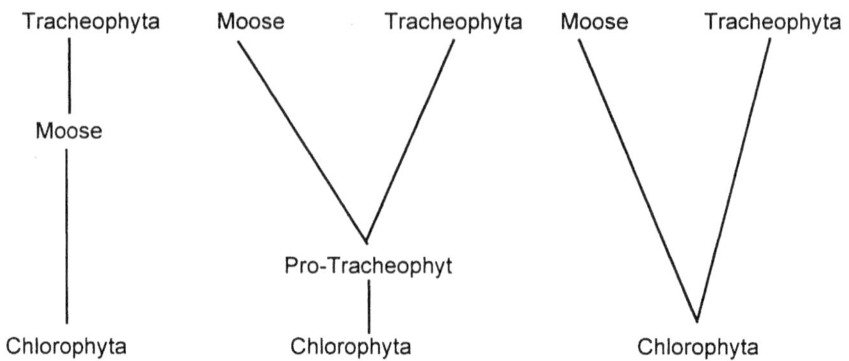


**Abb. 9-1:** Hypothetische Ableitungen der Moose.

Ausgehend von den Gemeinsamkeiten mit den Grünalgen (Chlorophyta), also dem Besitz von Chlorophyll a und b, sowie Carotinoiden als Pigmenten, Stärke als Reservestoff und Zellulose als Zellwandmaterial, muss man postulieren, dass alle grünen Landpflanzen von dieser Algengruppe abstammen. Innerhalb der Chlorophyta wurde speziell eine Abstammung von den Charophyceae und dabei speziell von *Chara-* oder *Coleochaete*-artigen Vorfahren angenommen, die mit den grünen Landpflanzen den Besitz eines Phragmoplasten bei der Zellteilung gemeinsam haben, sowie bereits sterile Hüllen um die Eizelle besitzen, aus denen sich die Archegonien entwickelt haben könnten. Die Abkunft von Moosen und Gefäßpflanzen von *Chara* oder *Coleochaete*-artigen Algen war bereit von Pringsheim (1878) vertreten worden und ist bis in die jüngste Zeit mit immer neuen Daten untermauert worden.

Es stellt sich nun aber die Frage, ob sich die Moose (1) direkt aus den Grünalgen, oder (2) über einen „Umweg" aus primitiven Tracheophyten oder (3) Moose und Tracheophyten unabhängig voneinander aus einer Gruppe ausgestorbener, von Grünalgen angeleiteter primitiver Landpflanzen entwickelt haben (Abb. 9-1).

## 9.1.2 Hypothetische Ableitungen

### 9.1.2.1 Ableitung von Grünalgen

In der älteren Literatur wird eine direkte Evolutionslinie von den Algen über die Moose zu den Farnen konstruiert (Abb. 9-2). Ausschlag gebend dafür war, dass entsprechend dem Haeckelschen Gesetz, nach dem sich die Phylogenie der Pflanze in ihrer Ontogenie wiederholt, Moose mit dem Protonema ein algenartiges Stadium in ihrer Entwicklung durchlaufen und Farne wiederum mit dem Prothallium ein moosartiges Stadium. Danach wären Moose als ein Bindeglied zwischen Moosen und Farnen anzusehen. Als

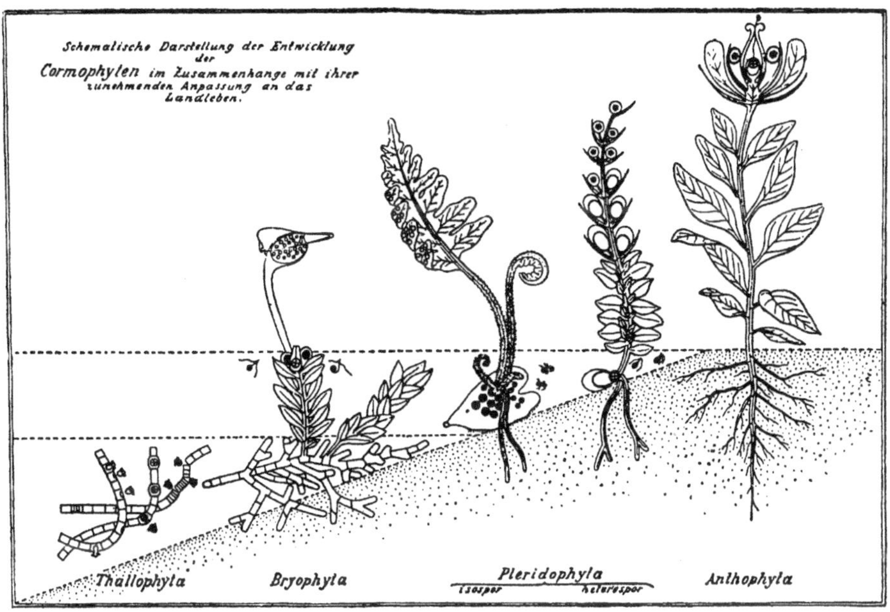


**Abb. 9-2:** Ältere Auffassung über die Entwicklung der Landpflanzen aus Algen. Die Moose stellen das Bindeglied zwischen Algen und Farnpflanzen dar (aus Wettstein 1924).

Argument dafür wurde auch angeführt, dass die Hornmoose überwiegend nur einen einzigen Chloroplasten mit Pyrenoid pro Zelle nach Art der Grünalgen aufweisen. Die direkte Abkunft der Moose von den Algen muss aber ausgeschlossen werden, weil die Moose bereits zum Teil im Gametophyten (überwiegend funktionslose) tracheophytische Merkmale wie eine Kutikula sowie Leitgewebe (bis hin zu Siebröhren und Tracheiden) besitzen und der Sporophyt der Hornmoose und Laubmoose eigentlich völlig tracheophytisch aufgebaut ist, kutinisiert ist, Spaltöffnungen und einen Protostelen-artigen Aufbau besitzt. Wenngleich auch eine unabhängig von den Farnen entstandene Entwicklung dieser Merkmale theoretisch postuliert werden könnte, so ist doch die Funktionslosigkeit dieser Merkmale bei den Moosen Indiz dafür, dass diese Merkmale von Vorfahren übernommen, aber dann nicht mehr gebraucht wurden. Dies macht eher eine Abstammung von ursprünglichen archegoniaten Gefäßpflanzen wahrscheinlich. In diesem Falle müssten ferner Strukturen wie Differenzierung in Stämmchen und Blätter, windverbreitete Sporen oder der identische Bau der Archegonien zweimal unabhängig voneinander bei Farnen und Moosen entwickelt worden sein, so dass diese Hypothese nicht sehr wahrscheinlich ist. Insbesondere werden so widersprüchliche Strukturen bei den Hornmoosen wie der Psilophyten-ähnliche Bau des Sporogons und der Grünalgen-ähnliche Bau des Thallus dadurch nicht erklärt.

## 9.1.2.2 Abstammung von Ur-Tracheophyten

Das Vorhandensein von tracheophytischen Merkmalen bei den Moosen lässt eher an eine Ableitung von frühen Gefäßpflanzen denken, wobei offen bleibt, ob Moose und Farne aus einer gemeinsamen Wurzel entstanden sind (monophyletisch) oder unabhängig voneinander (paraphyletisch). Die Annahme einer gemeinsamen Abkunft von Moosen und Farnpflanzen geht davon aus, dass beide identisch gebaute weibliche Geschlechtsorgane (Archegonien) besitzen und daher beide Pflanzengruppen in der Systematik des Pflanzenreiches als Archegoniaten vereinigt werden. Weiterhin ähnelt der Sporophyt der Hornmoose dem Sporogon der fossilen Farnpflanzengattungen *Sporogonites* oder *Horneophyteon* im Bau. Ferner bestehen Übereinstimmungen im Vorhandensein von Stomata und dem Besitz einer Kolumella.

Zur Abstammung von archegoniaten Gefäßpflanzen wurden gelegentlich die fossilen Rhyniophyta angeführt, die jedoch schon perfekt entwickelte Tracheophyten darstellen, so dass der Ursprung der Moose tiefer bei (nicht fossil bekannten) Ur-Tracheophyten angenommen werden muss, von denen die Moose (jedenfalls für Laub- und Hornmoose) die tracheophytischen Merkmale übernommen, aber im Laufe der Phylogenie reduziert haben, weil sie eine andere Lebensstrategie, das poikilohydrische Lebenssyndrom, verfolgt haben. Das schließt nicht aus, dass die Ur-Tracheophyten ihren Ausgang in den Charophyceae unter den Grünalgen genommen haben. In letzter Zeit hat man aufgrund ultrastruktureller zellbiologischer Merkmale jedoch festgestellt, dass die Charophyceae gemeinsame Merkmale mit den Gefäßpflanzen besitzen, die bei Moosen nicht zu finden sind, z.B. die Anatomie der Spermatozoidflagellen und das Vorhandensein spezieller Enzyme.

Moose sind daher nicht die Vorfahren der Farne, sondern haben mit Farnen vermutlich einen gemeinsamen Vorfahren unter den fossil nicht belegten Ur-Tracheophyten. Wahrscheinlich ist, dass Grünalgenabkömmlinge mit einem zygotischem Kernphasenwechsel sich an einen subaquatischen Lebensraum anpassten. Dabei wurden Archegonien als Anpassung an das Landleben entwickelt und die Reduktionsteilung nach der Befruchtung unterdrückt. Die Zygote entwickelte sich zu einem diploiden Organismus, der über die Wasseroberfläche reichte und tracheophytische Organisationsmerkmale (Kutikula, Spaltöffnungen, Leitgewebe) entwickelte. Aus solchen Vorfahren könnten sich sowohl die Moose als auch die Farne entwickelt haben, erstere unter Betonung der thallophytischen, poikilohydrischen Lebensweise mit einer Förderung des Gametophyten, letztere unter Entwicklung der tracheophytischen, homoiohydrischen Lebensweise und Förderung des Sporophyten.

## 9.1.2.3 Separate Entwicklung von Moosen und Farnen

Eine getrennte Entwicklung von Moosen und Farnen aus Grünalgen mit einem isomorphen Generationswechsel wurde noch von Zimmermann (1969) vertreten. Dies würde aber bedeuten, dass so wichtige Merkmale wie Archegonien, Stomata, Leitbündel und eine Kutikula unabhängig voneinander zwei Mal entstanden sein müssten.

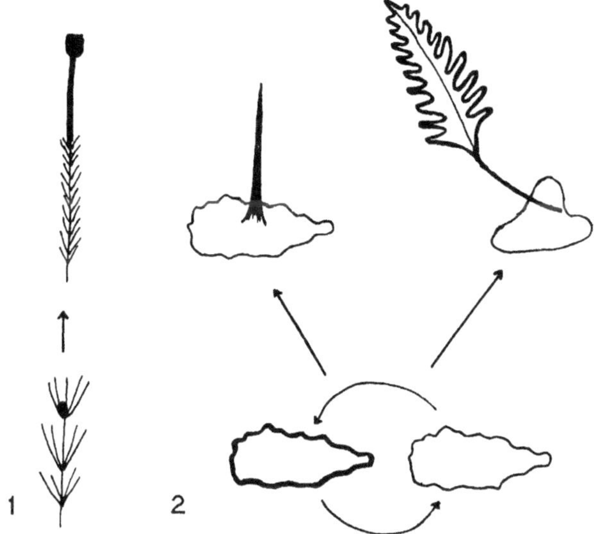

**Abb. 9-3:** Möglichkeiten der Entstehung des Generationswechsels von Moosen.
1. Antithetische Theorie. In der Zygote einer Alge unterbleibt die Meiose. Diese entwickelt sich zum diploiden Sporophyten weiter.
2. Homologe Theorie. Ausgehend von einer Alge mit isomorphen Generationswechsel verbleibt der Sporophyt auf dem Gametophyt. Er bleibt bei Moosen (links) untergeordnet, entwickelt sich aber bei Farnpflanzen (rechts) zur eigentlichen Pflanze. Diploide Generation schwarz.

# 9.2 Entstehung des Generationswechsel

Wegen des Fehlens fossiler Belege ist man auch bei der Erklärung des für Moose charakteristischen heteromorphen heterophasischen Generationswechsels auf  Hypothesen angewiesen.

Die **antithetische Theorie** (Abb. 9-3-1) besagt, dass sich Moose aus Grünalgen mit einem zygotischen Kernphasenwechsel entwickelt haben, wie er z.B. bei den Charophyceae realisiert ist, die auch als potentielle Vorfahren in Frage kommen (s.u.). Diese Alge hätte einen dominierenden Gametophyten gehabt, auf dem sich nach der Befruchtung der Eizelle eine Zygote entwickelt, welche sogleich eine Reifeteilung durchmacht. Die diploide Generation hätte nur aus einer Zelle bestanden. Durch einen Ausfall der Reifeteilung hätte sich die Zygote dann zu einem diploiden Sporophyten weiterentwickelt, der mit dem Gametophyten verbunden bleibt, von ihm ernährt wird und relativ kurzlebig ist. Der Sporophyt entwickelt gleichzeitig tracheophytische Merkmale als Anpassung an das Luftleben, da er aus dem Wasser herausragt.

Die **homologe Theorie** (Abb. 9-3.2) besagt, dass der Vorfahre der Landpflanzen einen isomorphen Generationswechsel hatte, wie er ebenfalls unter Grünalgen vorkommt. Solche Grünalgen gibt es rezent allerdings nur unter den Ulvaceae, denen man keine besonderen Verbindungen zu Moosen nachsagen kann. Ausgangspunkt dafür war, dass sich aus verletztem Sporophytengewebe von Moosen wieder ein (diploider) Gametophyt entwickelt, d.h. beide Generationen homolog sind. Von diesem Vorfahren hätten

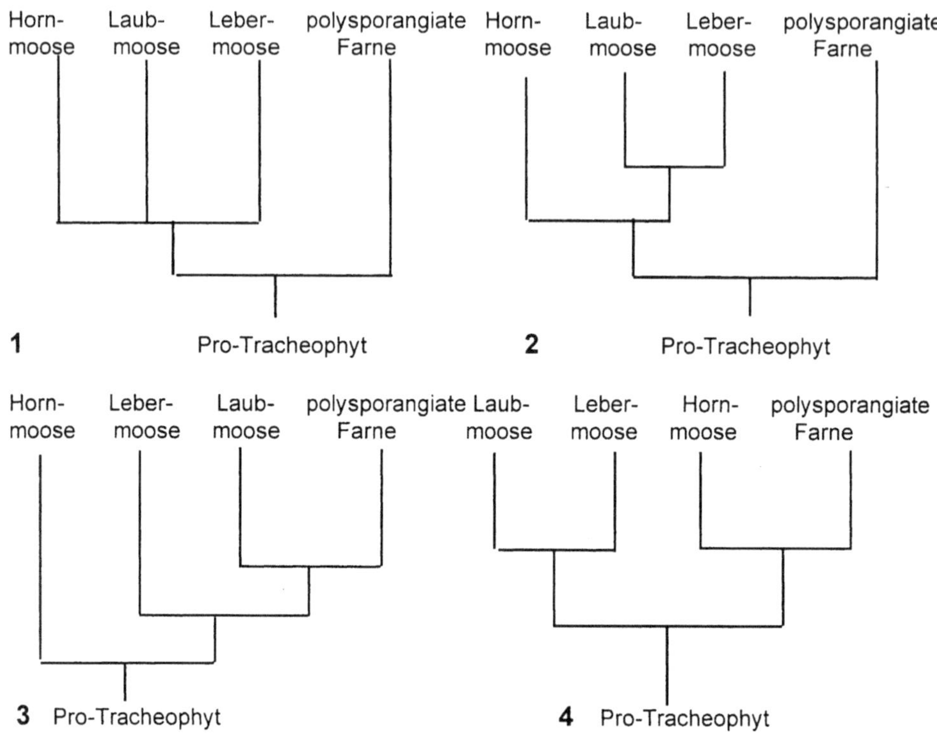

**Abb. 9-4:** Mögliche Ableitungen der Großgruppen von Moosen. 1. Monophyletische Abstammung aller Moosgruppen. 2. Gesonderte Entwicklung von Hornmoosen. 3. Gesonderte Entwicklung von Hornmoosen, aber ohne Bezug zu anderen Moosgruppen. Polysporangiate Farne als Schwestergruppe der Laubmoose. 4. Polysporangiate Farne als Schwestergruppe der Hornmoose.

sich dann zwei Evolutionslinien entwickelt: einmal die Förderung des Gametophyten (bei Moosen) bzw. die Förderung des Sporophyten (bei Farnen).

In den letzten Jahrzehnten hat sich jedoch gezeigt, dass Charophyceae mit den übrigen grünen Landpflanzen eine Vielzahl von ultrastrukturellen oder biochemischen Merkmalen gemeinssam haben, was die antithetische Theorie stützt. Zu diesen gemeinsamen Merkmalen gehören:

- Sterile Hülle um das Archegonium
- Übereinstimmung im Bau der Spermatozoiden
- Besitz von Glycolat-Oxidase
- Besitz eines Phragmoplasten bei der Zellteilung
- Besitz  zweier identischer Introns im Chloroplastengenom.

# 9.3 Ableitung der Großgruppen der Moose

Von den drei Hypothesen zur Entstehung der grünen Landpflanzen erscheint die Zweite, die Entwicklung von Moosen und Farnen aus Pro-Tracheophyten, als die Wahrscheinlichste. Das würde gleichzeitig bedeuten, dass alle Embryophyten einen gemeinsamen, monophyletischen Ursprung haben. Die nächste sich stellende Frage ist, ob die Moose mono- oder polyphyletischen Ursprungs sind. Insbesondere sind die morphologischen und anatomischen Unterschiede zwischen den Großgruppen der Moose (Horn-, Leber-, Laubmoose) so gravierend, dass nur schwerlich ein gemeinsamer Vorfahr für diese so unterschiedlichen Gruppen denkbar ist. Die Antwort auf diese Frage entscheidet auch letztendlich, ob die Großgruppen der Moose als eigene Abteilungen (Anthocerotophyta, Marchantiophyta, Bryophyta) geführt werden oder nur als Unterabteilungen (z.B. Marchantiophytina) oder Klassen (Marchantiatae, vgl. Kap. 2). Gedankliche Möglichkeiten, die zur Zeit diskutiert werden, sind (Abb. 9-4):

a) Monophyletische Abkunft aller Moose von einem gemeinsamen Vorfahren.
b) Gesonderte Herkunft von Hornmoosen, aber gemeinsamer Ursprung von Laub- und Lebermoosen.
c) Getrennte Entwicklungslinien von allen drei großen Moosgruppen.

Eine monophyletische Abkunft der Moose wird heute kaum noch diskutiert.

Relativ grosse Übereinstimmung herrscht hinsichtlich der Sonderstellung der Hornmoose, denen deshalb vielfach der Rang einer eigenen Abteilung zugesprochen wird (u.a. Crandall-Stotler 1984, vgl. auch Kap. 2). Das macht auch eine eigene Entwicklungslinie wahrscheinlich und lässt ausschließen, dass sich Laubmoose, Lebermoose und Hornmoose aus einer Wurzel entwickelt haben.

Weniger Übereinstimmung gibt es über einen gemeinsamen oder getrennten Ursprung der Laub- und Lebermoose. Grund dafür ist in der letzten Zeit der Wechsel der systematischen Position der Gattung *Takakia*, die wegen des früher nur bekannten Gametophyten zu den Lebermoosen gezählt wurde, nach der Entdeckung des Sporophyten aber zu den Laubmoosen gestellt werden muss (vgl. Kap. 3), und auch immer noch Merkmale der Laub- und Lebermosoe kombiniert. Damit könnte *Takakia* als gemeinsamer Vorfahr von Laub- und Lebermoosen gedeutet werden.

Die **Chemosystematik** kann zur Zeit keinen befriedigenden Beitrag zur Abstammung der Moose liefern. Hinsichtlich der Inhaltsstoffe von Farnpflanzen, Laub-, Leber- und Hornmoosen gibt es kaum eine Verwandtschaft (Asakawa 1986). Lebermoose weisen wenig Verwandtschaft zu Horn- oder Laubmoosen auf, Laubmoose hingegen engere Beziehungen zu Farnpflanzen als zu Lebermoosen. Nur Hornmoose, deren Gametophyten auch  anatomisch Übereinstimmungen mit den Grünalgen zeigen, sind auch chemisch gesehen mit ihnen verwandt. Diese Ergebnisse stützen insgesamt aber die Theorie eines polyphyletischen Ursprung der Moose.

**Kladistische Analysen** (Mishler & Churchill 1985) kamen zu dem Ergebnis, dass alle genannten Pflanzengruppen polyphyletisch entstanden sind, wobei Lebermoose, Hornmoose und Laubmoose separate Seitenzweige aus einer gemeinsamen Entwicklungsreihe darstellen. Letztere sind wiederum nächst mit den Gefäßpflanzen verwandt. Weitere morphologische, ultrastrukturelle und biochemische Daten wurden von Graham et al. (1991) in eine kladistische Analyse eingearbeitet, die jedoch keine wesentlichen Änderungen zu dem Kladogramm von Mischler & Churchill (1985) erbrachte.

Neuerdings wurden **molekularbiologische Methoden** zur Klärung der Verwandtschaftsverhältnisse von Algen, Moosen und Gefäßpflanzen angewandt. Die Ergebnisse (Goffinet 2000) differieren jedoch je nach verwendeten Genen stark. Eine monophyletische Herkunft wird nur durch  Sequenzen des 5S Gens gestützt (Abb. 9-4.1). Phylogenetische Rekonstruktionen mit Hilfe des 18S Gens zeigen die Laubmoose auf einem Entwicklungsast mit den polysporangiaten Farnen (Abb. 9-4.3). Sequenzen des rbcL Gens zeigen jedoch die Hornmoose mit den Farnen auf einem Ast (Abb. 9-4.4), Kladogramme aus den kombinierten Sequenzen von 18S und einer Reihe von Chloroplastengenes zeigen die Hornmoose als eigene Entwicklungslinie und die  Laub- und Lebermoose auf einem Ast (Abb. 9-4.2). Die unterschiedlichen Gensequenzen unterstützen also zur Zeit praktisch alle theoretisch denkbaren Möglichkeiten.

- Moose sind wie alle grünen Landpflanzen auf Grund der Chlorobionten-Merkmale von den Grünalgen abzuleiten. Die genaue Abstammung bleibt aber hypothetisch, weil keine fossilen Nachweise über die Vorfahren der Moose existieren.
- Eine getrennte Entwicklung von Moosen und Tracheophyten aus Grünalgen ist unwahrscheinlich, weil sich dann alle gemeinsamen Merkmale unabhängig voneinander zwei Mal hätten entwickelt haben müssen. Daher geht man von einem gemeinsamen Ursprung aller Embryophyten aus.
- Die Entwicklung der Farne aus den Moosen scheint ebenfalls unwahrscheinlich, weil dies nicht die Präsenz funktionsloser Tracheophytenmerkmale bei den Moosen erklären würde. Daher ist die gemeinsame Ableitung von Moosen und Farnen von einem (hypothetischen) Pro-Tracheophyten anzunehmen, der den Moosen die Tracheophyten-Merkmale vererbt hat.
- Durch die Förderung des Gametophyten im Generationswechsel bei gleichzeitigem Wechsel zur poikilohydrischen Lebensweise haben die Moose eine entwicklungsgeschichtliche Alternative zu den Tracheophyten gebildet.
- Die Entstehung der Großgruppen der Moose ist ebenfalls nicht geklärt. Die relativ wenigen Gemeinsamkeiten und großen Unterschiede zwischen Horn-, Leber- und Laubmoosen lassen an eine polyphyletische Abkunft denken, die auch durch kladistische und molekulare Stammbäume gestützt wird.

# 10 Fossilgeschichte

Noch im letzten Jahrhundert kannte man fossile Moose fast nur aus dem Tertiär und dem Quartär. Man war damals der Meinung, dass Moose wegen des Fehlens verholzter Teile nicht fossilisieren. Erst zu Anfang diesen Jahrhunderts wurden die ersten Moose aus dem Karbon von England bekannt. Savicz-Ljubitskaja & Abramov (1959) zählen 33 Arten aus dem Paläozoikum und Mesozoikum auf und Jovet-Ast (1967) führt bereits 68 Arten auf (Tab.10.1). Eine ausführliche und aktuelle Übersicht der fossilen Moose aus dem Paläozoikum und Mesozoikum geben Krassilov & Schuster (1983) sowie Oostendorp (1987). Die fossilen Moose aus dem Tertiär und Quartär werden zusammenfassend von Miller (1984), die des Pleistozäns von Dickson (1973) behandelt.

Ursprünglich hat man fossile Moose in einige wenige künstliche Gattungen (*„Muscites"*, *„Hepaticites"*, *„Thallites"*, *„Marchantites"*, *„Jungermannites"*) gestellt, die lediglich ausdrücken, dass es sich dabei um fossile Laubmoose bzw. thallose oder beblätterte Lebermoose handelt. Mit Hilfe von neueren Untersuchungen der Fossilien oder auch durch neue, besser erhaltene Fossilfunde konnten Strukturen sichtbar gemacht werden, die zu detaillierteren Bezeichnungen führten. Diese Namen *„Ricciopsis"*, *„Pallaviciniites"* drücken aus, dass es sich dabei um Arten handelt, die rezenten Gattungen (*Riccia, Pallavicinia*) dieses Namens ähneln und in deren Verwandtschaft gehören können.

## 10.1 Paläophytikum und Mesophytikum

Das älteste erhaltene Moos mit einem Alter von ca. 350 Mio Jahren stammt aus dem untersten **Oberdevon** und ist das Lebermoos *Pallaviciniites devonicus*, welches in den USA gefunden wurde. Es lässt sich den heutigen Metzgeriidae zuordnen. Aus dem Devon sind weitere, jedoch ebenfalls nur thallose Lebermoose bekannt, deren Thalli *Anthoceros*- oder *Riccia*-ähnlich sind.

Das älteste bekannte Laubmoos, *Muscites plumatus*, stammt aus dem **Unterkarbon** von England und lässt sich den heutigen Bryidae zuordnen. Aus dem Karbon sind weitere fossile Lebermoose bekannt (*Blasiites lobatus, Treubiites kidstonii*), die ebenfalls den Metzgeriidae zuzurechnen sind, was dafür spricht, dass die Lebermoose eine primär thallose Gruppe waren.

Im **Perm** existierte bereits eine hoch differenzierte, deutlich voneinander geschiedene Moosflora im Angaraland (Neuburg 1960, Ignatov 1990) und Gondwanaland (Smoot

© Springer-Verlag GmbH Deutschland, ein Teil von Springer Nature 2001
J. Frahm, *Biologie der Moose*,
https://doi.org/10.1007/978-3-662-57607-6_10

**Tab. 10-1:** Anzahl der bekannten, sicher anzusprechenden fossilen Moosarten in verschiedenen Erdperioden.

| Erdzeitalter | | Beginn vor Mio Jahren | | Anzahl bekannter Moosarten |
| --- | --- | --- | --- | --- |
| Känozoikum | Quartär | 2,4 | Pleistozän | ca. 300 |
| | Tertiär | 65 | | ca. 200 |
| Mesozoikum | Kreide | 146 | | 25 |
| | Jura | 208 | | 26 |
| | Trias | 245 | | 20 |
| Paläozoikum | Perm | 290 | | 35 |
| | Karbon | 363 | | 14 |
| | Devon | 409 | | 4 |
| | Silur | 439 | | - |
| | Ordovizium | 510 | | - |
| | Kambrium | 570 | | - |

& Taylor 1986), belegt durch eine überaus große Anzahl gut erhaltener Fossilbelege von Bryidae (Abb. 10-1.1-5). Auf Grund der Blattzellnetzstruktur können sie einer Basisgruppe zugeordnet werden, aus der sowohl die akrokarpen Bartramianae, Funarianae und Bryanae als auch die pleurokarpen Hypnanae hervorgegangen sein können. Die Fossilien aus der Antarktis gehören zu den ältesten, auch in ihrer anatomischen Struktur erhaltenen Moosen. Sie weisen u.a. Rippenquerschnitte mit Deutern auf. Aus dem Perm sind ferner die ersten torfmoosartigen Laubmoose (Abb. 10-1.3-4) bekannt. Sie weisen bereits die für Torfmoose charakteristische Differenzierung der Laminazellen in Chlorocyten und Hyalocyten auf, besitzen aber große Blätter mit Mittelrippe. Sie werden deshalb in die eigene Ordnung Protosphagnales gestellt. Ob sie als Vorfahren unserer heutigen Torfmoose gelten können ist fraglich. Ebenfalls aus dem Perm sind die ersten Calobryales (*Gesella striata, G. communis*) und Jungermanniales (*Jungermannites selandicus*) bekannt. Reiche Vorkommen von fossilen Moosen aus dem Perm von Rußssland beinhalten ausgestorbene Gattungen, die sich jedoch den Bryales zuordnen lassen (Abb. 10-1.1-5). Auffälligerweise sind jedoch aus denselben Schichten nur wenige Lebermoose bekannt geworden, was nicht notwendigerweise

**Abb.10-1:** Fossile Moose aus dem Paläophytikum und Mesophytikum. 1-2 *Intia vermicularis*. 3-4 *Protosphagnum nervatum*. 5. *Intia variabilis*, alle aus dem Perm von Russland 6 *Hepaticites oishii* aus der Trias von Japan (5. aus Neuburg 1960, 6. aus Huzioka & Takahasi 1973)

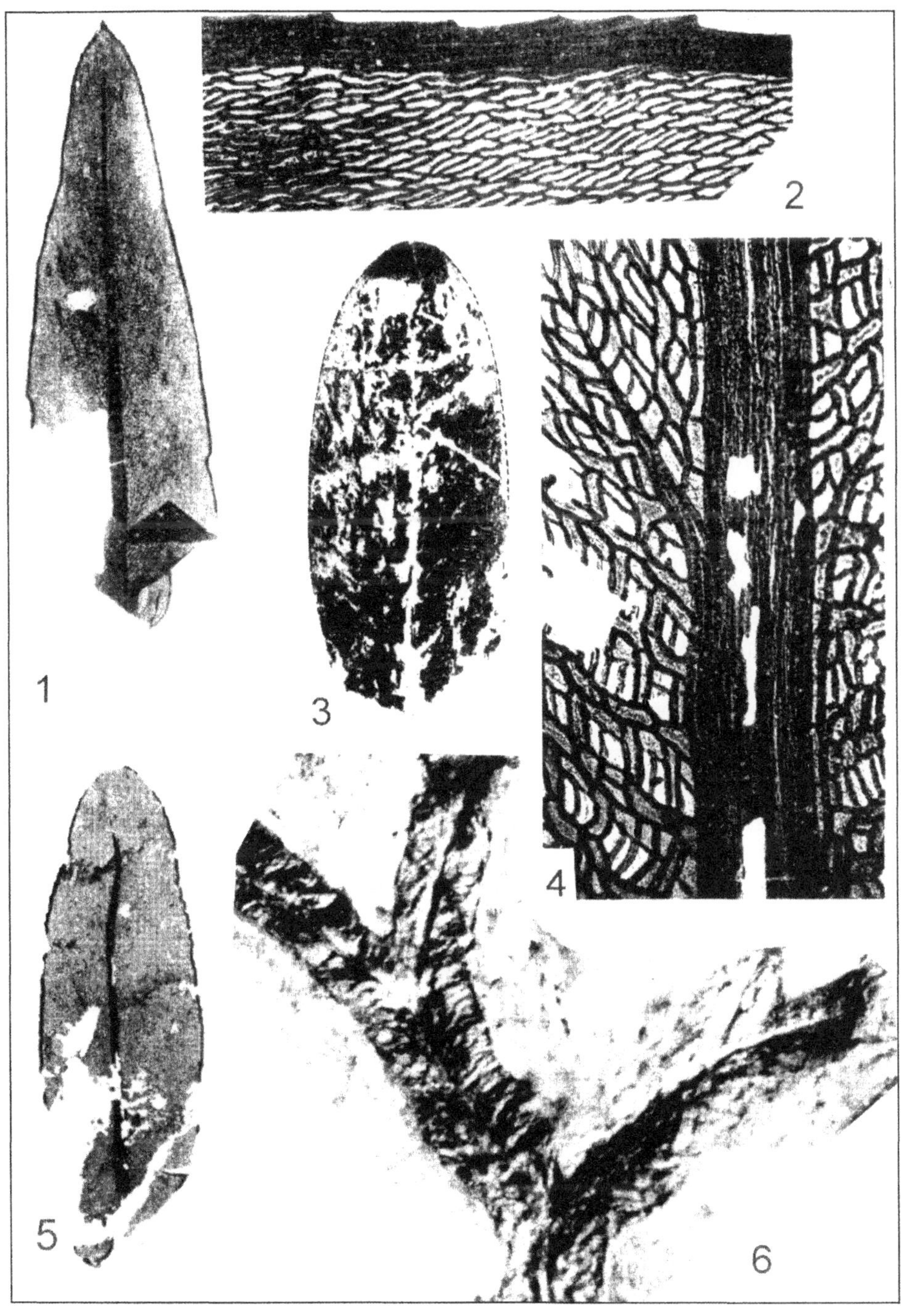

auch heißt, dass sie damals weniger häufig waren. Desgleichen fehlt jeglicher Hinweis auf die Existenz von epiphytischen Moosen in den paläophytischen Farnwäldern. Insgesamt waren aber schon am Ende des Paläophytikums alle großen Verwandtschaftskreise der Moose präsent.

Der Fossilgehalt von Schichten aus dem **Mesophytikum** ist relativ gering, da es sich damals um überwiegend aride Gebiete gehandelt hat, die nicht die Möglichkeiten zur Fossilisierung  boten wie die paläozoischen oder tertiären Sumpfwälder. In diese Zeit fällt die Differenzierung trockenangepasster Sippen wie der Marchantiidae.  Die erste unzweifelhafte Marchantiale ist *Marchantites cyathodoides* aus dem Mittleren Trias von Südafrika (Natal). Die vorhandenen Fossilien ähneln heutigen Vertretern der Anthocerotophyta, Marchantiopsida, Metzgeriidae, Jungermanniidae, Sphagnopsida und Bryopsida, womit alle heutigen Großgruppen schon vor 200 Millionen Jahren existiert haben. Das späte Auftreten der Jungermaniidae und Marchantiidae kann zu dem Schluss verleiten, dass der Beginn der Entfaltung der beiden Gruppen nicht vor dem Ende des Paläophytikums (eher am Beginn des Mesophytikums) stattgefunden hat. Unter den Bryales ähneln  manche Fossilien sehr stark heutigen Vertretern der Gattung *Mnium* oder *Bryum* oder sogar sehr spezialisierten Gattungen wie *Schistostega* oder *Fissidens*. Andere weisen heute nicht vorhandene Merkmale wie Blätter mit drei Rippen auf und repräsentieren offenbar ausgestorbene Sippen.  Die erste sichere pleurokarpe Sippe ist *Muscites quescelinii* aus der Trias Südafrikas. Sie ähnelt den heutigen Vertretern der Leucodontaceen. Unter den Lebermoosen dominieren noch thallöse Formen. Bereits aus dem Trias sind *Riccia*-artige Lebermoose bekannt (Abb. 10-1.6). Wie ausgezeichnet erhaltenes Fossilmaterial belegt, an dem sogar Spaltöffnungen in den Sporenkapseln sichtbar sind, war gegen Ende der Kreidezeit schon mit Sicherheit ein Vertreter einer heutigen Laubmoosgattung (*Campylopodium allonense*) vorhanden, welcher nur durch die Sporenoberfläche von rezenten Arten der Gattung unterschieden ist.

**Tab. 10.2:** Fossile Vorkommen von Vertretern von Moosen im Paläophytikum und Mesophytikum.

| | Devon | Karbon | Perm | Trias | Jura | Kreide |
|---|---|---|---|---|---|---|
| Anthocerotophyta | | | | | | ? |
| Calobryidae | | | • | | | |
| Jungermanniidae | | | • | • | • | • |
| Metzgeriidae | • | • | • | • | • | • |
| Sphaerocarpidae | | | | • | | |
| Marchantiopsida | | | • | • | • | |
| Protosphagnales | | | • | | | |
| Sphagnopsida | | | | • | • | |
| Bryopsida | | • | • | • | • | • |

Nach der „Makroevolution" der Bryophyten im Paläophytikum fand im Mesophytikum im Zusammenhang mit der Etablierung der aus Koniferen aufgebauten Vegetationseinheiten vor allem im südlichen Bereich des Gondwanakontinents die Evolution der „modernen und erfolgreichen" Taxa der Jungermanniales (Radulaceae, Porellaceae, Jubulaceae, Lejeuneaceae, Plagiochilaceae) statt. Die genannten fünf Familien umfassen allein 70% aller heutigen Lebermoose. Zudem ist aus arealkundlicher Evidenz anzunehmen, dass sich in dem gegenüber dem Paläophytikum wärmeren und trockenerem Mesophytikum im Inneren des permo-triassischen Pangaea-Kontinents trockenresistente Pottiaceae und vor allem Marchantiidae differenzierten, eine Gruppe, die aus Jura und Kreide von einer Vielzahl von Fossilbelegen bekannt ist. Von der mittleren Kreide bis ins Tertiär erfolgte die Differenzierung epiphytischer und epiphyller Sippen unter den Lebermoosen sowie der epilithischen und pleurokarpen Sippen unter den Laubmoosen, die vermutlich zu einer explosionsartigen Erhöhung der Artenzahlen geführt hat. Diese Entfaltung war durch die Schaffung zahlreicher neuer, von Angiospermen geprägter Vegetationstypen möglich. Diese schufen eine Vielzahl von neuen ökologischen Nischen, wie sie in den eintönigen paläophytischen Farnwäldern, den ariden Regionen des permo-triassischen Pangaea-Kontinents und der Gymnospermen-wälder des Mesophytikums nicht existierte. Das hohe Evolutionspotential der Bryo-phyten ermöglichte in dieser Zeit offensichtlich auch die Selektion neuer Lebensformen wie der dendroiden Moose sowie neuer Lebensstrategien wie der Annuellen.

## 10.2 Tertiär

Aus tertiären Aufschlüssen sind weitaus mehr fossile Moose bekannt als aus dem Mesophytikum. Aus dem Tertiär allein von Europa sind 150 Laubmoosarten bekannt. Davon gehören 23 zu ausgestorbenen Arten (Frahm 2000). Hinzu kommt noch eine Anzahl von Laubmoosen, die in Formgattungen beschrieben wurden und deren Identität unklar ist, die sich aber bei einer Revision als mit rezenten Arten identisch erweisen könnten. Aus dem Paläozän sind keine Laubmoose bekannt. Aus dem Eozän liegen Angaben von 31 Arten vor, die sich fast alle auf Einschlüsse in Bernstein beziehen. Aus dem Oligozän liegen nur 4 Laubmoosnachweise vor, die alle aus einem Ölschiefervorkommen aus Rott bei Bonn stammen. Reichhaltigere Laubmoosfunde sind aus dem Jungtertiär bekannt, in dem eine fortschreitende Abkühlung begann, die den Höhepunkt in den einsetzenden Kaltzeiten des Quartärs erreichte. Die Mehrzahl der Fossilien kann heutigen Sippen zugeordnet werden (Tab. 10-3); sie sind zumeist in Braunkohlen und Bernsteinen eingeschlossen und oft außerordentlich gut erhalten, Dies bedeutet, dass zahlreiche rezente Arten ein gesichertes Alter von mehr als 40 Millionen Jahre haben. Aus dem Miozän sind 49 Laubmoose fossil bekannt, aus dem Pliozän 95 Arten. Aus Nordamerika sind aus dem Tertiär 32 weitere Arten bekannt (Miller 1984). Die überwiegende Anzahl der aus dem Tertiär Europas bekannten Arten kommt auch heute noch dort vor; nur 16 Arten finden sich nur außerhalb Europas, zumeist in den Tropen. Die floristische Zusammensetzung dieser Laubmoose aus dem Miozän und Pliozän ähnelt sehr der heutigen Laubmoosfloren in den südlichen Teilen Nord-

1
2
3
4

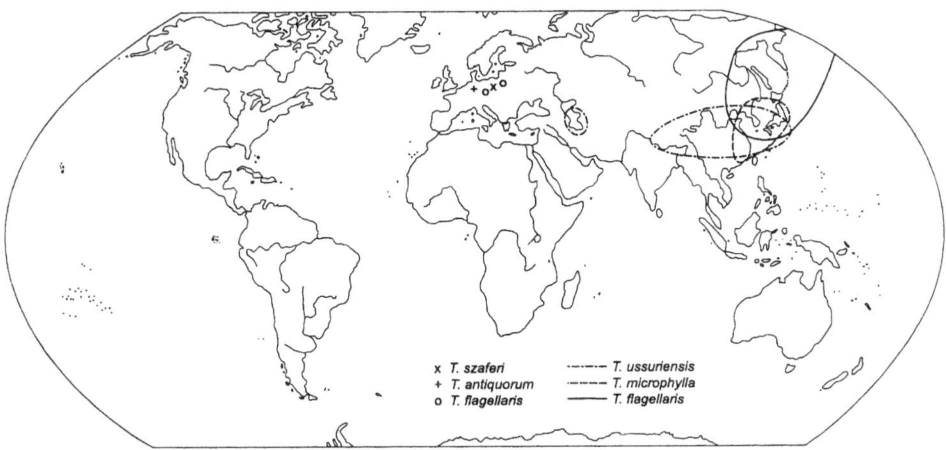


**Abb. 10-3:** Verbreitung der Arten der Gattung *Trachycystis* (Mniaceae) im Tertiär von Europa und rezent in Asien (aus Frahm 1996, verändert). Von den 3 rezenten Arten der Gattung (*T. ussuriensis, T. microphylla* und *T. flagellaris*) sind die beiden letzten Arten aus Baltischem Bernstein bekannt. Zwei weitere Arten (*T. szaferi, T. antiquorum*) sind nur fossil aus Europa bekannt.

amerikas oder auf den Makaronesischen Inseln (Kanaren, Madeira, Azoren). Heute noch auf diesen Inseln vorkommende Arten wie *Gollania berthelotiana* sind damals von den umliegenden Festländern auf diese jungvulkanischen Inseln verbreitet worden und haben sich dort über die pleistozänen Klimaschwankungen hinweg halten können, sind aber in Europa während der Kaltzeiten ausgestorben. Die Moosfloren der Makaronesischen Inseln (sofern es sich nicht um die niedrigen und daher wüstenhaften Inseln handelt) geben also heute einen Eindruck von der spättertiären Moosflora Europas. Die Gattung *Echinodium* ist heute nur von Australasien und den Azoren bekannt; eine vermutlich zwischenzeitlich ausgestorbene Art (*E. savicziae*) ist fossil aus dem Miozän von Polen bekannt, was das isolierte Vorkommen auf den Azoren erklärt. Heute mediterran verbreitete Arten (*Eurhynchium meridionale, Homalia lusitanica*) wurden ebenfalls in Polen gefunden. Aus dem  frühen Tertiär (Palaeogen) wurden auch Arten gefunden, die subtropische oder warm-temperate Klimaverhältnisse anzeigen. Indikator solchen subtropischen Klimas ist ein aus dem Eozän fossil erhaltenes, epiphylles Laubmoos, das der rezenten Gattung *Ephemerospsis* gleicht (Köck 1939), die heute in Südostasien und Neuseeland vorkommt.

---

**Abb. 10-2:** Fossile Moose aus dem Tertiär. 1. *Leucolejeunea antiqua*, eine ausgestorbene Art aus dominikanischem Bernstein (fot. Grolle). 2. *Trachycystis flagellaris*, eine rezent noch in Ostasien vorkommende Art aus baltischem Bernstein. 3. *Neckera* spec. aus dominikanischem Bernstein. 4. *Syrrhopodon incompletus*, eine heute noch in den Neotropen weit verbreitete Art aus dem dominikanischen Bernstein.

Tertiäre Moose sind besonders in Bernstein in bestem Zustand erhalten geblieben. Sie sind darin wie in Kunstharz eingebettet und erlauben eine mikroskopische Untersuchung, bei der sogar erhaltene Ölkörper in den Zellen von Lebermoosen gefunden wurden. Eine Übersicht der aus Bernstein bekannt gewordenen Lebermoose gibt Grolle (1988). Aus baltischem und sächsischem Bernstein sind 18 Lebermoosarten bekannt, darunter Vertreter aus Gattungen, die heute nur in den Tropen, speziell in Südostasien vorkommen. Aus dominikanischem und mexikanischem Bernstein kennt man 20 Lebermoosarten (Gradstein 1993). Sie lassen sich alle rezenten Gattungen zuordnen; drei von ihnen gehören auch heute noch in den Neotropen verbreiteten Arten an, alle anderen gelten als ausgestorben (z.B. *Leucolejeunea antiqua* Abb. 10-2.1). Es handelt sich überwiegend um Rindenepiphyten. Unter den Laubmoosen aus baltischem und Bitterfelder Bernstein sind 11 Arten aus Formgattungen, 9 rezente Arten, 12 ausgestorbene Arten sowie 10 unbestimmte Arten aus rezenten Gattungen bekannt (Frahm 1999). Die rezenten Arten, die in baltischem Bernstein gefunden wurden, kommen heute zum Teil noch in Ost- bzw. Südostasien vor (z.B. *Trachycystis flagellaris,* Abb. 10-2.2, *T. microphylla*). Man kann davon ausgehen, dass sie während der Kaltzeiten in Europa ausstarben, aber in Ostasien die quartären Klimaschwankungen überlebten ("Gingko-Effekt", Abb. 10-3). Andere Arten (*Haplocladium angustifolium*) kommen heute in Südostasien, in Europa aber nur in den Südalpen vor. Letztere Vorkommen werden als Tertiärrelikte interpretiert. Von den 12 fossil aus dem dominikanischen Bernstein (von der Insel Hispaniola in der Karibik) bekannten Laubmoosen konnten 6 rezenten Gattungen (z.B. *Neckera sp.,* Abb. 10-2.3) und 6 rezenten Arten (z.B. *Syrrhopodon incompletus*, Abb. 10-2-4) zugeschrieben werden, die heute in den Neotropen weit verbreitet sind (Frahm 1993, 1996). Das belegt, dass der Grundstock neotropischer Laubmoose bereits vor 25-45 Millionen Jahren vorhanden war.

## 10.3 Quartär

Die Klimaverschlechterung zu Beginn des Quartärs, die in der ersten Kaltzeit gipfelte, führte zu einem Aussterben der subtropischen Arten in Europa. Die temperaten Moosarten überdauerten diese und die folgenden Kaltzeiten in Waldrefugien in Süd- und Südosteuropa und wanderten von dort wieder nach Mitteleuropa ein. Die ersten Fossilfunde aus dem Pleistozän datieren aus der Menap-Kaltzeit und dem Cromer-Interglazial und bestehen aus auch heute in Europa verbreiteten Arten gemäßigter Breiten. Von späteren Kalt- und Warmzeiten sind umfangreiche Fossilfunde bekannt. Gams (1932) gab damals bereits 1400 Nachweise von Moosarten an, darunter nur 20 Lebermoosarten. Heutige Arten arktischer Gebiete treten erst im Saale-Glazial auf. Da überwiegend Torfe erhalten sind, enthalten diese zumeist Tundren- und Moorarten. Dementsprechend besteht kein großer Unterschied zwischen den fossilen Floren der Glaziale und Interglaziale. Die häufigsten fossilen Moose sind Arten wie *Drepanocladus exannulatus, D. revolvens, D. intermedius, D. sendtneri, Scorpidium scorpioides, Calliergon giganteum, Campylium stellatum, Tomenthypnum nitens, Acrocladium cuspidatum, Meesia triquetra, Aulacomnium palustre* oder *Helodium blandowii.* Dies

**Tab. 10-3:** Laubmoose, die mehr als dreimal aus dem europäischen Jungtertiär angegeben wurden (nach Miller 1984). 1. Frankfurt (BRD), 2. Mizerna (Polen), 3. Kroscienko (Polen), 4. Chaudinsk (Russland), 5. Bashkir (Russland), 6. Duab Abkhazia (Russland), 7. Kama an der Wolga (Russland), 8. Arjuzanx (Frankreich), 9. Turow (Polen), 10. Nowy Sacz Basin (Polen), 11. Stare Gliwice (Polen), 12. Nowa Krolewska Wies (Polen), 13. Zatoka Gdowska (Polen), 14. Pshekha (Russland), 15. Mamontovoja (Russland).

| | Pliozän | | | | | | | Miozän | | | | | | | |
|---|---|---|---|---|---|---|---|---|---|---|---|---|---|---|---|
| | 1 | 2 | 3 | 4 | 5 | 6 | 7 | 8 | 9 | 10 | 11 | 12 | 13 | 14 | 15 |
| *Anomodon longifolius* | | | | + | | + | | | | | | + | + | | |
| *Anomodon viticulosus* | + | + | | + | | + | | | | | | | | | + |
| *Brachythecium velutinum* | | | | | | + | | + | + | | | | + | | |
| *Cirriphyllum piliferum* | | | | | | + | | + | | | | + | + | | |
| *Cratoneuron filicinum* | | + | | | + | | + | | | | | | | | |
| *Ctenidium molluscum* | | | | + | | + | | | | | | | | + | |
| *Drepanocladus sendtneri* | | + | | | + | | | | | | | | | | + |
| *Eurhynchium pulchellum* | | | | + | + | + | + | | | | | | + | | |
| *Eurhynchium stokesii* | | | + | | | | | + | + | | | | | | |
| *Eurhynchium striatum* | | + | | + | | + | | | | | | + | | | |
| *Eurhynchium swartzii* | | | | | | | + | + | + | | | | + | | |
| *Homalia trichomanoides* | | + | + | | + | + | | + | | | | | | | |
| *Hylocomium splendens* | | | + | | + | | + | | | | | | | | |
| *Neckera complanata* | + | | | + | | + | | + | | + | + | | | + | |
| *Neckera crispa* | | | + | + | | + | | | | | | | | | |
| *Palamocladium euchloron* | | | + | + | | + | | | | | | | | + | |
| *Thamnobryum alopecurum* | + | | | + | | + | | | | | | | + | | |
| *Thuidium philibertii* | | | | + | + | + | + | | | | | | | | |

ist eine floristische Zusammensetzung, wie sie auch heute noch in der borealen und arktischen Florenregion Eurasiens und Nordamerikas vorkommt. Diese Arten sind auch in der gleichen Zusammensetzung aus gleichaltrigen Schichten in Nordamerika bekannt. Sie sind fossil nicht aus dem Ende des Tertiärs und den ersten Glazialen- bzw. Interglazialen bekannt, und die Herkunft und Entstehung dieser so häufigen Arten liegt im Dunkeln. Von den 50 Laubmoosarten, die Dickson (1972) aus dem späten Pleistozäns Englands aufführt, fehlen nur zwei (*Drepanocladus capillifolius* und *Calliergon richardsonii*) in der dortigen rezenten Moosflora.

Fossile Moose anderer Standorte als Sümpfe und Mooren sind seltener und stammen überwiegend aus Einschwemmungen von Einzelpflanzen und Fragmenten in limnischen Sedimenten. Unter ihnen kennt man heute sehr seltene Arten wie *Hedwigidium imberbe* und *Jamesoniella carringtonii* (Gams 1932). Dies belegt, dass gegenwärtig seltene Moose früher eine weitere Verbreitung gehabt haben müssen und die häufigen klimatischen Veränderungen des Pleistozäns mit den damit verbundenen Arealänderungen Einfluß auf die Verbreitung und Häufigkeit der Arten gehabt haben. Auf diese Weise lassen sich hochdisjunkte Vorkommen einzelner Moosarten als Reste ehemals größerer Areale erklären.

Auch die Großreste von Moosen in den im Postglazial entstandenen Mooren enthalten die gleichen Arten wie heute, oft nur in anderen Quantitäten als Folge unterschiedlich warmer und feuchter Klimaphasen. So besteht der Weißtorf unserer Hochmoore bis ins späte Mittelalter hinein überwiegend aus *Sphagnum imbricatum*, einer heute sehr seltenen Art in den atlantischen Hochmooren Westeuropas. Das Massenvorkommen zeigt damit vermutlich ein feuchteres und kühleres Klima während des Atlantikums an. Auch aus geschichtlicher Zeit sind Moosreste bekannt. Bei Ausgrabungen mittelalterlicher Kloaken in Lübeck sind Reste des Lebermooses *Porella arboris-vitae* gefunden worden. Diese Art ist heute in Norddeutschland ausgestorben und dort seit über 60 Jahren nicht mehr gefunden worden. In mittelalterlichen Latrinen (Moose wurden im Mittelalter als Toilettpapier benutzt) in Duisburg fanden sich Reste von *Hylocomium brevirostre*, das heute ihre nächsten Vorkommen mehr als 150 km entfernt im Mittelgebirge hat. Weiterhin fanden sich bei Ausgrabungen aus Moosen (*Polytrichum*) geflochtene Seile sowie Moosmaterial (besonders *Sphagnum*), welches zum Abdichten von Bootsplanken benutzt wurden.

- Die ältesten bekannten Fossilien von Moosen stammen aus dem Devon. Es handelt sich um Lebermoose, die den Metzgeriidae zugerechnet werden können und sehr stark heutigen Vertretern ähneln. Es wäre jedoch sehr spekulativ daraus zu schließen, dass Lebermoose phylogenetisch älter als Laubmoose sind. Der phylogenetische Ursprung der Moose in der Erdgeschichte liegt noch weiter zurück.
- Laub- und Lebermoose sind zwei seit dem Paläophytikum getrennte Verwandschaftskreise.
- Die Laub- und Lebermoose des Paläophytikums zeigen bereits eine reiche Differenzierung in heute noch vertretene Gruppen (Jungermanniidae, Marchantiopsida, Calobryidae, Metzgeriidae, Bryopsida), so dass man sagen kann, dass die wesentlichen Evolutionswege bereits im Paläophytikum eingeschlagen und damit die Großgruppen der Moose differenziert waren. Es zeigt auch, dass Moose sehr „konservativ" sind und in den vergangenen 300 Millionen Jahren nur wenig Veränderungen durchgemacht haben. Es ist wahrscheinlich, dass es sich bei den Lebermoosen um primär thallose Verwandtschaftskreise (Metzgeriidae, Marchantiidae, Sphaerocarpidae) handelt und die Jungermanniidae erst im frühen Mesophytikum entstanden sind.
- Rezente Gattungen sind fossil bereits aus dem Mesozoikum bekannt, rezente Arten aus dem Tertiär. Unter den Laubmoosen sind gegen Ende des Tertiärs bereits zu über 90% heutige Arten vertreten. Die Moosflora des Quartärs ist, abgesehen von klimabedingten Häufigkeitsschwankungen, mit der Heutigen identisch.

# 11 Angewandte Bryologie

## 11.1 Vom Menschen genutzte Moose

Moose haben einen begrenzten besonderen wirtschaftlichen Nutzen, ihre Bedeutung liegt allgemein in ihrem ökologischen Stellenwert im Haushalt der Natur. Dennoch gibt es einige Aspekte, die sie für den Menschen interessant machen oder gemacht haben, und die Ando & Matsuo (1984) ausgeführt haben. Bereits im Neolithikum hat man Pfeilspitzen in Moose eingewickelt, um sich nicht an ihnen zu verletzen. Der von Linné gewählte Name *Hypnum* = Schlafmoos weist auf eine schon im Altertum gebräuchliche Nutzung von Moosen als Füllmaterial von Matrazen und Kissen, eine Sitte, die noch zu Linnés Zeiten in Lappland und selbst noch zu Anfang dieses Jahrhunderts auf den Azoren üblich war. Ein Moosbett als Sargfüllung begleitete in früheren Zeiten Eskimos und Japaner in den Tod. In Gebieten, in denen Blockhäuser gebaut wurden, benutzte man Moose zum Ausstopfen der Ritzen zwischen den Baumstämmen, u.a. *Fontinalis antipyretica*, von dem man als Wassermoos annahm, dass es die Brandgefahr mindere. Wie Ausgrabungen von mittelalterlichen Booten zeigten, hat man Moose ebenso auch als Dichtung zum Ausstopfen der Ritzen zwischen den Bootsplanken verwendet. Allgemein verbreitet war die Benutzung von Moosen als Verpackungsmaterial für zerbrechliche Waren oder, in feuchtem Zustand, für die Polsterung und den Versand von Gartenpflanzen, seltener Gemüse. Im Gartenbau sind Moose häufiger verwendet worden, so speziell Torfmoose als Kultursubstrat für Orchideen zur Bodenverbesserung. Torfmoose säuern durch Ionenaustausch ihre Umgebung an, was für Sauerhumuspflanzen von Bedeutung ist, erhöhen durch ihre Wasserspeicherkapazität die Wasserspeicherfähigkeit des Bodens und lockern den Boden. Ferner wurden Moose zum dekorativen Bepflanzen von Blumentöpfen benutzt, in Europa besonders *Leucobryum*, in Japan werden kleine Moosgärten in Bonsai-Pflanzschalen angelegt. In christlichen Ländern weit verbreitet war und ist noch die Verwendung von Moosen als Krippendekoration zu Weihnachten, so heute noch in den Gebirgen Mittel- und Südamerikas, wo Moose vor Weihnachten auf Märkten verkauft werden. Diese Verwendung ist in Deutschland durch die Bundesartenschutzverordnung nicht möglich, die u.a. die Gattungen *Sphagnum* und *Leucobryum* unter Schutz stellte. Während in Europa und Nordamerika Moose in Gärten zumeist chemisch bekämpft werden, hat man in Japan eigene Moosgärten angelegt, speziell um buddhistische Tempel, in denen *Polytrichum commune* die am häufigsten verwendete Moosart ist. Sie dienen der besonderen harmonischen Einstimmung. Eine deutsche Firma benutzt Moose, die aus Naturschutzgründen aus Polen importiert werden, als Füllung von Einlegesohlen für

© Springer-Verlag GmbH Deutschland, ein Teil von Springer Nature 2001
J. Frahm, *Biologie der Moose*,
https://doi.org/10.1007/978-3-662-57607-6_11

Schuhe. Früher wurden Wundkompressen mit Torfmoosen gefüllt. Mehrere Millionen wurden davon noch im Ersten Weltkrieg auf deutscher und alliierter Seite verwendet. Sie hatten eine wesentlich schnellere und höhere Wasseraufnahmekapazität als Baumwollkompressen und wirkten zudem noch entzündungshemmend. Trockene Torfmoose wurden bis zum Ersten Weltkrieg in Deutschland als Isolierschicht für Thermosflaschen benutzt. In Nordamerika wird aus Torfmoosen ein Vlies hergestellt, welches in Monatsbinden Verwendung findet. Bei Naturvölkern wurden aus diesem Grund Moose als Windelersatz benutzt. Indianer- und Eskimobabys wurden in mit Moosen (speziell Torfmoosen) gefüllte Fellbeutel gesetzt. In allen diesen Fällen wird nicht nur die hohe Wasseraufnahmekapazität von Moosen sondern auch ihre antimikrobielle Wirkung genutzt. Wie die bei Ausgrabungen zu Tage gekommene Füllung von Latrinen aus dem Mittelalter belegten, hat man seinerzeit Moose als Toilettenpapier benutzt.

Der Ausdruck „Lebermoose" deutet auf eine Verwendung von Moosen in der Volksmedizin hin. Die allen Moosen eigene antimikrobielle (fungizide als auch bakterizide) Wirkung (Kap. 8.4) belegt auch durchaus eine Wirkung. Nordamerikanische Indianer bereiteten Salben zur Wundversorgung aus Moosen. In China werden 40 Moosarten in der Volksmedizin verwendet, so gegen Verbrennungen, Ekzeme, Angina und Bronchitis.

Die größte wirtschaftliche Bedeutung unter den Moosen haben die Torfmoose, was an ihrem massenhaften Auftreten als auch der hohen Wasserspeicherkapazität liegt, die das 25-fache ihres Trockengewichtes beträgt. Torfmoose bedecken einen großen Teil der borealen Gebiete im Norden Nordamerikas und Eurasiens. Die dort von Torfmooren bedeckte Fläche ist mit 1% der Erdoberfläche wesentlich größer als die Fläche der tropischen Regenwälder. (Die falsche Einschätzung der Flächenrelationen liegt an den nicht flächentreuen Kartenprojektionen). Damit ist *Sphagnum* eine der am häufigsten Pflanzen auf der Welt. Das hätte zur Folge, dass bei einer Erwärmung des Weltklimas und der dadurch einsetzenden Zersetzung der weltweit vorhandenen geschätzten 400 Gigatonnen Torf riesige Mengen $CO_2$ frei würden, die einen Verstärkungseffekt auf die Klimaerwärmung liefern würden.

Die Nutzung von lebenden oder getrockneten Torfmoosen beschränkt sich heute auf relativ unbedeutende Zwecke wie als Pflanzsubstrat. Dennoch werden dazu z.B. in Neuseeland in großem Maßstab Torfmoose der Natur entnommen und nach Japan oder England verschifft, weil in diesen Ländern Torfmoose unter Naturschutz stehen. Eine größere wirtschaftliche Bedeutung hat die Nutzung von Torf. Das betrifft einerseits die Nutzung als Brennstoff, andererseits als Gartentorf. In Russland, Irland und Finnland sind Torfkraftwerke zur Stromerzeugung in Betrieb. Im Jahre 1975 wurden in Russland 70 Millionen t Torf, in Irland 3,5 Millionen t Torf zur Stromerzeugung verbrannt. Der Brennwert von Torf liegt zwischen dem von Holz und Braunkohle, so dass Torf früher in Deutschland und heute noch in Irland in Form von Torfbriketts für die Hausfeuerung benutzt wird.

Weniger realisierte Anwendung betreffen die Verwendung von Torf als Filterstoff für industriell verunreinigtes Wasser (Öle, Farbstoffe, Schwermetalle) oder die Herstellung von Isolierplatten oder (in Verbindung mit Zement) Leichtbausteinen, nicht zu vergessen das Aroma von schottischem Whisky, welches auf über Torffeuer geröstetem Malz zurückgeht.

## 11.2 Bioindikation

Lebende Organismen eignen sich besonders zur Analyse und Erfassung von Umweltveränderungen. Da alle Organismen bestimmte Standortansprüche haben, zeigen sie diese mit ihrem Vorhandensein an. Prinzipiell sind alle Organismen damit Indikatoren ihrer Standortsprüche, doch kommen für die Bioindikation vorwiegend Arten in Frage, die sehr empfindlich oder sehr spezifisch reagieren. Im Gegensatz zu Messgeräten kumulieren sie die Gesamtheit von Umwelteinflüssen und Schadstoffen und integrieren sie über eine längere Zeit. Die Überwachung der Umwelt mit Bioindikatoren wird **Biomonitoring** genannt. Moose haben aus physiologischen und morphologisch-anatomischen Gründen eine besondere Eignung als Bioindikatoren:

- Ihre poikilohydrische Lebensweise bedingt, dass sie Wasser und Nährstoffe über die Oberfläche direkt aufnehmen, weswegen sie über keine besonderen Abschlussgewebe verfügen. Im Gegensatz zu Samenpflanzen wirken sich Emissionen aus der Luft oder Verunreinigungen in Gewässern dadurch unmittelbar auf die Moospflanzen aus.
- Ein Teil der Moose hat sehr kurze Lebenszyklen und reagiert dadurch schnell auf Umweltveränderungen.
- Moose sind zumeist makroskopisch ansprechbar. Das unterscheidet sie von vielen Saprobienzeigern wie mikroskopischen Algen.
- Moose sind das ganze Jahr über als Bioindikatoren präsent, im Gegensatz zu Blütenpflanzen, die nur eine kurze Vegetationsperiode über verwertbar sind, oder Algen, die ein oft sehr starkes saisonales und stark wechselndes Auftreten zeigen.

Die Bioindikation von Umwelteinflüssen äußert sich in Schädigungen, Absterben, regionalem Aussterben, aber auch durch Zuwandern von Arten. Dieses wird als **passives Biomonitoring** genannt. Die Moose können dabei Schadstoffe (z.B. Schwermetalle) anreichern ohne geschädigt zu werden (**Akkumulationsindikatoren**), oder durch Nekrosen, Zerstörung des Zellinhaltes oder Beeinträchtigung des Stoffwechsels geschädigt werden (**Schädigungsindikatoren**). Beim **aktiven Biomonitoring** werden Moose als Testorganismen benutzt. Man kann sie im Gelände exponieren oder im Labor in Testversuchen verwenden. Da die einzelnen Arten unterschiedliche Standortansprüche oder Empfindlichkeit gegen Schadstoffe haben, können sie auch als abgestufte **Zeigerarten** verwendet werden. Als Akkumulationsindikatoren sammeln Moose Stoffe wie Schwermetalle oder Stickstoff in ihrem Gewebe an. Durch Analyse des Pflanzenmaterials ist es möglich, Aussagen zur stofflichen Belastung an einem Standort zu treffen. Bei der Analyse von Herbarmaterial ist dies sogar rückwirkend möglich.

In der Vergangenheit sind Moose besonders als Bioindikatoren für die Luft- und Wasserqualität und für Schwermetalle und Radionuklide verwendet worden. Neuerdings werden sie auch als Indikatoren für Klimafluktuationen benutzt. Auch nachdem die Höhepunkte der Umweltverschmutzung in Mitteleuropa vorbei sind, werden Moose als Bioindikatoren auch heute noch verwendet, diesmal nicht als Indikatoren für verschlechterte sondern für verbesserte Umweltverhältnisse. So zeigen Moose sehr genau heute die Verbesserung der Luftqualität durch Verringerung der $SO_2$-Emissionen und die verbesserte Wasserqualität in vielen Flüssen an, aber auch die gestiegenen Stickstoff-Emissionen oder die Versauerung von Bächen. Moose sind speziell zur Erfassung der Luftqualität bislang nur in Europa, Kanada, Japan und Neuseeland verwendet worden, könnten jedoch auch eine große Rolle in industriellen Entwicklungsländern spielen. Darüberhinaus wird wenig bedacht, dass ein aktives Biomonitoring generell große Vorteile bei der Erfassung von Umweltveränderungen hat. Stationäre Messeinrichtungen als Alternative kosten viel, messen immer nur ein Parameter und müssen lange Zeit laufen, um gesicherte Ergebnisse zu bringen. Hingegen werden beim Biomonitoring alle Parameter über einen längeren Zeitraum integriert und ihre biologische Wirkung angezeigt. Dies kann nicht nur auf der Basis einzelner Arten sondern auch auf Basis von Pflanzengesellschaften oder Biozönosen geschehen.

Eine ausführlichere Übersicht zum Thema „Moose als Bioindikatoren" wird in einem speziellen Lehrbuch gegeben (Frahm 1998), in dem auch ausführliche Literaturangaben, Anleitungen zu Versuchen als auch Bestimmungshilfen für aquatische und epiphytische Arten enthalten sind.

Moose reagieren in den einzelnen Phasen ihres Lebenszyklus unterschiedlich auf Schadstoffeinflüsse. Das empfindlichste Stadium ist das algenähnliche Protonema, welches z.B. gegen Schadgase empfindlicher reagiert als die eigentliche Moospflanze. Daraus erklärt sich, dass bestimmte Moosarten in einem belasteten Gebiet von Natur aus nicht vorkommen, obgleich dorthin transplantierte (adulte) Pflanzen überleben können. Besonders empfindlich gegen Umwelteinflüsse ist auch der Befruchtungsvorgang, der in Wasser (Regenwasser, Tau) erfolgt. Ist dieses Wasser angesäuert, sterben die Spermatozoiden ab oder es funktioniert der Anlockungsmechanismus der Spematozoiden durch das Archegonium nicht mehr. Als Folge unterbleibt die sexuelle Reproduktion in belasteten Gebieten. Dort ist dann die vegetative Fortpflanzung besonders stark vertreten.

Der Bioindikationswert von Moosarten ist von bestimmten physiologischen und anatomisch-morphologischen Voraussetzungen abhängig. Endohydrische Arten (Kap. 6) nehmen einen Teil des benötigten Wassers durch den Boden auf. Besonders die Säurewirkung von Niederschlägen wird dadurch abgepuffert. Hingegen nehmen ektohydrische Moose Wasser ausschließlich über die Oberfläche auf, weswegen sie empfindlicher auf Emissionen reagieren. Zu den ektohydrischen Arten gehören alle Lebermoose (mit Ausnahme der Marchantiales) sowie alle epiphytischen Arten. Des weiteren schützt der Besitz einer Kutikula (z.B. bei Marchantiales, Polytrichales) die Pflanze gegen Schadstoffe. Deshalb sind Vertreter dieser systematischen Gruppen für die Bioindikation weniger geeignet.

**Tab. 11-1:** Experimentell in Aquarientestversuchen ermittelte Schwellenwerte für letale Schädigungen von Wassermoosen nach einwöchiger Versuchsdauer zur Ermittlung der unterschiedlichen Toxitoleranz (aus Frahm 1975).

| mg/l | *Leptodictyum riparium* | *Leskea polycarpa* | *Fissidens crassipes* | *Schistidium alpicola* | *Fontinalis antipyretica* |
|---|---|---|---|---|---|
| $Na^+$ | >950 | >950 | >950 | >950 | >950 |
| $(NH4)^+$ | >25 | >25 | 15 | 15 | 10 |
| $Fe^+$ | >12 | >12 | >12 | 4 | 2 |
| $Cl^-$ | >1550 | >1550 | >1550 | >1550 | >1550 |
| $SO_4^{2-}$ | >250 | >250 | 150 | 100 | 100 |
| $PO_4^{3-}$ | >25 | >25 | 20 | 5 | 5 |

# 11.2.1 Moose als Indikatoren der Wasserverschmutzung

Ein Teil der Moose lebt dauernd untergetaucht in Gewässern, an Gewässerrändern oder in episodisch überfluteten Bereichen von Flüssen. Solche Arten nehmen Wasser und Nährstoffe direkt aus dem Wasser auf. Ihre unterschiedliche Toxitoleranz führt zu einem stellenweisen oder völligen Verschwinden oder zu Schädigungen der Pflanzen, woraus Rückschlüsse auf die Wasserqualität gezogen werden können.

Die Indikationswirkung von Wassermoosen bezieht sich auf organische Belastung (z.B. durch Einleitung kommunaler Abwässer in Flüsse), chemische Verschmutzung (z.B. durch Einleitungen von Fabriken) und Gewässerversauerung (durch Sauren Regen). Schwermetalle werden von Moosen in großem Umfang aufgenommen und gespeichert. Sie eignen sich dadurch als Akkumulationsindikatoren, werden aber von den Schwermetallen selbst nicht geschädigt.

Bei Kartierungen der Moosvorkommen im Uferbereich entlang eines Flusses werden die Vorkommen einzelner Moosarten festgehalten. Da diese Arten bestimmte Gewässergüteklassen bzw. pH-Bereiche anzeigen, kann aus ihrem Vorhandensein bzw. Fehlen auf die Gewässergüte geschlossen werden. Wiederholungskartierungen zeigen die Veränderungen über die Zeit an. So konnte die Verbesserung der Gewässergüte im Niederrhein im Zeitraum 1972 - 1992 durch einen Anstieg der Gesamtartenzahl und eine extreme Zunahme der Häufigkeit einzelner Wassermoosarten belegt werden (Frahm & Abts 1993, Abb. 11-1). Diese empirischen Ergebnisse können mit Hilfe von Transplantationsversuchen experimentell überprüft werden. Dabei werden empfindliche Arten von unbelasteten in belastete Flussabschnitte verpflanzt und die Schädigungs- bzw. Absterberate als Maßstab für die Gewässergüte gewertet. Den Zusammenhang zwischen bestimmten Schadstoffen und der Schädigung von Moosen kann man in Aquarientestversuchen feststellen. Dort werden Wassermoose in verdünnter Nährlösung unterschiedlichen Konzentrationen von Schadstoffen (z.B. $PO_4^{3-}$, $SO_4^{2-}$, $Fe^{3+}$, $NH_4^+$, $Cl^-$, Phenolen) ausgesetzt (Tab. 11-1) und die Schädigung in Abhängigkeit von der Zeit protokolliert.

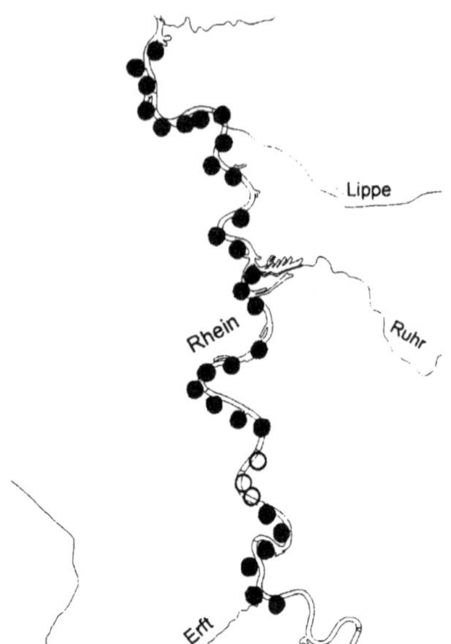


**Abb. 11-1.** Ausbreitung des Wassermooses *Cinclidotus riparius* am Niederrhein als Folge der Verbesserung der Wasserqualität. Kreise: 1972, Punkte 1992 (n. Frahm & Abts 1993)

Moose besitzen die Eigenschaft zur Akkumulation von Schwermetallen. Durch Analysen von Moosmaterial kann die Langzeit-Schwermetallbelastung von Gewässerabschnitten ermittelt werden. Durch Transplantationsversuche (z.B. durch mit Moosmaterial gefüllte Gazebeutel) kann ebenfalls die unterschiedliche Belastung von Flussabschnitten mit Schwermetallen kontrolliert werden. Das gilt auch für Radionuklide.

In den letzten Jahren sind Wassermoose auch als Versauerungsindikatoren benutzt worden. Durch den Sauren Regen ist es besonders in Silikatgebirgen mit kaum gepufferten Bächen zu einer Ansäuerung des Wassers gekommen, welches durch Wassermoose dokumentiert wird.

Auch steigende Wassertemperaturen durch Einleitung von Kühlwasser dokumentieren sich in der Wassermoosflora dadurch, dass wärmeliebende submediterrane Arten sich längs der Flüsse nach Norden ausbreiten (Frahm 1997).

## 11.2.2 Moose als Indikatoren der Luftverschmutzung

Die Eignung von Moosen als Indikatoren der Luftverschmutzung zeigte sich bereits zu Beginn der Industrialisierung, als besonders epiphytische Moose zunächst zurückgingen und dann in weiten Gebieten ausstarben. Wie später Begasungsversuche belegt haben, waren insbesondere höhere $SO_2$-Konzentrationen für den Rückgang der Epiphyten verantwortlich. Das $SO_2$ löst sich im Zellsaft oder wird in Form von Schwefliger Säure im Regenwasser gelöst.

Die Korrelation von Luftverschmutzung und dem Rückgang von Moosen ergibt sich aus **Mooskartierungen**. Bei ihnen zeigt sich, dass die Artenzahl insbesondere epiphytischer Arten umgekehrt proportional zur Luftverschmutzung ist. In Gebieten stärkerer Luftverschmutzung hat man überhaupt keine epiphytischen Moose festgestellt, mit abnehmender Luftbelastung steigt dann die Artenzahl als auch die Bedeckung. Daneben wurden auch Erd- und Fels-(Mauer-)moose zu solchen Mooskartierungen hinzugezogen, speziell in epiphytenfreien stark industrialisierten Gebieten. Aus der Zonierung der Moosvorkommen um Industriegebiete lassen sich durch die quantitative als auch qualitative Zusammensetzung der Moosflora Zonen unterschiedlicher Luftgüte ableiten als auch die Toxitoleranz einzelner Moosarten beurteilen.

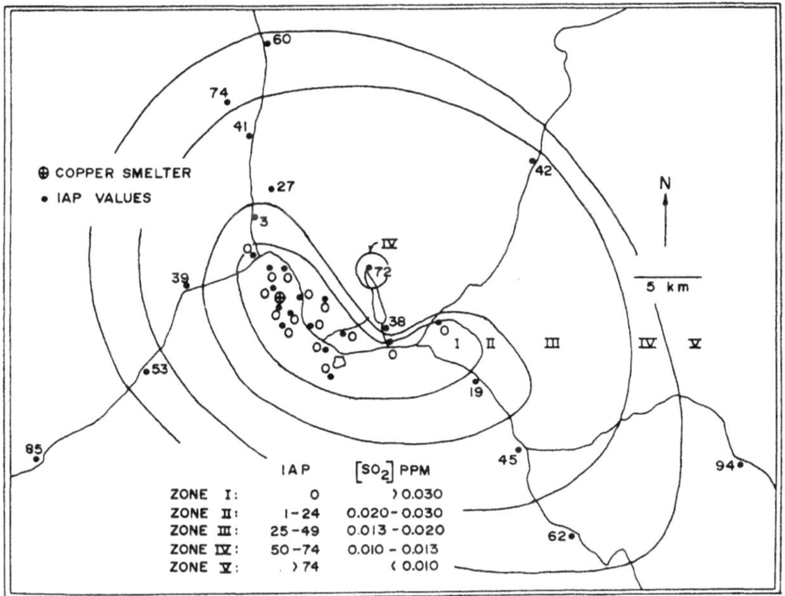


**Abb. 11-2:** Luftgütezonen um eine Kupferhütte in Murdochvolle, Kanada, basierend auf dem Air Purity Index ermittelt aus dem Vorkommmen epiphytischer Moose und Flechten (aus LeBlanc et al. 1974).

Neben dem Vorkommen der Arten an Baumstämmen (Präsenz) werden auch die Vitalität der Epiphyten, ihre Bedeckung (Abundanz), die Häufigkeit ihres Vorkommens (Frequenz) oder die Toxitoleranz der einzelnen Arten festgehalten. Mehrere solcher Faktoren werden zu verschiedenen **Luftgüteindices** verrechnet, die Ausdruck der Luftqualität sind.

Kartierungen epiphytischer Moose wurden in Europa, Kanada, Japan und Neuseeland durchgeführt, neuerdings auch in Südamerika.

Wie auch bei den Wassermoosen lassen sich mit epiphytischen als auch terrestrischen Moosarten **Transplantationsversuche** durchführen. Dabei wird Pflanzenmaterial aus unbelasteten Gebieten in belastete verpflanzt. Die Absterberate (durch fotografische Kontrollen oder Chlorophyllgehaltsbestimmungen ermittelt) unterschiedlich toxitoleranter Arten gibt Aufschluss über die lufthygienische Situation.

Inzwischen erfolgt in Mitteleuropa nach einer drastischen Reduzierung der $SO_2$-Werte durch gesetzgeberische Maßnahmen eine „Rückkehr der Epiphyten" in urbane und industrialisierte Gebiete. Damit lassen sich Epiphytenkartierungen von Moosen zur Dokumentation der Verbesserung der Luftsituation benutzen. **Wiederholungskartierungen** belegen dann den Wechsel in der Luftqualität. Im Ruhrgebiet gab es in den Siebziger Jahren keinerlei epiphytische Moose. 1998 hatten dort wieder häufigere Arten (*Dicranoweisia cirrata, Orthotrichum affine*) Fuß gefasst, 1999 bereits empfindlichere Arten wie *Orthotrichum lyellii*. Im Stadtgebiet von Bonn wurden 1954 vier epiphytische Moosarten gefunden, 1997 waren es bereits wieder 38 Arten, darunter Arten wie *Orthotrichum lyellii, O. obtusifolium* oder *Frullania dilatata*. Das zeigt auch, dass das Stadtklima durchaus für das Vorkommen solch empfindlicher Arten geeignet ist. Einige Wissenschaftler hielten Vorkommen solcher Arten in Städten früher aufgrund des trockeneren Stadtklimas für unmöglich („drought hypothesis"). Da die Trägerbäume für die Epiphyten unterschiedliche Voraussetzungen (Borken-pH, Borkenstruktur, Inklination, Alter, Beschattung) bieten und das Vorkommen von Epiphyten u.U. nur das Vorkommen bestimmter Trägerbaumarten reflektiert, beschränkt man sich heute bei Epiphytenkartierungen auf vergleichbare Bäume an vergleichbaren Standorten.

Die Toxitoleranz einzelner Arten kann auch experimentell durch Begasungsversuche ermittelt werden, bei der visuelle Schädigungen oder auch Gasstoffwechselmessungen als Kriterium für die Schädigung verwendet werden.

Nach dem Rückgang der $SO_2$-Werte hat sich in den letzten Jahren die Bioindikation mit epiphytischen Moosen (und Flechten) auf die Dokumentation der Verbesserung der Luftgüte verlagert. So ist jetzt selbst das Ruhrgebiet von früher als empfindlich eingestuften Epiphyten wiederbesiedelt (Stapper et al. 2000). Dabei hat sich die Problematik der Luftgüte auf Stickstoffimmissionen verlagert. Wesentlich gestiegene $NH_3$ und $NO_x$-Werte haben nicht nur die „Rückkehr der Epiphyten" begünstigt (N ist für Epiphyten absoluter Minimumfaktor), sondern auch zu  einem Vordringen von nitrophilen Arten wie *Orthotrichum diaphanum* geführt. Das betrifft auch andere stickstoffarme Biotope, in denen an Silikatfelsen Arten wie *Hedwigia ciliata* durch *Bryum argenteum*, in Kalkmagerrasen *Entodon concinnus* durch *Brachythecium rutabulum*, oder in Mooren *Sphagnum* spp. durch *Pleurozium schreberi* verdrängt werden.

## 11.2.3 Moose als Schwermetallakkumulatoren

Die direkte Aufnahme von Nährstoffen durch die Oberfläche macht Moose besonders für die Schwermetallakkumulation anfällig. Moose nehmen Schwermetalle in gelöster Form durch die Zellwand auf und speichern sie in einer Konzentration, die für andere Pflanzen toxisch sind, ohne das diese Einfluss auf den Zellstoffwechsel hätten. Die Wirkungsweise der Inaktivierung der Schwermetalle ist nicht bekannt. Durch diese Akkumulation nehmen Moose bis zu sechzig Mal mehr Schwermetalle auf als Blütenpflanzen und mehrere hundert Mal höhere Konzentrationen als im Substrat, auf dem die Moose wachsen. Die weiten Areale von Moosarten erlauben zudem, sich bei großräumigen Untersuchungen auf dieselben Arten beziehen zu können.  Daher werden drei Moosarten (*Hylocomium splendens, Hypnum cupressiforme* und *Pleurozium schreberi*)  in einem europaweiten Programm zur Indikation von Schwermetallbelastungen benutzt (Siewers & Herpin 1998). Da man dazu jedoch flach liegende (und mit Bodenwasser getränkte) Erdmoose gewählt hat, geht in die Erfassung von Schwer-

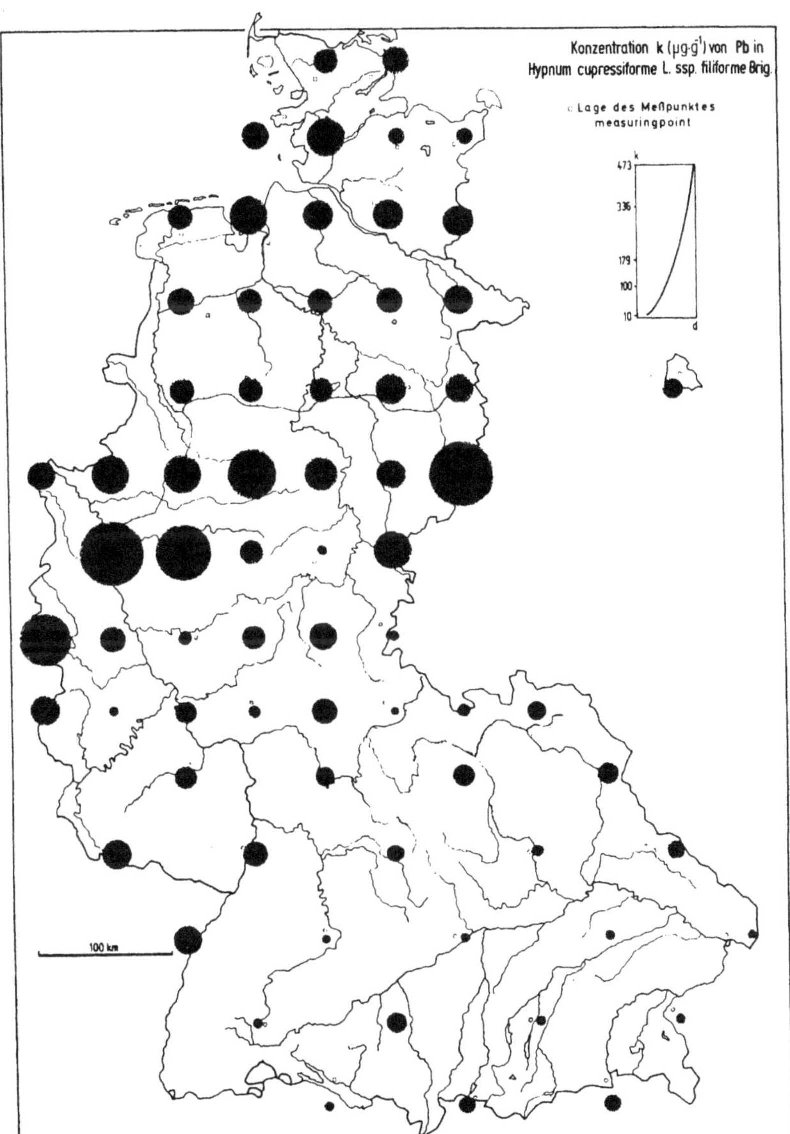


**Abb. 11-3:** Bleibelastung in Westdeutschland im Jahre 1975 gemessen in epiphytischen Pflanzen von *Hypnum cupressiforme* (aus Herrmann 1976).

metallen auch die natürliche Belastung mit Schwermetallen aus dem Boden ein, sodass die dabei entstandenen Karten auch die natürliche Schwermetallbelastung in Silikatgebirgen wie dem Harz oder dem Fichtelgebirge anzeigen. Die besten Indikatoren für die atmosphärischen Schwermetallbelastungen sind epiphytische Moose, weil sie Schwermetalle nur aus der Luft als Stäube aufnehmen. So zeigt Abb. 11-3 z.B. die früheren hohen Bleibelastungen in den Industriegebieten (Stolberg, Ruhrgebiet, Harzvorland) als auch die ehemalige Bleibelastung durch den Autoverkehr, die im Bereich der Großstädte als auch in dicht besiedelten Gebieten Norddeutschlands größer ist als in Süddeutschland.

Eine bessere Methode zur Ermittlung der atmosphärischen Schwermetallbealstung ist die „*Sphagnum-bag-technique*", bei der Torfmoose in Gazebeutel gefüllt werden und exponiert werden. Mit einem Atomabsorptionsspektrometer kann man die Schwermetallaufnahme über die Zeit an verschieden weit von einem Emittenden (z.B. Stahlwerk) entfernten Orten feststellen. Dadurch lassen sich Emissionsquellen lokalisieren, die regionale Belastung mit Schwermetalldepositionen feststellen und die Veränderungen der Belastung über die Zeit verfolgen.

Ebenso wie bei Wassermoosen nehmen auch terrestrische Moose Radionuklide auf. Durch den Nachweis von Radionukliden in Moosen lassen sich die Umgebungen von Atomkraftwerken kontrollieren als auch überregionale Fallouts (wie nach der Tschernobyl-Katastrophe) feststellen.

## 11.2.4  Moose als Standortzeiger

Ähnlich wie Blütenpflanzen und Flechten werden Moosen Zeigerwerte für Standortfaktoren (für Feuchte, Kontinentalität, pH, Licht, Temperatur) zugewiesen (Düll 1991). Diese sind nach einer zehnteiligen Skala abgestuft (z.B. L = Lichtzahl 1: Tiefschattenpflanze bis L 9: Volllichtpflanze, 0 bezeichnet indifferentes Verhalten). Dabei ist zu berücksichtigen, dass es sich um empirische Angaben handelt, die den langjährigen Erfahrungen des Autors entsprechen. Mittelwerte der an einem Standort gefundenen Arten können zur Charakterisierung und zum Vergleich der ökologischen Verhältnisse herangezogen werden. Kritikpunkte an dem Verfahren beziehen sich auf subjektive oder auch fehlerhafte Einschätzung der Standortverhältnisse, regional unterschiedliches Verhalten von Arten und eine zu fein abgestufte Skala. Neuerdings hat Dierßen (2001) ökologische Charakterisierungen der europäischen Moosarten mit verbalen Umschreibungen ähnlich den Standortcharakterisierungen der Blütenpflanzen durch Oberdorfer gegeben (z .B. *Plagiobryum demissum*: acidophyt-subneutrophyt, m hygrophyt-mesophyt, m sciophyt-mphotophyt, m-c cryophyt, ahem-oligohem), die den Nachteil haben, so nicht zu Indices verrechnet werden zu können.

Bereits lange vor Einführung der Reaktionszahlen oder Zeigerwerte wurden Waldbodenmoose in der Forstbotanik als forstliche Standortzeiger benutzt, was sich u.a. durch besondere Bestimmungsbücher für Waldmoose manifestierte. Heute werden Moose in Wäldern auch zur Feststellung von anthropogenen Veränderungen in Wäldern (z.B. durch Sauren Regen oder Änderung der forstlichen Nutzung), zur Dauerflächenbeobachtung und zur Ermittlung von naturnahen oder sogar natürlichen Waldbeständen benutzt (Stetzka 1994).

## 11.2.5 Moose als Indikatoren für Klimafluktuationen

Alle Pflanzenarten reagieren auf Klimaveränderungen durch Verschiebungen von Areal-grenzen, insbesondere auch Höhengrenzen im Gebirge und der Arktis. Klimaänderungen sind der Auslöser für Änderungen der Pflanzendecke zu allen Erdepochen gewesen. Neben längerfristigen Klimaänderungen gibt es auch laufende Klimafluktuationen, kürzere Perioden mit positiven oder negativen Temperaturanomalien. Da viele Moose sehr kurze Lebenszyklen haben (annuelle Arten nur einige Wochen), können sie sehr schnell auf kurzfristige Klimaschwankungen reagieren. In temperaten Breiten fällt fer-ner die Hauptvegetationsperiode der Moose in den Herbst, die frostfreien Perioden im Winter und das Frühjahr, weswegen Moose schnell auf veränderte Wintertemperaturen reagieren.

In den Jahren 1985 bis 1999 sind in Mitteleuropa 32 Moosarten aufgetreten, die ihre Hauptverbreitung in den wintermilden atlantischen, atlantisch-mediterranen oder me-diterranen Teilen Europas haben. Zehn dieser Arten sind schon früher in Mitteleuropa gefunden worden; ihre Vorkommen sind jedoch zwischenzeitlich wieder erloschen. Dieser Vorstoß von wärmeliebenden Arten kann mit einer Erhöhung der Mittel-temperaturen der Monate Dezember, Januar und Februar um 1,5°C und einem Vorrük-ken der 3,5°C Isotherme der Wintertemperatur um 400 km Luftlinie von Paris bis nach Mitteldeutschland korreliert werden (Frahm & Klaus 1997). Damit ist die rezente Er-wärmung stärker als z.B. die des sog. Mittelalterlichen Wärmeoptimums im 13. und 14. Jahrhundert. Auch bei dem episodischen Auftreten von solchen Arten in der Ver-gangenheit konnte belegt werden, dass diese Vorkommen mit positiven Temperaturan-omalien der Wintermonate oder in Phasen von positiven Temperaturanomalien lagen (Frahm & Klaus 2001). Man kann davon ausgehen, dass Sporen von Moosen laufend auch über die Arealgrenzen transportiert werden und dort niedergehen, ohne sich eta-blieren zu können, weil die Standort- oder Klimaverhältnisse nicht ausreichend sind. Bei Klimafluktuationen oder –änderungen treten außerhalb der normalen Arealgrenzen geeignete Bedingungen auf, sodass sonst dort nicht vertretene Arten sich etablieren können. Solche Populationen können bei einer Klimaverschlechterung wieder erlö-schen, jedoch können die Sporen aufgrund ihrer langen Lebensfähigkeit im Boden über-dauern und u.U. viele Jahre später z.B. in einem milden Winter wieder auskeimen. Solche Effekte belegen sehr klar, dass Arealgrenzen nicht statisch sind sondern oszil-lieren.

Weitere beobachtete Florenveränderungen unter den Moosen betreffen Wassermoos-Arten. So haben sich *Cinclidotus riparius*, *C. danubicus* und *C. mucronatus* während der letzten 100 Jahre von Süddeutschland vornehmlich im Flusssystem des Rheins aus nach Norden verbreitet, *C. riparius* auch bis in die Unterweser (Frahm 1997). *Octodiceras fontanus* hat sich in den letzten Jahrzehnten von Südwestdeutschland aus über ganz Deutschland ausgebreitet. Diese Ausbreitung lässt sich ggf. mit der Erhö-hung der Jahresmittel der Wassertemperaturen in den Flüssen durch die Einleitung von Kühl- und Abwasser erklären, welche im Rhein 6°C beträgt.

# 11.3 Naturschutz

## 11.3.1 Rote Listen

Die besonderen ökologischen Zeigerwerte von Moosen machen diese zu einer wertvollen Planungs- und Beurteilungsgrundlage für Naturschutzbelange, die allzuwenig genutzt wird. Das trifft nicht nur auf „moosreiche" Habitate wie Moore, Sümpfe oder Blockhalden zu sondern auch und gerade für Heiden, Magerrasen, Flussauen oder Wälder. Die besondere Bedeutung für den Naturschutz haben Moose aus folgenden Gründen:

- Moose haben vielfach engere Standortamplituden als Blütenpflanzen.
- Sie sind insbesondere für Kleinstandorte und Kleinklimate indikativ.
- Sie haben viel kürzere Lebenszyklen als Höhere Pflanzen und können dadurch viel schneller auf Umweltveränderungen reagieren.
- Moose sind in einigen Lebensräumen bestandsbildend (Hochmoore, Flachmoore, Waldböden, Felsen).
- Die meisten Moose (mit Ausnahme von annuellen Arten) sind immergrün und stehen damit ganzjährig für die Standortsbeurteilung zur Verfügung.
- Moose sind besonders für nährstoffarme Standorte charakteristisch, da sie in der Lage sind, ihren Nährstoffbedarf überwiegend aus der Atmosphäre zu decken. Solche Standorte sind heute besonders gefährdet und unter Naturschutzaspekten von Interesse.
- Besonders nützlich sind Moose zur Beurteilung von Veränderungen des Feuchte- und des Nährstofffaktors.

Daneben verdienen auch Moose wie die Vertreter aller Organismengruppen Schutz, besonders vor dem Aussterben. Als Grundlage der Einschätzung von Seltenheit und Gefährdung dienen die vor 30 Jahren zuerst in Belgien und dann auch in vielen anderen Ländern erstellten „Rote Listen". Rote Listen dienen in erster Linie als Grundlage für die Beurteilung der Schutzwürdigkeit von Gebieten, aber auch ganz allgemein zur Abschätzung des Anteiles ausgestorbener oder gefährdeter Arten. Aus dem Spektrum der in Roten Listen enthaltenen Arten gehen auch die Gefährdungsursachen hervor.

Die Gefährdung einzelner Arten ist regional unterschiedlich; eine Art, die in Skandinavien häufig ist, kann in Deutschland extrem selten sein, desgleichen eine andere Art im Schwarzwald nicht aber in Mecklenburg gefährdet sein. Für jede Rote Liste muss also ein Bezugsraum definiert werden.

Eine erste weltweite Rote Liste wurde von der International Association of Bryologists zusammengestellt (Tan et al. 1994). Sie enthält 91 Arten. Inzwischen gibt es - ähnlich wie für andere Organismengruppen - einen Aktionsplan für Moose (Hallingbäck & Hodgetts 2000), herausgegeben von der International Union für Conservation of Nature and Natural Resources (IUCN). Er behandelt die Bedeutung der Moose, die Gefährdung der Arten und ihrer Standorte, besonders schützenswerte Gebiete (Biodiversitätszentren), sowie die aktuelle IUCN World Red List.

Eine für Europa aufgestellte Rote Liste enthält Arten, die als ausgestorben, verschwunden oder gefährdet eingestuft sind, sowie 248 seltene und 103 ungenügend bekannte Taxa (Schumacker & Martiny 1995). Für jede der Arten aus der ersten Gruppe werden Beschreibungen der Arten, der Standortbereiche, der Häufigkeit und der Gefährdung gegeben. Innerhalb Europas gibt es Rote Listen für Belgien (Demaret & Lambinon 1969), Polen (Ochyra 1992), Deutschland (Ludwig et al. 1996), den Niederlanden (Siebel et al 1992), Schweden (Hallingbäck 1998), die Schweiz (Urmi 1991) und Luxemburg (Werner 1987).

Daneben gibt es für Deutschland auch Rote Listen einzelner Bundesländer (mit Ausnahme von Hessen und Baden-Württemberg), welche sinnvollerweise im Fall von Nordrhein-Westfalen noch einmal nach Naturräumen unterteilt sind, in denen die Arten in unterschiedliche Gefährdungskategorien eingestuft werden. Daraus ergibt sich, dass politische Umgrenzungen von Roten Listen zunächst nicht sehr sinnvoll erscheinen, aber zweckmäßig sind, weil sie Grundlage für gesetzgeberische Maßnahmen (z.B. Einrichtung von Naturschutzgebieten) sind. Die Erfahrungen mit Roten Listen zeigt, dass die Einstufungen der Gefährdungskategorien nicht auf Dauer festgeschrieben werden können, sondern laufend geändert und angepasst werden müssen. Das betrifft negative Effekte wie das immer seltener Werden von Arten wie solcher von Stoppeläckern, aber auch positive Korrekturen wie bei den Epiphyten, die sich durch die verbesserte Luftsituation ergeben haben.

Während anfänglich die ersten Roten Listen ziemlich unkritische Aufzählungen von seltenen Moosarten waren, hat man später die Arten in Gefährdungskategorien klassifiziert und dann auch die Gefährdungsursachen in Hinblick auf anzuwendende Maßnahmen angegeben. Dadurch werden die Einstufungen transparent und nachvollziehbar. Desgleichen geht man heute von gewissen allgemein gültigen Vorgaben und Konventionen bei der Anwendung der Gefährdungskategorien aus (0 = ausgestorben oder verschollen, 1 = vom Aussterben bedroht, 2 = stark gefährdet, 3 = gefährdet, 4 = potentiell gefährdet), wobei das Aussterben auf den Bezugsraum und nicht die Art bezogen ist. Problematisch ist in vielen Fällen die Anwendung des Wortes „Gefährdet", da es sich zum Teil nur um seltene Arten handelt, weswegen zum Teil eine Klassifikation mit „R" für selten vorgenommen wird, was ja auch einen Schutzgrund bedeutet.

Ganz generell kann in Deutschland bereits ein Teil der früher bekannten Moosarten als ausgestorben gelten. Dieser Anteil ist in Gebieten von stark expandierenden Städten besonders hoch. So waren in West-Berlin 1991 33% der Moosarten verschollen bzw. ausgestorben, 13% akut vom Aussterben bedroht, 10% stark gefährdet, 11% gefährdet und 10% potentiell gefährdet, d.h. nur 23% nicht gefährdet. In mehr ländlich strukturierten Räumen ist der Gefärdungsgrad geringer. So gelten in Sachsen 57% der Moosarten als gefährdet (Müller 1995), in den Niederlanden „nur" 50% (Siebel et al. 1992).

Die Klagen über den Rückgang der Moose sind so alt wie deren bryologische Erforschung. Als Ursachen für das Verschwinden bzw. die Gefährdung von Moosen gelten insbesondere:

- Absenkung des Grundwasserspiegels durch Trinkwassergewinnung, Trockenlegung von Waldsümpfen, Begradigung und Kanalisierungvon Bächen und Flüssen, Ent-

wässerung von Wiesen, Flachmooren und Hochmooren, Zerstörung von Feuchtgebieten.

- Luftverschmutzung, insbesondere starke $SO_2$-Emissionen in der Vergangenheit, überregionale Emissionseinflüsse durch Sauren Regen, Eutrophierung durch Stickstoff-
  eintrag, Ammoniakemissionen durch Intensivviehhaltung.
- Gewässerverunreinigung, besonders in der Vergangenheit Einleitung nicht oder unzureichend geklärter Abwässer, Gewässereutrophierung, Gewässeransäuerung.
- Intensivierung der Land- und Forstwirtschaft, Kunstdüngereinsatz, Kalkung von Wäldern.
- Bebauung, Aufschüttung von Feuchtgebieten, Umwandlung in Industrieland, Bau-
  land oder Gewerbegebiete.

Auf der anderen Seite haben andere vom Menschen geschaffene Standorte wie aufge-
lassene Steinbrüche oder Sand-, Kies- oder Tongruben und Truppenübungsplätze einen bereichernden Effekt auf die Diversität der Moose.

## 11.3.2  Unter Schutz gestellte Moose

Aufgrund der in den Roten Listen konstatierten Gefährdung von Moosarten stehen in
einigen Ländern Moose unter Naturschutz, um sie vor dem (lokalen) Aussterben zu
bewahren, aber auch um einen Schutz gegen gewerbliches Sammeln zu bieten. Das
betrifft in Europa besonders Torfmoose, die von Gärtnereien früher der Natur in großem Umfang für die Kultur von Orchideen entnommen wurden, das Sammeln von
Moosen zur Dekoration von Blumentöpfen, Pflanzgestecken oder zur Krippendekoration,
die Verwendung von Moosen (speziell wiederum Torfmoosen) zur Verarbeitung in
Dämmmaterial, zu Verpackungszwecken, zur Herstellung von Schuh-Einlegesohlen
u.a.m.

Generell ist weltweit das Sammeln auch von Moosen in Naturschutzgebieten, Natio-
nalparks und anderen Gebieten mit Schutzstatus nicht gestattet. Daneben haben einige
Länder der Welt das Sammeln generell (also nicht nur in Naturschutzgebieten) sowie
die Ausfuhr von Moosen (auch für wissenschaftliche Zwecke) genehmigungspflichtig
gemacht.

Auf globaler Ebene sind keine Moose unter Schutz gestellt. Die Convention of International Trade in Endangered Species of Wild Fauna and Flora (CITES) enthält nur Höhere Pflanzen, keine Moose. In Europa enthält die Berner Konvention von 1979 neun
Lebermoosarten und 13 Laubmoosarten (Tab. 11-1). Mit dem Schutz von Arten will
man auch den Schutz von Standorten erreichen. Dies hat jedoch wohl mehr symboli-
schen Wert, denn die durch die Liste der Berner Konvention enthält auch Moosarten,
die auf Viehweiden wachsen (z.B. *Bruchia vogesiaca*). Da es kein europäisches Recht
gibt, ist die Durchführung der Konvention den Unterzeichnerländern überlassen.

In Deutschland waren durch die Bundesartenschutzverordnung vom 19. Dezember 1986
die Gattungen *Sphagnum, Dicranum, Rhytidiadelphus, Hylocomium* und *Leucobryum*
mit allen Arten sowie *Polytrichum commune* und *P. formosum* unter Schutz gestellt. In

einer Änderung der Bundesartenschutzverordnung vom 21.10.1999 wurde der Schutz von *Polytrichum-, Dicranum-* und *Rhytidiadelphus*-Arten aufgehoben und auf *Hylocomium-, Leucobryum-* und *Sphagnum*-Arten beschränkt. Das bedeutet, dass selbst der Besitz von Herbarmaterial von nach Inkrafttreten der Verordnung gesammelten Pflanzen strafbar ist, ein Nachweis über die Herkunft anderweitigen Materials dieser Arten geführt werden muss, aber auch, dass keine Pflanzen dieser Arten in der Natur (z.B. zum Nachbestimmen) entnommen werden dürfen oder die Verwendung von Torfmoosen in universitären Kursen zumindestens mit deutschem Material nicht erlaubt ist. Diese zunächst recht unverständlich wirkende Maßnahme, die früher auch das häufigste Zierrasenunkraut (*Rhytidiadelphus squarrosus*) unter Schutz stellte, erklärt sich so, dass die Bundesartenschutzverordnung im Gegensatz zum alten Reichsnaturschutzgesetz den Schutz vor gewerblichen Sammeln nicht mehr kennt. Die jetzt geschützten Arten sollen dadurch vor kommerzieller Nutzung geschützt werden. Man muss dabei aber sehen, dass diese Arten in Naturschutzgebieten ohnehin geschützt sind und dass über diesen Habitatschutz ein großer Teil gefährdeter Arten automatisch geschützt ist.

In anderen Ländern sind meistens überhaupt keine Moosarten geschützt. In Belgien, Österreich und den Niederlanden (in einigen Provinzen) sind Torfmoose vor kommerzieller Nutzung geschützt. Zu den wenigen Ländern mit geschützten Moosarten gehören Estland (24 Arten), Finnland (7 Arten aus der Berner Konvention, die in Finnland vorkommen), Großbritannien (33 Arten), Ungarn (nur *Sphagnum*), Japan (nur *Sphagnum* in den meisten Präfekturen), Lettland (243 Rote Liste-Arten sind zum Schutz vorgeschlagen), Littauen (11 Arten der Roten Liste), Luxemburg (nur *Sphagnum*), Mexico (6 Arten), Portugal (Arten der Berner Konvention), Spanien (8 Arten), Ukraine (28 Arten).

---

**Tab. 11-1:** Geschützte Moose in Europa nach Appendix I der Convention on the Conservation of European Wildlife and Natural Habitats (Berner Konvention).

**Anthocerotophyta:**
*Notothylas orbicularis* (Anthocerotae)

**Bryophyta:**

Marchantiopsida:
*Cephalozia macounii* (Cephaloziaceae)
*Frullania parvistipula* (Frullaniaceae)
*Jungermannia handelii* (Jungermanniaceae)
*Mannia triandra* (Aytoniaceae)
*Marsupella profunda* (Gymnomitriaceae)
*Petalophyllum ralfsii* (Codoniaceae)
*Riccia breidleri* (Ricciaceae)
*Riella helicophylla* (Riellaceae)
*Scapania massalongi* (Scapaniaceae)

Bryopsida:
*Atractylocarpus alpinus* (Dicranaceae)
*Bruchia vogesiaca* (Dicranaceae)
*Bryoerythrophyllum machadoanum* (Pottiaceae)
*Buxbaumia viridis* (Buxbaumiaceae)
*Cynodontium suecicum* (Dicranaceae)
*Dichelyma capillaceum* (Fontinaliaceae)
*Dicranum viride* (Dicranaceae)
*Distichophyllum carinatum* (Hookeriaceae)
*Echinodium spinosum* (Echinodiaceae)
*Hamatocaulis vernicosus* (Amblystegiaceae)
*Meesia longiseta* (Meesiaceae)
*Orthotrichum rogeri* (Orthotricaceae)
*Pyramidula tetragona* (Funariaceae)
*Sphagnum pylaisii* (Sphagnaceae)
*Tayloria rudolphiana* (Splachnaceae)
*Thamnobryum fernandesii* (Thamniaceae)

- Moose haben nur eine geringe praktische Bedeutung für den Menschen. Nur Torf wurde und wird noch in größerem Maße ökonomisch genutzt.
- Eine besondere Bedeutung haben Moose als Bioindikatoren, zu der sie besonders ihre Eigenschaft befähigt, Wasser- und Nährstoffe (und damit auch Schadstoffe) über die Umgebung (Luft, Wasser) aufzunehmen.
- Dadurch, dass einzelne Moosarten unterschiedliche Empfindlichkeit gegen Wasser- und Luftverschmutzung zeigen, können diese als abgestufte Zeigerarten der Wasser- und Luftqualität verwendet werden.
- Durch Kartierungen solcher Zeigerarten können Luft- und Wassergütekarten erstellt werden. Bei Transplantationsversuchen zeigt die unterschiedliche Absterberate Gebiete unterschiedlicher Umweltgüte an.
- Die Aufnahme von Nährstoffen durch die Oberfläche führt dazu, dass auch Schwermetalle und Radionuklide von den Moosen aufgenommen werden, ohne sie jedoch zu schädigen. Ihre Eignung als biologische Filter zur Reinigung von z.B. schwermetallbelasteten Gewässern ist jedoch noch nicht praktiziert worden.
- Ähnlich wie Blütenpflanzen lassen sich Moose auch als Zeigerarten für ökologische Parameter (pH, Feuchte, Temperatur) verwenden, besonders im mikroklimatischen Bereich.
- Die leichte Verbreitbarkeit durch Sporen führt dazu, dass Moose laufend über ihre Arealgrenzen verbreitet werden. Wenn sich dort allerdings die Klimaverhältnisse ändern, reagieren Moose unmittelbar darauf, wodurch sie Klimafluktuationen belegen, insbesondere die Erwärmung der Wintermonate. Dabei haben besonders epiphytische Arten einen hohen Indikatorwert.
- Wegen der spezifischen Standortansprüche vieler Arten haben Moose besonders im Naturschutz einen hohen Stellenwert, der bislang nicht richtig ausgeschöpft wird.
- Auf Grund der Empfindlichkeit vieler Arten sind viele Arten lokal ausgestorben, vom Aussterben bedroht oder gefährdet, worüber Rote Listen Auskunft geben. Solche Roten Listen existieren für einzelne Bundesländer und Länder und sogar weltweit.
- Die Gefährdung vieler Moose hat dazu geführt, dass bestimmte Arten in vielen Ländern geschützt sind. In Europa sind 22 Moosarten durch die Berner Konvention geschützt.

# 12 Geschichte der Bryologie

Wie auch bei den Samenpflanzen begann man sich erst ab der Mitte des 18. Jahrhunderts mit Moosen zu beschäftigen. Es waren vor allem zwei Dinge, die die Kenntnis über die Moose behinderte: einmal war ihre kryptogamische Natur nicht bekannt, man hielt Moose für kleine Blütenpflanzen, und dann war die Beobachtung der mikroskopisch kleinen Strukturen von Moosen von der Entwicklung geeigneter Mikroskope abhängig, die damals noch nicht zur Verfügung standen.

Linné gruppierte 1753 in den „Species Plantarum" Moose mit anderen Niederen Pflanzen (Farne, Bärlappe, Flechten, Schachtelhalme, große Algen) zusammen in die Abteilung "Cryptogamae", d.h. Blütenpflanzen ohne deutlich erkennbare Blüten („die im Verborgenen heiraten"). Manche Zeitgenossen Linnés stritten sogar ab, dass Moose sich sexuell fortpflanzen. Sie führten den Terminus "Agamae" für diese Pflanzen ein.

Die ersten Mikroskope des 18. Jahrhunderts waren nichts als stärker vergrößernde Lupensysteme. Der Chemnitzer Arzt und spätere Professor in Leipzig, Johannes Hedwig, war Ende des 18. Jahrhunderts einer der ersten, dem ein zusammengesetztes Mikroskop (mit Okular und Objektiv) zur Verfügung stand, welches ihm von dem Erlanger Professor Schreber zur Verfügung gestellt wurde. Der Einsatz eines solchen Hilfsmittels muß damals ähnlich revolutionär (und wohl auch teuer) gewesen sein wie in den Siebziger Jahren unseres Jahrhunderts der Einsatz von Rasterelekronenmikroskopen. Hedwig basierte dementsprechend seine Laubmoossystematik erstmalig auf mikroskopische Merkmale, die von anderen Bryologen schlecht nachvollziehbar waren. Menzies beklagte, dass die von Hedwig für die Moostaxonomie verwendeten Merkmale wie die Anzahl der Peristomzähne zu klein und schwierig zu studieren seien.

Das Mikroskop erlaubte Hedwig auch, als erster die Sexualität der Moose zu entdecken. Für Linné und Dillenius war die Laubmooskapsel einem Staubblatt homolog. Palisot de Beauvois hielt die Mooskapsel für eine zwittrige Blüte mit Pollen (Sporen) und einem Fruchtknoten (Kolumella). Erst Hedwig erkannte gegen Ende des 18. Jahrhunderts die Sexualität der Moose, die Antheridien als männliche und die Archegonien als weibliche Organe, doch wurden seine Erkenntnisse zunächst noch lange angezweifelt. Für ihn war der Antheridienstand eine männliche Blüte, der Archegonienstand eine weibliche Blüte mit Fruchtknoten (Pistillidien) und die Kapsel eine Frucht (eine Kapsel) mit Samen. Auch heute noch erinnern solche immer noch gebräuchlichen Termini wie Antheridien oder Mooskapseln an die Zeit, in der Moose für Samenpflanzen gehalten wurden. Selbst nach der Entdeckung des Generationswechsels durch den Tübinger Professor **Hofmeister** (Abb. 12-3) im Jahre 1851 setzte sich diese Erkenntnis der kryptogamischen Natur von Moosen nur zögernd durch. 1853, also 2 Jahre nach der

© Springer-Verlag GmbH Deutschland, ein Teil von Springer Nature 2001
J. Frahm, *Biologie der Moose*,
https://doi.org/10.1007/978-3-662-57607-6_12

Entdeckung des Generationswechsels durch Hofmeister beschreibt C. Müller in "Deutschlands Moose" im Kapitel "Was ist ein Moos?" noch Moose als Blütenpflanzen. Das Archegonium ist nach Müller ohne Zweifel der Fruchtknoten, der Archegonienstand die weibliche Blüte. Obgleich der Antheridienstand als männliche Blüte bezeichnet wird, wird die Funktion der Antheridien als männliche Organe noch bezweifelt. Denn obgleich man die "Samenthiere" (Spermatozoiden) in den Antheridien kannte, war man doch durch ihre tierische Natur verwirrt: "Noch schwebt der Streit um ihre Bedeutung, die man vielleicht zu früh, jedenfalls aber ohne hinreichende Begründung, als die Seitenstücke zur Anthere der Phanerogamen... ansah". Insbesondere machte die Vorstellung der Befruchtung bei zweihäusigen Arten Schwierigkeiten. Noch lange verwendete man in der Literatur den Ausdruck Früchte für die Kapseln. Im Herbarium bezeichnete man fertile Pflanzen auf dem Etikett mit dem Zusatz "cum fructibus". Schließlich unterlag alles Denken im 18. Jahrhundert und fast noch im ganzen 19. Jahrhundert religiösen Vorurteilen. Da die Arten als von Gott am  Siebten Tag erschaffen galten, machte man sich auch keinerlei Gedanken über verwandtschaftliche Beziehungen zwischen den systematischen Gruppen geschweige denn über ihre Entstehung.

Interessanterweise spielte es für die Systematik der Moose jedoch keine Rolle, ob sie als kleine Blütenpflanzen angesehen wurden oder aber als Kryptogamen.


## 12.1 Laubmoossystematik

Das erste ausschließlich den Moosen gewidmete Buch war 1741 die „Historia Muscorum" von Johann Jakob **Dillenius** (Abb. 12-1) aus Gießen, später Professor in Oxford. Es enthielt die ersten sechs Moosgattungen: *Mnium, Sphagnum, Fontinalis, Hypnum, Bryum* und *Polytrichum*, außerdem eine Vielzahl von damals als Moosen angesehenen Pflanzen wie Bärlappen, Flechten und Algen. Da es vor der Einführung der binären Nomenklatur durch Linné erschienen war, sind die Arten noch mit lateinischen Phrasen umschrieben.

1753 erschien die „Species Plantarum" von Carl von **Linné**, der die sechs Laubmoosgattungen von Dillenius beibehielt und *Phascum* sowie *Splachnum* ergänzte. Linné führt 103 Laubmoosarten auf.

Der eigentliche Durchbruch in der Bryologie wurde von Johannes **Hedwig** (Abb. 12-2) erreicht. In seinen „Fundamenta Historiae naturalis muscorum frondosorum" führte er 1781 erstmalig mikroskopische Merkmale und einen Bestimmungsschlüssel für Gattungen ein. Ähnlich wie die Blütenpflanzen nach der Zahl der Staubblätter klassifiziert wurden, gliederte Hedwig die Laubmoose nach dem Vorhandensein oder Fehlen eines Peristoms sowie der Form der Peristomzähne. In seinem posthum von seinem Schüler Christian Friedrich **Schwaegrichen** 1801 herausgegebenem Werk „Species Muscorum" beschrieb und illustrierte Hedwig auf 77 Farbtafeln 365 Arten aus 35 Gattungen. Dieses Werk ist vom Internationalen Code der Botanischen Nomenklatur als der Startpunkt für die Nomenklatur der Laubmoose festgelegt worden. Es ist das  erste grundle-

**Abb. 12-1:** Johann Jakob Dillenius (1687-1747)

**Abb. 12-2:** Johannes Hedwig (1730-99)

gende Werk über die Laubmoossystematik, und nicht „Species Plantarum" von Linné, welches 50 Jahre zuvor erschienen war. Hedwig erweiterte die Anzahl der bis dahin unterschiedenen Laubmoosgattungen beträchtlich, basierend auf Sporogonmerkmalen und den Geschlechtsverhältnissen. Die Sporophytenmerkmale galten damals als so wichtig, dass Joseph Dalton **Hooker** und Thomas **Taylor** 1827 die Hedwigschen Gattungen *Dicranum* und *Fissidens* wieder zu einer Gattung vereinigten, da sie im Peristombau übereinstimmen. Die Einteilung der Moose aufgrund von Kapselmerkmalen resultierte teilweise in einer künstlichen Einteilung. So wurden z.B. nah verwandte Arten mit oder ohne Peristom auseinandergerissen und in verschiedene Gattungen gestellt.

Samuel Elisé **Bridel** baute in der „Mantissa Muscorum" (1819) das Hedwigsche, auf dem Bau des Sporogons basierende Klassifikationsschema aus und führte zusätzlich die Stellung des Sporophyten als Merkmal ein. Die Einteilung in „Musci acrocarpi" und „Musci pleurocarpi" geht auf ihn zurück. Diese Termini benutzte er auch in seinem Hauptwerk, der zweibändigen „Bryologia Universa" aus dem Jahre 1826.

Merkmale des Gametophyten wurden von Carl **Müller** in der „Synopsis Muscorum Frondosorum" 1848-1851 stark in den Vordergrund gerückt. Basierend auf dem Klassifikationsprinzip seiner Vorgänger teilte Müller die Laubmoose in zwei Klassen ein, in „Cleistocarpi" (ohne Peristom) und „Stegocarpi" (mit Peristom), die letzteren in „Acrocarpi" und „Pleurocarpi". Bei den kleineren taxonomischen Einheiten richtete er sich mehr nach Gametophytenmerkmalen.

**Abb. 12-3:** Wilhelm Hofmeister (1824-1877)    **Abb. 12-4:** Wilhelm Philipp Schimper (1808-1880)

Erst Wilhelm Philipp **Schimper** (Abb. 12-4.) durchbrach das breite Konzept der Hedwigschen Gattungen. 1836-1854 publizierte er, zum Teil mit Philipp **Bruch** und Wilhelm Theodor **Gümbel,** das dreibändige Buch „Bryologia Europaea", welches zweisprachig in Deutsch und Französisch herauskam. In dem Werk, in dem alle seinerzeit aus Europa bekannten Laubmoose ausführlich beschrieben und illustriert worden sind, werden Großgattungen wie *Hypnum* erstmals in kleinere Gattungen wie *Thuidium, Brachythecium* oder *Amblystegium* aufgeteilt. Schimper führte ferner ein Klassifikationsschema ein, das sich in erster Linie auf den Gametophyten stützte. Dieses auf europäischen Moosen basierende Schema wurde 1859 von William **Mitten** auf indische Moose und 1901 von Viktor Ferdinand **Brotherus** in seiner ersten Auflage der Laubmoosbände in den „Natürlichen Pflanzenfamilien" auf die ganze Welt übertragen. Eine auf diesem System aufbauende Aufzählung aller damals in der Welt bekannten Arten gaben August **Jäger** und Friedrich Wilhelm **Sauerbeck** 1869-1878 in ihrer „Adumbratio Muscorum".

Der Franzose **Philibert** begann 1884 in einer ganzen Serie von Beiträgen unter dem Titel „Etudes sur le péristome" in der Zeitschrift Revue Bryologique wiederum Kapselmerkmale in den Vordergrund zu stellen. Er klassifizierte die heute noch unterschiedenen Peristomtypen und hielt sie für systematisch relevanter als die Gametophytenmerkmale, weil er sie für konservativer hielt.

Die moderne Laubmoossystematik geht in ihren wesentlichen Grundzügen auf Max **Fleischer** zurück. In seinem vierbändigem Werk „Die Musci der Flora von Buitenzorg" 1904-1923, also in einer Behandlung der Moosflora Javas, veröffentlichte er ihre Grundzüge. Fleischer war auch der erste Bryologe, der evolutionäre Aspekte bei Moosen einbrachte, obgleich der „Origin of Species" von Darwin schon fast ein halbes Jahrhundert früher publiziert worden war. Die Ideen Darwins setzten sich, speziell in der Bryologie, jedoch nur zögerlich durch. Zudem war Fleischer der erste Bryologe, der tropische Moose aus eigener Erfahrung im Gelände kennenlernte, wohingegen alle früheren Moosforscher tropische Arten nur von getrockneten Herbarproben kannten.

Die Klassifikation Fleischers wurde von Brotherus in der zweiten Auflage der „Natürlichen Pflanzenfamilien" (1924-1925) auf die Moose der ganzen Welt angewandt. Dieses Werk bildet bis heute noch die Grundlage des Laubmoossystems und ist erst in den siebziger und achtziger Jahren des 20. Jahrhunderts geringfügig modifiziert worden.

Interessanterweise waren die meisten berühmten Bryologen des letzten und vorletzten Jahrhunderts "Amateure", also Liebhaberbryologen. Hedwig war zunächst praktizierender Arzt in Chemnitz, Schimper war zwar Professor in Straßburg, jedoch für Paläontologie, Carl Müller war gelernter Apotheker, lebte aber später als Privatgelehrter, Mitten war Sonderschullehrer, Max Fleischer war Kunstmaler, Brotherus war Mathematiklehrer am Lyzeum in Helsinki. Desgleichen ist die Grundlage für die Kenntnis der Verbreitung der Arten, zum ganz überwiegenden Teil von zahlreichen Liebhaberbryologen gelegt worden, zumeist Lehrern, Ärzten, Theologen, Apothekern (vgl. Frahm & Eggers 2001). Die Floristik, ein heute vielfach negativ belegter Ausdruck, ist Grundlage der Arealkunde und Basis der Erfassung von floren- und vegetationskundlichen Änderungen.

1980 stellte Crosby die Reihenfolge der Ordnungen um und plazierte die diplolepiden Ordnungen vor die haplolepiden, da er das diplolepide Peristom für den ursprünglichen Typus hielt. Ähnlich ist die Anordnung bei Vitt (1982), mit dem Unterschied, dass nicht die Bryales sondern die Funariales als Ausgangspunkt der Entwicklung in einen diplolepiden und haplolepiden Evolutionsast gewählt werden. Diese neuen Ansätze haben sich jedoch nicht durchgesetzt.

In den letzten Jahrzehnten begann man, bislang nicht oder wenig beachtete gametophytische Merkmale für die Klassifikation heranzuziehen, so Pseudoparaphyllien, Keulenhaare, Rhizoidmorphologie, blattachselständige Haare, Verzweigungstypen, Astprimordien und Rhizoidgemmen. Sie ergaben aber allenfalls kleinere Korrekturen in der Position einzelner Taxa und keine neuen Klassifikationen. Auch die cytologischen, ultrastrukturellen und phytochemischen Ergebnisse der letzten 50 Jahre hatten kaum Einfluss auf die Großklassifikation. Sie erbrachten nur kleinere Differenzierungen. Überraschend ist, dass die in jüngster Zeit durchgeführten molekularsystematischen Forschungen die meisten großen systematischen Gruppierungen bestätigen, die bereits vor 100 Jahren durch die vergleichende Beobachtung gewonnnen wurden. Auch hier gab es nur in Einzelfällen systematische Umstellungen oder Neubewertungen von systematischen Rängen.

## 12.2 Lebermoossystematik

Die Erforschung der Lebermoose begann mit dem Florentiner Botaniker Pier Antonio **Micheli**, der 1729 in seinen „Nova Plantarum - Juxta Tournefortii Methodum Disposita" besonders thallöse Gattungen wie *Marchantia, Riccia, Blasia, Targionia, Lunularia, Sphaerocarpus* und *Anthoceros* benannte. Die beblätterten Lebermoose wurden in den Gattungen *Jungermannia* und *Muscoides* zusammengefaßt. Wie alle Zeitgenossen verkannte auch er die Eigenständigkeit der Moose und hielt sie für kleine Blütenpflanzen. Linné überführte die Micheli´schen Gattungen 1753 in den „Species Plantarum" in die binäre Nomenklatur. Die „Species Plantarum" gelten für die Lebermoose als nomenklatorischer Startpunkt. Bis 1784 wurde nicht direkt zwischen Laub- und Lebermoosen unterschieden. Hedwig führte 1784 den Terminus „Musci Hepatici" ein, was bei Jussieu 1789 zu „Hepaticae" wurde.

Die erste zusammenfassende Übersicht der Lebermoose wurde von Christian Gottfried Daniel **Nees von Esenbeck** 1833-1838 in der „Naturgeschichte der europäischen Lebermoose" in vier Bänden geliefert. Er kannte seinerzeit 217 europäische Arten, von denen 165 noch heute unterschieden werden. Heute beträgt die Zahl europäischer Lebermoosarten etwa 400. Die erste weltweite Liste von Lebermoosen geht auf die „Synopsis Hepaticarum" von Carl Moritz **Gottsche**, Johann Bernhard Wilhelm **Lindenberg** und **Nees** 1844-1847 zurück. Modernere Gattungskonzepte finden sich erstmalig bei Richard **Spruce**, der in den „Hepaticae of the Amazon and the Andes" (1884-1885) die Aufsammlungen seiner mehrjährigen Tropenreisen bearbeitete.

Viktor **Schiffner** bearbeitete 1893-1895 die Lebermoose für die „Natürlichen Pflanzenfamilien" von Engler & Prantl. Dies war gleichzeitig die letzte weltweite Übersicht über die Lebermoose, doch ist (im Gegensatz zu der Bearbeitung der Laubmoose in derselben Serie) an der systematischen Anordnung in der Folgezeit einiges geändert worden. Eine weitere umfassende Bearbeitung der Lebermoose wurde in einem mehrbändigen Werk von Franz **Stephani** 1898-1924 als „Species Hepaticarum" herausgegeben, doch war Stephani im Alter später geistig so beeinträchtigt, dass die letzten Bände sehr fehler- und mangelhaft sind.

Die Ergebnisse morphologischer Untersuchungen von Karl **Goebel**, insbesondere morphogenetische Studien an den Marchantiales (z.B. die Reduktionsreihe von *Marchantia* nach *Riccia*), berücksichtigte Frans **Verdoorn** 1932 in seiner „Classification of Hepaticae", herausgegeben im Manual of Bryology. Die Einteilung der Lebermoose in die Jungermanniales acrogynae, Jungermanniales anacrogynae, Sphaerocarpales und Marchantiales geht auf ihn zurück. Dieses System wurde von Karl **Müller** 1954-1957 bei der Bearbeitung der Lebermoose in der 3. Auflage der Rabenhorst´schen Kryptogamenflora modifiziert. Die Einteilung der Lebermoose in Anthocerotales, Marchantiales und Jungermanniales geht auf Müller zurück. In Müller´s Werk gingen auch erstmalig die Chromosomenzahlen als Artmerkmal in die Systematik der Lebermosoe ein. Neue Aspekte in die Lebermoossystematik brachte Rudolf **Schuster** 1966-92 mit seinem sechsbändigen Werk „The Hepaticae and Anthocerotae of North America".

## 12.3 Morphologie und Anatomie

Die erste Periode der bryologischen Forschung war ganz der Inventarisierung und Systematisierung der Moose gewidmet. Erst mit der Entwicklung leistungsfähigerer Mikroskope in der 2. Hälfte des 19. Jahrhunderts setzte die anatomisch-morphologische Forschung an Moosen ein. Paul Günther **Lorentz** (1835-1881) publizierte während seiner Tätigkeit an der Universität München grundlegende Arbeiten zur Anatomie der Laubmoose. Hubert **Leitgeb** (1835-1888) führte ähnlich fundamentale Untersuchungen zur Anatomie und Morphologie der Lebermoose durch. Karl **Goebel** (1855-1932) rundete die Kenntnis der Moosanatomie in seiner in drei Auflagen erschienenen mehrbändigen „Organographie der Pflanzen" weiter ab.

## 12.4  Geographie und Ökologie

Während der Inventarisierung des Pflanzenreiches am Anfang des 19. Jahrhunderts war man an Standort- oder Verbreitungsangaben von Pflanzenarten nicht interessiert. Das zeigt sich auch an den damaligen Herbaretiketten, die nicht mehr Information über die Herkunft einer Art enthalten als z.B. „Brasilien". Erst als in der zweiten Hälfte des 19. Jahrhunderts auch genügend floristische Kenntnisse vorhanden waren, korrelierte man Arten mit bestimmten Arealen und Standorten. Theodor **Herzog** (1880-1961) fasste 1926 die damalige Kenntnis der Geographie und Autökologie  der Moose in seiner „Geographie der Moose" zusammen, einem Werk, welches der „Geographie der Farne" von Christ nachempfunden war. Bedeutenden Aufschwung nahm die bryogeographische Forschung durch die Anwendung der Erkenntnisse der Plattentektonik. Obgleich A. Wegener bereits 1915 „Die Entstehung der Kontinente" durch die Kontinentaldrift erklärt hatte, hat sich diese Erkenntnis erst um 1960-1970 durch die Untersuchungen des „*sea-floor-spreading*" durchgesetzt. In die Bryologie wurde dieser Aspekt besonders durch die Arbeiten von Rudolf **Schuster** eingebracht.

## 12.5 Cytologie

In der ersten Hälfte des 19. Jahrhunderts ging man noch davon aus, dass es sich bei Moosen um kleine Blütenpflanzen handelt. Erst 1851 entdeckte Wilhelm **Hofmeister** die kryptogamische Natur der Moose und Farne sowie den Generationswechsel bei Kryptogamen und Gymnospermen. Der damit verbundene Kernphasenwechsel mit dem Wechsel von Haplophase und Diplophase wurde erst 1894 von Eduard **Strasburger** entdeckt. Bereits N. **Pringsheim** (1823-1894) hatte Gametophyten aus Sporophytengewebe gezogen. 1911 hatten E. und E.J.J. **Marchal** damit erstmalig Polyploide im Pflanzenreich erzeugt, eine Methode, die später von Fritz von **Wettstein** zu cytologischen Untersuchungen an Moosen benutzt wurde. Auf Grund ihrer leichten Kultivierbarkeit und schnellen Reproduktion avancierten Moose zu genetischen Versuchsobjekten.

Charles E. **Allen** (1872-1974) beobachtete erstmalig Geschlechtschromosomen im Pflanzenreich an *Sphaerocarpus texanus* und *S. donnellii*. Da die Sporen dieser Lebermoose in Tetraden zusammenbleiben und aus jeder Tetrade zwei (andersgestaltige) männliche und zwei weibliche Pflanzen hervorgehen, konnte er durch Untersuchung der vier aus einer Sporentetrade hervorgegangenen Pflanzen feststellen, dass der Chromosomensatz der weiblichen Pflanzen durch ein X-Chromosom, das der männlichen Pflanzen durch ein Y-Chromosom gekennzeichnet war. Auch das Heterochromatin wurde an Moosen entdeckt, und zwar 1928 von E. **Reitz**. Hans **Burgeff** benutzte *Marchantia* für genetische Analysen und Experimente. Seine „Genetischen Studien an Marchantia" (1943) haben den Untertitel „Einführung einer neuen Pflanzenfamilie in die genetische Wissenschaft".

---

- Bis zur Entdeckung des Generationswechsels bei Moosen durch Hofmeister im Jahre 1851 war die kryptogamische Natur bei Moosen nicht bekannt, weswegen sie für kleine Blütenpflanzen gehalten wurden. Daraus erklären sich vielerlei bryologische Termini (z.B. Antheridien).
- Das erste ausschließlich Laubmoosen gewidmete Buch stammt von Dillenius (1741), der 6 Moosgattungen unterschied. Linné unterschied 12 Jahre später bereits 103 Moosarten.
- Einen großen Aufschwung nahm die Bryologie durch die Entwicklung leistungsfähiger Mikroskope, wovon besonders Hedwig profitierte, der 365 Laubmoosarten aus 35 Gattungen unterschied und daher zum Startpunkt der Laubmoosnomenklatur wurde.
- Zunächst wurden Laubmoose nach Kapselmerkmalen klassifiziert, weil man sie für Blüten hielt, entsprechend der Verwendung von Blüten in der Taxonomie der Blütenpflanzen. In der zweiten Hälfte des 19. Jahrhunderts ging man mehr auf Gametophytenmerkmale über.
- Die Grundlage des heutigen Laubmoossystems basiert auf Fleischer (1901-24), das nachträglich auch durch moderne taxonomische Methoden nur mehr modifiziert wurde.
- Die Erforschung der Lebermoose beginnt mit Micheli (1729). Sie wurden aber erst seit 1784 von Laubmoosen unterschieden.
- Besonders in der Cytologie avancierten Moose zu beliebten Studienobjekten, weil man sie leicht kultivieren konnte und sie kurze Lebenszyklen haben. So wurden erstmalig im Pflanzenreich aus Moosen Polyploide erzeugt und an Moosen Geschlechtschromosomen beobachtet.

# Anhang

# 1 Anleitung zur Beschäftigung mit Moosen

## 1.1 Das Sammeln und Herbarisieren

Moosexkursionen führt man in Mitteleuropa am besten im Herbst, den frostfreien Perioden des Winters und im Frühjahr durch, wenn die Moose durch ausreichende Feuchtigkeit turgeszent sind. Zudem gibt es eine Reihe von winterannuellen Moosen, die nur zu dieser Jahreszeit zu finden sind. Auf den Exkursionen benötigt man eine Lupe 10x (ggf. auch eine zusätzliche stärkere), mit der sich schon im Gelände viele Arten nach Lupenmerkmalen (Blattform, Blattspitze, Brutkörper, Peristom etc.) ansprechen lassen. Man sammelt Moose im Gelände am besten, in dem man kleine halbhandtellergroße Rasen in Papierkapseln (ähnlich den unten beschriebenen Herbarkapseln oder auch käufliche Butterbrottüten) packt. Polstermoose werden mit einem Taschenmesser in Scheiben geschnitten. Erdmoose kann man mit einem Messer oder Spachtel von der Unterlage abheben, Gesteins- und Borkenmoose werden mit einem Messer entfernt. Die Proben werden soweit nötig in den Papierkapseln durch flaches Auslegen oder unter schwachem Druck zwischen Zeitungspapier getrocknet. In jede Papierkapsel kommt nur eine Probe. Alle Papierkapseln bekommen fortlaufende Nummern. Die Angaben zum Fundort notiert man in ein Feldbuch. Unter den Fundortangaben schreibt man die Nummern der gesammelten Proben, jede in eine neue Zeile; nach der Bestimmung hinter jede Nummer den Artnamen. Auf diese Weise hat man eine Übersicht aller gesammelten Moose nach Sammelnummern und Fundorten. Über die Nummer ist jede Probe eindeutig identifiziert und ihre Herkunft bestimmt.

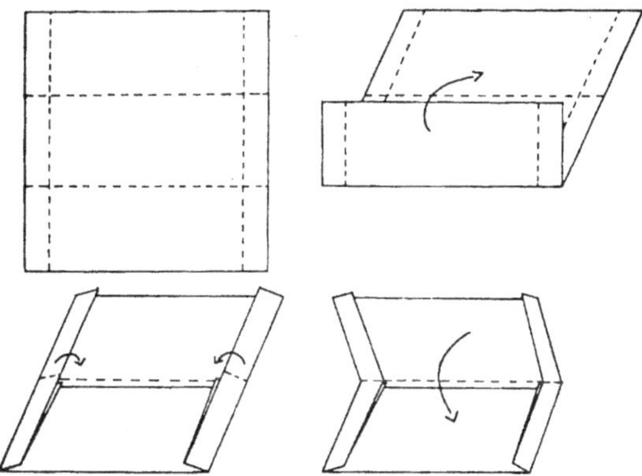

**Abb. 1:** Faltung einer Herbarkapsel für Moose aus einem DIN A4-Bogen (aus Frahm 1998).

© Springer-Verlag GmbH Deutschland, ein Teil von Springer Nature 2001
J. Frahm, *Biologie der Moose*,
https://doi.org/10.1007/978-3-662-57607-6

In älteren Herbarien aus dem letzten Jahrhundert sind Moose noch einzeln oder zu mehreren Exemplaren auf Herbarbögen aufgeklebt. Das erschwert die Nachuntersuchung der Proben und macht die Moose auch sehr empfindlich gegen Beschädigungen. Heute werden Moose vorwiegend in postkartengroßen Papierkapseln aufbewahrt, von denen es verschiedene Arten der Faltung gibt. Eine davon ist in Abb. 1 dargestellt. Der Deckel wird zur Beschriftung benutzt. Die günstigste Aufbewahrung für solche Kapseln ist stehend in Kartons oder Schubladen, nach Gattungen und Arten alphabetisch sortiert. Es empfiehlt sich, die Nomenklatur eines Bestimmungsbuches einheitlich zu benutzen.

Moose werden in unseren Breiten praktisch nicht von Schädlingen befallen, sodaß man keine besonderen Vorkehrungen treffen braucht. Hat man den Verdacht auf tierische Schädlinge, so legt man sie mehrere Tage bei tiefster Temperatur in eine Tiefkühltruhe.

Sehr wichtig ist die sorgfältige Etikettierung der Proben. Auf ein Etikett gehört daher:
a. Der Name der Art mit dem lateinischem Artennamen.
b. Der Fundort. Das Land (Staat), Provinz (Bundesland), Kreis, Ort oder bei kleineren Orten der nächst größere Ort, der auf einem Atlas zu finden ist. Zu genauen Fundortangaben gehört auch die Angabe der geographischen Koordinaten. Mit Längen- und Breitenangaben läßt sich jeder Ort auf der Erde von jedermann lokalisieren. Die Längen- bzw. Breitenwerte kann man einem Meßtischblatt entnehmen oder heute einfacher durch ein GPS-Gerät feststellen. Die Angabe von Kartennummern und Quadranten ist nur für Kartierzwecke geeignet; im Ausland hat man keine Kenntnis des Kartenrasters. Besser (obgleich ungenauer) ist es die Angabe des UTM Gitters von 50 km Kantenlänge zu verwenden, eine Einteilung, die weltweit auf der Internationalen Weltkarte 1:1 Mio zu finden ist, und auf der z.B. die Kartierung der Moose in Europa basiert.
c. Der Standort mit Angabe der Meereshöhe. Den Wert entnimmt man am sichersten der topografischen Karte.
d. Sammler, falls davon abweichend der Bestimmer.
e. Datum.
f. Sammelnummer. Eine Sammelnummer hat eine Bedeutung bei der genauen Bezeichnung der Sammelprobe, z.B. wenn auf einer Exkursion an demselben Tag mehrere Proben derselben Art gesammelt werden.
Die Etiketten lassen sich auch mit Hilfe eines Computers auf die Herbarkapseln drucken. Das kann mit Hilfe eines Etikettenprogramms oder eines Datenbankprogramms erfolgen. Letztere Methode erlaubt das Erstellen von Artenlisten, Abfragen von Fundorten, Meßtischblättern etc.


## 1.2 Mikroskopische Untersuchungen

Moose lassen sich fast nur nach mikroskopischen Merkmalen bestimmen. Zum **Präparieren** werden einzelne Moospflanzen in Wasser eingeweicht. Bei Proben, die schlecht Wasser annehmen (wie thallösen Lebermoosen) hilft der Zusatz eines Tropfens Spülmittel. Bei beblätterten Formen löst man mit Hilfe zweier spitzer Pinzetten einzelne Blätter ab. Laubmoose hält man dazu mit einer Pinzette an der Spitze eines Stämmchens und zieht es gegen die Blattstellung durch die andere Pinzette. Auf diese Weise bekommt man bei pleurokarpen Laubmoosen auch Paraphyllien oder Pseudoparaphyllien vom Stengel gelöst. Bei der Präparation leistet eine binokulare Lupe gute Dienste, ersatzweise auch eine Standlupe, eine Uhrmacherlupe oder eine Brillenlupe. Für einen Teil der Arten benötigt man zur Bestimmung Querschnitte von Blättern, Blattrippen oder Stämmchen. Das ist wegen der Kleinheit der Objekte nicht immer einfach, weswegen dieser Punkt schon mehrfach in der Mikroskopiker-Literatur angesprochen wurde (z.B. Gruber 1990, Dethloff 1991). Man kann nach der klassischen Methode vorgehen und Stämmchen oder Äste in einen Spalt von  Holundermark oder Styropor einklemmen und mit einer Rasierklinge schneiden. Einfacher und schneller gehen Schnitte unter einer binokolaren Lupe oder Standlupe. Einzelne Blätter oder Stämmchen werden mit einer Pinzette in einem Wassertropfen auf dem Objektträger festgehalten. Man setzt dazu die Rasierklinge mit einer Ecke neben dem Präparat auf den Objektträger und schneidet dann wie mit einer Schneidemaschine durch Herunterdrücken der restlichen Klinge Scheiben ab.

**Färbungen** sind nur bei Torfmoosen erforderlich, wenn die Poren in den Hyalocyten besser sichtbar gemacht werden sollen. Als Färbemittel benutzt man einen Tropfen Totalfärbemittel wie Methylblau oder Methylviolett. Statt dessen kann man auch die Spitze eines Kopierstiftes in den Wassertropfen auf dem Objektträger tauchen.

Da man Moose in Wasser betrachtet, empfehlen sich zur **Herstellung von Dauerpräparaten** wasserlösliche Einbettungsmedien. Als solche sind Kaiser's Glyzeringelatine, Hydromatrix (nicht sehr empfehlenswert), Phytohistol, Gelatinol o.ä. verwendbar. Glyzeringelatine muß vorher verflüssigt werden. Manche Blätter mit großen Zellen schrumpfen dabei, was vermieden werden kann, wenn man die Blätter zuvor einige Zeit in Glycerinwasser (1:1) einlegt. Beim Abkühlen wird die Glyceringelatine wieder fest. Die anderen Einbettungsmittel sind flüssig. Sie können aus einer kleinen Plastikspritzflasche als Streifen entlang einer Seite des Deckglases aufgetragen werden. Durch Verdunstung des Wassers im Präparat nach den drei übrigen Seiten wird das Einschlußmittel unter das Deckglas gesogen und ersetzt das Wasser. Auf diese Weise brauchen zarte Objekte wie z.B. Blattquerschnitte nicht auf einen neuen Objektträger überführt werden. Das Anfertigen eines Dauerpräparates beschränkt sich somit auf das Aufbringen eines Streifens Einschlußmedium auf den Objektträger. Auf diese Weise lässt sich sehr einfach eine Sammlung von Vergleichspräparaten anfertigen, mit der sich die Bestimmung vereinfachen läßt. Zur Haltbarmachung auf Dauer müssen die Präparate luftdicht gemacht werden, indem die Ränder des Deckglases mit einem Deckglaslack oder Einschlußmittel (Caedax, Kanadabalsam o.ä.) verschlossen werden. Die Präparate werden am besten liegend in Präparatemappen aufbewahrt.

## 1.3 Cytologische Untersuchungsmethoden

Im allgemeinen sind Meioseteilungen einfacher sichtbar zu machen, erfordern aber fruchtende Pflanzen und dazu noch etwas Glück, den genauen Termin der Meiose abzupassen. Voraussetzung ist, daß man Sporenkapseln hat, in denen sich gerade Sporenmutterzellen teilen. Die Bestimmung des Zeitpunktes beim Sammeln im Gelände erfordert Erfahrung. Es ist bei Laubmoosen in der Regel dann der Fall, wenn sich die Kapsel leicht von grün nach gelblich oder bräunlich verfärbt und sich der Anulus markiert. Man kann unreifes Material jedoch in einem geschlossenem Plastikgefäß an einem schattigem, kühlen Ort weiterkultivieren und von diesem Material regelmäßig Proben zur Kontrolle entnehmen. Die Teilungen der Sporenmutterzellen beginnen an der Basis der Kapsel und schreiten nach oben voran, sodaß vielfach neben bereits gebildeten Sporen im unteren Teil der Kapsel noch Teilungsstadien im oberen Teil zu finden sind. Einzelne Kapseln werden auf einen Objektträger gelegt, Kapseldeckel und Kapselhals mit einem Skalpell oder Rasierklinge abgetrennt. Der verbleibende Rest wird der Länge nach durchgeschnitten. Man kann dann mit einer Nadel oder spitzen Pinzette die äußere Kapselwand entfernen und das sporogene Gewebe von der zentralen Kolumella lösen. Auf das sporogene Gewebe gibt man einen Tropfen Orcein-Essigsäure, legt das Deckglas auf und quetscht das Präparat stark. Man kann die Färbung auf kaltem Wege durch eine längere Einwirkungszeit erreichen oder durch leichtes Erhitzen beschleunigen. Danach mustert man das Präparat nach Teilungsstadien durch. Die Chromosomen werden mit einem Zeichenapparat gezeichnet oder fotografiert.

Mitosen erfolgen in den Zellen der Thallus- oder Stämmchenspitzen, die von der Scheitelzelle und ihren Deszendenten gebildet werden. Von thallösen Arten werden 1-2 mm große Thallusspitzen mit einem Skalpell herausgeschnitten und mit Nadeln zerzupft; bei beblätterten Arten entfernt man die obersten Blätter und kappt die entblätterten Spitzen. Sie werden auf einem Objektträger in einem Tropfen Orcein-Essigsäure gebracht und stark gequetscht. Das Präparat wird dann über einer Hitzequelle auf 60°C erwärmt, ggf. mehrfach.

Mitose-Färbungen kann man auch nach der bei Höheren Pflanzen üblicheren Methode (Feulgen Technik) durchführen, bei der Stämmchen- oder Thallusteile 2-12 Stunden in Carnoy (Eisessig : Aethanol : Chloroform 1:1:1) bei Raumtemperatur fixiert werden und anschließend 10-12(-24) Stunden in 2% Orcein-Essigsäure gefärbt werden. Falls die Färbung unzureichend ist, kann das Material in Orcein erhitzt werden. Das gefärbte Material kann in 45% Essigsäure abgespült werden um Farbreste zu entfernen oder eventuell aufgetretene Überfärbungen abzuschwächen. Bei der mikroskopischen Betrachtung der rotgefärbten Chromosomen hilft ein Grünfilter zur Kontraststeigerung.

## 1.4 Anlage von Mooskulturen

Das Anlegen von Kulturen von Moosen ist unter einer Reihe unterschiedlicher Gesichtspunkte von Interesse:

- Zu taxonomischen Zwecken. Dabei kann man testen, ob ein Taxon bestimmte Merkmale in Kultur beibehält (ob sie also genetisch fixiert sind) oder nicht (es sich also um eine Modifikation handelt). Die meisten früher als Varietäten beschriebenen Taxa stellen sich so als Modifikationen der Farbe, Größe oder Wuchsform heraus. Kulturproben können auch wieder zu Testzwecken an den natürlichen Standort zurückverpflanzt werden.
- Zu cytologischen Untersuchungen. Zu Untersuchungen von Meiosen kann man junge Sporophyten zu dem erforderlichen Reifestadium heranwachsen lassen. Für Untersuchungen von Mitosen kann man die Moospflanzen etiolieren lassen, was die Präparation der Stämmchenspitzen erleichtert und die Anfärbbarkeit verbessert.
- Zur Verwendung als Kurs- oder Demonstrationsmaterial in Kursen.
- Zur Beobachtung von diagnostisch wichtigen Brutkörpern.
- Zur besseren Bestimmung durch Bilden oder Ausreifen von Sporophyten .
- Zur Aussaat von Sporen.

Man unterscheidet zwischen sterilen und nicht sterilen Kulturen. Nicht sterile Kulturen werden vielfach von Bakterien, Algen oder Pilzen überwuchert oder von Tieren (Collembolen, Nematoden) befallen und lassen sich nur eine begrenzte Zeit erhalten.

Für Kulturen von längerer Dauer empfehlen sich folgende Vorbereitungen:

1. Mikroskopische Pilze werden entfernt durch eintauchen der zu kultivierenden Moospflanzen in ein Fungizid, z.B. in eine Lösung von Hydrochinon (unter dem Handelsnamen Chinosol als Beizmittel für Samen und zur Behandlung von Pilzinfektionen des Mund- und Rachenraumes).

2. Bakterien entfernt man durch 3-5 minütiges Eintauchen in eine Lösung von 1g Streptomycin in 5 l Wasser. Als Lösungsmittel nur destilliertes Wasser oder zur Not gekochtes Wasser nehmen.
3. Um eine Entwicklung von Cyanobakterien zu vermeiden, kann ein Auszug von Torf in Wasser verwendet werden, der Huminsäuren enthält, in den die Moose getaucht werden.
4. Die Entwicklung von Tieren in den Kulturen kann durch Eintauchen der Moospflanzen in Schädlingsbekämpfungsmittel (z.B. Metasystox) vermieden werden.

Alle diese Behandlungen beeinflussen den Wuchs der Moose nicht. Man kann diese Mittel auch noch später bei auftretenden Problemen einsetzen.

An Kulturmedien kommen in Frage:

1. Wasser. Hydrokultur eignet sich für alle Moosarten, nicht nur für Wassermoose, wobei allerdings Veränderungen in der Morphologie in Kauf genommen werden müssen. Als Nährmedium eignet sich eine Pflanzen-Nährlösung nach einem der vielen Rezepte (z.B. die klassische Knop'sche Nährlösung), jedoch 1:10 verdünnt. Will man sich den Selbstansatz sparen, kann man auch zehnfach verdünnten Blumendünger benutzen. Sonst eignet sich auch durch Aufkochen sterilisiertes Standortwasser.

2. Natürliche Substrate (Erde, Borke, Torf, Gestein). Diese Substrate vom Standort sind meist mit Algen oder Pilzen versehen, die sich in Kultur stark vermehren und die Moose überwuchern werden, sodaß eine Kultur zumeist nur kurze Zeit erhalten werden kann. Statt dessen sollte man in einem Autoklaven oder sonst einem Dampfkochtopf sterilisierten Sand, Torf oder Gestein benutzen. Als Sand eignet sich auch besonders gut bereits gewaschener und entkalkter Mörsersand. Will man Sand selbst vorbereiten, geht man folgendermaßen vor:

(1) Sand sieben,
(2) mehrere Male unter fließendem Wasser spülen.
(3) Eine Nacht mit konz. Salzsäure bedeckt stehen lassen.
(4) Mehrmals unter fließendem Wasser waschen.
(5) Einmal mit Aqua dest. spülen.
(6) Sand trocknen (im Trockenschrank bei 90°C).
(7) 50 ml Sand in 250 ml Erlenmeyerkolben oder 50 ml Sand in Petrischalen füllen.
(8) 50 bzw. 20 ml Knop'sche Nährlösung übergießen.
(9) Erlenmeyerkolben mit Wattebausch, Petrischale mit Deckel abdecken.
(10) Gefäße eine halbe Stunde bei 120°C sterilisieren (Wärmeschrank, zur Not Backofen). Nach Abkühlen Gefäße mit Pflanzenmaterial beimpfen.

Als Steinsubstrat eignen sich Ziegel (auf denen man auch Farnsporen zu Prothallien entwickeln läßt), welche durch ihre Porosität ausgezeichnet Wasser speichern.

Als Torfsubstrat eignet sich käuflicher Torf oder besser Presstorfplatten, die es auch in runden Zuschnitten für kleine Blumentöpfe gibt. Diese werden in den Blumentopf gelegt und gewässert, wobei der Torf aufquillt.

3. Agarplatten, unter Zusatz von Nährsalzlösungen, die wie bei der Hydrokultur zehnfach verdünnt sein müssen.

Darüberhinaus gibt es noch spezielle Methoden. Torfmoose lassen sich zum Beispiel in seitlich durchlöcherten Plastikgefäßen halten. Dafür eignen sich besonders Plastik-Trinkbecher. Diese kann man wiederum im Klimaschrank oder Gewächshaus in Gefäße mit Standortwasser setzen oder auch wieder nach einer bestimmten Zeit in Kultur im Gefäß an den natürlichen Standort zurückverpflanzen. Auch Transplantationsversuche lassen sich mit dieser Methode durchführen. Pflanzen, die man nicht gleich in Kultur nimmt, lassen sich bis zu mehreren Wochen in geschlossenen Plastiktüten in einem Kühlschrank aufbewahren. Angefeuchtet aber nicht nass lassen sich Proben in Plastiktüten auch verschicken.

Als Kulturgefäße werden verwendet:

Plastikdosen. Am besten eignen sich Kühlschrankdosen. Darin können die Moose mit Deckel
verschlossen in einem geschlossenem System gehalten werden. Die Dosen können auch
mit gasdurchlässiger Frischhaltefolie verschlossen werden.

Kleine Plexiglas-Aquarien.

Erlenmeyerkolben, Petrischalen, ersatzweise andere Glasgefäße.

Für die Kulturbedingungen ist zu beachten:

Die Kulturtemperatur sollte im Bereich von 5°-25° liegen. Die Obergrenze darf im feuchten
Zustand nicht sehr weit überschritten werden, da die Assimilationsrate oberhalb 25° drama-
tisch absinkt. Bei 35° erfolgt keine Nettophotosynthese mehr und die Pflanzen sterben in Folge
von starken Atmungsverlusten. Lassen sich hohe Temperaturen nicht vermeiden, sind die Moose
einfach trocken zu halten, da sie solche Temperaturen im trockenen Zustand unbeschadet überstehen. Im Klimaschrank haben sich 15°C als günstig erwiesen. Die Lichtintensität soll 500
Lux nicht unterschreiten und bei empfindlichen Arten 2500 Lux nicht überschreiten. Bei der
Fotoperiodizität hat sich ein 12stündiger Tag-Nachtwechsel (+/- 2 Stunden) als geeignet herausgestellt.

Die Temperatur und Beleuchtungsstärke sowie spektrale Zusammensetzung des Lichtes haben
einen Einfluß auf Sporenkeimung, Protonemawachstum oder Bildung von Antheridien und
Archegonien, worauf hier nicht speziell eingegangen werden kann. Für solche Zwecke sind
andere als die angegebenen Werte zu benutzen.

In der Praxis kann man Moose kultivieren:

- im Freiland an schattigen Stellen,
- im Gewächshaus an nur ausreichend schattierten und kühlen Stellen,
- in Innenräumen an Nordfenstern.

Als Ersatz für einen Klimaschrank kann ein Kühlschrank mit eingebauter Beleuchtung (Schalt-
uhr) benutzt werden. Die richtige Temperatur muß aus der Erwärmung der Lampen oder
Leuchtstoffröhren in Verbindung mit der Veränderung der Kühlschrankeinstellung ermittelt
werden.

Zur Kultur kann man ganze Rasen oder Polster von Moosen nehmen, Brutkörper, Einzelpflanzen oder Sporen. Will man Klone herstellen, so verwendet man Einzelpflanzen oder Sporen. Einzelpflanzen können dafür getrocknet in einem Mörser mit Sand zerrieben werden und
die zerriebenen Pflanzen mit dem Sand auf ein Substrat ausgesät werden.

Von besonderem Interesse ist die Aussaat von Sporen von Torfmoosen zur Demonstration der
lappigen Protonemen. Reife Sporenkapseln werden in trockenen Papiertüten gesammelt. Die
Sporen bleiben bis zu einem Jahr keimfähig. Die Sporen werden auf sterilisiertem käuflichem
Torf in Petrischalen ausgesät. Die Keimung erfolgt in geschlossenen Gefäßen bei 20°C inner-
halb weniger Tage. Zwei Wochen nach der Keimung ist das Protonema sichtbar, nach einem
Monat entwickeln sich Pflanzen.


# 2 Weiterführende Literatur

Auswahl vornehmlich neuerer und käuflicher Bücher. Die aktuell im Buchhandel erhältliche
bryologische Literatur (lokale und überseeische Floren und Bestimmungswerke, taxonomische
Revisionen und Monographien) ist im Internet bei www.koeltz.de recherchierbar.

## 2.1 Bestimmungsbücher

### 2.1.1 Deutschland
Frahm, J.-P., Frey, W. (1992): Moosflora, 3. Aufl. UTB 1250 (Ulmer).

### 2.1.2 Europa
Arnell, S. (1956): Illustrated Mossflora of Fennoscandia. I. Hepaticae. Lund (Gleerup).

Demaret, F., Castagne, E., de Sloover, J. L. (1959-93): Flore générale de Belgique vol. II, III. Bryophytes. Brüssel.

Daniels, R.E., Eddy, A. (1985): Handbook of European Sphagna. Huntingdon.

Frey, W., Frahm, J.-P., Fischer, E., Lobin, W. (1995): Die Moos- und Farnpflanzen Europas. 6. Aufl. Kl. Kryptogamenflora Bd. IV. Stuttgart (Fischer). **Dort auch Übersicht regionaler europäischer Floren, Checklists und Roter Listen.**

Gradstein, S.R., van Melick, H.M.H. (1996): De Nederlandse Levermossen & Hauwmossen. Utrecht.

Margadant, W.D., During, H. (1982): Beknopte flora von Nederlandse Blad- en Levermossen. 517 SS. Zutphen (Thieme).

Nyholm, E. (1986-98): Illustrated Flora of Nordic Mosses fasc. 1-4. Lund.

Paton, J. A. (1999): The liverwort flora of the British Isles. Martins (Harley Books) 626 S.

Smith, A.J.E. (1978): The Mosses of Britain and Ireland. Cambridge (Cambridge University Press).

Smith, A.J.E. (1990): The liverworts of Britain and Ireland. Cambridge (Cambridge University Press), 362 S.

Touw, A., Rubers, W.V. (1989): De Nederlandse Bladmossen. Utrecht.

Van den Berghen, C. (1955-57): Flore générale de Belgique vol. I. Hepaticae. Brüssel.

Vanden Berghen, C. (1979): Flore des Hépatiques et des Anthocérotes de Belgique. 156 S. Meise (Jardin Bot. Nat. Belgique).

## 2.2 Bildbände

### 2.2.1 Deutschland
Aichele, D., Schwegler, H.-D. (1984): Unsere Moos- und Farnpflanzen. 9. Aufl. Stuttgart (Kosmos).

Kremer, B.P., Muhle, H. (1991): Flechten, Moose, Farne, München (Mosaik).

### 2.2.2 Europa
Hallingbäck, T., Holmasen, I. (1982): Mossor, en fälthandbok. 220 S. Stockholm (Interpublish. AB).

Jahns, H.M. (1980): Farne, Moose, Flechten. 256 S. München (BLV).

Landwehr, J. (1984): Nieuwe Atlas Nederlandse Bladmossen. 568 SS. Zutphen (Thieme).

Landwehr, J. (1980): Atlas Nederlandse Levermossen. Utrecht. 287 S.

Ricek, E.W. (1994): Die Waldbodenmoose Österreichs. Abh. Zool.-Botan. Ges. Österr. Bd. 28, 330 S.

## 2.3  Auswahl an allgemeinen Darstellungen und Lehrbüchern

### 2.3.1 Einzelbände

Bresinsky, A. (1998). Bryophyta. SS. 634-52 in: Strasburger´s Lehrbuch für Botanik für
    Hochschulen, 34. Aufl. Stuttgart (G. Fischer).
Glime, J.M. (Hrsg.) (1988): Methods in Bryology. Nichinan (Hattori Bot. Lab.).
Parihar, N.S. (1965): An introduction to embryophyta. Vol. I. Bryophyta. Allahabad.
Richardson, D.H.S. (1981): The Biology of Mosses. Oxford (Blackwell).
Schofield, W.B. (1985): Introduction to Bryology. New York (Macmillan).
Schuster, R.M. (1983-84): New Manual of Bryology, 2 Bde., Nichinan.
Smith, G.M. (1955): Cryptogamic Botany. Vol. 2 Bryophytes and Pteridophytes. 2. ed. New
    York (McGraw-Hill).
Verdoorn, F. (Hrsg.) (1934): Manual of Bryology. Den Haag (Nyhoff).
Watson, E.V. (1978): The structure and life of Bryophytes. London (Hutchinson).

### 2.3.2 Buchserien

Advances in Bryology (J. Cramer in der Gebrüder Bornträger Verlagsbuchhandlung, Berlin –
    Stuttgart). Vol. 1 (1981), 2 (1984), 3: Bryophyte Ultrastructure (1988), 4: Bryophyte
    Systematics (1991), 5: Biology of Sphagnum (1993), 6: Population Studies (1997).
Bryophytorum Bibliotheca (J. Cramer in der Gebrüder Bornträger Verlagsbuchhandlung, Berlin
    – Stuttgart)


## 2.4  Praktikumsbücher

Braune, W., Leman, A., Taubert, H. (1982): Pflanzenanatomisches Praktikum II. Jena (Fischer).
Esser, K. (1992): Kryptogamen II. Moose, Farne. Berlin (Springer), 220 S.
Throm, G. (1997): Biologie der Kryptogamen Bd. II: Algen, Moose. Frankfurt (Haag &
    Herchen).


## 2.5  Bibliographien

### 2.5.1 Laufende Bibliographien

Recent bryological literature. Journal of Bryology.
Recent literature on bryophytes. The Bryologist.
Systematics of the Bryophytes. Progress in Botany.


### 2.5.2 Allgemeine Bibliographien und regionale, beschränkt auf Europa.

Akademija Nauk SSSR (1975): Literaturkatalog Bryophyten 1961-70. 198 S. Leningrad. 2686
    Titel.
Akademija Nauk SSSR  (1976): Literaturkatalog Bryophyten 1946-1960. 412 S. Leningrad.
    2879 Titel.
Akademija Nauk SSSR (1977): Literaturkatalog Bryophyten 1971-75. 328 S. Leningrad. 2238
    Titel.
Akademija Nauk SSSR (1983): Literaturkatalog Bryophyten 1976-80. 228 S. Leningrad. 1686
    Titel.

Casas, C., Brugués, M., Ros, R.M. (1979): Referencies bibliografiques sobre la flora briologica Hispanica I. Treballs Inst. Bot. de Barcelona 5: 5-52, II. ibid. 9: 2-24, 1984.

Greene, S.W. & A.J. Harrington. (1988): The Conspectus of Bryological Taxonomic Literature. Part 1: Index to monographs and regional reviews. Bryophytorum Bibliotheca Bd. 35.

Greene, S.W. & A.J. Harrington. (1989): The Conspectus of Bryological Taxonomic Literature. Part 2. Guide to national and regional literature. Bryophytorum Bibliotheca Bd. 37.

Hübschmann, A. von & R. Tüxen (1965): Bibliographia phytosociologica cryptogamica. Musci pars III. Excerpta Botanica Sect B, Sociol. 6: 179-207, pars IV ibid. 17: 276-308.

Kutzelnigg, H., Ostendorp, W., Düll, R. (1992): Moosbibliographie Zentraleuropas. Bad Münstereifel. 7500 Titel.

Pedrotti, C.C. 1986. Bibliografia briologica d'Italia. Webbia 39: 289-353. 1232 Titel bis 1984.

Rückert, D., Korth, W. (1990): Bibliographie bryologischer Bibliographien. Courier Forschungs-institut Senckenberg 132, 144 S.

## 2.6 Bryologische Zeitschriften (Preise Stand 2000)

### 2.6.1 Rein bryologische Zeitschriften

*Advances in Bryology*. Unregelmäßig herausgegebene Referatezeitschrift zu speziellen Themen. Hrsg.: International Association of Bryologists. J. Cramer in Bornträger Verlagsbuch-handlung, Stuttgart, Berlin.

*Journal of Bryology* hrsg. von der British Bryological Society. Erscheint viermal jährlich mit internationalen Beiträgen. Preis £ 172 (Institutionen) bzw. £ 69 (Einzelbezieher); für Mitglieder £ 20.--. Subscriptions Dept., Maney Publishing, Hudson Rd., Leeds LS9 7DL, England.

*Lindbergia* hrsg. von der Nordic Bryological Society and Dutch Bryological Society. Erscheint mehrmals jährlich mit ca. 50 Seiten, sowohl internationale Beiträge als auch Kurzbeiträge aus Skandinavien und Holland. Ca. 350 NKr, 40% Diskount für Mitglieder. Dr. H. During, Dept. of Plant Ecology and Evolutionary Biology, PO Box 800.84, NL-3508 TB Utrecht.

*Bryologische Beiträge*. Erschien unregelmäßig bis 1995. Deutsche und europäische Beiträge. 100-150 Seiten A5 für ca. DM 30.--. I. Düll-Hermanns, Funkenstr. 13, 5358 Ohlerath.

*Limprichtia*. Beiträge zur Moosforschung Deutschlands, vor allem Diplomarbeiten, aber auch Bände mit Einzelbeiträgen. Erscheint unregelmäßig 1-3 Bde/Jahr. Preis DM 20-30.--. Prof. Dr. Jan-Peter Frahm, Botanisches Institut, Meckenheimer Allee 170, 53115 Bonn.

### 2.6.2 Bryologisch-Lichenologische Zeitschriften

*Herzogia* hrsg. von der Bryologisch-Lichenologische Arbeitsgemeinschaft für Mitteleuropa. 1 Heft alle 1-2 Jahre für einen Mitgliedsbeitrag von DM 60.--. Dr. Volker John, Naturkunde-museum, Hermann-Schäfer-Str. 15, 67098 Bad Dürkheim.

*Cryptogamie, Bryologie*. 4 Hefte pro Jahr mit je ca. 100 Seiten für 755 FF. D. Lamy, Lab. de Cryptogamie, Musée National d'Histoire Naturelle, 12 rue de Buffon, F 75005 Paris.

*The Bryologist* hrsg. von der American Bryological and Lichenological Society. 4 Hefte pro
Jahr, US$ 45.-- pro Jahr für Mitglieder. Internationale Beiträge. Umfangreiche Bibliographien.
ABLS, Dept. Of Biology, George Mason University, Fairfax, VA 22030-4444, USA.

*Journal of the Hattori Botanical Laboratory.* 1-3 Bände (in Kunstleinen gebunden) pro Jahr
mit 400-500 Seiten für ca. 100.-- DM pro Band.. Hattori Botanical Laboratory, 3888-1, Obi-
Honmachi, Nichinan-shi, Miyazaki-ken 889-25, Japan.

*Tropical Bryology.* Erscheint unregelmäßig 1-2 mal pro Jahr mit 100 – 300 Seiten. Preis ca.
DM 9.-- pro 100 Seiten für Bezieher aus tropischen Ländern, DM 18.-- für alle anderen Sub-
skribenten. Prof. Dr. Jan-Peter Frahm, Botanisches Institut, Meckenheimer Allee 170, 53115
Bonn.

## 2.6.3 Kryptogamenzeitschriften

*Nova Hedwigia.* J. Cramer in der Gebrüder Bornträger Verlagsbuchhandlung, Berlin –
Stuttgart.

## 2.6.4 Newsletters

*Australasian Bryological Newsletter* hrsg. von der Association of Australasian Bryologists.
Erscheint unregelmäßig. Inhalt: Lokale Information. P.J. Dalton, School of Plant Science,
University of Tasmania, GPO Box 252-55, Hobart, Tasmania, Australien 7001.

*Buxbaumiella* hrsg. Von der Bryologische Lichenologische Werkgroep, Koninklijke
Nederlandse Natuurhistorische Vereniging. Erscheint unregelmäßig mit Beiträgen aus Hol-
land (zumeist Exkursionsberichten) für einen Mitgliedsbeitrag von hfl. 10.— im Jahr. Peter
Hovenkamp, Eiberoord 3, NL 2317 XL Leiden.

*Briolatina* hrsg. von der Sociedad Latinoamericana de Briologia. Erscheint unregelmäßig mit
Informationen aus Lateinamerika. 10 US$/Jahr. Dr. C. Delgadillo M., Inst. De Biologia,
Universidad Nacional, Ap. Postal 70-233, 04510 Mexico, D.F., Mexico.

*Bryologische Rundbriefe.* Internetnewsletter mit Beiträgen zur Moosforschung in Deutschland. Kostenfrei. www.uni-bonn.de/bryologie/

*Bryological Times* hrsg. von der International Association of Bryologists. Erscheint mehrmals
jährlich in unterschiedlichem Umfang mit Informationen der IAB und Kurzbeiträgen im
"Zeitungsstil". Frei für Mitglieder der IAB. Beitrag 11 US$ im Jahr. Dr. Dale H. Vitt, Dep. of
Plant Biology,Southern Illinous University, Carbondale IL 62901-6509, USA.

*Bulletin of Bryology* hrsg. von der British Bryological Society. Erscheint mehrmals jährlich
mit ca. 32 Seiten mit Informationen der British Bryological Society und Kurzbeiträgen aus
Großbritannien und Irland. Bezug für Mitglieder (Adresse s. Journal of Bryology).

*Evansia* hrsg. von der American Bryological and Lichenological Society. 4 Hefte pro Jahr mit
jeweils ca. 16 Seiten, US$ 5--. Lokale Beiträge aus Nordamerika. Adresse s. The Bryologist.

*Muscillanea* hrsg. von der Vlaamse Werkgroep Bryologie. Lokale Beiträge aus Belgien L. Smets, Alb. van Dijkstraat 13, B 2300 Turnhout.

# 3 Bryologische Vereine

Die folgende Aufstellung basiert auf einer aktualisierten Zusammenstellung von B.J. O'Shea in Bryological Times 31: 7-8, 1985. Dem Autor sei hier für die Genehmigung zum Abdruck gedankt. Die Angaben der Mitgliederzahlen sind nach dem Stand von 1984.

*American Bryological and Lichenological Society* (ABLS) Gegr. (1898) 1949,  463 Mitgl., 2 Exkursionen, 1 Tagung jährlich. www.ucjeps.herb.berkeley.edu/bryolab/abls.html

*Australasian bryological working group* (ABWG) Gegr. 1977, 25 Mitglieder.

*British Bryological Society* (BBS) Gegr. 1896. 508 Mitglieder.  Mehrere Exkursionen und Tagungen jährlich. www.rbge.org.uk/bbs/bbs.htm

*Bryological Society of Japan* (BSJ) Gegr. 1972. Ca. 375 Mitglieder. 3 Exkursionen und 1 Tagung jährlich.

*Bryologisch-Lichenologische Arbeitsgemeinschaft für Mitteleuropa* (BLAM) Gegr. 1968, ca. 250 Mitglieder, 1 Exkursion jährlich. www.sbg.ac.at/BLAM

*Dutch Bryological and Lichenological Working Group* (DBLWG) Gegr. 1946, ca. 250 Mitglieder, mehrere Exkursionen und Tagung jährlich.

*Indian Bryological Society* (IBS) gegr. 1984, 63 Mitgl., keine Exkursionen/Tagungen. *International Association of Bryologists* (IAB) Gegr. 1969, ca. 500 Mitglieder, 1 Tagung/Exkursion alle 2 Jahre. www.devonian.ualberta.ca/iab

*Nordic Bryological Society* (NBS) Gegr. 1967, ca. 200 Mitgl., 1  Exkursion jährlich.

*Polish Bryological Society* (PBS) Gegr. 1978, ca. 50 Mitglieder, keine Treffen.

*Sociedad Latinoamericana de Briologia* (SLAB) Gegr. 1982, 48 Mitglieder, bisher 1 Tagung.

*Schweizer Bryologische und Lichenologische Gesellschaft* (SBLG) Gegr. 1956, ca. 150 Mitglieder, 3 Exkursionen, 1 Tagung im Jahr.

*Vlamse Werkgroep Bryologie* Gegr. 1978, ca. 70 Mitgl., 3-5 Exkursionen im Jahr und gelegentliche Tagungen.

# 4 Bryologie im Internet

Bulletin Boards:
International: Bryonet-l (majordomo@mtu.edu, subscribe bryonet-l).
Deutschsprachiges Mitteleuropa: Bryonet (majordomo@listserv.uni-bonn.de, subscribe bryonet).

Datenbanken:
Missouri Botanical Garden: www.mobot.org (Moosbibliographie www.mobot.mobot.org/Pick/Search/mbib.html mit Suchfunktion nach Keywords oder Taxa, Laubmoosdatenbank [kompletter Index Muscorum], taxonomisch relevante Literatur).
New York Botanical Garden: www.nybg.org (Herbardatenbank, Index Herbariorum).

Zahlreiche Links zu bryologisch interessanten Internetseiten befinden sich auf den homepages der bryologischen Vereine (s.S. 325).

Bryologische Forschung in Deutschland:
Universität Bonn: www.uni-bonn.de/bryologie/
Universität Göttingen: www.gwdg.de/~sysbot/Frameset.htm
Universität Berlin: www.biologie.fu-berlin.de/sysbot/

Verschiedenes:
Rote Liste der Moose (Bryophyta) Mecklenburg-Vorpommern http://home.t-online.de/home/cberg/bryorl.htm
Rote Liste der Moose (Bryophyta) Hamburg http://wwwcache.rrz.uni-hamburg.de/biologie/ialb/herbar/hh_rl_br.htm
Limprichtia http://www.uni-bonn.de/bryologie/Limprichtia/Limprichtia_vols.htm
Norwegian Names for mosses - Norske Mosenavn http://www.toyen.uio.no/botanisk/mose/mosnavn2.htm
Bryophyte Herbarium Oslo http://www.toyen.uio.no/botanisk/mose/moseherb.htm
Bryophyte Flora of North America http://www.nybg.org/bsci/bfna/
Mosses and Liverworts in Wales http://home.clara.net/adhale/bryos/index.htm
Bibliographie zu den Moosen Mecklenburg-Vorpommerns http://home.t-online.de/home/cberg/bibmoos.htm
Bryologischer Arbeitskreis Östereich http://www.pph.univie.ac.at/bryo/bryoak.html
Lindbergia http://oikos.ekol.lu.se/lindbergia.jrnl.html
Checklist of Danish Mosses http://www.nathimus.ku.dk/bot/c_moss.htm
Arctoa - a bryological journal http://fadr.msu.ru/~herba/arctoa/
Bryophytes Page at the Department of Plant Biology at Southern Illinois University http://www.science.siu.edu/bryophytes/
Checklist of Japanese Mosses http://www.is.kochi-u.ac.jp/Bio/mosses/checkmossj/checkmossj.html
Moss Flora of China Home Page http://www.mobot.org./MOBOT/Moss/China/welcome.html
Mosses of the former USSR http://www.florin.ru/florin/db/mosses.htm
Arbeitsgruppe Mooskartierung Mecklenburg http://home.t-online.de/home/cberg/moose.htm

# Literatur

## Allgemeine Einführungen

Bates, J.W., Ashton, N.W., Duckett, J.G. (Hrsg.) (1998): Bryology for the Twenty-first Century. Leeds (Maney), 382 S..
Schofield, W.B. (1985): Introduction to Bryology. New York (MacMillan), 431 S.
Schuster, R.M. (1983-1984): New Manual of Bryology. 2 Bde. Hattori Bot. Lab., Nichinan.
Shaw, A.J., Goffinet, B. (Hrsg.) (2000): Bryophyte Biology. Cambridge (Cambridge Univ. Press), 476 S.

## Kap. 1 Allgemeine Charakteristik der Moose

Bresinsky, A. (1998): Bryophyta, Moose. S. 634-652 in: Strasburger, Lehrbuch der Botanik für Hochschule. G. Fischer, Stuttgart.
Duckett, J.D., Carothers, Z.B., Miller, C.C.J. (1983): Gametogenesis. S. 232-275 in: R.M. Schuster (Hrsg.), New Manual of Bryology vol. 1. Nichinan (Hattori Bot. Lab.).
Frey, W., Campbell, E.O., Hilger, H.H. (1994): The sporophyte-gametophyte-junction in *Tmesipteris* (Psilotaceae, Psilotopsida). Beitr. Biol. Pflanzen 68: 105-111.
Frey, W., Hilger, H.H., Hofmann, H. (1996): Water-conducting cells of extant *Symphyogyna*-type Metzgerialean taxa: ultrastructure and phylogenetic implications. Nova Hedwigia 63: 471-481.
Ligrone, R., Duckett, J.G., Renzaglia, K.S. (2000): Conducting tissues and phyletic relationships of bryophytes. Phil. Trans. R. Soc. London B 355: 795-813.
Renzaglia, K.S., Duckett, J.G. (1989): Ultrastructural studies of spermatogenesis in Anthocerotophyta. V. Nuclear metamorphosis and the posterior mitochondrion of *Notothylas orbicularis* and *Phaeoceros laevis*. Protoplasma 151: 137-150.
Renzaglia, K. S., Duckett, J.G. (1991): Towards an understanding of the differences between the blepharoplasts of mosses and liverworts, and comparison with hornworts, biflagellate lycopods and charophytes: a numerical analysis. New Phytologist 117: 187-208.

## Kap. 2 Klassifikation

Arikawa, T., Higuchi, M. (1999): Phylogenetic analysis of the Plagiotheciaceae (Musci) and its relatives based on *rbc*L gene sequences. Cryptogamie, Bryol. 20: 231-245.

© Springer-Verlag GmbH Deutschland, ein Teil von Springer Nature 2001
J. Frahm, *Biologie der Moose*,
https://doi.org/10.1007/978-3-662-57607-6

Beckert, S., Steinhauser, S., Muhle, H., Knoop, V. (1999): A molecular phylogeny of bryophytes based on nucleotide sequences of the mitochondrial *nad5* gene. Plant Syst. Evol. 218: 179-192.

Boisselier-Dubayle, M.-C., Lambourdière, J., Leclerc, M.-C., Bischler, H. (1997): Relations phylogénétiques chez les marchantiales (Hepaticae). Incongruence apparente entre données morphologiques et moléculaires. C. R. Acad. Sci. Paris, Sciences de la vie 320: 1013-1020.

Bopp, M., Capesius, I. (1995): New aspects of the systematics of bryophytes. Naturwissenschaften 82: 193-194.

Bopp, M., Capesius, I. (1996): New aspects of Bryophyte taxonomy provided by a molecular approach. Bot. Acta 109: 368-372.

Bopp, M., Capesius, I. (1998): A molecular approach to bryophyte systematics. In: Bates, J.W., Ashton, N.W., Duckett, J.G. (Hrsg.): Bryology for the Twenty-first Century, pp. 79-88.

Bridel, S.E. de (1819): Muscologia Recentiorum Supplementum Pars IV. Gotha.

Brotherus, V.F. (1901): Musci. In: Engler, A. & Prantl, K. (Hrsg.) Die Natürlichen Pflanzenfamilien Bd. 1(3). Leipzig (Engelmann).

Brotherus, V.F. (1924-25): Musci. In: Engler, A. & Prantl, K. (Hrsg.) Die Natürlichen Pflanzenfamilien Bd. 10-11, 2. Aufl., Leipzig (Engelmann).

Bruch, P., Schimper, W.P., v. Gümbel, W.T. (1836-55): Bryologia Europaea. 6 Bde. Stuttgart (Schweizerbart).

Buck, W.R. (1991): The Basis for Familial Classification of Pleurocarpous Mosses. Advances of Bryology 4: 169-185.

Capesius, I. (1995): A molecular phylogeny of bryophytes based on the nuclear encoded 18S rRNA genes. J. Plant Physiol. 146: 59-63.

Capesius, I., Bopp, M. (1997): New classification of liverworts based on molecular and morphological data. Pl. Syst. Evol. 207: 87-97.

Chiang, T.-Y., Schaal, B.A. (1999): Phylogeography of North American populations of the moss species *Hylocomium splendens* based on the nucleotide sequence of internal transcribed spacer 2 of nuclear ribosomal DNA. Mol. Ecol. 8: 1037-1042.

Chiang, T.-Y., Schaal, B.A. (2000): Molecular evolution of the *atp*B-*rbc*L noncoding spacer of chloroplast DNA in the moss family Hylocomiaceae. Bot. Bull. Acad. Sin. 41: 85-92.

Cox, C.J., Goffinet, B., Newton, A.E., Shaw, A.J., Hedderson, T.A. (2000): Phylogenetic relationships among the diplolepideous-alternate mosses (Bryidae) inferred from nuclear and chloroplast DNA sequences. Bryologist 103: 224-241.

Cox, C.J., Hedderson, T.A. (1999): Phylogenetic relationships among the ciliate arthrodontous mosses: evidence from chloroplast and nuclear DNA sequences. Pl. Syst. Evol. 215: 119-139.

Crandall-Stotler, B. (1986): Morphogenesis, development anatomy and bryophyte phylogenetics: contraindications of monophyly. J. Bryol. 14: 1-24.

De Luna, E., Buck, W.R., Akiyama, H., Arikawa, T., Tsubota, H., Gonzalez, D., Newton, A.E., Shaw, A.J. (2000): Ordinal phylogeny within the Hypnobryalean pleurocarpous mosses inferred from cladistic analyses of three chloroplast DNA sequence data sets: *trn*L-F, *rps*4, and *rbc*L. Bryologist 103: 242-256.

Dillenius, J.J. (1741): Historia Muscorum. Oxford.

Duckett, J.G. (1986): Ultrastructure in bryophyte systematics and evolution: an evaluation. J. Bryol. 14: 25-42.

Duff, R.J., Nickrent, D.L. (1999): Phylogenetic relationships among land plants using mitochondrial small-subunit rDNA sequences. Amer. J. Bot. 86: 372-386.

Fleischer, M. (1904-23): Die Musci der Flora von Buitenzorg. Leiden (E.J. Brill).

Frey, W., Stech, M., Meißner, K. (1999): Chloroplast DNA-relationship in palaeoaustral *Lopidium concinnum* (Hook.) Wils. (Hypopterygiaceae, Musci). An example of stenoevolution in mosses. Studies in austral temperate rain forest bryophytes 2. Pl. Syst. Evol. 218: 67-75.

Goffinet, B., Bayer, R.J., Vitt, D.H. (1998): Circumscription and phylogeny of the Orthotrichales (Bryopsida) inferred from *rbc*L sequence analysis. Amer. J. Bot. 85: 1324-1337.

Goffinet, B., Cox, C.J. (2000): Phylogenetic relationships among basal-most arthrodontous mosses with special emphasis on the evolutionary significance of the Funariineae. Bryologist 103: 212-223.

Gottsche, K.M., Lindenberg, J.B.W., Nees v. Esenbeck, C.G. (1844-47): Synopsis Hepaticarum. Hamburg.

Hedderson, T.A., Chapman, R.L., Cox, C.J. (1998): 4. Bryophytes and the origins and diversification of land plants: new evidence from molecules. In: Bates, J.W., Ashton, N.W., Duckett, J.G. (Hrsg.). Bryology for the Twenty-first Century, pp. 65-78.

Hedderson, T.A., Chapman, R.L., Rootes, W.L. (1996): Phylogenetic relationships of bryophytes inferred from nuclear-encoded rRNA gene sequences. Pl. Syst. Evol. 200: 213-224

Hedderson, T.A., Longton, R. (1999): Morphological and genetic variation in the cosmopolitan moss *Bryum argenteum* Hedw. Bull. Brit. Bryol. Soc. 72: 45-46.

Hedwig, J. (1782): Fundamentum Historiae Naturalis Muscorum Frondosorum. Leipzig (Crusius).

Hooker, W.J., Taylor, T. (1819): Muscologia Brittanica. London (Longman et al.).

Howe (1899): The Anthocerotaceae of North America. Bull. Torrey Bot. Club 25: 1-24.

Hyvönen, J., Hedderson, T.A., Smith Merrill, G.L., Gibbings, J.G., Koskinen, S. (1999): On phylogeny of the Polytrichales. Bryologist 101: 489-504.

La Farge, C., Mishler, B.D., Wheeler, J.A., Wall, D.P., Johannes, K., Schaffer, S., Shaw, A.J. (2000): Phylogenetic relationships within the haplolepideous mosses. Bryologist 103: 257-276.

Leitgeb (1874-81): Untersuchungen über die Lebermoose I-VI. Graz.

Lewis, L.A., Mishler, B.D., Vilgalys, R. (1997): Phylogenetic relationships of the liverworts (Hepaticae), a basal embryophyte lineage, inferred from nucleotide sequence data of the chloroplast gene *rbc*L. Mol. Phyl. Evol. 7: 377-393.

Limpricht, K.G. (1885-95): Die Laubmoose Deutschlands, Österreichs und der Schweiz. Rabenhorst's Kryptogamenflora Bd. 4, Leipzig.

Lindberg, S.O. (1879): Musci Scandinavici in Systemate Novo Naturali Dispositi. Uppsala.

Linné, C. (1753): Species plantarum. Holmiae.

Maeda, S., Kosuge, K., Gonzalez, D., DeLuna, E., Akiyama, H. (2000): Molecular phylogeny of the suborder Leucodontineae (Musci; Leucodontales) inferred from *rbc*L sequence data. J. Plant Res. 113: 29-38.

Meißner, K., Frahm, J.-P., Stech, M., Frey, W. (1998): Molecular divergence patterns and infrageneric relationship of *Monoclea* (Monocleales, Hepaticae). Studies in austral temperate rain forest bryophytes 1. Nova Hedwigia 67: 289-302.

Mishler, B.D., Churchill, S.P. (1984): A cladistic approach to the phylogeny of the "bryophytes". Brittonia 36: 406-424.

Mishler, B.D., Churchill, S.P. (1985): Transition to a Land Flora: phylogenetic relationships of the Green Algae and Bryophytes. Cladistics 1: 305-328.

Mishler, B.D., Thrall, P.H., Hopple, J.R., De Luna, E., Vilgalys, R. (1992): A molecular approach to the phylogeny of bryophytes: Cladistic analysis of chloroplast-encoded 16S and 23S ribosomal RNA genes. Bryologist 95: 172-180.

Mitten, W. (1859): Musci Indiae Orientalis. L. Linn. Soc. Bot. 1: 1-171.

Müller, K. (1951-58): Die Lebermoose Europas. Rabenhorsts Kryptogamenflora Bd. 6, 3. Aufl. Leipzig.

Nees v. Esenbeck, C.G. (1838): Naturgeschichte der europäischen Lebermoose. 4 Bde. Berlin und Breslau.

Nees v. Esenbeck, C.G., Hornschuch, F., Sturm, J. (1823): Bryologia Germanica, oder Beschreibung der in Deutschland und in der Schweiz wachsenden Laubmoose. Erster Teil. Nürnberg (Sturm).

Newton, A.E., Cox, C.J., Duckett, J.G., Wheeler, J.A., Goffinet, B., Hedderson, T.A.J., Mishler, B.D. (2000): Evolution of the Major Moss Lineages: Phylogenetic Analyses Based on Multiple Gene Sequences and Morphology. The Bryologist 103: 187-211.

Palisot de Beauvois, A.M.F.J. (1805): Prodrome de cinquième et sixième familles de l´aethéogamie. Les Mousses. Les Lycopodes. Paris (De Fournier Fils).

Pfeiffer, T. (2000a): Molecular relationship of *Hymenophyton* species (Metzgeriidae, Hepaticophytina) in New Zealand and Tasmania. Studies in austral temperate rain forest bryophytes 5. New Zeal. J. Bot. 38: 415-423.

Pfeiffer, T. (2000b): Relationships and divergence patterns in *Hypopterygium „rotulatum"* s.l. (Hypopterygiaceae, Bryopsida) inferred from *trn*L intron sequences. Studies in austral temperate rain forest bryophytes 7. Edinburgh J. Bot. 57: 291-307.

Philibert, H. (1884-1890): De l´importance du péristome pour les affinités naturelles des mousses. Revue Bryologique 11: 49-52, 65-72. Etudes sur le péristome. Revue Bryologique 11: 81-87; 12: 67-77, 81-85; 13: 17-27, 81-86; 14: 9-11, 81-90; 15: 6-12, 24-28, 37-44, 50-56, 56-60, 65-69, 90-93; 16: 1-9, 39-44, 67-77; 17: 8-12, 25-29, 38-42.

Quandt, D., Tangney, R.S., Frahm, J.-P., Frey, W. (2000): A molecular contribution for the understanding of the Lembophyllaceae (Bryopsida) based on noncoding chloroplast regions (cpDNA) and ITS2 (nrDNA) sequence data. Studies in austral temperate rain forest bryophytes 8. J. Hattori Bot. Lab. 89: xx-xx.

Samigullin, T.H., Valiejo-Roman, K.M., Troitsky, A.V., Bobrova, V.K., Filin, V.R., Martin, W., Antonov, A.S. (1998): Sequences of rDNA internal transcribed spacers from the chloroplast DNA of 26 bryophytes: properties and phylogenetic utility. FEBS Letters 422: 47-51.

Schofield, W.B. (1985): Introduction to Bryology. New York (MacMillan) 431 S.

Schuster, R.M. (1953): Boreal Hepaticae, a manual of the liverworts of Minnesota and adjacent regions. Amer. Midl. Naturalist 49: 257-684.

Shaw, A.J. (2000a): Phylogeny of the Sphagnopsida based on chloroplast and nuclear DNA sequences. Bryologist 103: 277-306.

Shaw, A.J. (2000b): Molecular phylogeography and cryptic speciation in the mosses, *Mielichhoferia elongata* and *M. mielichhoferiana* (Bryaceae). Mol. Ecol. 9: 595-608.

Shaw, A.J., Goffinet, B. (Hrsg.) (2000): Bryophyte Biology. Cambridge (Cambridge Univ. Press), 476 S.

Stech, M. (1999a): A reclassification of Dicranaceae based on non-coding cpDNA sequence data. J. Hattori Bot. Lab. 86: 137-159.

Stech, M. (1999b): A molecular systematic contribution to the position of *Amphidium* Schimp. (Rhabdoweisiaceae, Bryopsida). Nova Hedwigia 68: 291-300.

Stech, M. (1999c): *Dichodontium palustre* (Dicks.) Stech, a new name for *Dicranella palustris* (Dicks.) Crundw. ex Warb. Nova Hedwigia 69: 237-240.

Stech, M., Frahm, J.-P. (1999): The status of *Platyhypnidium mutatum* Ochyra & Vanderpoorten and the systematic value of the Donrichardsiaceae based on molecular data. J. Bryol. 21: 191-195.

Stech, M., Frahm, J.-P. (2000): The systematic position of *Gradsteinia andicola* Ochyra (Donrichardsiaceae, Bryopsida) : evidence from nrDNA internal transcribed spacer sequences. Trop. Bryol. 18: 75-85.

Stech, M., Frahm, J.-P. (2001): The status and systematic position of *Ochyraea tatrensis* Vana (Amblystegiaceae, Bryopsida) based on molecular data. Bryologist 104.

Stech, M., Frahm, J.-P., Hilger, H.H., Frey, W. (2000): Molecular relationship of *Treubia* Goebel (Treubiaceae, Treubiopsida) and high taxonomic level classification of the Hepaticophytina. Studies in austral temperate rain forest bryophytes 6. Nova Hedwigia 71: 195-208.

Stech, M., Frey, W. (2001): CpDNA relationship and classification of the Jungermanniopsida. Nova Hedwigia 72..

Stech, M., Frey, W., Frahm, J.-P. (1999a): The status and systematic position of *Hypnobartlettia fontana* Ochyra and the Hypnobartlettiaceae based on molecular data. Studies in austral temperate rain forest bryophytes 4. Lindbergia 24: 97-102.

Stech, M., Pfeiffer, T., Frey, W. (1999b): Molecular systematic relationship of temperate austral Hypopterygiaceae (Bryopsida) : implications for taxonomy and biogeography. Studies in austral temperate rain forest bryophytes 3. Haussknechtia Beih. 9: 359-367.

Vitt, D.H. (1984): Classification of the Bryopsida. S. 696-759 in: R.M. Schuster (Hrsg.) New Manual of Bryology. Nichinan (Hattori Bot. Lab.).

Waters, D.A., Buchheim, M.A., Dewey, R.A., Chapman, R.L. (1992): Preliminary inferences of the phylogeny of bryophytes from nuclear-encoded ribosomal RNA sequences. Amer. J. Bot. 79: 459-466.

Wheeler, J.A. (2000): Molecular phylogenetic reconstructions of the marchantioid liverwort radiation. Bryologist 103: 314-333.

# Kap. 3 Systematischer Überblick

**Zusammenfassende Darstellungen**

Bresinsky, A. (1998): Bryophyta, Moose. S. 634-652 in: Strasburger, Lehrbuch der Botanik für Hochschule. G. Fischer, Stuttgart.

Buck, W.R., Goffinet, B. (2000): Morphology and classification of mosses. S. 71-123 in: A.J. Shaw & B. Goffinet (Hrsg.), Bryophyte Biology. Cambridge.

Crandall-Stotler, B., Stotler, R. (2000): Morphology and classificastion of the Marchantiophyta. S. 21-70 in: A.J. Shaw & B. Goffinet (Hrsg.) Bryophyte Biology. Cambridge.

Goebel, K. v. (1930): Organographie der Pflanzen. Zweiter Teil: Bryophyten und Pteridophyten. 3. Aufl., Jena (Fischer).

Ruhland, W. (1924): Musci, Allgemeiner Teil. S. 1-100 in A. Engler & K. Prantl, Die Natürlichen Pflanzenfamilien Bd. 10. Berlin.

Schofield, W.B., Hébant, C. (1984): The Morphology and Anatomy of the Moss Gametophore. S. 627-657 in R.M. Schuster (Hrsg.), Manual of Bryology. Nichinan.

Schuster, R.M. (1984a): Evolution, Phylogeny and Classification of the Hepaticae. S. 892-1070 in R.M. Schuster (Hrsg.), Manual of Bryology. Nichinan.

Schuster, R.M. (1984b): Comparative Anatomy and Morphology of the Hepaticae. S. 760-891 in R.M. Schuster (Hrsg.), Manual of Bryology. Nichinan.

Vitt, D.H. (1984): Classification of the Bryopsida. S. 696-759 in R.M. Schuster (Hrsg.), Manual of Bryology. Nichinan.

**Einzelarbeiten**

Buck, W.R., Vitt, D.H. (1986): Suggestions for a new familial classification of pleurocarpous mosses. Taxon 35: 21-60.

Brotherus, V.F. (1924-1925): Musci (Laubmoose) in: Die natürlichen Pflanzenfamilien hrsg. von A. Engler, 11, 2. Aufl., Leipzig.

Bruch, P., Schimper, P.W., & Gümbel, T. (1836-1867): Bryologia Europaea, seu genera muscorum europaeorum monographice illustrata. 6 Bde. Stuggart (Schweizerbart).

Carothers, Z.B. (1973): Studies of spermatogenesis of Hepaticae IV. On the blepharoplast of *Blasia.* Amer. J. Bot. 60: 819-828.

Crandall-Stotler, B., Stotler, R.E. (2000): Morphology and Classification of the Marchantiophyta. S. 21-70 in: Shaw, A.J., Goffinet, B. (Hrsg.) Bryophyte Biology. Cambridge (Cambridge Univ. Press).

Crosby, M.R., Magill, R.E., Bauer, C.R. (1992): Index of Mosses. Monographs in Systematic Botany from the Missouri Botanical Garden vol. 42.

Crosby, M.R., Magill, R.E (1994): Index of Mosses 1990-1992. Monographs in Systematic Botany from the Missouri Botanical Garden vol. 50.

Duckett, J.G., Carothers, Z.B., Miller, C.C.J. (1982): Comparative spermatology and bryophyte phylogeny. J. Hattori Bot. Lab. 53: 107-125.

Edwards, S.R. (1979): Taxonomic implications of cell patterns in haplolepidous moss peristomes. S. 317-346 in: G.C.S. Clarke & J. G. Duckett (Hrsg,) Bryophyte Systematics. Academic Press, London.

Edwards, S.R. (1984): Homologies and inter-relationships of moss peristomes. S. 659-695 in R. M. Schuster (Hrsg.), New manual of Bryology vol. 2. Hattori Bot. Lab., Nichinan.

Eschrich, W., Steiner, M. (1967): Autoradiographische Untersuchungen zum Stofftransport bei *Polytrichum commune.* Planta 74: 330-349.

Fleischer, M. (1904-23): Die Musci der Flora von Buitenzorg. Leiden (E.J. Brill).

Frey, W. (1981): Morphologie und Anatomie der Laubmoose. Advances of Bryology 1: 399-477.

Frey, W. (1970): Blattentwicklung bei Laubmoosen. Nova Hedwigia 20: 463-556.

Frey, W. (1977): Neue Vorstellungen über die Verwandtschaftsgruppen und die Stammesgeschichte der Laubmoose. S. 117-139 in: Frey, W., Hurka, H. & Oberwinkler, F. Beiträge zur Biologie der niederen Pflanzen. Stuttgart.

Frahm, J.-P., Frey, W. (1995): Moosflora. 3. Aufl., UTB 1250.

Frey, W., Frahm, J.-P., Fischer, E., Lobin, W. (1995): Die Moos- und Farnpflanzen Europas. Kleine Kryptogamenflora Bd. IV, 6. Aufl. Stuttgart (Fischer).

Frey, W., Hilger, H.H., Richter, U. (1983): Kanalsysteme in den Stämmchen des Laubmooses *Hypopterygium commutatum* C. Müll. J. Hattori Bot. Lab. 54: 307-319.

Frey, W., Richter, U. (1982): Perforierte Hydroiden bei Laubmoosen? J. Hattori Bot. Lab. (51): 51-60.

Frey, W., Schaepe, A. (1989): *Canalohypopterygium* gen. nov. (Hypopterygiaceae, Musci). - J. Hattori Bot. Lab. 66: 263-270.

Goffinet, B., Shaw, J., Anderson, L.E., Mishler, B.D. (1999): Peristome development in mosses in relation to systematics and evolution. V. Diplolepideae: Orthotrichaceae. The Bryologist 102: 581-594.

Gottsche, C.M. (1843): Anatomisch-physiologische Untersuchungen über Haplomitrium hookeri N.v.E. mit Vergleichung anderer Lebermoose. Acta Acad. Caes. Leop. Carol. 20: 267-398.

Greene, S.W., Harrington, A.J. (1988): The Conspectus of Bryological Taxonomic Literature. Part 1. Index to monographs and regional reviews.. Bryophytorum Bibliotheca 35.

Hébant, C. (1977): The conducting tissues of Bryophytes. Bryoph. Bibl. 10: 1-157.

Henseler, A., Frahm, J.-P. (2000): Untersuchungen zur Stämmchenanatomie dendroider Laubmoose. Nova Hedwigia 71: 519 538.

La Farge-England, C. 1996. Growth Form, Branching Pattern, and Perichaetial Position in Mosses: Cladocarpy and Pleurocarpy Redefined. The Bryologist 99: 170-186.

Leitgeb, H. (1874-81): Untersuchungen über Lebermoose. 6 Bde. Jena und Graz.

Lewis, L.A., Mishler, B.D., Vilgalys, R. (1997): Phylogenetic relationships of the liverworts (Hepaticae), a basal embryophyte lineage, inferred from nucleotide sequence data of the chloroplast gene rbcL. Molec. Phylogen. Evol. 7: 377-393.

Ligrone, R., Duckett, J.G., Renzaglia, K.S. (1993): The gametophyte-sporophyte junction in land plants. Adv. Bot. Research 19: 231-317.

Lorch, W. (1931): Anatomie der Laubmoose. Bd. VII/1 in K. Linsbauer (Hrsg.), Handbuch der Pflanzenanatomie. Berlin (Bornträger).

Lorentz, P.G. (1867): Studien zur vergleichenden Anatomie der Laubmoose. Flora 50: 241-248, 526-528.

Müller, K. (1954): Die Lebermoose Europas. Rabenhorsts Kryptogamenflora Bd. 6, 3. Aufl. Leipzig.

Pass, J.M., Renzaglia, K.S. (1995): Comparative microanatomy of the locomotory apparatus of *Conocephalum*. Fragm. Flor. Geobot. 40: 365-377.

Philibert, H.(1884-1890): De l'importance du péristome pour les affinités naturelles des mousses. Revue Bryologique 11: 49-52, 65-72. Etudes sur le péristome. Revue Bryologique 11: 81-87; 12: 67-77, 81-85; 13: 17-27, 81-86; 14: 9-11, 81-90; 15: 6-12, 24-28, 37-44, 50-56, 56-60, 65-69, 90-93; 16: 1-9, 39-44, 67-77; 17: 8-12, 25-29, 38-42.

Shaw, A.J. (2000): Phylogeny of the Sphagnopsida Based on Chloroplast and Nuclear DNA Sequences. The Bryologist 103: 277-306.

Stech, M., Frey, W. (2001): CpDNA-relationship and classification of the liverworts (Hepaticophytina, Bryophyta). Nova Hedwigia.

Stech, M., Frahm, J.-P., Hilger, H.H., Frey, W. (2000): Molecular relationship of *Treubia* Goebel (Treubiaceae, Treubiopsida) and high taxonomic level classification of the Hepaticophytina. Nova Hedwigia 71: 195-208.

Stotler, R., Crandall-Stotler, B. (1977): A Checklist of the Liverworts and Hornworts of North America. The Bryologist 80: 405-428.

Vitt, D.H., Hamilton, C. (1974): A scanning electron microscope study of the spores and selected peristomes of the North American Encalyptaceae (Musci). Canad. J. Bot. 52: 1973-1981.

Walther, K. (1983): Bryophytina in: J. Gerloff & J. Poelt, Syllabus der Pflanzenfamilien 13. Aufl. Stuttgart.

Wijk, R. van der, Margadant, W.D., Florschütz, P. (1959-69): Index Muscorum. 5 vols. Utrecht.

Wheeler, J.A. (2000): Molecular phylogenetic reconstruction of the marchantioid liverwort radiation. The Bryologist 103: 314-333.


## Kap. 4 Ökologie

Ahrens, M. (1992): Die Moosvegetation des nördlichen Bodenseegebietes. Dissertationes Botanicae 190, 681 S.

Barkman, J.J. (1958): Phytosociology and ecology of cryptogamic epiphytes. Assen.

Basilier, K. (1980): Fixation and uptake of nitrogen in *Sphagnum* blue-green algal associations. Oikos 34: 239-242.

Barthlott, W., Fischer, E., Frahm, J.-P., Seine, R. (2000): First experimental evidence for zoophagy in the hepatic *Colura*. Plant Biol. 2: 93-97.

Bates, J.W. (1982): Quantitative Approaches in Bryophyte Ecology. S. 1-44 in: A.J.E. Smith (Hrsg.), Bryophyte Ecology. London-New York (Chapman & Hall).

Bentley, B.L., Carpenter, E.J. (1980): Effects of desiccation and rehydration on nitrogen fixation by epiphylls in a tropical rain forest. Microbial Ecology 6: 109-113.

Berrie, G.K., Eze, J.M.O. (1975): The relationship between an epiphyllous liverwort and host leaves. Annals of Botany 39: 955-963.

Birse, E.M. (1957): Ecological studies on growth form in bryophytes. II. Experimental studies in growth forms of mosses. J. Ecol. 45: 721-733.

Brackel, W.v. (1993): Die Flechten- und Moos-Gesellschaften Süddeutschlands. Veröffentl. Des Bundes der Ökologen Bayerns 6: 1-63.

Brown, D.H., Bates, J.W. (1990): Bryophytes and nutrient cycling. Journal of the Linnean Society 104: 129-147.

Chapin, F.S., Oechel, W.C., van Cleve, K., Lawrence, W. (1987): The role of mosses in the phosphorous cycling of an Alaskan black spruce forest. Oecologia 74: 310-315.

Correns, C. (1899): Untersuchungen über die Vermehrung der Laubmoose durch Brutorgane und Stecklinge. Jena.

Davidson, A.J., Harborne, J.B., Longton, R.E. (1990): The acceptability of mosses as food for generalist herbivores, slugs in the Arionidae. Journal of the Linnean Society 104: 99-113.

Dierßen, K. (2001): Distribution, ecological amplitude and phytosociological characterization of European bryophytes. Bryophytorum Bibliotheca 56.

Döbbeler, P. (1997): Biodiversity of bryophilous ascomycetes. Biodiversity and Conserv. 6.

Drehwald, U. (1995): Epiphytische Pflanzengesellschaften in NO-Argentinien. Diss. Bot. 250, 175 S.

Drehwald, U., Preising, E. (1991): Die Pflanzengesellschaften Niedersachsens: Moosgesellschaften. Naturschutz und Landschaftspflege in Niedersachsen 20/9.

Düll, R. (1970): Moosflora von Südwestdeutschland. Mitt. bad. Landesver. Naturk. u. Naturschutz N.F. 10: 301-329.

Dunk, K.v.d. (1971): Moosgesellschaften im Bereich des Sandsteinkeupers in Mittel- und Oberfranken. Diss. Univ. Erlangen, 100 S.

During, H.J. (1979): Life strategies of Bryophytes: a preliminary review. Lindbergia 5: 2-18.

During, H.J., Tooren, B.F. van (1990): Bryophyte interactions with other plants. Botanical Journal of the Linnean Society 104: 79-98.

Eze, J.M.O., Berrie, G.K. (1977): Further investigations into the physiological relationship between an epiphyllous liverwort and its host leaves. Annals of Botany 41: 351-358.

Frahm, J.-P. (1972): Die Vegetation auf Rethdächern. Mitt. Arbeitsgem. Floristik Schl.-Holstein und Hamburg 21: 1-213.

Frahm, J.-P. (1987a): Ökologische Studien über die epiphytische Moosvegetation in Regenwäldern NO-Perus. Beih. Nova Hedwigia 88: 143-158.

Frahm, J.-P. (1987b): Struktur und Zusammensetzung der epiphytischen Moosvegetation in Regenwäldern NO-Perus. Beih. Nova Hedwigia 88: 115-141.

Frahm, J.-P. (1990a): The ecology of epiphytic bryophytes on Mt. Kinabalu, Sabah (Malysia). Nova Hedwigia 51: 121-132.

Frahm, J.-P. (1990b): Bryophyte phytomass in tropical ecosystems. Bot. Journal of the Linnean Society 104: 23-33.

Frahm, J.-P. (1990c): The effect of light and temperature on the growth of the bryophytes of tropical rain forests. Nova Hedwigia 51: 151-164.

Frahm, J.-P. (1994): Scientific Results of the BRYOTROP Expedition to Zaire and Rwanda 1. The ecology of epiphytic bryophytes on Mt. Kahuzi (Zaire). Trop. Bryol. 9: 137-152.

Frahm, J.-P., Gradstein, S.R. (1991): An altitudinal zonation of tropical forests using bryophytes. J. Biogeogr. 18: 669-678.

Frahm, J.-P., Specht, A., Reifenrath, K., León-Vargas, Y. (2000): Allelopathic effects of crustaceous lichens on epiphytic bryophytes and vascular plants. Nova Hedwigia 70: 245-254.

Frey, E. (1933): Die Flechtengesellschaften der Alpen. Ber. Geobot. Forsch.-Inst. Rübel 1932: 36-51.

Frey, W. (1990): Genoelemente prä-angiospermen Ursprungs bei Bryophyten. Bot. Jahrb. Syst. 111: 433-456.

Frey, W., Gossow, R., Kürschner, H. (1990): Verteilungsmuster von Lebensformen, wasserleitenden und wasserspeichernden Strukturen in epiphytischen Moosgesellschaften am Mt. Kinabalu (Nord Borneo). Nova Hedwigia 51: 87-119.

Frey, W., Herrnstadt, I., Kürschner, H. (1990): Verbreitung und Soziologie terrestrischer Bryophytengesellschaften in der Judäischen Wüste. Phytocoenologia 19 (2) 233-265.

Frey, W., Kürschner, H. (1979): Die epiphytische Moosvegetation im hyrkanischen Waldgebiet (Nordiran). Beih. Tübinger Atlas Vorderer Orient Reihe A Nr. 5.

Frey, W., Kürschner, H. (1991a): Morphologische und anatomische Anpassungen der Arten in terrestrischen Bryophytengesellschaften entlang eines ökologischen Gradienten in der Judäischen Wüste. Bot. Jahrb. Syst. 112: 529-552.

Frey, W., Kürschner, H. (1991b): Lebensstrategien von Terrestrischen Bryophyten in der Judäischen Wüste. Botanica Acta 104: 172-182.

Frey, W., Kürschner, H. (1991c): Das Fossombronio-Gigaspermo mouretii in der Judäischen Wüste. Crypt. Bot. 2/3: 73-84.

Frey, W., Kürschner, H., Seifert, U.H. (1995): Life strategies of epiphytic bryophytes of tropical lowland and montane forests, ericaceous woodlands and the *Dendrodenecio* subpáramo of the eastern Congo Basin. Trop. Bryol. 11: 129-149.

Gams, H. (1932): Bryo-Cenology. S. 323-366 in F. Verdoorn, Manual of Bryology, Den Haag.

Geissler, P. (1976): Zur Vegetation alpiner Fließgewässer. Beitr. Krypt. Flora der Schweiz 14(2): 1-52, 25 Tab.

Giesenhagen, K. (1910): Die Moostypen der Regenwälder. Ann. Jard. Bot. Buitenzorg, 3, 1, 711-790,

Gimingham, C.H., Birse, E.M. (1957): Ecological studies on growth form in bryophytes. I. Correlations between growth form and habitat. J. Ecol. 45: 533-545.

Giordano, S., Alfano, F., Basile, A., Castaldo Cobianchi, C. (1999): Toxic effects of the thallus of the lichen *Cladonia foliacea* on the growth and morphogenesis of bryophytes. Cryptogamie Bryologie 20(1): 35-42.

Goebel, K. (1915): Organographie der Pflanzen. 2. Teil 1. Heft Bryophyten. 2. Aufl. Jena (Fischer).

Gradstein, S.R., Frahm, J.-P. (1987): Die floristische Höhengliederung der Moose entlang des BRYOTROP-Transektes in NO-Peru. Beih. Nova Hedwigia 88: 105-113.

Gradstein, S.R., Pócs, T. (1989): Bryophytes. S. 311-325 in: H. Lieth & M.J.A. Werger (Hrsg.), Tropical Rain Forest Ecosystems. Amsterdam.

Halfmann, J. (1991): Die Struktur der Vegetation auf periglazialen Basaltblockhalden des Hessischen Berglandes. Diss. Bot. 168.

Hertel, E. (1974): Epilithische Moose und Moosgesellschaften im nordöstlichen Bayern. Beih. 1 zu den Berichtbänden der Naturwissenschaftlichen Gesellschaft Bayreuth, 489 S. und 32 Tab.

Herzog, Th. (1926): Geographie der Moose. Jena

Hoeven, E.C. van der (1994): Do chalk grassland bryophytes compete? Acta Botanica Neerlandica 43: 395.

Hofstede, R.G.M., Wolf, J.H.D., Benzing, D.H. (1993): Epiphytic biomass and nutrient status of a Colombian upper montane rainforest. Selbyana 14: 37-45.

Hübschmann, A.v. (1986): Prodromus der Moosgesellschaften Zentraleuropas. Bryoph,. Bibl. 32, 413 S.

Koponen, A. (1990): Entomophily in the Splachnaceae. Journal of the Linnean Society 104: 115-127.

Kosiba, P., Sarosiek, J. (1991): Competition between mosses *Catharinea undulata* (L.) Web. et Mohr and *Mnium affine* Bland. Ekologia Polska 39: 377-389.

Kürschner, H. (1990): Die epiphytischen Moosgesellschaften am Mt. Kinabalu (Nordborneo, Sabah, Malysia). Nova Hedwigia 51: 1-75.

Kürschner, H. (1995): Wissenschaftliche Ergebnisse der BRYOTROP-Expedition nach Zaire und Rwanda 5. Epiphytische Moosgesellschaften im östlichen Kongobecken und den angrenzenden Gebirgsstöcken (Parc National de Kahuzi-Biega/Zaire, Forêt de Nyungwe, Rwanda). Nova Hedwigia 61: 1-64.

Kürschner, H., Frey, W., Parolly, G. (1999): Patterns and adaptive trends of life forms, life strategies and ecomorphological structures in tropical epiphytic bryophytes – a pantropical synopsis. Nova Hedwigia 69: 73-99.

Kürschner, H., Paroly, G. (1998a): Syntaxonomy of trunk-epiphytic bryophyte communities of tropical rain forests. A first pantropical approach. Phytocoenologia 28: 357-425.

Kürschner, H., Parolly, G. (1998b): Stammepiphytische Moosgesellschaften am Andenostabhang und im Amazonas-Tiefland von Nord-Peru. Nova Hedwigia 66: 1-87.

Kürschner, H., Paroly, G. (1999): Pantropical epiphytic rain forest bryophyte communties – coeno-syntaxonomy and floristical historical implications. Phytocoenologia 29: 1-52.

Kürschner, H., Seifert, U.H. (1995): Wissenschaftliche Ergebnisse der BRYOTROP Expedition nach Zaire und Rwanda 6. Lebensformen und Adaptationen zur Wasserleitung und Wasserspeicherung in epiphytischen Moosgesellschaften im östlichen Kongobecken. Trop. Bryol. 11: 87-118.

Lindlar, A. (1997): Standörtliche Differenzierung epilithischer Moosgesellschaften und Wandel der Moosflora im Siebengebirge. Limprichtia 8, 97 S., 34 Tab.

Longton, R.E. (1982): Bryophyte vegetation in polar regions. S. 123-165 in A.J.E. Smith (Hrsg.) Bryophyte Ecology. London, New York.

Longton, R.E. (1988): The Biology of Polar Bryophytes and Lichens. Cambridge.

Longton, R. (Hrsg.) (1990): Bryophytes in terrestrial ecosystems. Botanical Journal of the Linnean Society 104(1-3).

Longton, R.E., Miles, C.J. (1982): Studies on the reproductive biology of mosses. Journal of the Hattori Botanical Laboratory 52: 219-240.

Lüth, M. (1990): Moosgesellschaften auf Blockhalden im Südschwarzwald. Beih. Veröff. Naturschutz Landschaftspflege Baden Württemberg 58: 1-88.

Mägdefrau, K. (1969): Die Lebensformen der Laubmoose. Vegetatio 16: 285-297.

Mägdefrau, K. (1982): Life forms of bryophytes. S. 45-58 in A.J.E. Smith, Bryophyte Ecology. London.

Mägdefrau, K., Wutz,. A. (1951): Die Wasserkapazität der Moos- und Flechtendecke des Waldes. Forstwissenschaftliches Centralblatt 70: 103-117.

Marstaller, R. (1993): Synsystematische Übersicht der Moosgesellschaften Zentraleuropas. Herzogia 9: 513-541.

Meusel, H. (1935) : Wuchsformen und Wuchstypen der europäischen Laubmoose. Nova Acta Leopoldina N.F. 3 No. 12.

Muhle, H. (1973): Bryophyte and Lichen Succession on Decaying Logs in Eastern Canada. Diss. Univ. Ottawa, 241 S.

Neumayr, L. (1971): Moosgesellschaften der südöstlichen Frankenalb und des Vorderen Bayerischen Waldew. Hoppea 29/1-2, 364 S. und Tabellenband.

Ochsner, F. (1928):. Studien über die Epiphytenvegetation der Schweiz. Jahrbuch St. Gall. Naturw. Ges. 63: 1-108.

Pocock, K., Duckett, J.G. (1985): On the occurrence of branched and swollen rhizoids in British hepatics: their relationship with the substratum and association with fungi. New Phytologist 99: 281-304.

Pocs, T. (1982): Tropical Forest Bryophytes. S. 59-104 in: A.J.E. Smith (Hrsg.), Bryophyte Ecology. London (Chapman & Hall).

Poelt, J. (1985): Über auf Moosen parasitierende Flechten. Sydowia 38: 241-254.

Proctor, M.C.F. (1990): The physiological basis of bryophyte production. Bot. J. Linn. Soc. 104: 61-77.

Reenen, G.B.A.van, Gradstein, S.R. (1983): A transect analysis of the bryophyte vegetation along an altitudinal gradient on the Sierra Nevada de Santa Marta, Colombia. Acta bot. Neerl. 32: 163-175.

Richards, P.W. (1932): Ecology. S. 367-395 in F. Verdoorn, Manual of Bryology, Den Haag.

Richards, P.W. (1984): The Ecology of Tropical Forest Bryophytes. S. 1233-1270 in: R.M. Schuster (Hrsg.), New Manual of Bryology, Nichinan.

Russell, S. (1990): Bryophyte production and decomposition in tundra ecosystems. Botanical Journal of the Linnean Society 104: 3-22.

Rydin, H. (1997): Competition Among Bryophytes. Advances in Bryology 6: 135-168.

Scott, G.A.M. (1982): Desert Bryophytes. S. 105-122 in in A.J.E. Smith (Hrsg.) Bryophyte Ecology. London, New York.

Sjögren, E. (1964): Epilithische und epigäische Moosvegetation in Laubwäldern der Insel Öland (Schweden). Acta Phytogeogr. Suecica 48, 184 S.

Sjögren, E. (1975): Epiphyllous Bryophytes of Madeira. Svensk Bot. Tidsskr. 69: 217-288.

Sjögren, E. (1995): Changes in the epilithic and epiphytic moss cover in two deciduous forest areas on the island of Öland (Sweden) – a comparison between 1958-1962 and 1988-1990. Studies in Plant Ecology 19: 1-106.

Smith, A.J.E. (Hrsg.) (1982): Bryophyte Ecology. London.

Stahl, M. (1949): Die Mycorrhiza der Lebermoose mit besonderer Berücksichtigung der thallosen Formen. Planta 37: 129-136.

Stodiek, E. (1937): Soziologische und ökologische Untersuchungen an den xerotopen Moosen und Flechten des Muschelkalkes in der Umgebung Jenas. Diss. Univ. Jena 47. S.

Thiers, B.M. (1988): Morphological adaptations of the Jungermanniales (Hepaticae) to the Tropical Rain Forest Habitat. J. Hattori Bot. Lab. 64: 5-14.

Tobiessen, P.L., Mott., K.A., Slack, N.G. (1977): A comparative study of photosynthesis, respiration and water relations in four species of epiphytic mosses in relation to their vertical distribution. Bryoph. Bibl. 13: 253-277.

Toyota, M., Asakawa, Y., Frahm, J.-P. (1990): Homomono- and Sesquiterpenoids from the liverwort *Lophocolea heterophylla*, Phytochemistry 29: 2334-2337.

Waldheim, S. (1947): Kleinmoosgesellschaften und Bodenverhältnisse in Schonen. Botaniks Notiser Suppl. Vol. 1:1: 1-203.

Wilmanns, O. (1962): Rindenbewohnende Epiphytengemeinschaften in Südwestdeutschland. Beitr. Naturk. Forsch. SW-Deutschland 15: 29-51.

Zippel, E. (1998): Die epiphytische Moosvegetation der Kanarischen Inseln. Bryoph. Bibl. 52, 149 S.

## Kap. 5 Arealkunde

Anderson, L.E., H.A. Crum & W.R. Buck (1990): List of the Mosses of North America North of Mexico. Bryologist 93:448-499.

Boros, A. (1968): Bryogeographie und Bryoflora Ungarns. Budapest.

Casas, C., M. Brugues, R.M. Ros & C. Sergio (1989) : Bryophyte Cartography, Iberian Peninsula, Belearic and Canary Islands, Azores and Madeira. Barcelona.

Corley, M.F., A.C. Crundwell, R. Duell, M.O. Hill, Smith, A.J.E. (1981): Mosses of Europe and the Azores, an annotated list of species, with synonyms from the recent literature. Journal of Bryology 11: 609-689.

Cortini Pedrotti, C., Schumacker, R., Aleffi, M., Ferrarini, E. (1992): Elenco critico delle briofite delle Alpi Apuane (Toscana, Italia). Bull. Soc. roy. Sci. Liège LX: 149-361.

Crum, H.A. (1972): The geographic origins of the mosses of North America's Eastern deciduous forest. J. Hattori Bot. Lab. 35: 269-298.

Crundwell, A.C. & Smith, A.J.E. (1989): *Lophozia herzogiana* Hodgson & Grolle in southern Europe, a liverwort new to Europe. J. Bryol. 15: 653-657.

Delgadillo Moya, C. (1993): The Neotropical - African Moss Disjunction. The Bryologist 96: 604-615.

Delgadillo Moya, C. , Bello, B., Cárdenas, S.A. (1995): LATMOSS, a catalogue of neotropical mosses. Monographs of Systematic Botany from the Missouri Botanical Garden 56.

Düll, R. (1984): Distribution of the European mosses Part 1. Bryol. Beiträge 4.

Düll, R. (1985): Distribution of the European mosses Part 2. Bryol. Beiträge 5.

Düll, R. (1995): Moosflora der nördlichen Eifel. Bad Münstereifel.

Düll, R. (1982): Zum Stand der Mooskartierung in der Bundesrepublik Deutschland. Lejeunea N.S. 107: 51-54.

Düll, R., Koppe, F., May, R. (1996): Punktkartenflora der Moose (Bryophyta) Nordrhein-Westfalens (BR Deutschland). Bad Münstereifel.

Frahm, J.-P. & Vitt, D.H. (1993): A comparison of the mossfloras of Europe and North America. Nova Hedwigia 56:307-333.

Frahm, J.-P. (1982): Großdisjunktionen von Arealen südamerikanischer und afrikanischer *Campylopus*-Arten. Lindbergia 8:45-52.

Frahm, J.-P. (1984): Phytogeography of European *Campylopus* species. S. 191-212 in: Proc. III. Meeting of Bryologists from Central and East Europe, Praha.

Frahm, J.-P. (1994): The affinities between the *Campylopus* floras of Sri Lanka and Madagascar - or: which species survived on Noah´s arc? Hikobia 11: 371-376.

Frahm, J.-P. (1989): La bryoflore des Vosges et des zones limitrophes. Duisburg.

Frahm, J.-P., Frey, W. (1987): The twist mechanism in the cygneous setae of the genus *Campylopus*, morphology, structure and function. Nova Hedwigia 44: 291-304.

Frey, W. (1990): Genoelemente prä-angiospermen Ursprungs bei Bryophyten. Bot. Jahrb. Syst. 111: 433-456.

Frey, W., & Kürschner, H. (1988): Bryophytes of the Arabian Peninsula and Socotra. Floristics, phytogeography and definition of the Xerothermic Pangaean element. Studies in Arabian bryophytes 12. Nova Hedwigia 46: 37-120.

Frey, W., Frahm, J.-P., Meißner, K. (1999): Phylogenetic relationship of *Treubia* Goebel (Treubiaceae, Hepaticae) inferred from cp DNA gene sequences and the evolution of the Hepaticae. Nova Hedwigia.

Gams, H. (1932): Quarternary Distribution. Pp. 297-322 in: Verdoorn, F. Manual of Bryology. The Hague.

Gams, H. (1949): Beiträge zur Verbreitungsgeschichte und Vergesellschaftung der ozeanischen Archegoniaten in Europa. Veröff. Geob. Inst. Rübel 25: 173-176.

Gams, H. (1955): Zur Arealgeschichte der arktischen und arktisch-oreophytischen Moose. Feddes Repert. 58: 80-92.

Gemmell, A.R. (1954): Relationship and development of moss flora of Hawaii. VIII. Congrès Intern. Bot. Vol. Prélim. : 90-91.

Gradmann, R. (1901): Das mitteleuropäische Landschaftsbild nach seiner geschichtlichen Entwicklung. Geogr. Zeitschr. 7: 361-377, 435-447.

Gradstein, S.R. & Vana, J. (1987): On the occurrence of laurasian liverworts in the tropics. Mem. New York Bot. Garden 45: 388-425.

Gradstein, S.R., Klein, R., Kraut, L., Mues, R., Spörle, J., Becker, H. (1992): Phytochemical and morphological support for the existence of two species in *Monoclea* (Hepaticae). Plant Syst. Evol. 180: 115-135.

Gradstein, S.R., Pócs, T. & Vana, J. (1983): Disjunct Hepaticae in tropical America and Africa. Acta Botanica Hungarica 29:127-171.

Grolle, R. (1969): Großdisjunktionen in Artenarealen Lateinamerikanischer Lebermoose. S. 562-582 in: Fittkau et al. (Hrsg.), Biogeography and Ecology in South America. W.Junk, The Hague.

Grolle, R. (1983): Hepatics of Europe including the Azores: an annotated list of species, with synonyms from the recent literature. Journal of Bryology 12: 403-460.

Herzog, T. (1926): Geographie der Moose. Jena.

Hill, M.O., Preston, C.D., Smith, A.J.E. (1991): Atlas of the bryophytes of Britain and Ireland vol. 1. Cardiff.

Hill, M.O., Preston, C.D., Smith, A.J.E. (1991): Atlas of the bryophytes of Britain and Ireland vol. 2. Cardiff.

Hill, M.O., Preston, C.D., Smith, A.J.E. (1991): Atlas of the bryophytes of Britain and Ireland vol. 3. Cardiff.

Ingold, C.T. (1959): Peristome teeth and spore discharge in mosses. Trans. Proc. Bot. Soc. Edinburgh 38: 76-88.

Irmscher, E. (1923): Pflanzenverbreitung und Entwicklung der Kontinente. Studien zur genetischen Pflanzengeographie. Mitt. Inst. Allg. Botanik Hamburg.

Iwatsuki, Z. (1958): Correlations between the moss floras of Japan and of southern Appalachians. J. Hattori Bot. Lab. 20: 304-352.

Iwatsuki, Z. (1966): Correlations between the moss floras of eastern Asia and eastern North America. Misc. Bryol. Lichenol. 4: 64-65.

Iwatsuki, Z. (1972): Distribution of bryophytes common to Japan and the United States. In: Floristics and palaeofloristics of Asia and eastern North America. Amsterdam, pp. 107-137.

Iwatzuki, Z. (1972a): Phytogeographical correlations between the bryophytes of Eastern Asia and North America. J. Hattori Bot. Lab. 35: 263-268.

Iwatzuki, Z. (1982): Bryophyte evolution and geography. Biol. J. Linnean Soc. 18: 145-196.

Iwatsuki, Z. & Sharp, A.J. (1968): The bryogeographical relationships between Eastern Asia and North America I. Journal of the Hattori Botanical Laboratory 30: 152-170.

Iwatsuki, Z. & Sharp, A.J. (1969): The bryogeographical relationships between Eastern Asia and North America II. Journal of the Hattori Botanical Laboratory 31: 55-58.

Malta, N. (1922): Über die Lebensdauer der Laubmoossporen. Acta Univ. Latv. 4: 235-246.

Meißner, K., Frahm, J.-P., Stech, M., Frey, W. (1998): Molecular divergence patterns and infrageneric relationship of *Monoclea* (Monocleales, Hepaticae). Miller, H.A. 1982. Bryophyte evolution and geography. Biological Journal of the Linnean Society 18: 145-196.

Menzel, M. (1992): Preliminary checklist of the mosses of Peru. J. Hattori Bot. Lab. 71: 175-254.

Miller, H.A. (1976): A geobotanical overview of the Bryophyta. S. 95-107 in R.C. Romans (Hrsg.), Geobotany. New York, Plenum Press.

O' Shea, B.J. (1995): Checklist of the mosses of sub-saharan Africa. Trop. Bryol. 91-198.

Ochyra, R., Szmajda, P. (1983-1994): Atlas of geographical distribution of spore plants in Poland ser. V. mosses. Parts 1-9. Kráków.

Odgaard, B.V. (1998): Glacial relicts - and the moss *Meesia triquetra* in Central and Western Europe. Lindbergia 14: 73-78.

Petterson, B. (1940): Experimentelle Untersuchungen über die euanemochore Verbreitung der Sporenpflanzen. Acta Bot. Fennica 25: 1-102.

Pócs, T. (1975): Affinities between the bryoflora of East Africa and Madagascar. Boissiera 24: 125-128.

Pócs, T. (1976): Correlations between the tropical African and Asian bryofloras, I.. Journal of the Hattori Botanical Laboratory 41: 95-106.

Proctor, V.W. (1961): Dispersal of *Riella* spores by waterfowl. The Bryologist 64: 58-61.

Pursell, R.A. & Reese, W.D. (1970): Phytogeographic affinities of the Mosses of the gulf coastal plain of the United States and Mexico. J. Hattori Bot. Lab. 33: 115-132.

Quandt, D., Frahm, J.-P., Hébrard, J.-P. (2000): Isoenzymanalysen zur Klärung der Frage von Xerothermrelikten unter den Moosen in Mitteleuropa. 1. Der Status von *Bartramia stricta* Brid. im Moselgebiet (Deutschland). Cryptogamie Bryologie 21 : 77-86.

Ratcliffe, D.A. (1968): An ecological account of Atlantic bryophytes in the British Isles. New Phytologist 67: 365-439.

Rudolph, E.D. (1970): Local dissemination of plant propagules in Antarctica. SS. 812-817 in M.W. Holdgate (Hrsg.) Antarctic Ecology, London, Academic Press.

Schmidt, W. (1918): Die Verbreitung von Samen und Blütenstaub durch die Luftbewegung. Österr. Bot. Zeitschr. 67: 313-328.

Schofield, W.B. 1980. Phytogeography of the mosses of North America (North of Mexico). S. 131-170 in: J. Taylor & A.E. Leviton (Hrsg.) The Mosses of North America. San Francisco.

Schofield, W.B. (1965): Correlations between the moss floras of Japan and British Columbia, Canada. Journal of the Hattori Botanical Laboratory 28: 17-42.

Schofield, W.B. (1969): Phytogeography of northwestern North America: bryophytes and vascular plants. Madrono 20: 155-207.

Schofield, W.B. (1974): Bipolar disjunctive mosses in the southern hemisphere, with particular reference to New Zealand. Journal of the Hattori Botanical Laboratory 38:13-32.

Schofield, W.B. (1980): Phytogeography of the mosses of North America north of Mexico. S. 131-170 in: R.J.Taylor and A.E.Leviton (Hrsg.) The Mosses of North America. San Francisco.

Schofield, W.B. (1984): Bryogeography of the Pacific coast of North America. Journal of the Hattori Botanical Laboratory 55: 35-43.

Schofield, W.B. (1988): Bryophyte disjunctions in the Northern Hemisphere: Europe and North America. Botanical Journal of the Linnean Society 98: 211-224.

Schofield, W.B. & Crum, H.A. (1972): Disjunctions in Bryophytes. Annals Missouri Botanical Garden 59: 174-202.

Schumacker, R. (1984): Mapping bryophytes in Europe: a new account for an integrated approach of European phytogeography. S. 135-142 in: J. Vana (Hrsg.) Proceedings of the third meeting of bryologists from Central and East Europe, Prag.

Schuster, R.M. (1969): Problems of antipodal distribution in lower land plants. Taxon 18: 46-90.

Schuster, R.M. (1972): Continental movements, Wallace Line and Indomalayan-Australasian dispersal of land plants: some eclectic concepts. Bot. Review 38: 3-86.

Schuster, R.M. (1984): Phytogeography of the Bryophyta. S. 463-626 in: R.M. Schuster (Hrsg.), New Manual of Bryology, Nichinan.

Sharp, A.J. (1972): Phytogeographical correlations between the bryophytes of Eastern Asia and North America. Journal of the Hattori Botanical Laboratory 35: 263-268.

Sharp, A.J. & Iwatsuki, Z. (1965): A preliminary statement concerning mosses common to Japan and Mexico. Annales of the Missouri Botanical Garden 52: 452-456.

Sjödin, A. (1980a): Index to distribution maps of bryophytes 1887-1975 1. Musci. Växtekologiska studier 11, Uppsala.

Sjödin, A. (1980b): Index to distribution maps of bryophytes 1887-1975 II. Hepaticae Växtekologiska studier 12, Uppsala.

Smith, A.J.E. (1978): The Moss Flora of Britain and Ireland. Cambridge University Press, Cambridge.

Smith, G.L. (1972): Continental drift and the distribution of Polytrichaceae. J. Hattori Bot. Lab. 35: 41-49.

Steere, W.C. (1966): Disjunct distribution of Alaskan and Asian bryophytes. Miscellanaea bryologica et lichenologica 4: 66-67.

Steere, W.C. (1969): Asiatic elements in the bryophyte flora of western North America. The Bryologist 72: 507-512.

Steere, W.C. 1966. Disjunct distribution of Alaskan and Asian bryophytes. Misc. bryol. et Lichenol. 4: 66-67.

Steere, W.C. (1976): Ecology, phytogeography and floristics of Arctic Alaskan bryophytes. J. Hattori Bot. Lab. 41: 47-72.

Stoermer, P. (1969): Mosses with a Western and Southern Distribution in Norway. Oslo.

Sundberg, S., Rydin, H. (1998): Spore number in *Sphagnum* and its dependence on spore and capsule size. J. Bryol. 10: 1-16.

Urmi, E. (1999): Über die relative Größe von Arealen bei Kryptogamen und Phanerogamen. Haussknechtia Beih. 9: 377-390

Walter, H., Straka, H. (1970): Arealkunde (Floristisch-historische Geobotanik). Einführung in die Phytologie Bd. III Teil 2. Stuttgart.

Wegener, A. (1922): Die Entstehung der Kontinente und Ozeane. 2. Aufl., Braunschweig.

Zanten, B.O. van (1976): Preliminary report on germination experiments designed to estimate the survival chances of moss spores during aerial transoceanic long-range dispersal in the Southern Hemisphere, with particular reference to New Zealand. J. Hattori Bot. Lab. 41: 133-140.

Zanten, B.O. van (1978a): Experimental studies on trans-oceanic long-range dispersal of moss spores in the Southern Hemisphere. Journal of the Hattori Botanical Laboratory 44: 455-482.

Zanten, B.O. van (1978b): Experimental studies on trans-oceanic longrange dispersal of moss spores in the Southern Hemisphere. Bryophytorum Bibliotheca 13: 715-733.

Zanten, B.O. van (1983): Possibilities of long-range dispersal in bryophytes with special reference to the Southern Hemisphere. Sonderbände des Naturwiss. Ver. Hamburg 7: 49-64.

Zanten, B.O. van (1984): Some considerations on the feasibility of long-distance transport in bryophytes. Acta Botanica Neerlandica 33: 231-232.

Zanten, B.O. van, Gradstein, S.R. (1988): Experimental dispersal geography of neotropical liverworts. Beih. Nova Hedwigia 90: 41-94.

Zanten, B.O. van, Pócs, T. (1981): Distribution and dispersal of Bryophytes. Advances in Bryology 1: 479-562


## Kap. 6 Ökophysiologie

**Zusammenfassende Darstellungen:**

Dyer, A.F., Duckett, J.G. (Hrsg.) (1984): The experimental biology of bryophytes. London.

Longton, R.E. (1980): Physiological Ecology of Mosses. S. 77-113 in: R.J. Taylor and A.E. Leviton (Hrsg.) The mosses of North America. San Francisco.

Proctor, M.C.F. (1981): Physiological Ecology of Bryophytes. Advances of Bryology 1: 79-166.

Proctor, M.C.F. (1982): Physiological Ecology: Water relations, light and temperature responses, Carbon Balance. S. 333-381 in A.J.E. Smith (Hrsg.), Bryophyte Ecology. London - New York (Chapman & Hall).

Smith, A.J. E. (Hrsg.) (1982): Bryophyte Ecology. London-New York (Chapman & Hall).


**Spezielle Literatur:**

Abel, W.O. (1956): Die Austrocknungsresistenz der Laubmoose. Sitzungsber. Österr. Akad. Wiss. math.-nat. Kl. Abt. 1, 165: 619-707.

Bopp, M., Stehle, E. (1957): Zur Frage der Wasserleitung im Gametophyten und Sporophyten der Laubmoose. Z. Bot. 45: 161-174.

Brehm, K. (1968): Die Bedeutung des Kationenaustausches für den Kationengehalt lebender Sphagnen. Planta 79: 324-345.

Brehm, K. (1970): Kationenaustausch bei Hochmoorsphagnen: Die Wirkung von den an den Austauscher gebundenen Kationen in Kulturversuchen. Beitr. Biol. Pflanzen 47: 91-116.

Brown, D.H. (1982): Mineral Nutrition. S. 383-434 in A.J.E. Smith, Bryophyte Ecology. London-New York (Chapman & Hall).

Buch, H. (1945-47): Über die Wasser- und Mineralstoffversorgung der Moose. I. Commentat. Biol. 9(16): 1-44, II. 9(20): 1-61.

Buch, H. (1947): De l'adaptation des Bryophytes, des Algues et des Lichens aux conditions d'humidité et de la concentration de la solution nutritive dans les milieux naturels. Rev. Bryol. Lichénol. 16: 54-59.

Clymo, R.S. (1963): Ion exchange in *Sphagnum* and its relation to bog ecology. Annales Botanici 27: 309-324.

Dilks, T.J.K., Proctor, M.C.F. (1975): Comparative experiments on the temperature responses of bryophytes: assimilation, respiration and freezing damage. J. Bryol. 8: 317-336.

Dilks, T.J.K., Proctor, M.C.F. (1979): Photosynthesis, respiration and water content in bryophytes. New Phytol. 82: 97-114.

Eschrich, W. & Steiner, M. (1967): Autoradiographische Untersuchungen zum Stofftransport bei *Polytrichum commune*. Planta (Berlin) 74: 330-349.

Frahm, J.-P. (1976): Transplantationsversuche mit epigäischen Moosen zur Eichung von Bioindikatoren für die Luftverschmutzung. Natur und Landschaft 51: 19-22.

Frahm, J.-P. (1990): The effect of light and temperature on the growth of the bryophytes of tropical rain forests. Nova Hedwigia 51: 151-164.

Frahm, J.-P. (1997): Welche Funktion haben die Hyalocyten in den Blättern der Dicranaceae? Cryptogamie, Bryol. Lichénol. 18: 235-242.

Frey, W. (1981) : Morphologie und Anatomie der Laubmoose. Advances in Bryology 1: 399-478.

Frey, W., Kürschner, H. (1991): Lebensstrategien von terrestrischen Bryophyten in der Judäischen Wüste. Botanica Acta 104: 172-182.

Gagnon, Z.E. & Glime, J.M. 1992. The pH-lowering ability of *Sphagnum magellanicum* Brid. J. Bryol. 17: 47-57.

Glime, J.M., Carr, R. (1974): Temperature survival of *Fontinalis novae-angliae* Sull. Bryologist 77: 17-22.

Gullvag, B.M., Skaar, H., Ophus, E.M. (1974): An ultrastructural study of lead accumulation within leaves of *Rhytidiadelphus squarrosus* (Hedw.) Warnst. J. Bryol. 8: 117-122.

Haberlandt, G. (1886): Beiträge zur Anatomie und Physiologie der Laubmoose. Jahrb. Wiss. Bot. 17: 359-498.

Hosakawa, T., Kubota, H. (1957): On the osmotic pressure and resistance to desiccation of epiphytic mosses from a beech forest, southwest Japan. J. Ecol. 45: 579-592.

Irmscher, E. (1912): Über die Resistenz der Laubmoose gegen Austrocknung und Kälte. Jb. Wiss. Bot. 50: 387-449.

Lange, O.L. (1955): Untersuchungen über die Hitzeresistenz der Moose in Beziehung zu ihrer Verbreitung. I. Die Resistenz stark ausgetrockeneter Moose. Flora (Jena) 142: 381-399.

Longton, R.E. (1979): Climatic adaptation of bryophytes in relation to systematics. S. 511-531 in G.C.S. Clarke & J.H. Duckett (Hrsg.), Bryophyte Systematics. London – New York,

Mägdefrau, K. (1935): Untersuchungen über die Wasserversorgung des Gametophyten und des Sporophyten der Laubmoose. Z. Bot. 29: 337-375.

Mägdefrau, K., Wutz, A. (1951): Die Wasserkapazität der Moos- und Flechtendecke des Waldes. Forstwissenschaftliches Centralblatt 70: 103-117.

Nörr, M. (1974): Trockenresistenz bei Moosen. Flora 163: 371-387.

Rudolph, H., Brehm, K. (1966): Kationenaufnahme durch Ionenaustausch? Neue Gesichtspunkte zur Frage der Ernährungsphysiologie der Sphagnen. Ber. dt. bot. Ges. 78: 484-491.

Rundel, P.W., Lange, O.L. (1980): Water Relations and Photosynthetic Response of a Desert Moss. Flora 169: 329-335.

Shacklette, H.T. (1965): Element contents of bryophytes. Geol. Surv. Bull. 1198-D., U. S. Govt. Print. Off., Wash., D. C.

Sveinbjörnson, B., Oechel, W.B. (1992): Controls and growth and productivity of bryophytes: environmental limitations under current and anticipated conditions. S. 33-76 in: J.W. Bates & A.M. Farmer (Hrsg.), Bryophytes and lichens in a changing environment. Oxford.

Trachtenberg, S., Zamski, E. (1979): The apoplastic conduction of water in *Polytrichum juniperinum* Willd. Gametophytes. New Phytol. 83: 49-52.

Valanne, N. (1984): Photosynthesis and photosynthetic products in mosses. S. 257-273 in A. F. Dyer & J.G. Duckett (Hrsg.), The experimental biology of bryophytes. London.

Zacherl, H. (1956): Physiologische und ökologische Untersuchungen über die innere Wasserleitung bei Laubmoosen. Z. Bot. 44: 409-456.

Zotz, G., Büdel, B., Meyer, A., Zellner, H., Lange, O.L. (1996): Water Relations and $CO_2$-Exchange of Tropical Bryophytes in a Lower Montane Rain Forest in Panama. Botanica Acta 110: 9-17.


# Kap. 7  Cytologie und Genetik

Ando, H., Deguchi, M. (1994): *Hypnum heseleri* sp. nov. (Hypnaceae), a curious new moss from Europe. J. Hatt. Bot. Lab. 75: 97-106.

Allen, C.E. (1930): Inheritance in a hepatic. Science 71: 197-204.

Bowers, M.C. (1980): A cytotaxonomic classification of the Mniaceae (Bryophyta). Lindbergia 6: 22-31.

Burgeff, H. (1943): Genetische Studien an *Marchantia*. Jena (Fischer), 296 S. Fritsch, R. (1991): Index to bryophyte chromosome counts. Bryoph. Bibl. 40, 352 S.

Cronberg, N. (1989): Patterns of variation in morphological characters and isozymes in populations of *Sphagnum capillifolium* (Ehrh.) Hedw. and *S. rubellum* Wils. from two bogs in southern Sweden. J, Bryol. 15: 683-696.

Cronberg, N. (2000): No difference in isozyme banding patterns between *Plagiochila porelloides* and *P. norvegica.* Lindbergia 25: 17-19.

Fritsch, R. (1991): Index to bryophyte chromosome counts. Bryophytorum Bibliotheca 40, 352 S.

Heitz, E. (1928): Das Heterochromatin der Moose I. Jahrb. Wiss. Bot. 69: 628-818.

Hofman, A. (1991): Phylogeny and population genetics of the genus *Plagiothecium*. Diss. Univ. Groningen, 134 S.

Krzakowa, M. (1978): Isozymes as markers of inter- and infraspecific differentiation in hepatics. Bryophyt. Bibl. 13: 427-434.

Lazarenko, A.S. (1967): Polyploidy in the evolution of Musci. Tsitologiya in Genetika 1: 15-26.

Montagnes, R. J. S., Randall, J. B. & Vitt, D. H. (1993): Isoenzyme variation in the moss *Meesia triquetra* (Meesiaceae). J. Hattori Bot. Lab. 74: 155-170.

Newton, M.E. (1979): Chromosome morphology and bryophyte systematics. S. 207-229 in: G.C.S. Clarke & J.D. Duckett (Hrsg.), Bryophyte Systematics. London (Academic Press).

Newton, M.E. (1983): Cytology of the Hepaticae and Anthocerotae. S. 117-148 in: R.M. Schuster (Hrsg.), New Manual of Bryology. Nichinan (Hattori Bot. Lab.).

Ochyra, R., Vanderpoorten, A. (1999): *Platyhypnidium mutatum*, a mysterious moss from Germany. J. Bryol. 21: 183-190.

Odrzykoski, I.J. (1986): Genetic evidence for the reproductive isolation between two European "forms" of *Conocephalum conicum*. Symposia Biol. Hungarica 35: 577-587.

Ramsay, H.P. (1982): The value of karyotype analysis in the study of mosses. J. Hattori Bot. Lab. 53: 51-71.

Ramsay, H. P. (1983): Cytology of mosses. S. 149-221 in: R.M. Schuster (Hrsg.), New Manual of Bryology. Nichinan (Hattori Bot. Lab.).

Stech, M., Frahm, J.-P. (1999): The status of *Platyhypnidium mutatum* Ochyra & Vanderpoorten and the systematic value of the Donrichardsiaceae based on molecular data. J. Bryol. 21: 191-196.

Stoneburner, A., Wyatt, R., Odrzykoski, I.J. (1991): Applications of Enzyme Electrophoresis to Bryophyte Systematics and Population Biology. Advances in Bryology 4: 1-27.

Szweykowski, J., Odrzykoski, I.J., Zielinski, R. (1981): Further data on the geographic distribution of two genetically different forms of the liverwort *Conocephalum conicum* (L.) Dum.: The sympatric and allopatric regions. Bull. Acad. Pol. Sci. ser. Sci. Biol. 28: 437-449.

Wettstein, F. von (1924): Morphologie und Physiologie des Formwechsels bei Moosen auf genetischer Grundlage. Bibliotheca Genetica X.

Wyatt, R. Stoneburner, A., Odrzykoski, I.J. (1989): Bryophyte isozymes: Systematic and evolutionary implications. S. 221-240 in: D.E. Soltis & P.S. Soltis (Hrsg.), Plant Isozymes. Portland (Dioscorides Press).

Zanten, B.O. van, Hofman, A. (1994): On the possible origin and taxonomic status of *Hypnum heseleri* Ando & Deguchi. J. Hattori Bot. Lab. 75: 107-118.

Zielinski, R. (1984): Electrophoretic and cytological study of the *Pellia epiphylla* and *P. borealis* complex. J. Hattori Bot. Lab. 56: 263-269.

## Kap. 8 Phytochemie

**Zusammenfassende Darstellungen:**

Ando, H., Matsuo, A. (1984): Applied Bryology. Advances in Bryology 2: 133 – 224.

Asakawa, Y. (1981): Biologically active substances obtained from Bryophytes. Journal of the Hattori Botanical Laboratory 50: 123-142.

Asakawa, Y., Heidelberger, M. (1982): Chemical Constituents of the Hepaticae. Progress in the Chemistry of Organic Natural Products Bd. 42., Wien - New York (Springer).

Huneck, S. (1983): Chemistry and biochemistry of bryophytes. S. 1-116 in: R.M. Schuster (Hrsg.), New Manual of Bryology. Nichinan.

Zinsmeister, H.D., Mues, R. (1987): Moose als Reservoir bemerkenswerter sekundärer Inhaltsstoffe. GIT Fachzeitschrift für das Laboratorium 31: 499-512.

Zinsmeister, H.D., Mues, R. (1990): Bryophytes, their chemistry and chemical taxonomy. Proc. Phytochem. Soc. Europe 29., 470 S., Oxford.

Zinsmeister, H.D., Becker, H., Eicher, T., Mues, R. (1994): Das Sekundärstoffpotential von Moosen. Naturwissenschaftliche Rundschau 47: 131-136.

**Einzelbeiträge:**

Asakawa, Y. (1986): Chemical relationships between algae, bryophytes and pteridophytes. J. Bryol. 14: 59-70.

Asakawa, Y. (1994): Chemosystematics of hepaticae. Journal of the Hattori Botanical Laboratory 76: 293-311.

Asakawa, Y. (1998): Biologically active compounds from bryophytes. Journal of the Hattori Botanical Laboratory 84: 91-104.

Asakawa, Y., Toyota, M., Takemoto, T., Fujiki, H., Sugimura, T. (1980): Biologically active substances isolated from liverworts. Planta Medica 39: 233.

Asakawa, Y., Toyota, M., Takemoto, T., Kubo, I., Nakanishi, K. (1980): Insect antifeedant secoaro-madendrane-type sesquiterpenes from Plagiochila species. Phytochemistry 19: 2147-2154.

Brinkmeier, E., Hahn, H., Seeger, T., Geiger, H. Zinsmeister, H.D. (1999): Seasonal variation in flavonoid concentrations of mosses. Biochemical Systematics and Ecology 27: 427-435.

Conolly, J.D. (1994): Terpenoids from the Hepaticae. Journal of the Hattori Botanical Laboratory 76: 263-272.

Cullmann, F., Schmidt, A., Schuld, F., Trennheuser, R.L., Becker, H. (1999): Lignans from the liverworts *Lepidozia incurvata, Chiloscyphus polyanthos* and *Jungermannia cordifolia*. Phytochemistry 52: 1647-1650.

Czapek, F. (1899): Zur Chemie der Zellmembranen bei den Laub- und Lebermoosen. Flora 86: 361-381.

Ding, H. (1982): Medical spore-bearing plants of China. 499 pp. Shanghai.

Flowers, S. (1957): Ethnobryology of the Gosuite Indians of Utah. The Bryologist 60: 11-14.

Geiger, H., Seeger, T., Zinsmeister, H. D., Frahm, J.-P. (1997): The occurrence of flavonoids in arthrodontous mosses – an account of the present knowledge. Journal of the Hattori Botanical Laboratory 83: 273-308.

Huneck, S., Meinunger, L. (1990): Plant growth regulatory activities of bryophytes: a contribution to the chemical ecology of mosses and liverworts. S. 289-298 in: Zinsmeister, H.D., Mues, R. (Hrsg.), Bryophytes, their chemistry and chemical taxonomy. Proc. Phytochem. Soc. Europe 29, Oxford.

Kamory, E. et al. (1995): Isolation and antibacterial activity of Marchantiin A, a cyclic bis (biphenyl) constituent of Hungarian *Marchantia polymorpha*. Planta Medica 61: 387-388.

Lorimeres, S.D., Perry N.B. (1994): Antifungal hydroxy acetophenones from the New Zealand liverwort *Plagiochila fasciculata*. Planta Medica 60: 386-387.

Lorimeres, S.D., Perry, N.B. (1993): An antifungal bibenzyl from the New Zealand liverwort *Plagiochila stevensoniana*. J. Natural Products 56: 1444-1450.

Markham, K.R. (1988): Distribution of flavonoids in the lower plants and its evolutionary Significance. In: J.B. Harborne, The Flavonoids, London (Chapman & Hall).

Markham, K.R., Porter, L.J. (1978): Chemical constituents of the bryophytes. Progress in Phytochemistry 5: 181-272.

Markham, K.R., Porter, L.J., Campbell, E.O. (1978): The usefulness of flavonoid characters in studies of the taxonomy and phylogeny of liverworts. Bryoph. Bibl. 13: 387-398.

Mues, R. (1986): New Results on the Flavonoid Chemistry and Chemotaxonomy of Hepaticae and Anthocoerotae. Abstracta Botanica 9: 171-203.

Martini, U., Zapp, J. & Becker, H. (1998): Phytochemistry from the Liverwort *Bazzania trilobata*. Phytochemistry 49: 1139-1146.

Sakai, K., Ichikawa, T., Yamada, K., Yamashita, M., Tanimoto, M., Hikita, A., Ijuin, Y., Kondo, K. (1988): Antitumor principles in mosses. The first isolation and identification of maytansinoids including a novel 15 methoxyansamitocin P-3. Lloydia 51: 845-50.

Spjut, R.W., Suffness, M., Cragg, G.M., Norris, D.H. (1986): Mosses, liverworts, and hornworts screened for antitumor agents. Economic Botany 40: 310-338.

Suire, C., Asakawa, Y. (1979) : Chemotaxonomy of Bryophytes : a Survey. S. 447-478 in : G.C.S. Clarke & J.G. Duckett (Hrsg.), Bryophyte Systematics. London (Academic Press).

Suire, C., Asakawa, Y. (1981): Chimie et chimiotaxonomie des Bryophytes: résultats essentiels et perspectives. Advances in Bryology 1: 167-232.

Takeda, R., Hasegawa, J., Shinozaki, M. (1990): The First Isolation Of Lignans, Megacerotonic Acid And Anthocerotonic Acid, From Non-Vascular Plants, Anthocerotae (Hornworts). Tetrahedron Letters 31: 4159-4162.

Wu, P.C. (1982): Some uses of mosses in China. Bryol.Times 13:5.

Zhou, Y., Ran, L., Wai, D., Zhou, M. (1997): The regulating acitivity of the extract from Mosses. Abstract, IAB Symposium Peking.

## Kap. 9 Stammesgeschichte

Asakawa, Y. (1986): Chemical relationships between algae, bryophytes and pteridophytes. J. Bryol. 14: 59-70.

Beckert, S. Steinhauser, S., Muhle, H. Knop, V. (1999): A molecular phylogeny of bryophytes based on nucleotide sequences of the mitochondrial nad5 gene. Plant Syst. Evol. 218: 179-192.

Capesius, I. (1995): A molecular phylogeny of bryophytes based on the nuclear encoded 18S rRNA genes. J. Plant Phys. 146: 59-63.

Crandall-Stotler, B. (1984): Musci, Hepatics and Anthocerotes - an essay on analogues. S. 1093-1129 in R.M. Schuster (Hrsg.), New Manual of Bryology vol. 2. Nichinan.

Garbary, D.J., Renzaglia, K.S. (1998): Bryophyte phylogeny and the evolution of land plants: evidence from development and ultrastructure. S. 45-63 in J.W. Bates, N.W. Ashton & J.G. Ducket (Hrsg.), Bryology for the Twenty-first Century. Leeds (Maney).

Goffinet, B. (2000): Origin and phylogentic relationships of bryophytes. S. 124-149 in: A.J. Shaw & B. Goffinet, Bryophyte Biology. Cambridge (Cambridge University Press).

Graham, L.E., Delwiche, C.F., Mishler, B.D. (1991): Phylogenetic Connections Between the „Green Algae" and the „Bryophytes". Advances in Bryology 4: 213-244.

Hedderson, T.A., Chapman, R.L., Cox, C. (1998): Bryophytes and the origins and diversification of land plants: new evidences from molecules. S. 65-67 in: J.W. Bates, N.W. Ashton & J.G. Ducket (Hrsg.), Bryology for the Twenty-first Century. Leeds (Maney).

Kenrick, P. (1994): Alternation and generations in land plants: new phylogenetic and palaeobotanical evidence. Biol. Review 69: 293-330.

Kranz, H.D., Miks, D., Siegler, M.-L., Capesius, I., Sensen, C.W., Huss, V.A.R. (1995): The origin of land plants: phylogentic relationships among charophytes, bryophytes, and vascular plants inferred from complete small subunit ribosomal RNA gene sequences. J. Mol. Evol. 41: 74-84.

Mishler, B.D., Churchill, S.P. (1984): A cladistic approach to the phylogeny of the "bryophytes". Brittonia 36: 406-424.

Mishler, B.D., Churchill, S.P. (1985): Transition to a Land Flora: phylogenetic relationships of the Green Algae and Bryophytes. Cladistics 1: 305-328.

Mishler, B.D., Thrall, P.H., Hopple, J.S., De Luna, E. Vilgalys, R. (1992): A Molecular Approach to the Phylogeny of Bryophytes: Cladistic Analysis of Chloroplast-Encoded 16S and 23S Ribosomal Genes. The Bryologist 95: 172-181.
Newton, M.E. (1986): Bryophyte phylogeny in terms of chromosome cytology. J. Bryol. 14: 43-58.
Newton, A., Cox, C.J., Duckett, J.G., Wheeler, J.A., Goffinet, B., Hedderson, T.A.J., Mishler, B.D. (2000): Evolution of major moss lineages: phylogenetic analyses based on multiple gene sequences and morphology. The Bryologist 103: 187-211.
Nishiyama, T., Kato, M. (1999): Molecular phylogenetic analysis among bryophytes and tracheophytes based on combined data of plastid coded genes and the 18S rRNA gene. Mol. Biol. Evolut. 16: 1027-1036.
Pringsheim, N. (1878): Über die Sprossung der Moosfrüchte. Jb. wiss. Botanik 11: 1-46.
Taylor, T.T. (1982): The origin of land plants: a palaeobotanical perspective. Taxon 31: 155-177.
Zimmermann, W. (1969): Geschichte der Pflanzen, 2. Aufl. Stuttgart.


## Kap. 10 Fossilgeschichte

Birks, H.J.B. (1982): Quaternary bryophyte palaeo-ecology. S. 473-490 in: A.J-E. Smith (Hrsg.), Bryophyte Ecology. London, Chapman & Hall.
Dickson, J.H. (1973): Bryophytes of the Pleistocene. Cambridge.
Frahm, J.-P. (1993): Mosses in Dominican amber. J. Hattori Bot. Lab. 74: 249-259.
Frahm, J.-P. (1996): New records of fossil mosses from Dominican amber. Cryptogamie, Bryol. Lichénol. 17: 231-236.
Frahm, J.-P. (1999): Die Laubmoosflora des Baltischen und Bitterfelder Bernstein. Mitt. Geol. Staatsinst. Univ. Hamburg.
Frahm, J.-P. (2000): Neue Laubmoosfunde aus Baltischem Bernstein. Cryptogamie, Bryol. 21: 121-132.
Gams, H. (1932): Quaternary distribution. S. 297-322 in: F. Verdoorn (Hrsg.), Manual of Bryology, Den Haag.
Gradstein, S.R. (1993): New fossil Hepaticae preserved in amber of the Dominican Republic. Nova Hedwigia 57: 353-374.
Grolle, R. (1988): Bryophyte fossils in Amber. Bryol. Times 47:4-5.
Huzioka, K., Takahasi, E. (1973): A Triassic Hepatica from the Omine Coalfield, Southwest Honshu, Japan. Trans. Proc. Palaeontol. Soc. Japan N.S. 89: 24-26.
Ignatov, M. (1990): Upper Permian mosses from the Russian platform. Palaeontographica Bd. 217.
Jovet-Ast, S. (1967): Bryophyta. - In: E. Boureau (Hrsg.), Traite de Paléobotanique 2:17-186. Paris.
Köck, C. (1939): Fossile Kryptogamen aus der eozänen Braunkohle des Geiseltales. Nova Acta Leopold. II,6: 333-359.
Konopka, A.S., Herendeen, P.S., Crane, P.R. (1998): Sporophytes and Gametophytes of Dicranaceae from the Santonian (Late Cretaceous) of Georgia, USA. Amer. J. Bot. 85: 714-725.

Krassilov, V.A., Schuster, R.M. (1984): Paleozoic and mesozoic fossils. S. 1172-1193 in: R.M. Schuster (Hrsg.), New Manual of Bryology. Nichinan, Hattori Bot. Lab.

Miller, N.G. (1980): Fossil mosses of North America. S. 9-36 in: R.J. Taylor & A.E. Leviton (Hrsg.), The Mosses of North America. San Francisco.

Miller, N.G. (1984): Tertiary and Quaternary Fossils. S. 1194-1232 in R.M. Schuster (Hrsg.), New Manual of Bryology, Nichinan.

Neuburg, M.F. (1960): Leafy mosses from the Permian deposits of Angarida (in Russisch). Trudy geol. Inst. Leningrad 19: 1-104.

Oostendorp, C. (1987): The bryophytes of the Palaeozoic and Mesozoic. Bryophytorum Bibl. 34. 112 SS. & XLIX Tafeln.

Savicz-Ljubitskaja, L.I. & Abramov, I.I. (1959): The geological annals of Bryophyta. Revue Bryol. Lichénol. 28: 330-342.

Seaward, M.R.D., Williams, D. (1976): An interpretation of mosses found in recent archaeological excavations. J. Archaeol. Science 3: 173-177.

Smoot, E.L., Taylor, T.N. (1986): Structurally preserved fossil from Antarctica: II. A Permian moss from the Transantarctic Mountains. Amer. J. Bot. 73: 1683-1691.

Stewart, W.S. (1983): Palaeobotany and the evolution of plants. Cambridge.

Taylor, T.N. (1981): Palaeobotany. An Introduction to Fossil Plant Biology. New York.

## Kap. 11   Angewandte Bryologie

Ando,H., Matsuo, O. (1984): Applied Bryology. S. 133-224 in W. Schultze-Motel (Hrsg.), Advances in Bryology vol. 2, Vaduz.

Demaret, F. & Lambinon, J. (1969): Bryophytes rares, disparus ou menacées de disparition en Belgique. Service des Réserves Naturelles Travaux No. 4: 87-124.

Dierßen, K. (2001): Distribution, ecological amplitude and phytosociological characterization of European bryophytes. Bryophytorum Bibliotheca 56.

Düll, R. (1991): Zeigerwerte von Laub- und Lebermoosen. S. 175-214 in: H. Ellenberg et al., Zeigerwerte von Pflanzen in Mitteleuropa. Scripta Geobotanica XVIII.

Frahm, J.-P. (1975): Toxitoleranzversuche an Wassermoosen. Gewässer und Abwässer 57/58: 659-66.

Frahm, J.-P. (1997): Zur Ausbreitung von Wassermoosen am Rhein und seinen Nebenflüssen. Limnologica 27: 251-261.

Frahm, J.-P. (1998): Moose als Bioindikatoren. Biologische Arbeitsbücher 57, 187 S. Wiesbaden (Quelle & Meyer).

Frahm, J.-P., Abts, U.W. (1993): Veränderungen in der Wassermoosflora des Niederrheins 1972 - 1992. Limnologica 23: 123-130.

Frahm, J.-P., Klaus, D. (1997): Moose als Indikatoren von Klimafluktuationen. Erdkunde 51: 181-190.

Frahm, J.-P., Klaus, D. (2001): Bryophytes as indicators of recent climate fluctuations in Central Europe. Lindbergia 26: 97-104.

Hallingbäck, T. (1998): Rödlista mossor i Sverige. ArtDatabanken, SLU, Uppsala.

Hallingbäck, T., Hodgetts, N. (2000): Mosses, Liverworts, and Hornworts. Status Survey and Conservation Action Plan for Bryophytes. 103 S. IUCN, Cambridge.

LeBlanc, F., Robitaille, G., Rao, D.N. (1974): Biological response of lichens and bryophytes to environmental pollution in the Murdochville copper mine area, Quebec. Journal of the Hattori Botanical Laboratory 38: 405-433.

Ludwig, G. et al. (1996): Rote Liste der Moose (Anthocerophyta <sic> et Bryophyta) Deutschlands. Schriftenreihe Vegetationskunde 28: 189-306.

Muhle, H. (1984): Moose als Bioindikatoren. S. 67-89 in: W. Schultze-Motel (Hrsg.), Advances in Bryology 2, Vaduz.

Müller, F. (1994): Artenliste der Moose Sachsens. Materialien zu Naturschutz und Landschaftspflege 10/1995.

Ochyra, R. (1992): Red list of threatened mosses in Poland. SS. 79-85 in: Zarzycki, K., Wojewoda, W. & Heinrich, Z. (Hrsg.), List of threatened plants in Poland, 2.Aufl. Krakow.

Schumacker, R. & Martiny, Ph. (1995): Red Data Book of European Bryophytes. Part 2: Threatened bryophytes in Europe including Macaronesia. Trondheim.

Siebel, H.N. et al. (1992): Rode Lijst van in Nederland verdwenen en bedreigde mossen en korstmossen. Gorteria 18: 1-20.

Siewers, U., Herpin, U. (1998): Moos-Monitoring 1995/1996. Schwermetalleinträge in Deutschland. Geologisches Jahrbuch Sonderheft SD 2, 199 S.

Stapper, N.J., Franzen, I., Gohrbandt, S., Frahm, J.-P. (2000): Moose und Flechten kehren ins Ruhrgebiet zurück. LÖBF-Mitteilungen2/2000: 12-21.

Stetzka, K.M. (1994): Die Waldbodenvegetation als Bioindikator für Umweltbelastungen unter besonderer Berücksichtigung der Moosflora. Dissertationes Botanicae 232.

Tan, B., Geissler, P., Hallingbäck, T. (1994): Towards a World red List of Bryophytes. Bryological Times 77: 3-6.

Urmi, E. (1991): Die gefährdeten und seltenen Moose der Schweiz. Bern.

Werner, J. (1987): Liste rouge des bryophytes du Grand-Duché de Luxembourg. Luxemburg.

## Kap. 12  Geschichte der Bryologie

De Sloover, J.L., Bogaert-Damin, A. (1999): Les Muscinées du XVIe au XIXe siècle. Namur (Bibl. Univ.), 257 S.

Frahm, J.-P. (1995): Lexikon deutscher Bryologen. Limprichtia 6: 1-187.

Frahm, J.-P., Eggers, J. (2001): Lexikon deutschprachiger Bryologen, 672 S. Bod@libri.de.

Mägdefrau, K. (1992): Geschichte der Botanik. Leben und Leistung großer Forscher. 2. Aufl., G. Fischer, Stuttgart.

Mägdefrau, K. (1975): Die Geographie der Moose, ihre Begründung und Entwicklung. Acta Historica Leopoldina 9: 95-111.

Mägdefrau, K. (1978): Die Geschichte der Moosforschung in Bayern. Hoppea 37: 129-159.

## Anhang

Anderson, L.E. (1954): Hoyer's solution as a rapid permanent mounting medium for bryophytes. Bryologist 57: 242-244.

Bell, H.G. (1980): Cultivation of Mosses. Bryol. Times 2: 1-2.

Bowers, M.C. (1964): A water soluble, rapid, permanent mounting medium for bryophytes. Bryologist 67: 358-359.

Dethloff, H.-J. (1991): Hinweise zur Präparation von Moosen. Mikrokosmos 80: 346-350.

Flowers, S. (1956): New methods of cutting sections of moss stems and leaves. Bryologist 59:244-246.

Frahm, J.-P. & G. Nordhorn-Richter (1984): A standardized method for cultivating bryophytes. Bryol. Times 28: 3-5.

Frahm, J.-P. (1981): Ein praktisches Einschlußmittel für Mikropräparate von Moosen. Herzogia 5: 531-533.

Friess, K. (1969): Kultur einiger thallöser Lebermoose auf natürlichen Substraten bei Kunstlicht. Flora B 158: 565-579.

Glime, J.M. (1986): Sterile Cultures. Bryol. Times 35: 4-5.

Gruber, M. (1990): Zur Herstellung von Blatt- und Stammquerschnitten von Laubmoosen. Mikrokosmos 79: 379-382.

Hutchinson, E.P. (1954): Sectioning methods for moss leaves. Bryologist 57: 175-176.

Inoue, H. (1981): Cultivation of Bryophytes. Bryol. Times 7:6.

Lewis, K.R. (1957): Squash techniques in the cytological investigation of mosses. Trans. Brit. Bryol. Soc. 3: 279-284.

Matzke, E.B. (1964): The aseptic culture of liverworts in microphytotrons. Bryologist 67: 136-141.

McQueen, C.B. (1984): A technique for raising and maintaining cultures of *Sphgnum* from Spores. Evansia 1:15-16.

McQueen, C.B. (1986): Common Garden Cultivation of Sphagnum Gametophytes. Evansia 3:21-22.

Newton, M.E. (1989): A practical guide to bryophyte chromosomes. British Bryol. Soc. Special Volume No. 2, 19 SS. Cardiff.

Newton, M.E. (1983): Cell measurement. Bull. Brit. Bryol. Soc. 42: 59-60.

Newton, M.E. (1985): Chromosome banding in bryophytes. Bryol. Times 33: 4-5.

Przywara, L., Kuta, E. (1983): An acetic-haematoxylin method for cytological investigations of bryophyta. Bryologist 86:141-143.

Richards, P.W. (1948): The cultivation of mosses and liverworts. Trans. Brit. Bryol. Soc. 1: 1-3.

Rudolph, H. (1978): 15 Jahre Kultur von Sphagnen unter definierten Bedingungen. Bryophyt. Bibl. 13: 279-309.

Schelpe, E. (1953): Techniques for the experimental culture of bryophytes. Trans. Brit. Bryol. Soc. 2: 216-219.

Schubert, R. & F. Kümmel (1980): Notizen zur Kultur von Moosen und Farnen in einem Gewächshaus. Wiss. Zeitschr. Martin-Luther-Universität Halle-Wittenberg 29: 77-86.

Shaw, A.J. (1986): A new approach to the experimental propagation of bryophytes. Taxon 35: 671-675.

Taylor, E.C. (1957): Freehand-sectioning of moss leaves and stems. Bryologist 60: 17-20.

Vaarama, A. (1963): Notes on certain details on the karyological technique with mosses. Portug. Acta Biol. A, 8: 81-94.

Zander, R.E. (1983): A rapid microscopic mounting medium for delicate bryophytes. Taxon 32: 618-620.

Zastrow, E. (1934): Experimentelle Studien über die Anpassung von Wasser- und Sumpfmoosen. Pflanzenforschung Heft 17, Jena.

# Quellennachweis der Abbildungen


Ando, H., Deguchi, M. (1994): J. Hatt. Bot. Lab. 75: 97-106.

Asakawa, Y., Heidelberger, M. (1982): Progress in the Chemistry of Organic Natural Products Bd. 42., Wien - New York.

Barthlott, W., Fischer, E., Frahm, J.-P., Seine, R. (2000): Plant Biol. 2: 93-97.

Bresinsky, A. (1998): Bryophyta, Moose. S. 634-652 in: Strasburger, Lehrbuch der Botanik für Hochschule. G. Fischer, Stuttgart.

Brotherus, V.F. (1924-1925): Musci (Laubmoose) in: Die natürlichen Pflanzenfamilien hrsg. von A. Engler, 11, 2. Aufl., Leipzig.

Brown, R.C., Carothers,, Z.B., Duckett, J.G. (1983): Bryologist 86: 232-241.

Bruch, P., Schimper, W.P., Gümbel, T. (1936-1856): Bryologia Europaea. Schweizerbart, Stuttgart.

Carothers & Duckett (1980): Bull. Torrey Vbot. Club 107: 281-297.

Crum, H.A., Anderson, L.E. (1981): Mosses of eastern North America. Columbia Univ. Press, New York.

Daniels, R.E., Eddy, A. (1985): Handbook of European Sphagna, Inst. Terr. Ecology, Huntingdon.

Demaret, F. et al. (1959 ff.): Flore générale de Belgique vol. 2 Bryophytes. Jardin Bot., Brüssel.

Edwards, S.R. (1979): in: Bryophyte Systematics ed. G.C.S. Clarke & J.G. Duckett. Academic Press, London.

Edwards, S.R. (1984): in: New manual of Bryology, vol. 2, ed. R.M. Schuster, Hattori Bot. Lab., Nichinan.

Ellis, E.T. (1985) : Lindbergia 11.

Ellis, E.T. (1989): J. Bryol. 14.

Frahm, J.-P. (1984): Proc. III. Meeting of Bryologists from Central and East Europe, Praha.

Frahm, J.-P. (1990): Nova Hedwigia 51: 151-164.

Frahm, J.-P. (1994): Trop. Bryol. 9: 137-152.

Frahm, J.-P. (1995): Laubmoose in: Frey, W., Frahm, J.-P., Fischer, E., Lobin, W., Die Moos- und Farnpflanzen Europas. Stuttgart.

Frahm, J.-P. (1997): Cryptogamie, Bryol. Lichénol. 18: 235-242.

Frahm, J.-P., Abts, U.W. (1993): Limnologica 23: 123-130.

Frahm, J.-P., Frey, W. (1987): Moosflora. 2. Aufl., Ulmer, Stuttgart.

Frey, W. (1995): Lebermoose in: Frey, W., Frahm, J.-P., Fischer, E., Lobin, W., Die Moos- und Farnpflanzen Europas. Stuttgart.

Frey, W., Kürschner, H. (1988): Nova Hedwigia 46: 37-120.

Frey, W., Richter, U. (1982): J. Hattori Bot. Lab. 51: 51-60.

Frey, W., Gossow, R., Kürschner, H. (1990): Nova Hedwigia 51: 87-119

Goebel, K. (1915): Organographie der Pflanzen. 2. Teil. 1. Aufl. Fischer, Jena.

Goebel, K. (1930): Organographie der Pflanzen. 2. Teil. 3. Aufl. Fischer, Jena.

Hasegawa, J. (1984): J. Hattori Bot. Lab. 57: 241-272.

Hébant, C. (1977): The conducting tissues of Bryophytes. Bryoph. Bibl. 10.

Henseler, A., Frahm, J.-P. (2000): Nova Hedwigia

Hermann, R. (1976): Erdkunde 30: 241-253.

Herzog, T. (1926): Geographie der Moose. Jena.

Horton, D.G. (1983): J. Hattori Bot. Lab. 54.

Iwatsuki, Z. (1986): The Bryologist 89: 21.

Kawai, I. (1971): Science Rep. Univ. Kanazawa XVI: 21-60.

Kramer, W. (1980): Bryophytorum Bibliotheca Bd. 21.

Krzakowa, M. (1978): Bryophyt. Bibl. 13: 427-434.

Kühn, E. (1874): Mitth. Gesamtgeb. Botanik 1.

Kürschner, H., Paroly, G. (1998a): Phytocoenologia 28: 357-425.

Kürschner, H., Seifert, U.H. (1995): Trop. Bryol. 11: 87-118.

LaFarge-England, C. (1996): Bryologist 99: 170-186.

Landwehr, J. (1966): Atlas van de Nederlandse Bladmossen. KNNV, Utrecht.

LeBlanc, F., Robitaille, G.M, Rao, D.N. (1974): J. Hattori Bot. Lab. 38: 205-233.

Ligrone, R. (1984): J. Hattori Bot. Lab. 57.

Lindlar, A. (1997): Limprichtia 8.

Mägdefrau, K. (1983): Bryophyta in Denffer, D. et al., Lehrbuch der Botanik, 32. Aufl., Fischer, Stuttgart.

Meißner, K., Frahm, J.-P., Stech, M., Frey, W. (1998): Biological Journal of the Linnean Society 18: 145-196.

Mishler, B.D., Churchill, S.P. (1984): Brittonia 36: 406-424.

Mishler, B.D., Churchill, S.P. (1985): Cladistics 1: 305-328.

Mönkemeyer, W. (1927). Die Laubmoose Europas. Leipzig.

Müller, K, (1954): Die Lebermoose Europas. Leipzig.

Murray, B.M. (1984): The Bryologist 87: 24-36.

Murray, B.M. (1988): Beih. Nova Hedwigia 10.

Neuberg, M.F. (1960): Geol. Inst. Acad. Sci. USSR 19.

Newton, M.E. (1983): S. 117-148 in: R.M. Schuster (Hrsg.), New Manual of Bryology.

Noguchi, A. (1988): Illustrated Moss Flora of Japan. Hattori Bot. Lab., Nichinan.

Nyholm, E. (1954 ff): Illustrated Moss Flora of Fennoscandia. Lund.

Ramsay, H. P. (1983): S. 149-221 in: R.M. Schuster (Hrsg.), New Manual of Bryology.

Rundel, P.W., Lange, O.L. (1980): Flora 169: 329-335.

Russow, E. (1865): Beiträge zur Kenntnis der Torfmoose. Dorpat.

Schiffner, V. (1919): Hepaticae in: Die natürlichen Pflanzenfamilien hrsg. von A. Engler, Leipzig.

Schofield, W.B., (1985): Introduction to Bryology. Macmillan Publ. Co., New York.

Schuster, R M. (1984): New Manual of Bryology. Nichinan.

Schuster, R.M. (1966): The Hepaticae and Anthocerotae of North America. Vol. 1, New York.

Segarra, J.-G., Puche, F., Frey, W. & Kürschner, H. (1998): Nova Hedwigia 67: 513.

Smith, G.M. (1955): Cryptogamic Botany. New York

Smith, A.J.E. (1978): The moss flora of Britain and Ireland. Cambridge.

Smith, D.K., Davison, P.G. (1993): J. Hattori Bot. Lab. 73: 263-271.

Stech, M., Frahm, J.-P., Hilger, H.H., Frey, W. (2000): Nova Hedwigia 71: 195-208.

Stevenson, W.W. (1974): Amer. J. Bot. 61: 414-421.

Vitt, D.H. (1984): in New Manual of Bryology, vol. 2, ed. R.M. Schuster. Nichinan.

Walther, K. (1983): Syllabus der Pflanzenfamilien V,2, 13. Aufl, Bornträger, Berlin & Stuttgart.

Wettstein, F. von (1924): Zeitschr. Indukt. Abst. Vererb. 33: 1-236, 253-57.

# Schlagwortverzeichnis

Springer Spektrum
springer-spektrum.de

Topfit für das Biologiestudium

Joachim W. Kadereit
Christian Körner
Benedikt Kost
Uwe Sonnewald
LEHRBUCH
Strasburger
Lehrbuch
der Pflanzen-
wissenschaften
37. Auflage
Springer Spektrum

Jeremy M. Berg
John L. Tymoczko
Lubert Stryer
LEHRBUCH
Stryer
Biochemie
7. Auflage
Springer Spektrum

Lorenz Adlung
Christian Hopp
Alexandra Kofte
Nfilo Schneidewind
Oskar Staufer
LEHRBUCH
Tutorium
Mathe
für Biologen
Von Studenten für Studenten
Springer Spektrum

D. Sadava · D. M. Hillis · H. C. Heller · M. R. Berenbaum
Purves
Biologie
Herausgegeben von Jürgen Markl
9. Auflage
Spektrum



Erstklassige Lehrbücher unter springer-spektrum.de